LEIMBÖCK/HEINLEIN
Recht und Wirtschaft bei der Planung
und Durchführung von Bauvorhaben   Bd. 1

Recht und Wirtschaft bei der Planung und Durchführung von Bauvorhaben

Band 1:
Von der Grundstückssuche
bis zur Baugenehmigung

Band 2:
Vor der Ausführungsplanung
bis zur Objektbetreuung
und Dokumentation

Egon Leimböck / Klaus Heinlein

Recht und Wirtschaft bei der Planung und Durchführung von Bauvorhaben

Band 1:
Von der Grundstückssuche bis zur Baugenehmigung

Mit einem durchgängigen Beispiel

BAUVERLAG GMBH · WIESBADEN UND BERLIN

Die Deutsche Bibliothek – CIP-Einheitsaufnahme

Leimböck, Egon:
Recht und Wirtschaft bei der Planung und Durchführung von
Bauvorhaben : mit einem durchgängigen Beispiel / Leimböck ;
Heinlein. – Wiesbaden ; Berlin : Bauverl.
NE: Heinlein, Klaus:
Bd. 1. Von der Grundstückssuche bis zur Baugenehmigung.
  ISBN-13: 978-3-322-84895-6   e-ISBN-13: 978-3-322-84894-9
  DOI: 10.1007/978-3-322-84894-9

Das Werk ist urheberrechtlich geschützt. Jede Verwendung auch von Teilen außerhalb des Urheberrechtsgesetzes ist ohne Zustimmung des Verlags unzulässig und strafbar. Das gilt insbesondere für Vervielfältigungen, Übersetzungen, Mikroverfilmungen sowie Einspeicherung und Verarbeitung in elektronischen Systemen.
Autor(en) bzw. Herausgeber, Verlag und Herstellungsbetrieb(e) haben das Werk nach bestem Wissen und mit größtmöglicher Sorgfalt erstellt. Gleichwohl sind sowohl inhaltliche als auch technische Fehler nicht vollständig auszuschließen.

© 1994 · Bauverlag GmbH · Wiesbaden und Berlin
Softcover reprint of the hardcover 1st edition 1994
Satz: Fotosatz Rosengarten GmbH, Kassel
Herstellung: Paderborner Druck Centrum, Paderborn

ISBN-13: 978-3-322-84895-6

Vorwort

Alle, die an der Planung und Durchführung von Bauvorhaben beteiligt sind, benötigen zur Bewältigung ihrer Aufgaben fundierte Kenntnisse auf rechtlichen und wirtschaftlichen Gebieten. Das sind insbesondere: öffentliches und privates Baurecht, Grundstücksrecht, Organisationsformen der Planungsbeteiligten, Architektenvertrag, Kostenermittlungsverfahren, Wirtschaftlichkeitsberechnungen, Finanzierung, VOB und Vergabeverfahren, VOB und Bauvertrag, Baukalkulation und Vergütungsansprüche, Steuerung und Kontrolle der Baudurchführung und Dokumentation.

Diese umfangreiche Thematik haben wir in 2 Bänden dargestellt:
Bd. I: Von der Grundstückssuche bis zur Baugenehmigung
Bd. II: Von der Ausführungsplanung bis zur Objektbetreuung und Dokumentation

In beiden Bänden haben wir die Themen jeweils zunächst einzeln erörtert und dann in einem durchgängigen Beispiel den Gesamtzusammenhang dargestellt.

Diese Arbeit wäre nicht zustande gekommen ohne die Mithilfe einer Reihe von Persönlichkeiten, nur so konnte ein Werk aus der Praxis für die Praxis entstehen. Allen Beteiligten möchten wir für ihre Beratung und ihre Mitarbeit danken.

Folgende Architekten/innen haben uns geholfen:
Frau Christiane Nolte-Kesseler (öffentliches Baurecht)
Herr Dieter Kmoch (praktisches Beispiel)
Herr Qui Lu (zeichnete das Titelblatt)
Herr Michael Nyveld (praktisches Beispiel)
Herr Prof. Herbert Pfeiffer (Raumbuch)

Zum Thema Finanzierung und Grundstücksrecht haben uns beraten:
Frau Stefanie Bürgers, Bayerische Landesbank
Herr Dr. Bernd Heinevetter, Bayerische Landesbank
Herr Dr. Peter Kahn, Bayerische Landesbank
Herr Hans-Joachim Poredda, Stadtsparkasse Dortmund
Herr Lehrbeauftragter Helmut Scheld, Stadtsparkasse Dortmund

Zum Themenkreis Kostenplanung und Kostenermittlung haben wir wertvolle Hinweise von Herrn Dr. Werner Leiffert, Fa. Bilfinger & Berger, erhalten.

Besonderen Dank möchten wir an dieser Stelle an die wissenschaftlichen Assistenten Herrn Dipl.-Ing. Matthias Jacob und Herrn Dipl.-Ing. Klaus Piepmeier sowie an Herrn cand. jur. Matthias Hilka richten, die durch ideenreiche Mithilfe und durch wiederholtes kritisches Lesen wesentliche Beiträge bei der Erstellung des Werkes leisteten.

Vor allem gebührt unser herzlicher Dank den Sekretärinnen Frau Helga Kikillus und Frau Karin Günzel, die das häufig geänderte Manuskript mit viel Geduld geschrieben haben. Dank gilt in besonderem Maße auch Herrn Dipl.-Ing. Roy Walter, der beim Korrekturlesen wertvolle Hilfe geleistet hat.

Nicht zuletzt gilt unser Dank dem Bauverlag für die wertvollen Ratschläge bei der Gestaltung des Buches.

Dortmund, Oktober 1993

Egon Leimböck
Klaus Heinlein

Inhaltsverzeichnis

Teil A: Recht und Planung

I. Allgemeine Erörterungen

1.	Rechtsbeziehungen	2
1.1	Voraussetzungen	2
1.1.1	Rechtsfähigkeit	2
1.1.2	Geschäftsfähigkeit und Deliktsfähigkeit	2
1.2	Rechtsbeziehungen im öffentlichen Recht	3
1.3	Rechtsbeziehungen im privaten Recht	5
1.3.1	Das Vertragsrecht	6
1.3.1.1	Abschlußfreiheit	6
1.3.1.2	Gestaltungsfreiheit	9
1.3.1.3	Formfreiheit	10
1.3.1.4	Aufhebungsfreiheit	11
1.3.2	Der Tatbestand des Vertragsabschlusses	11
1.3.3	Der Kaufvertrag als Beispiel aus dem Vertragsrecht	14
1.4	Leistungsstörungen	15
1.4.1	Die Unmöglichkeit	15
1.4.2	Der Schuldnerverzug	19
1.4.3	Sachmängelhaftung	20
1.4.4	Positive Vertragsverletzung/Positive Forderungsverletzung	21
1.4.5	Verschulden bei Vertragsschluß/Vertragsverhandlungen	22
2.	Rechtsformen	22
2.1	Grundlagen	22
2.1.1	Begriff und Arten der Rechtsform	22
2.1.2	Kriterien der Rechtsformwahl	23
2.2	Für die Planungsbeteiligten geeignete Rechtsformen	24
2.2.1	Freiberufler (Einzelinhaberschaft)	24
2.2.2	Partnerschaft (Sozietät) in Form der Gesellschaft bürgerlichen Rechts	24
2.2.3	Gesellschaften mit beschränkter Haftung (GmbH)	25
2.2.4	Andere Rechtsformen	25
2.2.4.1	Stille Gesellschaft	25
2.2.4.2	Genossenschaft	25
2.2.4.3	Personengesellschaften (OHG, KG)	26
3.	Gerichtsbarkeit	26

II. Öffentliches Baurecht

1.	Teilbereiche des öffentlichen Baurechts	27
1.1	Bauplanungsrecht	27
1.1.1	Das Baugesetzbuch (BauGB)	27
1.1.2	Die Baunutzungsverordnung (BauNVO)	27
1.1.3	Sonstige Vorschriften	28
1.2	Bauordnungsrecht	30
1.2.1	Landesbauordnungen	30
1.2.2	Sonstige Vorschriften	31
2.	Die Bauleitplanung als öffentlich-rechtlicher Rahmen für die Planung von Bauvorhaben	31
2.1	Unterteilung der Gemeindeflächen nach dem Bauplanungsrecht	31
2.1.1	Qualifizierter und einfacher Bebauungsplan	31
2.1.2	Unbeplanter Innenbereich	32

Inhaltsverzeichnis

2.1.3	Außenbereich	32
2.2	Planungsgrundsätze für die Bauleitplanung und Abwägungsgebot	32
2.3	Bauleitpläne (Flächennutzungs- und Bebauungsplan) als Ergebnis der Bauleitplanung	32
2.3.1	Zusammenhang zwischen Flächennutzungsplan und Bebauungsplan	32
2.3.2	Verfahrensablauf bei der Erstellung der Bauleitpläne	33
2.3.3	Schematische Darstellung der Einflüsse der Bauleitpläne auf den Kauf eines Grundstückes	34
3.	Erschließung als Voraussetzung der Bebaubarkeit eines Grundstückes	38
4.	Die Baugenehmigung als öffentlich-rechtliche Erlaubnis zur Erstellung eines Bauvorhabens	41
4.1	Allgemeines zur Baugenehmigung	41
4.1.1	Die Baugenehmigungsbehörde	41
4.1.2	Bauantrag und Bauvorlagen	42
4.1.3	Bauvorlagenberechtigung	42
4.1.4	Ausnahmen und Befreiungen (Dispense)	43
4.1.4.1	Ausnahmen	43
4.1.4.2	Befreiungen (Dispense)	43
4.1.5	Die Beteiligung der Nachbarn	43
4.2	Die Entscheidung über den Antrag auf Erteilung der Genehmigung	44
4.2.1	Materielle Prüfung des Antrags	44
4.2.2	Dauer des Genehmigungsverfahrens	44
4.2.3	Zustellung der Baugenehmigung	45
4.3	Zeitlicher Ablauf der öffentlich-rechtlichen Vorschriften bis zur Zustellung der Baugenehmigung	45
5.	Öffentliches Baurecht und Gerichtsbarkeit	45
5.1	Rechtsschutz gegen städtebauliche Pläne	45
5.1.1	Normenkontrollverfahren	45
5.1.2	Inzidentkontrolle	47
5.1.3	Verfassungsbeschwerde	47
5.2	Klage auf Aufstellung eines Bebauungsplans	47
5.3	Klage auf Erteilung einer Baugenehmigung	47
5.4	Nachbarklage	47
5.4.1	Die geschützten Dritten	47
5.4.2	Nachbarschützende Normen	48
5.4.2.1	Einfachgesetzlicher Drittschutz	48
5.4.2.2	Grundrechtlicher Drittschutz	48
5.4.3	Anfechtungsklage und Widerspruchsverfahren	48
5.4.4	Verpflichtungsklage	48
5.4.5	Vorläufiger Rechtsschutz bei Nachbarklagen	49

Anhang zum Teil A.II
Anhang 1: Auflistung der Paragraphen des ersten Kapitels des Baugesetzbuches, Teile 1 bis 3 50

III. Grundstücksrecht

1.	Allgemeines zum Grundstücksrecht	53
1.1	Materielles und formelles Grundstücksrecht	53
1.2	Grundstücksbegriff	53
2.	Kataster und Grundbuch	53
2.1	Kataster (Liegenschaftskataster)	53

2.2	Das Grundbuch	54
2.2.1	Einteilung/Aufbau des Grundbuches	54
2.2.2	Öffentlicher Glaube des Grundbuches	55
2.2.3	Formelle Eintragungsvorschriften	55
3.	Bestimmungsgrößen für den Wert eines Grundstücks	56
3.1	Allgemeine Bestimmungsgrößen	56
3.2	Rechtlich bedingte Bestimmungsgrößen	56
3.2.1	Dingliche Lasten	56
3.2.2	Grundpfandrechte	58
3.2.3	Verfügungsbeschränkungen	58
3.2.4	Baulasten	59
4.	Grundstücksgleiche Rechte	60
4.1	Erbbaurecht	60
4.2	Besonderheiten des Wohnungseigentums	61
4.2.1	Wirtschaftliche Bedeutung	61
4.2.2	Sondereigentum/Gemeinschaftseigentum	61
4.2.3	Entstehung (Grundstücksteilung/Teilungserklärung)	62
4.2.4	Erwerb/Veräußerung	62
4.2.5	Beleihung/Belastung	63
5.	Erwerb und Übertragung von Grundeigentum	63
5.1	Verpflichtungsgeschäft und Auflassung	63
5.2	Eintragung in das Grundbuch	63
5.3	Gefahrenübergang, Haftung und Kosten	64

IV. Verträge zwischen Bauherrn und Planungsbeteiligten, dargestellt am Beispiel des Einheits-Architektenvertrages und an den Allgemeinen Vertragsbestimmungen zum Einheits-Architektenvertrag (AVA)

1.	Allgemeine Charakterisierung des Einheits-Architektenvertrages	65
1.1	Vertragsverhältnisse zwischen Bauherrn, Sonderfachleuten und Architekten	65
1.2	Der Einheits-Architektenvertrag als Sonderform des Werkvertragsrechtes	65
1.3	Zusammenhänge zwischen Einheits-Architektenvertrag und dem Gesetz zur Regelung des Rechts der Allgemeinen Geschäftsbedingungen (AGB-Gesetz)	66
2.	Inhalt des Einheits-Architektenvertrages	68
2.1	Vertragsparteien und Gegenstand des Vertrages (§1)	68
2.2	Leistung und Honorar	70
2.2.1	Leistungsphasen und Honorar (§2)	70
2.2.2	Besondere Leistungen und Honorar (§3)	78
2.2.3	Verlängerung der Bauzeit, Unterbrechung des Vertrages (§4)	81
2.2.4	Einsatz von Sonderfachleuten (§5)	83
2.2.5	Nebenkosten (§6) und Umsatzsteuer (§7)	84
2.3	Haftpflichtversicherung (§8)	85
2.4	Gewährleistungs- und Haftungsdauer (§9)	87
2.4.1	Gewährleistungs- und Schadensersatzansprüche	88
2.4.2	Verjährungsfrist und AGB-Gesetz	88
2.4.3	Beginn der Verjährungsfrist (Abnahme)	90
2.5	Sonstige Bestimmungen	91
2.5.1	Zurückbehaltungsrecht (§10)	91
2.5.2	Anzuwendende Vorschriften (§11)	92
2.5.3	Zusätzliche Vereinbarungen (§12)	93
3.	Allgemeine Vertragsbestimmungen zum Einheits-Architektenvetrag	93

Inhaltsverzeichnis

3.1	Haupt- und Nebenpflichten	94
3.1.1	Pflichten des Architekten (§1 AVA)	94
3.1.2	Vertretung des Bauherrn, Einsatz von Sonderfachleuten und ausführenden Unternehmern (§2 AVA)	95
3.1.3	Pflichten des Bauherrn (§3 AVA)	98
3.1.4	Zahlungen (§4 AVA)	99
3.2	Gewährleistung und Haftung	105
3.2.1	Gewährleistung und Haftung des Architekten (§5 AVA)	105
3.2.2	Gewährleistungs- und Haftungsdauer (§6 AVA)	110
3.3	Sonstige Bestimmungen	110
3.3.1	Urheberrecht (§7 AVA)	110
3.3.2	Vorzeitige Auflösung des Vertrages (§8 AVA)	113
3.3.3	Schlußbestimmungen (§9 AVA)	115

Teil B: Wirtschaft und Planung

I. Organisation der Planungsbeteiligten

1.	Planungsbeteiligte	119
1.1	Der Bauherr	120
1.2	Der Architekt	121
1.3	Fachingenieure	121
1.4	Fachleute für Bauprojektmanagement	122
1.5	Verwaltungen, Behörden und Gerichte	124
1.6	Öffentlichkeit und sonstige Beteiligte	124
2.	Organisationsformen der an der Planung und Ausführung Beteiligten	125
2.1	Einzelleistungsträger	125
2.2	Zusammengesetzte Leistungsträger	125
2.3	Generalplaner und Generalunternehmer	125
2.4	Totalunter- und -übernehmer	126

II. Kostenplanung

1.	Die Gesamtkosten eines Bauvorhabens	127
1.1	Standortabhängige Kosten	127
1.2	Kostenelemente des Bauobjektes bis zur Fertigstellung	128
1.3	Kostenelemente des Bauobjektes nach der Fertigstellung (Baunutzungskosten)	129
1.3.1	Kapitalkosten	129
1.3.2	Abschreibung	129
1.3.3	Verwaltungskosten und Steuern	130
1.3.4	Betriebskosten	130
1.3.5	Bauunterhaltungskosten	132
2.	Kostenplanung auf der Grundlage von Kostenermittlungsverfahren	132
2.1	Ermittlung der Gesamtkosten des Bauwerkes in Anlehnung an DIN 276	132
2.1.1	Kostenüberschlag	133
2.1.2	Kostenschätzung	133
2.1.3	Kostenberechnung	134
2.2	Ermittlung der Baunutzungskosten in Anlehnung an DIN 18 960	136
2.2.1	Kostenberechnungen mit Kennwerten aus Datenerhebungen	137
2.2.2	Kostenberechnung mit technischen Berechnungsmethoden	137
2.3	Kritische Bemerkungen zu den Kostenermittlungsverfahren	138
2.3.1	Kostenüberschlag	138
2.3.2	Kostenschätzung und Kostenberechnung	139

3.	Wirtschaftlichkeitsberechnungen	142
3.1	Die Nutzwertanalyse	142
3.2	Die Kostenvergleichsrechnung	142
3.3	Die Kapitalwertmethode	143
3.3.1	Finanzmathematische Grundlagen der Kapitalwertmethode	143
3.3.2	Erläuterungsbeispiele	147
3.4	Kritische Bemerkungen zu Wirtschaftlichkeitsberechnungen	149

III. Finanzierung von Bauvorhaben

1.	Allgemeines zur Finanzierung	151
1.1	Bausteine der Finanzierung	151
1.1.1	Eigenmittel	151
1.1.2	Fremdmittel	152
1.2	Sicherungsmittel der Finanzierung	154
1.2.1	Grundpfandrechte	154
1.2.2	Zusatzsicherheiten	156
1.3	Die Bedeutung der Rangverhältnisse im Grundbuch	156
1.3.1	Rangordnung	156
1.3.2	Rangvorbehalt und Rangsicherungsmaßnahmen	157
1.3.3	Gesetzlicher Löschungsanspruch bzw. Rückgewährungsanspruch	158
1.4	Abwicklung der Finanzierung	158
1.4.1	Absicherung am Objekt und persönliche Bonität	158
1.4.2	Darlehensantrag	158
1.4.3	Vorlasten in Abteilungen II und III des Grundbuches	159
1.4.4	Auszahlung	160
1.5	Zwangsvollstreckung in das Grundvermögen	160
1.5.1	Zwangsverwaltung	160
1.5.2	Zwangsversteigerung	161
2.	Besonderheiten bei der Wohnungsbaufinanzierung	162
2.1	Finanzierung mit einem Bausparvertrag	162
2.2	Baudarlehen mit Tilgungsaussetzung	164
2.3	Öffentliche Förderung im Wohnungsbau	165
2.3.1	Steuerbefreiungen und Steuervergünstigungen	165
2.3.2	Steuervorteile durch Modernisierung, Energieeinsparung und Denkmalschutz	171
2.3.3	Sonstige Instrumente der öffentlichen Förderung	171
2.4	Beispiel einer Wohnungsbaufinanzierung	172
3.	Besonderheiten bei der Finanzierung des Wirtschaftsbaues	175
4.	Finanzierung und Rentabilität	175

Teil C: Recht und Wirtschaft, dargestellt am Beispiel des Neubaus einer KFZ-Niederlassung

I. HOAI-Phase 1: Grundlagenermittlung

1.	Planungsverlauf	177
1.1	Vorstellung der Planungsabsicht	177
1.1.1	Grundstückssituation	177
1.1.2	Raumprogramm, Kostenüberschlag, Grobterminplan	180
1.1.3	Finanzierung	181
1.1.3.1	Finanzierungsangebote	181
1.1.3.2	Tilgungs- und Zinsplan Angebot 1 (Abzahlungsdarlehen)	181
1.1.3.3	Tilgungs- und Zinsplan Angebot 2 (Annuitätendarlehen)	181
1.1.3.4	Grafischer Vergleich der Darlehensangebote	183

Inhaltsverzeichnis

1.1.3.5	Weitere Vereinbarungen der Kreditinstitute zum Darlehensangebot	185
1.1.3.6	Verzeichnis der Unterlagen, die vor der Darlehensauszahlung bereitgestellt werden müssen	185
1.1.3.7	Finanzierungsentscheidung	186
1.2	Organisation der Planungsbeteiligten	186
1.3	Rechtliche und technische Informationen zum Baugrundstück	187
1.4	Grundstückskauf	188
2.	Stand der Planung nach der HOAI-Phase 1	190
3.	Haftungsrisiken für den Architekten bei der Erbringung der Leistungsphase 1	192

II. HOAI-Phase 2: Vorplanung

1.	Planungsverlauf	193
2.	Kostenschätzung nach DIN 276	194
3.	Stand der Planung nach der HOAI-Phase 2	202
4.	Haftungsrisiken des Architekten bei der Erbringung der Leistungsphase 2	202

III. HOAI-Phase 3: Entwurfsplanung

1.	Planungsverlauf	205
2.	Kosten- und Wirtschaftlichkeitsvergleiche	205
2.1	Kostenvergleiche (Vollverglasung, Fußböden)	205
2.2	Wirtschaftlichkeitsvergleich (Heizungssysteme)	206
2.3	Kostenberechnung nach Gewerken	211
2.4	Baunutzungskosten	215
2.4.1	Ermittlung der Bezugsgrößen für die Baunutzungskosten	215
2.4.2	Schätzung der Baunutzungskosten	216
3.	Baubeschreibung	218
4.	Stand der Planung nach der HOAI-Phase 3	224
5.	Haftungsrisiken des Architekten bei der Erbringung der Leistungsphase 3	224

IV. HOAI-Phase 4: Genehmigungsplanung

1.	Planungsverlauf	225
1.1	Bauantrag	225
1.2	Bauvorlagen	225
2.	Stand der Planung nach der HOAI-Phase 4	225
2.1	Erteilung der Baugenehmigung	225
2.2	Gebührenbescheid der Stadt Essen	226
2.3	Honorare und Gebühren	226
2.3.1	Berechnung der Honorare für die Architektenleistungen	226
2.3.2	Zusammenstellung der Honorare und Gebühren	229
3.	Haftungsrisiken des Architekten bei der Erbringung der Leistungsphase 4	229

Anhang zum Teil C
Anhang 1: Architekten-Vorplanungsvertrag 232
Anhang 2: Vollmacht 234
Anhang 3: Antrag auf planungsrechtliche Auskunft 236
Anhang 4: Planungsrechtliche Auskunft der Stadt 237
Anhang 5: Kaufvertrag eines Grundstücks 239
Anhang 6: Buchgrundschuld 244
Anhang 7: Einheits-Architektenvertrag 248
Anhang 8: Antrag auf Vorbescheid (Bauvoranfrage) 254
Anhang 9: Rechnungsgang der Wirtschaftlichkeitsberechnung
           alternativer Heizungssysteme 256
Anhang 10: Anschreiben zum Bauvertrag 262
Anhang 11: Bauantrag 263
Anhang 12: Liste der Bauvorlagen 264
Anhang 13: Baubeschreibung zum Bauantrag 265
Anhang 14: Betriebsbeschreibung zum Bauantrag 268
Anhang 15: Wärmeschutznachweis zum Bauantrag 272
Anhang 16: Bescheinigung zum Versicherungsschutz 274
Anhang 17: Bescheinigung der Bauvorlageberechtigung 275

Literaturverzeichnis 276

Stichwortverzeichnis 277

Abkürzungsverzeichnis

AGB-Gesetz	Gesetz zur Regelung des Rechts der Allgemeinen Geschäftsbedingungen
Aufl.	Auflage
BauR	Baurecht, Zeitschrift für das gesamte öffentliche und private Baurecht
BB	Der Betriebsberater, Zeitschrift
BGBl.	Bundesgesetzblatt
BGH	Bundesgerichtshof
BGHZ	Entscheidungen des Bundesgerichtshofs in Zivilsachen
BR-Drucksache	Bundesrats-Drucksache
BRS	Thiel/Gelzer, Baurechtsammlung, Rechtssprechung zum Bau- und Bodenrecht
BVerfG	Bundesverfassungsgericht
BVerfGE	Bundesverfassungsgerichtsentscheidung
BVerwG	Bundesverwaltungsgericht
BVerwGE	Bundesverwaltungsgerichtsentscheidung
DB	Der Betrieb, Zeitschrift
ff.	folgende
GRUR	Gewerblicher Rechtsschutz und Urheberrecht, Zeitschrift
HOAI	Honorarordnung für Architekten und Ingenieure
LG	Landgericht
LPlG	Landesplanungsgesetz
MDR	Monatsschrift für Deutsches Recht
NJW	Neue Juristische Wochenschrift
NJW-RR	Neue Juristische Wochenschrift Rechtsprechungs-Report
OLG	Oberlandesgericht
Rdn.	Randnote
RG	Reichsgericht
RGZ	Entscheidungen des Reichsgerichts in Zivilsachen
SFH	Schäfer/Finnern/Hochstein, Entscheidungssammlung
vgl.	vergleiche
VersR	Versicherungsrecht, Zeitschrift
VOB	Verdingungsordnung für Bauleistungen
WM	Wertpapiermitteilungen
ZfBR	Zeitschrift für deutsches und internationales Baurecht

Teil A: Recht und Planung

Ein Sprichwort lautet: „Wer baut, steht mit einem Bein im Gefängnis". Zwar handelt es sich hierbei – zum Glück – um eine Übertreibung, aber jeder, der am Baugeschehen teilnimmt, sollte seine Rechte und Pflichten – so weitgehend wie nur möglich – kennen, um nachteilige und schadensträchtige Situationen zu erkennen und zu umgehen und damit die so häufig vorkommenden unangenehmen, kostspieligen und zeitaufwendigen Bauprozesse auf die nicht vermeidbaren Fälle zu beschränken. Führt man sich den üblichen Planungsverlauf bis zur Erlangung der Baugenehmigung, wie er im Leistungsbild des §15 HOAI, Leistungsphasen 1-4, geregelt ist, vor Augen, so erkennt man die folgenden an diesem Planungsprozeß beteiligten Personen und Institutionen (Einzelheiten hierzu vgl. Abschnitt B.I):
– Bauherr,
– Fachleute für das Baumanagement (Projektmanager/Projektsteuerer),
– Architekt,
– Fachingenieure,
– Verwaltungen, Behörden, Gerichte,
– Nachbarn,
– Banken.

Aus der Beteiligung dieser Personen und Institutionen am Planungsprozeß resultieren die verschiedensten Rechtsbeziehungen. Diese Rechtsbeziehungen wiederum sind sowohl im öffentlichen Recht als auch im Privatrecht/Zivilrecht geregelt. Das **öffentliche** Recht regelt zunächst die Beziehungen zwischen den verschiedenen Organen des Staatswesens. Seinen eigentlichen Schwerpunkt hat es aber im Bereich des rechtlichen Verhältnisses zwischen dem einzelnen Bürger auf der einen Seite und dem Staat, den Ländern, den Gemeinden und sonstigen öffentlich-rechtlichen Körperschaften und Anstalten auf der anderen Seite. Die wichtigsten Bereiche des öffentlichen Rechts sind
– das Staats- und Verfassungsrecht,
– das Verwaltungsrecht, z.B. Polizeirecht, Kommunalrecht, Sozialrecht, Steuerrecht, öffentliches Baurecht etc.,
– das Gerichtsverfassungs- und Prozeßrecht,
– das Strafrecht.

Das **Privatrecht** regelt insbesondere die Rechtsbeziehungen zwischen den einzelnen Staatsbürgern. Gegenstand des Privatrechts sind z.B. das Privatvermögen, Geschäftsangelegenheiten, Dienst- und Arbeitsverhältnisse und die Familie. Neben den natürlichen Personen können sich im Privatrecht auch die sogenannten juristischen Personen, wie z.B. Vereine, Stiftungen, Aktiengesellschaften und Gesellschaften mit beschränkter Haftung (GmbH), gegenüberstehen. Aber auch die sogenannten „juristischen Personen des öffentlichen Rechts", also die Behörden des Bundes, der Länder, der Gemeinden und sonstigen Körperschaften des öffentlichen Rechts, bewegen sich nicht selten auf dem Gebiet des Privatrechts und unterliegen dann dessen Vorschriften. Als Beispiele sind der Erwerb oder die Veräußerung von Sachen und die Anmietung von Diensträumen zu nennen. Auch das private Recht ist in einer Vielzahl von Rechtsvorschriften verankert. In diesem Zusammenhang ist als die wichtigste Vorschrift das Bürgerliche Gesetzbuch (BGB) mit seinen Büchern zu nennen:

Erstes Buch: Allgemeiner Teil (§§1-240)
Zweites Buch: Recht der Schuldverhältnisse (§§241-853)
Drittes Buch: Sachenrecht (§§854-1296)
Viertes Buch: Familienrecht (§§1297-1921)
Fünftes Buch: Erbrecht (§§1922-2385).

Daneben sind beispielhaft noch das Arbeitsrecht und das Handels- und Gesellschaftsrecht zu erwähnen.

Die Rechtsgebiete öffentliches und privates Recht sind also in eine Vielzahl von speziellen Rechtsgebieten unterteilt, von denen nachfolgend nur diejenigen Bereiche in Grundzügen erläutert werden sollen, die unmittelbar das Thema „Recht und Wirtschaft bei der Planung und Durchführung von Bauvorhaben" betreffen. Dies sind insbesondere
– das öffentliche Baurecht (siehe Abschnitt A.II),
– das Vertragsrecht (siehe Abschnitt A.I.1.3 und 1.4),
– das Grundstücksrecht als Teil des Sachenrechts (siehe Abschnitt A.III).

Während die obengenannten rechtlichen Erläuterungen dem Zweck dienen, den sogenannten juristischen Laien einen allgemeinen Überblick über die rechtlichen Rahmenbedingungen des Baugeschehens zu vermitteln, werden im Abschnitt A.IV am Beispiel des Einheits-Architektenvertrags ausführlich die Einzelheiten des Rechtsverhältnisses zwischen Architekt und Bauherr unter Einbeziehung der HOAI behandelt. Im Teil C werden aus rechtlicher Sicht die besonders haftungsträchtigen Leistungen und Risiken des Architekten im Planungsablauf von der Grundlagenermittlung bis zur Baugenehmigung dargestellt. Zunächst sollen jedoch im Abschnitt A.I einige rechtliche Grundsätze als erste Voraussetzung für das Verständnis der speziell auf den Architektenvertrag und das Leistungsbild Objektplanung abgestellten Erörterungen behandelt werden.

I. Allgemeine Erörterungen

1. Rechtsbeziehungen

1.1 Voraussetzungen

1.1.1 Rechtsfähigkeit

Rechtsfähigkeit bedeutet die Eigenschaft, Inhaber/Träger von Rechten und Pflichten sein zu können. Es liegt auf der Hand, daß jeder Mensch völlig unabhängig von Alter, Geschlecht, Nationalität oder auch anderen Eigenschaften zumindest Träger von Rechten ist. Rechtsfähig sind nicht nur natürliche, sondern auch sogenannte juristische Personen. Darunter versteht man Zusammenschlüsse von Menschen – beispielsweise in einem Verein –, die gesetzlich geregelt sind, wozu die Festlegung ihres Zweckes und ihrer Organisation in einer Satzung und – in der Regel – die Eintragung in ein staatliches Register gehören (z. B. Vereinsregister). Neben dem bereits erwähnten und jedem bekannten Zusammenschluß als Verein kennt unsere Rechtsordnung auf dem Gebiet des Privatrechts als rechtlich selbständige, einem bestimmten Zweck gewidmete Vermögensmasse die Stiftung und im Handelsrecht die Aktiengesellschaft (AG), die Gesellschaft mit beschränkter Haftung (GmbH), die Genossenschaft und den Versicherungsverein auf Gegenseitigkeit. Neben diesen juristischen Personen des Privatrechts gibt es die juristischen Personen des öffentlichen Rechts. Sie erfüllen in eigener Verantwortung öffentliche Aufgaben, die ihnen vom Staat übertragen werden. Bekanntestes Beispiel ist die Gemeinde, es gehören hierzu aber z. B. auch Sozialversicherungsträger, Hochschulen und beispielsweise die Architektenkammern.

Im unmittelbaren Zusammenhang mit der Rechtsfähigkeit steht die Parteifähigkeit. Hierunter ist die prozessuale Fähigkeit, in einem Rechtsstreit zu klagen oder verklagt zu werden, zu verstehen. Gem. § 50 ZPO (Zivilprozeßordnung) kann jeder Rechtsfähige auch Partei eines Prozesses sein, denn die Inhaberschaft von Rechten und Pflichten muß gleichzeitig bedeuten, daß diese auch gerichtlich durchsetzbar sind. Wird ein Architekturbüro in der Rechtsform einer GmbH betrieben, so ist diese auch Partei eines möglichen Rechtsstreits, vertreten durch den oder die Geschäftsführer. Bei einem Architekturbüro, das als BGB-Gesellschaft betrieben wird – nähere Einzelheiten werden nachfolgend noch dargelegt –, können in der Regel nur alle Gesellschafter zusammen klagen oder verklagt werden, da diese Gesellschaft keine juristische Person und damit nicht rechtsfähig ist.

1.1.2 Geschäftsfähigkeit und Deliktsfähigkeit

Geschäftsfähigkeit

Von der Rechtsfähigkeit zu unterscheiden ist die Geschäftsfähigkeit, eine rechtliche Eigenschaft, die nur natürlichen Personen zukommen kann. Voll geschäftsfähig sind alle Personen, die volljährig sind, also das 18. Lebensjahr vollendet haben und nicht entmündigt sind. Aber nicht jede natürliche Person als Inhaber von Rechten und Pflichten ist geschäftsfähig. Trotz Rechtsfähigkeit kann der einzelne durch die Rechtsordnung daran gehindert sein, diese Rechte und Pflichten persönlich auszuüben, z. B. Rechtsgeschäfte selbst abzuschließen. Kleinkinder oder Geisteskranke sind zwar Träger von Rechten und Pflichten und haben rechtlich bedeutsame Beziehungen zu ihrer Umwelt, sind jedoch persönlich gar nicht befähigt, Rechtsgeschäfte abzuschließen, Rechte auszuüben oder Pflichten zu erfüllen. Die Regelungen im BGB über die Geschäftsfähigkeit haben deshalb primär den Zweck des Schutzes der Geschäftsunfähigen im Rechtsverkehr; es soll verhindert werden, daß rechtsfähige Personen, die nicht geschäftsfähig sind, sich durch ihr rechtlich relevantes Tun Schaden zufügen bzw. übervorteilt werden. Dabei geht das Gesetz in den §§ 104 ff. BGB von der grundsätzlichen Vermutung der Geschäftsfähigkeit aus, indem es auführt, wer nicht geschäftsfähig ist, und hier drei Gruppen von Personen nennt:
– Personen unter 7 Jahren,
– krankhaft Geistesgestörte,
– wegen Geisteskrankheit Entmündigte.

Auf eine bestimmte Rechtsfolge abzielende Erklärungen dieser Personen – das Gesetz spricht von Willenserklärungen – sind nichtig (§ 105 Abs. 1 BGB), d. h., sie entfalten keinerlei rechtliche Bedeutung. Damit diese rechtsfähigen, aber geschäftsunfähigen Personen dennoch am Rechtsverkehr teilnehmen können, muß ihnen jemand zur Seite stehen bzw. zur Seite gestellt werden, der selbst geschäftsfähig ist und für sie Willenserklärungen abgeben und entgegennehmen, also Rechtsgeschäfte abschließen kann. Diese sogenannten „gesetzlichen Vertreter" sind bei Kindern in der Regel die Eltern, im Ausnahmefall und bei den übrigen Fällen der Geschäftsunfähigkeit ein Vormund. Außer den voll geschäftsfähigen und den voll geschäftsunfähigen gibt es noch die dazwischen stehende Gruppe der beschränkt geschäftsfähigen Personen. Dies sind die Kinder und Jugendlichen ab Vollendung des 7. bis zur Vollendung des 18. Lebensjahres und die wegen Geistesschwäche (nicht Geisteskrankheit), Verschwendung, Trunksucht und Rauschgiftsucht Entmündigten (§§ 106 und 114 BGB). Für diese gelten komplizierte gesetzliche Regelungen, die hier nur vereinfacht auf folgenden Nenner gebracht werden können. Grundsätzlich können beschränkt Geschäftsfähige nur durch ihre gesetzlichen Vertreter oder mit deren Einwilligung (= vorherige Zustimmung) oder Genehmigung (= nachträgliche Zustimmung) wirksam am Rechtsverkehr teilnehmen. Mit diesem Grundsatz wird der Schutz des Minderjährigen/Entmündigten in den Vordergrund gerückt.

In zumindest geringem Umfang muß aber auch der Rechtsverkehr geschützt werden, insbesondere wenn man im Einzelfall nicht erkennen kann, daß man es mit einem nicht voll Geschäftsfähigen zu tun hat. Deshalb sieht das Gesetz vor, daß der Vertragspartner eines Minderjährigen/Entmündigten, falls eine Einwilligung des gesetzlichen Vertreters für den Vertragsabschluß nicht vorgelegen hat, diesen Vertreter zur Erklärung von dessen Genehmigung auffordern kann. Wird die Genehmigung nicht innerhalb von 2 Wochen ab Zugang der Aufforderung erklärt, gilt sie als verweigert und das zuvor „schwebend unwirksame" Geschäft wird endgültig unwirksam (§ 108 Abs. 2 BGB).

Daneben hat der gutgläubige Vertragspartner, der also die Beschränkung in der Geschäftsfähigkeit nicht kannte, das Recht, seine Willenserklärung zu widerrufen und damit seinerseits aus dem Vertrag zu kommen (§ 109 Abs. 1 BGB). Schließlich trägt das Gesetz neben dem Schutz des beschränkt Geschäftsfähigen und dem Schutz des Rechtsverkehrs noch einem dritten Gesichtspunkt Rechnung, indem es gewisse Rechtsgeschäfte auch ohne Zutun des gesetzlichen Vertreters wirksam werden läßt. Dies sind solche Geschäfte, die dem beschränkt Geschäftsfähigen nur Vorteile bringen, sodann die sogenannten „Taschengeldgeschäfte" und Geschäfte im Rahmen eines mit Zustimmung des Vertreters begründeten selbständigen Erwerbsgeschäfts oder eingegangenen Dienst- oder Arbeitsverhältnisses.

Um insoweit einen Bezug zum Berufsalltag des Architekten herzustellen, soll folgender Beispielfall behandelt werden: Ein 16jähriger Jugendlicher hat ein Grundstück mit einem Haus geerbt. Zur Erhaltung des Hauses sind dringende Sanierungsmaßnahmen erforderlich. Der Jugendliche will zum Zwecke dieser Sanierung einen Architekten, einen Statiker und verschiedene Baufirmen beauftragen. Der Jugendliche kann Partei/Auftraggeber dieser Werkverträge werden. Da es sich jedoch weder um ein nur Vorteile mit sich bringendes Geschäft handelt noch eine Anwendung des Taschengeldparagraphen in Betracht kommt, ist die Zustimmung des gesetzlichen Vertreters Voraussetzung für das wirksame Zustandekommen der Verträge.

Unter Bezugnahme auf diesen Beispielsfall ist also festzuhalten, daß der 16jährige Bauherr zwar Partei eines Honorar- oder auch Gewährleistungsprozesses als negativer Ausgang seiner Geschäftsbezie-

1. Rechtsbeziehungen

hungen zu Architekten und Handwerkern sein könnte, jedoch in diesem Verfahren von seinen Eltern/Vormund vertreten werden müßte.

Als Parallele zur Rechtsfähigkeit und der damit zusammenhängenden Parteifähigkeit ist mit der Geschäftsfähigkeit gleichzeitig die Prozeßfähigkeit anzusprechen.

Damit wird die Fähigkeit, die Rolle der Partei im Zivilprozeß selbst zu übernehmen, also persönlich Prozeßhandlungen vorzunehmen, umschrieben. Nur der voll Geschäftsfähige kann im Rechtsstreit selbst die Prozeßhandlungen vornehmen. Der Geschäftsunfähige oder beschränkt Geschäftsfähige wird also auch bei Prozeßhandlungen von den Eltern oder dem Vormund vertreten.

Deliktsfähigkeit

Der Vollständigkeit halber muß im Zusammenhang mit der Geschäftsfähigkeit auch kurz auf die Deliktsfähigkeit eingegangen werden.

Die Begriffe „Geschäftsfähigkeit" und „Deliktsfähigkeit" lassen sich unter dem Oberbegriff Handlungsfähigkeit zusammenfassen.

Während die Geschäftsfähigkeit sich auf den wirksamen Abschluß von Rechtsgeschäften bezieht, ist die Deliktsfähigkeit die Eigenschaft, sich durch unerlaubte Handlungen schadensersatzpflichtig zu machen, also Delikte verantwortlich zu begehen. Für beide Begriffe gilt, daß sie sich nur auf Handlungen von natürlichen Personen beziehen.

Grundsätzlich ist jede Person über 18 Jahre deliktsfähig. Kinder unter 7 Jahren und Geisteskranke sind deliktsunfähig.

Dazwischen stehen die beschränkt Deliktsfähigen, nämlich Kinder und Jugendliche zwischen 7 und 18 Jahren sowie Taubstumme. Bei ihnen ist für ihre zivilrechtliche Verantwortlichkeit entscheidend, ob derjenige, der eine unerlaubte Handlung begeht, aufgrund seiner individuellen Entwicklung das Unrecht speziell dieser Handlungen erkennen konnte.

1.2 Rechtsbeziehungen im öffentlichen Recht

Bei der Darstellung des Rechtsverhältnisses zwischen dem einzelnen Staatsbürger und dem Staat und seinen Organen ist an erster Stelle hervorzuheben, daß der Staat gegenüber dem Bürger niemals willkürlich handeln darf, sondern jeglicher Eingriff in Freiheit und Eigentum des Bürgers und jede belastende Anordnung einer gesetzlichen Ermächtigungsgrundlage bedarf. Das staatliche Handeln unterliegt also einer festen Bindung durch die Rechtsordnung.

Dieser sogenannte Vorrang des Rechts ist in Art. 20 Abs. 3 des Grundgesetzes (GG) verankert: „Die Gesetzgebung ist an die verfassungsmäßige Ordnung, die vollziehende Gewalt und die Rechtsprechung sind an Gesetz und Recht gebunden." Dar-

3

Teil A: I. Allgemeine Erörterungen

aus ergibt sich deutlich, daß zunächst die Verfassung die Grundlage für die Gesetzgebung ist und sich sodann die Verwaltung als vollziehende Gewalt und die Rechtsprechung nur im Rahmen von Gesetzgebung und Recht bewegen dürfen. Neben dieser Rangfolge der Rechtsnormen, wonach jede untergeordnete Norm mit sämtlichen übergeordneten Normen in Einklang stehen muß, verdeutlicht Art. 20 Abs. 3 GG auch das in der Bundesrepublik Deutschland geltende Prinzip der Gewaltenteilung zwischen

— Gesetzgebung (Legislative), die durch Bundestag und Landtage ausgeübt wird,
— Verwaltung (Exekutive), ausgeübt durch Ministerien, Behörden und Körperschaften des öffentlichen Rechts,
— Rechtsprechung (Judikative), die durch unabhängige Gerichte ausgeübt wird.

Ist ein Gesetz durch die Parlamente verabschiedet, obliegt der Gesetzesvollzug der Verwaltung. Gesetzesvollzug bedeutet insbesondere die Anwendung der Gesetze auf den konkreten Einzelfall, z. B. bei der Erteilung einer Baugenehmigung. Wie bereits oben erwähnt, muß das Verwaltungshandeln stets unter Beachtung der Grundsätze der Gesetzmäßigkeit und Rechtmäßigkeit der Verwaltung erfolgen, d. h., der Staat in Form der Verwaltung darf Hoheitsakte nur auf gesetzlicher Grundlage unter Einhaltung von Verfassung und Gesetzen erlassen. Bei der hoheitlichen Verwaltung ist zwischen der schlichten Hoheitsverwaltung und der Eingriffsverwaltung, auch obrigkeitliche Verwaltung genannt, zu unterscheiden.

Bei der schlichten Hoheitsverwaltung nimmt der Staat hoheitliche Aufgaben ohne die Anwendung von Zwang wahr, wie z. B. beim Straßenbau oder bei der Gewährung von Sozialhilfe. Bei der Eingriffsverwaltung werden Gebote und Verbote gegenüber dem Bürger ausgesprochen. Diese können bei Nichtbefolgung mit den Mitteln des Zwangsgelds, der Ersatzvornahme oder des unmittelbaren Zwangs durchgesetzt werden. Als Beispiele sind polizeiliche Verfügungen oder Steuerbescheide zu nennen. Für das hoheitliche Verwaltungshandeln stehen verschiedene Rechtsformen zur Verfügung. Zunächst kann die Verwaltung Rechtsverordnungen und Satzungen erlassen. Rechtsverordnungen sind allgemein verbindliche Vorschriften, die wie Gesetze Rechte und Pflichten regeln, auch wenn sie nicht im ordentlichen Gesetzgebungsverfahren durch Parlamente erlassen wurden. Sie werden von staatlichen Behörden, z. B. den Ministerien und verschiedenen Ämtern, erlassen. Satzungen sind die Rechtsnormen, die von Körperschaften des öffentlichen Rechts, wie z. B. den Gemeinden, erlassen werden. Beispiele sind Erschließungsbeitragssatzungen und Satzungen über die Erhebung von Grundsteuern etc. Voraussetzung für die Wirksamkeit von Rechtsverordnungen und Satzungen sind stets eine gesetzliche Ermächtigung und eine ordnungsgemäße Verkündung. Mit der Befugnis der Verwaltung, selbst Rechtsnormen zu setzen, wird den tatsächlichen Bedürfnissen einer schnellebigen Zeit Rechnung getragen, da das parlamentarische Gesetzgebungsverfahren teilweise zu langatmig ist. Deshalb ist es in weiten Bereichen erforderlich, die konkrete Ausgestaltung des von einem formellen Gesetz vorgegebenen Rahmens der Verwaltung zu überlassen, da in den Gesetzen nicht alle erforderlichen Einzelheiten geregelt werden können. Neben Rechtsverordnungen und Satzungen kann die Verwaltung für ihren Zuständigkeitsbereich sogenannte Verwaltungsvorschriften, die auch Erlaß, Richtlinie, Dienstanweisung oder Verwaltungsanordnung genannt werden, erlassen. Man unterscheidet hierbei zwischen verwaltungsinternen Vorschriften (Beispiel: Dienstzeit der Beamten) und Anordnungen an untere Behörden über die Durchführung und Auslegung von Rechtsnormen (Beispiel: Technische Verwaltungsvorschriften zum Bundes-Immissionsschutzgesetz).

Die wichtigste und häufigste Form des Verwaltungshandelns, mit dem Gesetze und sonstige Rechtsnormen im konkreten Einzelfall umgesetzt werden, ist der Verwaltungsakt.

In § 35 des Verwaltungsverfahrensgesetzes (VwVfG) wird als Verwaltungsakt „jede Verfügung, Entscheidung oder andere hoheitliche Maßnahme, die eine Behörde zur Regelung eines Einzelfalls auf dem Gebiet des öffentlichen Rechts trifft und die auf unmittelbare Rechtswirkung nach außen gerichtet ist", definiert. Der entscheidene Unterschied zwischen dem rein tatsächlichen Handeln der Verwaltung (z. B. Erteilung von Auskünften, Betrieb öffentlicher Einrichtungen etc.) oder Rechtsnormen (Beispiel für eine Satzung ist der Bebauungsplan) einerseits und dem Verwaltungsakt andererseits besteht darin, daß durch den Verwaltungsakt ein Einzelfall geregelt wird. Dabei ist der Personenkreis, an den sich der Verwaltungsakt richtet, zumindest bestimmbar, oder der Verwaltungsakt betrifft eine öffentlich-rechtliche Sache bzw. deren Benutzung durch die Allgemeinheit (Beispiel: Verkehrszeichen). Solche Verwaltungsakte, die sich nicht an einzelne Personen richten, nennt man Allgemeinverfügungen (§ 35 Satz 2 VwVfG).

Sodann ist maßgebliches Merkmal des Verwaltungsakts seine unmittelbare Rechtswirkung nach außen, d. h., es werden durch ihn außerhalb der Behörden stehende Personen bzw. Sachlagen geregelt. Dies stellt die grundlegende Unterscheidung des Verwaltungsakts von der Verwaltungsvorschrift dar. Verwaltungsakte lassen sich nach folgenden Kriterien unterscheiden:

• Nach der Rechtswirkung gegenüber den Betroffenen:

Hier sind insbesondere begünstigende und belastende Verwaltungsakte zu nennen. Begünstigende

Verwaltungsakte begründen Rechte bzw. rechtliche Vorteile, z. B. Erlaubnisse, Bewilligungen und Dispense. Belastende Verwaltungsakte verlangen in der Regel ein Handeln oder Unterlassen, wie dies z. B. bei Geboten, Verboten und Steuerbescheiden der Fall ist.

Denkbar sind auch Verwaltungsakte sowohl mit begünstigender als auch belastender Wirkung. Wird eine Person durch einen Verwaltungsakt begünstigt und eine andere durch denselben Akt gleichzeitig belastet, spricht man von einem Verwaltungsakt mit Doppelwirkung. Beispiel hierfür ist der Baudispens, der für den Bauherrn einen Vorteil und gleichzeitig für den Nachbarn einen Nachteil bedeutet.

• Nach dem Inhalt des Verwaltungsakts:

Hier sind insbesondere die gestaltenden und die feststellenden Verwaltungsakte zu nennen.

Gestaltende Verwaltungsakte begründen oder ändern unmittelbar eine Rechtslage. Als Beispiele sind auch hier wiederum Bewilligungen, Erlaubnisse und Genehmigungen zu nennen. Feststellende Verwaltungsakte dienen der Feststellung rechtlich erheblicher Eigenschaften von Sachen oder Personen, wie z. B. die Feststellung der Voraussetzungen für die Gewährung von Sozialhilfe. An dieser Stelle sind noch die befehlenden Verwaltungsakte, die ein Gebot oder Verbot enthalten, zu nennen. Aus dem Bereich des Baugeschehens ist hier an das Gebot, ein nicht mehr standsicheres Haus abzureißen, zu denken.

• Nach der Art der Beteiligung am Zustandekommen des Verwaltungsakts:

Man unterscheidet einseitige und mitwirkungsbedürftige Verwaltungsakte. Während der einseitige Verwaltungsakt ohne Beteiligung Dritter, insbesondere des Betroffenen, erlassen wird, setzt der mitwirkungsbedürftige Verwaltungsakt eine Beteiligung des Betroffenen voraus. Diese Beteiligung findet i. d. R. durch Stellung eines Antrags statt. Auch hier kann auf das Beispiel der Baugenehmigung zurückgegriffen werden.

Schließlich hat die Verwaltung im Bereich ihrer Hoheitstätigkeit noch die Möglichkeit des Abschlusses öffentlich-rechtlicher Verträge. Gemäß § 54 VwVfG kann auch auf dem Gebiet des öffentlichen Rechts ein Rechtsverhältnis durch Vertrag begründet, geändert oder aufgehoben werden, falls nicht Rechtsvorschriften entgegenstehen.

Damit haben die Behörden die Möglichkeit, einen öffentlich-rechtlichen Vertrag mit einem betroffenen Bürger zu schließen, statt ihm gegenüber einen Verwaltungsakt zu erlassen. Ein Beispiel ist der Erschließungsvertrag nach § 124 Baugesetzbuch (BauGB), mit dem eine vertragliche Vereinbarung zwischen Gemeinde und Bürger an die Stelle von Erschließungsbeitragsbescheiden tritt. Derartige Verträge zwischen Hoheitsträgern und Bürgern werden als subordinationsrechtliche Verträge, bei denen sich die Vertragspartner im Verhältnis der Über- und Unterordnung gegenüberstehen, bezeichnet. Daneben gibt es den öffentlich-rechtlichen Vertrag noch als koordinationsrechtlichen Vertrag zwischen gleichgeordneten Rechtsträgern, wie er z. B. unter verschiedenen Gemeinden über den gemeinsamen Betrieb von Entsorgungsanlagen häufig geschlossen wird.

Zusammenfassend kann zu den Rechtsbeziehungen im öffentlichen Recht folgendes festgehalten werden:

Der Staat schafft durch seine Gesetzgebung einen rechtlichen Rahmen, der durch die Verwaltung in Form des Gesetzesvollzugs und der näheren Ausgestaltung der Gesetze durch weitere Rechtsnormen im Rahmen ihrer rechtlich zulässigen Handlungsmöglichkeiten ausgefüllt wird.

Der Staat (Bund, Länder, Gemeinden, öffentlich-rechtliche Anstalten und Körperschaften und ihre Organe) tritt dem Bürger i. d. R. als Träger hoheitlicher Befugnisse gegenüber, so daß die Rechtsbeziehungen zwischen ihm und dem Bürger nach öffentlich-rechtlichen Regelungen bestimmt werden.

So sind z. B. für das Rechtsverhältnis zwischen einem privaten Bauherrn und einer Bauaufsichtsbehörde öffentlich-rechtliche Bestimmungen heranzuziehen. Dies gilt allerdings auch dann, wenn es sich um öffentliche Bauvorhaben handelt. Bei diesen wird das normale Baugenehmigungsverfahren durch ein besonderes Verwaltungsverfahren, das sogenannte Zustimmungsverfahren, ersetzt. Auch dieses Zustimmungsverfahren ist jedoch nichts anderes als eine Auslegung und Anwendung öffentlichen Rechts.

Am Beispiel des öffentlichen Bauvorhabens zeigt sich allerdings gleichzeitig, daß der Staat am allgemeinen Geschäftsleben auch außerhalb seiner Eigenschaft als Hoheitsträger teilnimmt, z. B. als Bauherr bzw. Auftraggeber von Baufirmen und Architekten und Fachingenieuren. In diesem Falle sind für die Rechtsbeziehungen zwischen dem Bauherrn Staat und den Auftragnehmern ausschließlich privatrechtliche Vorschriften maßgeblich.

1.3 Rechtsbeziehungen im privaten Recht

Die Rechtsbeziehungen im Privatrecht werden vor allem im Bürgerlichen Recht geregelt. Das Bürgerliche Recht enthält die Regelungen über das Verhältnis der einzelnen Staatsbürger/Privatpersonen zueinander, und zwar auf der Grundlage der Gleichberechtigung.

Dabei gilt das Bürgerliche Recht grundsätzlich für jede Privatperson. Weitere Teile der Privatrechtsordnung, wie das Handels- und Gesellschaftsrecht oder das Arbeitsrecht, bauen auf den allgemeinen Regelungen des Bürgerlichen Rechts auf und stellen Sondervorschriften für Kaufleute, Gesellschaften und Arbeitnehmer/Arbeitgeber dar.

Das Bürgerliche Recht als zentraler Kern des Privatrechts ist vor allem im Bürgerlichen Gesetzbuch (BGB) geregelt.

Daneben gibt es Gesetze, in denen bestimmte Einzelgebiete des Bürgerlichen Rechts geregelt werden und die als „Nebengesetze zum BGB" bezeichnet werden. Dies sind z. B. das Ehegesetz, das Gesetz über das Wohnungseigentum, das Gesetz zur Regelung des Rechts der Allgemeinen Geschäftsbedingungen und das Gesetz betreffend die Abzahlungsgeschäfte.

1.3.1 Das Vertragsrecht

Bei der Planung und Durchführung eines Bauvorhabens kommt es unwillkürlich zum Abschluß von Verträgen zwischen den am Bau Beteiligten.

Demzufolge spielt das Vertragsrecht bei der rechtlichen Darstellung des Baugeschehens eine zentrale Rolle.

Der Vertrag ist eine Form rechtsgeschäftlichen Handelns, weshalb zunächst der Begriff des Rechtsgeschäfts zu erläutern ist. Ausgangspunkt ist der im Bürgerlichen Recht verankerte Grundsatz der Privatautonomie.

Dieser besagt, daß – abgesehen von bestimmten Verpflichtungen familien- oder erbrechtlicher Natur und gesetzlichen Schuldverhältnissen – jeder Bürger nur soweit privatrechtlichen Bindungen unterliegt, als er diese durch freien Entschluß eingegangen ist. Rechtsbeziehungen werden also durch zielbewußte Handlungen des einzelnen begründet, geändert und aufgelöst. Dabei muß der Wille, eine Rechtsbeziehung zu begründen oder zu verändern, nach außen treten, d. h., er muß erklärt werden.

Dieses gezielte Handeln, durch das Personen durch Abgabe einer Willenserklärung Rechtsfolgen herbeiführen, wird als Rechtsgeschäft bezeichnet. Durch bestimmte Unterscheidungsmerkmale lassen sich verschiedene Typen von Rechtsgeschäften herausbilden. Von Bedeutung ist vor allem die Differenzierung zwischen einseitigen und mehrseitigen Rechtsgeschäften. Bei einem einseitigen Rechtsgeschäft genügt allein die Willenserklärung einer Person, um eine Rechtsfolge herbeizuführen, z. B. die Kündigung von Verträgen (Arbeitsverträge, Dienstverträge) und die erbrechtlichen Erklärungen in einem Testament.

In den meisten Fällen bedarf die Begründung von Rechtsbeziehungen jedoch der Mitwirkung von zwei oder mehreren Personen. Diese müssen sich über beabsichtigte Rechtsfolgen einig sein, d.h. übereinstimmende Willenserklärungen abgeben. Dieses mehrseitige Rechtsgeschäft ist der Vertrag.

Im BGB ist das Vertragsrecht wie folgt geregelt:

• Erstes Buch: Allgemeiner Teil
Im 3. Abschnitt des Allgemeinen Teils des BGB befinden sich in den §§ 104–185 die Regelungen über die Rechtsgeschäfte.

Neben den Vorschriften über die Geschäftsfähigkeit, die Willenserklärungen, Bedingungen und Zeitbestimmungen, Vertretung und Vollmacht sowie Einwilligung und Genehmigung enthält dieser 3. Abschnitt als Titel 3 in den §§ 145–157 die allgemeinen Regeln über den Vertrag.

• Zweites Buch: Recht der Schuldverhältnisse
Im 7. Abschnitt des 2. Buches des BGB sind u. a. die schuldrechtlichen Verträge wie Kauf, Tausch, Schenkung, Miete, Pacht, Leihe, Darlehen, Dienstvertrag, Werkvertrag etc. geregelt. Daneben enthält das 2. Buch allgemeine Regelungen zum Recht der Schuldverhältnisse, wie z. B. zum Verzug, zum Erlöschen von Schuldverhältnissen, zur Übertragung von Forderungen etc.

• Drittes Buch: Sachenrecht
Im Sachenrecht werden die Rechte einer oder mehrerer Personen an Sachen geregelt. Die Rechtsbeziehungen, die die Zuordnung einer Sache zu einer bestimmten Person darstellen, nennt man dingliche Rechte.

Neben der Bestimmung des Inhalts einzelner dinglicher Rechte regelt das Sachenrecht auch die Rechtsgeschäfte, mit denen die Rechte an Sachen begründet, übertragen, geändert und aufgehoben werden können.

Diese dinglichen Rechtsgeschäfte werden wie die schuldrechtlichen Rechtsgeschäfte auch in einseitige Rechtsgeschäfte und Verträge aufgeteilt. Beispiel für den sachenrechtlichen Vertrag ist die Übertragung von Eigentum an einer beweglichen Sache. Gemäß § 929 BGB findet diese statt, indem der bisherige Eigentümer dem Erwerber die Sache übergibt und beide darüber einig sind, daß das Eigentum übergeht. Diese Einigung in Form von zwei übereinstimmenden Willenserklärungen stellt den sachenrechtlichen Vertrag dar.

• Viertes und Fünftes Buch: Familien- und Erbrecht
Auch Familienrecht und Erbrecht enthalten vertragliche Regelungen, wie z. B. das Verlöbnis, den Ehevertrag, Scheidungsfolgevereinbarungen, den Erbvertrag etc.

Die zentrale Bedeutung des Vertrags im täglichen Rechtsverkehr und Geschäftsleben entspricht dem Grundsatz der Privatautonomie. Im privaten Recht gilt eine weitgehende Vertragsfreiheit, d. h., der Rechtsverkehr zwischen den einzelnen Rechtssubjekten, insbesondere der tägliche Waren- und Güteraustausch, unterliegt weitgehend der Selbstbestimmung der Vertragspartner.

Im Rahmen der Vertragsfreiheit unterscheidet man Abschluß-, Gestaltungs-, Form- und Aufhebungsfreiheit.

1.3.1.1 Abschlußfreiheit

Die Abschlußfreiheit bringt das Recht jedes inzelnen, frei über eine vertragliche Bindung zu entscheiden, zum Ausdruck. Grundsätzlich hängt es

also allein vom Entschluß des einzelnen ab, ob er einen Vertrag abschließen möchte oder nicht.
Beschränkungen der Abschlußfreiheit – auch Vertragseingehungsfreiheit genannt – treten nur insofern auf, als bestimmte Unternehmen und Einrichtungen eine Monopolstellung innehaben, wie z. B. Versorgungs- und Verkehrsunternehmen. Diese sind verpflichtet, mit jedem Kunden, der den Abschluß eines Vertrags zu üblichen und zumutbaren bzw. festgelegten Bedingungen anbietet, den Vertragsschluß einzugehen.
Gibt jemand eine Willenserklärung – z. B. zum Abschluß eines Vertrages – ab, ist er grundsätzlich auch an diese gebunden. Allerdings sind ausnahmsweise Fälle denkbar, in denen eine Willenserklärung zwar abgegeben wird, diese aber in Wirklichkeit gerade keine rechtlichen Wirkungen entfalten soll. Mit anderen Worten, der Erklärende hat bewußt etwas anderes gesagt, als er eigentlich will. In solchen Fällen, in denen der Erklärungsempfänger aufgrund besonderer Umstände nicht schutzwürdig ist, will das Gesetz den Erklärenden auch nicht an seine tatsächlich nicht gewollte Erklärung binden.
Deshalb regelt das BGB insoweit, daß
1. eine Willenserklärung, die unter dem Vorbehalt, das Erklärte nicht zu wollen, bei Kenntnis des Vorbehalts durch den Erklärungsempfänger nichtig ist (§ 116 BGB),
2. eine Willenserklärung, die einem anderen gegenüber mit dessen Einverständnis nur zum Schein abgegeben wird, nichtig ist (§ 117 Abs. 1 BGB),
3. eine nicht ernstlich gemeinte Willenserklärung, die in der Erwartung abgegeben wird, der Mangel der Ernstlichkeit werde nicht verkannt, nichtig ist (§ 118 BGB).
Nichtigkeit bedeutet, daß diese Willenserklärungen von vornherein keine rechtliche Wirkung erzeugen.
Zur Klarstellung ist allerdings darauf hinzuweisen, daß ein geheimer Vorbehalt, das Erklärte nicht zu wollen, die Wirksamkeit einer Willenserklärung nicht beeinträchtigt, da hier der Schutz des Erklärungsempfängers gewährleistet sein muß.
Diesem Schutzgedanken wird bei der nicht ernstlich gemeinten Erklärung – auch Scherzerklärung genannt – dadurch Rechnung getragen, daß der Empfänger, der die Erklärung ernst nimmt, den Schaden, den er durch sein Vertrauen in die Ernsthaftigkeit der Erklärung erleidet, ersetzt verlangen kann (§ 122 Abs. 1 BGB).
Zum bewußten Auseinanderfallen von Wille und Erklärung gehört auch der Fall, daß jemand durch eine widerrechtliche Drohung zur Abgabe einer Erklärung veranlaßt wird. Unter Drohung ist die Ankündigung eines vom Drohenden selbst zuzufügenden oder zumindest angeblich in seinem Einflußbereich liegenden Übels zu verstehen. Widerrechtlich ist diese Drohung, wenn zwischen dem vom Drohenden bezweckten Geschäftsabschluß und dem angekündigten Nachteil kein innerer und rechtfertigender Zusammenhang besteht.

Beispiel: Ein Architekt hat Kenntnis von einer strafbaren Handlung eines Bauherrn und veranlaßt diesen mit der Androhung einer Strafanzeige zum Abschluß eines Architektenvertrags, den der Bauherr ansonsten nicht mit ihm abgeschlossen hätte.
Anders als bei den oben behandelten Fällen nicht ernst gemeinter Willenserklärungen sieht das Gesetz im Fall der widerrechtlichen Drohung allerdings nicht die Nichtigkeit vor, sondern gibt dem Erklärenden nur die Möglichkeit, sich durch eine weitere Erklärung, genannt Anfechtung, von der durch Zwang zustandegekommenen früheren Erklärung zu lösen (§ 123 Abs. 1 BGB). Neben der durch widerrechtliche Drohung verursachten Erklärung behandelt § 123 Abs. 1 BGB den Fall der durch arglistige Täuschung herbeigeführten Willenserklärung. Derjenige, der eine Erklärung abgibt, weil bei ihm durch Vorspiegelung falscher Tatsachen vorsätzlich ein Irrtum herbeigeführt wurde, kann diese Erklärung ebenfalls nach § 123 Abs. 1 BGB anfechten. So wäre z. B. ein Bauherr zur Anfechtung eines Architektenvertrages wegen arglistiger Täuschung berechtigt, wenn er diesen Vertrag unter Vorspiegelung der Architekteneigenschaft mit einem „Berufsfremden" geschlossen hätte. Die Tatsache, daß das Gesetz hier dem schützenswerten Vertragspartner bzw. Erklärenden „nur" ein Anfechtungsrecht einräumt und nicht ohne weiteres die Nichtigkeit bestimmt, kann sich im Einzelfall durchaus auch zugunsten des Erklärenden auswirken. Denn es sind Fälle denkbar, in denen das Rechtsgeschäft trotz seines „unredlichen" Zustandekommens gleichzeitig so viele Vorteile für den Erklärenden mit sich bringt, daß er daran festhalten möchte. Das Gesetz gibt ihm sogar bewußt die Chance, die Entwicklung des Rechtsgeschäfts zunächst abzuwarten und sodann über Festhalten oder Anfechtung zu entscheiden, da die Anfechtungsfrist 1 Jahr ab Kenntnis der Täuschung bzw. Beendigung der Zwangslage beträgt (§ 124 Abs. 1 und 2 BGB).
Häufiger als bewußtes Auseinanderfallen von Gewolltem und Erklärtem kommen Fälle unbewußten Auseinanderfallens vor. Diese Form von Willensmängeln wird Irrtum genannt.
Allgemein kann man den Irrtum mit dem unbewußten Abweichen des Inhalts einer Willenserklärung vom tatsächlichen Willen des Erklärenden umschreiben. Im Gegensatz zur arglistigen Täuschung trägt der Erklärungsempfänger bei den üblichen Irrtumstatbeständen nicht zur Erregung des Irrtums – zumindest nicht bewußt – bei.
Wie stark das Gesetz den Grundsatz der Privatautonomie in den Vordergrund stellt, läßt sich daran ablesen, daß es unter bestimmten Voraussetzungen auch bei Vorliegen eines Irrtums dem Erklärenden die Möglichkeit der Anfechtung und damit die Lösung vom eingegangenen Rechtsgeschäft ein-

räumt, wenn anzunehmen ist, daß er die Erklärung bei Kenntnis der Sachlage und bei verständiger Würdigung des Falles nicht abgegeben hätte (§ 119 Abs. 1 BGB).

Allerdings kann nicht jeder Fall eines Irrtums die Berechtigung für eine Anfechtung begründen, denn sonst wären ständige Unsicherheiten im täglichen Geschäftsleben und das Lossagen von unangenehm gewordenen Rechtsgeschäften unter Berufung auf einen vorgeschobenen Irrtum die Folge.

Mit geringen Ausnahmen ist deshalb der sogenannte Motivirrtum unbeachtlich und führt nicht zu einem Anfechtungsrecht. Wie der Begriff bereits deutlich macht, erfaßt der Motivirrtum die Beweggründe, die persönlichen Erwartungen und Einschätzungen des Erklärenden, die ihn letzendlich zur Abgabe einer Willenserklärung bewogen haben. Dieser Irrtum wird deshalb auch Irrtum im Beweggrund genannt.

Unterläuft dem Erklärenden eine Fehleinschätzung im Zusammenhang mit seinen in der Regel gar nicht nach außen dringenden Motiven, so kann er grundsätzlich hieraus keine Anfechtungsmöglichkeit ableiten.

Eine Ausnahme hiervon macht das Gesetz selbst, indem es in § 119 Abs. 2 BGB bei einem Irrtum über wesentliche Eigenschaften einer Person oder Sache ein Anfechtungsrecht gewährt, obwohl es sich hierbei eigentlich auch um einen Irrtum im Beweggrund handelt. Ein Beispiel aus der Rechtsprechung hierfür ist die Lage und Bebaubarkeit eines Grundstücks (RG 61, 86; OLG Köln MDR 65, 292). Allerdings müssen auch hier im Interesse der Rechtssicherheit deutliche Grenzen gezogen werden. Deshalb sind nur solche rechtlichen oder tatsächlichen Verhältnisse beachtlich, die die Person oder Sache unmittelbar und zum Zeitpunkt der Abgabe der Willenserklärung kennzeichnen. Kauft z. B. ein Bauträger ein Stück Ackerland in der Erwartung/Hoffnung, daß es in naher Zukunft Bauland wird, und werden seine Hoffnungen enttäuscht, muß sein Irrtum unbeachtlich bleiben.

Ein Motivirrtum, der im Baugeschehen immer wieder eine Rolle spielt, ist der sogenannte Kalkulationsirrtum.

Häufig irren sich Bauunternehmer bei der Berechnung/Kalkulation der von ihnen angebotenen Preise oder über der Kalkulation zugrundeliegende Umstände und versuchen dann von zu niedrigen Preisen loszukommen.

Grundsätzlich berechtigt ein solcher Kalkulationsirrtum nicht zur Anfechtung, da die Preisermittlung und -berechnung vor der Abgabe der Willenserklärung geschieht und nicht Bestandteil der nach außen tretenden Erklärung wird. Deshalb besteht Einigkeit darüber, daß beim sogenannten internen oder verdeckten Kalkulationsirrtum kein Anfechtungsrecht besteht (BGH NJW-RR 87, 1307; OLG Frankfurt NJW-RR 90, 692).

Streitig ist, ob die Anfechtung dann möglich sein soll, wenn der Kalkulationsirrtum vom Erklärungsempfänger/Vertragspartner erkannt wurde oder die fehlerhafte Kalkulation ausdrücklich Bestandteil der Vertragsverhandlungen war. Das Reichsgericht hat dies bejaht, von der überwiegenden Meinung im Schrifttum wird diese Rechtsprechung abgelehnt (RG 64, 268; 162, 201, so auch OLG München NJW-RR 90, 1406, zustimmend Heiermann in BB 84, 1836, ablehnend Flume § 23 4e, Larenz § 20 IIa, Münchener Kommentar § 119 Rdn. 74).

Die beachtlichen und zur Anfechtung berechtigenden Irrtümer — abgesehen von den o. g. Ausnahmen beim Motivirrtum — werden mit den Begriffen „Erklärungsirrtum" (Irrtum in der Erklärungshandlung) und „Inhaltsirrtum" umschrieben. Der klassische Fall des Erklärungsirrtums, den das Gesetz in § 119 Abs. 1 BGB damit umschreibt, daß jemand „eine Erklärung dieses Inhalts überhaupt nicht abgeben wollte", ist das Versprechen und Verschreiben.

Hier weicht bereits der äußere Erklärungstatbestand vom Willen des Erklärenden ab. Als Beispiel eines Erklärungsirrtums, dem ein Architekt unterliegt, ist an das Ausfüllen eines Architektenvertrages u.a. mit der Honorarzone II (unterdurchschnittliche Planungsanforderungen), obwohl das Bauvorhaben durchschnittlichen Planungsanforderungen entspricht und der Architekt auch Honorarzone III einsetzen wollte, zu denken.

Zum Irrtum in der Erklärungshandlung gehört auch der Fall der fehlerhaften Übermittlung einer eigentlich richtig abgegebenen Willenserklärung, auch wenn dieser in § 120 BGB gesondert als Anfechtungsgrund geregelt ist. Gemeint sind z. B. Übermittelungen durch Boten, Dolmetscher oder die Telegrafenanstalt. Der beachtliche Inhaltsirrtum kann je nach dem Gegenstand des Irrtums als
— Irrtum über den Geschäftstyp,
— Irrtum über die Person des Geschäftspartners,
— Irrtum über den Geschäftsgegenstand,
— Irrtum über die Rechtsfolgen der Erklärung
auftreten.

Im Gegensatz zum Erklärungsirrtum stimmen hier der Wille des Erklärenden und der Erklärungstatbestand überein, der Erklärende irrt aber über die Tragweite und/oder Bedeutung seiner Erklärung. In diesen Fällen muß zunächst durch eine Auslegung gem. §§ 133, 157 BGB der wirkliche Wille des Erklärenden ermittelt werden. Kommt dieser bei verständiger und objektiver Auslegung doch in der Erklärung richtig zum Ausdruck, dann gilt das tatsächlich Gewollte. Nur wenn auch durch Auslegung der objektive Erklärungsinhalt, wie ihn der Erklärungsempfänger verstehen durfte und verstanden hat, nicht mit dem tatsächlich vom Erklärenden Gewollten in Übereinklang zu bringen ist, handelt es sich um einen Fall möglicher Anfechtung.

1. Rechtsbeziehungen

Ein besonders einleuchtendes Beispiel für den Inhaltsirrtum, und zwar den Irrtum über den Geschäftsgegenstand, ist der immer wieder zitierte Fall der Bestellung von 25 Gros Rollen WC-Papier – das sind 3.600 Rollen – in der fälschlichen Annahme, es handele sich um 25 große Rollen (LG Hanau NJW 79, 721). Aus der Vielzahl denkbarer Beispielfälle aus dem Baugeschehen könnte daran gedacht werden, daß es in einer Stadt zwei Architekten mit dem gleichen Namen gibt, von denen aber nur einer auf die Sanierung denkmalgeschützter Objekte spezialisiert ist, und ein Bauherr eines solchen Objekts versehentlich den anderen beauftragt.

Wie bei der nicht ernsthaft gemeinten Willenserklärung (§ 118 BGB) schützt das Gesetz den Erklärungsempfänger im Falle wirksamer Anfechtung, indem es den Anfechtenden verpflichtet, ihm den Vertrauensschaden, den er durch die angefochtene Erklärung erleidet, zu ersetzen (§ 122 Abs. 1 BGB), es sei denn, der Erklärungsempfänger kannte den Grund der Anfechtbarkeit oder mußte ihn bei Anwendung der gebotenen Sorgfalt kennen (§ 122 Abs. 2 BGB). Entsprechendes gilt für jeden Geschädigten bei nicht empfangsbedürftigen Willenserklärungen.

1.3.1.2 Gestaltungsfreiheit

Bei der Gestaltungsfreiheit muß die Vertragsfreiheit notgedrungen am stärksten an ihre Grenzen stoßen. Denn die Rechtsordnung kann nicht alles, was Vertragsparteien untereinander geregelt haben, auch tatsächlich als rechtlich verbindlich akzeptieren. Vielmehr ist es Aufgabe der Rechtsordnung, Mißbräuche im Rahmen der Privatautonomie zu Lasten wirtschaftlich, sozial und/oder intellektuell schwächerer Vertragspartner sowie den Abschluß gesetzwidriger Geschäfte zu verhindern.

Deshalb regelt das BGB die allgemeinen Grenzen der Vertragsfreiheit, indem es Verträge für nichtig erklärt, wenn deren Inhalt
– gegen ein gesetzliches Verbot (§ 134 BGB)
– gegen die guten Sitten (§ 138 BGB)
verstößt.

Die Vorschriften der §§ 134 und 138 BGB sind auf alle Rechtsgeschäfte, nicht nur auf Verträge anwendbar.

Beispiele für gesetzliche Verbote im Zusammenhang mit der täglichen Baupraxis sind Arbeitnehmerüberlassungsverträge ohne die gesetzlich vorgesehene Erlaubnis, Verstöße gegen die Makler- und Bauträgerverordnung sowie das sogenannte Kopplungsverbot zwischen Grundstückskaufverträgen und Architekten- und Ingenieurverträgen gem. § 3 des Gesetzes zur Regelung von Ingenieur- und Architektenleistungen.

Als Beispiel für sittenwidrige Geschäfte ist an Provisionszusagen eines Bauunternehmers gegenüber dem Architekten des Bauherrn, an Schmiergeldverträge sowie an Absprachen von Sicherheitsleistungen, die zu einer völlig unverhältnismäßigen Übersicherung führen, zu denken.

Nichtig ist weiterhin ein Vertrag, der eine objektiv unmögliche Leistung zum Inhalt hat (§ 306 BGB). Schließt z. B. der Eigentümer eines sanierungsbedürftigen Hauses einen Bauvertrag über die erforderlichen Arbeiten ab, ohne zu wissen, daß das Gebäude in der Zwischenzeit abgebrannt ist, ist dieser Vertrag auf eine objektiv unmögliche Leistung gerichtet und ohne weitere Erklärung der Vertragsparteien wirkungslos.

Sodann ist die Vertragsgestaltungsfreiheit insbesondere im Familien- und Erbrecht und im Sachenrecht eingeschränkt.

Die weitestgehende Gestaltungsfreiheit bei der Eingehung und Ausgestaltung von Rechtsverhältnissen haben die Parteien im Schuldrecht. Da hier in der Regel Rechtsbeziehungen ausgestaltet werden, die nur die beteiligten Vertragspartner berühren, räumt das Gesetz in diesem Bereich die größten Freiräume ein.

Allerdings kennt das Gesetz auch im Bereich des Schuldrechts unabänderbare bzw. zwingende Regelungen, an die sich Vertragsparteien eines bestimmten Vertragstyps immer halten müssen. Derartige Bestimmungen nennt man **zwingendes Recht**.

Durch den Begriff „zwingend" wird deutlich, daß diese Rechtsnormen nicht durch Vereinbarung von den Vertragsparteien abbedungen werden können.

Durch diese zwingenden Normen setzt das Gesetz den Grundsatz von Treu und Glauben, das Verbot der Sittenwidrigkeit und sozialpolitische Grundsätze durch. Solche Regelungen enthalten deshalb z. B. das Arbeitsrecht, das Wohnungsmietrecht und das Reisevertragsrecht.

Das zwingende Recht stellt im Bereich des Schuldrechts jedoch die Ausnahme dar, d. h., die Vertragsparteien können über die konkrete Ausgestaltung der gegenseitigen Rechte und Pflichten disponieren und weitgehend im Gesetz geregelte Vertragsmodelle abbedingen. Deshalb spricht man insoweit von dispositivem Recht.

Bei der Darstellung des Kaufvertrags als Beispiel eines schuldrechtlichen Vertrags wird auf die Unterschiede zwischen zwingendem und dispositivem Recht noch näher eingegangen (vgl. Abschnitt A.I. 1.3.3).

Da die Gestaltung von Verträgen und die Festlegung der Inhalte für die an der Planung Beteiligten oftmals große Schwierigkeiten bereitet, haben sich Berufsverbände und Interessenvertretungen entschlossen, sogenannte Musterverträge zu entwickeln und ihre Anwendung zu empfehlen. Als Beispiel wird der Einheits-Architektenvertrag nachfolgend ausführlich behandelt (vgl. Abschnitt A.IV).

1.3.1.3 Formfreiheit

Grundsätzlich ist ein Vertrag nicht an eine bestimmte Form gebunden, es sei denn, das Gesetz macht das Zustandekommen eines Vertrages von der Einhaltung einer bestimmten Form abhängig (Formzwang).

Dabei sieht das BGB folgende vier Formen von Vertragsabschlüssen vor:

— gesetzliche Schriftform (§ 126 BGB), z. B. Mietvertrag über Grundstücke, Wohnungen und Räume, die für länger als 1 Jahr geschlossen werden (§ 566 BGB), Bürgschaft (§ 766),
— notarielle Beurkundung (§ 128 BGB), z. B. Verpflichtung zur Grundstücksübereignung bzw. zum Grundstückserwerb (§ 313 BGB),
— öffentliche Beglaubigung (§ 129 BGB), z. B. Anmeldungen zum Vereinsregister (§ 77 BGB),
— Abgabe der Erklärung vor einer Behörde, z. B. Eheschließung (§§ 11, 13 Ehegesetz).

Wenn keine bestimmte Form vorgeschrieben ist, kann ein Vertrag auch formlos zustande kommen, das heißt, Angebot und Annahme müssen im Extremfall nicht einmal ausdrücklich erklärt werden. In diesem Fall genügt ein Verhalten, das objektiv erkennen läßt, daß man einen Vertrag abschließen möchte und daß der Vertragspartner sein Vertragsverhalten danach ausrichtet (konkludentes oder schlüssiges Verhalten).

Selbst wenn keine bestimmte Form zum Abschluß eines Vertrages Voraussetzung ist, sollte dennoch in der Regel ein Vertrag schriftlich abgeschlossen werden, um zum einen die Inhalte genauestens überlegen zu müssen, und zum anderen, um im Streitfall ein Beweisstück vorlegen zu können.

Allerdings zeigt die Praxis, insbesondere natürlich diejenigen Fälle, bei denen es zwischen den Vertragspartnern zu Meinungsverschiedenheiten kommt, daß der Frage eines Vertragsschlusses durch konkludentes Verhalten der Parteien große Bedeutung beizumessen ist. Und zwar gilt dies ganz besonders für den Bereich der Architektenverträge. Grundsätzlich muß für einen Vertragsschluß durch konkludentes Verhalten ein Lebenssachverhalt vorliegen, der darauf schließen läßt, daß sich beide Parteien vertraglich aneinander binden wollten, auch wenn sie dies nicht wörtlich bzw. ausdrücklich gesagt haben. Denn der Vertragsschluß durch schlüssiges Verhalten ist ja etwas anderes als der mündliche Vertrag, bei dem beide Parteien durch mündliche Willenserklärungen Angebot und Annahme im Sinne eines Vertragsschlusses abgeben. Beim Architektenvertrag kann auf keinen Fall ausreichen, daß dem Auftraggeber/Bauherr die Leistungen ohne bzw. gegen seinen Willen übergeben oder zur Kenntnis gebracht werden. Es muß auch die Schwelle der Akquisition für den Bauherrn erkennbar überschritten werden, d. h., es darf kein Fall vorliegen, in dem der Architekt zunächst auf eigenes Risiko bestimmte Leistungen erbringt, um den Bauherrn zu einem Vertragsschluß zu bewegen.

So hat die Rechtsprechung z. B. folgende Fälle nicht als ausreichend angesehen:

— die Vorlage eines Entwurfs durch einen Architekten in eigener Initiative bei einer Stadtverwaltung, auch wenn die Stadtverwaltung auf Wunsch des Architekten anschließend mit ihm die Möglichkeit einer Realisierung des Objektes erörtert (OLG Oldenburg NJW-RR 1987, 1166).
— Das Kammergericht Berlin hat entschieden, daß die Erbringung von Vorplanungsleistungen nicht genügen soll, wenn die Verwirklichung des Objektes noch nicht klar war und nur die Möglichkeiten einer Bebauung aufgezeigt werden (BauR 1988, 621).

Der konkludente Vertragsabschluß ist immer dann zu bejahen, wenn der Architekt bestimmte Leistungen erbracht hat und der Auftraggeber/Bauherr durch Entgegennahme bzw. Verwertung dieser Leistungen schlüssig zu erkennen gibt, daß deren Erbringung spätestens im Zeitpunkt der Entgegennahme oder Verwertung seinem Willen entspricht. Beispiele hierzu aus der Rechtsprechung sind:

— die Weiterleitung der Vorplanung durch den Bauherrn an den Grundstücksnachbarn, um dessen Zustimmung zum Bauvorhaben zu erreichen (OLG Frankfurt NJW-RR 1987, 535),
— die Unterschrift unter Pläne, eine Bauvoranfrage oder ein Baugesuch,
— die Leistung von Abschlagszahlungen (BGH BauR 1985, 582),
— die Entgegennahme von Ausführungsplänen, nach denen gebaut werden soll (BGH a.a.O.),
— die Unterzeichnung einer Vollmacht, zumindest hinsichtlich den in der Vollmacht enthaltenen Aufgaben, wie z. B. Verhandlungen mit Nachbarn oder Behörden (Kammergericht Berlin NJW-RR 1988, 21 = BauR 1988, 624).

Das letzte Beispiel aus der Rechtsprechung zeigt bereits, daß bei Verträgen, die durch schlüssiges Verhalten der Parteien zustandekommen, sich sofort die Frage nach dem Umfang des Vertrages aufdrängt.

Das OLG Köln (BauR 1973, 251) hat einmal für den Bereich der Gebührenordnung für Architekten (GOA) eine Vermutung für die Vollarchitektur bejaht (ebenso OLG Düsseldorf BauR 1979, 263). In dem entschiedenen Fall war umstritten, ob lediglich ein Planungsauftrag erteilt war oder sich der Auftrag auch auf die örtliche Bauaufsicht bezog, wofür das OLG Köln eine Vermutung sprechen ließ.

Die Auffassung, daß nach allgemeiner Ansicht eine Vermutung dafür bestehe, daß den Architekten die gesamten Leistungen übertragen wurden, kann in dieser Allgemeinheit nicht richtig sein. Im Einzelfall können durchaus verständliche Gründe dafür vorliegen, daß der Auftraggeber durch schlüssiges

Verhalten dem Architekten nur eine oder einzelne Leistungsphasen überträgt, weil er sich anschließend entscheiden will, ob er den Architekten mit weiteren Leistungsphasen betraut.

In diesem Sinn hat auch der BGH in einem im Jahr 1980 veröffentlichtem Fall entschieden (BGH BauR 1980, 84 NJW 1980, 122). In diesem Fall hatte der Auftraggeber zugestanden, den Architekten mit der Erstellung von zwei Vorentwürfen beauftragt zu haben. Einen darüber hinausgehenden Auftrag konnte der Architekt nicht beweisen. Der BGH führte aus, daß allein aus dem vom Beklagten eingeräumten Auftragsumfang noch nicht auf einen umfassenden Vertrag geschlossen werden könne. Der BGH betonte, daß es keinen typischen Geschehensablauf dahingehend gebe, daß sämtliche im Leistungsbild enthaltene Leistungen übertragen werden.

Beauftragt ein Bauherr den Architekten, den Bauantrag zu erstellen, so kommt ein Vertrag über die Leistungsphasen 1-4 des § 15 HOAI zustande (OLG Düsseldorf BauR 1982, 597; OLG Hamm NJW-RR 90, 522).

Gehen sowohl der Bauherr als auch der Architekt davon aus, daß die Durchführung des Bauvorhabens von der Klärung noch offener Fragen abhängt, so kommt ein Vertrag nur über Leistungen zustanden, die zur Klärung dieser Fragen zunächst zu erbringen sind (OLG Hamm BauR 1987, 582). Ein praktisches Beispiel hierfür sind die Fälle, in denen die Frage des Grundstückserwerbs noch nicht geklärt ist. Hier wird man grundsätzlich sagen können, daß der Auftragnehmer vor Klärung dieser Frage nicht von einem über die Vorplanung hinausgehenden Auftrag ausgehen kann.

Das OLG Stuttgart hat im Jahr 1980 entschieden, daß von einem unbestimmten Auftrag für die Genehmigungsplanung noch nicht auf einen Auftrag für die Ausführungsplanung geschlossen werden könne. Dies dürfte in der Regel richtig sein, da das Bauvorhaben mit der Leistungsphase 5 des § 15 HOAI in ein neues Stadium, nämlich die Ausführung, eintritt.

1.3.1.4 Aufhebungsfreiheit

Liegt beiderseitiges Einverständnis vor, dann kann ein Vertrag jederzeit wieder aufgehoben werden. Diese Aufhebungsvereinbarung stellt ebenfalls einen Vertrag dar. Einseitig, d. h. gegen den Willen des Vertragspartners, kann man sich nur von einem Vertrag lösen, wenn einer der oben behandelten Fälle der Anfechtung der eigenen Willenserklärung vorliegt oder aber ein Rücktritts- oder Kündigungsrecht entweder im Gesetz vorgesehen oder im Vertrag ausdrücklich vereinbart ist.

Auf derartige „Leistungsstörungen", die einem Rücktritt oder einer Kündigung in der Regel zugrunde liegen müssen, wird nachstehend gesondert eingegangen (vgl. Abschnitt AI. 1.4).

1.3.2 Der Tatbestand des Vertragsabschlusses

Bevor im einzelnen auf den Kaufvertrag als Beispiel eines schuldrechtlichen Vertrages eingegangen wird, soll der Tatbestand des Vertragsschlusses dargestellt werden.

Aus den allgemeinen Ausführungen zum Vertragsrecht, insbesondere zur Formfreiheit, war bereits zu entnehmen, daß für das Zustandekommen eines Vertrags übereinstimmende Willenserklärungen von mindestens 2 Personen vorliegen müssen. Diese Willenserklärungen werden **Angebot und Annahme** genannt.

Angebot und Annahme sind einseitige, grundsätzlich empfangsbedürftige Willenserklärungen; sie sind nicht einseitige Rechtsgeschäfte, sondern Teil des zweiseitigen Rechtsgeschäfts, das der Vertrag darstellt.

Das Angebot ist die Erklärung, mit dessen Empfänger einen Vertrag eingehen zu wollen. Dabei muß das Angebot den ganzen Inhalt des beabsichtigten Vertrages enthalten, damit der Vertrag durch ein einfaches „Einverstanden" oder „Ja" zustandekommen kann.

Bereits bei der Behandlung der Formfreiheit haben wir gesehen, daß ein derartiges Angebot auf ganz unterschiedliche Weisen abgegeben und ausgestaltet sein kann. Das Angebot einer Baufirma für ein großes Bauvorhaben besteht in der Regel aus einer umfangreichen Zusammenstellung von Leistungsbeschreibung, Leistungsverzeichnis, Vorbemerkungen, Vergabebedingungen, Zusätzlichen und Besonderen Vertragsbedingungen etc.

Demgegenüber können die „Geschäfte des täglichen Lebens", wie z. B. der Einkauf am Kiosk oder im Supermarkt, so vonstatten gehen, daß das Vertragsangebot des Käufers nicht einmal mündlich erklärt werden muß. Die Warenauslage im Kaufhaus oder im Supermarkt selbst ist noch kein Angebot, sondern nur die Aufforderung an den einzelnen Kunden, ein Vertragsangebot in Bezug auf konkret ausgewählte Waren zu unterbreiten. Dies geschieht dann aber in der Regel sogar wortlos, indem der Kunde z. B. die Ware an der Kasse auf die dort vorgesehene Ablage legt.

Bei diesem Beispiel wird auch die Erklärung der Annahme des Angebots lediglich durch schlüssiges Verhalten der Kassiererin erfolgen, indem diese den Preis nennt oder eintippt.

Beim Beispiel des umfangreichen Angebots zum Abschluß eines Bauvertrages wird die Annahmeerklärung in der Regel zumindest durch ein Auftragsschreiben des Auftraggebers erfolgen.

In den §§ 145 ff. enthält das BGB folgende Regelungen zu Angebot und Annahme und damit zum Zustandekommen von Verträgen:

Hat der Antragende die Bindung an den Antrag nicht ausgeschlossen, so ist er gegenüber dem Empfänger des Antrags an diesen gebunden (§ 145 BGB), bis er entweder abgelehnt wird oder erlischt,

wird oder erlischt, weil er nicht rechtzeitig angenommen wird (§ 146 BGB).
Die Rechtzeitigkeit der Annahme richtet sich entweder nach der vom Antragenden bestimmten Annahmefrist (§ 148 BGB) oder danach, ob der Antrag einem Anwesenden oder einem Abwesenden gemacht wird. Der einem Anwesenden und der durch Telefon unterbreitete Antrag müssen sofort angenommen werden (§ 147 Abs. 1 BGB), der einem Abwesenden gemachte Antrag muß bis zu dem Zeitpunkt angenommen werden, in dem unter regelmäßigen Umständen mit der Antwort zu rechnen ist (§ 147 Abs. 2 BGB). Diese Annahmefrist setzt sich also aus der jeweiligen Übermittlungszeit von Angebot und Annahme und einer Bearbeitungs- und Überlegungszeit je nach den Besonderheiten des Einzelfalles zusammen.
Da die verspätete Annahme nicht mehr zum Vertragsschluß führen kann, weil der Ablauf der Angebotsfrist unmittelbar zum Erlöschen des Antrags führt, gilt sie als neuer Antrag, der nunmehr vom ehemals Antragenden angenommen werden kann (§ 150 Abs. 1 BGB).
Dies trifft gleichermaßen auf eine Annahmeerklärung, die Änderungen gegenüber dem Angebot enthält, zu. Diese veränderte Annahme gilt als Ablehnung des Angebots unter gleichzeitiger Abgabe eines neuen Antrags (§ 150 Abs. 2 BGB).
Eine Ausnahme von der grundsätzlich empfangsbedürftigen Annahmeerklärung enthält § 151 BGB und trägt damit praktischen Bedürfnissen Rechnung. Denn häufig wäre in der Praxis der Zugang einer gesonderten Annahmeerklärung eine sinnlose Förmelei. Deshalb ist die Abgabe der Annahmeerklärung gegenüber dem Anbietenden nicht für den Vertragsschluß erforderlich, wenn der Anbietende entweder darauf verzichtet hat oder eine solche Erklärung nach der Verkehrssitte nicht zu erwarten ist.
Ein Verzicht liegt z. B. häufig bei ständigen Geschäftsbeziehungen und ständig wiederholten Warenbestellungen vor. Er kann auch ausdrücklich durch eine sinngemäße Formulierung wie „liefern Sie mir so schnell wie möglich..." erklärt werden.
Das beste Beispiel dafür, daß nach der Verkehrssitte der Zugang einer Annahmeerklärung nicht erwartet wird, ist der Vesandhandel. Hier wird durch Absendung der bestellten Ware die Annahme schlüssig erklärt.
Voraussetzung für das Zustandekommen des Vertrages ist, daß Angebot und Annahme übereinstimmen.
Gemäß § 154 Abs. 1 BGB kommt der Vertrag im Zweifel solange nicht zustande, bis die Parteien sich in allen zumindest von einer Partei für wesentlich gehaltenen Punkten wirklich geeinigt haben. Man nennt diesen Zustand „offenen Einigungsmangel" oder „offenen Dissens".

Einigen sich die Parteien allerdings über alle wesentlichen Elemente des betreffenden Geschäfts und lassen bewußt einen bestimmten Punkt offen, so daß statt einer Vereinbarung die gesetzliche Regelung gilt, dann liegt gerade kein Einigungsmangel vor, und der Vertrag wird rechtswirksam.
Neben dem offenen Einigungsmangel regelt das Gesetz in § 155 BGB den Fall des versteckten Dissenses. Glauben die Parteien irrtümlich, vollständig einig zu sein, so gilt das Vereinbarte, wenn anzunehmen ist, daß sie den Vertrag auch ohne eine Bestimmung über den offenen Punkt abgeschlossen hätten. Insofern kommt es auf den mutmaßlichen Parteiwillen an. Derjenige, der sich auf den Abschluß des Vertrages beruft, muß die Umstände, aus denen sich der entsprechende Parteiwille ergibt, beweisen.
Werden von dem versteckten Einigungsmangel wesentliche Elemente des Vertrages erfaßt, scheidet in der Regel ein wirksamer Abschluß des Vertrages aus.
Mit der Frage, ob im Einzelfall überhaupt eine Einigung der Vertragsparteien vorliegt, gelangt man zur **Auslegung** von Verträgen.
Gemäß § 157 BGB sind Verträge nach Treu und Glauben unter Beachtung der Verkehrssitte auszulegen. Zusätzlich besagt § 133 BGB, der auch auf Verträge neben § 157 BGB anwendbar ist, daß man bei der Auslegung von Willenserklärungen nicht am buchstäblichen Sinn des Erklärten haften darf, sondern der wirkliche Wille zu erforschen ist.
Ist ein Vertrag also auszulegen, z. B. weil sich die Parteien über dessen Bedeutung streiten, dann ist trotz des Verbots der „Buchstabenanalyse" zunächst vom Wortlaut der beiderseitigen Willenserklärungen bei der Erforschung des Parteiwillens auszugehen. Grundlage ist der allgemeine Sprachgebrauch, ein besonderer Sprachgebrauch der Parteien nur, wenn dieser dem jeweils anderen Vertragspartner bekannt war. Ist der Vertrag in Schriftform abgefaßt, sind der sprachliche Zusammenhang des Textes (grammatikalische Auslegung) und die Stellung der streitigen oder unklaren Passage im Vertragstext (systematische Auslegung) zu berücksichtigen.
Ist der Wortsinn und der damit verbundene Wille der Parteien nicht zweifelsfrei, sind die Begleitumstände des Vertrages wie Entstehungsgeschichte des Vertragsschlusses, Zweck des Vertrags, Interessenlage der Parteien etc. in die Auslegung einzubeziehen.
Führt die Auslegung von Angebot und Annahme dazu, daß zwischen den Parteien eine Einigung zustandegekommen ist, dann ist der Vertrag mit dem durch die Auslegung ermittelten Inhalt bindend, auch wenn eine Vertragspartei z. B. einen Teil der schriftlichen Formulierungen anders verstanden hat.

Auf Besonderheiten bei der Auslegung von Allgemeinen Geschäftsbedingungen (AGB) wird im Abschnitt A.IV eingegangen.

Die Auslegung von Willenserklärungen und Verträgen kommt nicht nur bei umstrittenen und/oder zweifelhaften Vertragsformulierungen, sondern auch bei Regelungslücken zur Anwendung. In diesem Fall spricht man von **ergänzender Vertragsauslegung**. Tritt eine Situation ein, die offenbart, daß die Parteien bei Vertragsschluß an eine oder mehrere Fallvarianten im Zusammenhang mit dem Vertrag nicht gedacht haben, und ist diese Lücke auch nicht durch das dispositive Recht sinnvoll zu schließen, so wird sie ebenfalls durch Auslegung geschlossen. Es ist dann die Lösung zu ermitteln, die die Parteien vereinbart hätten, wenn sie hieran bei Vertragsschluß gedacht hätten.

Wie sich aus § 157 BGB ergibt, sind jeder Auslegung der Grundsatz von **Treu und Glauben** und die **Verkehrssitte** zugrunde zu legen.

Unter Verkehrssitte versteht man eine einigermaßen gefestigte und herrschende tatsächliche Übung im Kreis der Personen, die derartige Geschäfte abschließen.

Der über allem stehende Grundsatz von Treu und Glauben wirkt sich bei der Vertragsauslegung so aus, daß ein Auslegungsergebnis zu finden ist, das einerseits die Voraussetzungen des redlichen Geschäftslebens erfüllt und andererseits den beiderseitigen Interessen der Vertragsparteien angemessen Rechnung trägt.

In der Regel treten die Wirkungen und Rechtsfolgen eines Vertrages bereits mit dessen Abschluß in Kraft.

Ausnahmsweise kann ein Vertrag aber auch so abgeschlossen werden, daß er zwar mit Abschluß bindend ist, die von ihm ausgehenden Wirkungen aber erst bei Eintritt einer bestimmten Bedingung in Kraft treten (§ 158 Abs. 1 BGB).

Ein Beispiel für diese **aufschiebenden Bedingungen** ist der Abschluß eines Architektenvertrages, der erst dann wirksam werden soll, wenn der Bauherr das Grundstück, auf dem gebaut werden soll, tatsächlich erworben hat. Bis zum Erwerb befindet sich das Vertragsverhältnis in einem Schwebezustand, der mit Erwerb beendet wird, so daß das Stadium des vollwirksamen Vertrages eintritt.

In diesem Fall ist der Architekt gut beraten, bis zum Eintritt der Bedingung noch keine Leistungen zu erbringen, da bei deren Nichteintritt keine vertragliche Anspruchsgrundlage für einen Vergütungsanspruch besteht.

Es ist aber auch der umgekehrte Fall denkbar, nämlich daß der Vertrag bereits vollwirksam abgeschlossen wird, jedoch bei Eintritt einer vorher festgelegten Bedingung seine Wirksamkeit verlieren soll. Hier spricht man von einer **auflösenden Bedingung**, mit deren Eintritt der Rechtszustand vor Vertragsschluß wieder hergestellt wird (§ 158 Abs. 2 BGB). Auch insoweit ist als Beispiel an den Abschluß eines Architektenvertrages zu denken. Im Gegensatz zur aufschiebenden Bedingung kann vereinbart werden, daß der Vertrag bereits über das komplette Leistungsbild des § 15 HOAI abgeschlossen wird, aber seine Wirkung verlieren soll, wenn die Baugenehmigung nicht erteilt wird. In diesem Fall wäre dann zur Beendigung des Vertrages keine Kündigung durch den Bauherrn erforderlich. Die bis zum Eintritt der auflösenden Bedingung geleisteten Arbeiten werden dem Architekten vergütet, soweit die Leistungen vertragsgerecht sind und die Nichterteilung der Baugenehmigung nicht vom Architekten zu vertreten ist.

Gem. § 163 BGB steht der Vereinbarung von aufschiebenden oder auflösenden Bedingungen die Bestimmung eines Anfangs- oder Endtermins für die Wirkung des Rechtsgeschäfts gleich. Bestes Beispiel hierfür ist der erst ab einem bestimmten Datum in Kraft tretende (Anfangstermin) und der auf einen bestimmten Zeitraum befristete Arbeitsvertrag (Endtermin).

Für den Schwebezustand bis zum Eintritt einer Bedingung und für Fälle des treuwidrigen Verhinderns oder arglistigen Herbeiführens einer Bedingung enthalten die §§ 159 bis 162 BGB spezielle Regelungen, auf die hier nicht näher eingegangen werden soll.

Im Zusammenhang mit dem Zustandekommen des Vertrages durch Angebot und Annahmeerklärung ist zur Vollständigkeit auf das sogenannte **„kaufmännische Bestätigungsschreiben"** einzugehen.

Es handelt sich um einen Ausnahmefall, in dem Schweigen als Zustimmung angesehen wird.

Häufig werden von Kaufleuten formlos getroffene Absprachen schriftlich bestätigt (deklaratorische Bestätigungsschreiben). Dieses kaufmännische Bestätigungsschreiben hat rechtserzeugende Wirkung, indem sein Inhalt mangels Widerspruchs des Empfängers verbindlich wird. Das Schweigen steht in diesem Fall also ausnahmsweise in seinen Wirkungen einer Willenserklärung gleich.

Der Widerspruch kann formlos erklärt werden. Er muß jedoch unverzüglich erfolgen, d. h. in der Regel innerhalb von ein bis zwei Tagen nach Zugang des Bestätigungsschreibens; eine Woche ist in der Regel schon zu lang. Der verspätete Widerspruch beseitigt die Wirkung des Bestätigungsschreibens nicht.

Nur wenn der Bestätigende das Verhandlungsergebnis bewußt falsch wiedergibt, also arglistig handelt oder der Inhalt des Schreibens so stark vom Besprochenen abweicht, daß der Verfasser nicht ernsthaft mit dem Einverständnis des Empfängers rechnen kann, bleibt das Bestätigungsschreiben von vornherein ohne Wirkung. Allerdings besteht hierbei für den Empfänger des Bestätigungsschreibens das Problem, daß er die Arglist oder die wesentliche Abweichung des Schreibens vom Verhandlungsergebnis beweisen muß. Dies wird ihm in der Regel nicht gelingen, wenn z. B. die Vertragsverhandlungen ohne Zeugen stattgefunden haben. Für die Baubeteiligten spielen die Grundsätze zum kaufmännischen Bestätigungsschreiben deshalb eine wichtige Rolle, weil ihr Anwendungsbereich nicht auf Vollkaufleute beschränkt ist, sondern alle, die ähnlich wie Kaufleute am Rechtsverkehr teilnehmen, Absender und Empfänger von kaufmännischen Bestätigungsschreiben sein können. Der Bundesgerichtshof hat dies unter anderem auch für Architekten bejaht (BGH WM 73, 1376).

1.3.3 Der Kaufvertrag als Beispiel aus dem Vertragsrecht

Der wichtigste Vertrag im privaten Baurecht ist der Werkvertrag.
Die Regeln des BGB zum Werkvertrag, ergänzt durch die Verdingungsordnung für Bauleistungen (VOB), wird Gegenstand des Bandes 2 sein, da dieser Vertrag in den Leistungsphasen 5 ff. des §15 HOAI die entscheidende Rolle spielt.
Wie bereits erwähnt, wird im Abschnitt A.IV der Architektenvertrag als eine Form des Werkvertrags am Beispiel des Einheits-Architektenvertrages detailliert dargestellt, da ihm die zentrale Bedeutung bei der Erbringung des Leistungsbilds des §15 HOAI zukommt.
Nachfolgend sollen jedoch zunächst die wichtigsten Begriffe und Zusammenhänge des Vertragsrechts anhand des Kaufvertrages herausgearbeitet werden. Denn der Kaufvertrag ist das Beispiel eines gegenseitigen Schuldverhältnisses, an dem sich sämtliche Regelungen des allgemeinen Schuldrechts am besten darstellen lassen.
Im BGB ist der Kauf in den §§ 433 bis 514 geregelt; darüber hinaus enthält das Handelsgesetzbuch (HGB) ergänzende Vorschriften für den Handelskauf, auf die hier nicht eingegangen werden kann.
Die Grundpflichten des Verkäufers und des Käufers werden in § 433 BGB wie folgt formuliert:
„(1) Durch den Kaufvertrag wird der Verkäufer einer Sache verpflichtet, dem Käufer die Sache zu übergeben und das Eigentum an der Sache zu verschaffen. Der Verkäufer eines Rechtes ist verpflichtet, dem Käufer das Recht zu verschaffen und, wenn das Recht zum Besitz einer Sache berechtigt, die Sache zu übergeben.
(2) Der Käufer ist verpflichtet, dem Verkäufer den vereinbarten Kaufpreis zu zahlen und die gekaufte Sache abzunehmen."
Aus dem Gesetzestext ergibt sich zunächst, daß zwischen Sach- und Rechtskauf unterschieden wird. Neben körperlichen Gegenständen (Sachen) können also auch z. B. Patente, Geschäftsgeheimnisse, Warenzeichen, Geschmacksmuster, Anteil an Gesellschaften, z. B. an einem Architekturbüro, Gegenstand von Kaufverträgen sein. Beim Kauf eines Architekturbüros oder eines Gesellschaftsanteils an einem solchen Büro liegt eine Kombination aus Sach- und Rechtskauf vor.
Die Pflichten des Verkäufers werden nachfolgend am Beispiel des Sachkaufs dargestellt.
Zunächst ist der Verkäufer aufgrund des Vertrages verpflichtet, dem Käufer die Sache zu übergeben, d. h., er muß dem Käufer den unmittelbaren Besitz an der Sache verschaffen, es sei denn, im Vertrag wird ausdrücklich etwas Abweichendes vereinbart. Ist eine konkrete Sache von vornherein Gegenstand des Kaufvertrages, so handelt es sich um einen sogenannten „Stückkauf". Demgegenüber spricht man von einem „Gattungskauf", wenn der Verkäufer nur eine der Gattung nach bestimmte Sache mittlerer Art und Güte liefern muß.
Sodann ist der Verkäufer verpflichtet, dem Käufer das Eigentum an der Sache zu verschaffen. Es handelt sich hierbei um eine Besonderheit des deutschen Rechts dergestalt, daß der Abschluß des Kaufvertrages noch nicht zum Eigentumsübergang führt, sondern nur die schuldrechtliche Verpflichtung begründet, durch das dingliche Rechtsgeschäft der Übereignung den Eigentumsübergang zu vollziehen (Abstraktionsprinzip).
Bei beweglichen Sachen erfolgt dies in der Regel durch die Einigung zwischen den Parteien zum Zeitpunkt der Übergabe, daß das Eigentum an der Sache übergehen soll (§ 929 BGB).
Die Übergabe und die Übereignung können aber auch zeitlich auseinanderfallen, z. B. beim Verkauf unter Eigentumsvorbehalt, bei dem der Verkäufer die Sache unter der aufschiebenden Bedingung (§ 158 Abs. 1 BGB) übereignet, daß das Eigentum erst übergeht, wenn der geschuldete Kaufpreis komplett bezahlt ist.
Bei Grundstücken erfolgt die Erklärung der Einigung über den Eigentumsübergang, genannt Auflassung, vor einer zuständigen Stelle (Notar, Gerichte bei gerichtlichen Vergleichen, Konsularbeamte, § 925 Abs. 1 BGB). Darüber hinaus ist die Eintragung der Rechtsänderung im Grundbuch Voraussetzung des Eigentumsübergangs (§ 873 Abs. 1 BGB).
Gem. § 434 BGB ist der Verkäufer überdies verpflichtet, dem Käufer den Kaufgegenstand frei von Rechten Dritter zu verschaffen. Natürlich können die Parteien anderes vereinbaren, z. B. wird oft beim Verkauf eines Hauses vom Käufer die Belastung des Grundstücks (Hypotheken, Wegerechte etc.) in Anrechnung auf den Kaufpreis übernommen.
Aus dem Kaufvertrag können sich außerdem Nebenpflichten des Verkäufers ergeben. Diese müssen nicht mehr ausdrücklich vereinbart werden, sondern können sich auch aus § 242 BGB (Leistung nach Treu und Glauben) ergeben. Hier sind Auskunfts- und Aufklärungspflichten, die Pflicht zum Schutz des Kaufgegenstandes bis zum Gefahrübergang, eine ordnungsgemäße Verpackung, die Bereithaltung von Ersatzteilen für eine gewisse

Zeit und die Pflicht zur Einweisung – z. B. zum Gebrauch von Software – beispielhaft zu nennen.
Die Grundpflichten des Käufers ergeben sich aus § 433 Abs. 2 BGB.
An erster Stelle steht natürlich die Pflicht zur Kaufpreiszahlung.
Es handelt sich um eine Hauptpflicht des Käufers, die grundsätzlich Zug um Zug gegen die Übertragung des Kaufgegenstands zu erfüllen ist.
Der Kaufpreis ist die in Geld vereinbarte Gegenleistung für den Kaufgegenstand (bei einer Sachleistung statt Geld liegt Tausch vor, § 515 BGB).
Der Kaufpreis muß nicht zwingend im Vertrag beziffert sein. Oft findet man als Preisvereinbarung, daß der Börsenpreis, der Marktpreis oder aber der Preis der Konkurrenz als Preis der Ware vereinbart wird. Sogar sogenannte „freibleibende Preise" können vereinbart werden, und zwar dergestalt, daß der Verkäufer den Kaufpreis entsprechend der Marktlage am Ort und zur Zeit der Lieferung festsetzt. Daß besonders in diesen Fällen § 242 BGB, der besagt, daß der Schuldner verpflichtet ist, die Leistung so zu bewirken, wie Treu und Glauben mit Rücksicht auf die Verkehrssitte es erfordern, zu beachten ist, ist selbstverständlich.
Sodann ist der Käufer verpflichtet, die Kaufsache abzunehmen. Obwohl diese Abnahmepflicht im Gesetz ausdrücklich geregelt ist, handelt es sich i. d. R. um eine **Nebenpflicht**, deren Verletzung den Verkäufer z. B. nicht zum Rücktritt vom Vertrag berechtigt.
Weitere Nebenpflichten des Käufers sind z. B. die Lastentragung ab Übergabe von beweglichen Sachen (§ 446 Abs. 1 Satz 2 BGB) und ab Eintragung im Grundbuch bei Grundstücken (§ 446 Abs. 2 BGB), die Kaufpreisverzinsung ab Übergang der Nutzungen (§ 452 BGB), Beurkundungs- und Eintragungskosten bei Grundstücken (§ 449 BGB) etc.
Wird der Kaufgegenstand mangelfrei und rechtzeitig auf den Käufer übertragen und erhält der Verkäufer absprachegemäß und fristgerecht den Kaufpreis, ist das Schuldverhältnis „Kauf" erfüllt.
Auf die möglichen Leistungsstörungen bei der Abwicklung des Kaufvertrages wird im nachfolgenden Abschnitt, der allgemein die Arten der Leistungsstörungen – mit Schwerpunkt auf dem Kaufrecht – darstellt, eingegangen. Darüber hinaus wird auf die Leistungsstörungen beim Architektenvertrag und beim Bauvertrag in Abschnitt A.IV und in Band 2 gesondert eingegangen.

1.4 Leistungsstörungen

Wenn ein Vertragspartner seinen Verpflichtungen nicht oder unzureichend nachkommt, spricht man von Leistungsstörungen. Für die rechtliche Einordnung dieser Leistungsstörungen und die sich aus ihnen ergebenden Rechtsfolgen enthält das Gesetz ein kompliziertes Regelungs- und Haftungssystem.

An dieser Stelle kann dieses selbst für Juristen komplizierte System nur in seinen Grundzügen gezeigt werden, zumal im Zusammenhang mit der Darstellung des Einheits-Architektenvertrages noch auf Einzelheiten eingegangen wird.
Im üblichen Sprachgebrauch unterscheidet man drei Arten von Leistungsstörungen:
– Der Schuldner leistet überhaupt nicht.
– Der Schuldner leistet verspätet.
– Der Schuldner leistet schlecht.
Dementsprechend spricht man von Nichterfüllung, Verzug/Späterfüllung und Schlechterfüllung.

1.4.1 Die Unmöglichkeit

Von Unmöglichkeit der Leistung spricht man, wenn der Schuldner die von ihm zu erbringende Leistung deshalb nicht erbringt, weil er sie nicht erbringen kann.
Dabei kann diese Unmöglichkeit durch tatsächliche Umstände eintreten, wie z. B. im bereits oben erwähnten Fall der Zerstörung des zu sanierenden Hauses durch Feuer. Als unmöglich wird jedoch auch eine Leistung, deren Erbringung rechtliche Gründe entgegenstehen, angesehen, so z. B. im Falle eines rechtskräftigen Bauverbots, das dazu führt, daß die vertraglich geschuldete Bauleistung nicht erbracht werden kann.
Üblicherweise bedeutet Unmöglichkeit, daß das Geschuldete zumindest vom Schuldner überhaupt nicht mehr geleistet werden kann. Ausnahmsweise kann der Zweck einer geschuldeten Leistung jedoch so eng mit der Einhaltung eines bestimmten Leistungszeitpunkts verbunden sein, daß allein der Ablauf des vom Schuldner einzuhaltenden Leistungstermins zur Unmöglichkeit der konkreten Leistung führt. In diesen Fällen spricht man von einem „absoluten Fixgeschäft" bzw. von einer „absoluten Fixschuld". Diese Fälle liegen immer dann vor, wenn eine Leistung vom Gläubiger an einem ganz bestimmten Tag bzw. zu einem ganz bestimmten Ereignis benötigt wird und diese Leistung nach dem geschuldeten Zeitpunkt für den Gläubiger zu dem beabsichtigten Zweck nicht mehr verwertbar ist.
Bei den Rechtsfolgen der Unmöglichkeit unterscheidet das Gesetz zwischen der anfänglichen und der nachträglichen Unmöglichkeit.
Von anfänglicher Unmöglichkeit spricht man, wenn die geschuldete Leistung bereits zum Zeitpunkt des Vertragsschlusses unmöglich war.
Nachträgliche Unmöglichkeit liegt vor, wenn die entsprechenden leistungsstörenden Umstände erst zwischen Vertragsschluß oder sonstiger Begründung eines Schuldverhältnisses und dem vorgesehenen Leistungszeitpunkt eingetreten sind.
Da die zwischen Begründung des Schuldverhältnisses und vorgesehener Erfüllung eintretende Unmöglichkeit am häufigsten vorkommt, soll hierauf zunächst eingegangen werden.

Teil A: I. Allgemeine Erörterungen

Zunächst ist zu untersuchen, wie sich die nachträgliche Unmöglichkeit auf die Leistungspflicht des Schuldners auswirkt.

Gem. § 275 Abs. 1 BGB wird der Schuldner von der Verpflichtung zur Leistung frei, wenn diese infolge eines nach der Entstehung des Schuldnerverhältnisses eintretenden Umstands unmöglich wird, ohne daß der Schuldner diese Unmöglichkeit zu vertreten hat.

Zu vertreten hat der Schuldner die Unmöglichkeit dann, wenn er diese vorsätzlich oder fahrlässig selbst verschuldet hat oder aber sich ein Verschulden von Personen, deren er sich zur Erfüllung des Schuldverhältnisses bedient – diese nennt man Erfüllungsgehilfen – zurechnen lassen muß.

Zurückkommend auf das Beispiel des abgebrannten Hauses kann also festgehalten werden, daß der Bauunternehmer zweifelsfrei von seiner Verpflichtung zur Sanierung des Hauses frei wird, wenn die Zerstörung des Gebäudes zwischen Vertragsschluß und Leistungserbringung eintritt und ihn an der Zerstörung keinerlei Verschulden trifft. Nun zeigt dieses Beispiel allerdings zugleich, daß der Bauunternehmer die Leistung auf keinen Fall mehr erbringen kann, also selbst dann nicht, wenn er selbst für die Zerstörung des Gebäudes verantwortlich im Sinne eines Verschuldens wäre. Denn die Leistung ist völlig unabhängig von der Verursachung der Unmöglichkeit nicht mehr durchführbar.

Deshalb kann die Regelung des § 275 Abs. 1 BGB nur bedeuten, daß der Schuldner im Falle des Vertretenmüssens der nachträglichen Unmöglichkeit zu einer sogenannten Sekundärleistung, nämlich der Leistung von Schadensersatz, verpflichtet ist. Diese Rechtsfolge ergibt sich allgemein für Schuldverhältnisse aus § 280 und speziell für gegenseitige Verträge aus § 325 BGB.

Durch die Regelung in § 275 Abs. 2 BGB wird klargestellt, daß die oben geschilderten Rechtsfolgen, nämlich Freiwerden von der Leistungspflicht und im Falle des Vertretenmüssens Schadensersatz, nicht nur bei objektiver Unmöglichkeit eintreten, sondern auch dann, wenn lediglich der Schuldner außerstande ist, die geschuldete Leistung zu erbringen. Diese Art der Unmöglichkeit nennt man subjektive Unmöglichkeit oder Unvermögen. Ein solcher Fall liegt z. B. vor, wenn ein Bauunternehmer die geschuldete Bauleistung deshalb nicht erbringen kann, weil ein bestimmtes Spezialverfahren erforderlich ist und diejenigen Mitarbeiter, die ausschließlich zur Durchführung dieses Spezialverfahrens in der Lage sind, kündigen oder spezielle Maschinen für dieses Verfahren zerstört werden und vom Unternehmer kein Ersatz beschafft werden kann.

Die gesetzlichen Regelungen zum bereits oben erwähnten Schadensersatzanspruch des Gläubigers sind unterschiedlich, je nachdem, ob es sich um ein einseitig verpflichtendes Schuldverhältnis oder um einen gegenseitigen Vertrag handelt.

Beim einseitigen Schuldverhältnis kann der Gläubiger im Falle des Vertretenmüssens der Unmöglichkeit durch den Schuldner gemäß § 280 Abs. 1 BGB Schadensersatz wegen Nichterfüllung verlangen. Dies bedeutet, daß er den Ausgleich des Vermögensnachteils, den er durch die Nichterlangung der versprochenen Leistung erleidet, verlangen kann. Diese Art des Schadensersatzanspruchs wird auch Ersatz des positiven Interesses genannt (im Gegensatz zum Ersatz des Vertrauensschadens = negativen Interesse). Zum sogenannten positiven Interesse gehören insbesondere Kosten für den erforderlichen Abschluß eines Deckungsgeschäfts sowie entgangener Gewinn.

Beim gegenseitigen Vertrag wird dieser Schadensersatzanspruch dadurch modifiziert, daß vom Gläubiger eine Gegenleistung zu erbringen ist und diese von der Unmöglichkeit der Leistung des Schuldners nicht unberührt bleiben kann. Dieses Wechselspiel von Leistung und Gegenleistung wird bei Eintreten von Unmöglichkeit in den §§ 323 bis 325 BGB geregelt. Entscheidend für die jeweiligen Rechtsfolgen ist hierbei, ob eine der Vertragsparteien die Unmöglichkeit der Leistung zu vertreten hat.

Es gibt insoweit drei mögliche Fallvarianten:
(1) Der Schuldner hat die Unmöglichkeit zu vertreten
(2) Der Gläubiger hat die Unmöglichkeit zu vertreten.
(3) Keine der Parteien hat die Unmöglichkeit zu vertreten.

Im Falle des Vertretenmüssens der Unmöglichkeit durch den Schuldner haben wir beim einseitig verpflichtenden Schuldverhältnis bereits die Schadensersatzpflicht wegen Nichterfüllung gemäß § 275 Abs. 1 BGB kennengelernt.

Beim gegenseitigen Vertrag hat der Gläubiger gemäß § 325 Abs. 1 BGB die Wahl zwischen vier Möglichkeiten zur Abwicklung des gestörten Vertragsverhältnisses. Dabei richten sich die Rechtsfolgen je nach der vom Gläubiger getroffenen Auswahl unter diesen Möglichkeiten:

– Der Gläubiger kann Schadensersatz wegen Nichterfüllung verlangen. Dies wird er in der Regel dann tun, wenn ihm durch die Nichterfüllung des Vertrages ein Schaden entstanden ist, der über die Höhe seiner vereinbarten Gegenleistung hinausgeht. Er bleibt in diesem Fall zur Gegenleistung verpflichtet. Bei der Geltendmachung von Schadensersatz wegen Nichterfüllung hat er sodann wiederum zwei Wahlmöglichkeiten. Entweder nimmt er nach der sogenannten „Differenzmethode" eine Saldierung zwischen Leistung und Gegenleistung vor, mit der Folge, daß der Schuldner ihm lediglich die Differenz zwischen dem Schadensersatz und der Gegenleistung erstatten muß. Oder er verlangt den vollen

1. Rechtsbeziehungen

Ausgleich seines Schadens und erbringt seine Gegenleistung an den Schuldner, was insbesondere bei einer Sachleistung des Gläubigers in Betracht kommt.

– Der Gläubiger kann statt der Geltendmachung von Schadensersatz wegen Nichterfüllung aber auch vom Vertrag zurücktreten. Der Rücktritt bewirkt eine rückwirkende Aufhebung des Vertragsverhältnisses. Der Gläubiger kann dann keinen Schadensersatz verlangen und gleichzeitig entfällt der Anspruch des Schuldners auf die Gegenleistung. Diese Möglichkeit wird der Gläubiger wählen, wenn ihm durch die Leistungsstörung kein Schaden, der den Wert seiner Gegenleistung übersteigt, entsteht. Allerdings ist im Zusammenhang mit dem Rücktritt selbstverständlich auch an die Möglichkeit zu denken, daß der Gläubiger seine Gegenleistung bereits teilweise oder komplett erbracht hat. Deshalb führt der Rücktritt nicht zu einem ersatzlosen Wegfall des Schuldverhältnisses, vielmehr tritt an dessen Stelle ein Rückabwicklungsschuldverhältnis, das in den §§ 346 ff. BGB im einzelnen geregelt ist. Hat der Gläubiger seine Gegenleistung oder einen Teil davon bereits erbracht, hat er Anspruch auf Rückerstattung. Eine Leistung in Geld ist gemäß § 346 Satz 3 BGB vom Tage des Empfangs durch den Schuldner an sogar zu verzinsen.

– Die zwei weiteren Wahlmöglichkeiten des Gläubigers sind in der Praxis so unbedeutsam, daß sie an dieser Stelle lediglich kurz erwähnt werden sollen. Der Gläubiger kann einerseits Herausgabe des vom Schuldner eventuell für die unmögliche Leistung erlangten Ersatzes verlangen. Anderseits hat er die Möglichkeit, den Vertrag quasi für erledigt zu erklären, mit der Folge, daß die gegenseitigen Verpflichtungen automatisch erlöschen. Sind in diesem Fall bereits wechselseitige Leistungen empfangen, so richtet sich die Ausgleichung nach den Vorschriften der ungerechtfertigten Bereicherung.

Im Falle des Vertretenmüssens der Unmöglichkeit durch den Gläubiger – ein Fall, der in der Praxis äußerst selten vorkommt – ist zunächst völlig klar, daß der Schuldner von der Verpflichtung zur Leistung frei wird. Auch hier greift wiederum die Regelung des § 275 Abs. 1 BGB ein, wonach die Leistungspflicht des Schuldners entfällt, wenn die Leistung infolge eines nach der Entstehung des Schuldverhältnisses eintretenden Umstandes, den er nicht zu vertreten hat, unmöglich wird.

Beim gegenseitigen Vertrag behält der Schuldner gleichzeitig seinen Anspruch auf die Gegenleistung (§ 324 Abs. 1 Satz 1 BGB).

Allerdings muß er sich auf die Gegenleistung dasjenige anrechnen lassen, was er durch die Befreiung von der eigenen Leistung einspart oder durch anderweitige Verwendung seiner Arbeitskraft erwirbt oder zu erwerben böswillig unterläßt.

In dem gewählten Beispiel des abgebrannten Hauses würde diese Regelung dann eintreten, wenn die Zerstörung des Hauses von seinem Eigentümer und Auftraggeber des Bauvertrages verschuldet worden wäre. Der Bauunternehmer wird von seiner Leistung zur Durchführung der Sanierung frei, hat jedoch gleichzeitig Anspruch auf den vereinbarten Werklohn. Auf diesen Werklohn muß er sich jedoch die durch den Wegfall seiner Leistungspflicht entstehenden Vorteile anrechnen lassen, was letztendlich dazu führen wird, daß er ausdrücklich für den gescheiterten Vertrag bereits investierte Kosten und seinen entgangenen Gewinn verlangen kann.

Ist die Unmöglichkeit weder vom Schuldner noch vom Gläubiger zu vertreten, ist die Abwälzung der wirtschaftlichen Folgen auf die Parteien am schwierigsten. Da keine der Beteiligten für das Unmöglichwerden der Leistung verantwortlich ist, muß eine Regelung getroffen werden, die keine ungerechtfertigten Härten beinhaltet.

Das Beispiel des abgebrannten Hauses wäre hier so abzuändern, daß die Zerstörung auf einem Ereignis beruht, daß weder vom Eigentümer noch vom Bauunternehmer zu vertreten ist. Insoweit kommt Drittverschulden oder Auslösung des Brandschadens ohne jegliches Verschulden in Betracht.

Nach der bereits bekannten Regelung des § 275 Abs. 1 BGB steht auch bei dieser Fallgestaltung fest, daß der Bauunternehmer von sämtlichen Verpflichtungen aus dem Bauvertrag frei wird. Dies bedeutet, daß der Gläubiger in diesen Fällen die sogenannte Leistungsgefahr, also das Risiko der unmöglich gewordenen Leistung, allein zu tragen hat. Hinsichtlich der Gegenleistung hält sich die gesetzliche Regelung des § 323 Abs. 1 BGB streng an den Grundsatz, daß Leistung und Gegenleistung eng miteinander verknüpft sind. Deshalb trägt der Schuldner der unmöglich gewordenen Leistung die sogenannte Vergütungs- oder Preisgefahr, d. h., er verliert auch den Anspruch auf Gegenleistung. Dies ist für ihn dann eine besondere Härte, wenn er bereits Investitionen für die Erbringung der unmöglich gewordenen Leistung hatte. Deren Erstattung kann er grundsätzlich nicht verlangen, es sei denn, es liegt – wie in unserem Beispielfall – ein Werkvertrag vor, für den § 645 BGB eine besondere Regelung enthält. Danach kann der Werkunternehmer Ersatz seiner Auslagen bzw. für den Fall, daß er mit der Ausführung bereits begonnen hat, einen der geleisteten Arbeit ensprechenden Teil der Vergütung verlangen, wenn das Werk vor der Abnahme infolge eines Mangels des vom Werkbesteller gelieferten Stoffes untergegangen, verschlechtert oder unausführbar geworden ist. In unserem Beispielfall wäre das zu sanierende Haus der vom Besteller gelieferte Stoff und durch den Brand wäre das vom Bauunternehmer zu leistende Werk, nämlich die Sanierung des Hauses, unausführbar geworden. In diesen Fällen, in denen die Unmöglichkeit der Leistung zwar nicht vom Gläubiger zu vertreten ist, aber die Ursache aus seiner Sphäre kommt, bürdet das Gesetz beim Werkvertrag dem Werkbesteller die Vergütungsgefahr auf.

Hat der Gläubiger im Falle der von keiner der Parteien zu vertretenden Unmöglichkeit seine Gegenleistung bereits ganz oder teilweise erbracht, muß der Schuldner diese gemäß § 323 Abs. 3 BGB nach den Vorschriften über die Herausgabe einer ungerechtfertigten Bereicherung zurückgewähren.

Auch beim zufälligen Unmöglichwerden, also der von keiner der Parteien zu vertretenden Unmöglichkeit, kann der Gläubiger gemäß § 281 BGB wahlweise Herausgabe des Ersatzes, den der Schuldner von einem Dritten wegen des zum Unmöglichwerden der Leistung führenden Ereignisses erlangt hat oder beanspruchen kann, verlangen. In diesem Fall muß er jedoch dann auch die Gegenleistung erbringen (§ 323 Abs. 2 BGB). Wählt der Gläubiger diese Möglichkeit und ist der Wert des Ersatzgegenstandes geringer als der Wert der ursprünglich geschuldeten Leistung, so muß er die Gegenleistung auch nur anteilig erbringen.

Der Vollständigkeit halber ist im Rahmen der von keiner der Parteien zu vertretenden Unmöglichkeit noch die Regelung des § 324 Abs. 2 BGB zu erwähnen. Danach geht die Preisgefahr auch ohne Vertretenmüssen des Gläubigers auf diesen über, wenn er sich im Zeitpunkt des Unmöglichwerdens der geschuldeten Leistung im Annahmeverzug befunden hat. Unter Annahmeverzug versteht man, daß der Gläubiger die ihm vom Schuldner ordnungsgemäß angebotene Leistung nicht annimmt oder der Gläubiger eine ihm obliegende Mitwirkungshandlung zur Leistungserbringung des Schuldners trotz rechtzeitiger Aufforderung des Schuldners unterläßt.

Ein solcher Annahmeverzug könnte in unserem Beispielfall dadurch eintreten, daß der Bauherr nicht dafür sorgt, daß das zu sanierende Haus so freigemacht und hergerichtet wird, daß der Bauunternehmer mit seinen Sanierungsleistungen zum vertraglich vereinbarten Zeitpunkt beginnen kann, obwohl der Bauunternehmer diese Leistungen ausdrücklich anbietet und den Bauherrn auffordert, die vorbereitenden Maßnahmen rechtzeitig zu treffen. Bevor dann der Bauherr dem Bauunternehmer die Ausführung seiner Leistung ermöglicht, brennt das Haus ab.

Druch den Übergang der Preisgefahr auf den Gläubiger behält der Schuldner also auch in diesen Fällen des Annahmeverzugs, der kein Verschulden des Gläubigers voraussetzt, seinen Anspruch auf die Gegenleistung abzüglich ersparter Aufwendungen.

Den Fall des § 306 BGB, wonach bereits im Zeitpunkt der Begründung des Schuldverhältnisses die Leistung objektiv unmöglich war (in unserem Beispiel ist das Haus bereits vor dem Vertragsschluß abgebrannt), haben wir bereits oben kennengelernt. Wir erinnern uns daran, daß in diesem Fall der Vertrag nichtig ist.

Neben der objektiven anfänglichen Unmöglichkeit gibt es auch Fälle, in denen die Erfüllung nur dem Schuldner von Anfang an unmöglich ist; man spricht hier von anfänglichem Unvermögen.

Die Rechtsfolgen dieser anfänglichen subjektiven Unmöglichkeit sind im BGB mit Ausnahme des Rechtskaufs, auf den wir hier nicht näher eingehen können, nicht ausdrücklich geregelt.

In § 275 Abs. 1 BGB ist nur bei der nachträglichen Unmöglichkeit das subjektive Unvermögen mit der objektiven Unmöglichkeit gleichgestellt.

Folglich bleibt nur der Schluß, daß bei anfänglichem Unvermögen des Schuldners der Vertrag nicht nichtig ist. Ist der Vertrag folglich einerseits wirksam, steht aber andererseits fest, daß der Schuldner die versprochene Leistung nicht erbringen kann, so kommen lediglich Sekundäransprüche in Betracht. Der Schuldner haftet deshalb dem Gläubiger auf Schadensersatz wegen Nichterfüllung, und zwar unabhängig davon, ob er bei Vertragsabschluß seine Leistungspflicht für erfüllbar hielt oder nicht.

Nicht angesprochen wurde bisher der Fall der teilweisen Unmöglichkeit einer Leistung.

Grundsätzlich geht das Gesetz in diesen Fällen davon aus, daß der möglich gebliebene Teil der Leistung erbracht werden muß und die Gegenleistung dann anteilsmäßig vom Gläubiger zu erbringen ist. Allerdings tritt dann statt einer teilweisen eine vollständige Unmöglichkeit ein, wenn der zu erbringende Teil der Leistung entweder so stark vom Vertragszweck abweicht oder für den Gläubiger wirtschaftlich sinnlos ist, daß man davon ausgehen muß, der Gläubiger wäre die vertragliche Bindung nie eingegangen, wenn ihm lediglich die Teilleistung versprochen worden wäre.

Hat der Schuldner die Unmöglichkeit der Teilleistung zu vertreten, ist der Gläubiger berechtigt, die Teilleistung auf jeden Fall abzulehnen, wenn er an dieser kein Interesse mehr hat. Statt der Teilleistung kann der Gläubiger dann die Rechte aus § 325 BGB geltend machen, also insbesondere Schadensersatz wegen Nichterfüllung verlangen oder den Rücktritt vom Vertrag erklären.

Wichtig ist in diesem Zusammenhang allerdings, daß § 641 Abs. 1 BGB für den Werkvertrag, also auch für den Bauvertrag und den Architekten- und Ingenieurvertrag, eine Sonderregelung enthält. Und zwar wird nach den Werkvertragsvorschriften des BGB der Werklohn erst nach Abnahme des vollständigen Werks fällig. Demzufolge trägt der Werkunternehmer gem. § 644 Abs. 1 Satz 1 BGB die Vergütungsgefahr bis zur Abnahme des vollständigen Werks, was wiederum bedeutet, daß der Werkbesteller nur das vollständig erstellte Werk abnehmen und vergüten muß.

Obwohl der VOB-Vertrag ausführlich im Band 2 behandelt wird, soll bereits an dieser Stelle darauf hingewiesen werden, daß die VOB/B in § 7 von den Regelungen des BGB wiederum eine Ausnahme enthält, indem dort die Vergütungsgefahr teilweise für den Unternehmer günstiger geregelt ist. Denn bei Beschädigung oder Zerstörung der Bauleistung vor der Abnahme hat der Bauunternehmer beim VOB-Vertrag den Anspruch auf Vergütung für die ausgeführten Leistungsteile, wenn die Beschädigung oder Zerstörung der Bauleistung durch vom Bauunternehmer unabwendbare Umstände eingetreten ist.

1.4.2 Der Schuldnerverzug

Anders als im Fall einer absoluten Fixschuld, die oben bereits als Fall der Unmöglichkeit bei verspäteter Leistungserbringung behandelt wurde, spricht man vom Schuldnerverzug, wenn die Leistung vom Schuldner in vertretbarer Weise zwar verspätet erbracht wird, aber auch noch nachgeholt werden kann, um den Vertragszweck zu erfüllen. Erste Voraussetzung für den Eintritt von Verzug ist die Fälligkeit der Leistung. Es muß also der Zeitpunkt erreicht sein, in dem der Schuldner verpflichtet ist, die Leistung zu erbringen. Für die Fälligkeit sind zunächst die zwischen den Parteien getroffenen Vereinbarungen maßgeblich.

Haben die Parteien keinen Fälligkeitszeitpunkt vereinbart, ergibt sich aus § 271 BGB, daß die Leistung sofort zu erbringen ist. Bei einer länger andauernden Leistung, z.B. einer Bauleistung, wäre diese also sofort zu beginnen und innerhalb eines angemessenen Zeitraums zu vollenden.

Als zweite Voraussetzung muß zu der Fälligkeit der Leistung grundsätzlich gem. § 284 Abs. 1 BGB eine Mahnung des Gläubigers hinzukommen. Mahnung bedeutet dabei sinngemäß, daß der Gläubiger den Schuldner nachdrücklich zur Erbringung der fälligen Leistung auffordert und ihn am besten darauf hinweist, daß ansonsten Sanktionen, wie die Geltendmachung von Verzugszinsen, sonstigen Verzugsschäden oder die Einschaltung eines Rechtsanwalts, erfolgen werden. Eine zu freundlich gestaltete Erinnerung oder Bitte, die Leistung nunmehr zu erbringen, könnte im Zweifel die Voraussetzungen einer Mahnung nicht erfüllen, so daß dem Gläubiger zu raten ist, seine Mahnung mit dem entsprechenden Nachdruck zu formulieren und am besten auch eine Formulierung wie „... setze ich Sie nunmehr in Verzug..." aufzunehmen. Gem. § 284 Abs. 2 BGB gerät der Schuldner ausnahmsweise auch ohne Mahnung des Gläubigers in Verzug, wenn sich die Fälligkeit seiner Leistung nach dem Kalender bestimmen läßt. Dabei muß allerdings die Fälligkeitsbestimmung ausschließlich unter Zuhilfenahme des Kalenders möglich sein. Dies ist bei Formulierungen wie „am 30.6.1994" oder „in der 10. Kalenderwoche" oder „Ende April 1994" der Fall. Demgegenüber reicht eine Formulierung wie „fällig 6 Wochen nach Vorliegen der Baugenehmigung" nicht aus, weil in diesem Fall erst noch ein zukünftiges Ereignis, nämlich die Übersendung der Baugenehmigung, erfolgen muß, um sodann den Fälligkeitstermin bestimmen zu können. In einem solchen Fall ist also für den Verzug eine Mahnung des Gläubigers erforderlich.

Wie bereits oben erwähnt, setzt Verzug des weiteren gem. § 285 BGB Verschulden voraus, d. h., der Schuldner muß die Umstände, die zur Verzögerung der Leistung führen, zu vertreten haben. Wegen der einzelnen Verschuldensformen wird auf die Ausführungen zum Einheits-Architektenvertrag verwiesen (Abschnitt A.IV. 3.2.1).

Kann z.B. ein Bauunternehmer die von ihm geschuldete Bauleistung nicht in der vertraglich vereinbarten Zeit erbringen, weil er zum gleichen Zeitpunkt zu vielen Arbeitnehmern Urlaub gewährt hat, hat er diesen Umstand zu vertreten. Die Rechte des Gläubigers beim Schuldnerverzug richten sich zunächst danach, daß die Leistungspflicht des Schuldners fortbesteht. Deshalb können die aus dem Vertrag resultierenden Ansprüche des Gläubigers nur neben die vertragliche Leistungspflicht des Schuldners treten. Gem. § 286 Abs. 1 BGB hat der Gläubiger einen Anspruch auf Ersatz des ihm durch den Verzug entstandenen Schadens. Dieser Schaden kann bei Geldschulden in Form von Verzugszinsen geltend gemacht werden. Bei verspäteten Bauleistungen ist an Schäden aus Mietausfällen, Bereitstellungszinsen etc. zu denken.

Während des Verzugs ist die Haftung des Schuldners für ein eventuelles Unmöglichwerden seiner Leistung gem. § 287 BGB verschärft; und zwar haftet der Schuldner dem Gläubiger bei Eintreten der Unmöglichkeit auf Schadensersatz wegen Nichterfüllung auch dann, wenn die Unmöglichkeit durch Zufall eintritt, also nicht von ihm zu vertreten ist, es sei denn, der Schaden wäre auch bei rechtzeitiger Leistung eingetreten.

Es liegt auf der Hand, daß dem Gläubiger im Fall des Schuldnerverzugs nicht zugemutet werden kann, ewig auf die Leistung des Schuldners zu warten. Deshalb muß das Gesetz dem Gläubiger Möglichkeiten bieten, sich vom Vertrag zu lösen.

Ist dem Gläubiger ausnahmsweise eine weitere Verzögerung nicht zuzumuten, weil er an der Leistung infolge der Verspätung kein Interesse mehr hat, kann er beim einseitig verpflichtenden Schuldverhältnis unmittelbar Schadensersatz wegen Nichterfüllung gem. § 286 Abs. 2 BGB verlangen. Beim gegenseitigen Vertrag hat der Gläubiger gem. § 326 Abs. 2 BGB die Möglichkeit, in diesem Fall entweder Schadensersatz wegen Nichterfüllung zu fordern oder vom Vertrag zurückzutreten.

Es muß jedoch betont werden, daß es sich hierbei um Ausnahmefälle handelt. Grundsätzlich muß der Gläubiger beim gegenseitigen Vertrag gem. §326 Abs.1 BGB, nachdem der Schuldner in Verzug geraten ist und er sich vom Vertrag lösen will, ihm zur Leistungserbringung eine angemessene Nachfrist setzen und gleichzeitig erklären, daß er die Annahme der Leistung nach dem Fristablauf ablehne. Läuft die Frist ab, ist der Gläubiger dann berechtigt, entweder Schadensersatz wegen Nichterfüllung zu verlangen oder von dem Vertrag zurückzutreten.

Eine Erfüllung des Vertrages ist nach Ablauf der Nachfrist nicht mehr möglich, es sei denn, die Parteien einigen sich hierauf.

Auch wenn der Gläubiger vom Vertrag zurücktritt, kann er dem ihm bis zur Rücktrittserklärung entstandenen Verzögerungsschaden gem. §286 Abs. 1 BGB geltend machen.

Eine Besonderheit hinsichtlich des Rücktrittsrechts des Gläubigers besteht bei Vereinbarung von sogenannten „einfachen Fixschulden". Darunter versteht man Leistungen, bei denen die Einhaltung eines ganz bestimmten Termins oder einer festgelegten Frist der wesentliche Inhalt der vertraglichen Leistungspflicht ist. Hierbei kommt es nicht auf ein Verschulden des Schuldners bzw. auf Verzug an. Vielmehr gewährt §361 BGB in diesen Fällen dem Gläubiger ohne weitere Voraussetzungen ein Rücktrittsrecht, wenn die Leistung nicht zu der bestimmten Zeit erfolgt.

Der Anspruch des im Verzug befindlichen Schuldners auf die vereinbarte Gegenleistung ist vom Verhalten des Gläubigers abhängig.

Hält der Gläubiger am Vertrag fest, bleibt der Anspruch des Schuldners auf die Gegenleistung vom Verzug unberührt, mit der Ausnahme, daß der Gläubiger gem. §320 BGB bis zur Erfüllung durch den Schuldner ein Leistungsverweigerungsrecht hat. Außerdem wird der Gläubiger in der Regel mit seinen durch den Verzug entstandenen Schadensersatzforderungen gegen Zahlungsansprüche des Schuldners aufrechnen.

Lehnt der Gläubiger gem. §326 BGB die Leistungserfüllung ab und verlangt stattdessen Schadensersatz wegen Nichterfüllung, findet entweder eine Saldierung zwischen Gegenleistung und Schadensersatzforderung statt, oder der Gläubiger erbringt seine Gegenleistung und verlangt gleichzeitig vollen Schadensersatz vom Schuldner.

Wählt der Gläubiger den Rücktritt vom Vertrag, so erlischt der Gegenleistungsanspruch des Schuldners.

1.4.3 Sachmängelhaftung

Die mangelhafte Leistung ist im BGB nicht allgemein geregelt. Das Gesetz enthält im Rahmen der Regelungen spezieller Schuldverhältnisse jedoch Vorschriften zur Sachmängelhaftung des Schuldners, weil die jeweiligen Lösungen den Eigenarten und dem Charakter des jeweiligen Schuldverhältnisses angepaßt sein müssen.

Einheitlich bei allen im Gesetz geregelten Fällen der Sachmängelhaftung ist allerdings die Voraussetzung des Vorliegens eines Fehlers oder Mangels. Für den Kaufvertrag und den Werkvertrag erklärt das Gesetz eine Sache oder Leistung als mangelhaft, wenn sie „mit Fehlern behaftet ist, die den Wert oder die Tauglichkeit zu dem gewöhnlichen oder dem nach dem Vertrag vorausgesetzten Gebrauch aufheben oder mindern."

Soweit es um eine Abweichung vom gewöhnlichen Gebrauch geht, ist also zu prüfen, ob eine Abweichung von der typischen Beschaffenheit von Sachen oder Werkleistungen vergleichbarer Art vorliegen.

Auch wenn eine Leistung objektiv diese Voraussetzungen erfüllt, ihr Wert oder ihre Tauglichkeit zu „dem nach dem Vertrag vorausgesetzten Gebrauch" jedoch aufgehoben oder gemindert ist, liegt ein Fehler vor.

Schließlich liegt auch ein Fehler bzw. Mangel vor, wenn hinsichtlich des Leistungsgegenstands eine bestimmte Eigenschaft ausdrücklich zugesichert wurde, diese zugesicherte Eigenschaft tatsächlich jedoch nicht gegeben ist.

Da im Rahmen der Behandlung des Einheits-Architektenvertrags im Teil A.IV näher auf die Gewährleistung beim Werkvertrag eingegangen wird, wird nachfolgend die Sachmängelhaftung beim Kauf in ihren Grundzügen beispielhaft dargelegt.

Der Unterschied zwischen Stückschuld und Gattungsschuld beim Kaufvertrag wurde bereits oben dargelegt. Auch bei den Gewährleistungsansprüchen muß zwischen diesen Kaufarten differenziert werden.

Liegt beim Stückkauf ein Mangel in der oben geschilderten Art vor, so greifen die Gewährleistungsansprüche der §§459 ff. BGB ein.

Diese Gewährleistungsansprüche sind unabhängig von einem eventuellen Verschulden des Verkäufers hinsichtlich der Verursachung des Mangels.

Stellt der Käufer bereits bei der Annahme der Kaufsache fest, daß diese mangelhaft ist, muß er sich seine Rechte wegen des Mangels bei der Annahme vorbehalten. Erklärt er einen solchen Vorbehalt in Kenntnis des Mangels nicht, so verliert er seine Sachmängelansprüche (§464 BGB).

Den Vorbehalt, der eine einseitige empfangsbedürftige Willenserklärung darstellt, erklärt der Käufer, indem er dem Verkäufer gegenüber den Mangel bezeichnet und zu erkennen gibt, daß er insoweit nicht auf seine Gewährleistung verzichten wird. Für die Wirksamkeit des Vorbehalts ist erforderlich, daß dieser sich auf einen oder mehrere bestimmte Mängel bezieht. Er muß zum Zeitpunkt der Annahme erklärt werden, bei zugesandter Ware genügt sofortiger schriftlicher Vorbehalt nach Eingang der Ware.

Weit häufiger sind allerdings die Fälle, in denen der Fehler der Kaufsache vom Käufer erst nachträglich bemerkt wird.

Liegen die Voraussetzungen des § 459 BGB vor, d. h., muß der Verkäufer für einen Sachmangel einstehen, so kann der Käufer wahlweise entweder Wandelung oder Minderung des Kaufpreises verlangen (§ 462 BGB).

Bei der Wandelung verlangt der Käufer vom Verkäufer die Rückzahlung des Kaufpreises und gibt dem Verkäufer die mangelhafte Kaufsache zurück. Wie sich aus § 467 BGB ergibt, finden auf diese Wandelungen die Vorschriften über den Rücktritt vom Vertrag Anwendung.

Demgegenüber bedeutet Minderung, daß der Käufer einerseits am Kaufvertrag festhält, andererseits jedoch wegen des vorhandenen Mangels vom Verkäufer eine Herabsetzung des vereinbarten Kaufpreises verlangt. Dies bedeutet, daß der Verkäufer den bereits geleisteten Kaufpreisanteil, um den gemindert werden kann, zurückzuzahlen hat. Die Höhe der Minderung ergibt sich aus dem Wertvergleich zwischen dem vereinbarten Kaufpreis und dem durch den Mangel geminderten Wert.

Das Gesetz sieht beim Stückkauf keinen Nachbesserungsanspruch des Käufers vor. Sollen trotzdem beim Stückkauf Nachbesserungsansprüche möglich sein, bedarf es hierfür einer entsprechenden Vereinbarung zwischen den Parteien. Häufig wird in Kaufverträgen ein Nachbesserungsrecht vertraglich vereinbart und dafür die Ansprüche auf Wandelung und Minderung abbedungen.

Einen Schadensersatzanspruch wegen Nichterfüllung gewährt das Gesetz dem Käufer nur in zwei Ausnahmefällen. Es muß sich entweder um einen Fall des Fehlens einer zugesicherten Eigenschaft handeln oder um einen Mangel, der vom Verkäufer arglistig verschwiegen wurde. Nur in diesen beiden Ausnahmefällen kann der Käufer statt der Wandelung oder Minderung Schadensersatz wegen Nichterfüllung verlangen.

Beim Gattungskauf schuldet der Verkäufer gem. § 243 Abs. 1 BGB die Lieferung von Sachen „mittlerer Art und Güte". Bei Lieferung fehlerhafter Ware ist der Käufer berechtigt, die Annahme von vornherein zu verweigern und die Lieferung fehlerfreier Sachen zu verlangen. Wird der Mangel erst nach der Annahme der Ware festgestellt, so hat der Käufer neben der Möglichkeit der Wandelung oder Minderung wahlweise die dritte Möglichkeit, stattdessen die mangelhafte Sache zurückzugeben und die Lieferung einer mangelfreien Kaufsache zu fordern (§ 480 Abs. 1 BGB).

Auch beim Gattungskauf kann der Käufer gem. § 480 Abs. 2 BGB Schadensersatz wegen Nichterfüllung nur bei arglistigem Verschweigen eines Mangels oder bei Fehlen einer zugesicherten Eigenschaft geltendmachen.

Zu erwähnen ist schließlich, daß das Gesetz grundsätzlich Vereinbarungen eines Gewährleistungsausschlusses zuläßt, diese jedoch immer für nichtig erklärt, wenn der Verkäufer den Mangel arglistig verschweigt (§ 476 BGB).

Schließlich sollte man als Käufer wissen, daß sämtliche Gewährleistungsansprüche aus Kaufverträgen in relativ kurzer Zeit verjähren, es sei denn, es liegt arglistiges Verschweigen des Mangels durch den Verkäufer vor.

Die Gewährleistungsfrist beträgt beim Kauf beweglicher Sachen 6 Monate und beim Grundstückskauf 1 Jahr gem. § 477 BGB. Grundsätzlich liegt der Beginn dieser Frist bei beweglichen Sachen im Zeitpunkt der Ablieferung, bei Grundstücken im Zeitpunkt der Übergabe.

1.4.4 Positive Vertragsverletzung/Positive Forderungsverletzung

Bei der positiven Vertragsverletzung, auch positive Forderungsverletzung genannt, handelt es sich um ein gewohnheitsrechtlich entwickeltes Rechtsinstitut, das im Gesetz nicht geregelt ist.

Das Bedürfnis hierfür hat sich aus der Tatsache ergeben, daß allein mit den gesetzlich geregelten Gewährleistungsansprüchen und Ansprüchen wegen Unmöglichkeit oder Verzug bestimmte Fälle nicht sachgerecht gelöst werden können.

So sind vor allem Ansprüche bei mangelhaften Leistungen wegen entfernteren Mangelfolgeschäden, aber auch Schäden aus der Verletzung vertraglicher Nebenpflichten nicht über die gesetzlichen Regelungen abgedeckt. Sie fallen deshalb unter die Rechtsfigur der positiven Vertragsverletzung.

Bei Baumängeln werden nach der Rechtsprechung von der positiven Vertragsverletzung nur diejenigen Folgeschäden erfaßt, die nicht eng mit dem Baumangel in Zusammenhang stehen, wie sich bereits aus dem Begriff „entfernte Mangelfolgeschäden" ergibt. Es liegt auf der Hand, daß die Abgrenzung im Einzelfall äußerst schwierig ist. Deshalb verbietet sich nach der Rechtsprechung des BGH eine allgemeingültige Definition nach abstrakten Kriterien. Vielmehr muß jeder Sachverhalt daraufhin überprüft werden, ob ein enger oder ein entfernterer Zusammenhang zwischen Mangel und dem Folgeschaden vorliegt.

Von besonderer Bedeutung ist die Abgrenzung insbesondere unter dem Gesichtspunkt der Verjährung. Denn der Schadensersatzanspruch wegen enger Folgeschäden gem. § 635 BGB verjährt bei Bauwerken innerhalb von 5 Jahren, während die Schadensersatzansprüche aus positiver Vertragsverletzung der 30jährigen Verjährung gem. § 195 BGB unterliegen.

Beispiele, in denen die Rechtsprechung entferntere Mangelfolgeschäden angenommen hat, sind:
– Brandschäden aufgrund mangelhafter Werkleistung an einem Haus, das selbst nicht Gegenstand des Bauvertrags war (BGH NJW 1992, 1195),

— Unfälle, die durch Mängel an Gebäuden zu Körper- und Sachschäden führen (BGH NJW 1972, 625 ff.),
— ein Freistellungsanspruch des Bauherrn gegen einen Statiker wegen Schäden am Nachbarhaus durch mangelhafte Statik und damit zusammenhängende Ersatzansprüche des Nachbarn (BGH Schäfer/Finnern, Z 3.01 Bl. 421).

Sodann fallen Ansprüche aus der Verletzung von Nebenpflichten in den Regelungsbereich der positiven Vertragsverletzung. Gemeint sind solche Pflichten, die die Vertragsparteien im Zusammenhang mit der Abwicklung des Vertragsverhältnisses untereinander neben den vertraglichen Hauptpflichten haben. Dies sind Mitwirkungs- und Beratungspflichten, Schutzpflichten und Aufklärungs-, Hinweis- und Auskunftspflichten.

Beispiele der Verletzung von Nebenpflichten mit der Folge einer Haftung aus positiver Vertragsverletzung bei der Abwicklung eines Architektenvertrages sind:
— Hinweispflicht des Architekten an den Bauherrn, einen Vertragsstrafenvorbehalt bei der Abnahme zu erklären (BGH NJW 1979, 1499),
— Beratungspflicht des Architekten über die Grundzüge des Werkvertragsrechts und des Nachbarrechts (BGH NJW 1973, 1457),
— unverzügliche und umfassende Aufklärungspflicht hinsichtlich Mängelursachen, auch nach Beendigung der eigentlichen Architektentätigkeit (BGH BauR 1985, 97 = NJW 1985, 328; BGH BauR 1986, 112; BGH BauR 1987, 343).

Voraussetzung für eine Haftung aus positiver Vertragsverletzung ist schuldhaftes Handeln, d.h., der Schaden muß zumindest durch fahrlässiges Verhalten verursacht worden sein.

Die Rechtsfolge der positiven Vertragsverletzung ist die Schadensersatzpflicht. Der Schuldner muß den Gläubiger so stellen, als hätte er seine vertraglichen Pflichten ordnungsgemäß erfüllt.

1.4.5 Verschulden bei Vertragsschluß/Vertragsverhandlungen

Ein weiteres gewohnheitsrechtlich herausgebildetes Rechtsinstitut ist das sogenannte Verschulden bei Vertragsschluß (culpa in contrahendo).

Ausgangssituation hierfür war die Erfahrung, daß Schäden nicht nur bei der Abwicklung eines Schuldverhältnisses, sondern bereits während der Vertragsverhandlungen bzw. bei der Anbahnung des Vertragsverhältnisses verschuldet und verursacht werden können.

Im BGB finden sich nur vereinzelt Regelungen über eine vertragsähnliche Haftung im Falle eines Verschuldens bei der Anbahnung von Schuldverhältnissen. Hier ist zunächst als Beispiel auf den bereits behandelten § 122 Abs. 1 BGB hinzuweisen. Im Zusammenhang mit der Irrtumsanfechtung wurde bereits darauf hingewiesen, daß dem Empfänger einer Erklärung, der auf deren Gültigkeit vertraut, im Falle der Anfechtung der Vertrauensschaden zu ersetzen ist. Sodann enthält noch § 397 BGB eine Regelung des Ersatzes des Vertrauensschadens, wenn der andere Vertragspartner bei Abschluß des Vertrages die Unmöglichkeit der Leistung kannte oder kennen mußte.

Rechtsprechung und Rechtslehre haben aus diesen Ansätzen im Gesetz die allgemein anzuwendende Rechtsfigur der positiven Vertragsverletzung entwickelt. Grundlage ist die Verpflichtung jedes einzelnen, bei der Durchführung von Vertragsverhandlungen und Anbahnung von Schuldverhältnissen die gebotene Sorgfalt zu verwenden, um den Verhandlungspartner nicht zu schädigen. Es entsteht, auch ohne daß bereits ein Vertrag geschlossen ist oder tatsächlich abgeschlossen werden muß, ein Rechtsverhältnis mit entsprechenden Sorgfaltspflichten. Werden diese Sorgfaltspflichten schuldhaft verletzt, hat der Verletzte dem Geschädigten den ihm entstandenen Schaden zu erstatten.

2. Rechtsformen

2.1 Grundlagen

2.1.1 Begriff und Arten der Rechtsform

Zu den grundlegenden Entscheidungen eines Unternehmers gehört die Wahl der Rechtsform. Hierdurch legt er die rechtliche Struktur, das „rechtliche Kleid" seines Unternehmens fest und bestimmt die wesentlichen rechtlichen Beziehungen seines Unternehmens zu den anderen Teilnehmern des Wirtschaftslebens. Beispielsweise werden Rechnungslegung, Gewinnverwendung, Haftung, Informationspflicht usw. durch die Wahl der Rechtsform bestimmt.

Der Gesetzgeber hat eine Reihe von Rechtsformen geschaffen, aus denen der Unternehmer die für seine Ziele geeignete Form auswählen sollte. Da es im Rahmen jeder Rechtsform neben obligatorischen, d.h. unabänderlichen Rechtsnormen (Beispiel: eine GmbH muß 50.000,— DM Stammkapital haben) auch dispositive, d.h. abänderbare Normen (Beispiel: Die Gewinnverwendung einer OHG kann von der gesetzlichen Regelung abweichen) gibt, sind ihm auf vielen Gebieten Möglichkeiten zur freien Ausgestaltung der rechtlichen Rahmenbedingungen belassen.

Dieser durch fehlende oder abänderbare Regelungen entstandene Freiraum wird normalerweise durch den Gesellschaftsvertrag, den die Gesellschafter miteinander abschließen, ausgefüllt.

Die verschiedenen **Arten der Rechtsformen** lassen sich zunächst in zwei große Gruppen einteilen. In der ersten Gruppe werden die **öffentlich-rechtlichen Rechtsformen** zusammengefaßt, die im staatlichen Bereich z. B. als Nahverkehrsunternehmen, Wasserwerk etc. Verwendung finden. Im folgenden sollen sie nicht weiter erörtert werden.

Von größerer Bedeutung im Wirtschaftsleben sind die **privatrechtlichen Rechtsformen**. Hier lassen sich die **Einzelunternehmung** für den Unternehmer ohne Partner auf der einen Seite und die **Personen- bzw. Kapitalgesellschaft** für Zusammenschlüsse von Unternehmern auf der anderen Seite unterscheiden.

Unternehmer, die allein ein Unternehmen betreiben wollen, wählen in der Regel die Rechtsform der **Einzelunternehmen** (zur Möglichkeit der Gründung einer Einmann-GmbH siehe Abschnitt 2.2.3). Für Zusammenschlüsse von mehreren Unternehmen sind die verschiedenen Rechtsformen der **Personen-** bzw. **Kapitalgesellschaften** geeignet.

Bei den **Personengesellschaften** stehen die einzelnen Gesellschafter im Vordergrund. Sie führen in der Regel die Geschäfte selbst, vertreten die Gesellschaft nach außen und haften mit ihrem gesamten, d. h. mit ihrem privaten und betrieblichen Vermögen. Die starke Abhängigkeit der Personengesellschaft von ihren Gesellschaftern zeigt sich auch darin, daß beim Tode eines Gesellschafters die Gesellschaft aufgelöst werden muß, falls nichts Abweichendes im Gesellschaftsvertrag vereinbart worden ist.

Ein anderes Bild ergibt sich bei den **Kapitalgesellschaften**. Hier existiert die Gesellschaft auch nach dem Tode des Gesellschafters weiter. Sie steht selbständig neben den Gesellschaftern, da sie eine eigene Rechtspersönlichkeit besitzt, d. h. im Rechtsverkehr selbst Vertragspartner bzw. Prozeßbeteiligte ist. Um handlungsfähig zu sein, bedient sich die Kapitalgesellschaft für die Geschäftsführung und die Vertretung nach außen sogenannter Organe. Bei einer Aktiengesellschaft ist dieses der Vorstand, bei der GmbH der Geschäftsführer.

Da bei den Kapitalgesellschaften nicht der Gesellschafter, sondern das von ihm eingebrachte Kapital ausschlaggebend ist, beschränkt sich die Haftung der Anteilseigner auch auf dieses eingebrachte Kapital. Das Privatvermögen der Anteilseigner (z. B. Aktionäre) bleibt auch im Konkursfall unberührt.

Neben den bisher genannten Personen- und Kapitalgesellschaften lassen sich noch einige **sonstige Rechtsformen** nennen, die entweder Mischformen darstellen (wie die GmbH & Co KG) oder die sich nicht direkt einordnen lassen (z. B. wie die Genossenschaft).

2.1.2 Kriterien der Rechtsformwahl

Die Wahl der Rechtsform zählt zu den langfristig wirkenden unternehmerischen Entscheidungen. Daher bedarf es bei der Gründung eines Unternehmens eingehender Überlegungen, welche Rechtsform den Zielen des Unternehmens am besten entspricht. Hierbei sind die Beschränkungen, die sich aus Gesetzen oder dem Standesrecht ergeben, zu beachten. So darf ein Architekt beispielsweise keine OHG oder KG gründen, ein Tatbestand, der auf den Unterschied zwischen freiberuflicher und gewerblicher Tätigkeit zurückgeht (vgl. Abschnitt 2.4.3).

Die wesentlichsten Einflußfaktoren bei der Festlegung der Rechtsformen sollen im folgenden erörtert werden.

Geschäftsführungsbefugnis und Vertretung

Die Einflußnahme auf die betriebliche Willensbildung läßt sich in zwei Bereiche unterteilen. Auf der einen Seite steht die Frage der Geschäftsführungsbefugnis, durch die festgelegt wird, wer das Recht und die Pflicht hat, die Gesellschaft zu führen. Es wird das Innenverhältnis der Gesellschafter untereinander geregelt. Auf der anderen Seite bestimmt die Vertretungsbefugnis, welche Gesellschafter das Unternehmen gegenüber Dritten, also im Außenverhältnis, vertreten können.

In Personengesellschaften ist die Leitung nicht zuletzt wegen der strengen Haftung hauptsächlich den Gesellschaftern übertragen, während bei Kapitalgesellschaften spezielle Leitungsorgane im Vordergrund stehen (z. B. Hauptversammlung/Aufsichtsrat und Vorstand bei der Aktiengesellschaft).

Die Leitungsbefugnis kann auch an Mitarbeiter übertragen werden. Je nach Umfang der delegierten Rechte unterscheidet man Handlungsvollmacht und Prokura.

Im Rahmen der Handlungsvollmacht dürfen alle Geschäfte und Rechtshandlungen wahrgenommen werden, die der Betrieb eines derartigen Handelsgewerbes gewöhnlich mit sich bringt. Ohne ausdrückliche Vollmacht darf der Handlungsbevollmächtigte also
– keine Grundstücke belasten oder veräußern,
– keine Darlehen aufnehmen,
– keine Wechselverbindlichkeiten eingehen,
– keine Prozesse führen,
– seine Handlungsvollmacht nicht übertragen.

Im Rahmen der Prokura dürfen zusätzlich alle Arten von gerichtlichen und außergerichtlichen Geschäften, die der Betrieb „irgendeines" (also nicht nur des konkret ausgeübten) Handelsgewerbes mit sich bringt, getätigt werden. Die Rechte eines Prokuristen gehen also über die des Handlungsbevollmächtigten hinaus, da sie nicht auf ein bestimmtes, sondern allgemein auf das Handelsgewerbe ausgerichtet ist. Der Prokurist darf jedoch auch
– keine Prokura erteilen,
– keine Gesellschafter aufnehmen,
– keine Grundstücke verkaufen, belasten oder kaufen,
– nicht den Betrieb einstellen.

Haftung und Gewinnanspruch

Im Rahmen der Haftung wird festgelegt, auf welche Weise die Gläubiger die Befriedigung ihrer Forderungen erzielen können. Man unterscheidet zwischen der beschränkten Haftung, bei der die Gesellschafter nur mit den von ihnen geleisteten Einlagen haften (z. B. das Stammkapital bei der GmbH oder das Grundkapital bei der AG), und der unbeschränkten Haftung, bei der sie darüber hinaus auch mit ihrem Privatvermögen für die Schulden der Gesellschaft einstehen müssen (z. B. BGB-Gesellschaft, OHG und der Komplementär bei der KG).

Im letzten Fall liegt häufig eine spezielle Form einer gesamtschuldnerischen Haftung vor. Der Gläubiger kann hierbei seine Forderung in vollem Umfang von jedem der Gesellschafter verlangen. Untereinander sind die Gesellschafter im nächsten Schritt zu einem Ausgleich verpflichtet (sogenannter Gesamtschuldnerausgleich). Beispiel: An einer Ingenieursozietät sind die Ingenieure A und B mit jeweils 50 % beteiligt. Die Gesellschaft schuldet einem Gläubiger 100.000,– DM. Da in einer Sozietät als BGB-Gesellschaft eine gesamtschuldnerische Haftung besteht, kann der Gläubiger den gesamten Betrag von 100.000,– DM von A (oder von B) verlangen. Zahlt A (oder B) in voller Höhe, muß ihm sein Partner im Innenverhältnis die Hälfte, also 50.000,– DM erstatten.

Bezüglich der Gewinnverteilung ist den Gesellschaftern ein großer Spielraum belassen. Zwar gibt es für einige Rechtsformen gesetzliche Bestimmungen, doch können diese i. d. R. durch den Gesellschaftsvertrag geändert werden. Die Höhe des Gewinnanspruchs richtet sich in der Regel nach der persönlichen Mitarbeit, der Verantwortung und dem Kapitalbeitrag.

Gründungskosten und Steuerbelastung

Als Gründungskosten fallen vor allem Notariatskosten für Beurkundungen und Gerichtskosten bezüglich der Eintragung ins Handelsregister an.
Da das Steuerrecht ein sehr komplexes, sich schnell änderndes Recht darstellt und eine konkrete Steuerbelastung nur im Einzelfall ermittelt werden kann, empfiehlt es sich, für diese Fragen stets einen Fachmann hinzuzuziehen.

2.2 Für die Planungsbeteiligten geeignete Rechtsformen

2.2.1 Freiberufler (Einzelinhaberschaft)

Für die freien Berufe ist nach der Rechtsprechung des Bundesverfassungsgerichtes (BVerfGE 46, 224, 241 f.) kennzeichnend „der persönliche Einsatz bei der Berufsausübung, der Charakter des jeweiligen Berufs, wie er sich in der allgemeinrechtlichen und berufsrechtlichen Ausgestaltung und in der Verkehrsanschauung darstellt, die Stellung und Bedeutung des Berufs im Sozialgefüge (sowie) die Qualität und Länge der erforderlichen Berufsausbildung".

In diesem Zusammenhang spricht man auch von einer berufssoziologischen Definition des freien Berufes. Dagegen geht die steuerrechtliche Definition primär von der wirtschaftlichen Selbständigkeit der Berufstätigen aus. Diese wirtschaftliche Tätigkeit erstreckt sich bei den Freiberuflern in der Erbringung von vornehmlich geistigen, im allgemeinen auf qualifizierter Ausbildung beruhenden Leistungen. Dies bewirkt auch die Abgrenzung der freiberuflichen von der gewerblichen Tätigkeit, die in der Erzeugung, Bearbeitung oder Verteilung von Sachgütern besteht.

Die Freiberufler lassen sich zudem unterscheiden in:
– Büroinhaber und
– freie Mitarbeiter.

Dabei sind die freien Mitarbeiter vom Büroinhaber dadurch unterschieden, daß die Tätigkeit der freien Mitarbeiter zeitlich begrenzt und in der Regel projektbezogen ist.

Den größten Gestaltungsspielraum behält ein Architekt, wenn er ohne Kooperation als selbständiger Freiberufler tätig wird und ihm somit die Leitung eines Büros allein obliegt. In diesem Fall steht ihm der ganze Gewinn zu, doch muß er auf der anderen Seite das Risiko durch eine Haftung mit seinem gesamten Privat- und Geschäftsvermögen übernehmen. Der Einsatz an Gründungskapital und die Anforderungen an das Rechnungswesen dürfen dagegen gering gehalten werden.

Aus Rationalisierungsgründen können sich mehrere Architekten oder Ingenieure in einer Bürogemeinschaft zusammenschließen und ihre Zweckgemeinschaft dabei lediglich auf die gemeinsame Nutzung der Büroeinrichtung und Räume beschränken. Bei dieser Konstellation bleibt jeder Beteiligte weitgehend selbständig, eine gesellschaftsrechtliche Bindung untereinander beschränkt sich auf den Gesellschaftszweck der gemeinsamen Nutzung von Einrichtung und Büroräumen.

2.2.2 Partnerschaft (Sozietät) in Form der Gesellschaft bürgerlichen Rechts

Die in den §§ 705 ff. BGB normierte Gesellschaft des bürgerlichen Rechts – auch BGB-Gesellschaft genannt – ist eine auf einem Vertrag beruhende Personenvereinigung natürlicher oder juristischer Personen zur Förderung eines von den Gesellschaftern gemeinsam verfolgten Zwecks, wobei die Gesellschaft keine eigene Rechtspersönlichkeit hat. Der Zusammenschluß kann sowohl kurzfristig für einen vorübergehenden Zweck als auch langfristig auf Dauer erfolgen. Eine Gesellschaft bürgerlichen Rechts kann auch entstehen, obwohl sich die Beteiligten darüber nicht im klaren sind (z. B. Wettgemeinschaft beim Toto). Meist wird jedoch als Grundlage der Gesellschaft ein Gesellschaftsvertrag mündlich, schriftlich oder durch schlüssige Handlungen abgeschlossen.

In der rechtlichen und wirtschaftlichen Ausgestaltung der Unternehmung verbleibt den Gesellschaftern ein großer Spielraum, da die gesetzlichen Regelungen größtenteils nicht zwingend sind. So steht die Geschäftsführung und die Vertretung zwar an sich allen Gesellschaftern gemeinsam zu, doch wird diese Norm aus Praktikabilitätsgründen häufig im Gesellschaftsvertrag geändert.

Die Beiträge der Gesellschafter und das erworbene Vermögen der Gesellschaft gehören allen gemeinsam als sogenanntes Gesamthandsvermögen. Niemand ist berechtigt, eine Teilung dieses Vermögens zu verlangen.

Bezüglich der Haftung erweist es sich für die Geschäftspartner des Unternehmens als vorteilhaft, wenn die Gesellschafter mit ihrem Betriebs- und Privatvermögen gesamtschuldnerisch haften. Falls keine besonderen Vereinbarungen getroffen worden sind, wird der Gewinn gleichmäßig verteilt.

Wollen Architekten bzw. Ingenieure für einzelne Projekte oder auch für längere Zeit zusammenarbeiten, so bietet sich die Gesellschaft bürgerlichen Rechts an, da hier die gesetzlichen Regelungen einen weiten Spielraum für individuelle Gestaltungen lassen und die Ansprüche an das Rechnungswesen nicht sehr umfangreich sind.

Grundsätzlich führen alle Gesellschafter gemeinsam die Geschäfte, wobei der Gewinn zu gleichen Teilen verteilt wird. Diese Bestimmungen können jedoch aus Praktikabilitätserwägungen den speziellen Verhältnissen entsprechend geändert werden. Als negatives Kriterium erweist sich die gesamtschuldnerische Haftung mit dem Privat- und Betriebsvermögen.

2.2.3 Gesellschaften mit beschränkter Haftung (GmbH)

Will man die gesamtschuldnerische Haftung des Privat- und Betriebsvermögens, die im Falle der Partnerschaft (Sozietät) vorliegt, vermeiden, dann bietet sich die Gesellschaft mit beschränkter Haftung an.

Diese im GmbH-Gesetz geregelte Gesellschaft ist eine juristische Person, d. h., sie ist als Gesellschaft rechtsfähig. Die im Geschäftsbetrieb entstandenen Verbindlichkeiten sind somit Schulden der Gesellschaft und nicht der Gesellschafter. Gleichzeitig wird die Haftung der Gesellschafter auf ihre Einlage begrenzt. Die Summe der Einlagen (Stammkapital) muß mindestens insgesamt 50.000,– DM betragen, wovon 25.000,– DM in Geld oder Sachwerten bei Gründung der GmbH eingezahlt sein müssen. Um handlungsfähig sein zu können, benötigt die GmbH einen oder mehrere Geschäftsführer, die die Gesellschaft gerichtlich und außergerichtlich vertreten.

Bestimmte grundlegende Entscheidungen bleiben jedoch den Gesellschaftern in den Gesellschafterversammlungen vorbehalten. Die Gesellschafter können daneben auch die Aufgabe des Geschäftsführers übernehmen.

Zur Gründung einer GmbH reicht ein Gesellschafter aus (Einmann-GmbH). Insoweit keine anderen Absprachen getroffen worden sind, erfolgt die Gewinnverteilung im Verhältnis der Geschäftsanteile.

Wegen der notariellen Beurkundungspflicht des Gesellschaftsvertrages, der Eintragungspflicht ins Handelsregister und der höheren Erfordernisse an das Rechnungswesen ergeben sich im Rahmen der Rechtsform einer GmbH größere Kosten als beispielsweise bei einer Gesellschaft bürgerlichen Rechts. Für ein Architektur- oder Ingenieurbüro erscheint diese Rechtsform aber immer dann sinnvoll, wenn die Haftungsbegrenzung einen wichtigen Faktor darstellt.

2.2.4 Andere Rechtsformen

2.2.4.1 Stille Gesellschaft

Ein stiller Gesellschafter beteiligt sich z. B. an einer Partnerschaft oder einer GmbH, indem er eine Einlage (z. B. Geld oder Sachen) macht. Dann wird die Partnerschaft Eigentümer der Einlage, schuldet dem stillen Gesellschafter aber ihre Rückzahlung. Nach außen tritt der stille Gesellschafter nicht in Erscheinung. Er ist von einem normalen Gläubiger nicht ohne weiteres zu unterscheiden. Falls vertraglich nichts anderes vereinbart ist, stehen ihm lediglich Kontrollbefugnisse und keine Geschäftsführungsbefugnisse zu. Die Haftung bleibt auf seine Einlage begrenzt. Im Unterschied zu Fremdkapitalgebern erhält er keine feste Verzinsung seiner Einlage, sondern ist am Gewinn in angemessener Weise beteiligt.

Inwieweit eine stille Gesellschaft auch zwischen Architekten und Ingenieuren vorliegen kann, ist in der Literatur umstritten. Falls sie anerkannt wird, liegt eine reine Innengesellschaft vor, deren Vorteil in der Anonymität des beteiligten stillen Gesellschafters liegt. In der Praxis dürfte der stillen Gesellschaft keine große Bedeutung zukommen.

2.2.4.2 Genossenschaft

Schließen sich Architekten bzw. Ingenieure zu einer eingetragenen Genossenschaft zusammen, so bleiben ihre Büros in der Regel selbständig, die Abwicklung der Aufträge über die Genossenschaft findet nicht statt. Auch diese Rechtsform findet sich in der Praxis sehr selten.

Teil A: I. Allgemeine Erörterungen

2.2.4.3 Personengesellschaften (OHG, KG)

Die Rechtsform der Offenen Handelsgesellschaft und der Kommanditgesellschaft entfallen nach herrschender Meinung für Architekten und Ingenieure, denn der Zweck dieser Personengesellschaften ist auf den Betrieb eines Handelsgewerbes und nicht auf eine freiberufliche Tätigkeit gerichtet.

3. Gerichtsbarkeit

Im Sinne der bereits dargestellten Gewaltenteilung erfüllt die Gerichtsbarkeit die Funktion, das Recht im Einzelfall zu verwirklichen.
Damit steht die Gerichtsbarkeit zwischen Regierung und Gesetzgebung einerseits und der Verwaltung andererseits.
Genau genommen hat sie keine gestaltende Funktion, über die Möglichkeit und Erforderlichkeit der Auslegung von Gesetzen ist ihr Einfluß auf die Rechtsentwicklung und Rechtswirklichkeit aber bedeutend.
Damit die Justiz ihre Aufgabe ohne Beeinflussung durch andere Staatsorgane wahrnehmen kann, muß sie in ihrer Rechtsprechungstätigkeit unabhängig sein.
In Artikel 97 GG heißt es deshalb: „Die Richter sind unabhängig und nur dem Gesetz unterworfen."
Diese richterliche Unabhängigkeit beschränkt sich allerdings auf die reine Rechtsprechungstätigkeit.
Sie bezieht sich nicht auf die Organisation der Gerichtsbarkeit in sachlicher und personeller Hinsicht.
Bei der Behandlung der Arten der Gerichtsbarkeit ist an erster Stelle die ordentliche Gerichtsbarkeit zu nennen.

Gem. § 13 Gerichtsverfassungsgesetz (GVG) gehören zur ordentlichen Gerichtsbarkeit die Zivilgerichtsbarkeit und die Strafgerichtsbarkeit.
Die Organisation der ordentlichen Gerichte stellt sich in einem vierstufigen Aufbau dar.
Amtsgerichte, Landgerichte und Oberlandesgerichte sind Ländergerichte (§ 12 GVG), oberstes Bundesgericht im Rahmen der ordentlichen Gerichtsbarkeit ist der Bundesgerichtshof (BGH).
Funktional wird die Rechtsprechung durch die einzelnen Spruchkörper der jeweiligen Gerichte ausgeübt. Diese Spruchkörper heißen z. B. bei den Landgerichten Kammern und bei den Oberlandesgerichten und beim Bundesgerichtshof Senate.
Die Zivilgerichtsbarkeit ist zuständig für die bürgerlichen Rechtsstreitigkeiten.
Wenn der Architekt also z. B. das ihm zustehende Honorar einklagen muß, ist hierfür die streitige Zivilgerichtsbarkeit zuständig. Dies gilt genauso, wenn der Bauherr einen Schadensersatzanspruch gegen den Architekten einklagen will.
Neben der streitigen Zivilgerichtsbarkeit gibt es noch die sogenannte „Freiwillige Gerichtsbarkeit". Deren Bereich erfaßt Grundbuchsachen, Registersachen, Nachlaßsachen, Vormundschaftssachen etc.
Die Strafgerichtsbarkeit dient der Durchsetzung des staatlichen Strafanspruchs.
Die insoweit bestehenden, recht komplizierten Zuständigkeits- und Instanzenregelungen können an dieser Stelle nicht näher dargestellt werden.
Als weitere Art ist die Besondere Gerichtsbarkeit zu nennen.
Die größte Bedeutung kommt insoweit der Arbeitsgerichtsbarkeit zu.
Die Zuständigkeit der Arbeitsgerichte bezieht sich auf sämtliche Arbeitssachen (§§ 2, 2a Arbeitsgerichtsgesetz).
Die Verwaltungsgerichtsbarkeit ist eine weitere Art der Gerichtsbarkeit.

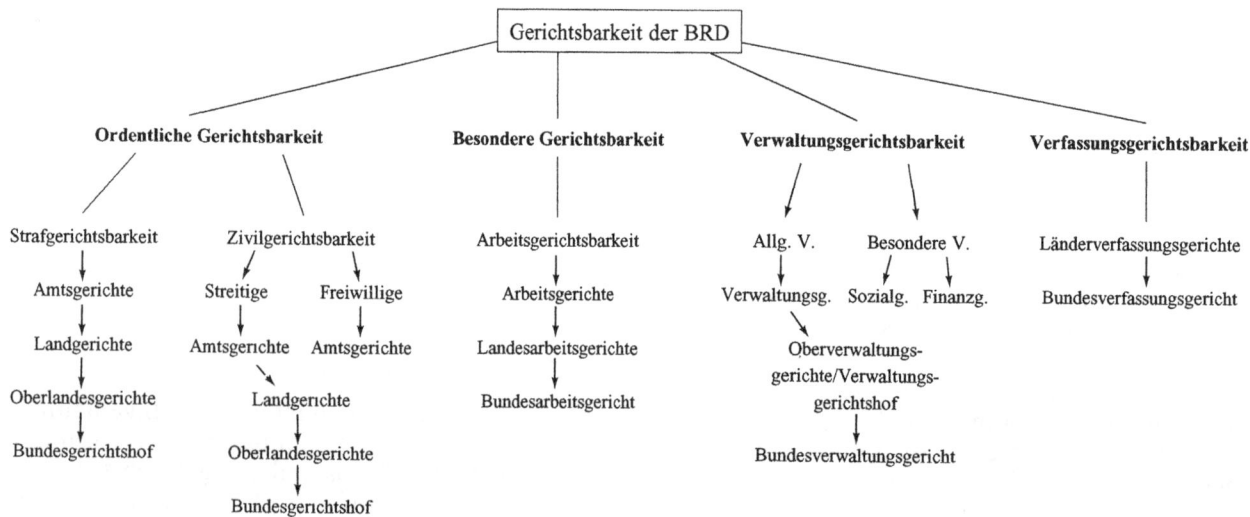

Abb. 1: Gerichtsbarkeit der BRD

Ihre wichtigste Funktion ist der Schutz des Bürgers vor ungerechtfertigen Eingriffen der Staatsgewalt. Man unterscheidet die Allgemeine Verwaltungsgerichtsbarkeit und als Sonderzweige die Finanzgerichtsbarkeit und die Sozialgerichtsbarkeit.
Schließlich gibt es die Verfassungsgerichtsbarkeit. Dieser Zweig der Gerichtsbarkeit hat die Aufgabe, den Gesetzgeber zu kontrollieren und die Verfassung zu schützen, wenn es sein muß, auch gegen den Gesetzgeber.
Dabei hat das Bundesverfassungsgericht die Bundesverfassung und die Länderverfassungsgerichte die Länderverfassungen zu schützen.
Abb. 1 soll dem Leser einen schnellen Überblick über den Aufbau der Gerichtsbarkeit verschaffen.

II. Öffentliches Baurecht

In Artikel 14 des Grundgesetzes ist grundsätzlich das Eigentum gewährleistet und damit prinzipiell auch das Recht auf freie Nutzung des Bodeneigentums einschließlich des Rechts zur Errichtung von Bauwerken. Diese „Baufreiheit" findet allerdings besonders durch jenen Teilbereich des öffentlichen Rechts ihre Schranken, der als „öffentliches Baurecht" bezeichnet wird.

1. Teilbereiche des öffentlichen Baurechts

Im folgenden wird ein Überblick über die für den Entwurfsverfasser wesentlichen Inhalte und Zusammenhänge der Teilbereiche des öffentlichen Baurechts gegeben.
Im Anhang 1 sind die Überschriften der einzelnen für ihn bedeutenden Paragraphen des BauGB gezeigt.

1.1 Bauplanungsrecht

1.1.1 Das Baugesetzbuch (BauGB)

Es ist das zentrale Anliegen des Baugesetzbuches, in dem das Planungsrecht bundeseinheitlich geregelt ist, die bauliche und sonstige Nutzung von Grundstücken vorzubereiten und zu leiten. Es verpflichtet die Gemeinden, in eigener Verantwortung Bauleitpläne aufzustellen, sobald und soweit es für die städtebauliche Ordnung und Entwicklung erforderlich ist.
Dementsprechend gliedert sich das BauGB folgendermaßen:
Erstes Kapitel: Allgemeines Städtebaurecht
– Erster Teil: Bauleitplanung
– Zweiter Teil: Sicherung der Bauleitplanung
– Dritter Teil: Regelungen der baulichen und sonstigen Nutzung, Entschädigung
– Vierter Teil: Bodenordnung
– Fünfter Teil: Enteignung
– Sechster Teil: Erschließung
Zweites Kapitel: Besonderes Städtebaurecht
Drittes Kapitel: Sonstige Vorschriften
Im Anhang 2 sind die für die Bauleitplanung wesentlichen §§ 5 Abs. 2 und 9 BauGB, die Aufschluß über die Inhalte von Flächennutzungs- und Bebauungsplan geben, abgedruckt.

1.1.2 Die Baunutzungsverordnung (BauNVO)

Die BauNVO ergänzt das BauGB. Dabei ist in der BauNVO zunächst im ersten Abschnitt der Rahmen abgesteckt, den die Gemeinden bei der Aufstellung ihrer Bauleitpläne und insbesondere der Bebauungspläne einzuhalten bzw. auszufüllen haben.
Neben diesem Rahmen regelt die BauNVO auch die Zulässigkeit von Vorhaben in den festgelegten Baugebieten. Dazu gehören die Paragraphen des zweiten Abschnittes „Maß der baulichen Nutzung". Außerdem ist im dritten Abschnitt geregelt: „Bauweise, überbaubare Grundstücksfläche".
Der vierte Abschnitt ist entfallen.
Der fünfte Abschnitt enthält „Überleitungs- und Schlußvorschriften".
Aus dem Gesetzestext der BauNVO ergibt sich, daß die für die Bebauung vorgesehenen Flächen im Flächennutzungsplan – soweit erforderlich – nach der allgemeinen Art ihrer baulichen Nutzung (Bauflächen) dargestellt werden können, also als
– Wohnbauflächen,
– gemischte Bauflächen,
– gewerbliche Bauflächen,
– Sonderbauflächen.
Darüber hinaus können im Bebauungs- und Flächennutzungsplan – soweit es erforderlich ist – die für die Bebauung vorgesehenen Flächen nach der besonderen Art ihrer baulichen Nutzung (Baugebiete) dargestellt werden. Dabei sieht die BauNVO

zehn Nutzungsarten vor, nämlich Kleinsiedlungsgebiete, reine Wohngebiete, allgemeine Wohngebiete, besondere Wohngebiete, Dorfgebiete, Mischgebiete, Kerngebiete, Gewerbegebiete, Industriegebiete und Sondergebiete. In Bebauungs- und Flächennutzungsplänen kann ebenfalls das „Maß der baulichen Nutzung" angegeben werden. Dieses bestimmt durch die Festlegung der verschiedenen Maßbestimmungsfaktoren, die in den §§ 17-21 BauNVO beschrieben sind, das äußere Erscheinungsbild der Städte und Gemeinden mit. Außerdem wird mit den Maßbestimmungsfaktoren auch auf die notwendige Ausstattung des Gemeindegebietes mit Infrastruktur-, Versorgungs- und Entsorgungsanlagen geachtet. Unter zusätzlicher Berücksichtigung der Einwohnerzahl werden so die Einrichtungen des Gemeinbedarfs wie z.B. Stellplätze, Garagen, Gemeinschaftsräume festgelegt.

In Tab. 1 ist eine Übersicht über einzelne Festlegungen zum Maß der baulichen Nutzung aufgezeigt. Ganz allgemein kann man festhalten, daß die BauNVO als Ergänzung zum BauGB das Instrumentarium enthält, mit dem die Gemeinden ihre städtebauliche Entwicklung unter Berücksichtigung der Ziele der Raumordnung und Landesplanung, einer etwa vorhandenen eigenen Entwicklungsplanung sowie der Planungsgrundsätze des § 1 BauGB sinnvoll und funktionsgerecht gestalten können. Dabei ist die planerische Gestaltungsfreiheit der Gemeinde, die ihr nach Art. 28 GG zusteht, durch die vorgegebenen Ziele, Grundsätze und Rechtsvorschriften begrenzt, d.h., die BauNVO darf nur soweit ausgenutzt werden, als diese Grenzen eingehalten werden. Andere Rechtsvorschriften, wie z.B. immissionsschutzrechtliche Regelungen oder bauordnungsrechtliche Vorschriften der Länder, bleiben unberührt.

Mit anderen Worten: Die BauNVO setzt zusammen mit den §§ 5 und 9 BauGB sowie der PlanzVO die Grenzen planerischer Darstellungen und Ausweisungen. Dabei ergänzt und konkretisiert die BauNVO die planungsrechtlichen Vorschriften des BauGB.

In Tab. 2 ist der Zusammenhang zwischen Raumplanung, der kommunalen Planung und der Bauplanung anhand der Stufen der Planung in Nordrhein-Westfalen dargestellt.

Neben dem BauGB und der Baunutzungsverordnung gibt es noch weitere Gesetze, die die Bauplanung betreffen und die hier der Vollständigkeit halber noch kurz aufgeführt werden sollen, obwohl sie keinen unmittelbaren Einfluß auf die Planungstätigkeit des Architekten haben.

1.1.3 Sonstige Vorschriften

Das Bundesraumordnungsgesetz (ROG)
Ziel und Aufgabe des ROG i.d.F. vom 19.7.1989 ist es, das Bundesgebiet in seiner allgemeinen räumlichen Struktur einer Entwicklung zuzuführen, die der freien Entfaltung der Persönlichkeit in der Gemeinschaft am besten dient (Eingangsbestimmung ROG).

Tab. 1: Maß der baulichen Nutzung

§ 9 Abs. 1 Nr. 1 BauGB i.V. m. §§ 16 bis 21 BauNVO G. d. F. vom 23.1.1990	
mögliche Festsetzungen im FNP	GFZ. BMZ oder Höhe baul. Anlagen
mögliche Festsetzungen im B-Plan	1. GRZ oder Größe der Grundflächen der baul. Anlagen 2. GFZ oder Größe der Geschoßfläche, MBZ oder Baumasse 3. Zahl der Vollgeschosse 4. Höhe der baulichen Anlagen
im B-Plan ist festzusetzen:	1. stets GFZ oder Größe der Grundflächen 2. die Zahl der Vollgeschosse oder die Höhe baulicher Anlagen, wenn ohne ihre Festsetzung öffentl. Belange (z. B. Ortsrecht) beeinträchtigt werden können
Zahl der Vollgeschosse § 20 Abs. 2 BauNVO/ § 2 (5) BauONW	bauordnungsrechtlich geregelt
Grundflächenzahl GRZ § 19 BauNVO	gibt an, wieviel m² Grundfläche eines Gebäudes je m² Grundstücksfläche zulässig sind. Bei der Ermittlung der Grundfläche sind folgende Grundflächen mitzurechnen: – Garagen, Stellplätze und deren Zufahrten – Nebenanlagen (§ 14) – baul. Anlagen unterhalb der Geländeoberfläche Überschreitung < 50 %, GRZ < 0.8
zul. Grundfläche des Gebäudes = Grundstücksgröße × GRZ	Bsp.: 1geschossige Bebauung, Grundstück 1000 m² WR: GRZ 0.4 ⇒ Grundfläche des Gebäudes = 400 m²
Geschoßflächenzahl GFZ § 20 BauNVO	gibt an, wieviel m² Geschoßfläche je m² Grundstücksfläche zulässig sind. Geschoßfläche = Summe der Flächen aller Vollgeschosse nach Außenmaßen berechnet, im B-Plan kann festgesetzt werden, daß die Flächen von Aufenthaltsräumen und die zugehörigen Treppenräumen mitgerechnet werden.*)
zul. Gesamtgeschoßfläche = Grundstücksgröße GFZ	Bsp.: 2geschossige Bebauung, Grundstück 1000 m² WR: GFZ 1.2 ⇒ Geschoßfläche = 1200 m²
Baumassenzahl BMZ § 21 BauNVO	gibt an, wieviel m³ Baumasse je m² Grundstücksfläche zulässig sind. Baumasse = Summe der m³ aller Vollgeschosse nach den Außenmaßen berechnet. Baumassen von Aufenthaltsräumen und der zugehörigen Treppenräumen werden mitgerechnet.
zul. Baumasse = Grundstücksgröße × BMZ	Bsp.: BMZ = 10.0, Grundstück 1000 m² ⇒ Baumasse = 1000 m³

*) Eine Überschreitung der Geschoßfläche durch Flächen von Aufenthaltsräumen in Nichtvollgeschossen kann in „alten B-Plangebieten" nach § 25c Abs. 2 BauNVO nicht zugelassen werden, wegen Fehlen einer hinreichenden ist die Ermächtigungsgrundlage nichtig (BVerwG, Urteil 27.2.92).

1. Teilbereiche des öffentlichen Baurechts

Tab. 2: Stufen der Planung in NRW

	Raumplanung / Raumordnungsplanung	Kommunale Planung	Bauplanung
Planungsstufen	1. Bundesraumordnung 2. Landesplanung 3. Regionalplanung	Bauleitplanung	Objektplanung
Planungsbereich	1. Bundesgebiet oder Teile davon 2. Bundesland oder Teile davon 3. Region oder Teile davon	1. Gemeindegebiet oder Teile desselben 2. Baugebiete oder Teile davon	1. baul. Anlage in ihrer Umgebung 2. Baugrundstück 3. Gebäudeteile
Rechtsgrundlage	– Bundesraumordnungsgesetz (ROG) vom 19.07.1989 – Landesplanungsgesetz (LPlG) vom 05.10.1989 – Gesetz zur Landesentwicklung (Landesentwicklungsprogramm, LEPro) vom 05.10.1989 – Baugesetzbuch 8.12.1986	– Baugesetzbuch vom 08.12.1986 – BauNVO 23.01.1990 – Planzeichen VO	– Landesbauordnung (BauONW) vom 26.06.1984 Ortsbauvorschriften
Instrumente	1. Bundesraumordnungsprogramm (ROP) Fachplanungen des Bundes 2. Landesentwicklungspläne (LEP) und -programme 3. Gebietsentwicklungspläne (GEP)	1. Flächennutzungspläne (FNP) 2. Bebauungspläne	1. Lageplan 2. Bauzeichnungen 3. Detailzeichnungen/ Ausführungsplanung
Planinhalte	räumliche Ordnung und Entwicklung des Plangebietes sowie Koordinierung der Fachplanungen	1. überfachliche kommunale Entwicklung und Bodenordnung 2. Regelungen der baulichen und sonstigen Nutzung der Grundstücke	1. nachbarliche Beziehungen der baulichen Anlagen 2. Funktion, Konstruktion, Freiflächen 3. technische und konstruktive Einzelheiten
Zeitl. Reichweite	mehrere Jahrzehnte, Programm elastisch, fortlaufende Anpassung notwendig	1. übersehbare Zukunft 10–15 Jahre 2. Gegenwart bis 10 Jahre	Gegenwart
Träger der Aufgabe	1. Bund 2. Land 3. Regierungspräsident	Gemeinde	Bauherr
Bearbeiter	1. die Bundesressorts 2. die Landesressorts, Landesplanungsbehörden 3. die Bezirksplanungsbehörde	Stadt- oder Gemeinde, Planungsamt	beauftragte Architekten, Ingenieure
Beteiligte	alle Fachsparten, Träger öffentlicher Belange	1. alle Fachsparten, Träger öffentlihcer Belange 2. Architekten, Verkehrs- und Versorgungsingenieure, Bürger	Baugenehmigungsbehörde f. d. Bauherren: Sachverständige, Architekt, Bauunternehmer, Handwerker, ggf. Nachbarn
Rechtswirkung	Beteiligte sind gebunden	1. bindend für die Gemeinde und die Beteiligten 2. verbindliches Ortsbaurecht für Jedermann	die genehmigten Bauvorlagen sind bindend für den Bauherrn und die am Bau Beteiligten

	raumrelevante Fachplanungen
Planungsträger	Bund, Land, Gemeinden und sonstige
Rechtsgrundlage	Fachplanungsgesetze
Instrumente	Planfeststellung Nutzungsregelungen (Festsetzung von Schutzgebieten) sonstige räumliche Fachplanungen
Planinhalt	die planerische Gestaltung des Raumes unter einem Gesichtspunkt (z. B. Straßenverkehr, Wasserwirtschaft, Abfallbeseitigung)

Das ROG ist ein Rahmengesetz gem. Art. 75 Nr. 4 GG und zeigt die Ziele für die nachgeordneten Ebenen auf. Es dient der Verbesserung der Verkehrsverhältnisse und der Versorgung mit der Bevölkerung dienenden Einrichtungen sowie der Entwicklung von Gemeinden zu Entlastungsorten für die Aufnahme von Wohn- und Arbeitsstätten in angemessener Entfernung.

Das Landesplanungsgesetz (LPLG)
Nach Maßgabe des ROG ist es Aufgabe der Landesplanung, übergeordnete Programme und Pläne zu

erstellen, sie zu koordinieren und mit den Erfordernissen der Raumordnung abzustimmen. Auch das LPLG formuliert also Leitvorstellungen zur optimalen Entwicklung des Raumes, jedoch mit konkretisierten Wertvorstellungen.

Das Bundesnaturschutzgesetz (BNatSchG)
Mit dem BNatSchG wurden Rahmenvorschriften für die Bundesländer erlassen, die zum einen die Ziele und Grundsätze des Naturschutzes und der Landespflege festlegen, zum anderen ein differenziertes Bündel von Planungs- und Eingriffsinstrumentarien schaffen. Zielsetzung ist es, Natur und Landschaft im besiedelten und unbesiedelten Bereich so zu schützen, zu pflegen und zu entwickeln, daß sie als Lebensgrundlagen des Menschen und als Voraussetzung für seine Erholung in Natur und Landschaft nachhaltig gesichert sind (§ 1 BNatSchG).

Andere Gesetze sind z. B. das Bundes-Immisionsschutzgesetz, Landeswassergesetz, Landschaftsgesetz etc.

1.2 Bauordnungsrecht

1.2.1 Landesbauordnungen

Während die Vorschriften des BauGB und der BauNVO die planungsrechtliche Zulässigkeit eines Bauvorhabens beschreiben, regeln die Landesbauordnungen die ordnungsrechtliche Zulässigkeit. In Art. 31 GG heißt es: „Bundesrecht bricht Landesrecht".

Für die Verzahnung von Planungsrecht und Ordnungsrecht hat das BVG in Anlehnung an Art. 74 Nr. 18 GG (konkurrierende Gesetzgebung) festgelegt, daß das Bauordnungsrecht in die Gesetzgebungskompetenz der Länder fällt. § 29 BauGB bestimmt, daß die §§ 30–37 BauGB für alle Vorhaben gelten, die die Errichtung, Änderung oder Nutzungsänderung von baulichen Anlagen zum Inhalt haben und damit genehmigungs-, zustimmungs- oder anzeigepflichtig sind. § 70 BauO NW bestimmt als Prüfungsmaßstab alle öffentlich-rechtlichen Vorschriften. Eine Baugenehmigung kann also nicht erteilt werden, wenn planungsrechtliche Vorschriften entgegenstehen.

Die Landesbauordnungen der einzelnen Bundesländer entsprechen sich hinsichtlich ihres Aufbaues weitgehend, da sie sich nach einer gemeinsam erarbeiteten Musterbauordnung ausrichten. Im Detail haben sie allerdings unterschiedliche Inhalte. Deshalb muß bei Erstellung eines Bauwerks auf dem Gebiet eines Bundeslandes auch die jeweilig gültige Landesbauordnung herangezogen werden.

Um den Inhalt der Landesbauordnungen anzudeuten, soll der Aufbau der Bauordnung für das Land Nordrhein-Westfalen – Landesbauordnung (BauO NW) vom 26.6.1984 gezeigt werden:

Erster Teil: Allgemeine Vorschriften
Zweiter Teil: Das Grundstück und seine Bebauung
Dritter Teil: Bauliche Anlagen
  Erster Abschnitt: Allgemeine Anforderungen an die Bauausführung
  Zweiter Abschnitt: Baustoffe, Bauteile, Einrichtungen und Bauarten
  Dritter Abschnitt: Wände, Decken und Dächer
  Vierter Abschnitt: Treppen, Rettungswege, Aufzüge und Öffnungen
  Fünfter Abschnitt: Haustechnische Anlagen
  Sechster Abschnitt: Aufenthaltsräume und Wohnungen
  Siebenter Abschnitt: Besondere Anlagen
Vierter Teil: Die am Bau Beteiligten
Fünfter Teil: Bauaufsichtsbehörden und Verwaltungsverfahren
Sechster Teil: Bußgeldvorschriften, Rechtsvorschriften, Übergangs- und Schlußvorschriften

Aus der vorstehenden Übersicht geht hervor, daß die Landesbauordnungen Festlegungen enthalten, die zunächst die allgemeinen oder besonderen Anforderungen an Baugrundstücke und bauliche Anlagen betreffen. Es geht dabei vornehmlich um Fragen, die im Detail Abstände und Abstandsflächen etc. betreffen.

In Tab. 3 sind solche Abstandsvorschriften, wie sie z. B. nach § 6 BauO NW geregelt sind, aufgelistet. Ein sehr wichtiger und daher umfangreicher Teil betrifft die sicherheitsrechtlichen Anforderungen (Gefahrenabwehr). Dies betrifft zunächst die Anforderungen, die generell an die baulichen Anlagen gestellt werden, also z. B. Standsicherheit, Schutz gegen Feuchtigkeit, Korrosion und Schädlinge, Brandschutz sowie Wärmeschutz und Verkehrssicherheit. Aber auch die Anforderungen, die die einzelnen Baustoffe, Bauteile, Baukonstruktionen und haustechnischen Anlagen im einzelnen erfüllen müssen, sind in den Landesbauordnungen festgelegt.

Neben den bisher genannten Festlegungen sind auch Mindestanforderungen aus dem Bereich der Wohlfahrts- und Sozialpflege, wie Aufenthaltsräume und Wohnungen, das Vorhalten von Spielplätzen und von Stellflächen (Parkplätze/Parkflächen) geregelt.

Außerdem regelt das Bauordnungsrecht noch den „Vollzug der städtebaulichen Planung" und die „Verhütung von Verunstaltungen".

Letztlich sind auch die Pflichtenstellungen der am Bau Beteiligten, die Struktur der Bauaufsichtsbehörden und das Baugenehmigungsverfahren in diesen Vorschriften zu finden. Da die Entwurfsverfasser in der Leistungsphase 4 „Genehmigungsplanung" die entsprechenden Vorlagen für die Baugenehmigung erstellen müssen, soll auf die Bauge-

2. Die Bauleitplanung als öffentlich-rechtlicher Rahmen für die Planung von Bauvorhaben

Tab. 3: Abstandsvorschriften nach § 6 BauO NW

Abstandsflächen:	Flächen, die vor Außenwänden von Gebäuden von oberirdischer Bebauung freizuhalten sind (§ 6 BauONW)
Zweck:	Abstandsflächen sichern: 1. die genügende Belichtung und Belüftung für die Bewohner, 2. die Zufahrten für Feuerwehr und Rettungsfahrzeuge, 3. den Wohnfrieden und verhindern Beeinträchtigungen durch ein zu enges Aufeinanderrücken der Gebäude.
Berechnung:	Die Abstandsflächen berechnen sich nach Höhe und Breite der Außenwände des Gebäudes. Als Wandhöhe gilt das Maß zwischen der Geländeoberfläche bis zur Schnittlinie der Wand mit der Dachhaut. Dächer, Dachteile und Giebelflächen werden, je nach Dachneigung, voll oder zu einem Drittel hinzugerechnet (§ 6 Abs. 4 BauO NW). ⇒ daraus ergibt sich H. Die Tiefe der Abstandsfläche ist – je nach Gebietstyp – ein Teil von H. Kerngebiete: 0.5 H Gewerbe- und Industriegebiete: 0.25 H im übrigen: 0.8 H (in Sondergebieten Ausnahme möglich). mind. Tiefe: 3 m
Schmalseitenprivileg:	ist ein Gebäude nicht länger als 16 m, reicht als Abstandsfläche vor zwei Außenwänden die Hälfte der sonst erforderlichen Tiefe (0.5 × H), allerdings nicht weniger als 3 m.
Ausnahmen:	verringert werden können die Abstandsflächen, wenn und soweit – städtebauliche Gründe im Einzelfall oder – zwingende Festsetzungen eines Bebauungsplans dies erfordern.
Abstandsflächen auf öffentlichen Flächen:	können Abstandsflächen nicht auf dem Grundstück nachgewiesen werden, können dafür auch öffentliche Verkehrsflächen, öffentliche Grünflächen und öffentliche Wasserflächen, allerdings nur bis zu deren Mitte, in Anspruch genommen werden.
Abstandsflächen auf dem Nachbargrundstück:	wenn öffentlich-rechtlich gesichert ist, daß die Nachbargrundstücke nicht bebaut oder als Abstandsflächen verwendet werden (§ 7 BauONW) (Baulast.)

nehmigung und das Baugenehmigungsverfahren in einem gesonderten Punkt (siehe dazu Abschnitt 4) eingegangen werden.

1.2.2 Sonstige Vorschriften

Hierunter fallen alle Bestimmungen, die sonst noch beim Bauen zu beachten sind oder Hilfestellung geben.
Dazu gehören z.B. die Baunormen, das Bundes-Immissionsschutzgesetz, das Denkmalschutzgesetz und die verschiedenen Verordnungen (z.B. WärmeschutzVO, Wärmeschutzüberwachungsverordnung, Heizungsanlagenverordnung, Sonderbauvorschriften wie z.B. Garagenverordnung, Krankenhausbauverordnung etc.).

2. Die Bauleitplanung als öffentlich-rechtlicher Rahmen für die Planung von Bauvorhaben

Im Wege der Bauleitplanung hat die Gemeinde die Möglichkeit, in ihrem Gemeindegebiet die Bodennutzung zu steuern und dadurch die politischen Entscheidungen über die städtebauliche Ordnung und Entwicklung zu verwirklichen. Die Planungshoheit gehört zum Kernbereich der durch Art. 28 Abs. 2 Satz 1 GG gewährleisteten kommunalen Selbstverwaltung; die Gemeinden besitzen somit von Verfassungs wegen das Recht zu eigenverantwortlicher Bauleitplanung.

Entsprechend der kommunalen Planungshoheit ist die örtliche Bauleitplanung Aufgabe der Gemeinden (§ 1 Abs. 3 BauGB).
Ausnahmen von diesem Grundsatz können sich aus den §§ 203–205 BauGB ergeben. Im folgenden sollen vor allem die Regelungen des öffentlichen Baurechts gezeigt werden, die im Zusammenhang mit der Bauleitplanung stehen. Dies hat seinen Grund in folgenden Überlegungen.
Die Gemeinde erstellt aufgrund der Vorgaben des BauGB und der BauNVO den Bebauungsplan. Dieser wiederum enthält die Vorgaben (das Ortsrecht), die vom Entwurfsverfasser beachtet werden müssen, wenn er seine Planungsunterlagen entsprechend den Leistungsphasen 1–4 gem. § 15 HOAI erstellt.

2.1 Unterteilung der Gemeindeflächen nach dem Bauplanungsrecht

2.1.1 Qualifizierter und einfacher Bebauungsplan

Letzte Planungsstufe in der Gesamtplanung aller raumbedeutsamen Nutzungen stellt allgemein der Bebauungsplan dar. Er wird von den Gemeinden als Satzung beschlossen (§ 1 Abs. 3 und 10 BauGB). Im Rahmen der räumlichen Gesamtplanung stellt der Bebauungsplan den einzigen Planungsakt mit normativer Wirkung und Maßstabfunktion für den Bürger dar.
Die möglichen Festsetzungen im Bebauungsplan sind in § 9 BauGB aufgezählt. Im Zusammenhang mit dem Bebauungsplan ist es weiterhin von Bedeutung, ob es sich um einen qualifizierten

(vgl. §30 Abs. 1 BauGB) oder um einen einfachen Bebauungsplan (vgl. §30 Abs. 2 BauGB) handelt. Ein Bebauungsplan ist nach §30 Abs. 1 BauGB dann ein qualifizierter, wenn er ein Mindestmaß an Festsetzungen enthält, nämlich solche über:
1. Art und Maß der baulichen Nutzung (§9 Abs. 1 Nr. 1 BauGB),
2. Bauweise, überbaubare Grundstücksfläche, Stellung der Anlage (§9 Abs. 1 Nr. 2 BauGB),
3. Verkehrsflächen (§9 Abs. 1 Nr. 11 BauGB).

Enthält der Bebauungsplan hingegen die oben genannten (und in §30 Abs. 1 BauGB aufgeführten) Festsetzungen nicht, handelt es sich nach der Legaldefinition des §30 Abs. 2 BauGB um einen einfachen Bebauungsplan. Bauvorhaben im Gebiet eines einfachen Bebauungsplanes richten sich nach den Vorschriften über den unbeplanten Innenbereich (§34 BauGB) und den Außenbereich (§35 BauGB).

2.1.2 Unbeplanter Innenbereich

Falls kein qualifizierter Bebauungsplan vorliegt, kann die Verwirklichung eines Bauvorhabens nach §30 Abs. 2 i.V.m. §34 BauGB dann möglich sein, wenn das zu bebauende Grundstück in einem im Zusammenhang bebauten Ortsteil liegt.

Ortsteil ist die komplexartige Bebauung von gewissem zahlenmäßigem Gewicht (organische Siedlungsstruktur, Abgrenzung gegenüber Splittersiedlungen bzw. Streubebauung).

Bebauungszusammenhang ist eine tatsächlich aufeinanderfolgende Bebauung, die trotz vorhandener Baulücken den Eindruck der Geschlossenheit vermittelt. Die Gemeinde hat die Möglichkeit, durch den Erlaß von Satzungen nach §34 Abs. 4 BauGB (Klarstellungs-, Entwicklungs- und Abrundungssatzungen) auf eine genauere Abgrenzung hinzuwirken.

2.1.3 Außenbereich

Zum unbeplanten Außenbereich gehören all diejenigen Gebiete, die nicht im räumlichen Geltungsbereich eines qualifizierten Bebauungsplanes und nicht innerhalb im Zusammenhang bebauter Ortsteile liegen.

2.2 Planungsgrundsätze für die Bauleitplanung und Abwägungsgebot

Nach §1 Abs. 3 BauGB hat die Gemeinde die Bauleitpläne aufzustellen, sobald und soweit es für die städtebauliche Entwicklung und Ordnung erforderlich ist. Dies bedeutet, daß die Gemeinde dann Bauleitpläne aufstellen soll, wenn diese erforderlich sind. Ist der Erlaß eines Bauleitplanes hingegen nicht erforderlich, so darf die Gemeinde keinen Bauleitplan erlassen. Die Erforderlichkeit der Bauleitplanung bestimmt sich nach der städtebaulichen Konzeption der Gemeinde; wird ein Bauleitplan von dieser getragen, so ist der Bauleitplan i.S.v. §1 Abs. 3 BauGB erforderlich.

Nach §1 Abs. 4 BauGB sind die Bauleitpläne den Zielen der Raumordnung und Landesplanung anzupassen.

Bauleitpläne nachbarlicher Gemeinden sind nach dem nachbargemeindlichen Abstimmungsgebot gem. §2 Abs. 2 BauGB aufeinander abzustimmen. Ferner ist die Bauleitplanung durch die Gemeinde in der ihr vom BauGB vorgegebenen Form, nämlich durch den Flächennutzungsplan (§5 BauGB) und den Bebauungsplan (§9 BauGB), durchzuführen.

Bei der Aufstellung der Bauleitpläne hat die Gemeinde ein sogenanntes Abwägungsgebot. Dies besagt, daß nach §1 Abs. 6 BauGB bei der Aufstellung der Bauleitpläne die öffentlichen und privaten Belange gegeneinander und untereinander gerecht abzuwägen sind.

2.3 Bauleitpläne (Flächennutzungs- und Bebauungsplan) als Ergebnis der Bauleitplanung

Aus §1 Abs. 2 BauGB ergibt sich, daß Bauleitpläne zum einen der Flächennutzungsplan (vorbereitender Bauleitplan) und zum anderen der Bebauungsplan (verbindlicher Bauleitplan) sind.

Die Gemeinde stellt einen vorbereitenden Bauleitplan (Flächennutzungsplan, §5 BauGB) auf und entwickelt sodann aus ihm verbindliche Bauleitpläne (Bebauungspläne, §8 Abs. 2 Satz 1 BauGB). Aufgabe der Bauleitpläne ist nach §1 Abs. 1 BauGB, die bauliche und sonstige Nutzung der Grundstücke in der Gemeinde nach Maßgabe der Vorschriften des Baugesetzbuches vorzubereiten und zu leiten.

Allgemein sind die Funktionen der örtlichen Bauleitplanung nach §1 Abs. 5 Satz 1:
— die Gewährleistung einer geordneten städtebaulichen Entwicklung,
— eine am Allgemeinwohl orientierte sozialgerechte Bodennutzung,
— der Schutz und die Entwicklung der Umwelt und der natürlichen Lebensgrundlagen.

Diese allgemeinen Funktionen der Bauleitplanung sind konkretisiert durch den Katalog des §1 Abs. 5 Sätze 2 und 3 BauGB und sind bei der planerischen Abwägung gemäß §1 Abs. 5 und 6 BauGB zu beachten.

2.3.1 Zusammenhang zwischen Flächennutzungsplan und Bebauungsplan

Je nach dem Maß der Abhängigkeit des Bebauungsplanes vom Flächennutzungsplan kann man zwischen vier Arten von Bebauungsplänen differenzieren:

2. Die Bauleitplanung als öffentlich-rechtlicher Rahmen für die Planung von Bauvorhaben

1. der aus dem Flächennutzungsplan entwickelte Bebauungsplan (§ 8 Abs. 2 BauGB),
2. der im Parallelverfahren entwickelte Bebauungsplan (§ 8 Abs. 3 Satz 1 BauGB),
3. der vorzeitige Bebauungsplan (§ 8 Abs. 4 Satz 1 BauGB),
4. der selbständige Bebauungsplan (§ 8 Abs. 2 Satz 2 BauGB).

zu 1: Nach dem Entwicklungsgebot des § 8 Abs. 2 Satz 1 müssen sich die Bebauungspläne an die Grundentscheidungen des Flächennutzungsplanes halten, können diesen aber fortschreiben und müssen sich ihm nicht in allen Einzelheiten anpassen.

zu 2: § 8 Abs. 3 Satz 1 BauGB erlaubt es den Gemeinden, einen Bebauungsplan zusammen mit dem Flächennutzungsplan aufzustellen, zu ändern oder zu ergänzen (sogenanntes Parallelverfahren). Dieses Parallelverfahren kommt in folgenden Fällen in Betracht:
– wenn ein beabsichtigter Bebauungsplan von einem bestehenden Flächennutzungsplan abweichen wird
oder
– wenn noch kein Flächennutzungsplan vorhanden ist, die Voraussetzungen für einen selbständigen (§ 8 Abs. 2 Satz 2 BauGB) oder vorzeitigen (§ 8 Abs. 4 BauGB) Bebauungsplan aber nicht gegeben sind.

Unter Parallelität ist in diesem Zusammenhang ein zeitgleiches Verfahren und eine inhaltliche Übereinstimmung zu verstehen.

zu 3: Die Gemeinde hat gemäß § 8 Abs. 4 Satz 1 die Möglichkeit, einen Bebauungsplan ohne vorherigen Flächennutzungsplan aufzustellen, zu ändern, zu ergänzen oder aufzuheben (vorzeitiger Bebauungsplan), wenn zwei Voraussetzungen erfüllt sind:
– wenn dringende Gründe es erfordern
und
– der Bebauungsplan der beabsichtigten städtebaulichen Entwicklung nicht entgegensteht.

Allerdings ist die Gemeinde für den Fall, daß sie einen vorzeitigen Bebauungsplan aufstellt, aufgrund von § 8 Abs. 2 Satz 1 BauGB verpflichtet, zumindest nachträglich einen Flächennutzungsplan aufzustellen, der den Festsetzungen des Bebauungsplanes entsprechen muß.

zu 4: Nach § 8 Abs. 2 Satz 2 BauGB kann auf einen Flächennutzungsplan generell verzichtet werden, wenn der Bebauungsplan ausreicht, um die städtebauliche Entwicklung zu ordnen. Das Aufstellen eines selbständigen Bebauungsplanes kommt in folgenden Fällen in Betracht:
– Der Bebauungsplan kann bei abstrakter Betrachtung wegen nur geringer Bautätigkeit ausreichen, die städtebauliche Entwicklung zu gewährleisten (meist nur bei kleinen Landgemeinden).
– Der Bebauungsplan hat bei konkreter Betrachtung praktisch keine Relevanz in bezug auf die planerische Grundkonzeption der Gemeinde, so daß die vorherige Aufstellung eines Flächennutzungsplanes überflüssig wäre.

2.3.2 Verfahrensablauf bei der Erstellung der Bauleitpläne

Im folgenden sollen in chronologischer Reihenfolge die wichtigsten Vorschriften für das Verfahren der Bauleitplanung dargestellt werden. Dabei handelt es sich, sofern nicht anders gekennzeichnet, ausschließlich um Paragraphen des BauGB.

§ 2 Abs. 1 Satz 1
Die Bauleitpläne werden von dem nach dem jeweiligen Kommunalverfassungsrecht zuständigen Organ der Gemeinde in eigener Verantwortung durch den Planaufstellungsbeschluß aufgestellt.

§ 2 Abs. 1 Satz 2
Der Beschluß, einen Bauleitplan aufzustellen, ist ortsüblich bekanntzumachen.

§ 3 Abs. 1
Die Bürger sind möglichst frühzeitig über die allgemeinen Ziele und Zwecke der Planung, sich wesentlich unterscheidende Lösungen, die für die Neugestaltung oder Entwicklung eines Gebietes in Betracht kommen, und die voraussichtlichen Auswirkungen der Planung öffentlich zu unterrichten. Ihnen ist Gelegenheit zu Äußerung und Erörterung zu geben. Nach Maßgabe des § 3 Abs. 1 Satz 2 Nr. 1 bis 3 kann von der Unterrichtung und Erörterung abgesehen werden.

§ 3 Abs. 2
Die Entwürfe der Bauleitpläne sind mit dem Erläuterungsbericht oder der Begründung auf die Dauer eines Monats öffentlich auszulegen. Ort und Dauer der Auslegung sind mindestens eine Woche vorher ortsüblich bekanntzumachen mit dem Hinweis darauf, daß Bedenken und Anregungen während der Auslegungsfrist vorgebracht werden können.

§ 4
Bei der Aufstellung von Bauleitplänen sollen die Behörden und Stellen, die Träger öffentlicher Belange sind und von der Planung berührt werden können, möglichst frühzeitig beteiligt werden. Nach § 3 Abs. 2 Satz 3 sind die eben genannten Behörden und Stellen möglichst frühzeitig benachrichtigt werden.

§ 10
Die Gemeinde beschließt den Bebauungsplan als Satzung.

§ 6 Abs. 1
Der Flächennutzungsplan bedarf der Genehmigung der höheren Verwaltungsbehörde.

Teil A: II. Öffentliches Baurecht

Zusammenfassend kann folgendes festgehalten werden: Nach dem BauGB sind die Gemeinden verpflichtet, Bauleitpläne in eigener Verantwortung zur Ordnung ihres Gemeindegebietes aufzustellen. In der Bauleitplanung wird die Nutzbarkeit der einzelnen Grundstücke festgesetzt. Es gibt zwei Arten von Bauleitplänen, den Flächennutzungsplan (§ 5 BauGB) und den sich (in der Regel) daraus entwickelnden Bebauungsplan (§ 9 BauGB). Der Flächennutzungsplan ist der vorbereitende Bauleitplan (§ 1 Abs. 2 BauGB), der in den Grundzügen die gewünschte städtebauliche Entwicklung aufzeigt. Er soll für das gesamte Gemeindegebiet die Art der Bodennutzung regeln. Der Flächennutzungsplan ist Bestandteil des Willensbildungsverfahrens der Gemeinde und hat somit keine unmittelbare rechtliche Wirkung gegenüber dem Bürger. Der Bebauungsplan dagegen enthält die rechtsverbindlichen Festsetzungen für die städtebauliche Ordnung. Er konkretisiert die Darstellungen des Flächennutzungsplans für einen bestimmten Gemeindeteil und setzt die Grundstücksnutzung verbindlich für jedermann fest.

In den Abb. 2 und 3 werden Auszüge aus einem Flächennutzungsplan und einem Bebauungsplan gezeigt. Abb. 4 verdeutlicht das Verfahren, das zur Aufstellung eines Bebauungsplans führt.

Tab. 4 zeigt die Unterschiede zwischen Flächennutzungs- und Bebauungsplan auf.

2.3.3 Schematische Darstellung der Einflüsse der Bauleitpläne auf den Kauf eines Grundstücks

Die wichtigsten Bestimmungen im Zusammenhang mit Abb. 5 sollen im folgenden geordnet nach dem in der Checkliste zugrundegelegten Entscheidungsverlauf erläutert werden.

Bodenverkehrsgenehmigung
Die Bodenverkehrsgenehmigung ist in den §§ 19–22 BauGB geregelt:
§ 19 Teilungsgenehmigung
§ 20 Versagungsgründe
§ 21 Inhalt der Genehmigung
§ 22 Sicherung von Gebieten mit Fremdenverkehrsfunktion

Die Regelungen der §§ 19–22 sollen eine städtebaulich unerwünschte Entwicklung verhindern, die durch die Teilung eines Grundstückes entstehen könnten. Die Teilung eines Grundstücks bedarf also in ihrer Wirksamkeit der Genehmigung durch die Baugenehmigungsbehörde. Ausnahmen hierzu sind in den genannten Paragraphen geregelt.

Grundstücke im Außenbereich
Zum unbeplanten Außenbereich gehören (wie oben in Abschnitt 2.1.3 bereits erläutert) all diejenigen Grundstücke, die nicht im räumlichen Geltungsbereich eines qualifizierten Bebauungsplanes (§ 30 Abs. 1 BauGB, vgl. Abschnitt 2.1.1) und nicht innerhalb im Zusammenhang bebauter Ortsteile liegen (§ 34 BauGB). Das Bauen in diesem Außenbereich ist, wenn öffentliche Belange dem Vorhaben nicht entgegenstehen, nur für privilegierte Vorhaben zulässig, die in § 35 BauGB abschließend aufgeführt sind.

Privilegierte Vorhaben sind beispielsweise Bauten der Land- und Forstwirschaft und Betriebe, die an die Außenbereiche gebunden sind (z.B. Kiesgruben), sowie belästigende Betriebe (z.B. Tierkörperbeseitigungsanlagen). Daneben sind sonstige Vorhaben (z.B. Nutzungsänderungen und/oder Erweiterungen von Wohnhäusern) nur zulässig, wenn ihre Ausführung und Benutzung öffentliche Belange nicht beeinträchtigt.

In allen genannten Fällen muß die Erschließung gesichert sein. Dazu gehört im allgemeinen der Anschluß an das öffentliche Straßennetz, die Wasserversorgung, die Abwasserbeseitigung und der Anschluß an das Energieversorgungsnetz. Grundsätzlich besteht kein Rechtsanspruch auf die Erschließung. Normalerweise übernimmt aber die Gemeinde die Erschließung und trägt mindestens 10 % des beitragsfähigen Erschließungsaufwands (§§ 129, 130 BauGB).

Grundstücke im Bereich eines qualifizierten Bebauungsplanes
Ein qualifizierter Bebauungsplan liegt, wie oben in Abschnitt 2.1.1 erwähnt, dann vor, wenn er mindestens Festsetzungen über die Art und das Maß der baulichen Nutzung, über die überbaubaren Grundstücksflächen und über die örtlichen Verkehrsflächen enthält. Nach Maßgabe des BBauPl ist ein Vorhaben zulässig, wenn es den Festsetzungen nicht widerspricht und seine Erschließung gesichert ist. Von den Festsetzungen des Bebauungsplanes können im Rahmen des § 31 BauGB Abweichungen im Wege einer Ausnahme oder Befreiung zugelassen werden.

Grundstücke im Bereich eines noch nicht qualifizierten Bebauungsplanes
Die Zulässigkeit von Bauvorhaben in Gebieten, für die ein Beschluß über die Aufstellung eines Bebauungsplanes gefaßt ist, dieser Bebauungsplan aber noch nicht von der Gemeinde beschlossen worden ist, richtet sich nach Maßgabe des § 33 BauGB. Nach § 33 Abs. 1 Nr. 1 bis 4 BauGB ist ein Bauvorhaben während der Planfeststellung dann zulässig, wenn

1. die öffentliche Auslegung (§ 3 Abs. 2 und 3) durchgeführt und die Träger öffentlicher Belange (§ 4 Abs. 1) beteiligt worden sind,
2. anzunehmen ist, daß das Vorgaben den künftigen Festsetzungen des Bebauungsplans nicht entgegensteht,
3. der Antragsteller diese Festsetzungen für sich und seine Rechtsnachfolger schriftlich anerkennt und
4. die Erschließung gesichert ist.

2. Die Bauleitplanung als öffentlich-rechtlicher Rahmen für die Planung von Bauvorhaben

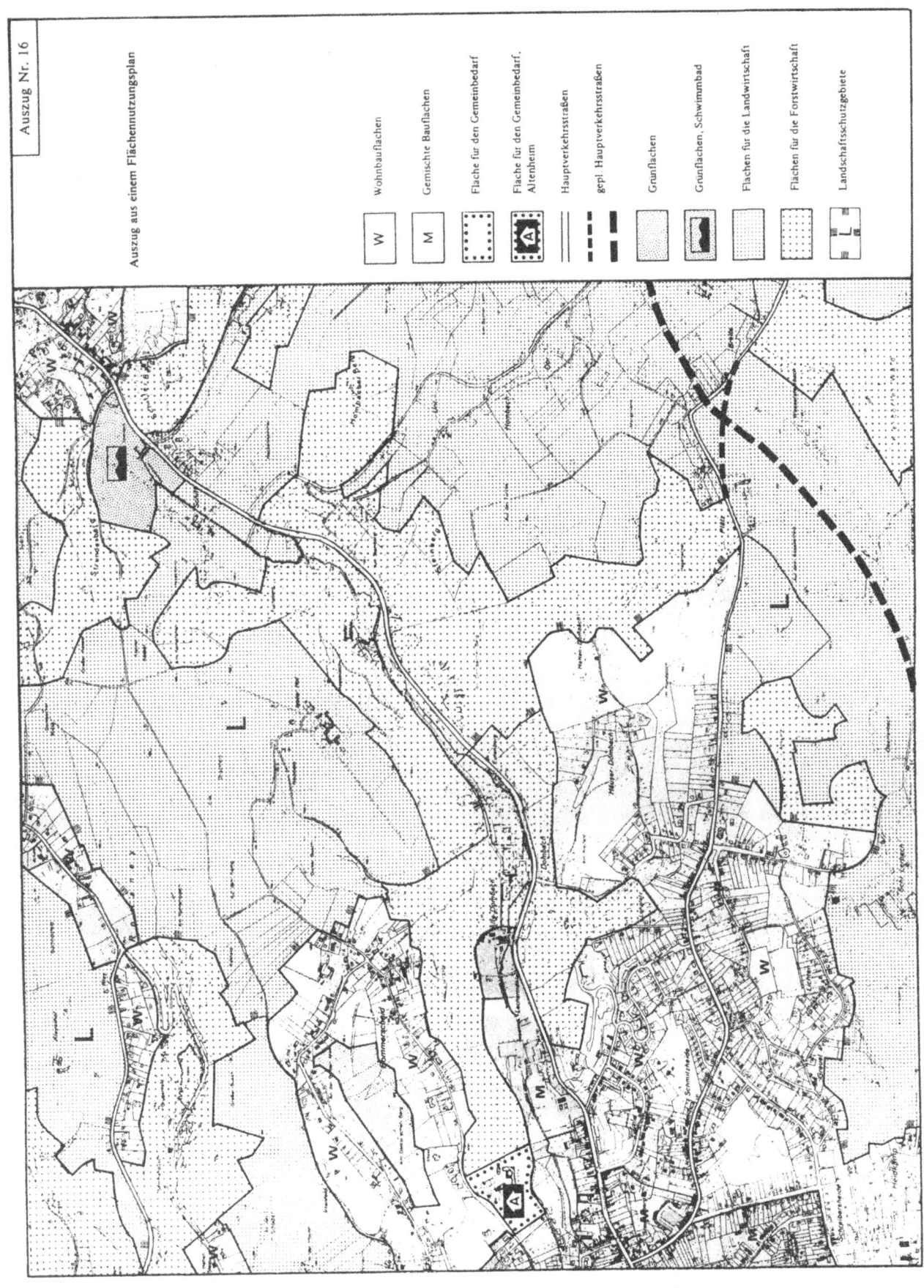

Abb. 2: Auszug aus einem Flächennutzungsplan[1]

[1] entnommen aus RABE, (1979): Optisches Verwaltungsrecht, Heft 2, Verlag Neue Wirtschafts-Briefe, Herne/Berlin, Auszug 16 und 17

Teil A: II. Öffentliches Baurecht

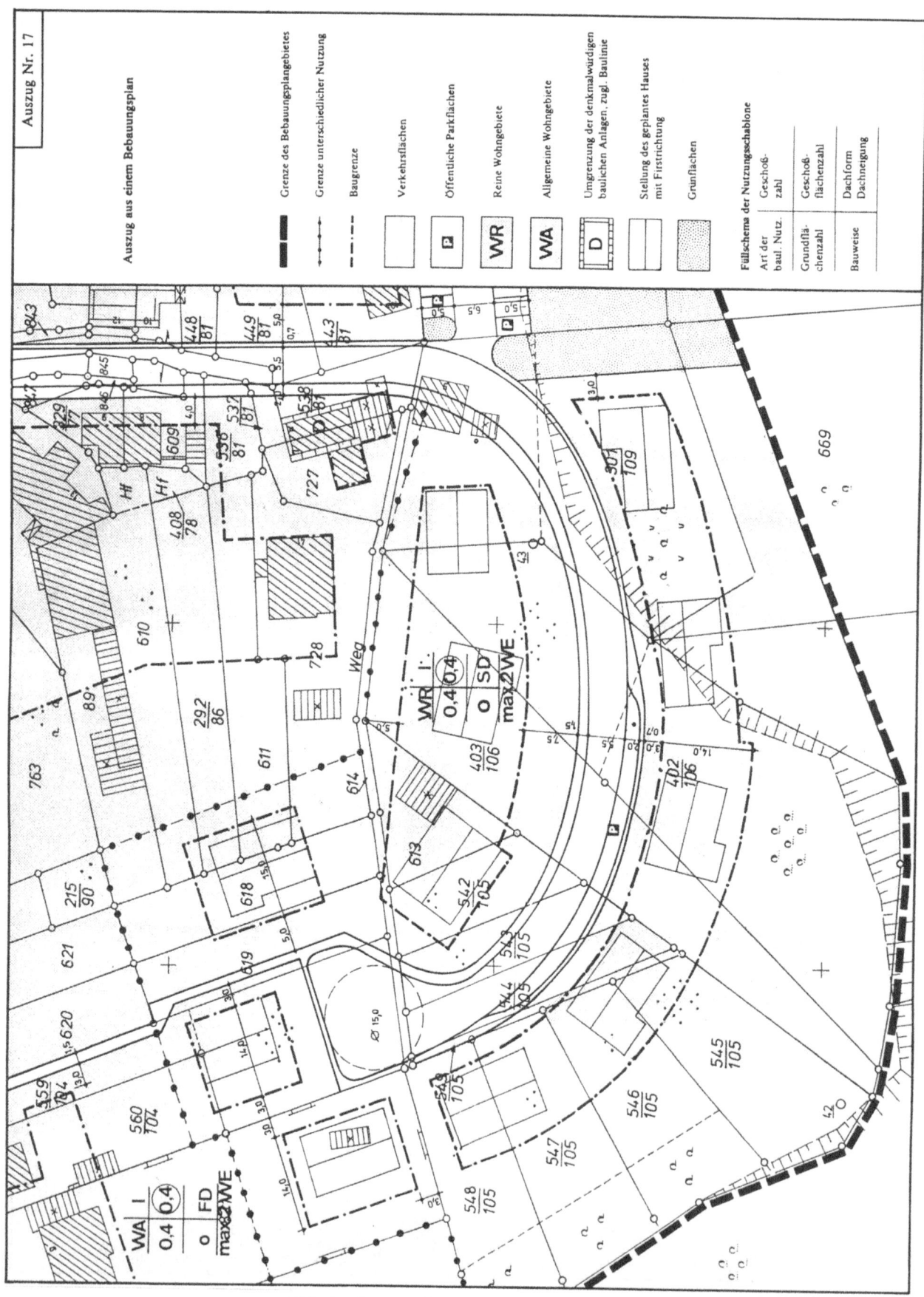

Abb. 3: Auszug aus einem Bebauungsplan[1]

[1] entnommen aus RABE, (1979): Optisches Verwaltungsrecht, Heft 2, Verlag Neue Wirtschafts-Briefe, Herne/Berlin, Auszug 16 und 17

2. Die Bauleitplanung als öffentlich-rechtlicher Rahmen für die Planung von Bauvorhaben

Verfahrensabschnitt	Reg.-Präsident	Träger öffentlicher Belange	Öffentlichkeit	Verwaltung	Fachausschuß	Bezirksvertretung	Hauptausschuß	Rat
Beschluß, einen B-Plan aufzustellen				Vorlage f. Beschluß, einen B-Plan aufzustellen / öffentl. Bekanntmachung des Beschlusses	Empfehlung, einen B-Plan aufzustellen		Empfehlung, einen B-Plan aufzustellen	Aufstellungsbeschluß gem. § 2 BauGB
Aufstellung des Planungskonzeptes und frühzeitige Bürgerbeteiligung		Vorabstimmung bei Bedarf	frühzeitige Bürgerbeteiligung gemäß § 3 Abs. 1 BauGB	Erarbeitung eines Planungskonzeptes / öffentliche Bekanntmachung	Beschluß des Planungskonzeptes	Information der Bezirksvertretung		
Erarbeitung des B-Planentwurfes		Beteiligung der Träger öffentlicher Belange § 4 Abs. 1 BauGB*		Erarbeitung des B-Planvorentwurfes / Erarbeitung des B-Planentwurfes	Vorabstimmung			bei Bedarf
Aufstellung des B-Planentwurfes und öffentliche Auslegung		Beteiligung der Träger öffentl. Belange § 4 Abs. 2 BauGB	Offenlegung gemäß § 3 Abs. 2 BauGB	Druck des B-Planentwurfes / öffentliche Bekanntmachung der Offenlegung	Empfehlung zum Aufstellungs- und Offenlegungsbeschluß	Zustimmung zum Planentwurf	Empfehlung zum Aufstellungs- bzw. Offenlegungsbeschluß	i. d. R. Aufstellungs- u. Offenlegungsbeschluß gem. § 2 Abs. 1 § 3 Abs. 2 BauBG
Satzungsbeschluß				Stellungnahme zu den Bedenken und Anregungen / Bescheid über Bedenken u. Anregungen an Betroffene	Empfehlung zum Satzungsbeschluß	Stellungnahme gem. § 13 b GO NW	Empfehlung zum Satzungsbeschluß	Satzungsbeschluß § 10 BauGB § 28 GO NW
Anzeige bzw. Genehmigung und Rechtsverbindlichkeit	Vorlage zur Durchführung des Anzeige- bzw. Genehmigungsverfahrens			öffentliche Bekanntmachung der Anzeige- bzw. Genehmigungsverfügung				

* in einfachen Fällen kann die Beteiligung der TÖB parallel zur Offenlegung erfolgen

Abb. 4: Verfahren zum Aufstellen eines Bebauungsplans

Tab. 4: Unterschiede zwischen Flächennutzungs- und Bebauungsplan

Flächennutzungsplan / FNP	Bebauungsplan / B-Plan
vorbereiteter Bauleitplan §1 Abs. 2 BauGB	verbindlicher Bauleitplan §1 Abs. 2 BauGB
er umfaßt das gesamte Gemeindegebiet (einzelne Flächen können herausgenommen werden) §5 Abs. 1 BauGB	er umfaßt nur einen Teil des Gemeindegebietes
er enthält Flächen und Darstellungen der planerischen Vorstellungen der Bodennutzung §5 Abs. 1 BauGB	er enthält Festsetzungen §9 Abs. 1 BauGB
er stellt die sich aus der beabsichtigten städtebaulichen Entwicklung ergebende Art der Bodennutzung in den Grundzügen dar §5 Abs. 1 BauGB	– enthält die rechtsverbindlichen Festsetzungen für die städtebauliche Ordnung – bildet die Grundlage für weitere zum Vollzug des BauGB erforderlichen Maßnahmen §8 Abs. 1 BauGB
er stellt Bauflächen dar §1 BauNVO	er setzt Baugebiete fest §1 BauNVO
er ist eine hoheitliche Willensäußerung eigener Art (Planungsprogramm der Gemeinde)	er ist eine Rechtsnorm und wird als Satzung beschlossen §10 BauGB
gegen den FNP sind sowohl Anfechtungsklage wie Normenkontrollklage unzulässig	kann unmittelbar mit der Normenkontrollklage und im Rahmen der Überprüfung vor auf ihm beruhender Maßnahmen incidenter gerichtlich überprüft werden
er bindet die Gemeinde hinsichtlich der nachfolgenden Bebauungspläne, behördenverbindlich §7 BauGB	Rechtswirkung für Jedermann allgemein verbindlich §10 BauGB
er wird von der Gemeinde originär entwickelt, er ist nur den Zielen der Raumordnung und Landesplanung anzupassen §1 Abs. 4 BauGB	er wird aus dem Flächennutzungsplan entwickelt §8 Abs. 2 BauGB
er ist im Baugenehmigungsverfahren nur von Bedeutung für Vorhaben im Außenbereich §35 Abs. 3 BauGB	er ist maßgeblich für die planungsrechtliche Zulässigkeit eines Bauvorhabens §30 BauGB

§33 BauGB kann nur zugunsten des Antragstellers ausgelegt werden mit der Konsequenz, daß aufgrund dieses Paragraphen kein Baugenehmigungsantrag abgelehnt werden kann (BVerwG, BRS 22, 75).

Grundstücke innerhalb im Zusammenhang bebauter Ortsteile
Für den Fall, daß für ein Grundstück nur ein einfacher Bebauungsplan nach §30 Abs. 2 BauGB vorliegt (vgl. oben Abschnitt 2.1.1), richtet sich die Zulässigkeit eines Bauvorhabens nach den §§34 und 35 BauGB.
Für die Zulässigkeit von Vorhaben innerhalb der im Zusammenhang bebauten Ortsteile ist §34 BauGB maßgeblich.

Nach §34 Abs. 1 BauGB ist ein Vorhaben innerhalb der im Zusammenhang bebauten Ortsteile zulässige, wenn es sich nach Art und Maß der baulichen Nutzung, der Bauweise und der Grundstücksfläche, die überbaut werden soll, in die Eigenart der näheren Umgebung einfügt und die Erschließung gesichert ist. Die Anforderungen an gesunde Wohn- und Arbeitsverhältnisse müssen gewahrt bleiben; das Ortsbild darf nicht beeinträchtigt werden.

Allgemeine Voraussetzungen für die Zulässigkeit baulicher und sonstiger Anlagen
§15 BauNVO lautet:
„(1) Die in den Paragraphen 2–14 der BaNVO aufgeführten baulichen und sonstigen Anlagen sind im Einzelfall unzulässig, wenn sie nach Anzahl, Lage, Umfang oder Zweckbestimmung der Eigenart des Baugebietes widersprechen. Sie sind auch unzulässig, wenn von ihnen Belästigungen oder Störungen ausgehen können, die nach der Eigenart des Baugebietes im Baugebiet selbst oder in dessen Umgebung unzumutbar sind, oder wenn sie solchen Belästigungen oder Störungen ausgesetzt werden.
(2) Die Anwendung des Absatzes 1 hat nach dem städtebaulichen Zielen und Grundsätzen des §1 Abs. 5 des Baugesetzbuches zu erfolgen.
(3) Die Zulässigkeit der Anlagen in den Baugebieten ist nicht allein nach den verfahrenstechnischen Einordnungen des Bundes-Immissionsschutzgesetzes und der auf seiner Grundlage erlassenen Verordnungen zu beurteilen."

Vertrauensschaden
§39 BauGB lautet:
„Haben Eigentümer oder in Ausübung ihrer Nutzungsrechte sonstige Nutzungsberechtigte im berechtigten Vertrauen auf den Bestand eines rechtsverbindlichen Bebauungsplans Vorbereitungen für die Verwirklichung von Nutzungsmöglichkeiten getroffen, die sich aus dem Bebauungsplan ergeben, können sie angemessene Entschädigung in Geld verlangen, soweit die Aufwendungen durch die Änderung, Ergänzung oder Aufhebung des Bebauungsplans an Wert verlieren. Dies gilt auch für Abgaben nach bundes- oder landesrechtlichen Vorschriften, die für die Erschließung des Grundstücks erhoben wurden.

3. Erschließung als Voraussetzung der Bebaubarkeit eines Grundstücks

Bei der Beurteilung, ob ein Grundstück für ein Bauvorhaben geeignet ist, muß auch die Erschließung Berücksichtigung finden. Zunächst besagt §30 BauGB (Zulässigkeit von Vorhaben im Geltungsbereich eines Bebauungsplans), daß ein Vorhaben zulässig ist, wenn es den in §30 Satz 1 BauGB genannten Festsetzungen nicht widerspricht und

3. Erschließung als Voraussetzung der Bebaubarkeit eines Grundstücks

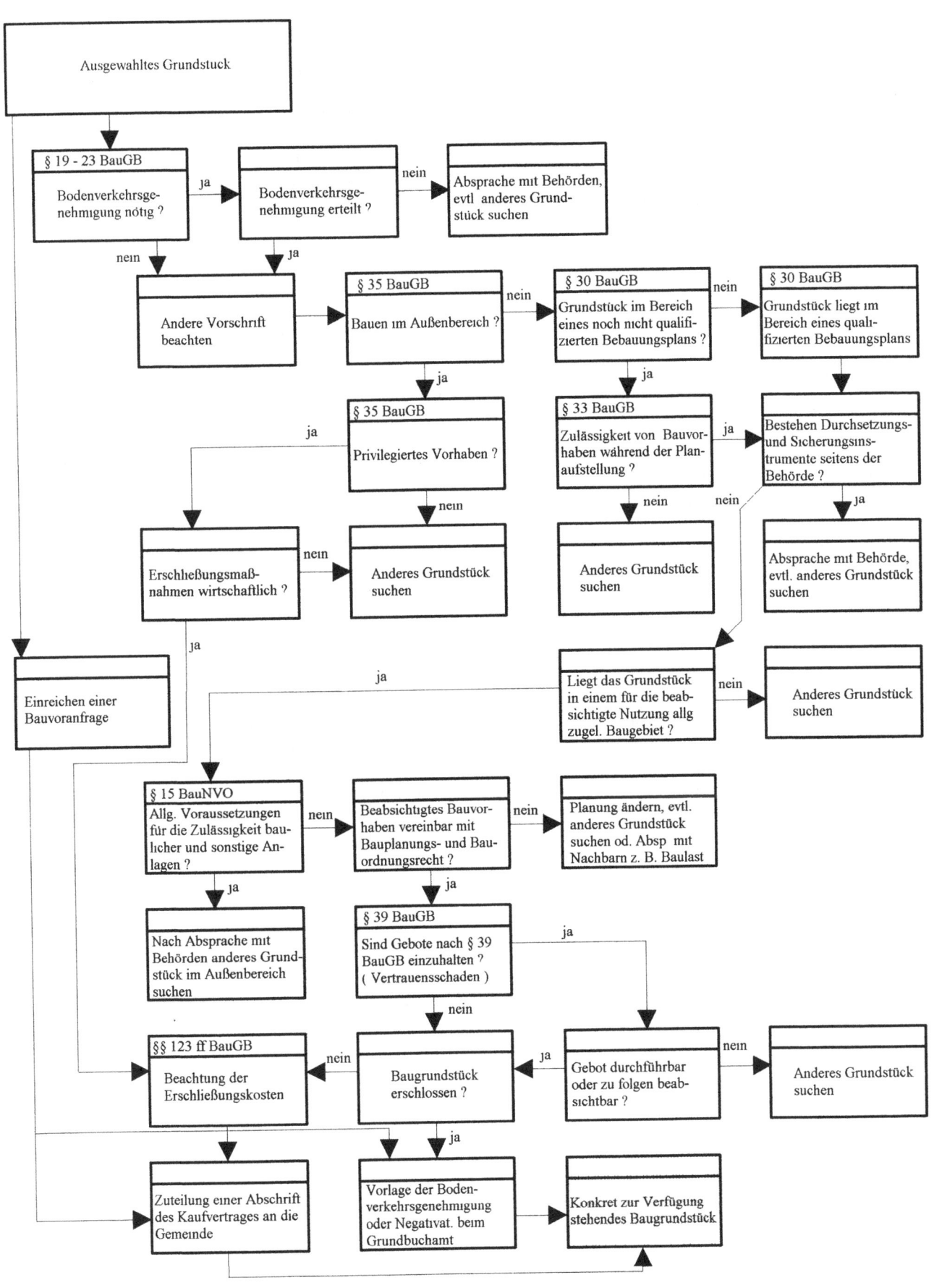

Abb. 5: Checkliste zur rechtlichen Beurteilung der Bebaubarkeit eines Grundstückes

wenn die Erschließung gesichert ist. Auch §34 BauBG (Zulässigkeit von Vorhaben innerhalb der im Zusammenhang bebauten Ortsteile) und §35 BauBG (Bauen im Außenbereich) sprechen von der Zulässigkeit von Vorhaben in Abhängigkeit von der Erschließung. Die Erschließung selbst ist in den §§ 123–135 BauGB geregelt:

§ 123 BauGB: Erschließungslast
§ 124 BauGB: Erschließungsvertrag, städtebaulicher Vertrag
§ 125 BauGB: Bindung an den Bebauungsplan
§ 126 BauGB: Pflichten des Eigentümers
§ 127 BauGB: Erhebung des Erschließungsbeitrags
§ 128 BauGB: Umfang des Erschließungsaufwands
§ 129 BauGB: Beitragsfähiger Erschließungsaufwand
§ 130 BauGB: Art der Ermittlung des beitragsfähigen Erschließungsaufwands
§ 131 BauGB: Maßstäbe für die Verteilung des Erschließungsaufwands
§ 132 BauGB: Regelung durch Satzung
§ 133 BauGB: Gegenstand und Entstehung der Beitragspflicht
§ 134 BauGB: Beitragspflichtiger
§ 135 BauGB: Fälligkeit und Zahlung des Beitrags

Die für die oben genannte Beurteilung wichtigsten Paragraphen sind:

§ 123 BauGB
„(1) Die Erschließung ist Aufgabe der Gemeinde, soweit sie nicht nach anderen gesetzlichen Vorschriften oder öffentlich-rechtlichen Verpflichtungen einem anderen obliegt.
(2) Die Erschließungsanlagen sollen entsprechend den Erfordernissen der Bebauung und des Verkehrs hergestellt werden und spätestens bis zur Fertigstellung der anzuschließenden baulichen Anlagen benutzbar sein.
(3) Ein Rechtsanspruch auf Erschließung besteht nicht.
(4) Die Unterhaltung der Erschließungsanlagen richtet sich nach landesrechtlichen Vorschriften".

§ 127 BauGB
„(1) Die Gemeinden erheben zur Deckung ihres anderweitig nicht gedeckten Aufwands für Erschließungsanlagen einen Erschließungsbeitrag nach Maßgabe der folgenden Vorschriften.
(2) Erschließungsanlagen im Sinne dieses Abschnitts sind
1. die öffentlichen zum Anbau bestimmten Straßen, Wege und Plätze;
2. die öffentlichen aus rechtlichen oder tatsächlichen Gründen mit Kraftfahrzeugen nicht befahrbaren Verkehrsanlagen innerhalb der Baugebiete (z.B. Fußwege, Wohnwege);
3. Sammelstraßen innerhalb der Baugebiete; Sammelstraßen sind öffentliche Straßen, Wege und Plätze, die selbst nicht zum Anbei bestimmt, aber zur Erschließung der Baugebiete notwendig sind;
4. Parkflächen und Grünanlagen mit Ausnahme von Kinderspielplätzen, soweit sie Bestandteil der in den Nummern 1 bis 3 genannten Verkehrsanlagen oder nach städtebaulichen Grundsätzen innerhalb der Baugebiete zu deren Erschließung notwendig sind;
5. Anlagen zum Schutz von Baugebieten gegen schädliche Umwelteinwirkungen im Sinne des Bundes-Immissionsschutzgesetzes, auch wenn sie nicht Bestandteil der Erschließungsanlagen sind.
(3) Der Erschließungsbeitrag kann für den Grunderwerb, die Freilegung und für Teile der Erschließungsanlagen selbständig erhoben werden (Kostenspaltung).
(4) Das Recht, Abgaben für Anlagen zu erheben, die nicht Erschließungsanlagen im Sinne dieses Abschnitts sind, bleibt unberührt. Dies gilt insbesondere für Anlagen zur Ableitung von Abwasser sowie zur Versorgung mit Elektrizität, Gas, Wärme und Wasser."

§ 129 BauGB
(1) Zur Deckung des anderweitig nicht gedeckten Erschließungsaufwands können Beiträge nur insoweit erhoben werden, als die Erschließungsanlagen erforderlich sind, um die Bauflächen und die gewerblich zu nutzenden Flächen entsprechend den baurechtlichen Vorschriften zu nutzen (beitragsfähiger Erschließungsaufwand). Soweit Anlagen nach § 127 Abs. 2 von dem Eigentümer hergestellt sind oder von ihm aufgrund baurechtlicher Vorschriften verlangt werden, dürfen Beiträge nicht erhoben werden. Die Gemeinden tragen mindestens 10 vom Hundert des beitragsfähigen Erschließungsaufwands.
(2) Kosten, die ein Eigentümer oder sein Rechtsvorgänger bereits für Erschließungsmaßnahmen aufgewandt hat, dürfen bei der Übernahme als gemeindliche Erschließungsanlagen nicht erneut erhoben werden."

Interessant sind in diesem Zusammenhang auch die Festlegungen, die die DIN 276 „Kosten im Hochbau" in bezug auf die Erschließung von Grundstücken trifft. Zunächst versteht DIN 276 unter Erschließung „die Gesamtheit der Maßnahmen, die es ermöglichen, Grundstücke baulich zu nutzen und an das Verkehrs- und das Versorgungssystem anzuschließen."
Die neue DIN 276 (Gelbdruck Dezember 1990) untergliedert die Kostengruppe 22 Erschließen in
– 221 Abwasserentsorgung
– 222 Wasserversorgung
– 223 Gasversorgung
– 224 Fernwärmeversorgung
– 225 Stromversorgung
– 226 Telekommunikation

- 227 Verkehrserschließung
- 228 Ausgleichsabgaben
- 229 Sonstige

Erschließungen im Sinne der DIN 276 reichen bis zur Grundstücksgrenze. Von der Grundstücksgrenze bis zum Anschluß am oder im Gebäude werden diese als Außenanlagen bezeichnet.

4. Die Baugenehmigung als öffentlich-rechtliche Erlaubnis zur Erstellung eines Bauvorhabens

Das Prinzip der materiellen Baufreiheit erlaubt es grundsätzlich jedermann, auf seinem Grund und Boden Bauvorhaben zu errichten. Die Baufreiheit ergibt sich aus der durch die Verfassung gewährleisteten Freiheit des Eigentums und kann demzufolge auch gemäß Art. 14 I Satz 2 GG in ihrem Inhalt und ihren Schranken durch Gesetze bestimmt werden.

Die Baufreiheit ist somit nur im Rahmen der Bestimmungen des Bauordnungs- und des Bauleitplanungsrechts gewährleistet. Werden diese Bestimmungen bei der Durchführung der baulichen Maßnahme beachtet, ist das Bauwerk materiell baurechtmäßig. Wer dagegen bei einer baulichen Maßnahme gegen diese Bestimmungen verstößt, handelt baurechtswidrig.

Im folgenden soll aufgrund der besonderen Bedeutung der einzelnen Landesbauordnungen (die im Detail teilweise sehr unterschiedliche Inhalte haben, obwohl sie sich nach einer gemeinsam erarbeiteten Musterbauordnung ausrichten) für die Erteilung der Baugenehmigung und der somit an dieser Stelle notwendig gebotenen Darstellung einzelner Vorschriften von den Regelungen der Bauordnung für das Land Nordrhein-Westfalen — Landesbauordnung (BauO NW) vom 26.6.1984 ausgegangen werden.

Die Bauaufsichtsbehörden haben dafür Sorge zu tragen, daß bei der Durchführung des Bauvorhabens die Bestimmungen des gesamten materiellen Baurechts eingehalten werden. Durch die Genehmigungspflichtigkeit von Bauvorhaben haben die Bauaufsichtsbehörden die Möglichkeit, vor Beginn der Bauausführung die Vereinbarkeit des geplanten Vorhabens mit den materiellen Anforderungen des geltenden Baurechts zu überprüfen.

Die Genehmigungspflicht hat lediglich präventiven Charakter und soll nicht die Baufreiheit beseitigen. Vielmehr soll der besonderen Bedeutung des Bauens, insbesondere der von der Errichtung von Bauwerken potentiell ausgehenden erheblichen Gefahren und der vielfach schwierigen Beurteilung der konkret eingreifenden baurechtlichen Anforderungen, Rechnung getragen werden.

4.1 Allgemeines zur Baugenehmigung

Die Baugenehmigung ist die Feststellung der Bauaufsichtsbehörde, daß das geplante Bauvorhaben einschließlich seiner Nutzung mit den geltenden öffentlich-rechtlichen Vorschriften übereinstimmt. Dabei gibt die Baugenehmigung über das Vorliegen privatrechtlicher Hindernisse keine Auskunft, da die baurechtliche Zulässigkeit eines Vorhabens sich unabhängig von der privatrechtlichen Berechtigung des Bauherrn und auch von seinem Eigentum an dem Baugrundstück ausschließlich nach öffentlichem Recht bemißt.

Außerdem besitzt die Baugenehmigung eine konstitutive bzw. gestaltende Funktion, indem sie dem Bauantragsteller die Befugnis zur baulichen Nutzung einräumt.

Ist die Baugenehmigung rechtswirksam erteilt worden, ist ein Rückgriff auf das materielle Recht — selbst bei einer Unvereinbarkeit des Bauvorhabens mit dem materiellen Recht — ausgeschlossen.

4.1.1 Die Baugenehmigungsbehörde

Zuständig für den Vollzug der jeweiligen Landesbauordnung sowie der anderen, die Errichtung, Abbruch, Änderung oder Nutzung betreffenden öffentlich-rechtlichen Vorschriften sind die Bauaufsichtsbehörden.

Dabei ist die Gliederung der Bauaufsichtsverwaltung in Bauaufsichtsbehörden in den meisten Bundesländern dreistufig, in Ländern mit nur zweistufigem Verwaltungsaufbau zweistufig. Beispiele für einen zweistufigen Verwaltungsaufbau sind die Länder Schleswig-Holstein und das Saarland, denen es an der Mittelinstanz des Regierungspräsidenten fehlt.

Der untersten Instanz, also den unteren Bauaufsichtsbehörden, die man gemeinhin auch als Baugenehmigungsbehörden bezeichnet, obliegen die eigentlichen Vollzugsaufgaben der Bauaufsicht und insbesondere die Aufgabe der Erteilung von Baugenehmigungen. Häufig handelt es sich dabei um kommunale Stellen, die die Aufgaben der Bauaufsicht zum Teil als Auftragsangelegenheiten, zum Teil als Pflichtaufgaben zur Erfüllung nach Weisung wahrnehmen.

Für das Bundesland Nordrhein-Westfalen ergeben sich aus § 57 Abs. 1 BauO NW folgende Behörden als Bauaufsichtsbehörden:

1. Oberste Bauaufsichtsbehörde: der für die Bauaufsicht zuständige Minister
2. Obere Bauaufsichtsbehörden: die Regierungspräsidenten für die kreisfreien Städte und Kreise, im übrigen die Oberkreisdirektoren als untere staatliche Verwaltungsbehörden
3. Untere Bauaufsichtsbehörden: die kreisfreien Städte, die Großen kreisangehörigen Städte und die Mittleren kreisangehörigen Städte, die Kreise für die übrigen kreisangehörigen Gemeinden als Ordnungsbehörden.

Teil A: II. Öffentliches Baurecht

Baugenehmigungsbehörden im Bundesland Nordrhein-Westfalen sind somit die kreisfreien Städte, die Großen und Mittleren kreisangehörigen Städte und für die übrigen kreisangehörigen Gemeinden die Kreise als Ordnungsbehörden.

4.1.2 Bauantrag und Bauvorlagen

Durch den Bauantrag des Bauherrn wird das Genehmigungsverfahren eingeleitet. Der Bauantrag ist schriftlich bei der unteren Bauaufsichtsbehörde bzw. bei der Gemeinde einzureichen.
Dabei sind mit dem Bauantrag alle für die Beurteilung des Bauvorhabens und die Bearbeitung des Bauantrags erforderlichen Unterlagen, die man gemeinhin als Bauvorlagen bezeichnet, einzureichen (§ 63 Abs. 2 Satz 1 BauO NW). Nach § 1 Abs. 1 BauPrüfVO NW sind dem Antrag auf Erteilung einer Baugenehmigung, soweit der Antrag nicht im vereinfachten Genehmigungsverfahren (§ 64 BauO NW) zu prüfen ist, nach Maßgabe der folgenden Vorschriften der BauPrüfVO NW als Bauvorlagen beizufügen:

1. der Lageplan (§ 2)
2. die Bauzeichnungen (§ 3)
3. die Baubeschreibung (§ 4)
4. der Nachweis der Standsicherheit und die anderen bautechnischen Nachweise (§ 5)
5. eine nachprüfbare Berechnung
   a) bei Gebäuden des umbauten Raumes nach DIN 277 Teil 1 (Ausgabe Juni 1987)
   b) bei den übrigen baulichen Anlagen sowie anderen Anlagen und Einrichtungen i. S. von § 1 Abs. 1 Satz 2 BauO NW der Herstellungskosten. Hierzu zählen die Kosten, die zum Zeitpunkt der Genehmigung der Anlagen für deren Herstellung, für alle Arbeiten und Lieferungen einschließlich der Kosten für Gründung und Erdaushhachtungsarbeiten (zuzüglich Umsatzsteuer) erforderlich sind.

Die Absätze 2 bis 6 des § 1 BauPrüfVO NW regeln die weiteren Modalitäten der Einreichung der Bauvorlagen und werden aufgrund ihrer praktischen Bedeutung im folgenden aufgeführt:

Abs. 2: „Umfang, Inhalt und Zahl der Bauvorlagen richten sich im Einzelfall nach dem jeweiligen Bauvorhaben. Der Inhalt der Bauvorlagen beschränkt sich auf das zur Beurteilung des jeweiligen Bauvorhabens Erforderliche."

Abs. 3: „Die Bauvorlagen sind in zweifacher Ausfertigung bei der Gemeinde einzureichen; ist die Gemeinde nicht untere Bauaufsichtsbehörde, so sind die Bauvorlagen mit Ausnahme der in Absatz 1 Nr. 4 genannten Nachweise in dreifacher Ausfertigung einzureichen. Ist für die Prüfung des Bauantrags die Beteiligung anderer Behörden oder Dienststellen erforderlich, so kann die Bauaufsichtsbehörde die Einreichung weiterer Ausfertigungen verlangen."

Abs. 4: „Die Bauvorlagen müssen aus dauerhaftem Papier lichtbeständig hergestellt sein; sie müssen für eine Schwarzweiß-Mikroverfilmung geeignet sein."

Abs. 5: „Für Anträge auf Erteilung einer Baugenehmigung, einer Abbruchgenehmigung, eines Vorbescheides, auf Genehmigung der Teilung eines Grundstücks sowie für die Baubeschreibung sind die in der Sammlung des bereinigten Ministerialblattes unter Gliederungsnummer 23210 amtlich bekanntgemachten Muster zu verwenden."

Abs. 6: „Die Bauaufsichtsbehörde kann nach Maßgabe des Absatzes 2 weitere Unterlagen fordern, wenn sie dies zur Beurteilung des Bauvorhabens für erforderlich hält; sie kann auf Bauvorlagen verzichten, wenn diese zur Beurteilung des Bauvorhabens nicht erforderlich sind."

4.1.3 Bauvorlagenberechtigung

Die Bauvorlagen für die genehmigungsbedürftige Errichtung und Änderung von Gebäuden müssen von einem Entwurfsverfasser, der vorlageberechtigt ist, durch Unterschrift anerkannt sein, wobei die Berechtigung zur Anerkennung der Bauvorlage (Bauvorlageberechtigung) nach § 65 Abs. 3 BauO NW folgende Personen besitzen:

1. wer auf Grund des Architektengesetzes die Berufsbezeichnung „Architekt" zu führen berechtigt ist,
2. wer auf Grund des Ingenieurgesetzes als Angehöriger der Fachrichtung Bauingenieurwesen die Berufsbezeichnung „Ingenieur" oder auf Grund des Architektengesetzes die Berufsbezeichnung „Innenarchitekt" zu führen berechtigt ist, durch eine ergänzende Hochschulprüfung seine Befähigung nachgewiesen hat, Gebäude gestaltend zu planen, und mindestens zwei Jahre auf diesem Gebiet praktisch tätig war,
3. wer auf Grund des Architektengesetzes die Berufsbezeichnung „Innenarchitekt" zu führen berechtigt ist, für die mit der Berufsaufgabe des Innenarchitekten verbundene bauliche Änderung von Gebäuden,
4. wer auf Grund des Ingenieurgesetzes als Angehöriger der Fachrichtung Bauingenieurwesen die Berufsbezeichnung „Ingenieur" zu führen berechtigt ist und mindestens zwei Jahre in der Planung von Ingenieurbauten praktisch tätig war, für diese Gebäude,
5. wer auf Grund des Ingenieurgesetzes als Angehöriger der Fachrichtung Bauingenieurwesen oder der Fachrichtung Architektur (Studiengang

Innenarchitektur) die Berufsbezeichnung „Ingenieur" zu führen berechtigt ist und während eines Zeitraums von zwei Jahren vor dem 1. Januar 1990 wiederholt Bauvorlagen für die Errichtung oder Änderung von Gebäuden als Entwurfsverfasser durch Unterschrift anerkannt hat,
6. wer die Befähigung zum höheren oder gehobenen bautechnischen Verwaltungsdienst besitzt, für seine dienstliche Tätigkeit. Dabei ist es nach § 65 Abs. 5 Satz 1 BauO NW Voraussetzung, daß Entwurfsverfasser, die Bauvorlagen für die Errichtung und Änderung von Gebäuden durch Unterschrift anerkennen, ausreichend berufshaftpflichtversichert sind. Dies gilt ebenso für die Fachplaner, die für den Standsicherheitsnachweis und für den Nachweis des ausreichenden Schallschutzes im vereinfachten Genehmigungsverfahren verantwortlich sind (§ 64 Abs. 3 Sätze 2 und 3 BauO NW).

4.1.4 Ausnahmen und Befreiungen (Dispense)

Das rechtliche Hindernis, das dann entsteht, wenn ein Bauvorhaben in einzelnen Punkten mit Bestimmungen des materiellen Baurechts nicht vereinbar ist, kann dadurch ausgeräumt werden, daß die zuständige Behörde dem Bauwilligen eine Ausnahme von den betreffenden Vorschriften bewilligt oder ihm Befreiung gewährt.
Rechtlich betrachtet bilden Ausnahmen und Befreiungen selbständige Verwaltungsakte, auch wenn sie im Einzelfall mit der Baugenehmigung in einer Urkunde verbunden sind. Sie gehen logisch betrachtet einer Baugenehmigung immer voraus, da sie ja erst die Möglichkeit einer Genehmigung des Bauvorhabens schaffen.
Zuständig für die Erteilung von Ausnahmen und Befreiungen ist nach § 68 Abs. 5 BauO NW die Genehmigungsbehörde.

4.1.4.1 Ausnahmen

Durch Ausnahmen wird der Bauwillige von nicht zwingenden Vorschriften freigestellt. So können nach § 68 Abs. 1 BauO NW Ausnahmen von den Vorschriften dieses Gesetzes und von Vorschriften aufgrund dieses Gesetzes, die als Sollvorschriften aufgestellt sind oder in denen Ausnahmen vorgesehen sind (= nicht zwingende Vorschriften), gestattet werden, wenn die Ausnahmen mit den öffentlichen Belangen vereinbar sind und die festgelegten Voraussetzungen vorliegen. Nach § 68 Abs. 2 BauO NW können Ausnahmen von den Vorschriften der §§ 25–46 der BauO NW gestattet werden
1. zur Erhaltung und weiteren Nutzung von Denkmälern, wenn Gefahren für Leben und Gesundheit nicht zu befürchten sind,
2. bei Modernisierungsvorhaben für Wohnungen und Wohngebäude und bei Vorhaben zur Schaffung von zusätzlichem Wohnraum durch Ausbau, wenn die öffentliche Sicherheit oder Ordnung nicht gefährdet wird, insbesondere wenn Bedenken wegen des Brandschutzes nicht bestehen.

4.1.4.2 Befreiungen (Dispense)

Die Befreiungen (Dispense) werden im Gegensatz zur oben erwähnten Ausnahmebewilligung nicht im Zusammenhang mit einzelnen materiellen Bestimmungen tatbestandsmäßig normiert, sondern stützen sich vielmehr auf die generalklauselartige Ermächtigung des § 68 Abs. 3 BauO NW. Danach können Befreiungen von zwingenden Vorschriften dieses Gesetzes oder von zwingenden Vorschriften aufgrund dieses Gesetzes auf schriftlichen und zu begründenden Antrag erteilt werden, wenn
— Gründe des Wohls der Allgemeinheit die Abweichung erfordern

oder

— die Durchführung der Vorschrift im Einzelfall zu einer offenbar nicht beabsichtigten Härte führt und die Abweichung mit den öffentlichen Belangen vereinbar ist; eine nicht beabsichtigte Härte liegt auch dann vor, wenn auf andere Weise dem Zweck einer technischen Anforderung in diesem Gesetz oder in Vorschriften auf Grund dieses Gesetzes nachweislich entsprochen wird.

4.1.5 Die Beteiligung der Nachbarn

In allen Landesbauordnungen sind Regelungen über die Benachrichtigung der Nachbarn von Baugenehmigungsverfahren enthalten.
Dabei ist je nach Landesbauordnung zu differenzieren zwischen dem Begriff des Angrenzers und dem des Nachbarn. Der Begriff „Angrenzer" ist enger als der des Nachbarn, da Angrenzer nur derjenige Grundstückseigentümer bzw. eigentumsähnlich Berechtigte ist, der eine (wenn auch nur möglicherweise schmale) gemeinsame Grenze mit dem vorgesehenen Baugrundstück aufweist (vgl. die Legaldefinition in § 69 Abs. 1 BauO NW), während Nachbarn auch die Eigentümer (bzw. eigentumsähnlich Berechtigten) solcher in räumlicher Nähe des vorgesehenen Baugrundstücks liegender Grundstücke sind, welche durch die Erteilung der Baugenehmigung in ihrer Rechtsstellung betroffen werden können. Demzufolge ist der Eigentümer des auf der gegenüberliegenden Seite einer öffentlichen Straße liegenden Grundstücks zwar Nachbar, nicht aber Angrenzer und wird deshalb z.B. durch die Regelung des § 69 Abs. 2 Satz 1 BauO NW nicht unmittelbar erfaßt.
Dieser Benachrichtigung der Nachbarn bedarf es nach Maßgabe der einzelnen Landesbauordnungen in bestimmten Fällen nicht.

So entfällt nach § 69 Abs. 3 BauO NW eine Benachrichtigung, wenn die zu benachrichtigenden Angrenzer die Lagepläne und Bauzeichnungen unterschrieben oder der Erteilung von Befreiungen zugestimmt haben.

Auch in bezug auf die Details der Benachrichtigung der Nachbarn bestehen nach den Vorschriften der einzelnen Landesbauordnungen erhebliche Unterschiede. § 69 Abs. 2 Satz 1 BauO NW gibt den Bauaufsichtsbehörden auf, die Angrenzer vor der Erteilung von Befreiungen zu benachrichtigen, wenn zu erwarten ist, daß öffentlich-rechtlich geschützte nachbarliche Belange berührt werden. Dabei reicht für die Erforderlichkeit einer Beteiligung der Angrenzer, wie sich schon aus dem Wortlaut des § 69 Abs. 2 Satz 1 BauO NW ergibt, schon die Möglichkeit und nicht erst die Gewißheit, daß durch die Befreiung öffentlich-rechtlich geschützte nachbarliche Belange berührt werden. Ebenso ergibt sich aus § 69 Abs. 2 Satz 1 BauO NW, daß es hier nur auf öffentlich-rechtlich geschützte nachbarliche Belange und nicht auch auf das Vorliegen eventueller privatrechtlicher Hindernisse ankommt (vgl. oben Abschnitt 4.1). Nach Satz 2 des § 69 Abs. 2 BauO NW sind Einwendungen innerhalb eines Monats nach Zugang der Benachrichtigung bei der Bauaufsichtsbehörde schriftlich oder zu Protokoll vorzubringen. Wird von Seiten der Bauaufsichtsbehörde den Einwendungen nicht entsprochen, so ist diese Entscheidung über die Befreiung dem Angrenzer zuzustellen (§ 69 Abs. 4 Satz 1 BauO NW).

Wird den Einwendungen entsprochen, so kann auf die Zustellung der Entscheidung verzichtet werden (§ 69 Abs. 4 Satz 2 BauO NW).

4.2 Die Entscheidung über den Antrag auf Erteilung der Genehmigung

Die Bauaufsichtsbehörde kann die zum Baubeginn berechtigende Baugenehmigung erst dann erteilen, wenn sie nach der Prüfung der erforderlichen Bauvorlagen festgestellt hat, daß dem Bauvorhaben öffentlich-rechtliche Vorschriften nicht entgegenstehen (§ 70 Abs. 1 Satz 1 BauO NW). Diese Feststellung kann die Bauaufsichtsbehörde nicht treffen, solange ihr die erforderlichen Bauvorlagen nicht oder nur zum Teil vorliegen. Für diesen Fall besteht die Möglichkeit, auf besonderen schriftlichen Antrag zu gestatten, daß nach § 71 Abs. 1 BauO NW mit den Bauarbeiten für die Baugrube und für einzelne Bauteile oder Bauabschnitte begonnen werden darf (Teilbaugenehmigung).

Die Baugenehmigung bedarf nach § 70 Abs. 1 Satz 2 BauO NW der Schriftform und muß nicht begründet zu werden.

Nach § 70 Abs. 1 Satz 3 BauO NW ist eine Ausfertigung der mit einem Genehmigungsvermerk versehenen Bauvorlagen dem Antragsteller mit der Baugenehmigung zuzustellen.

4.2.1 Materielle Prüfung des Antrags

Bei der Prüfung der materiellen Legalität des Bauvorhabens ist die Bauaufsichtsbehörde, wie sich auch aus dem Wortlaut des § 70 Abs. 1 Satz 1 BauO NW ergibt, nicht beschränkt auf die Vorschriften des öffentlichen Baurechts, sie prüft vielmehr grundsätzlich alle objektbezogenen öffentlich-rechtlichen Vorschriften.

Dies bedeutet aber nicht, daß die Baugenehmigung der Bauaufsichtsbehörde eine generelle Konzentrationswirkung entfaltet. Vielmehr hat die Bauaufsichtsbehörde mit den anderen in Frage kommenden Dienststellen und Behörden die Abstimmung bzgl. des geplanten Bauvorhabens vorzunehmen. Mit dem Bauantrag gelten in der Regel auch alle nach öffentlich-rechtlichen Vorschriften erforderlichen Anträge auf Erlaubnis oder Zustimmung als gestellt.

Die Prüfung objektbezogener Vorschriften außerhalb des Baurechts durch die Bauaufsichtsbehörde wird durch Genehmigungserfordernisse und Zuständigkeitsregelungen in den jeweiligen Fachgesetzen begrenzt. So prüft die Bauaufsichtsbehörde für den Fall, daß die Fachgesetze zwar bestimmte anlagenbezogene Anforderungen, nicht aber ein eigenes Genehmigungsverfahren (z.B. § 22 BImSchG) enthalten, unproblematisch diese Anforderungen und versagt bei Nichterfüllung die Baugenehmigung wegen Verstoßes gegen öffentlich-rechtliche Vorschriften.

Wenn aber die jeweiligen Fachgesetze ein Genehmigungsverfahren vorsehen, so kann dieses entweder der Baugenehmigung vorzuschalten sein oder diese ersetzen (Konzentrationswirkung).

Dabei ist es den jeweiligen Fachgesetzen zu entnehmen, ob die jeweils erforderliche Genehmigung einen (zeitlichen) Vorrang vor der Baugenehmigung hat bzw. ob sie eine Konzentrationswirkung entfaltet (d.h., sie schließt sonstige erforderliche Genehmigungen mit ein).

4.2.2 Dauer des Genehmigungsverfahrens

Dem Antragsteller ist für den Fall, daß die Bearbeitung des Bauantrags voraussichtlich mehr als drei Monate[1] in Anspruch nehmen wird, ein Zwischenbescheid, der Gründe und voraussichtliche Bearbeitungszeit enthält, zu erteilen.

Bedarf die Erteilung der Baugenehmigung nach landesrechtlichen Vorschriften der Zustimmung oder des Einvernehmens einer anderen Körperschaft, Behörde oder Dienststelle, gilt diese als erteilt, wenn sie nicht innerhalb von zwei Monaten nach Eingang des Ersuchens unter Angabe der Gründe verweigert wird (§ 67 Abs. 1 Satz 1 BauO NW).

---

[1] Die Rechtsprechung geht davon aus, daß der Genehmigungsbehörde eine Bearbeitungsdauer von etwa 3 1/2 Monaten zugebilligt wird. Vgl. BRS 25 Nr. 159; BVerwG BauR 1971, 34.

4.2.3 Zustellung der Baugenehmigung

Die Baugenehmigung wird nach allgemeinen verwaltungsrechtlichen Grundsätzen mit ihrer Bekanntgabe an den Bauherrn wirksam, wobei es insoweit auf die Bekanntgabe an sonstige Betroffene (Nachbarn etc.) nicht ankommt. Ist die Baugenehmigung dem Bauherrn durch die Zustellung bekanntgegeben worden und somit wirksam, so kann unmittelbar mit dem Bauvorhaben begonnen werden, da die Bekanntgabe einer Anordnung der sofortigen Vollziehung gleichsteht.

4.3 Zeitlicher Ablauf der öffentlich-rechtlichen Vorschriften bis zur Zustellung der Baugenehmigung

Nachfolgend sollen in zeitlicher Reihenfolge die wichtigsten Vorschriften bis zur Zustellung der Baugenehmigung dargestellt werden. Dabei handelt es sich in folgender Darstellung, sofern nicht anders kenntlich gemacht, ausschließlich um Vorschriften der BauO NW. Abb. 6 verdeutlicht die Zusammenhänge in einem Schema.

§ 63 Abs. 3
Der Bauherr und der Entwurfsverfasser haben den Bauantrag, der Entwurfsverfasser die Bauvorlagen zu unterschreiben. Die von den Fachplanern nach § 54 Abs. 2 [2] bearbeiteten Unterlagen müssen auch von diesen unterschrieben sein. Ist der Bauherr nicht Grundstückseigentümer, so kann die Zustimmung des Grundstückseigentümers zu dem Bauvorhaben gefordert werden.

§ 63 Abs. 1 S. 1
Der Bauantrag ist schriftlich bei der Gemeinde einzureichen, die ihn mit ihrer Stellungnahme unverzüglich an die Bauaufsichtsbehörde weiterleitet.

§ 63 Abs. 2
Mit dem Bauantrag sind alle für die Beurteilung des Bauvorhabens und die Barbeitung des Bauantrags erforderlichen Unterlagen (Bauvorlagen) einzureichen. Es kann gestattet werden, daß einzelne Bauvorlagen nachgereicht werden.
§ 65 Abs. 3 ist zu beachten. (Zur Bauvorlageberechtigung vgl. oben 4.1.2)
§ 1 BauPrüfVO NW ist zu beachten. (Zu den Bauvorlagen vgl. oben 4.1.2)

§ 67 Abs. 1
Bedarf die Erteilung der Baugenehmigung nach landesrechtlichen Vorschriften der Zustimmung oder des Einvernehmens einer anderen Körperschaft, Behörde oder Dienststelle, so gilt diese als erteilt, wenn sie nicht innerhalb von zwei Monaten nach Eingang des Ersuchens unter Angabe der Gründe verweigert wird.

§ 69 Abs. 1
Die Eigentümer angrenzender Grundstücke (Angrenzer) sind nach den Absätzen 2 bis 4 (vgl. hierzu oben 4.1.5) zu beteiligen.

§ 70 Abs. 4
Die Bauaufsichtsbehörde hat die Gemeinde von der Erteilung, Verlängerung, Ablehnung, Rücknahme und dem Widerruf einer Baugenehmigung, Teilbaugenehmigung, eines Vorbescheides, einer Zustimmung, einer Ausnahme oder einer Befreiung zu unterrichten. Eine Ausfertigung des Bescheides ist beizufügen.

§ 70 Abs. 1
Die Baugenehmigung ist zu erteilen, wenn dem Vorhaben öffentlich-rechtliche Vorschriften nicht entgegenstehen. Die Baugenehmigung bedarf der Schriftform; sie muß nicht begründet werden. Eine Ausfertigung der mit einem Genehmigungsvermerk versehenen Bauvorlagen ist dem Antragsteller mit der Baugenehmigung zuzustellen.

5. Öffentliches Baurecht und Gerichtsbarkeit

5.1 Rechtsschutz gegen städtebauliche Pläne

Rechtsschutz gegen städtebauliche Pläne ist in den Formen des Normenkontrollverfahrens, der Inzidentkontrolle und der Verfassungsbeschwerde denkbar.

5.1.1 Normenkontrollverfahren

Nach § 47 Abs. 1 Nr. 1 VwGO entscheidet das Oberverwaltungsgericht im Rahmen seiner Gerichtsbarkeit auf Antrag über die Gültigkeit von Satzungen, die nach den Vorschriften des Baugesetzbuches erlassen worden sind, sowie von Rechtsverordnungen aufgrund des § 246 Abs. 2 des BauGB.
Als Beispiele für derartige, in § 47 Abs. 1 Nr. 1 VwGO angesprochene Satzungen sind die Bebauungspläne nach § 10 BauGB, Satzungen über die förmliche Festlegung des Sanierungsgebietes nach § 142 BauGB, die Veränderungssperre nach § 16 Abs. 1 BauGB, das besondere Vorkaufsrecht nach § 25 BauGB, die Festsetzung der Grenzen der im Zusammenhang bebauten Ortsteile nach § 34 Abs. 4 Nr. 1 BauGB, die Erhaltung baulicher Anlagen nach § 172 BauGB und die Erschließung nach § 132 BauGB zu nennen.

---

[2] § 54 Abs. 2 BauO NW: „Besitzt der Entwurfsverfasser auf einzelnen Fachgebieten nicht die erforderliche Sachkunde und Erfahrung, so hat er dafür zu sorgen, daß geeignete Fachplaner herangezogen werden. Diese sind für die von ihnen gelieferten Unterlagen verantwortlich. Für das ordnungsgemäße Ineinandergreifen aller Fachentwürfe bleibt der Entwurfsverfasser verantwortlich."

Teil A: II. Öffentliches Baurecht

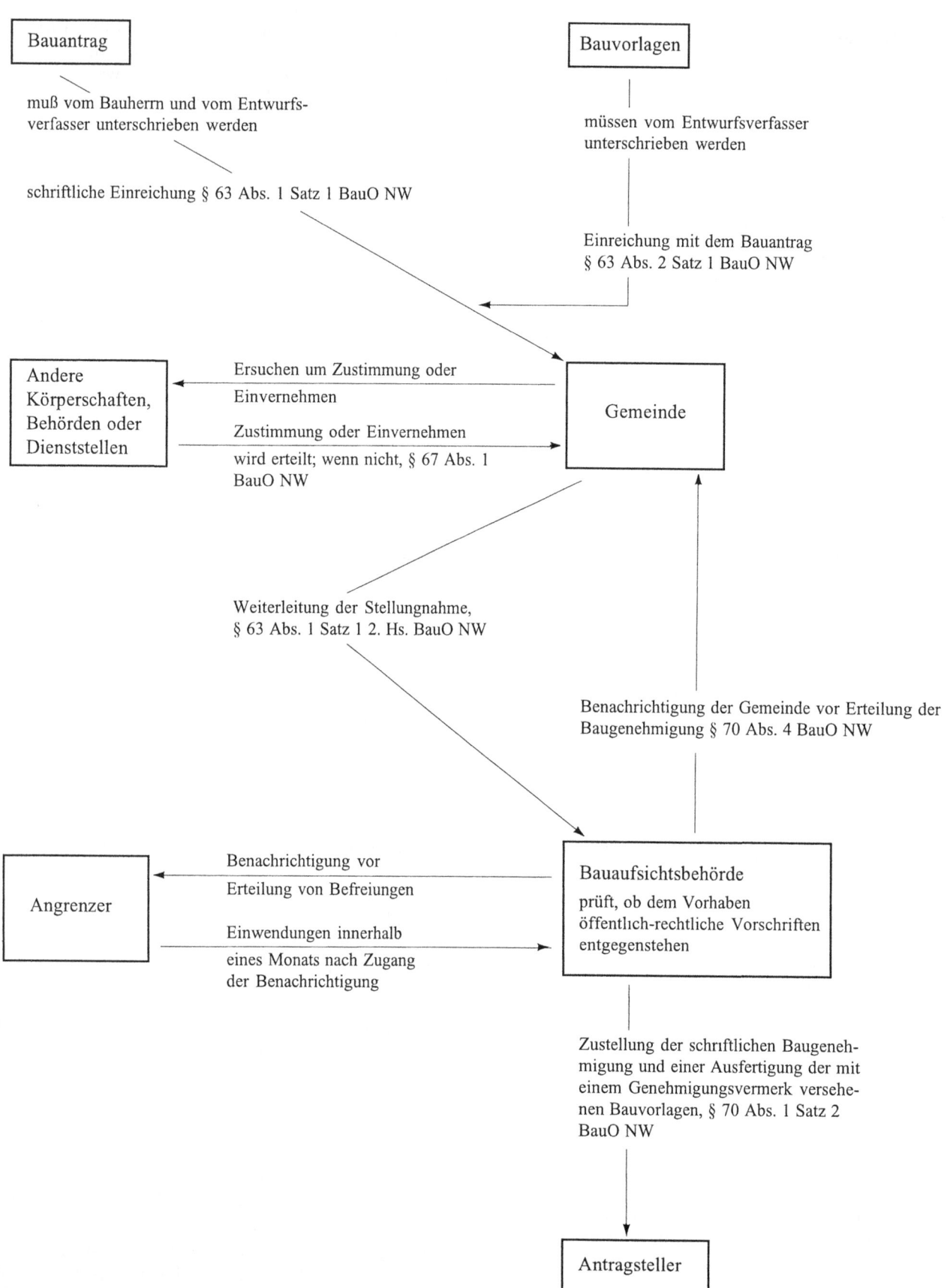

Abb. 6: Reihenfolge der Vorschriften bis zur Zustellung der Baugenehmigung

5. Öffentliches Baurecht und Gerichtsbarkeit

Für die Entscheidung des Oberverwaltungsgerichts über die Gültigkeit der oben genannten Satzungen bedarf es eines Antrages auf Feststellung der Ungültigkeit der Rechtsvorschrift.
Nach § 47 Abs. 2 VwGO kann den Antrag jede natürliche oder juristische Person, die durch die jeweilige Satzung oder deren Anwendung einen Nachteil erlitten oder in absehbarer Zeit zu erwarten hat[3], sowie jede Behörde (die allerdings nicht unbedingt einen Nachteil erlitten haben muß und somit keines besonderen Rechtsschutzbedürfnisses bedarf) stellen.
Nach dem Umkehrschluß aus § 80 Abs. 1 VwGO hat der Normenkontrollantrag keine aufschiebende Wirkung bezüglich des Inkrafttretens der Satzung. Der Normenkontrollantrag ist schließlich begründet, wenn die zu kontrollierende Satzung rechtswidrig und somit nichtig ist.

5.1.2 Inzidentkontrolle

Zu einer inzidenten, d.h. mittelbaren Kontrolle eines Bebauungsplanes durch ein Gericht kann es anläßlich einer Vielzahl von Fällen in verschiedenen Gerichtsverfahren kommen.
Die häufigsten Fälle sind die einer Inzidentkontrolle vor den Verwaltungsgerichten im Rahmen einer Verpflichtungs- oder Anfechtungsklage. Seltener sind die Fälle einer Inzidentkontrolle vor den Verwaltungsgerichten im Rahmen einer Feststellungsklage oder einer vorbeugenden Unterlassungsklage.

5.1.3 Verfassungsbeschwerde

Eine Verfassungsbeschwerde nach § 90 Abs. 2 Satz 1 BVerfGG ist nur dann zulässig, wenn der Beschwerdeführer den Rechtsweg, wozu auch die verwaltungsrechtliche Normenkontrolle nach § 47 Abs. 1 Nr. 1 VwGO gehört[4], ausgeschöpft hat.
Eine Ausnahme gilt für den Bebauungsplan, der mit der Verfassungsbeschwerde selbständig angegriffen werden kann, wenn der Beschwerdeführer davon selbst gegenwärtig und unmittelbar betroffen ist.

5.2 Klage auf Aufstellung eines Bebauungsplanes

Eine Klage auf Aufstellung eines Bebauungsplans wird von der herrschenden Meinung mit der Begründung abgelehnt, der klare Wortlaut von § 2 Abs. 3 BauGB nehme einer derartigen Klage bereits das Rechtsschutzbedürfnis und ein Tätigwerden des Gesetzgebers könne grundsätzlich nicht eingeklagt werden.

5.3 Klage auf Erteilung einer Baugenehmigung

Der Bürger hat einen durch Verpflichtungsurteil durchsetzbaren Anspruch auf eine bestimmte Nutzung seines Grundstücks und somit auf Erteilung einer Baugenehmigung, soweit die bebauungs- und bauordnungsrechtlichen sowie die sonstigen öffentlich-rechtlichen Vorschriften erfüllt sind.
Als Beispiele für die in der Praxis sehr häufig vorkommenden Klagen auf Erteilung einer baurechtlichen Genehmigung sind die Klagen auf Erteilung einer Bauplanungs- und Bauordnungsrecht umschließenden Baugenehmigung, einer bauplanungsrechtlichen Bebauungsgenehmigung, eines bauordnungsrechtlichen Vorbescheides oder einer Abbruchgenehmigung gem. §§ 172 f. BauGB zu nennen.

5.4 Nachbarklage

Das öffentliche Baunachbarrecht, auf das im folgenden ausschließlich eingegangen werden soll[5], ist nirgendwo systematisch geregelt und überwiegend durch Richterrecht gewachsen.
Dabei ist ein Rechtsschutz des Nachbarn gegen eine erlassene Baugenehmigung grundsätzlich nur über eine Anfechtungsklage mit vorangegangenem Widerspruchsverfahren durchzusetzen.[6] Lediglich in sehr begrenzten Ausnahmefällen, so etwa wenn dem Nachbarn (ohne Zustimmung des Bauherrn) die Einhaltung objektivrechtlicher, für die Erteilung der Baugenehmigung relevanter Bestimmungen zugesichert wird, ist die Verpflichtungsklage auf Rücknahme der Baugenehmigung die einschlägige Klageart (vgl. BVerwG 49, 244). Für die Frage der Rechtsschutzmöglichkeit eines Nachbarn ist zunächst Voraussetzung, daß durch die Baugenehmigung bzw. den Bauvorbescheid in subjektive Rechte Dritter eingegriffen wird und die Bescheide als sogenannte Verwaltungsakte mit Drittwirkung zu qualifizieren sind.

5.4.1 Die geschützten Dritten

Dabei kommen als Dritte sowohl der Nachbar[7] als auch eine Behörde in Betracht, welche freilich nur dann durch eine Baugenehmigung rechtlich betroffen ist, wenn durch diese in die im Selbstverwaltungsrecht der Gemeinde angesiedelte Planungshoheit eingegriffen wird.
Beispiele für einen Eingriff in die Planungshoheit sind etwa die Erteilung einer Baugenehmigung ohne das nach § 36 Abs. 1 BauGB erforderliche Einvernehmen oder die Abweichung der Baugenehmi-

---
[3] Dieses besondere Rechtsschutzbedürfnis bzw. Antragsbedürfnis muß nachgewiesen werden, um eine Popularklage auszuschließen.
[4] BVerfGE 70, 35 (54).
[5] Für das private Nachbarrecht muß hier auf entsprechende Darstellungen verwiesen werden.
[6] Vgl. BVerwGE 22, 129 (131 f.).
[7] Zum Nachbarbegriff vgl. oben 4.1.5.

gung von den Festsetzungen eines Bebauungsplans.

Keinen Eingriff in das Selbstverwaltungsrecht der Gemeinden stellt ein Verstoß gegen bauordnungsrechtliche Bestimmungen dar, weil hier die Gemeinde nicht in ihrer Rechtsstellung tangiert ist, da das Bauordnungsrecht nicht zu ihren Selbstverwaltungsangelegenheiten zählt, sondern hier vielmehr staatliche Aufgaben durch die Gemeinden wahrgenommen werden.

Somit kommen als Dritte, die die Anfechtung der Baugenehmigung aufgund der Verletzung bauordnungsrechtlicher Bestimmungen geltend machen können, primär Nachbarn in Frage.

5.4.2 Nachbarschützende Normen

Für das Vorliegen eines Eingriffs in subjektive Rechte Dritter ist Voraussetzung, daß die durch die Baugenehmigung oder den Bauvorbescheid verletzte Norm dem Dritten ein subjektives öffentliches Recht gewährt. Sowohl in den Grundrechten als auch in Normen des einfachen Rechts können subjektive öffentliche Rechte Dritter enthalten sein.

5.4.2.1 Einfachgesetzlicher Drittschutz

Die Frage nach dem subjektivrechtlichen Gehalt einfachgesetzlicher Baurechtsnormen ist nicht immer einfach zu beantworten und wirft eine Reihe an Fragen auf, da keinesfalls alle Baurechtsvorschriften potentiell drittschützenden Charakter haben und der Normtext selten explizit Auskunft über seinen subjektivrechtlichen Gehalt gibt.

Ein subjektives öffentliches Recht liegt dann vor, wenn eine zwingende Rechtsvorschrift (und damit die sich aus dieser Rechtsvorschrift ergebende Rechtspflicht der Verwaltung) nicht nur dem öffentlichen Interesse, sondern – zumindest auch – dem Interesse einzelner Bürger zu dienen bestimmt ist. Dabei ist allein der gesetzlich bezweckte Interessenschutz maßgeblich; allein die Tatsache, daß eine Rechtsvorschrift dem Bürger Vorteile bringt, begründet noch kein subjektives öffentliches Recht, sondern vermittelt nur einen günstigen Rechtsreflex. Ein subjektives öffentliches Recht entsteht erst dann, wenn diese Vorteile zugunsten des Bürgers gewollt sind.

Eine detaillierte Darstellung des Drittschutzes der einzelnen baurechtlichen Normen würde den Rahmen dieser allgemeinen Darstellung sprengen. Zu diesem Punkt möchte ich deshalb auf entsprechende Speziallieratur verweisen.

5.4.2.2 Grundrechtlicher Drittschutz

Für den Fall, daß die einfachgesetzlichen Normen einen Drittschutz nicht oder nicht hinreichend gewähren, stellt sich die Frage, ob der Dritte sich nicht auch auf die Grundrechte unmittelbar berufen kann.

Die Rechtsprechung hat dem Dritten Grundrechtsschutz etwa aus Art. 14 Abs. 1 GG nur dann zugestanden, wenn durch die Baugenehmigung die Grundstückssituation nachhaltig verändert und der Dritte dadurch schwer und unerträglich betroffen ist.

Diese größeren, von der Rechtsprechung entwickelten Anforderungen an einen unmittelbaren grundrechtlichen Drittschutz dürften den durch das einfache Recht vermittelten Drittschutz intensiver ausfallen lassen als den durch die Grundrechte unmittelbar vermittelten.

5.4.3 Anfechtungsklage und Widerspruchsverfahren

Wie oben bereits erwähnt, muß der, der einem Bauvorhaben die Rechtsgrundlage entziehen will, im Regelfall versuchen, die Baugenehmigung im Wege von Widerspruch und Anfechtungsklage zu beseitigen.

In dem Fall, daß die Baugenehmigung dem Dritten nicht bekanntgegeben worden ist (vgl. § 43 Abs. 1 Satz 1 VwVfG), beginnt weder die Widerspruchsfrist des § 70 Abs. 1 VwGO (Monatsfrist) noch die Jahresfrist des § 58 Abs. 2 VwGO zu laufen. Zu beachten ist allerdings, daß der Dritte die Möglichkeit von Widerspruch und Anfechtungsklage verwirken kann, wenn er sichere Kenntnis von der Baugenehmigung hatte oder sie hätte haben können.[8]
Nach § 42 Abs. 2 VwGO ist die für eine Anfechtungsklage notwendige Klagebefugnis des Dritten dann gegeben, wenn nach seinem Sachvortrag die Verletzung eigener Rechte nicht ausgeschlossen ist, d. h., der klagende Dritte muß Tatsachen vortragen, die eine Verletzung einer auch seine Interessen schützenden Norm[9] als möglich erscheinen läßt. Nach § 113 Abs. 1 Satz 1 VwGO ist eine Anfechtungsklage des Dritten begründet, soweit die Baugenehmigung rechtswidrig und der Dritte dadurch in seinen Rechten verletzt worden ist.

Maßgeblicher Zeitpunkt für die Beurteilung der Rechtmäßigkeit der Baugenehmigung ist der Zeitpunkt ihres Erlasses. Eine Änderung der Rechtslage zugunsten des Dritten nach diesem Zeitpunkt darf sich im allgemeinen nicht zuungunsten des Bauherrn auswirken.[10]

5.4.4 Verpflichtungsklage

Neben der Anfechtungsklage hat der Dritte noch die Möglichkeit, die Bauaufsichtsbehörde durch eine Verpflichtungsklage nach § 42 Abs. 1 VwGO zum Einschreiten durch Erlaß eines Verwaltungsaktes zu zwingen.

---
[8] Vgl. hierzu BVerwGE 44, 294, 298 ff.; 78, 85 ff.
[9] Drittschützende Norm, vgl. oben 5.4.2.1 und 5.4.2.2.
[10] BVerwG, BRS 22, Nr. 174 und Nr. 184.

Anspruchsgrundlage für ein solches Klagebegehren ist die Norm, die die Behörde zur gewünschten Maßnahme ermächtigt, allerdings nur dann, wenn die Norm auch den Drittschutz bezweckt. Für den Fall, daß die als Ermächtigungsgrundlage dienende Norm der Behörde ein Ermessen einräumt, kann ein Verpflichtungsurteil nur dann ergehen, wenn eine Ermessensreduzierung vorliegt. Ansonsten ergeht an den Dritten ein Bescheidungsurteil.

5.4.5 Vorläufiger Rechtsschutz bei Nachbarklagen

Der vorläufige Rechtsschutz des Nachbarn gegen ein Bauvorhaben ist in der Vergangenheit strittig gewesen. Durch das 4. VwGO-Änderungsgesetz vom 17.12.1990 (BGBl I, S. 2809) regelt die VwGO nun ausdrücklich den Verwaltungsakt mit Doppelwirkung, zu denen die Baugenehmigung zählt; denn sie begünstigt auf der einen Seite den Bauherrn und belastet auf der anderen Seite den Nachbarn.

Ein Widerspruch des Nachbarn hat nach dieser Regelung (§ 80 Abs. 1 Satz 2 i.V.m. § 80 a VwGO) die aufschiebende Wirkung zur Folge. Dies gilt allerdings nicht für die Fälle, in denen Sonderregelungen wie z. B. § 10 Abs. 2 BauGB-MaßnahmenG eingreifen.[11]

Greifen keine Sonderregelungen ein, so hat die Behörde dem Bauherrn über die Tatsache des Widerspruchs zu unterrichten und ihm ein weiteres Gebrauchmachen von der Baugenehmigung zu untersagen. Der Bauherr hat dann, zumindest soweit der Widerspruch reicht, seine baulichen Tätigkeiten einzustellen, wobei er allerdings nun die Möglichkeit besitzt, einen Antrag auf Anordnung der sofortigen Vollziehung zu stellen, um die aufschiebende Wirkung (des Nachbarwiderspruchs) zu beseitigen.

---

[11] Nach § 10 Abs. 2 BauGB-Maßnahmengesetz i.V.m. § 80 Abs. 2 Nr. 3 VwGO haben Widerspruch und Anfechtungsklage eines Dritten gegen die bauaufsichtliche Genehmigung eines Vorhabens, daß ausschließlich Wohnzwecken dient, keine aufschiebende Wirkung.

Anhang zum Teil A.II

Anhang 1: Auflistung der Paragraphen des ersten Kapitels des BauGB, Teile 1 bis 3:

Erstes Kapitel: „Allgemeines Städtebaurecht", die Vorschriften zur Bauleitplanung, und zwar unterteilt in

Erster Teil: Bauleitplanung

- § 1 Aufgabe, Begriff und Grundsätze der Bauleitplanung
- § 2 Aufstellung der Bauleitpläne, Verordnungsermächtigung
- § 3 Beteiligung der Bürger
- § 4 Beteiligung der Träger öffentlicher Belange
- § 5 Inhalt des Flächennutzungsplans
- § 6 Genehmigung des Flächennutzungsplans
- § 7 Anpassung an den Flächennutzungsplan
- § 8 Zweck des Bebauungsplans
- § 9 Inhalt des Bebauungsplans
- § 10 Beschluß über den Bebauungsplan
- § 11 Genehmigung und Anzeige des Bebauungsplans
- § 12 Inkrafttreten des Bebauungsplans
- § 13 Vereinfachte Änderung oder Ergänzung des Bauleitplans

Zweiter Teil: Sicherung der Bauleitplanung:

- § 14 Veränderungssperre
- § 15 Zurückstellen von Baugesuchen
- § 16 Beschluß über Veränderungssperre
- § 17 Geltungsdauer der Veränderungssperre
- § 18 Entschädigung bei Veränderungssperre
- § 19 Teilungsgenehmigung
- § 20 Versagungsgründe
- § 21 Inhalt der Genehmigung
- § 22 Sicherung von Gebieten mit Fremdenverkehrsfunktion
- § 23 Sicherung der Vorschriften über die Teilung
- § 24 Allgemeines Vorkaufsrecht
- § 25 Besonderes Vorkaufsrecht
- § 26 Ausschluß des Vorkaufsrechts
- § 27 Abwendung des Vorkaufsrechts
- § 28 Verfahren und Entschädigung

Dritter Teil: Regelungen der baulichen und sonstigen Nutzung, Entschädigung

- § 29 Begriff des Vorhabens
- § 30 Zulässigkeit von Vorhaben im Geltungsbereich eines Bebauungsplans
- § 31 Ausnahmen und Befreiungen
- § 32 Nutzungsbeschränkungen auf künftigen Gemeindebedarfs-, Verkehrs-, Versorgungs- und Grünflächen
- § 33 Zulässigkeit von Vorhaben während der Planaufstellung
- § 34 Zulässigkeit von Vorhaben innerhalb der im Zusammenhang bebauten Ortsteile
- § 35 Bauen im Außenbereich
- § 36 Beteiligung der Gemeinde und der höheren Verwaltungsbehörde
- § 37 Bauliche Maßnahmen des Bundes und der Länder
- § 38 Bauliche Maßnahmen aufgrund von anderen Gesetzen
- § 39 Vertrauensschaden
- § 40 Entschädigung in Geld oder durch Übernahme
- § 41 Entschädigung bei Begründung von Geh-, Fahr- und Leitungsrechten und bei Bindungen für Bepflanzungen
- § 42 Entschädigung bei Änderung oder Aufhebung einer zulässigen Nutzung
- § 43 Entschädigung und Verfahren
- § 44 Entschädigungspflichtige, Fälligkeit und Erlöschen der Entschädigungsansprüche

Anhang 2: Bauleitpläne

In bezug auf die Bauleitpläne, welche die Planungsvorgaben für Bauvorhaben enthalten, unterscheidet man einmal den Flächennutzungsplan (§ 5 BauGB) und den daraus zu entwickelnden Bebauungsplan (§ 9 BauGB).

Im Flächennutzungsplan können insbesondere dargestellt werden nach § 5 Abs. 2 BauGB:

„1. die für die Bebauung vorgesehenen Flächen nach der allgemeinen Art ihrer baulichen Nutzung (Bauflächen), nach der besonderen Art ihrer baulichen Nutzung (Baugebiete) sowie nach dem allgemeinen Maß der baulichen Nutzung; Bauflächen, für die eine zentrale Abwasserbeseitigung nicht vorgesehen ist, sind zu kennzeichnen;

2. die Ausstattung des Gemeindegebiets mit Einrichtungen und Anlagen zur Versorgung mit Gütern und Dienstleistungen des öffentlichen und privaten Bereichs, insbesondere mit den der Allgemeinheit dienenden baulichen Anlagen und Einrichtungen des Gemeinbedarfs, wie mit Schulen und Kirchen sowie mit sonstigen kirchlichen und mit sozialen, gesundheitlichen und kulturellen Zwecken dienenden Gebäuden und Einrichtungen, sowie die Flächen für Sport- und Spielanlagen;

3. die Flächen für den überörtlichen Verkehr und für die örtlichen Hauptverkehrszüge;

4. die Flächen für Versorgungsanlagen, für die Abfallentsorgung und Abwasserbeseitigung, für Ablagerungen sowie für Hauptversorgungs- und Hauptabwasserleitungen;

5. die Grünflächen, wie Parkanlagen, Dauerkleingärten, Sport-, Spiel-, Zelt- und Badeplätze, Friedhöfe;
6. die Flächen für Nutzungsbeschränkungen oder für Vorkehrungen zum Schutz gegen schädliche Umwelteinwirkungen im Sinne des Bundes-Immissionsschutzgesetzes;
7. die Wasserflächen, Häfen und die für die Wasserwirtschaft vorgesehenen Flächen sowie die Flächen, die im Interesse des Hochwasserschutzes und der Regelung des Wasserabflusses freizuhalten sind;
8. a) die Flächen für die Landwirtschaft und
   b) Wald;
9. die Flächen für Maßnahmen zum Schutz, zur Pflege und zur Entwicklung von Natur und Landschaft."

Nach §5 Abs. 3 soll im Flächennutzungsplan gekennzeichnet werden:
„1. Flächen, bei deren Bebauung besondere baulichen Vorkehrungen gegen äußere Einwirkungen oder bei denen besondere bauliche Sicherungsmaßnahmen gegen Naturgewalten erforderlich sind;
2. Flächen, unter denen der Bergbau umgeht oder die für den Abbau von Mineralien bestimmt sind;
3. für bauliche Nutzungen vorgesehene Flächen, deren Böden erheblich mit umweltgefährdeten Stoffen belastet sind."

Der Inhalt des Bebauungsplans ist in §9 BauGB wie folgt vorgegeben.
„§9: Inhalt des Bebauungsplans
(1) Im Bebauungsplan können festgesetzt werden:
1. die Art und das Maß der baulichen Nutzung;
2. die Bauweise, die überbaubaren und die nicht überbaubaren Grundstücksflächen sowie die Stellung der baulichen Anlagen;
3. für die Größe, Breite und Tiefe der Baugrundstücke Mindestmaße und aus Gründen des sparsamen und schonenden Umgangs mit Grund und Boden für Wohnbaugrundstücke auch Höchstmaße;
4. die Flächen für Nebenanlagen, die aufgrund anderer Vorschriften für die Nutzung von Grundstücken erforderlich sind, wie Spiel-, Freizeit- und Erholungsflächen sowie die Flächen für Stellplätze und Garagen mit ihren Einfahrten;
5. die Flächen für den Gemeinbedarf sowie für Sport- und Spielanlagen;
6. aus besonderen städtebaulichen Gründen die höchstzulässige Zahl der Wohnungen in Wohngebäuden;
7. die Flächen, auf denen ganz oder teilweise nur Wohngebäude, die mit Mitteln des sozialen Wohnungsbaus gefördert werden können, errichtet werden dürfen;
8. einzelne Flächen, auf denen ganz oder teilweise nur Wohngebäude errichtet werden dürfen, die für Personengruppen mit besonderem Wohnbedarf bestimmt sind;
9. der besondere Nutzungszweck von Flächen, der durch besondere städtebauliche Gründe erfordert wird;
10. die Flächen, die von der Bebauung freizuhalten sind, und ihre Nutzung;
11. die Verkehrsflächen sowie Verkehrsflächen besonderer Zweckbestimmung, wie Fußgängerbereiche, Flächen für das Parken von Fahrzeugen sowie den Anschluß anderer Flächen an die Verkehrsflächen;
12. die Versorgungsflächen;
13. die Führung von Versorgungsanlagen und -leitungen;
14. die Flächen für die Abfallentsorgung und Abwasserbeseitigung sowie für Ablagerungen;
15. die öffentlichen und privaten Grünflächen, wie Parkanlagen, Dauerkleingärten, Sport-, Spiel-, Zelt- und Badeplätze, Friedhöfe;
16. die Wasserflächen sowie die Flächen für die Wasserwirtschaft, für Hochwasserschutzanlagen und für die Regelung des Wasserabflusses, soweit diese Festsetzungen nicht nach anderen Vorschriften getroffen werden können;
17. die Flächen für Aufschüttungen, Abgrabungen oder für die Gewinnung von Steinen, Erden und anderen Bodenschätzen;
18. a) die Flächen für die Landwirtschaft und
    b) Wald;
19. die Flächen für die Errichtung von Anlagen für die Kleintierhaltung wie Ausstellungs- und Zuchtanlagen, Zwinger, Koppeln und dergleichen;
20. Maßnahmen zum Schutz, zur Pflege und zur Entwicklung von Natur und Landschaft, soweit solche Festsetzungen nicht nach anderen Vorschriften getroffen werden können, sowie die Flächen für Maßnahmen zum Schutz, zur Pflege und zur Entwicklung von Natur und Landschaft;
21. die mit Geh-, Fahr- und Leitungsrechten zugunsten der Allgemeinheit, eines Erschließungsträgers oder eines beschränkten Personenkreises zu belastenden Flächen;
22. die Flächen für Gemeinschaftsanlagen für bestimmte räumliche Bereiche wie Kinderspielplätze, Freizeiteinrichtungen, Stellplätze und Garagen;
23. Gebiete, in denen aus besonderen städtebaulichen Gründen oder zum Schutz vor schädlichen Umwelteinwirkungen im Sinne des Bundes-Immissionsschutzgesetzes bestimmte luftverunreinigende Stoffe nicht oder nur beschränkt verwendet werden dürfen;

24. die von der Bebauung freizuhaltenden Schutzflächen und ihre Nutzung, die Flächen für besondere Anlagen und Vorkehrungen zum Schutz vor schädlichen Umwelteinflüssen im Sinne des Bundes-Immissionsschutzgesetzes sowie die zum Schutz vor solchen Einwirkungen oder zur Vermeidung oder Minderung solcher Einwirkungen zu treffenden baulichen und sonstigen technischen Vorkehrungen;
25. für einzelne Flächen oder für ein Bebauungsplangebiet oder Teile davon sowie für Teile baulicher Anlagen mit Ausnahme der für landschaftliche Nutzungen oder Wald festgesetzten Flächen
    a) das Anpflanzen von Bäumen, Sträuchern und sonstigen Bepflanzungen,
    b) Bindungen für Bepflanzungen und für die Erhaltung von Bäumen, Sträuchern und sonstigen Bepflanzungen sowie von Gewässern;
26. die Flächen für Aufschüttungen, Abgrabungen und Stützmauern, sowie sie zur Herstellung des Straßenkörpers erforderlich sind.

(2) Bei Festsetzungen nach Absatz 1 kann auch die Höhenlage festgesetzt werden.

(3) Wenn besondere städtebauliche Gründe dies rechtfertigen, können Festsetzungen nach Absatz 1 für übereinanderliegende Geschosse und Ebenen und sonstige Teile baulicher Anlagen gesondert getroffen werden; dies gilt auch, soweit Geschosse, Ebenen und sonstige Teile baulicher Anlagen unterhalb der Geländeoberfläche vorgesehen sind.

(4) Die Länder können durch Rechtsvorschriften bestimmen, daß auf Landesrecht beruhende Regelungen in den Bebauungsplan als Festsetzungen aufgenommen werden können und inwieweit auf diese Festsetzungen die Vorschriften dieses Gesetzbuchs Anwendung finden (§ 81 Abs. 4 BauGB).

(5) Im Bebauungsplan sollen gekennzeichnet werden:
1. Flächen, bei deren Bebauung besondere bauliche Vorkehrungen gegen äußere Einwirkungen oder bei denen besondere bauliche Sicherungsmaßnahmen gegen Naturgewalten erforderlich sind;
2. Flächen, unter denen der Bergbau umgeht oder die für den Abbau von Mineralien bestimmt sind;
3. Flächen, deren Böden erheblich mit umweltgefährdenden Stoffen belastet sind.

(6) Nach anderen gesetzlichen Vorschriften getroffene Festsetzungen sowie Denkmäler nach Landesrecht sollen in den Bebauungsplan nachrichtlich übernommen werden, soweit sie zu seinem Verständnis oder für die städtebauliche Beurteilung von Baugesuchen notwendig oder zweckmäßig sind.

(7) Der Bebauungsplan setzt die Grenzen seines räumlichen Geltungsbereichs fest.

(8) Dem Bebauungsplan ist eine Begründung beizufügen. In ihr sind die Ziele, Zwecke und wesentliche Auswirkungen des Bebauungsplans darzulegen."

Die Planzeichen für die Bauleitpläne wiederum sind in der „Verordnung über die Ausarbeitung der Bauleitpläne und die Darstellung des Planinhalts (Planzeichenverordnung 1990 vom 18.12.90, BGBl. I und hier in der Anlage zu dieser Verordnung zu finden). Diese Verordnung ist aufgrund des § 2 Abs. 5 Nr. 4 BauGB erlassen.

III. Grundstücksrecht

1. Allgemeines zum Grundstücksrecht

Das Grundstücksrecht beschäftigt sich mit den Rechtsverhältnissen an Grund und Boden jeder Art. Zu unterscheiden sind das materielle (sachliche) und das formelle Grundstücksrecht.

1.1 Materielles und formelles Grundstücksrecht

Das materielle (inhaltliche) Grundstücksrecht ist im BGB unter der Überschrift „Sachenrecht" geregelt. Es befaßt sich im wesentlichen mit
— dem Inhalt von Grundstücksrechten,
— dem rechtswirksamen Erwerb von Grundstücken und
— der Änderung und Aufhebung von Grundstücksrechten.

Das formelle Grundstücksrecht (also die Verfahrensvorschriften zur Führung der Grundbücher) ist in der Grundbuchordnung (GBO) geregelt. Es befaßt sich mit
— der Organisation der Grundbuchämter,
— der Errichtung und Führung des Grundbuches und
— dem Recht auf Einsichtnahme in das Grundbuch.

Nach § 12 GBO darf jeder, der ein berechtigtes Interesse hat und dies gegenüber dem Grundbuchamt darlegt, Einsicht in das Grundbuch und die Grundakte nehmen bzw. sich beglaubigte oder unbeglaubigte Grundbuchabschriften gegen Kostenerstattung aushändigen lassen. Ein berechtigtes Interesse ist dann gegeben, wenn jemand ein Grundstück erwerben, bebauen, die Bebauung verändern oder ein Recht an dem Grundstück begründen will.

1.2 Grundstücksbegriff

Eine gesetzliche Definition des Grundstückbegriffes gibt es weder im BGB noch in der GBO. Im allgemeinen Sprachgebrauch versteht man unter einem Grundstück einen abgegrenzten Teil der Erdoberfläche unabhängig von der Nutzungsart. Im rechtlichen Sinne muß aber die grundbuchmäßige Erfassung hinzukommen. Somit ist ein Grundstück ein abgegrenzter Teil der Erdoberfläche, der mit eigenem Grundbuchblatt geführt wird oder in einem gemeinschaftlichen Grundbuchblatt im Bestandsverzeichnis (Verzeichnis der Grundstücke) mit einer besonderen (eigenen) Nummer eingetragen ist.

Wichtig ist die Unterscheidung des rechtlichen Begriffes „Grundstück" und des vermessungstechnischen Begriffs „Flurstück", mit dem ein Teil der Erdoberfläche, der von einer in sich zurücklaufenden Linie umschlossen und im amtlichen Verzeichnis der Grundstücke im Sinne von § 2 II GBO (Flurkarte) unter einer besonderen Nummer geführt wird, bezeichnet wird.

Zum Grundstück zählen auch die wesentlichen Bestandteile (§ 93 BGB), z.B. die fest mit dem Grund und Boden verbundenen Sachen, insbesondere also die Gebäude. Diese wesentlichen Bestandteile teilen das rechtliche Schicksal des Grundstückes.

Als wichtigste grundstücksgleiche Rechte sind das Erbbaurecht und das Wohnungseigentum zu nennen (vgl. Abschnitt 4).

2. Kataster und Grundbuch

2.1 Kataster (Liegenschaftskataster)

Das Kataster ist ein staatliches Register, das die tatsächlichen Verhältnisse der Grundstücke (z.B. Lage, Größe, Zuschnitt, Nutzung) festlegt. Das Kataster dient der Sicherung des Grundeigentums und soll die grundsteuerlichen Verhältnisse zuverlässig bestimmen.

Die Kataster werden bei den Katasterämtern geführt. Dies sind Dienststellen bei den Kreis- oder Stadtverwaltungen. Das Kreis- oder Stadtgebiet ist somit auch der Katasterbezirk (Vermessungsbezirk), der auch als Gemarkung bezeichnet wird. Die Gemarkung ist in Flure unterteilt, und die Flure bestehen wiederum aus einer Anzahl von Flurstücken. Das Flurstück wird auch als Katastergrundstück bezeichnet.

Die Angaben zu einem Flurstück setzen sich aus Bestandsangaben (Gemarkung, Flur, Flurstück) und Eigenschaftsangaben (Lagebezeichnung, Nutzungsart, Fläche) zusammen. Die Unterlage für die Abgrenzung eines Katastergrundstücks bildet die vom Vermessungsamt durchgeführte Vermessung. Ein Grundstück im Rechtssinne kann durchaus aus mehreren Flurstücken bestehen, die noch nicht einmal im räumlichen Zusammenhang stehen müssen.

Die Katasterunterlagen dienen auch zur Feststellung der Grundstücksgröße und -art im Bestandsverzeichnis des Grundbuches, wodurch eine enge

Schematisch läßt sich der Aufbau des Katasters wie folgt darstellen:

Katasterbezirke								
Gemarkung			Gemarkung			Gemarkung		
Flur	Flur	Flur	Flur	Flur	Flur	Flur	Flur	Flur

Verbindung zwischen diesen staatlichen Registern geschaffen ist. Für die genannten Grundstücksangaben im Bestandsverzeichnis des Grundbuches sind die Angaben im Kataster verbindlich. Das bedeutet, daß vom Grundstückseigentümer die Übereinstimmung zwischen den beiden Registern zu überprüfen ist.

Bei errichteten Gebäuden gibt eine Grenzbescheinigung darüber Auskunft, ob sie innerhalb der rechtmäßigen Grenzen stehen. Dies ist insbesondere für die Neubauten von Bedeutung, die noch nicht in der Flurkarte eingezeichnet sind. Kataster- und Grundbuchämter informieren sich gegenseitig über Veränderungen im Grundstück (z.B. Teilung durch Fortführungsvermessung) und über Veränderungen im Eigentum.

2.2 Das Grundbuch

Das Grundbuch ist ebenfalls ein amtliches Register, das die privaten Rechtsverhältnisse in bezug auf die Grundstücke festhält; aus dem Grundbuch sind also die Eigentumsverhältnisse und die Lasten, Beschränkungen und Grundpfandrechte zu ersehen. Öffentlich-rechtliche Verhältnisse (z.B. Grundsteuern oder Gemeindeabgaben) oder gesetzliche Beschränkungen (z.B. Bauvorschriften oder Baulasten) sind im Grundbuch nicht vermerkt (vgl. hierzu Abschnitt A.).

Die Grundbücher werden bei den Grundbuchämtern geführt. Grundbuchämter sind Abteilungen des Amtsgerichtes und zuständig für alle Grundstücke des betreffenden Amtsgerichtsbezirkes. Unterteilt sind die Grundbücher nach Grundbuchbezirken, Bänden und Blättern oder nach Grundbuchbezirken und Blättern. Das Grundbuch wird heute nicht mehr in festen Bänden, sondern als Loseblattgrundbuch geführt. Für jedes Grundstück wird ein Grundbuchblatt angelegt (Ausnahme: bei Zusammenschreibungen). Grundbuch im Rechtssinne ist das Grundbuchblatt.

Für jedes Grundbuchblatt gibt es eine Grundakte. Die Grundakte enthält die Urkunden, auf die sich die Grundbucheintragungen beziehen (der Eintragungsvermerk im Grundbuch enthält in der Regel nur die wesentlichen Merkmale der Urkunde) sowie eine Abschrift des Grundbuches zum internen Gebrauch und unerledigte Anträge.

2.2.1 Einteilung/Aufbau des Grundbuches

Das Grundbuch besteht aus drei Teilen:
— der Aufschrift,
— dem Bestandsverzeichnis und
— drei Abteilungen.

Aufschrift
Die Aufschrift dient der rechtlichen Identifizierung. Sie enthält das grundbuchführende Amtsgericht, den Grundbuchbezirk, den Band, das Blatt und eventuelle Zusätze wie Erbbaugrundbuch, Reichsheimstätte, Wohnungseigentum usw.

Zum Beispiel:
Amtsgericht Dortmund, Grundbuch DO-Außenstadt, Band 5, Blatt 1918.

Bestandsverzeichnis
Das Bestandsverzeichnis dient der tatsächlichen Kennzeichnung der Grundstücke und gibt Aufschluß über den Bestand der Grundstücke unter Angabe von Gemarkung, Flur, Flurstück, Liegenschaftsbuch, Wirtschaftsart, Lage und Grundstücksgröße. Mit diesen Angaben wird die Verbindung zum Kataster hergestellt.

Auf Antrag werden auch mit dem Eigentum verbundene Rechte im Bestandsverzeichnis eingetragen (z.B. Wegerecht an anderen Grundstücken).

Drei Abteilungen
Abteilung I: Eigentumsverhältnisse In Abteilung I ist eingetragen
– der Eigentümer,
– der Grund des Erwerbes (Kauf, Erbschaft, Schenkung).

Eigentümer können sowohl natürliche oder juristische Personen als auch Personenhandelsgesellschaften sein. Steht ein Grundstück im Eigentum mehrerer Personen, so ist das zwischen ihnen bestehende Gemeinschaftsverhältnis mit einzutragen.

Beispiele:
Je 1/2 Miteigentumsanteil. Dies ist ein Miteigentum nach Bruchteilen, wobei jeder Bruchteil belastbar und veräußerbar ist.
Oder: Erbengemeinschaft und BGB-Gesellschaft. Hier handelt es sich um Rechtsformen, bei denen das Grundstück in Gesamthandseigentum liegt, d.h. über das Grundstück kann nur mit gemeinschaftlichem Einvernehmen verfügt werden.

Abteilung II: Lasten und Beschränkungen
(vgl. Abschnitt 3.2)
Abteilung III: Hypotheken, Grund- und Rentenschulden

2.2.2 Öffentlicher Glaube des Grundbuches

Durch den öffentlichen Glauben soll eine einwandfreie Grundlage für Rechtsgeschäfte (also nicht Erbschaft oder Zwangsvollstreckung) im Grundstücksverkehr geschaffen werden. Der Inhalt des Grundbuches ist durch den öffentlichen Glauben geschützt, d.h., der Gesetzgeber unterstellt die Richtigkeit der Eintragungen bzw. die Tatsache, daß nur eingetragene Rechte bestehen. Der redliche Erwerber kann sich also auf die Richtigkeit des Grundbuches verlassen.
Wenn der Grundbuchinhalt falsch ist (ein eingetragenes Recht ist beispielsweise rechtsunwirksam entstanden), hat der Berechtigte (Benachteiligte) einen Anspruch auf Berichtigung. Diesen Anspruch auf Berichtigung kann er vorab im Grundbuch durch einen Widerspruch absichern. Durch den Widerspruch zu einer Eintragung wird der öffentliche Glaube für diese Eintragung zerstört. Das Recht auf Berichtigung des Grundbuchs ist in § 894 BGB gesetzlich geregelt. Danach kann derjenige, dessen Recht nicht oder falsch eingetragen oder auch durch die Eintragung einer tatsächlich nicht bestehenden Belastung oder Beschränkung beeinträchtigt ist, die Zustimmung zur Berichtigung von der Person verlangen, deren Recht durch die Berichtigung betroffen wird.

Da sich das Grundbuch in den meisten Fällen nur nach einer längeren Zeit berichtigen läßt, enthält § 899 BGB eine Regelung für die Zeit zwischen dem Entstehen des Berichtigungsanspruchs und der tatsächlich vorgenommenen Berichtigung. Dies ist der bereits oben erwähnte Widerspruch, der in den Fällen des § 894 gegen die Richtigkeit des Grundbuchs eingetragen werden kann (§ 899 Abs. 1 BGB).
Grundlage für die Eintragung dieses Widerspruchs ist eine Bewilligung desjenigen, dessen Recht durch die Berichtigung des Grundbuchs betroffen wird. Ist diese nicht zu erreichen, was in vielen streitigen Auseinandersetzungen der Fall sein wird, kann der Widerspruch auch aufgrund einer einstweiligen Verfügung, also einer gerichtlichen Entscheidung im Eilverfahren, eingetragen werden (§ 899 Abs. 2 BGB).

2.2.3 Formelle Eintragungsvorschriften

Grundsätzlich wird das Grundbuchamt nur auf einen Antrag hin tätig. Der Antrag ist an keine bestimmte Form gebunden. Antragsberechtigt sind die Verfahrensbeteiligten (z.B. Käufer oder Verkäufer, Eigentümer oder Kreditgeber) und der beurkundende/beglaubigende Notar im Namen eines Antragsberechtigten. Wer den Antrag auf Eintragung/Änderung/Löschung eines Rechts stellt, haftet dem Grundbuchamt gegenüber für die Kosten.
Neben dem Antrag ist für eine Eintragung im Grundbuch noch die Eintragungsbewilligung erforderlich. Die Bewilligung kann nur durch denjenigen erfolgen, dessen Recht betroffen ist.

Beispiele:
Eigentumsübertragung: Verkäufer
Grundschuldbestellung: Eigentümer
Abtretung/Löschung
einer Grundschuld: Gläubiger (Kreditgeber)

Die Bewilligung muß in grundbuchmäßiger Form erfolgen, d.h., sie muß entweder notariell beurkundet (z.B. Eigentumsübergang, Grundschuldbestellung mit Unterwerfung des jeweiligen Eigentümers unter die sofortige Zwangsvollstreckung), oder die Unterschrift des Bewilligenden muß notariell beglaubigt sein (z.B. einfache Grundschuldbestellung, Löschung oder Abtretung einer Grundschuld). Sparkassen dürfen gesiegelte Urkunden erstellen, die hinsichtlich ihrer Unterschriften die grundbuchmäßige Form erfüllen. Das Grundbuchamt prüft grundsätzlich nicht mehr die materiellrechtlichen Voraussetzungen (z.B. ob die dingliche Einigung bei einer Grundschuldbestellung vorliegt). Es unterstellt dies bei vorliegender formgerechter Eintragungsbewilligung. Ausnahme ist der Eigentumswechsel (Auflassung) und die Bestellung/Änderung eines Erbbaurechtes.

3. Bestimmungsgrößen für den Wert eines Grundstücks

3.1 Allgemeine Bestimmungsgrößen

Der Wert eines Grundstückes richtet sich nach dem sogenannten Verkehrswert zum Zeitpunkt der Kostenermittlung, wobei der Verkehrswert gemäß § 194 BauGB durch den Preis bestimmt wird, „der in dem Zeitpunkt, auf den sich die Ermittlung bezieht, im gewöhnlichen Geschäftsverkehr nach den rechtlichen Gegebenheiten und tatsächlichen Eigenschaften, der sonstigen Beschaffenheit und der Lage des Grundstücks oder des sonstigen Gegenstands der Wertermittlung ohne Rücksicht auf ungewöhnliche oder persönliche Verhältnisse zu erzielen wäre."

Von besonderer Bedeutung für den Preis eines Grundstückes ist der Grad seiner Baureife: Handelt es sich um baureifes Land, Rohbauland oder sogenanntes Bauerwartungsland?

Weitere Einflüsse auf den Grundstückspreis sind:
- Geländemerkmale, z.B. Topographie, Zuschnitt, Bodenbelastbarkeit, Größe,
- Nutzungsauflagen, z.B. durch Baurecht oder Emissionsauflagen.

Zum Wert eines Grundstückes gehören weiterhin:
- Nebenkosten im Zusammenhang mit dem Grundstückserwerb, z.B. Kosten für Gutachten, Vermessung, Notariatsgebühren, Grunderwerbsteuer,
- Freimachen; hierzu zählen Abfindungen und Entschädigungen für bestehende Miet- und Pachtverträge und Kosten für die Ablösung dinglicher Rechte, so daß über ein erworbenes Grundstück frei verfügt werden kann,
- Herrichten; dazu gehören z.B. Kosten für das Abbrechen und Beseitigen von Bauwerken und Bauteilen, das Sichern bzw. das Roden von Bewuchs, das Abtrennen von Ver- und Entsorgungsleitungen etc. (Definitionen für „Freimachen und Herrichten" siehe DIN 276).

Ganz wesentlich wird der Wert eines Grundstückes durch die zu erwartenden Beträge für die öffentliche und nicht öffentliche Erschließung bestimmt. Bundesrechtlich ist das Erschließungsbeitragsrecht in den §§ 123–135 BauGB geregelt und in den entsprechenden Landesbauordnungen ergänzt.

Für den Erschließungsaufwand, der bei Kostenüberlegungen besonders interessiert, ist § 128 Abs. 1 BauGB wichtig. Nach diesem Paragraphen umfaßt der Erschließungsaufwand „die Kosten für

1. den Erwerb und die Freilegung der Flächen für die Erschließungsanlagen;
2. ihre erstmalige Herstellung einschließlich der Einrichtungen für ihre Entwässerung und ihre Beleuchtung;
3. die Übernahme der Anlagen als gemeindliche Erschließungsanlage." Tab. 5 zeigt beispielhaft die Einflußfaktoren der Grundstücksbewertung und gleichzeitig ein Bewertungsverfahren, um z.B. alternative Grundstücke vergleichen zu können.

3.2 Rechtlich bedingte Bestimmungsgrößen

3.2.1 Dingliche Lasten

Allgemein unterscheidet man bei den dinglichen Lasten zwischen Dienstbarkeiten, Nießbrauch und Reallasten.

Dienstbarkeiten

Die Dienstbarkeiten wiederum unterteilt man in Grunddienstbarkeiten und beschränkt persönlichen Dienstbarkeiten.

Grunddienstbarkeiten (BGB §§ 1018 ff.)
Zunächst unterscheidet man im Zusammenhang mit der Grunddienstbarkeit zwischen einem herrschenden und einem dienenden Grundstück. Dabei unterliegt das dienende Grundstück der Grunddienstbarkeit zugunsten des herrschenden Grundstückes. Die Grunddienstbarkeit ist eine Grundstücksbelastung des dienenden Grundstückes, das dem herrschenden Grundstück einen inhaltlich begrenzten Nutzen bringt: Beispielsweise darf das dienende Nachbargrundstück nicht so bebaut werden, daß dem herrschenden Grundstück die Aussicht genommen wird. Dieses Recht steht dem jeweiligen Eigentümer des herrschenden Grundstückes zu und nicht einer bestimmten Person.

Weitere Beispiele:
- Nutzen des herrschenden Grundstücks in einzelnen Beziehungen, u.a. Wegerecht, Fensterrecht, Kabellegerecht, Leitungsrecht, Weiderecht u.ä., aber auch Ausbeutungsrechte wie z.B. bei Kies-, Lehm- und Sandgruben sind möglich.
- Verbot gewisser Handlungen auf dem dienenden Grundstück (Baubeschränkungen, Bebauungsverbote, Gewerbeausübungsverbote, Verkaufsbeschränkungen u.ä.).
- Ausschluß der Geltendmachung von Rechten des dienenden Grundstückes (Duldung von bestimmten Bauwerken oder Gewerbeausübung, Zuführung von Emissionen, Duldung zu nahe stehender Bäume).

Beschränkt persönliche Dienstbarkeiten (BGB § 1090 ff.)
Mit der Grunddienstbarkeit hat die beschränkt persönliche Dienstbarkeit gemeinsam, daß der Berechtigte das belastete (dienende) Grundstück in einzelnen Beziehungen benutzen darf. Zum Unter-

3. Bestimmungsgrößen für den Wert eines Grundstücks

Tab. 5: Grundstücksbewertung

Anbieter:				
Lage:			Datum:	

Kriterien	Daten	Wertigkeit	Beurteilung	Punktwert
Geländemerkmale: – Größe – Zuschnitt – Topographie – Bodenbelastbarkeit – Grund-, Hochwasser				
Erschließung: – Straßenverkehrsanbindung – öffentliche Verkehrsmittel – Entwässerung – Elektrizität – Gas – Wasser				
Nutzungsauflagen/Baurecht: – Baunutzungsquoten – Emissionsauflagen – Besonderer Gestaltungsaufwand – sonstige Restriktionen				
Verfügbarkeit: – 1. Bauabschnitt – 2. Bauabschnitt – Langfristreserven				
Kosten: – Grundwert – Erschließung – Baureifmachung				
Summe:				
Max. Punktwert: Erreichte relative Qualitätsquote				

0 = unzulänglich, nur mit besonderem Aufwand kompensierbar; 1 = ausreichend; 2 = befriedigend; 3 = sehr gut

schied zur Grunddienstbarkeit steht die beschränkt persönliche Dienstbarkeit einer bestimmten Person zu und ist daher auch nicht vererbbar und unveräußerlich. Wenn allerdings der Begünstigte eine juristische Person ist, kann dieses Recht auf unbestimmte Zeit fortbestehen. Bekannte beschränkt persönliche Dienstbarkeiten sind u. a. das dingliche Wohnrecht. Nicht zu verwechseln ist dieses Wohnrecht mit dem Dauerwohnrecht nach § 31 Wohnungseigentumsgesetz, bei dem es sich nicht um eine beschränkt persönliche Dienstbarkeit handelt; dadurch ist das Dauerwohnrecht im Gegensatz zum dinglichen Wohnrecht veräußerlich, vererbbar, pfändbar und verpfändbar. In der Praxis hat sich das Dauerwohnrecht bislang noch nicht durchgesetzt.
Weitere Beispiele für beschränkt persönliche Dienstbarkeiten:
– das Tankstellenrecht,
– das Wohnungsbelegungsrecht und
– Leitungsduldungsrecht (Höchstspannungsleitungen).

Nießbrauch (BGB §§ 1030 ff.)
Der Nießbrauch ist insofern ein dingliches Recht, als der Berechtigte sämtliche Nutzungen aus dem belasteten Grundstück ziehen kann. Er ist aber gegenüber dem Eigentümer auch verpflichtet, die öffentlichen und rechtlichen Lasten zu tragen, so z. B. die Grundsteuern und Schuldzinsen. Allerdings ist er nicht verpflichtet, das Schuldkapital zurückzuzahlen. Der Nießbrauch ist nicht übertragbar und erlischt mit dem Tod des Nießbrauchers. Der Nießbraucher kann jedoch vermieten oder verpachten (kein höchstpersönliches Nutzungsrecht). Die Bedeutung des Nießbrauches ist nicht erheblich.
Beispiele:
Bei Hofübergabe oder bei einer Schenkung erhält der Übergebende das Nutzungsrecht für einzelne Grundstücke dadurch, daß er sich dem Nießbrauch z. B. am bebauten Grundstück vorbehält.

Reallast (BGB §§ 1105 ff.)
Die Reallast kann sowohl ein subjektiv dingliches (ähnlich der Grunddienstbarkeit) oder auch ein subjektiv persönliches Recht (ähnlich der beschränkt persönlichen Dienstbarkeit) sein. Es ist die Verpflichtung von wiederkehrenden Leistungen in Form von:
– Naturalien (z. B. täglich ein Liter Milch),
– Geld (sogenannte Grundrente),

Teil A: III. Grundstücksrecht

– Handlungen (Lieferung von Strom, Unterhaltung einer Brücke, eines Weges).

Beispiele:
– Verkauf eines Grundstückes gegen lebenslängliche Geldrente,
– Verpflichtung zur laufenden Lieferung von Naturalien.

Eine Besonderheit in der Landwirtschaft ist das Altenteil, üblicherweise bestehend aus einem Wohnungsrecht (beschränkt persönliche Dienstbarkeit) und der Verpflichtung zur Lieferung von Erzeugnissen oder/und Zahlung einer Geldrente (Reallast).

3.2.2 Grundpfandrechte

Die Grundpfandrechte sichern dem Berechtigten die Erlangung einer bestimmten Geldsumme durch die Befugnis, das Grundstück zwangsweise zu verwerten, um daraus einen Erlös zu erzielen. Dabei vermitteln die Grundpfandrechte eine gute Sicherheit, weil das Grundstück als ihr Verwertungsobjekt im allgemeinen ein beständiger Wertträger ist und nicht verloren oder untergehen kann. Das BGB sieht als Grundpfandrechte die Hypothek (§ 1113 BGB), die Grundschuld (§ 1191 BGB) und die Rentenschuld (§ 1199 BGB) vor.

Hypothek (BGB §§ 1113 ff.)
Nach § 1113 BGB kann ein Grundstück in der Weise belastet werden, daß an denjenigen, zu dessen Gunsten die Belastung erfolgt, eine bestimmte Geldsumme zur Befriedigung einer ihm zustehenden Forderung aus dem Grundstück zu zahlen ist. Die Hypothek dient also zur Sicherung einer Forderung. Sie ist ein verkehrsfähiges Recht und kann nicht nur als Buchhypothek, sondern auch als Briefhypothek begründet werden.
Nach § 1116 Abs. 1 BGB wird über die Hypothek grundsätzlich ein Hypothekenbrief erteilt; es entsteht somit eine Briefhypothek, für deren Entstehung gemäß § 1117 Abs. 1 die Übergabe des Hypothekenbriefes erforderlich ist.
Wenn die Hypothek als Buchrecht entstehen soll, so müssen sich die Parteien einigen, daß die Erteilung eines Hypothekenbriefes ausgeschlossen sein soll; diese Einigung muß im Grundbuch eingetragen werden (§ 1116 Abs. 2 BGB).
Die Hypothek ist ein dingliches Verwertungsrecht und kraft Gesetzes an die zu sichernde Forderung gebunden und somit von dieser abhängig (sog. Grundsatz der Akzessorietät). Dieser Grundsatz der Akzessorietät ist die Besonderheit der Hypothek; die Hypothek ist sowohl im Hinblick auf den Bestand der Forderung von dieser abhängig als auch im Hinblick auf den Inhalt der Forderung. D. h., daß eine Hypothek ohne eine Forderung dem Gläubiger nicht zustehen kann; wenn eine Forderung besteht, dann steht die Hypothek dem Gläubiger immer nur in dem Umfange zu, in dem auch die Forderung besteht. Auch die Fälligkeit der Hypothek richtet sich nach der Forderung, und Einreden gegen die Forderung können auch gegen die Hypothek erhoben werden (§ 1137 BGB).

Grundschuld (BGB §§ 1191 ff.)
Nach § 1191 BGB kann ein Grundstück durch eine Grundschuld in der Weise belastet werden, daß eine bestimmte Geldsumme aus dem Grundstück zu entrichten ist.
Hier haftet der Eigentümer des Grundstückes – ebenso wie bei der Hypothek – dafür, daß eine bestimmte Geldsumme gezahlt wird. Allerdings ist hier im Unterschied zur Hypothek die Grundschuld nicht akzessorisch, d. h., die Grundschuld ist nicht von einer Forderung abhängig. Allerdings kann zwischen den Parteien eine Sicherungsabrede getroffen werden (sog. Sicherungsvertrag), die zum Entstehen einer von Rechtsprechung und Lehre entwickelten Sicherungsgrundschuld führt. Diese Sicherungsgrundschuld verdrängt in der Praxis zunehmend die Hypothek, weil die Hypothek den Sicherungsbedürfnissen des Forderungsgläubigers jedenfalls nicht in allen Fällen und in vollem Umfange Rechnung tragen kann.

Rentenschuld (BGB §§ 1199 ff.)
Der Rechtsnatur nach ist die Rentenschuld eine Grundschuld, nur daß sie nicht auf einen einmaligen Geldbetrag, sondern auf regelmäßig wiederkehrende Geldleistungen gerichtet ist. Die praktische Bedeutung der Rentenschuld ist allerdings relativ gering.

3.2.3 Verfügungsbeschränkungen

Verfügungsbeschränkungen schränken den Eigentümer in der Ausübung seiner Rechte am Grundstück ein. Er kann diese Rechte, z. B. Veräußerung, Belastungen, nur dann vollziehen, wenn ein Dritter seine Zustimmung gibt. Wer die Zustimmung geben muß, ergibt sich aus der jeweiligen Eintragung.
Häufige Verfügungsbeschränkungen sind: Konkursvermerk, Vergleichsverfahren, Testamentvollstreckungsvermerk, Nacherbenvermerk. Der Zwangsversteigerungs- und Zwangsverwaltungsvermerk ist lediglich ein Warnsignal und keine Sperre des Grundbuches. Die Interessen der Betreiber der Zwangsvollstreckung dürfen nicht benachteiligt werden.
Die Verfügungsbeschränkungen werden in Abt. II des Grundbuches eingetragen.

Vorkaufsrecht (BGB §§ 1094 ff.)
Das Vorkaufsrecht ist ein Recht an einem Grundstück, das dem Berechtigten ermöglicht, durch eine einseitige Erklärung in einen Kaufvertrag über das Grundstück einzutreten. Das Vorkaufsrecht

kommt häufig vor, denn es ermöglicht dem Berechtigten, das Grundstück im Falle eines Verkaufes an sich zu ziehen. Es wird z. B. oft Mietern und Pächtern eingeräumt. Vorkaufsrechte werden i. d. R. nur für einen Verkauf eingeräumt. § 1097 BGB besagt, daß sich das Vorkaufsrecht beschränkt „auf den Fall des Verkaufs durch den Eigentümer, welchem das Grundstück zur Zeit der Bestellung gehört, oder durch dessen Erben; es kann jedoch auch für mehrere oder für alle Verkaufsfälle bestellt werden." Neben dem Vorkaufsrecht gemäß §§ 1094 ff. BGB gibt es auch gesetzliche Vorkaufsrechte, die z. B. im Baugesetzbuch geregelt sind und die etwa Vorkaufsrechte von Gemeinden regeln.

Vormerkungen
Erst wenn das Recht an einem Grundstück im Grundbuch eingetragen ist, ist auch der Rechtserfolg gesichert. Infolge des schwerfälligen und langsamen Grundbuchverfahrens ist die Vormerkung als ein Sicherungsmittel u. U. sehr wichtig, denn solange weder das Recht an einem Grundstück noch eine Vormerkung im Grundbuch eingetragen ist, kann der als Eigentümer Eingetragene in der Zwischenzeit über das Grundstück noch anderweitig verfügen. Eine Vormerkung beseitigt also für den Berechtigten die wegen des öffentlichen Glaubens des Grundbuches bestehenden Gefahren. Der Anspruch des Berechtigten kann nun durch keine spätere Rechtshandlung des Schuldners (Eigentümer des Grundstückes) gefährdet werden, da z. B. jede spätere Veräußerung des Grundstückes oder eines Grundstückrechtes oder jede spätere Belastung des Grundstückes dem Vormerkungsberechtigten gegenüber unwirksam ist. Auch die Vormerkung z. B. einer dinglichen Sicherung von Erwerbsrechten am Grundstück ist sinnvoll (Vorkaufsrecht), denn ein gewöhnliches Vorkaufsrecht hilft nicht, da es nur schuldrechtlich wirkt.
Mit anderen Worten: Durch die Vormerkung können alle persönlichen Ansprüche gesichert werden, die die Einräumung, Aufhebung oder Änderung eines dinglichen Rechtes zum Gegenstand haben. Da z. B. Miete oder Pacht nicht im Grundbuch eintragungsfähig sind, sind sie auch nicht vormerkungsfähig. Der Hauptanwendungsfall der Vormerkung ist die Auflassungsvormerkung aus Kauf oder kaufähnlichen Verträgen. Aber auch die Bestellung einer Hypothek, insbesondere für einen Bauhandwerker oder den Architekten, der einen gesetzlichen Anspruch auf die Einräumung einer Sicherungshypothek für seine Werklohnforderung hat, ist hier zu nennen. Die Vormerkung ist eine vorläufige Eintragung in das Grundbuch; die Wirkung der Vormerkung erlischt, wenn der durch die Vormerkung gesicherte Anspruch erfüllt ist, wenn also z. B. beim Verkauf eines Grundstückes der neue Eigentümer, zu dessen Gunsten die Vormerkung eingetragen war, im Grundbuch als Eigentümer eingetragen ist.

Widerspruch (§ 899 BGB) und Berichtigungsanspruch (§ 894 BGB)
Bei falscher Grundbucheintragung hat der Benachteiligte einen Anspruch auf Berichtigung (vgl. Abschnitt 2.2.2). Diesen Anspruch auf Berichtigung kann er vorab im Grundbuch durch einen Widerspruch absichern. Der Widerspruch dient also der Sicherung eines bestehenden Rechtes bei Falscheintragung im Grundbuch, während die Vormerkung die Erfüllung eines schuldrechtlichen Anspruchs auf Einräumung, Aufhebung oder Änderung eines dinglichen Rechtes zum Gegenstand hat. Weigert sich jedoch der Betroffene (so z. B. der fälschlich Eingetragene), zur Grundbuchberichtigung seine Zustimmung zu geben, dann hat nach § 894 BGB der wirklich Berechtigte einen Anspruch auf Zustimmung des Betroffenen zur Berichtigung.

3.2.4 Baulasten

Bei einer Baulast übernimmt ein Grundstückseigentümer freiwillig zugunsten eines anderen Grundstückes – zumeist ein Nachbargrundstück – eine öffentlich-rechtliche Verpflichtung, die baurechtlich begründet ist.
Das Rechtsinstitut der Baulast ist dem Bauordnungsrecht der einzelnen Bundesländer zugeordnet. Zur Verdeutlichung des Begriffes „Baulast" soll auf einige Beispiele hingewiesen werden:
Die Abstandsflächen können auf dem Baugrundstück nicht untergebracht werden. Der Nachbar gestattet, daß sich die fehlende Abstandsfläche auf sein Grundstück erstrecken kann. Entsprechend der bauordnungsrechtlich begründeten Übernahme von Abstandsflächen muß es möglich sein, auf einen Teil der zulässigen Grund- und Geschoßfläche oder der Baumasse eines Grundstückes zu verzichten und sie einem anderen Grundstück zugute kommen zu lassen. Der Baulastverpflichtete sichert zu, die Bebaubarkeit seines Grundstückes einzuschränken. Allerdings dürfen durch diese Verpflichtung die im Bebauungsplan für beide Grundstücke zugelassenen Summen der bebauten Grund- oder Geschoßflächen nicht überschritten werden.
Weitere Anwendungsfälle:
– KFZ-Stellplatzverpflichtung für ein in der Nähe liegendes Baugrundstück,
– Sicherung der Brandschutzabstände.
Zwar könnte der Nachbar zugunsten des Baugrundstücks, z. B. zur Sicherung der Abstandsflächen, auch eine Grunddienstbarkeit in Abteilung II des Grundbuches einräumen. Niemand könnte aber die beiden Beteiligten (Bauherr und Nachbarn) daran hindern, nach der Genehmigung und Ausführung des Bauvorhabens die Grunddienstbarkeit wieder aufzuheben. Dadurch wäre die öffentlich-rechtliche Verpflichtung unzulässigerweise umgangen.

Teil A: III. Grundstücksrecht

Tab. 6: Baulasten

Begriff:	Bei dem bauaufsichtlichen Instrument handelt es sich um die Übernahme einer öffentlich-rechtlichen Verpflichtung durch den Eigentümer eines Grundstücks, mit der Wirkung, daß dadurch sein Grundstück einer bestimmten Nutzungsbeschränkung zugunsten eines anderen Grundstücks unterliegt. Öffentlich-rechtliche Hindernisse für eine Bebauung können so ausgeräumt werden.
Voraussetzungen:	– der öffentlich-rechtliche Charakter, – die Grundstücksbezogenheit, – die baurechtliche Bedeutsamkeit (Voraussetzung für die Genehmigung des Bauantrags), – die Subsidiarität (wenn das Ziel durch eine andere „Auflage" erreicht werden kann), – die hinreichende Bestimmtheit.
Wirksamkeit:	mit Eintragung in das Baulastenverzeichnis ⇒ Eintritt der Außenwirkung auch gegenüber den Rechtsnachfolgern.
Baulasten nach der Bauordnung:	häufigste Anwendungsfälle – Baulast muß im Gesetz zugelassen sein – – Stellplatzbaulast – Vereinigungsbaulast – Zuwendungsbaulast – Anbauverpflichtung – Abstandsflächenbaulast – Verwendung gemeinsamer Bauteile
Baulasten nach dem Planungsrecht:	Sicherung der Nutzung als Altenteilerhaus – Verpflichtung eine bestimmte Grundstücksfläche nicht zu bebauen, – Sicherstellung zulässiger Nutzungen gem. §35 BauGB, – Anerkennung von Festsetzungen eines künftigen B-Planes §33 BauGB
Aufhebung:	die Baulast kann nur durch Verzicht der Bauaufsichtsbehörde aufgehoben werden.

erarbeitet und zur Verfügung gestellt von Frau C. Nolte-Kesseler

Der Übernahme einer Baulast wird häufig ein Vertrag zwischen zwei Grundstückseigentümern zugrunde liegen. Diese Rechtsbeziehungen zwischen dem Verpflichteten und dem Begünstigten sind aber für die Begründung der Baulast grundsätzlich ohne Bedeutung.

Die Baulast wird durch Erklärung des Grundstückseigentümers gegenüber der Bauaufsichtsbehörde übernommen. Die Erklärung bedarf der Schriftform. Die Unterschrift muß öffentlich beglaubigt oder vor der Bauaufsichtsbehörde geleistet oder von ihr anerkannt werden.

Zur Begründung der Baulast bedarf es nur zweier Beteiligter: des Grundstückseigentümers, der für ein Grundstück eine baulastfähige formgebundene Verpflichtungserklärung abgibt, und der Bauaufsichtsbehörde, der diese Erklärung zugeht. Die Erklärungen des Grundstückseigentümers gelten auch für seine Rechtsnachfolger. Die meisten Landesbauordnungen sehen vor, daß eine Baulast nur vom Grundstückseigentümer übernommen werden kann. Eine Mitwirkungspflicht sonstiger dinglicher Berechtigter (z. B. von Grundpfandrechtsgläubigern) wird zumeist verneint. (Ausnahme: ein Erbbauberechtigter, der einer Verpflichtungserklärung zustimmen muß.) Die rechtswirksam begründete Baulast geht nur durch einen Verzicht der Bauaufsichtsbehörde unter. Der Verzicht ist ein Verwaltungsakt und kann erklärt werden, wenn ein öffentliches Interesse an der Baulast nicht mehr besteht. Vor dem Verzicht sollen der Verpflichtete und die durch die Baulast Begünstigten angehört werden. Über die Baulasten wird von der jeweiligen Bauaufsichtsbehörde ein Baulastenverzeichnis geführt. Dieses ist ein eigenständiges öffentliches Register mit Kundmachungsfunktion, so daß jedermann, der ein berechtigtes Interesse darzulegen vermag, Einsicht nehmen oder sich Abschriften erteilen lassen kann. Ein berechtigtes Interesse ist dann gegeben, wenn jemand ein Grundstück erwerben, bebauen, die Bebauung verändern oder ein Recht an dem Grundstück begründen will. Das Baulastenverzeichnis genießt keinen öffentlichen Glauben. Die Eintragungen begründen weder die Vermutung der Vollständigkeit noch der Richtigkeit des Verzeichnisses.

Tab. 6 verdeutlicht die wichtigsten Zusammenhänge in Bezug auf die Baulasten.

4. Grundstücksgleiche Rechte

4.1 Erbbaurecht

Ein Erbbaurecht ist das veräußerliche und vererbliche Recht, auf oder unter der Oberfläche des belasteten Grundstückes ein Bauwerk zu haben. Erbbaurechte werden regelmäßig über einen längeren Zeitraum (max. 99 Jahre) bestellt.

Das Erbbaurecht entsteht durch Vertrag und Eintragung in das Grundbuch. Der Erbbaurechtsvertrag, d. h. die Einigung zwischen dem Grundstückseigentümer und dem Erbbauberechtigten über die Bestellung, bedarf der notariellen Beurkundung. Das Erbbaurecht wird als Belastung in Abt. II des Grundbuches ausschließlich zur ersten Rangstelle eingetragen. Mit der Eintragung der Belastung wird gleichzeitig das besondere Erbbaugrundbuch angelegt.

4. Grundstücksgleiche Rechte

Bei Bestellung des Erbbaurechtes können zusätzlich zu dem gesetzlichen Inhalt des Erbbaurechtes noch weitere vertragsgemäße Vereinbarungen ausgehandelt werden. Der Inhalt dieser Vereinbarungen wird in das Erbbaugrundbuch eingetragen und erlangt damit dingliche Wirkung gegen jedermann, insbesondere gegen einen nachfolgenden Erwerber des Erbbaurechtes. Häufige Vereinbarungen sind:
- die Zustimmung des Erbbaurechtsausgebers (Grundstückseigentümers) zur Veräußerung/Belastung des Erbbaurechts,
- die Entschädigungsregelung bei Auslauf des Erbbaurechtes,
- die Laufzeit des Erbbaurechtes und
- der Erbbauzins.

Nicht selten treffen der Grundstückseigentümer und der Erbbauberechtigte Vereinbarungen dahingehend, daß das Erbbaurecht beim Eintreten bestimmter, im Erbbaurechtsbestellungsvertrag genau zu bezeichnender Voraussetzungen auf den Grundstückseigentümer zu übertragen ist (z.B. Konkurs des Erbbauberechtigten oder Rückstand des Erbbauzinses).

Eine Verlängerung des Erbbaurechtes ist möglich. Als grundstücksgleiches Recht kann das Erbbaurecht wie ein Grundstück mit Hypotheken, Grundschulden, Rentenschulden, Grunddienstbarkeiten, Reallasten usw. belastet werden. Das Erbbaurecht bietet dem Bauherrn den wirtschaftlichen Vorteil, daß dieser für den Kauf des Grund und Bodens kein Geld aufwenden muß und dennoch für die Dauer des bestellten Erbbaurechts ein eigentumsgleiches Recht an dem Bauwerk hat. Umgekehrt gestattet das Erbbaurecht dem Grundeigentümer, das Grundstück einem anderen, der bauen will, gegen Zahlung des Erbbauzinses zur Verfügung zu stellen.

Für die Bestellung des Erbbaurechts kann ein Entgelt vereinbart werden. Regelmäßig wird ein sogenannter Erbbauzins in Gestalt wiederkehrender Leistungen in Geld vereinbart, der als Reallast auf dem Erbbaurecht in das Erbbaugrundbuch eingetragen wird. Der Erbbauzins muß seiner Höhe und seiner Zeitdauer nach eindeutig feststehen und so aus der Eintragung im Erbbaugrundbuch ersichtlich sein (in der Regel 4% p.a. vom Bodenwert). Allerdings kann es zu einem wirtschaftlich unzumutbaren Ergebnis führen, einen Grundstückseigentümer für mehrere Jahrzehnte unabänderlich an einen festen Erbbauzins zu binden. Die Vertragsparteien können daher schuldrechtlich die Anpassung des Erbbauzinses durch eine Wertsicherungsklausel vereinbaren (Bezugsgröße ist in der Regel der Lebenshaltungskostenindex). Diese schuldrechtliche Vereinbarung (z.B. Erhöhung der Bezugsgröße um 10% = Erhöhung Erbbauzins in gleicher Weise) kann durch eine Vormerkung im Grundbuch verdinglicht werden. Die Erhöhungsklausel (Indexierung des Erbbauzinses) bedarf der Genehmigung der Deutschen Bundesbank. Die Abwicklung erfolgt über die örtliche Landeszentralbank.

Das Erbbaurecht erlischt durch Zeitablauf, ohne daß es einer Erklärung der Beteiligten bedarf. Mit dem Erlöschen des Erbbaurechtes wird das Bauwerk wieder wesentlicher Bestandteil des Grundstücks und gleichzeitig erlöschen irgendwelche Grundpfandrechte am Erbbaurecht. Der Erbbauberechtigte kann die errichteten Bauten nicht wegnehmen. Er hat allerdings für diese Bauten ein Entschädigungsrecht. Dieser Entschädigungsanspruch haftet wiederum für die Ansprüche Dritter aus den erloschenen Grundpfandrechten.

Eine weitere Möglichkeit der Beendigung des Erbbaurechts besteht darin, daß der Erbbauberechtigte gegenüber dem Grundbuchamt oder dem Grundstückseigentümer erklärt, daß er das Erbbaurecht aufgebe. Stimmt der Grundstückseigentümer der Aufhebung zu, wird das Erbbaurecht im Grundbuch gelöscht.

Diese Art der Löschung des Erbbaurechtes kommt vor, wenn der Erbbauberechtigte z.B. das Grundstück erwerben will. Ist das Erbbaurecht allerdings mit Rechten Dritter belastet, bedarf es zur Aufhebung des Erbbaurechts auch deren Zustimmung.

4.2 Besonderheiten des Wohnungseigentums

Wohnungseigentum ist das Sondereigentum (Alleineigentum) an einer Wohnung in Verbindung mit dem Miteigentumsanteil an dem gemeinschaftlichen Eigentum, zu dem es gehört (§ 1 Abs. 2 WEG). Steuerlich wird die Eigentumswohnung wie ein Einfamilienhaus behandelt.

4.2.1 Wirtschaftliche Bedeutung

Hervorgegangen ist das Wohnungseigentum aus dem in Berlin geschaffenen Stockwerkseigentum in den 20er Jahren. Ähnlich wie beim Erbbaurecht steht auch hier im Vordergrund, das Wohnen in den eigenen vier Wänden erschwinglicher zu machen. In kleineren Einheiten (6–10 Wohnungen) hat sich das Wohnungseigentum inzwischen durchgesetzt. Problematischer sind Großeinheiten, die häufig gemischt genutzt werden (Eigentümer und Mieter). Größere Bedeutung hat Wohnungseigentum auch im stadtnahen Bereich.

4.2.2 Sondereigentum/Gemeinschaftseigentum

Zum Sondereigentum gehören neben den Wohnräumen und separat verschließbaren Nebenräumen (Keller, Garage) auch Bestandteile des Gebäudes, die verändert, beseitigt oder eingefügt werden können, ohne daß dadurch das Gemeinschaftseigentum oder fremdes Sondereigentum beeinträchtigt wird.

Beispiele: Trennmauern in einer Wohnung, Innentüren, Innenfenster, Putz und Tapeten, Einbauschränke, Fensterbänke, Küchen- und Badereinrichtung, Fußbodenbeläge, Deckenunterseite, Heizköper, Etagenheizung etc.

Zum Gemeinschaftseigentum gehören das Grundstück und Teile des Gebäudes, die für dessen Bestand oder Sicherheit erforderlich sind, sowie die Anlagen, die zu gemeinschaftlichem Gebrauch bestimmt sind (dingliche Gemeinschaft).
Beispiele: Grundstück, Fundamente, Geschoßdecken, tragende Mauern, Fassaden, Dächer, Treppenhäuser, Aufzüge, Wohnungsabschlußtüren, Lager- und Trockenplatz, Versorgungsleitungen, Zentralheizungen etc.

Bedeutsam ist die Frage der eigentumsrechtlichen Zuordnung unter anderem wegen der Kostenübernahme für Betriebs-, Instandhaltungs- und Instandsetzungkosten und Schönheitsreparaturen, da diese im Falle des Gemeinschaftseigentums von der Eigentümergemeinschaft zu tragen sind.
Tiefgaragenanlagen bzw. Sammelgaragen sollten im Gemeinschaftseigentum einer Wohnanlage verbleiben, wobei die Wohnungseigentümer entsprechende Sondernutzungsrechte erhalten, die im Grundbuch eingetragen werden. Ähnlich kann auch den Parterrewohnungen ein Sondernutzungsrecht an Gartenstücken erteilt werden.
Sondereigentum und ideeller Miteigentumsanteil am Gemeinschaftseigentum sind rechtlich untrennbar miteinander verbunden. Neben diesem dinglichen Gemeinschaftsverhältnis besteht beim Wohnungseigentum noch eine personelle Gemeinschaft, die Wohnungseigentümergemeinschaft. Die Rechte und Pflichten der Wohnungseigentümergemeinschaft sind im WEG verankert und werden in der Regel noch durch Gemeinschaftsordnungen normiert. Die Wohnungseigentümergemeinschaft ist allerdings nicht rechts- und parteifähig, sie bestellt jedoch den gesetzlich vorgeschriebenen Verwalter der Wohnanlage als eine Art Treuhänder. Der Verwalter ist Sachverwalter der gemeinschaftlichen Gelder (Instandhaltungsrücklagen) und beauftragtes Vollzugsorgan der Wohnungseigentümergemeinschaft. Seine umfangreichen Aufgaben sind rechtlich im WEG geregelt. Häufig wird der Erstverwalter vom Bauträger/Verkäufer einseitig bestellt. Bei bauträgeridentischen Verwalterbestellungen sind unter Umständen Interessenkonflikte möglich. Die Verwalterbestellung darf nach dem WEG jedoch höchstens auf fünf Jahre vorgenommen werden.

4.2.3 Entstehung (Grundstücksteilung/Teilungserklärung)

Die Begründung von Wohnunseigentum wird in der Praxis häufiger durch Teilung eines Grundstückes als durch vertragliche Vereinbarung vorgenommen. D. h., Bauträger kaufen geeignete Grundstücke, teilen das Grundstück in Miteigentumsanteile, verbinden die Miteigentumsanteile mit Sondereigentum und Teileigentum, erstellen die Teilungserklärung mit der Gemeinschaftsordnung und verkaufen dann die noch zu errichtenden Eigentumswohnungen. Möglich ist auch, daß der Vermieter ein bebautes Grundstück aufteilt und beispielsweise anschließend die Wohnungen an die Mieter verkauft. Die Teilungserklärung wird in der Regel notariell beurkundet und mit einem Aufteilungsplan der Gebäude und einer Abgeschlossenheitsbescheinigung der Baubehörde dem Grundbuchamt eingereicht.

Durch den formellen Teil der Teilungserklärung wird das Kaufobjekt eindeutig identifiziert. Darin werden Angaben über die Zweckbestimmung der Wohnanlage, gewerbliche Nutzung, Grundstücksbeschreibung, Größe und Lage der Wohnungen, Gemeinschaftsflächen, Tiefgaragen, Abstellflächen usw. gemacht.

Ein materieller Abschnitt der Teilungserklärung regelt das Verhältnis der Wohnungseigentümer in der Gemeinschaftsordnung. Diese Regelungen, die üblicherweise in der Verantwortung des Bauträgers/Verkäufers vorgenommen werden, bestimmen das spätere Funktionieren der Gemeinschaft der Wohnungseigentümer, die sich vor dem Wohnungsbezug nicht kannten und keinen Einfluß auf diese Regelungen nehmen konnten. Spätere Änderungen der Teilungserklärung können nur durch einen einstimmigen Beschluß aller Wohnungseigentümer vollzogen werden.

Wertmaßstab für eine Eigentumswohnung ist die rechnerische Größe der Miteigentumsanteile. Der Miteigentumsanteil muß jedoch nicht in einem bestimmten Wertverhältnis zu dem mit ihm verbundenen Sondereigentum an der Wohnung stehen. Nach den einmal festgelegten Bruchteilen richten sich allerdings grundsätzlich die späteren Lasten des Wohnungseigentümers, aber auch eventuelle Nutzungen. Ferner kann sich das Stimmrecht bei Beschlüssen in der Eigentümerversammlung aus den Anteilen ergeben. Für die Bruchteilsbewertung sollten in erster Linie die Raum- und Nutzungsflächen, aber auch die Wohnungs- und Stockwerkslage im Gesamtgebäude maßgebend sein. Üblicherweise erfolgt eine Aufteilung in tausendstel Miteigentumsanteile (z. B. 84/1.000).

Die Eigentümergemeinschaft als solche ist unauflöslich (allerdings können einzelne Mitglieder wechseln). Für jedes Sonder- bzw. Teileigentum wird ein gesondertes Wohnungsgrundbuch bzw. Teileigentumsgrundbuch gebildet. Das ursprüngliche Grundbuch wird geschlossen.

4.2.4 Erwerb/Veräußerung

Der Kaufvertrag beim Kauf vom Bauträger setzt sich grundsätzlich aus kaufrechtlichen und werkvertraglichen Elementen (Herstellung eines Bauwerks) zusammen und unterliegt der notariellen Beurkundungspflicht. Wie beim normalen Grundstück sind auch die Anlagen zum Kaufvertrag wie Baubeschreibungen, Teilungserklärung und Planzeichnungen vom Notar zu beurkunden und grundsätzlich zu verlesen. In der Baubeschreibung wird die Eigentumswohnung mehr oder weniger detailliert beschrieben. Sie bestimmt die werkvertragliche Verpflichtung des Bauträgers. Die Formulierung dieser Anlage sollte daher mit äußerster Sorgfalt vorgenommen und beachtet werden. Der Eigentumsübergang der Wohnung ist rechtlich wirksam erst dann vollzogen, wenn sich die Vertragsparteien über den Eigentumsübergang dinglich geeinigt (Auflassung) haben und die Eintragung des Eigentumswechsels im Grundbuch vollzogen ist (kein Unterschied zum normalen Grundstückserwerb mit einem Einfamilienhaus).

Grundsätzlich kann jeder Wohnungseigentümer über sein Wohnungseigentum frei verfügen. Jedoch können hier Beschränkungen in der Veräußerungsfreiheit vereinbart werden; so bedarf es häufig zur Veräußerung einer Wohnung der Zustimmung des Verwalters. Derartige Einschränkungen sollen den Gemeinschaftsfrieden schützen und „unliebsame Neulinge" fernhalten. Die Zustimmungsverweigerung darf aber nur aus wichtigem Grund geschehen, was in der Gemeinschaftsordnung näher spezifiziert sein sollte. Auch die Vermietung oder Verpachtung von Eigentümerwohnungen kann unter die Zustimmungserfordernisse fallen.

4.2.5 Beleihung/Belastung

Das einzelne Wohnungseigentum kann mit Grundpfandrechten, Reallasten, Dienstbarkeiten usw. belastet werden. Die Belastung des Miteigentumsanteils umfaßt gleichermaßen das dazugehörige Sondereigentum.

Vielfach ist Kreditinstituten eine Beleihung nur erlaubt, wenn eine den Vorschriften des Wohnungseigentumgesetzes entsprechende Verwaltung des gemeinschaftlichen Eigentums durch vertrauenswürdige Personen (natürliche oder juristische Personen) gewährleistet erscheint.

5. Erwerb und Übertragung von Grundeigentum

5.1 Verpflichtungsgeschäft und Auflassung

Dem Erwerb bzw. der Übertragung von Grundeigentum liegt zunächst ein Verpflichtungsgeschäft zugrunde. Dies ist in aller Regel ein Kaufvertrag. Eine Ausnahme ist Erbschaft oder der Erwerb in der Zwangsversteigerung. Normalerweise kommt ein Vertrag durch gegenseitige Willenserklärung, nämlich durch ein Angebot und die Annahme des Angebotes, zustande. Ist ein Vertrag allerdings auf die Übertragung von Grundeigentum gerichtet, bedarf es zu seiner Wirksamkeit der notariellen Beurkundung. Die notarielle Beurkundung hat eine Warnfunktion. Der Notar muß neben der Unterschriften- und Legitimationsprüfung mit den Beteiligten den Vertrag erörtern. Die Beteiligten sollen vor übereilten Entschlüssen geschützt werden. Beim Erwerb und der Übertragung ist von dem Verpflichtungsgeschäft (Kaufvertrag, Schenkungsvertrag) noch ein weiteres sogenanntes abstraktes Rechtsgeschäft zu unterscheiden, nämlich die Auflassung. Dabei versteht man unter Auflassung (§ 925 BGB) die zur Übereignung eines Grundstückes erforderliche Einigung zwischen Veräußerer und Erwerber über den Eigentumsübergang an dem Grundstück. Diese Einigung muß bei gleichzeitiger Anwesenheit beider Vertragsteile vor dem Grundbuchamt oder dem Amtsgericht oder dem Notar erklärt werden. Die gleichzeitige Anwesenheit schließt allerdings Stellvertretungen nicht aus, denn das Gesetz fordert keine persönliche Anwesenheit. Da bei der Auflassung nach BGB § 925a eine Urkunde über das Verpflichtungsgeschäft, das in aller Regel ein Kaufvertrag ist, vorgelegt werden soll, wird heute oft gleichzeitig mit dem Kaufvertrag auch die Auflassung vorgenommen. Die Auflassung selbst darf nicht an einschränkende Bedingungen oder Zeitbestimmungen geknüpft werden. Es sollten daher alle sich aus dem Kaufvertrag ergebenden Verpflichtungen, wie z. B. die Sicherstellung der Kaufpreiszahlung, bereits geregelt sein.

5.2 Eintragung in das Grundbuch

Der eigentliche Übergang des Eigentums am Grundstück erfolgt durch die Eintragung in das Grundbuch aufgrund eines Antrages. Neben dem Antrag ist für eine Eintragung im Grundbuch noch die Eintragungsbewilligung erforderlich. Die Bewilligung kann nur durch denjenigen erfolgen, dessen Recht betroffen ist, z. B.:
— Bei der Abtretung/Löschung einer Grundschuld muß der Gläubiger (Kreditgeber) die Bewilligung erteilen.
— Beim Rangrücktritt (Wohnrecht) zugunsten einer Grundschuld muß der Wohnrechtberechtigte eine Bewilligung erteilen.

Die Bewilligung muß in grundbuchmäßiger Form erfolgen, d. h. entweder notariell beurkundet (z. B. Eigentumsübergang, Grundschuldbestellung mit Unterwerfung des jeweiligen Eigentümers unter die sofortige Zwangsvollstreckung) oder die Unterschrift des Bewilligenden muß notariell beglaubigt sein (z. B. einfache Grundschuldbestellung, Löschung oder Abtretung einer Grundschuld). Außerdem verlangt das Grundbuchamt den Nachweis der Zahlung der Grunderwerbssteuer (Unbedenklichkeitsbescheinigung).

Zwischen der Auflassung und dem Übergang des Eigentums durch die Eintragung im Grundbuch liegt in der Regel ein verwaltungstechnisch bedingter Zeitraum. Um die Rechtsstellung des noch nicht eingetragenen Erwerbers zu sichern, ist es ratsam, für den Käufer eine Auflassungsvormerkung im Grundbuch eintragen zu lassen. Verfügungen, die der Eigentümer danach vornimmt, sind insoweit unwirksam, als sie das Recht des Erwerbers auf Übertragung des Eigentums beeinträchtigen. Auch die Zwangsversteigerung eines Grundstückes, dessen Auflassung geschuldet und vorgemerkt ist, ist gegenüber dem aus der Auflassungsvormerkung Berechtigten unwirksam. Ebenso vermag die Eröffnung des Konkurses über das Vermögen des Grundstückseigentümers oder des eingetragenen Berechtigten die Wirkung der Vormerkung nicht zu beeinflussen.

5.3 Gefahrenübergang, Haftung und Kosten

Die Hauptverpflichtung des Verkäufers ist die Übergabe des Grundstücks. Mit dem vereinbarten Zeitpunkt der Übergabe gehen die Gefahr des zufälligen Untergangs oder der Verschlechterung (Brand, Hochwasser), die Nutzung (Miete, Pacht) und die Lasten (Steuern, Erschließungskosten) auf den Käufer über. Der Käufer hat den vollen Kaufpreis zu zahlen, wenn das Grundstück oder Gebäude nach der Übergabe und vor dem Eigentumsübergang Schaden nimmt.

Der Verkäufer ist verpflichtet, dem Käufer das Grundstück frei von Rechten Dritter zu verschaffen. Bestehende Grundschulden oder andere Rechte müssen vom Verkäufer abgelöst und gelöscht werden, soweit der Käufer sich nicht zur Übernahme im Kaufvertrag verpflichtet hat, ggf. unter Anrechnung auf den Kaufpreis. Außerdem haftet der Verkäufer für etwaige Sachmängel und für die Eigenschaften des Grundstücks bis zum Zeitpunkt des Gefahrenüberganges. Diese Haftung wird allerdings häufig durch vertragliche Vereinbarungen ausgeschlossen. Die Sachmängelhaftung beim Erwerb schlüsselfertiger Eigenheime und Eigentumswohnungen von einem Bauträger/Verkäufer kann jedoch nicht restlos ausgeschlossen werden.

Grundsätzlich haften Käufer und Verkäufer eines Grundstücks als Gesamtschuldner für die Kosten der Beurkundung des Vertrages, der Auflassung und der Grundbucheintragung sowie für die anfallende Grunderwerbsteuer.

Allerdings wird in der Regel zwischen den Parteien des Grundstückskaufvertrages vereinbart, daß der Käufer die anfallende Grunderwerbsteuer und die Kosten des Vertragsschlusses und der Abwicklung des Vertrages zu tragen hat. Eventuell anfallende Löschungskosten für noch eingetragende Rechte sind in der Regel vom Verkäufer zu tragen.

IV. Verträge zwischen Bauherrn und Planungsbeteiligten, dargestellt am Beispiel des Einheits-Architektenvertrages und an den Allgemeinen Vertragsbestimmungen zum Einheits-Architektenvertrag (AVA)

1. Allgemeine Charakterisierung des Einheits-Architektenvertrages

1.1 Vertragsverhältnisse zwischen Bauherrn, Sonderfachleuten und Architekten

Weder die Architektenverträge noch die Ingenieurverträge mit den Sonderfachleuten sind im BGB gesondert geregelt. Deshalb sind diese Verträge derjenigen im Gesetz geregelten Vertragsart zuzuordnen, die ihren wesentlichen Merkmalen und Erfordernissen am ehesten gerecht wird.

Nachdem in Rechtsprechung und Rechtslehre sehr lange ein Meinungsstreit herrschte, ob der Architektenvertrag in das Dienstvertragsrecht oder das Werkvertragsrecht fällt, ist seit einer grundlegenden Entscheidung des BGH aus dem Jahre 1959 geklärt, daß grundsätzlich Werkvertragsrecht zur Anwendung kommt (BGH NJW 1960, 431).

Es handelt sich bei dieser Einordnung nicht nur um eine theoretische Überlegung, sondern um die entscheidene Weichenstellung für so wichtige Fragen wie die Haftung, die Vergütung, die Verjährung und die Kündigung.

Der Grund dafür, daß die Einordnung in das Werkvertragsrecht lange umstritten war, ist in dem Umstand zu sehen, daß die einzelnen Architektenleistungen sehr unterschiedlicher Natur sind und teilweise Elemente des Dienstvertrages aufweisen.

Der wesentliche Unterschied zwischen Dienstvertrag und Werkvertrag besteht darin, daß beim Dienstvertrag lediglich die Leistung von Diensten, also eine reine Tätigkeit, zu erbringen ist, während beim Werkvertrag hinzukommt, daß ein bestimmter Erfolg, nämlich die Herstellung des Werkes, geschuldet ist.

Hierzu hat der BGH in der oben genannten grundlegenden Entscheidung, mit der er einen auf die Vollarchitektur gerichteten Architektenvertrag als Werkvertrag einordnete, eindeutig Stellung bezogen. Sowohl die planende als auch die bauleitende Tätigkeit des Architekten dienten der Herbeiführung eines Erfolges, nämlich der Erstellung des Bauwerkes. Zwar schulde der Architekt nicht das Bauwerk als körperliche Sache, aber mit seinen zahlreichen Einzelleistungen trage er zur mängelfreien Errichtung des Bauwerkes bei. Dies sei der vom Architekten geschuldete Erfolg.

Inzwischen entspricht es ganz überwiegender Meinung, daß auch Architektenverträge, die nur Teilleistungen aus dem Leistungsbild des § 15 HOAI zum Gegenstand haben, in der Regel dem Werkvertragsrecht unterliegen. Lediglich bei isolierter Beauftragung der Leistungsphasen 1 oder 9 oder einzelner Teilleistungen aus Leistungsphasen, wie z. B. Mitwirken bei der Kreditbeschaffung, wird von einem Teil der Rechtslehre Dienstvertragsrecht angenommen.

Im Einzelfall ist zu prüfen, ob lediglich ein reines Tätigwerden oder die Herbeiführung eines Erfolgs vom Architekten geschuldet ist. Die Erfahrungen zeigen, daß im praktischen Anwendungsbereich nahezu ausnahmslos eine Erfolgsbezogenheit der vertraglich vereinbarten Leistung gegeben ist und damit Werkvertragsrecht zur Anwendung kommt. Bei der nachfolgenden Behandlung der einzelnen Teile des Einheits-Architektenvertrages wird das wesentliche Merkmal des Werkvertrags, seine Erfolgsorientiertheit, immer wieder eine wichtige Rolle spielen.

Auch der Ingenieurvertrag ist wie der Architektenvertrag in aller Regel ein Werkvertrag, da auch die Tätigkeit von Tragwerksplanern, Fachingenieuren für die Haustechnik, Vermessungsingenieuren, Akustikern etc. vom geschuldeten Erfolg, dem fachspezifischen Beitrag zur mängelfreien Errichtung des Bauwerks, geprägt ist.

1.2 Der Einheits-Architektenvertrag als Sonderform des Werkvertragsrechtes

Wie sich bereits in den obigen Ausführungen zu den verschiedenen Möglichkeiten des Zustandekommens eines Vertrages, speziell eines Architektenvertrages gezeigt hat, ist den Parteien eines Architekten- oder Ingenieurvertrages dringend der Abschluß eines schriftlichen Vertrages zu empfehlen. Auf die bereits geschilderten Vorteile des schriftlichen Vertrages sowohl für den Bauherrn als auch den Architekten und die Schwächen und Risiken von mündlichen oder konkludent (d. h. durch schlüssiges Verhalten) zustande gekommenen Verträgen wird nochmals ausdrücklich hingewiesen.

Beim Einheits-Architektenvertrag handelt es sich um ein von der Bundesarchitektenkammer empfohlenes Vertragsmuster. Die Verwendung dieses Vertragsmusters kann beiden Parteien des Architektenvertrages empfohlen werden, auch wenn es sich bei der Bundesarchitektenkammer um die Interessenvertretung der Architekten handelt. Denn die Bundesarchitektenkammer sah bei der Entwicklung und Fortschreibung dieses Vertragsmusters keineswegs nur die Interessen der Architekten im Vordergrund, sondern hat hier die Interessen beider Vertragsparteien mit dem Ziel einer möglichst reibungslosen Durchführung des Vertragsverhältnisses berücksichtigt.

Die jeweiligen juristischen Entwicklungen, insbesondere in der Rechtsprechung, werden hierbei von der Bundesarchitektenkammer in Form von regelmäßigen Überarbeitungen und Neufassungen des Einheits-Architektenvertrages berücksichtigt.

Hierbei ist die Tatsache, daß der Einheits-Architektenvertrag aufgrund seiner Eigenschaft als Vertragsmuster Allgemeine Geschäftsbedingungen darstellt, ein besonderes Problem. Auf diesen Zusammenhang zwischen dem Einheits-Architektenvertrag und dem AGB-Gesetz wird im nachfolgenden Kapitel und bei der Behandlung der einzelnen Abschnitte des Mustervertrages jeweils eingegangen. Der Einheits-Architektenvertrag hat gegenüber den zahlreichen bekannten, von Vertragsparteien selbst entwickelten Verträgen den großen Vorteil, daß er alle beim Zustandekommen eines Architektenvertrages grundsätzlich zu berücksichtigenden Gesichtspunkte enthält und gleichzeitig für zusätzliche Vereinbarungen, soweit sie im Einzelfall erforderlich werden, Platz läßt. In diesem Muster werden die unbedingt erforderlichen Inhalte eines Architektenvertrages umfassend und dennoch in einer erfreulichen Kürze und Übersichtlichkeit geregelt. Dadurch ist dieser Vertrag trotz der schwierigen Materie HOAI und Werkvertragsrecht für beide Vertragsparteien gut nachvollziehbar und schreckt nicht bereits durch seinen Umfang und eine fehlende Systematik, die bei anderen Verträgen oft festzustellen ist, ab.

Neben dem Einheits-Architektenvertrag für Gebäude gibt es noch von der Bundesarchitektenkammer empfohlene Fassungen eines Architekten-Vorplanungsvertrages, eines Einheits-Architektenvertrages für Freianlagen und eines Einheits-Architektenvertrages für den raumbildenden Ausbau.

1.3 Zusammenhänge zwischen Einheits-Architektenvertrag und dem Gesetz zur Regelung des Rechts der Allgemeinen Geschäftsbedingungen (AGB-Gesetz)

Während der Gesetzgeber im BGB den Parteien eines Vertrages weitgehend die Möglichkeit offenließ, vom Gesetz abweichende vertragliche Regelungen zu treffen, hat sich im Laufe der Zeit immer stärker das Bedürfnis durchgesetzt, von seiten des Gesetzgebers in die Möglichkeiten der Vertragsgestaltung einzugreifen. Wirtschaftlich oder intellektuell überlegene Vertragspartner hatten nämlich verstärkt vorformulierte Vertragsmuster entwickelt, die weitgehend nur ihre rechtlichen Vorteile sicherten. Dagegen schritt der Gesetzgeber mit dem am 1.4.1977 in Kraft getretenen Gesetz zur Regelung des Rechts der Allgemeinen Geschäftsbedingungen ein.

Allgemein formuliert, erklärt dieses Gesetz sämtliche Regelungen und Vereinbarungen in vorformulierten AGB, die den Vertragspartner des Verwenders entgegen dem Grundsatz von Treu und Glauben unangemessen benachteiligen, für unwirksam. Da im Baubereich die meisten Verträge durch vorformulierte Vertragsmuster zustande kommen, hat das AGB-Gesetz hier eine große Bedeutung.

Gemäß §1 Abs. 1 AGB-Gesetz sind Allgemeine Geschäftsbedingungen alle für eine Vielzahl von Verträgen vorformulierten Vertragsbedingungen, die eine Vertragspartei der anderen bei Abschluß eines Vertrages stellt.

Die Voraussetzung der Vorformulierung für eine Vielzahl von Verträgen sieht der Bundesgerichtshof als gegeben an, wenn eine mindestens dreimalige Verwendung von Klauseln beabsichtigt ist (BGH ZfBR 88, 29).

Dabei ist nicht entscheidend, daß die mehrfache Verwendung vom konkreten Verwender im Einzelfall selbst beabsichtigt ist. Vielmehr liegt eine Mehrfachverwendung auch dann vor, wenn die Klausel von einem Dritten aufgestellt wurde und z.B. in einer Sammlung von Formularverträgen enthalten ist.

Entscheidend ist schließlich, daß nicht die bereits dreimalige Verwendung erforderlich ist, sondern die Bestimmung für eine Vielfachverwendung ausreicht. Gestellt sind AGB, wenn sie im Rahmen eines konkreten Vertragsverhältnisses einseitig in den Vertrag einbezogen werden.

§2 AGB-Gesetz stellt klar, daß vorformulierte Vertragsbedingungen nicht bereits durch die Vereinbarung ihrer Geltung zum Vertragsbestandteil werden können. Vielmehr muß der Verwender der AGB seinem Vertragspartner die Möglichkeit verschaffen, in zumutbarer Weise von ihrem Inhalt Kenntnis zu erlangen. In der Regel muß dies durch Aushändigung der AGB erfolgen. Dabei ist Voraussetzung für die Wirksamkeit der Einbeziehung auch die Lesbarkeit der Bedingungen.

Vertragsklauseln, die lediglich „mit der Lupe" mühsam zu entziffern sind, werden von vornherein nicht wirksamer Bestandteil des Vertrages (BGH NJW 1983, 2772). Der Verwender der AGB ist für ihre wirksame Einbeziehung im Streitfall darlegungs- und beweispflichtig. Hierfür reichen sogenannte Einbeziehungsklauseln (z.B. „Diese Vertragsbedingungen wurden dem Vertragspartner ausgehändigt") nicht aus (BGH BauR 87, 308).

Ist der Vertragspartner des AGB-Verwenders als Kaufmann im Handelsregister eingetragen, kommt §2 AGB-Gesetz nicht zur Anwendung. Folglich kann ihm gegenüber die Aushändigung entfallen. Voraussetzung für eine wirksame Einbeziehung bleibt jedoch, daß ihm in zumutbarer Weise ermöglicht wird, Kenntnis von dem Inhalt der Bedingungen zu nehmen.

Gemäß §3 AGB-Gesetz werden „überraschende Klauseln" nicht Vertragsbestandteil. Überraschend im Sinne dieser Vorschrift ist eine Vertragsklausel dann, wenn sie derart ungewöhnlich ist, daß der Vertragspartner mit ihr nicht zu rechnen brauchte. Dies trifft in der Regel auf Klauseln mit einem Überrumpelungs- oder Übertölpelungseffekt zu, bei denen eine Diskrepanz zwischen den Erwartungen des Vertragspartners und dem tatsächlichen Vertragsinhalt besteht. Dieser Effekt muß sich nicht zwingend aus dem Inhalt der Klausel, sondern kann sich auch daraus ergeben, daß die Klausel an einer Stelle des Vertrages untergebracht ist, an der der Vertragspartner nicht mit ihr rechnen konnte.

Ist eine AGB-Klausel unwirksam oder fehlt es an einer wirksamen Einbeziehung von AGB, führt dies gemäß § 6 Nr. 1 AGB-Gesetz nicht zur Unwirksamkeit des gesamten Vertrages. Vielmehr bleibt der Vertrag grundsätzlich trotz der unwirksamen Klausel erhalten. Eine Ausnahme gilt dann, wenn die Aufrechterhaltung des Vertrages eine unzumutbare Härte für einen Vertragspartner bedeuten würde. In diesem Fall kann der Vertrag gemäß § 6 Abs. 3 AGB-Gesetz insgesamt unwirksam sein.

Ist eine Klausel unwirksam oder wird sie nicht wirksam in den Vertrag einbezogen, so stellt sich die Frage, wie diese Lücke im Vertrag gefüllt wird. Gem. § 6 Abs. 2 AGB-Gesetz richtet sich der Inhalt des Vertrages in diesem Fall primär nach den gesetzlichen Vorschriften. Enthält das Gesetz also im Regelungsbereich der unwirksamen Klausel eine eigene Regelung, wird die im Vertrag entstandene Lücke durch diese gesetzliche Regelung geschlossen. Enthält das Gesetz keine entsprechende Regelung, bedeutet dies, daß die unwirksame Klausel ersatzlos entfällt.

Lediglich in Ausnahmefällen kann die entstandene Vertragslücke durch eine ergänzende Vertragsauslegung gefüllt werden. Hierfür besteht jedoch nur dann ein Bedürfnis, wenn für die entstandene Lücke keine gesetzliche Ersatzregelung vorliegt und die ersatzlose Streichung der unwirksamen Klausel keine angemessene Lösung für die Interessen des AGB-Verwenders und seines Vertragspartners bietet (BGH NJW 1983, 2632). In diesen Fällen ist durch ergänzende Vertragsauslegung gemäß § 157 BGB der „hypothetische Parteiwille" zu ermitteln, d.h., der Vertrag ist daraufhin zu überprüfen, was beide Vertragspartner gewollt hätten, wenn sie die Unwirksamkeit einer Klausel gekannt hätten. Nicht möglich ist es nach nahezu einhelliger Meinung in Rechtsprechung und Rechtslehre, eine sogenannte „geltungserhaltende Reduktion" vorzunehmen, d. h., eine unwirksame AGB-Klausel auf ihren wirksamen Gehalt zu beschränken und in diesem beschränkten Umfang aufrechtzuerhalten (BGH NJW 1984, 1177).

§ 5 AGB-Gesetz beschäftigt sich mit unklaren Klauseln und regelt, daß derartige Unklarheiten einer AGB-Klausel stets zu Lasten des Verwenders gehen. Bevor die Unklarheitenregel des § 5 AGB-Gesetz zur Anwendung kommt, ist jedoch der Inhalt einer AGB-Klausel, soweit er nicht vom Wortlaut her bereits eindeutig ist, durch Auslegung zu ermitteln. Hierbei ist allein ausschlaggebend, was vom objektiven Standpunkt aus als Klauselinhalt zu ermitteln ist, nicht etwa, was der Klauselverwender gemeint und bezweckt hat.

AGB-Klauseln, die zunächst wirksam in den Vertrag einbezogen zu sein scheinen, unterliegen schließlich der sogenannten Inhaltskontrolle nach den §§ 9, 10, 11 AGB-Gesetz. Dabei stellt § 9 die sogenannte Generalklausel des AGB-Gesetzes dar. Diese Vorschrift bestimmt, daß sämtliche Klauseln, die den Vertragspartner des Verwenders entgegen den Geboten von Treu und Glauben unangemessen benachteiligen, unwirksam sind.

Der Gesetzgeber hat für die praktische Anwendung der Generalklausel des § 9 Abs. 1 AGB-Gesetz in § 9 Abs. 2 Hilfestellung geleistet, indem er den Begriff der unangemessenen Benachteiligung erläutert. Eine unangemessene Benachteiligung ist im Zweifel dann anzunehmen, wenn eine Regelung

— mit wesentlichen Grundgedanken der gesetzlichen Regelung, von der abgewichen wird, nicht zu vereinbaren ist oder
— wesentliche Rechte und Pflichten, die sich aus der Natur des Vertrages ergeben, so eingeschränkt werden, daß die Erreichung des Vertragszwecks gefährdet ist.

Damit wird klargestellt, daß die jeweilige gesetzliche Regelung, in den meisten Fällen also das BGB, Maßstab für die Frage der unangemessenen Benachteiligung durch eine Klausel ist.

Neben der allgemeinen Regelung in § 9 enthält das AGB-Gesetz sodann in den §§ 10 und 11 konkrete Klauselverbote.

Einige dieser Klauselverbote werden bei der Behandlung des Einheits-Architektenvertrages nachstehend noch eine Rolle spielen.

Wird im Einzelfall eine Klausel daraufhin überprüft, ob sie der Inhaltskontrolle standhält, ist in vielen Fällen zunächst durch Auslegung ihr tatsächlicher Regelungsgehalt zu ermitteln.

Dabei ist nach zutreffender Auffassung, der sich nunmehr auch der Bundesgerichtshof anzuschließen scheint (vgl. BGH NJW 1992, 1097), stets von der für den Vertragspartner des AGB-Verwenders ungünstigsten Auslegung auszugehen. Stellt man also bei „kundenfeindlichster" Auslegung fest, daß unter die Klausel Fälle einzuordnen sind, bei denen eine unangemessene Benachteiligung des Vertragspartners des Klauselverwenders gegeben ist bzw. ein Verstoß gegen ein konkretes Klauselverbot vorliegt, ist die Klausel unwirksam.

Ist der Vertragspartner des Klauselverwenders Kaufmann, so finden die §§ 10 und 11 AGB-Gesetz auf den mit ihm geschlossenen Vertrag gem. § 24 AGB-Gesetz keine Anwendung. Daraus darf jedoch nicht der Schluß gezogen werden, daß die in §§ 10 und 11 AGB-Gesetz enthaltenen Klauselverbote bei Kaufleuten grundsätzlich nicht gelten. Vielmehr sind die in diesen Vorschriften enthaltenen Klauselverbote Anwendungsfälle des § 9 AGB-Gesetz. Somit kann bei der Inhaltskontrolle im kaufmännischen Verkehr gem. § 9 AGB-Gesetz durchaus ein Klauselverbot der §§ 10, 11 AGB-Gesetz eine Rolle spielen, d. h. auf die in ihm enthaltene Wertung zurückgegriffen werden, wenn eine unangemessene Benachteiligung des Vertragspartners trotz seiner Kaufmannseigenschaft vorliegt.

Da es sich bei dem Einheits-Architektenvertrag um einen für eine Vielfachverwendung vorformulierten Mustervertrag handelt, findet das AGB-Gesetz auf ihn vollumfänglich Anwendung. Und zwar gilt dies nicht nur für die Allgemeinen Vertragsbestimmungen zum Einheits-Architektenvertrag (AVA), sondern auch für den von den Vertragsparteien auszufüllenden sogenannten „Honorarteil" des Vertrages, da auch dieser im großen Umfang vorformulierte Bedingungen enthält.

2. Inhalt des Einheits-Architektenvertrages

2.1 Vertragsparteien und Gegenstand des Vertrages (§ 1)

Am Beispiel des Einheits-Architektenvertrages für Gebäude werden nachfolgend die einzelnen Abschnitte und Regelungen des Vertragsmusters behandelt, wobei die Ausführungen auf den Architekten-Vorplanungsvertrag und den Einheits-Architektenvertrag für Freianlagen und den für den raumbildenden Ausbau übertragbar sind. Die nachfolgend behandelte Fassung des Einheits-Architektenvertrages ist die „Empfohlene Fassung der Bundesarchitektenkammer, veröffentlicht im Bundesanzeiger Nr. 67 vom 10. 04. 1985, unter Berücksichtigung der 4. Verordnung zur Änderung der HOAI vom 01. 01. 1991".

EINHEITS-ARCHITEKTENVERTRAG* für Gebäude

Zwischen dem/den Bauherr(e)n, im folgenden „Bauherr" genannt,

....

vertreten durch ....

und dem/den Architekten, der Arbeitsgemeinschaft von Architekten, im folgenden „Architekt" genannt,

....

wird folgender Architektenvertrag geschlossen:

---

* Empfohlene Fassung der Bundesarchitektenkammer, veröffentlicht im Bundesanzeiger Nr. 67 vom 10. 4. 1985, unter Berücksichtigung der 4. Verordnung zur Änderung der HOAI vom 1. 1. 1991.

Wie bereits oben dargelegt, handelt es sich bei dem Einheits-Architektenvertrag um ein empfohlenes Vertragsmuster. Allerdings zeigt die tägliche Praxis, daß die Vorteile des Vertrages von den Vertragsparteien oft dadurch verringert werden, daß er nicht sorgfältig genug ausgefüllt wird. Diese den Parteien unbedingt zu empfehlende Sorgfalt beginnt bereits bei der exakten Bezeichnung der Vertragsparteien.
Für viele Leser mögen die nachfolgenden Empfehlungen Selbstverständlichkeiten sein, die Erfahrungen der Verfasser zeigen jedoch, daß gerade an die-

ser Stelle häufig Fehler gemacht werden, insbesondere, da die mögliche juristische Tragweite von unvollständigen oder fehlerhaften Bezeichnungen der Vertragsparteien nicht bzw. erst in einem möglichen Rechtsstreit erkannt werden. Bei natürlichen Personen sollte neben dem Zunamen auf jeden Fall auch der Vorname und die vollständige Anschrift genannt werden. Sind mehrere natürliche Personen Bauherr, z. B. Ehepaare oder Bauherrengemeinschaften, ist es unbedingt zu empfehlen, sämtliche Vertragspartner mit vollständigen Namen anzugeben. Denn nur so ist gewährleistet, daß der Vertrag tatsächlich mit allen Personen, die Vertragspartner werden sollen, auch zustande kommt. Es zeigt sich immer wieder in den Rechtsstreiten, daß Architekten zwar davon ausgehen, mit mehreren Personen den Vertrag abgeschlossen zu haben, sich dies jedoch aufgrund unzureichender Ausfüllung des schriftlichen Vertrages nicht beweisen läßt und dann diejenigen „Vertragspartner", deren Einbeziehung in den Vertrag sich nicht nachweisen läßt, zum einen in einem denkbaren Rechtsstreit als Zeugen gegen den Architekten aussagen können und zum anderen als Schuldner des Architektenhonorars ausfallen.

Handelt es sich bei dem Bauherrn um eine Handelsgesellschaft oder eine Juristische Person, ist darauf zu achten, daß neben der exakten Firmenbezeichnung auch zutreffend angegeben wird, durch wen der Bauherr vertreten wird. Hierfür sieht die neueste Fassung des Vertragsmusters eine besondere Zeile vor.

Bei der Benennung des oder der Architekten gelten die obigen Grundsätze gleichermaßen. Auch hier sollte man den/die Vertragspartner so exakt und umfassend wie nur möglich bezeichnen.

Bereits an dieser Stelle muß auf den Zusammenhang zwischen der exakten Bezeichnung der Vertragsparteien und der Unterzeichnung des Vertrages hingewiesen werden. Um das Gewollte zu erreichen, nämlich daß alle als Vertragsparteien bezeichneten Personen tatsächlich Vertragspartner werden, ist unbedingt darauf zu achten, daß auch von allen der Vertrag unterzeichnet wird oder aber entsprechende Vollmachten zur Unterzeichnung des Vertrages für eine andere Vertragspartei vorliegen und nachgewiesen werden. Ansonsten besteht die Gefahr, daß trotz ordnungsgemäßer Bezeichnung der Vertragsparteien mangels Unterschriften der Vertrag doch nicht mit allen vorgesehenen Partnern zustande kommt.

Auch bei der Bezeichnung des Vertragsgegenstandes ergeht der Appell an die Vertragsparteien, diesen so exakt wie nur möglich in den Vertrag aufzunehmen. Der Vertrag verweist auf §3 HOAI. Diese HOAI-Regelung enthält Begriffsbestimmungen von Objekten, Neubauten, Wiederaufbauten, Erweiterungsbauten, Umbauten über Modernisierungen bis hin zu Instandsetzungen, Instandhaltungen und Freianlagen. Die vertragsgegenständliche Bauaufgabe sollte unter Verwendung der einschlägigen Begriffsbestimmungen aus dieser Vorschrift beschrieben werden.

Dabei sollte auf eine exakte Grundstücksbezeichnung und eine möglichst exakte Bezeichnung der Art des Objektes – soweit zu diesem Zeitpunkt bereits möglich – geachtet werden.

1 **Gegenstand des Vertrages**

1.1 Gegenstand dieses Vertrages sind Architektenleistungen für folgende Bauaufgaben (§ 3 HOAI)

....
....
....
....
....
....
....
....
....
....

2.2 Leistung und Honorar

2.2.1 Leistungsphasen und Honorar (§ 2)

---

2 Leistungsphasen und Honorar

v. H. des Honorars
nach § 16 HOAI

2.1 Der Bauherr überträgt dem Architekten folgende für die Bearbeitung der in § 1 bezeichneten Bauaufgabe erforderlichen Grundleistungen der folgenden Leistungsphasen (§ 15 Abs. 2 HOAI), die in v. H. des Honorars nach § 16 HOAI bewertet sind.

2.1.1 Grundlagenermittlung[1]
Klären der Aufgabenstellung und Feststellung der Planungsvoraussetzungen — 3 %

2.1.2 Vorplanung[1]
Erarbeiten der wesentlichen Teile der Lösung einer Planungsaufgabe als Planungskonzept mit Kostenschätzung — 7 %

2.1.3 Entwurfsplanung
Erarbeiten der endgültigen Lösung der Planungsaufgabe als Entwurf mit Berechnungen — 11 %

2.1.4 Genehmigungsplanung
Erarbeiten, Zusammenstellen und Einreichen der Vorlagen für die Baugenehmigung — 6 %

2.1.5 Ausführungsplanung
Erarbeiten der Ausführungs-, Detail- und Konstruktionszeichnungen — 25 %

2.1.6 Vorbereitung der Vergabe
Ermitteln der Mengen und Aufstellen von Leistungsverzeichnissen — 10 %

2.1.7 Mitwirkung bei der Vergabe
Einholen der Angebote und Mitwirkung bei der Auftragsvergabe — 4 %

2.1.8 Objektüberwachung (Bauüberwachung)[1]
Überwachen der Ausführung des Objekts auf Übereinstimmung mit der Baugenehmigung und den Ausführungsplänen in künstlerischer, technischer und wirtschaftlicher Hinsicht — 31 %

2.1.9 Objektbetreuung und Dokumentation
Überwachen der Beseitigung von Mängeln innerhalb der Gewährleistungsfristen und Dokumentation des Gesamtergebnisses — 3 %

---

[1] Anstelle des Zuschlags kann nach § 24 Abs. 2 HOAI für die Leistungsphasen 1, 2 und 8 eine höhere Bewertung der Grundleistungen schriftlich vereinbart werden. In diesen Fällen entfällt der Umbauzuschlag.

In Ziffer 2 enthält der Vertrag zunächst **(Ziffer 2.1)** die neun Leistungsphasen des § 15 HOAI – Objektplanung für Gebäude, Freianlagen und raumbildende Ausbauten – unter gleichzeitiger Angabe der prozentualen Bewertung der einzelnen Leistungsphasen im Hinblick auf das Architektenhonorar.

Überträgt der Bauherr dem Architekten das vollständige Leistungsbild des § 15 HOAI, so kann diese Vertragspassage unverändert bleiben.

Werden nicht alle Leistungsphasen übertragen, sind die ausgenommenen Phasen an dieser Stelle durchzustreichen. § 5 Abs. 1 HOAI sieht für diesen Fall ausdrücklich vor, daß nur für die übertragenen Phasen die in der HOAI vorgesehenen Teilhonorare berechnet werden dürfen.

Weiterhin besteht die Möglichkeit für den Bauherrn, dem Architekten nicht alle Grundleistungen einer Leistungsphase oder auch nicht alle wesentlichen Teile von Grundleistungen zu übertragen. Hierfür regelt § 5 Abs. 2 HOAI, daß vom Architekten für die übertragenen Leistungen nur ein Honorar berechnet werden darf, das dem Anteil der übertragenen Leistungen an der gesamten Leistungs-

phase entspricht. Allerdings ist ein zusätzlicher Koordinierungs- und Einarbeitungsaufwand gegebenenfalls bei der Honorarbemessung zu berücksichtigen (§ 5 Abs. 2 Satz 3 HOAI).
Liegt ein Fall des § 5 Abs. 2 HOAI vor, empfiehlt es sich, bereits bei Vertragsschluß den prozentualen Honoraranteil für die in ihrem Leistungsumfang verminderte Leistungsphase gemeinsam festzulegen. Insoweit bietet sich die Ziffer 12 – Zusätzliche Vereinbarungen – des Vertrages oder eine Anlage zum Vertrag an.

Aus der Sicht des Architekten ist es in der Regel empfehlenswert, die Leistungsphase 9 – Objektbetreuung und Dokumentation – aus dem Vertrag auszuklammern.
Gem. § 15 Abs. 2 Ziffer 9 enthält diese Leistungsphase die nachfolgenden Grundleistungen:
„Objektbegehung zur Mängelfeststellung vor Ablauf der Verjährungsfristen der Gewährleistungsansprüche gegenüber den bauausführenden Unternehmen.
Überwachen der Beseitigung von Mängeln, die innerhalb der Verjährungsfristen der Gewährleistungsansprüche, längstens jedoch bis zum Ablauf von 5 Jahren seit Abnahme der Bauleistungen auftreten.
Mitwirken bei der Freigabe von Sicherheitsleistungen.
Systematische Zusammenstellung der zeichnerischen Darstellungen und rechnerischen Ergebnisse des Objekts."
Wie die Lektüre dieser Grundleistungen auf den ersten Blick zeigt, schuldet der Architekt hier Leistungen für einen Zeitraum von vielen Jahren nach Fertigstellung des Objekts. Diese Leistungspflicht kann beim Auftreten von Mängeln eine sehr intensive, schwierige und zeitaufwendige Tätigkeit des Architekten mit sich bringen.
Dieser auf der einen Seite stehenden Verpflichtung des Architekten, gegebenenfalls umfangreiche Leistungen erbringen zu müssen, steht auf der anderen Seite ein unverhältnismäßig niedriges Honorar von 3 % des Gesamthonorars gegenüber.
Abgesehen von dem häufig in dieser Phase nicht gegebenen Gleichgewicht zwischen Leistung und Gegenleistung muß der Architekt sich darüber im klaren sein, daß seine eigene Gewährleistung für die Leistungen aus der Leistungsphase 9 erst mit deren Abschluß beginnt. Dies bedeutet, daß bei der Vereinbarung von Gewährleistungsfristen von 5 Jahren zwischen Bauherrn und den bauausführenden Unternehmen die Leistungspflicht des Architekten erst nach ca. 5 Jahren seit Abnahme der Bauleistungen endet und damit seine eigene Gewährleistungsfrist von 5 Jahren für die Leistungen der Leistungsphase 9 dann beginnt, also erst ca. 10 Jahre nach Fertigstellung des Objektes endet.

Ziffer 2.2 – Baukünstlerische Überwachung – soll dem Architekten, dem die Objektüberwachung nicht übertragen wird, die Möglichkeit einräumen, eine Einflußmöglichkeit hinsichtlich der Einzelheiten der Gestaltung, also der Umsetzung seiner Planung, zu erlangen.
Eine derartige Einflußmöglichkeit des planenden Architekten liegt sicherlich auch im Interesse des Bauherrn, der sich für eine bestimmte Planung entschieden hat und mit dem planenden Architekten das gemeinsame Ziel verfolgt, die Planung optimal in der Ausführung umzusetzen.

2.2 Baukünstlerische Überwachung
Wird dem Architekten die Leistungsphase 8 (2.1.8) nicht übertragen, vereinbaren die Parteien für das Überwachen der Herstellung des Objekts hinsichtlich der Einzelheiten der Gestaltung (§ 15 Abs. 3 HOAI) ein Honorar mit

.... % des Honorars nach § 16 HOAI

Teil A: IV. Verträge zwischen Bauherrn und Planungsbeteiligten

> 2.3 Die Grundlagen des Honorars werden wie folgt vereinbart:
>
> | | | |
> |---|---|---|
> | Honorarzone | (§§ 11, 12 HOAI) | .... |
> | Honorarsatz[2] | (§ 4 HOAI) | .... |
> | Zuschlag für Umbau[1] [3] und Modernisierung | (§ 24 HOAI) | .... |
> | Zuschlag für die Bauüberwachung[4] bei Instandhaltung und Instandsetzung | (§ 27 HOAI) | .... |
> | Vorplanung oder Entwurfsplanung[5] als Einzelleistung | (§ 19 HOAI) | .... |
>
> ---
> [2] Werden Leistungen des raumbildenden Ausbaues in Gbäuden von einem Architekten erbracht, dem Grundleistungen nach § 15 HOAI übertragen werden, so sind diese Leistungen gem. § 25 Abs. 1 HOAI bei der Vereinbarung des Honorarsatzes im Rahmen der Mindest- und Höchstsätze zu berücksichtigen.
> [3] Nach § 24 HOAI kann bei durchschnittlichem Schwierigkeitsgrad ein Zuschlag von 20–33 % des Honorars vereinbart werden. Bei überdurchschnittlichem Schwierigkeitsgrad kann ein Zuschlag über 33 % vereinbart werden.
> [4] Nach § 27 HOAI kann ein Zuschlag bis zu 50 % des Honorars vereinbart werden.
> [5] Die in § 19 Abs. 1 HOAI vorgesehenen v. H.-Sätze der Honorare sind einzusetzen.

Einer der wichtigsten Punkte bei Abschluß des schriftlichen Architektenvertrages sind exakte und unmißverständliche Vereinbarungen zum Architektenhonorar. In **Ziffer 2.3** des Einheits-Architektenvertrages haben die Parteien Gelegenheit, die im Einzelfall zutreffenden Grundlagen des Honorars festzulegen.

Wie sich aus Ziffer 2.3 ergibt, wird hier auf die entsprechenden Regelungen in der HOAI Bezug genommen. Allerdings ist es für ein vollständiges Verständnis der Honorarregelungen und des Abrechnungssystems der HOAI erforderlich, in diesem Zusammenhang auch § 10 HOAI, und zwar an dieser Stelle insbesondere § 10 Abs. 1 HOAI, heranzuziehen. § 10 HOAI ist überschrieben „Grundlagen des Honorars".

Es werden dort als Grundlagen des Architektenhonorars genannt:
- die anrechenbaren Kosten des Objekts,
- die Honorarzone, der das Objekt angehört,
- die Honorartafel in § 16 HOAI für Gebäude und raumbildende Ausbauten und die Honorartafel in § 17 HOAI für Freianlagen.

Nach dem Abrechnungssystem der HOAI unterliegen die anrechenbaren Kosten nicht der Vereinbarung der Parteien, sondern ergeben sich unter Zugrundelegung der Kostenermittlungsarten nach DIN 276 aus den tatsächlich berechneten bzw. festgestellten Kosten, wie sich im einzelnen aus § 10 Abs. 2 HOAI entnehmen läßt.

Die Honorarzone ist nach den anrechenbaren Kosten die zweite Komponente für die Honorarermittlung. In den §§ 11 und 12 für Gebäude, 13 und 14 für Freianlagen und 14 a und b für raumbildende Ausbauten regelt die HOAI im einzelnen die Einordnung eines Objekts in eine bestimmte Honorarzone.

Da es sich bei dem hier behandelten Vertrag um den Einheits-Architektenvertrag für Gebäude handelt, wird im Vertragsmuster bei der Bestimmung der Honorarzone auf die §§ 11 und 12 HOAI verwiesen.

§ 12 HOAI enthält eine Objektliste für Gebäude. In ihr sind Regelbeispiele für die Einordnung von bestimmten Objekten in die Honorarzonen I–V genannt. Diese Einordnung ist jedoch nicht bindend bzw. zwingend. Denn neben dieser Objektliste enthält § 11 die maßgeblichen Bewertungskriterien für eine zutreffende Einordnung eines Objekts in eine bestimmte Honorarzone. Die Regelbeispiele im § 12 HOAI sind für die Einordnung des konkreten Objekts nur dann bindend, wenn gleichzeitig die Bewertungskriterien für diese Honorarzone gemäß § 11 HOAI gegeben sind. Ergibt sich jedoch bei gleichzeitiger Anwendung der §§ 11 und 12 eine unterschiedliche Einordnung, so ist die nach § 11 vorzunehmende Bewertung und Einordnung maßgeblich.

§ 11 Abs. 1 HOAI enthält eine Auflistung der Bewertungsmerkmale, die für eine Einordnung in die 5 verschiedenen Honorarzonen maßgeblich sind. Diese Bewertungsmerkmale sind:
— Anforderungen an die Einbindung in die Umgebung,
— Anzahl der Funktionsbereiche,
— gestalterische Anforderungen,
— konstruktive Anforderungen,
— technische Ausrüstungen und
— Ausbauumfang.

Läßt sich anhand der Objektliste gemäß §12 und der Einordnung der Merkmale des Objekts nach §11 Abs. 1 HOAI bereits feststellen, daß die Einordnung eines Objekts eindeutig ist, so ist die Honorarzone bereits bestimmt, und es kommt in diesen Fällen nicht auf eine Ermittlung nach §11 Abs. 2 und 3 HOAI an.

Liegen jedoch für ein Gebäude Bewertungsmerkmale aus verschiedenen Honorarzonen vor, enthalten die Absätze 2 und 3 des §11 HOAI eine bestimmte Punktbewertung, nach der sodann eine Einordnung in die zutreffende Honorarzone zu erfolgen hat. §11 Abs. 3 HOAI sieht hierbei je nach dem Schwierigkeitsgrad der Planungsanforderungen für die Bewertungsmerkmale
- Anforderungen an die Einbindung in die Umgebung,
- konstruktive Anforderungen,
- technische Ausrüstungen und
- Ausbau

bis zu 6 Punkte und für die Bewertungsmerkmale
- Anzahl der Funktionsbereiche und
- gestalterische Anforderungen

bis zu 9 Punkte vor.

Hat man auf diese Weise eine Gesamtpunktzahl ermittelt, läßt sich aus §11 Abs. 2 HOAI sodann die Einordnung in eine der 5 Honorarzonen entnehmen.

Wie die Erfahrungen in der Praxis zeigen, ist dieses Bewertungssystem sehr zuverlässig und exakt. Läßt man von mehreren Fachleuten ein bestimmtes Objekt nach den oben genannten Bewertungskriterien unabhängig voneinander in eine bestimmte Honorarzone einordnen, stellt man hierbei selten entscheidende Abweichungen fest.

Wie sich aus den soeben behandelten Vorschriften der HOAI ergibt, stellt die zutreffende Honorarzone ein objektives Kriterium der Honorarermittlung dar. In diesem Zusammenhang stellt sich natürlich die Frage, was zu geschehen hat, wenn die Parteien im Vertrag eine unzutreffende Honorarzone zugrunde gelegt haben. Bei deren Beantwortung spielt sowohl die Frage der Beweislast als auch die Frage des Einflusses einer Abänderung der Honorarzone auf die Honorarhöhe eine Rolle. Haben die Parteien im Vertrag die Einordnung in eine bestimmte Honorarzone vorgenommen, hat derjenige, der diese Honorarzone als unzutreffend ansieht, darzulegen und zu beweisen, daß eine andere Honorarzone objektiv gegeben ist. D. h., der Architekt hat die Beweislast, wenn sich z. B. im Laufe der Durchführung des Bauvorhabens durch Änderungswünsche des Bauherrn eine höhere Honorarzone ergeben hat. Der Bauherr wiederum hat zu beweisen, daß entgegen der vertraglichen Vereinbarung eine niedrigere Honorarzone zutreffend ist. Haben die Parteien tatsächlich im Vertrag eine falsche Honorarzone zugrunde gelegt, so ist zu prüfen, ob mit dem sich daraus ergebenden Honorar der zulässige Honorarrahmen nach der HOAI verlassen wird. Führt ein Vergleich zwischen dem nach den vertraglichen Vereinbarungen der Parteien zu ermittelnden Honorar und dem nach den objektiv gegebenen Bewertungsmerkmalen sich ergebenden Honorar dazu, daß der zulässige Honorarrahmen nach oben oder unten verlassen wird, so kann der Architekt bei zu hoher vereinbarter Honorarzone lediglich den Höchstsatz des Honorars in der zutreffenden Honorarzone verlangen, bei zu niedriger vertraglicher Einordnung kann der Architekt auf jeden Fall den Mindestsatz aus der zutreffenden Honorarzone berechnen. Dies ergibt sich daraus, daß die HOAI bindendes Preisrecht darstellt und der zulässige Honorarrahmen zwischen Mindest- und Höchstsatz nur bei Vorliegen bestimmter in §4 Abs. 2 und Abs. 3 HOAI genannter Voraussetzungen verlassen werden darf.

Auch bei der Vereinbarung des Honorarsatzes müssen die Vertragsparteien sowohl auf Klarheit und Eindeutigkeit als auch Zeitpunkt der Honorarvereinbarung größte Sorgfalt legen.

Die endscheidende Vorschrift ist §4 HOAI, wie dies bereits die Bezugnahme im Einheits-Architektenvertrag belegt.

§4 Abs. 1 HOAI enthält den Grundsatz, daß sich der Honorarsatz nach der schriftlichen Vereinbarung, die die Vertragsparteien bei Auftragserteilung im nach der HOAI zulässigen Honorarrahmen treffen, richtet. Neben dem einzuhaltenden Honorarrahmen müssen die Vertragsparteien insbesondere auf die Merkmale „bei Auftragserteilung" und „schriftliche Vereinbarung" Wert legen, es sei denn, es ist von vornherein keine von dem Mindestsatz abweichende Honorarvereinbarung bezweckt. Für alle Fälle, bei denen nicht bei Auftragserteilung etwas anderes schriftlich vereinbart worden ist, gilt gemäß §4 Abs. 4 HOAI nämlich der jeweilige Mindestsatz automatisch als vereinbart. Dies betrifft sowohl die Fälle, in denen die Parteien überhaupt keine ausdrückliche Honorarvereinbarung treffen, als auch die Fälle, in denen die Voraussetzungen des §4 Abs. 1 HOAI von den Vertragsparteien nicht erfüllt werden.

Schriftliche Vereinbarung im Sinne des §4 Abs. 1 HOAI bedeutet, daß die Vertragsparteien die Vereinbarung eigenhändig unterschreiben müssen (vgl. §126 BGB). Der Text der Vereinbarung selbst kann maschinell hergestellt sein. Die Schriftform kann auch durch eine notarielle Beurkundung ersetzt werden (§126 Abs. 3 BGB). Ausreichend ist auch, wenn jede Partei die für die andere Vertragspartei bestimmte Urkunde unterzeichnet hat, so daß nicht unbedingt eine Vereinbarung mit zwei Unterschriften vorliegen muß (§126 Abs. 2 Satz 2 BGB). Auf keinen Fall ausreichend sind schriftliche Aktenvermerke, mit denen mündliche Vereinbarungen festgehalten werden, oder auch einseitige Auftragsbestätigungen sowie das sogenannte „kaufmännische Bestätigungsschreiben".

Teil A: IV. Verträge zwischen Bauherrn und Planungsbeteiligten

(vgl. BGH in BauR 1989, 222 = NJW-RR 1989, 786 = ZfBR 1989, 104).
An dieser Stelle muß zur Verdeutlichung nochmals darauf hingewiesen werden, daß in der Regel selbstverständlich der Architektenvertrag selbst zum Beispiel durch ein kaufmännisches Bestätigungsschreiben zustande kommen kann, nicht jedoch die wirksame Honorarvereinbarung gemäß § 4 Abs. 1 HOAI, mit der von den Mindestsätzen abgewichen werden soll. (Besondere Voraussetzungen für das Zustandekommen von Verträgen mit Gemeinden enthalten die verschiedenen Gemeindeordnungen der Länder.)
Umstritten ist die Frage, ob es für die schriftliche Honorarvereinbarung gemäß § 4 Abs. 1 HOAI ausreicht, wenn eine Vertragspartei ein schriftliches Honorarangebot macht und die andere Seite dieses schriftlich bestätigt bzw. annimmt. Das Landgericht Waldshut-Tiengen hat diese Frage bereits vor über 10 Jahren dahingehend entschieden, daß dadurch die Voraussetzung des § 4 Abs. 1 HOAI nicht erfüllt sein soll (vgl. LG Waldshut-Tiengen, BauR 1981, 80 ff.). Begründet wurde die Entscheidung damit, daß keine einheitliche Vertragsurkunde vorliege.
Vergleichbare Probleme ergeben sich bei Honorarvereinbarungen durch Telefax, wie sie in letzter Zeit durch vermehrte Anwendung dieser Kommunikationsart häufiger vorkommen. Erfüllt ist die Schriftform auf jeden Fall, wenn eine Vertragspartei ein Honorarangebot faxt, die andere Seite das erhaltene Fax unterzeichnet und zurücksendet. Problematisch ist allerdings der Fall, daß die Parteien für das Honorarangebot und die Annahme dieses Angebots jeweils gesonderte Telefaxe übermitteln. Hier ist der Vorschrift des § 126 Abs. 2 Satz 2 BGB wie in dem vom Landgericht Waldshut-Tiengen entschiedenen Fall nicht genügt.
Locher/Koeble/Frik vertreten für beide Fälle die Auffassung, daß hier einer der Ausnahmefälle vorliegt, bei denen sich die Vertragspartner nicht auf die fehlende Einhaltung des § 4 Abs. 1 HOAI und damit die Unwirksamkeit der Honorarvereinbarung berufen können (vgl. Locher/Koeble/Frik, Kommentar zur HOAI, 6. Auflage, Rdn 4 zu § 4 HOAI).
Wollen die Parteien des Architektenvertrages ein höheres Honorar als den Mindestsatz vereinbaren, so muß diese Honorarvereinbarung schriftlich bei Auftragserteilung erfolgen. Damit ist der Zeitpunkt des Abschlusses des Architekten-/Ingenieurvertrages gemeint.
Nach herrschender Meinung ist dieses Merkmal eng auszulegen, d. h., die schriftliche Honorarvereinbarung muß gleichzeitig mit dem Zustandekommen des Vertrages erfolgen. Deshalb muß insbesondere der Architekt, der Wert auf ein höheres Honorar als den Mindestsatz legt, die Bedeutung dieser Voraussetzungen kennen und sich danach richten. In der Praxis gibt es eine Unzahl von Fällen, in denen zwar eine schriftliche Honorarvereinbarung mit einem höheren Satz als dem Mindestsatz zustande kommt, der Zeitpunkt „bei Auftragserteilung" jedoch nicht eingehalten wurde. In diesen Fällen kann der Bauherr sich darauf berufen, daß statt des unwirksam vereinbarten höheren Honorarssatzes lediglich der Mindestsatz von ihm zu bezahlen ist.

Die häufigen Fälle, in denen die Parteien sich bereits über das Objekt selbst und über den Umfang der Leistungen des Architekten einig sind, der Architekt bereits mit seinen Leistungen beginnt und man die bereits mündlich besprochenen Punkte später noch in einem schriftlichen Architektenvertrag festhalten möchte, bergen für den Architekten stets die Gefahr in sich, daß der Bauherr im Streitfall sich darauf berufen wird, daß eine später zustande gekommene und über dem Mindestsatz liegende Honorarvereinbarung nicht wirksam ist.

Auf dieses Problem angesprochen, reagieren die meisten Architekten mit dem Argument, daß es schlecht für die Vertragsverhandlungen sei, wenn man dem Bauherrn sehr frühzeitig eine schriftliche Honorarvereinbarung zur Unterzeichnung vorlege. Mißt man tatsächlich auf Auftragnehmerseite diesem Argument einen so hohen Stellenwert bei, dann muß man sich des Risikos, sehr wahrscheinlich keine wirksame Honorarvereinbarung über dem Mindestsatz zustandebringen zu können, bewußt sein. Will man dieses Risiko nicht eingehen, empfiehlt es sich, den Bauherrn auf die engen Voraussetzungen des § 4 HOAI hinzuweisen und damit das Verlangen nach einer frühzeitigen schriftlichen Honorarvereinbarung über dem Mindestsatz zu rechtfertigen. Ein Bauherr, der grundsätzlich bereit ist, für eine gute Architektenleistung mehr als den Mindestsatz zu zahlen und dem die Voraussetzungen für eine wirksame Honorarvereinbarung gemäß § 4 Abs. 1 HOAI plausibel erklärt werden, wird sich i. d. R. nicht gegen eine rechtzeitige schriftliche Honorarvereinbarung wenden.

Der Zuschlag für Umbau und Modernisierung gemäß § 24 HOAI war in der bis zum 31.12.1990 gültigen Fassung der HOAI ebenfalls so geregelt, daß die entsprechende Vereinbarung schriftlich bei Auftragserteilung erfolgen mußte. Zu den Voraussetzungen der Schriftform und des Merkmals bei Auftragserteilung galt insoweit das zu § 4 Abs. 1 HOAI Ausgeführte entsprechend. Auch hier konnte also der Architekt durch eine nur mündlich erfolgte, aber auch durch eine zu spät getroffene schriftliche Vereinbarung des Umbauzuschlags diesen Honoraranspruch verlieren, d. h., der Umbauzuschlag war in diesen Fällen trotz entsprechender Vereinbarungen mit dem Bauherrn rechtlich nicht durchsetzbar, weil in der HOAI geregelte formaljuristische Anspruchsvoraussetzungen fehlten.

2. Inhalt des Einheits-Architektenvertrages

Dieser aus Sicht der Architekten völlig unbefriedigende Zustand wurde durch die ab 1.1.1991 geltende Neuregelung des § 24 HOAI wesentlich verbessert. Die wesentlichen Inhalte des § 24 HOAI werden bereits in den Fußnoten 1 und 3 des Einheits-Architektenvertrages wiedergegeben.

Aus § 24 Abs. 1 HOAI lassen sich, auch wenn die sprachliche Fassung unnötig kompliziert erscheint, drei Stufen für den Umbauzuschlag entnehmen. Diese drei Stufen richten sich nach dem jeweiligen Schwierigkeitsgrad der vom Architekten zu erbringenden Leistungen. Denn gemäß § 24 Abs. 1 Satz 2 soll bei der Vereinbarung der Höhe des Zuschlags insbesondere dieser Schwierigkeitsgrad der Leistungen ausschlaggebend sein.

1. Stufe: Schwierigkeitsgrad unter dem Durchschnitt

Für unter dem durchschnittlichen Schwierigkeitsgrad liegende Umbauten und Modernisierungen enthält die Vorschrift keine ausdrückliche Regelung. Dies kann jedoch nicht bedeuten, daß für derartige Leistungen kein Umbauzuschlag vereinbart werden kann. Mangels ausdrücklicher Regelung und angesichts des Inhalts des Satzes 1 des § 24 Abs. 1 HOAI, wonach generell bei Umbauten und Modernisierungen eine Erhöhung der Honorare schriftlich vereinbart werden kann, ist auch in diesen Fällen eine Erhöhung des Zuschlags zulässig. Fehlt allerdings eine derartige schriftliche Vereinbarung, so erhält der Architekt keinen Zuschlag, auch nicht etwa einen Mindestzuschlag von 20 %.

2. Stufe: Durchschnittlicher Schwierigkeitsgrad

Leistungen mit durchschnittlichem Schwierigkeitsgrad werden in § 24 Abs. 1 Satz 3 ausdrücklich und eindeutig geregelt. Für sie kann ein Zuschlag von 20-33 v. H. vereinbart werden.

Gibt es keine Vereinbarung zwischen den Parteien, so gilt gem. § 24 Abs. 1 Satz 4 HOAI bei durchschnittlichem Schwierigkeitsgrad ein Umbauzuschlag von 20 % als vereinbart.

Dies ist die für die Architekten wichtigste Neuerung des § 24 HOAI, denn bei Leistungen für Objekte, die der Honorarzone III zugeordnet werden, erhalten sie nunmehr auf jeden Fall einen Zuschlag von 20 %, auch wenn die Vereinbarung lediglich mündlich oder überhaupt nicht erfolgte.

3. Stufe: Über dem Durchschnitt liegender Schwierigkeitsgrad

Da § 24 Abs. 1 Satz 4 HOAI die Formulierung „ab durchschnittlichem Schwierigkeitsgrad" enthält, ist klar, daß auch bei überdurchschnittlichem Schwierigkeitsgrad automatisch ein Zuschlag von 20 % als vereinbart gilt, wenn eine anderweitige schriftliche Vereinbarung zwischen den Parteien fehlt. Im übrigen kann jedoch bei überdurchschnittlichem Schwierigkeitsgrad auch ein über 33 % liegender Umbauzuschlag vereinbart werden, da die Regelung des § 24 Abs. 1 HOAI für diese Fälle keine Begrenzung nach oben erkennen läßt.

Zu der Frage, inwieweit § 24 Abs. 1 HOAI Mindest- und Höchstsätze enthält, ist festzustellen, daß für durchschnittliche und überdurchschnittliche Schwierigkeitsgrade der Leistungen die 20 % Zuschlag nach zutreffender Auffassung gemäß § 24 Abs. 1 Satz 4 HOAI einen Mindestsatz darstellen. Dementsprechend sind bei durchschnittlichem Schwierigkeitsgrad die nach § 24 Abs. 1 Satz 3 zulässigen 33 % als Höchstsatz anzusehen.

Unverständlich ist, weshalb der Verordnungsgeber den Umbauzuschlag für Leistungen mit unterdurchschnittlichem Schwierigkeitsgrad nicht ausdrücklich geregelt hat. Denn der Wortlaut des Absatzes 1 läßt durchaus die Auslegung zu, daß in diesen Fällen weder nach unten noch nach oben Begrenzungen bestehen. Während es jedoch sinnvoll erscheint, für unterdurchschnittliche Schwierigkeitsgrade auch Umbauzuschläge unter 20 % zuzulassen, ist es sicherlich nicht der Wille des Verordnungsgebers gewesen, in diesen Fällen höhere Umbauzuschläge als bei durchschnittlichem Schwierigkeitsgrad zuzulassen. Deshalb wird man § 24 Abs. 1 zutreffenderweise nur so auslegen können, daß auch für diese Fälle der Zuschlag von 33 % als Höchstsatz, der nicht überschritten werden darf, anzusehen ist.

Die Einhaltung der Schriftform für die Vereinbarung des Umbauzuschlags ist Wirksamkeitsvoraussetzung. Da § 24 Abs. 1 HOAI jedoch keine Aussage über den Zeitpunkt der schriftlichen Vereinbarung enthält, muß diese nicht unbedingt bereits bei Auftragserteilung erfolgen, sondern kann auch noch nachgeholt werden. Dies ergibt sich auch aus der veröffentlichten regierungsamtlichen Begründung des Verordnungsgebers zu § 24 Abs. 1 Satz 1 HOAI.

Die Frage, welcher Schwierigkeitsgrad im Einzelfall gegeben ist, muß aus § 11 Absätze 1-3 HOAI beantwortet werden. In § 11 Abs. 1 Nr. 3 wird die Honorarzone III als durchschnittlicher Schwierigkeitsgrad definiert. Im Zweifelsfall ist der Schwierigkeitsgrad nicht nur aus § 11 Abs. 1, sondern auch durch die Feinbewertung/Punktbewertung gem. § 11 Absätze 2 und 3 HOAI zu bestimmen.

Die Regelung des § 24 Abs. 2 HOAI ist ebenfalls neu. Sie gibt den Vertragsparteien die Möglichkeit, statt eines Umbauzuschlags nach Abs. 1 für die Leistungsphasen 1, 2 und 8 des § 15 HOAI höhere Bewertungen als die im § 15 Abs. 1 HOAI enthaltenen zu vereinbaren. Auch hier muß die Vereinbarung schriftlich erfolgen. Als Kriterien für die erhöhten Ansätze werden auch hier der Schwierigkeitsgrad und der tatsächliche Zeitaufwand heranzuziehen sein. Da die HOAI selbst über die Höhe des Honorars keine Regelungen enthält, ist den Vertragsparteien hier ein sehr großer Freiraum eingeräumt. Ein Verstoß gegen den Höchstpreischarakter der HOAI wird im Einzelfall nur schwer festzustellen sein.

75

Auch bei Instandhaltungen und Instandsetzungen kann gem. §27 HOAI ein Zuschlag vereinbart werden. Dieser gilt allerdings nur für die Leistungsphase 8 des §15 HOAI – Bauüberwachung. Es ist ein Zuschlag bis zu 50% zulässig.

Umstritten ist, ob die entsprechende Vereinbarung schriftlich bei Auftragserteilung getroffen werden muß. Die herrschende Meinung bejaht dies, da §27 eine Abweichung von den Mindestsätzen darstelle und deshalb die Voraussetzungen des §4 Abs. 1 und 4 HOAI für eine Abweichung von den Mindestsätzen erfüllt sein müßten.

Die Definitionen für Instandhaltung und Instandsetzung finden sich genauso wie die Definitionen für Umbau und Modernisierung in §3 HOAI.

Ziffer 2.3 des Architektenvertrages sieht schließlich noch die Möglichkeit vor, die Vorplanung oder Entwurfsplanung als Einzelleistung gem. §19 HOAI zu vereinbaren. Die Lektüre des §19 HOAI zeigt, daß diese Erhöhungsmöglichkeit sowohl bei Leistungen für Gebäude als auch bei Leistungen für Freianlagen und raumbildende Ausbauten besteht.

Da streitig ist, ob die Vereinbarung der erhöhten Sätze schriftlich bei Auftragserteilung erfolgen muß oder ob auch eine spätere mündliche Vereinbarung ausreichend ist, ist den Architekten auf jeden Fall zu empfehlen, sicherzugehen und auf eine schriftliche Vereinbarung bei Vertragsschluß zu achten. Die Anwendbarkeit der Vorschrift setzt voraus, daß eine der genannten Leistungsphasen im wesentlichen komplett isoliert in Auftrag gegeben wird. Wird also z.B. neben der Leistungsphase Vorplanung auch die Leistungsphase Grundlagenermittlung beauftragt, ist §19 nicht anwendbar.

Beim Ausfüllen des Vertrages ist in die rechte Spalte der erhöhte Honorarsatz einzutragen. Durch die ab 1.1.1991 gültige Formulierung der Vorschrift ist klargestellt, daß der genannte Erhöhungssatz – z.B. bei der Vorplanung für Gebäude 10% – die Höchstgrenze darstellt und auch ein Prozentsatz darunter vereinbart werden kann. Dadurch ist eine bis zum 31.12.1990 bestehende Streitfrage vom Verordnungsgeber eindeutig beantwortet worden.

2.4 Die anrechenbaren Kosten richten sich nach §10 HOAI. Soll vorhandene Bausubstanz technisch oder gestalterisch mitverarbeitet werden, so ist §10 Abs. 3 a HOAI zu beachten.

Die anrechenbaren Kosten der technisch oder gestalterisch mitzuverarbeitenden vorhandenen Bausubstanz werden gem.

§10 Abs. 3 a HOAI mit folgendem Wert als angemessen vereinbart: DM ....

Ändert sich der Umfang dieser Bausubstanz während der Durchführung des Auftrages, so ist der nach §10 Abs. 3 a HOAI angenommene Wert anzupassen. Wird der Wert der mitzuverarbeitenden vorhandenen Bausubstanz bei Vertragsabschluß nicht vereinbart, so holen die Parteien eine schriftliche ergänzende Vertragsvereinbarung nach.

Ziffer 2.4 des Einheits-Architektenvertrages beschäftigt sich mit der äußerst schwierigen Frage der Einbeziehung vorhandener Bausubstanz in die anrechenbaren Kosten, die wiederum Bemessungsgrundlage für das Architektenhonorar sind.

Durch die 3. Änderungsverordnung zur HOAI wurde die Vorschrift des §10 Abs. 3 a neu eingeführt. Auslöser für diese Vorschrift war eine Entscheidung des Bundesgerichtshofs (veröffentlicht in NJW-RR 1986, 1214 = BauR 1986, 593 = ZfBR 1986, 233), mit der der BGH entschieden hat, daß bei einem Umbau, bei dem vom Architekten vorhandene Bauteile planerisch und baukonstruktiv in seine Leistungen einbezogen werden mußten, die ortsüblichen Preise für diese Bausubstanz als anrechenbare Kosten im Sinne des §10 Abs. 3 Nr. 4 HOAI einzubeziehen seien.

So positiv diese Entscheidung des BGH für die Architekten einerseits war, muß andererseits das, was der Verordnungsgeber nunmehr mit der Neuregelung des §10 Abs. 3 a HOAI aus dieser Rechtsprechung gemacht hat, frustrierend auf die Architekten wirken. Denn nach der Neuregelung ist nicht die „ortsübliche Vergütung" zum Zeitpunkt der Ausführung des Bauvorhabens maßgeblich, sondern die Höhe der anzurechnenden Kosten der vorhandenen Bausubstanz soll durch eine „angemessene" Vereinbarung der Vertragsparteien geregelt werden.

Das hierdurch vom Verordnungsgeber geschaffene praktische Problem liegt auf der Hand. Wie soll sich der Architekt verhalten, wenn der Bauherr im konkreten Einzelfall trotz der gestalterischen und konstruktiven Einbeziehung vorhandener Bausubstanz den Abschluß einer schriftlichen Vereinbarung verweigert? Ziffer 2.4 des Einheits-Architektenvertrages berücksichtigt den Idealfall, bei dem bereits mit Abschluß des schriftlichen Architektenvertrages zwischen den Vertragsparteien auch über die angemessene Einbeziehung der vorhandenen Bausubstanz eine Vereinbarung erfolgt. Sind sich die Vertragsparteien hierüber einig, ist in die Regelung der Ziffer 2.4 lediglich noch der angemessene Betrag einzusetzen.

Kommt es aufgrund von Meinungsverschiedenheiten zwischen den Vertragsparteien über die angemessene Höhe der Einbeziehung vorhandener Bausubstanz oder aufgrund einer grundsätzlichen Weigerung des Bauherrn nicht zu der im Einheits-Architektenvertrag vorgesehenen Vereinbarung, stellt sich die Frage, ob dies gleichbedeutend damit ist, daß der Architekt seinen entsprechenden Anspruch verliert.

Geht man vom Wortlaut der Regelung des § 10 Abs. 3 a HOAI aus, scheint dies auf den ersten Blick der Wille des Verordnungsgebers gewesen zu sein. Denn die Formulierung: „der Umfang der Anrechnung bedarf der schriftlichen Vereinbarung" spricht dafür, daß hier eine echte Anspruchsvoraussetzung geschaffen werden sollte.

Bei genauerer Überprüfung stellt sich jedoch heraus, daß dieses Ergebnis weder sachgerecht noch vom Verordnungsgeber bezweckt ist. Zum einem ist zu berücksichtigen, daß § 10 Abs. 3 a Satz 1 HOAI den Parteien quasi vorschreibt, daß vorhandene Bausubstanz „bei den anrechenbaren Kosten angemessen zu berücksichtigen ist".

Sodann läßt sich auch aus der amtlichen Begründung (BR-Drucksache 594/87, S. 100) nicht entnehmen, daß der Verordnungsgeber von der Entscheidung des Bundesgerichtshofs mit seiner Neuregelung abweichen wollte. Die Begründung lautet: „Der eingefügte neue Absatz 3 a stellt klar, daß die vorhandene Bausubstanz, die technisch oder gestalterisch mitverarbeitet wird, grundsätzlich zu den anrechenbaren Kosten gerechnet wird. Der Umfang der Anrechnung hängt insbesondere von der Leistung des Auftragnehmers ab. Erfordert die Mitverarbeitung nur geringe Leistungen, so werden auch nur in entsprechend geringem Umfang die Kosten anerkannt werden können. Wird aber z. B. das Tragwerk eines vorhandenen Bauwerkes bei einer Umwidmung des Bauwerks völlig überprüft und durchgerechnet, so können auch die Kosten des Tragwerks wie nach Teil VIII voll angerechnet werden. Deshalb ist über den Umfang der Anrechenbarkeit eine vertragliche Vereinbarung vorgesehen. Dabei sind sowohl die Baumassen als auch die zugrunde zu legenden Preise festzulegen."

Danach kann man nicht davon ausgehen, daß die schriftliche Vereinbarung über die Einbeziehung der vorhandenen Bausubstanz vom Verordnungsgeber als echte Anspruchsvoraussetzung in die Neuregelung aufgenommen wurde.

Dies bedeutet in der Praxis, daß der Architekt, der die schriftliche Vereinbarung über die Einbeziehung der vorhandenen Bausubstanz schlicht vergißt oder gegenüber dem Bauherrn nicht durchsetzen kann, seine Interessen nur dadurch wahren kann, daß er einen angemessenen Betrag in seine Honorarabrechnung einstellt und die Angemessenheit im Zweifelsfall in einem Rechtsstreit durch das Gericht, das sich der Hilfe eines Sachverständigen bedienen wird, zu überprüfen ist.

Der Architekt, der sich in dieser Situation befindet, muß jedoch wissen, daß auch die Auffassung vertreten wird, ohne schriftliche Vereinbarung bei Auftragserteilung sei eine Einbeziehung vorhandener Bausubstanz nicht mehr möglich. Deshalb sollte trotz des oben gegebenen praktischen Hinweises auf jeden Fall das Hauptinteresse des Architekten sein, bereits bei Vertragsschluß eine schriftliche Vereinbarung mit dem Bauherrn zu erzielen, so wie es auch der Einheits-Architektenvertrag vorsieht.

Zur Klarstellung ist darauf hinzuweisen, daß nur diejenige Bausubstanz, die technisch oder gestalterisch mitverarbeitet wird, in die anrechenbaren Kosten einzubeziehen ist. Nicht zu berücksichtigen ist zwar vorhandene, jedoch nicht in die konstruktive oder gestalterische Tätigkeit der Planung und Bauausführung einbezogene Bausubstanz.

Wie sich bereits aus dem Text des Einheits-Architektenvertrages ergibt, sind die Leistungen nach der Wärmeschutzverordnung **(Ziffer 2.5)** in der HOAI in einem gesonderten Leistungsbild gemäß § 78 geregelt. Es handelt sich hierbei also keineswegs um eine Grundleistung, die der Architekt bereits aufgrund seiner Beauftragung mit den Leistungen des § 15 HOAI zu erbringen hat.

Allerdings bietet es sich in vielen Fällen an, diese Leistungen vom Architekten mit erbringen zu lassen und hierfür keinen zusätzlichen Auftragnehmer einzuschalten.

2.5 Leistungen nach der Wärmeschutzverordnung (§ 78 HOAI)
Entwurf, Bemessung und Nachweis des Wärmeschutzes nach der Wärmeschutzverordnung und nach den bauordnungsrechtlichen Vorschriften. Die Honorierung richtet sich nach § 78 HOAI.

2.2.2 Besondere Leistungen und Honorar (§ 3)

3　Besondere Leistungen und Honorar

3.1　Der Bauherr überträgt dem Architekten folgende Besondere Leistungen (§ 2 Abs. 3 HOAI), für die die nachstehend aufgeführten Honorare vereinbart werden (§ 5 Abs. 4 HOAI):

....　DM ....

....　DM ....

....　DM ....

....　DM ....

3.2　Für den Fall, daß Besondere Leistungen nach Vertragsabschluß übertragen werden, sind folgende Stundensätze vereinbart (§ 6 Abs. 2 HOAI)

für den Architekten　DM ....

für den Mitarbeiter, der technische oder wirtschaftliche Aufgaben erfüllt　DM ....

für den Technischen Zeichner und sonstige Mitarbeiter mit vergleichbarer
Qualifikation　DM ....

Die **Ziffer 3.1** enthält bereits den Hinweis auf die zwei wichtigsten HOAI-Vorschriften im Zusammenhang mit den Besonderen Leistungen.
Dies ist zunächst § 2 Abs. 3 HOAI. Diese Regelung enthält in Satz 1 zunächst den Hinweis, daß Besondere Leistungen zu Grundleistungen hinzu- oder an deren Stelle treten können, wenn besondere Anforderungen an die Ausführung eines konkreten Auftrages gestellt werden.
Das System der HOAI, die Auftragnehmerleistungen in Grundleistungen und Besondere Leistungen einzuteilen, findet sich in der Mehrzahl der in der HOAI geregelten Leistungsbilder (vgl. §§ 15, 37, 40, 45 a, 46, 47, 48 a, 49, 49 d, 55, 64, 73, 97 b und 98 b). Lediglich die Leistungsbilder Thermische Bauphysik (§ 77), Bauakustik (§ 81), Raumakustik (§ 85), Baugrundbeurteilung und Gründungsberatung (§ 92) und Entwurfsvermessung (§ 97) enthalten keine Unterscheidungen zwischen Grundleistungen und Besonderen Leistungen.
Soweit Besondere Leistungen in den jeweiligen Leistungsbildern aufgeführt sind, finden sie sich jeweils in der rechten Spalte der Leistungsbilder. § 2 Abs. 3 Satz 2 HOAI stellt klar, daß die Aufzählung der Besonderen Leistungen nicht abschließend, sondern nur beispielhaft ist. Dies bedeutet zunächst, daß bei der Beauftragung eines bestimmten Leistungsbildes aus der HOAI durchaus auch Besondere Leistungen aus anderen Leistungsbildern zusätzlich oder an Stelle von Grundleistungen beauftragt werden können. Dies wurde vom Verordnungsgeber durch den mit der 1. Verordnung zur Änderung der HOAI aufgenommenen Satz 3 des § 2 Abs. 3 HOAI ausdrücklich klargestellt.
Sodann kann auch eine in einer bestimmten Leistungsphase eines Leistungsbildes aufgeführte Besondere Leistung als Besondere Leistung in einer anderen Leistungsphase vereinbart werden. Auch dies ergibt sich aus § 2 Abs. 3 Satz 3 HOAI. Schließlich stellt dieser Satz 3 außerdem klar, daß Grundleistungen niemals Besondere Leistungen sein können, auch wenn sie in einer anderen Leistungsphase, als in einem Leistungsbild der HOAI vorgesehen, oder in einem anderen Leistungsbild erbracht werden. Denn Grundleistungen und Besondere Leistungen schließen sich begrifflich aus, wie sich aus der Definition des § 2 Abs. 2 und Abs. 3 HOAI ergibt. Erbringt ein Auftragnehmer zusätzlich zu dem beauftragten Leistungsbild Grundleistungen aus einem anderen Leistungsbild der HOAI, sind diese niemals als Besondere Leistungen, sondern vielmehr nach den Bestimmungen des betreffenden Teils der HOAI als Grundleistungen abzurechnen. In diesem Zusammenhang ist auf das oben bereits behandelte und im Einheits-Architektenvertrag ausdrücklich erwähnte Beispiel des Wärmeschutznachweises hinzuweisen.
Neben den Besonderen Leistungen, die in dem jeweils beauftragten Leistungsbild oder auch in anderen Leistungsbildern der HOAI aufgeführt sind, kommen auch Leistungen, die von der HOAI überhaupt nicht erfaßt sind, als Besondere Leistungen in Betracht. Ausschlaggebend ist insoweit, daß

2. Inhalt des Einheits-Architektenvertrages

es sich zwar um außerhalb der HOAI liegende, aber im Zusammenhang mit der Errichtung eines Objekts ausnahmsweise von einem Auftragnehmer zu erbringende Leistungen handelt. Ist dieser Zusammenhang zwischen der in der HOAI nicht geregelten Leistung und den sonstigen Auftragnehmerleistungen bei einem bestimmten Objekt gegeben, ist die HOAI hinsichtlich der Vergütung dieser Leistung als Besondere Leistung einschlägig, so daß auch die in der HOAI geregelten Voraussetzungen für die Vergütungspflicht einer Besonderen Leistung gegeben sein müssen.

Unter welchen Voraussetzungen eine Besondere Leistung vergütungspflichtig ist, regelt insbesondere § 5 Abs. 4 HOAI, auf den in Ziffer 3.1 des Einheits-Architektenvertrages ebenfalls hingewiesen wird. § 5 Abs. 4 HOAI beschäftigt sich ausschließlich mit solchen Besonderen Leistungen, die zu beauftragten Grundleistungen hinzutreten. Besondere Leistungen, die an die Stelle von Grundleistungen treten oder Besondere Leistungen, die ohne jegliche Grundleistungen beauftragt werden, werden unten noch gesondert behandelt. Wie sich aus § 5 Abs. 4 ergibt, ist Voraussetzung für einen zusätzlichen Honoraranspruch, nachdem festgestellt ist, daß es sich überhaupt um Besondere Leistungen handelt, daß die Besonderen Leistungen im Verhältnis zu den Grundleistungen einen nicht unwesentlichen Arbeits- und Zeitaufwand verursachen. Ist der Aufwand nur unwesentlich, ist eine Vergütungspflicht trotz des Vorliegens einer Besonderen Leistung nicht gegeben. Der Verordnungsgeber wollte mit dieser Regelung verhindern, daß Bagatelleistungen zu einem gesonderten Honoraranspruch führen.

Maßgeblich ist der objektiv erforderliche Aufwand für die konkrete Leistung, d. h., ein erfahrener bzw. beschlagener Auftragnehmer darf gegenüber einem noch unerfahrenen Auftragnehmer nicht benachteiligt sein.

Obwohl der Verordnungstext von einem „nicht unwesentlichen Arbeits- und Zeitaufwand" spricht, ist es nach herrschender Meinung ausreichend, wenn entweder ein nicht unerheblicher Zeitaufwand oder ein nicht unerheblicher Arbeitsaufwand mit der Leistung verbunden ist (vgl. Locher/Koeble/Frik, Kommentar zur HOAI, 6. Auflage, § 5, Rdn. 9; Hesse/Korbion/Mantscheff, Vygen, § 5 Rdn. 9; Pott/Dahlhoff, § 5, Rdn. 15).

Besteht zwischen Auftragnehmer und Auftraggeber Streit über das Merkmal des „nicht unerheblichen Arbeits- und Zeitaufwands", muß der Auftragnehmer in einem Rechtsstreit die Tatsachen vortragen und beweisen, die zur Ausfüllung dieser Anspruchsvoraussetzungen dienen (vgl. BGH in BauR 1989, 222 = ZfBR 1989, 104 = NJW-RR 1989, 786). Der Auftragnehmer sollte deshalb stets darauf achten, daß er mit entsprechenden Unterlagen und gegebenenfalls mit einem Zeitnachweis seinen Aufwand darlegen und beweisen kann.

Weitere Voraussetzung für den Honoraranspruch des Auftragnehmers ist gemäß § 5 Abs. 4 HOAI eine schriftliche Honorarvereinbarung mit dem Auftraggeber. Das Merkmal „zuvor" ist seit dem 01.01.1991 durch die 4. HOAI-Novelle entfallen, so daß die schriftliche Honorarvereinbarung nicht mehr vor der Erbringung der Besonderen Leistungen erfolgen muß, wie dies bei Verträgen, die vor dem 31.12.1990 abgeschlossen wurden, der Fall war. Allerdings muß man deutlich herausstellen, daß der Wegfall des Merkmals „zuvor" keine wesentliche Verbesserung für die Auftragnehmer darstellt. Denn auch die derzeitige Fassung der Vorschrift zwingt den Architekten, rechtzeitig eine schriftliche Vereinbarung zu treffen. Rechtzeitig in diesem Sinne wird nach wie vor heißen, daß die Vereinbarung vor der Erbringung der Leistungen erfolgen sollte, da es nach Leistungserbringung um so schwieriger für den Architekten sein wird, den Auftraggeber zu einer schriftlichen Honorarvereinbarung zu bewegen. Vor der Leistungserbringung hat der Auftragnehmer eindeutig eine viel bessere Verhandlungsposition, um die schriftliche Honorarvereinbarung durchzusetzen. Ist im Einzelfall ein Auftraggeber auch nach einem durch den Auftragnehmer erfolgten Hinweis auf die Anspruchsvoraussetzung des § 5 Abs. 4 HOAI nicht bereit, eine schriftliche Honorarvereinbarung für die Besondere Leistung abzuschließen, ist der Auftragnehmer im Regelfall, in dem die Erbringung der Besonderen Leistung für die Durchführung des Objekts nicht unerläßlich sein wird, nicht verpflichtet, die Besondere Leistung ohne zusätzliches Honorar zu erbringen. Der Auftragnehmer begeht durch eine derartige Leistungverweigerung keineswegs eine Vertragsverletzung, die z. B. den Auftraggeber zu einer Vertragskündigung aus wichtigem Grund berechtigen könnte. Denn es kann kein vertragswidriges Verhalten darstellen, wenn ein Auftragnehmer sich weigert, eine Leistung, für die die HOAI eine besondere Vergütung vorsieht, unentgeltlich zu erbringen. Wenn das Schriftformerfordernis einerseits einen Schutz des Auftraggebers vor übereilter mündlicher oder schlüssiger Auftragserweiterung darstellen soll, kann andererseits niemand von dem Auftragnehmer verlangen, eine Besondere Leistung, die keine Bagatelleistung ist, für den Auftraggeber umsonst zu erbringen.

Die Leistungsverweigerung ist in diesem Fall die einzige Handhabe des Auftragnehmers, denn die HOAI gibt dem Auftragnehmer weder einen unmittelbaren Anspruch auf zusätzliche Honorierung einer Besonderen Leistung noch einen Anspruch auf Abschluß einer zusätzlichen Honorarvereinbarung. Die Ziffer 3.1 des Einheits-Architektenvertrages sieht vor, daß die zum Zeitpunkt des Vertragsabschlusses bereits bekannten Besonderen Leistungen in dem Vertrag bezeichnet werden und auch die entsprechenden Honorarvereinbarungen in die rechte Spalte eingetragen werden.

Bei der Frage der Honorarart und Honorarhöhe gibt ebenfalls § 5 Abs. 4 HOAI eine Antwort. Und zwar ist das Honorar für die Besondere Leistung in angemessenem Verhältnis zu dem Honorar für eine Grundleistung zu berechnen, wenn die Besondere Leistung mit einer solchen Grundleistung nach Art und Umfang vergleichbar ist. Es liegt auf der Hand, daß die HOAI hier den Parteien einen großen Spielraum läßt, denn sowohl die Vergleichbarkeit von Besonderen Leistungen und Grundleistungen als auch das „angemessene Verhältnis" des Honorars sind schwierig zu beurteilen und damit auch schwierig nachzuvollziehen. Grundsätzlich wird davon auszugehen sein, daß Maßstab für die Honorierung der Besonderen Leistungen das vereinbarte Honorar für die sonstigen Leistungen ist, also z. B. der zwischen den Parteien für die Grundleistungen vereinbarte Honorarsatz. Sodann wird man die mit der Besonderen Leistung vergleichbare Grundleistung nach ihrem jeweiligen Gewicht im Zusammenhang einer Leistungsphase und damit ihrer prozentualen Bewertung zu dem Zeit- und Arbeitsaufwand der Besonderen Leistung ins Verhältnis setzen müssen.

Liegt eine Vergleichbarkeit zwischen Besonderer Leistung und Grundleistungen nicht vor, regelt § 5 Abs. 4 Satz 3 HOAI, daß das Honorar als Zeithonorar nach § 6 zu berechnen ist.

Gem. § 6 Abs. 1 HOAI sind Zeithonorare auf der Grundlage der vereinbarten Stundensätze durch Vorausschätzung des Zeitbedarfs als Fest- oder Höchstbetrag zu berechnen. Nur wenn eine Vorausschätzung des Zeitbedarfs nicht möglich ist, ist das Honorar nach dem nachgewiesenen Zeitaufwand abzurechnen.

Um hinsichtlich des Inhalts und der Bestimmbarkeit der Honorarvereinbarung gar keinen Zweifel aufkommen zu lassen, empfiehlt es sich nach alledem, in die rechte Spalte der Ziffer 3.1 des Vertrages für jede beauftragte Besondere Leistung einen DM-Betrag, der sich entweder an dem angemessenen Verhältnis zwischen Besonderer Leistung und Grundleistung oder an dem vorausgeschätzten Zeitbedarf orientiert, einzusetzen.

Während Ziffer 3.1 des Vertrages die bereits bei Vertragsschluß bekannten Besonderen Leistungen erfaßt, gibt die **Ziffer 3.2** den Vertragsparteien bereits bei Abschluß des Architektenvertrages die Möglichkeit, für Besondere Leistungen, deren Notwendigkeit sich erst nach Vertragsabschluß ergibt, bereits feste Stundensätze zu vereinbaren.

Auch die Stundensätze gemäß § 6 Abs. 2 HOAI sind durch die 4. HOAI-Novelle geändert, d. h. erhöht worden. Sie betragen nunmehr für den Auftragnehmer 70–155 DM, für Mitarbeiter, die technische oder wirtschaftliche Aufgaben erfüllen, 65–110 DM und für technische Zeichner und sonstige Mitarbeiter mit vergleichbarer Qualifikation 55–80 DM.

Diese Stundensätze gemäß § 6 Abs. 2 HOAI stellen die Mindest- und Höchstsätze für das Zeithonorar dar. Unter- bzw. Überschreitungen dieser Sätze sind deshalb allenfalls bei Vorliegen der Voraussetzungen des § 4 Abs. 2 oder Abs. 3 HOAI denkbar.

Es stellt sich bei der Ziffer 3.2 die Frage, ob mit dieser Festlegung von Stundensätzen für eine Besondere Leistung, die zum Zeitpunkt des Vertragsabschlusses noch gar nicht bekannt sind, bereits die schriftliche Honorarvereinbarung im Sinne des § 5 Abs. 4 HOAI vorliegt. Von der Zielrichtung der Regelung her gesehen, ist dies sicherlich bezweckt. Es soll von vorneherein Klarheit über das bei nachträglich auftretenden Besonderen Leistungen zu zahlende Honorar geschaffen werden.

Da jedoch die später hinzukommende konkrete Besondere Leistung zum Zeitpunkt des Vertragsabschlusses noch nicht bekannt ist, insbesondere nicht bekannt ist, ob die sonstigen Voraussetzungen des § 5 Abs. 4 HOAI vorliegen, könnte man durchaus die Auffassung vertreten, daß es sich bei der Regelung in Ziffer 3.2 lediglich um eine sogenannte Rahmenvereinbarung handelt und im konkreten Einzelfall das Honorar nochmals ausdrücklich schriftlich für die jeweils beauftragte Besondere Leistung zu vereinbaren ist.

Diese Auffassung wird insbesondere auch dadurch gestützt, daß gemäß § 6 Abs. 1 HOAI bei einer Abrechnung nach Stunden der Zeitaufwand vorausgeschätzt und sodann ein Fest- bzw. Höchstbetrag vereinbart werden soll.

Wenn man dann noch berücksichtigt, daß es insbesondere dem Auftragnehmer auch aus Beweisgründen anzuraten ist, jede Beauftragung einer Besonderen Leistung schriftlich festzuhalten, so sollte auf jeden Fall trotz der Regelungen in Ziffer 3.2 für jede einzelne Besondere Leistung nochmals eine schriftliche Honorarvereinbarung getroffen werden. Für diese Honorarvereinbarung haben die Parteien sodann in Ziffer 3.2 von vorneherein bestimmte zur Anwendung zu bringende Stundensätze vereinbart.

2.2.3 Verlängerung der Bauzeit, Unterbrechung des Vertrages (§ 4)

> **4 Verlängerung der Bauzeit**
>
> 4.1 Dauert die Bauausführung länger als ...... Monate, so sind die Parteien verpflichtet, über eine angemessene Erhöhung des Honorars für die Bauüberwachung (§ 15 Abs. 2 HOAI Leistungsphase 8) zu verhandeln.
> Die nachgewiesenen Mehrkosten sind dem Architekten in jedem Fall zu erstatten, es sei denn, daß der Architekt die Bauzeitüberschreitung zu vertreten hat.
>
> 4.2 Wird die Durchführung des Vertrages länger als ...... Monate unterbrochen, so hat der Architekt für die Dauer der Unterbrechung einen Anspruch auf eine angemessene Entschädigung, es sei denn, die Unterbrechung ist vom Bauherrn nicht zu vertreten. § 21 HOAI bleibt unberührt.

Wie die Überschrift dieses Abschnitts im Einheits-Architektenvertrag bereits zeigt, sollen hier im Interesse des Architekten eine mögliche Verlängerung der Bauzeit einerseits und andererseits eine mögliche Unterbrechung des Vertrages sachgerecht geregelt werden.

Die Regelung in **Ziffer 4.1** behandelt ausschließlich die Dauer der eigentlichen Bauausführung und nicht etwa die Dauer des Architektenvertrages. Demzufolge bezieht sie sich auch lediglich auf die Leistungsphase 8 des § 15 Abs. 2 HOAI, also auf die vom Architekten zu erbringende Objektüberwachung.
Bei Abschluß eines Architektenvertrages gehen in der Regel beide Vertragsparteien von einer zumindest annähernd bestimmten Ausführungszeit des Objekts aus. Da die Leistungsphase Bauüberwachung im wesentlichen vom Zeitaufwand des Architekten geprägt ist, liegt sowohl der individuellen Kalkulation des Architekten als auch der objektiven Beurteilung eines angemessenen Honorars im Rahmen der Mindest- und Höchstsätze der HOAI ein mit einem konkreten Objekt verbundener angemessener Zeitraum für die Objektüberwachung zugrunde. In Vertragsverhältnissen, in denen es zu diesem Punkt keinerlei vertragliche Regelung gibt, entsteht häufig ein Streitpunkt zwischen den Parteien, wenn der Architekt mit dem Verlangen auf ein höheres Honorar für die Objektüberwachung an den Bauherrn herantritt. Ohne eine diesbezügliche vertragliche Regelung hat der Architekt jedoch rechtlich keine Möglichkeit zur Durchsetzung eines derartigen erhöhten Honorars, es sei denn, es liegt ein absoluter Ausnahmefall des Wegfalls der Geschäftsgrundlage vor. Die Voraussetzungen hierfür sind erst gegeben, wenn der Architekt nach Treu und Glauben einen Anspruch auf Honorarerhöhung hätte, weil das vereinbarte Honorar für die Leistungen so unverhältnismäßig und unzumutbar geworden ist, daß die Opfergrenze des Architekten als Auftragnehmer erreicht ist. Hierfür reicht nicht bereits aus, daß der Architekt mit seinem Honorar in „die roten Zahlen" gerät. Vor diesem Hintergrund versucht der Einheits-Architektenvertrag mit Ziffer 4.1 dem Architekten eine Möglichkeit einzuräumen, bereits zum Zeitpunkt des Vertragsabschlusses die Weichen für eine mögliche Honorarerhöhung zu stellen. Grundlage hierfür ist zunächst, daß im Vertrag von beiden Vertragsparteien eine Frist bestimmt werden soll, ab der ein erhöhter Honoraranspruch des Architekten überhaupt in Betracht kommt. Die Parteien werden sich also bereits bei Vertragsabschluß Gedanken zur vorgesehenen Regelbauzeit für ihr konkretes Objekt und eine für den Architekten noch zumutbare Bauzeitüberschreitung machen müssen. Dieser gemeinsam festzulegende Zeitraum wird sodann in die Regelung der Ziffer 4.1, Satz 1 eingetragen.

Wird diese gemeinsam von den Vertragsparteien festgelegte Bauzeit tatsächlich überschritten, liegt allerdings mit der Regelung des Satzes 1 der Ziffer 4.1 noch keine Lösung der Honorarfrage vor. Vielmehr bürdet diese Regelung lediglich beiden Vertragsparteien die Pflicht auf, über eine angemessene Erhöhung des Honorars für die Leistungsphase 8 zu verhandeln.

Damit stellt sich natürlich sogleich die Frage, welche Möglichkeiten der Architekt hat, wenn der Bauherr sich weigert, über eine Erhöhung des Honorars zu verhandeln bzw. die Verhandlungen nicht zu einem einvernehmlichen Ergebnis führen. Diese „Schwäche" der Regelung versucht der Vertrag mit Satz 2 aufzufangen, indem dort geregelt ist, daß in allen Fällen, in denen der Architekt die Bauzeitüberschreitung nicht selbst zu vertreten hat, er zumindest einen Anspruch auf Erstattung der durch die Bauzeitverlängerung verursachten und nachgewiesenen Mehrkosten hat. Hierbei handelt es sich also um einen Auffangtatbestand für alle die Fälle, in denen die Parteien sich nicht auf eine bestimmte Honorarerhöhung einigen können. Der Architekt muß dann für das konkrete Bauvorhaben die tatsächlich ihm entstehenden Mehrkosten für die verlängerte Bauzeit konkret darlegen und nachweisen.

Will der Architekt bereits bei Vertragsschluß einigermaßen sicherstellen, daß ihm bei Verlängerung der Bauzeit nicht nur die tatsächlichen Mehrkosten, sondern ein Honorar mit einem Gewinnanteil bezahlt wird, muß er versuchen, bereits bei Vertragsschluß gegenüber dem Bauherrn eine Regelung durchzusetzen, die ihm für die verlängerte Bauzeit bereits einen festen Honoraranspruch sichert.

Während sich die Ziffer 4.1 lediglich mit der eigentlichen Bauzeit beschäftigt, betrifft die Regelung in **Ziffer 4.2** die Durchführung des gesamten Vertragsverhältnisses zwischen Bauherr und Architekt. Die Regelung ist ohne Kenntnis des juristischen Hintergrunds nur schwer verständlich.

Ziffer 4.2, Satz 1 hat seine Grundlage in §642 BGB. Nach §642 BGB kann der Architekt vom Bauherrn eine angemessene Entschädigung verlangen, wenn zur Herstellung seines Werks eine Mitwirkungshandlung des Bauherrn erforderlich ist und dieser durch die Unterlassung dieser Mitwirkungshandlung in Annahmeverzug gerät. Dieser Annahmeverzug des Bauherrn ist offensichtlich mit dem Hinweis auf das Vertretenmüssen der Unterbrechung gemeint. Beispiele hierfür sind
- eine zu späte Beauftragung von Sonderfachleuten durch den Bauherrn,
- eine zu späte Einreichung der Bauantragsunterlagen durch den Bauherrn,
- eine verspätete Beauftragung von ausführenden Unternehmern,
- eine nicht erfolgte Freigabe von Plänen für die weiteren Leistungen des Architekten,
- die fehlende Vergabe der Ausführungsleistungen für einen weiteren Bauabschnitt durch den Bauherrn,
- eine vom Bauherrn zu vertretende Vertragsgestaltung, die einen zügigen Baubeginn oder Baufortschritt verhindert.

Wird der Architekt durch derartige aus der Sphäre des Bauherrn kommende Gründe an der Fortführung seiner Leistungen gehindert, kann er gemäß §642 BGB eine angemessene Entschädigung für die Dauer der Unterbrechung verlangen. Diese Entschädigung bestimmt sich gemäß §642 Abs. 2 BGB einerseits nach der Dauer des Verzugs und der Höhe der vereinbarten Vergütung und andererseits nach dem, was der Architekt infolge des Verzugs des Bauherrn an Aufwendungen erspart oder durch anderweitige Verwendung seiner Arbeitskraft erwerben kann. Der Entschädigungsanspruch soll folglich die Werkunternehmer, zu denen auch der Architekt gehört, dafür entschädigen, daß sie Arbeitskraft und Kapital bereithalten und ihre zeitlichen Dispositionen durchkreuzt werden.

Wie sich aus Satz 2 der Ziffer 4.2 ergibt, ist in diesem Zusammenhang neben §642 BGB die Regelung des §21 HOAI zu beachten.

Diese Vorschrift gewährt dem Architekten unter der Voraussetzung, daß ein Auftrag „nicht einheitlich in einem Zuge, sondern abschnittsweise in größeren Zeitabständen ausgeführt" wird, einen erhöhten Honoraranspruch, indem die anrechenbaren Kosten als Bemessungsgrundlage für das Honorar nicht einheitlich, sondern ebenfalls abschnittsweise berücksichtigt werden. Wegen der Einzelheiten wird auf den Wortlaut der Regelung verwiesen. Die Formulierung des Satzes 2 der Ziffer 4.2 im Einheits-Architektenvertrag spricht dafür, daß die Regelung des Satzes 1, d.h. die Anwendung des §642 BGB, neben der Vorschrift des §21 HOAI zur Anwendung kommen kann.

Es stellt sich allerdings die Frage, ob durch eine gleichzeitige Anwendung des §642 und des §21, wenn die Voraussetzungen beider Vorschriften vorliegen, der Höchstpreischarakter der HOAI verletzt wird. Diese Auffassung wird teilweise vertreten (vgl. Locher/Koeble/Frik, Kommentar zur HOAI, 6. Aufl., Rdn. 7 zu §21).

Dies ist nach unserer Auffassung nicht richtig. Bei dem Anspruch aus §642 BGB handelt es sich nicht um einen Vergütungs-, sondern um einen Entschädigungsanspruch, der von seiner rechtsdogmatischen Einordnung her nicht zu einer Verletzung des Höchstpreischarakters der HOAI führen kann. Auch in den Fällen, in denen es dem Architekten gelingt, mit seinem Bauherrn den Höchstsatz nach der HOAI zu vereinbaren, muß §642 anwendbar sein. Und zwar nicht nur in Fällen, in denen nur die Voraussetzungen des §642 und nicht diejenigen des §21 HOAI erfüllt sind, sondern auch bei Vorliegen der Voraussetzungen beider Vorschriften.

Eine andere Frage in diesem Zusammenhang ist, inwieweit sich im Einzelfall die Anwendung des §21 HOAI auf die Höhe des Entschädigungsanspruchs gemäß §642 BGB auswirkt. Im HOAI-Kommentar von Hesse/Korbion/Mantscheff/Vygen, 3. Aufl., Rdn. 8 zu §21 HOAI wird zu Recht darauf hingewiesen, daß die Anwendbarkeit des §21 HOAI grundsätzlich nicht die gleichzeitige Anwendung des §642 BGB ausschließt, allerdings in vielen Fällen bereits dazu führen wird, daß Raum für eine Entschädigung nicht mehr bleibt. Ausnahmefälle kann es jedoch geben, so daß es aus der Sicht des Architekten wichtig ist zu wissen, daß trotz der Anwendbarkeit des §21 HOAI im Einzelfall noch ein Entschädigungsanspruch bei Annahmeverzug des Bauherrn bestehen kann.

2. Inhalt des Einheits-Architektenvertrages

2.2.4 Einsatz von Sonderfachleuten (§ 5)

> **5 Sonderfachleute**
>
> Folgende Leistungen werden von den nachstehend genannten Sonderfachleuten erbracht und sind vom Architekten zeitlich und fachlich zu koordinieren, mit seinen Leistungen abzustimmen und in diese einzuarbeiten:
>
> 1. Bodengutachten (Gründungsberatung)
>
> 2. Tragwerksplanung (Statik)
>
> 3. Technische Ausrüstung
>
> 4. ....
>
> 5. ....
>
> Die Verträge mit den Sonderfachleuten werden vom Bauherrn abgeschlossen. Die Leistungen der Sonderfachleute werden vom Bauherrn unmittelbar vergütet.

Aus der Sicht des Architekten ist an dieser Regelung zunächst von besonderer Bedeutung, daß die vertraglichen Beziehungen zwischen dem Bauherrn und den Sonderfachleuten unmittelbar geregelt werden, so daß zwischen den Sonderfachleuten und dem Bauherrn auch eigene Gewährleistungsregelungen gelten. Die Alternative hierzu ist die Einschaltung von Sonderfachleuten als Subunternehmer des Architekten. In diesen Fällen käme zwischen den Sonderfachleuten und dem Bauherrn kein Vertragsverhältnis zustande. Nachteil aus der Sicht des Architekten wäre, daß er für die Fehler seiner Subunternehmer gegenüber dem Bauherrn in vollem Umfang einstehen müßte. Deshalb ist die im Einheits-Architektenvertrag vorgesehene Regelung für den Architekten der Einschaltung von Sonderfachleuten als Subunternehmer vorzuziehen.

Die Regelung stellt auch für den unerfahrenen Bauherrn klar, daß er mit den Sonderfachleuten jeweils gesonderte Rechtsbeziehungen eingeht und deren Leistungen von ihm auch unmittelbar zu vergüten sind.

Neben dem Hinweis auf die gesonderten Rechtsbeziehungen zwischen dem Bauherrn und den Sonderfachleuten und der Auflistung der bereits bei Vertragsschluß bekannten Sonderfachleute (wegen der Beratungspflicht des Architekten zum Einsatz von Sonderfachleuten vergleiche § 2, Ziffer 2.2 der AVA) enthält die Regelung noch den Hinweis auf die Koordinierungspflicht des Architekten im Zusammenhang mit den Leistungen der Sonderfachleute. Diese Verpflichtung ergibt sich bereits aus dem Leistungsbild des § 15 HOAI (vgl. den Grundleistungskatalog des § 15 Abs. 2 HOAI, in dem stets das Integrieren der Leistungen anderer an der Planung fachlich Beteiligter und die Verwendung der Beiträge anderer an der Planung fachlich Beteiligter als Architektenleistung genannt wird).

2.2.5 Nebenkosten (§6) und Umsatzsteuer (§7)

---

6   Nebenkosten[6]

6.1   Die nach §7 HOAI mögliche Berechnung der Nebenkosten erfolgt:

6.1.1 ☐   insgesamt mit einer Pauschale von ...... % des Nettohonorars

6.1.2 ☐   Post- und Fernmeldegebühren werden pauschal mit .... DM, ... v. H. des Nettohonorars erstattet, die sonstigen Nebenkosten auf Nachweis

6.1.3 ☐   insgesamt auf Nachweis

6.2   Bei Abrechnung auf Nachweis wird erstattet für:

— Fahrtkosten bei Benutzung des eigenen PKW .... DM/km, sonst die nachgewiesenen Kosten öffentlicher Verkehrsmittel

— eine Tagegeldpauschale von .... DM

— Übernachtungskosten

---
[6] Nichtzutreffendes streichen.

Zur möglichen Abrechnung der Nebenkosten enthält das Vertragsmuster drei Alternativen. Dies sind entweder eine Gesamtpauschale als Prozentsatz des Nettohonorars oder eine Pauschale für Post- und Fernmeldegebühren und eine Abrechnung sonstiger Nebenkosten auf Nachweis oder eine Abrechnung der Nebenkosten insgesamt auf Nachweis.

Für die Abrechnung auf Nachweis sieht die Ziffer 6.2 dann noch die Möglichkeit der Vereinbarung von bestimmten Kilometersätzen für die Fahrtkosten und Tagegeldpauschalen vor.

Wichtig für die Parteien eines Architektenvertrags ist die Kenntnis der HOAI-Regelung zu den Nebenkosten. Gemäß §7 Abs. 3 können Nebenkosten wahlweise pauschal oder nach Einzelnachweis abgerechnet werden. Sie sind jedoch zwingend nach Einzelnachweis abzurechnen, wenn nicht bei Auftragserteilung eine pauschale Abrechnung zwischen den Parteien schriftlich vereinbart ist. Dabei gilt für das Merkmal „bei Auftragserteilung" und die Schriftform das zu der Regelung des §4 Abs. 1 HOAI Ausgeführte entsprechend.

Wenn also die Parteien nicht bereits bei Vertragsschluß die pauschale Nebenkostenabrechnung schriftlich vereinbaren, ist diese Abrechnungsweise nicht zulässig, und der Auftragnehmer ist gezwungen, bei entsprechendem Verlangen des Bauherrn auf Einzelnachweis abzurechnen. Die Kenntnis und Einhaltung dieser Bestimmung ist für die Auftragnehmer deshalb so wichtig, weil in Fällen pauschaler Nebenkostenabrechnung und entsprechender Zahlungsverweigerung des Bauherrn der Einzelnachweis im nachhinein kaum oder nur unter sehr erschwerten Bedingungen zu führen sein wird. In Prozessen führt dieser Umstand häufig zu dem Verlust von Nebenkostenerstattungen.

Soll eine Pauschale vereinbart werden, so stellt sich den Parteien stets die Frage nach der angemessenen Höhe. Auf diese Frage kann keine allgemeingültige Antwort gegeben werden. Die angemessene Pauschale richtet sich immer nach den Besonderheiten des Einzelfalles.

Zu beachten ist allerdings, daß von einer Umgehung des Höchstpreischarakters der HOAI auszugehen ist, wenn eine Pauschalvereinbarung in krassen Mißverhältnis zu den tatsächlich bei der Durchführung eines Vertragsverhältnisses entstehenden Nebenkosten steht. So hat zum Beispiel das Oberlandesgericht Düsseldorf in einem konkreten Fall eine Pauschale von 10% für überhöht und die entsprechende Vereinbarung für unwirksam gehalten (vgl. OLG Düsseldorf, BauR 1990, 640). Bei Abrechnung auf Nachweis dürfen an diesen vernünftigerweise nicht allzu hohe Anforderungen gestellt werden. Wichtig ist, daß der Auftragnehmer die Nebenkosten prüffähig, d.h. für den Bauherrn nachvollziehbar auflistet und gegebenenfalls durch Aufzeichnungen und Belege beweist.

2. Inhalt des Einheits-Architektenvertrages

Eine Besonderheit gilt für die Abrechnung von Fahrtkosten, denn diese sind nur erstattungsfähig, soweit sie den Umkreis von mehr als 15 km überschreiten. Für die Regelung der Fahrtkosten bei Benutzung des eigenen Pkw eignen sich die steuerlich zulässigen Pauschalsätze pro gefahrenem Kilometer.

Die Auflistung von Nebenkosten in § 7 Abs. 2 HOAI ist als Hinweis für den Auftragnehmer, was alles zu den Nebenkosten gehört, hilfreich, jedoch nicht abschließend, was durch die Formulierung „insbesondere" zum Ausdruck kommt.

Die Regelung unter § 7 stellt klar, daß die Umsatzsteuer zu den Honoraren und Nebenkosten zusätzlich in Rechnung gestellt wird. Die Regelung nimmt Bezug auf § 9 HOAI, der im Gegensatz zur bis zum 31.12.1984 geltenden Fassung der HOAI klarstellt, daß die Umsatzsteuer zusätzlich vom Bauherrn zu vergüten ist, und zwar auch für Abschlagszahlungen.

---

7 Umsatzsteuer

Die Umsatzsteuer zu den Honoraren und Nebenkosten wird zusätzlich in Rechnung gestellt (§ 9 HOAI).

2.3 Haftpflichtversicherung (§ 8)

---

8 Haftpflichtversicherung

Zur Sicherung etwaiger Ersatzansprüche des Bauherrn aus diesem Vertrag ist von dem Architekten eine Haftpflichtversicherung nachzuweisen. Die Deckungssummen dieser Versicherung betragen:

a) für Personenschäden   DM ....

b) für sonstige Schäden   DM ....

Dem Thema Haftpflichtversicherung ist von beiden Vertragsparteien große Bedeutung und Aufmerksamkeit beizumessen.

Wie jeder Baubeteiligte weiß, handelt es sich beim Bauen insgesamt um eine nicht nur schöne und befriedigende, sondern auch schwierige und verantwortungsvolle Tätigkeit. Wie die Anzahl außergerichtlicher und gerichtlicher Streitfälle zeigt, ist die Errichtung von Bauwerken immer wieder mit Mängeln und Schäden verbunden. Gerade deshalb ist es für alle Baubeteiligten besonders wichtig, sich im Rahmen der von den Versicherungen angebotenen Möglichkeiten gegen die finanziellen Folgen von Mängeln und Schäden abzusichern.

Für den Architekten ist es von besonderer Bedeutung, stets eine ausreichende Haftpflichtversicherung, d. h. eine Versicherung mit ausreichenden Deckungssummen zu unterhalten, damit er im Falle von Planungsfehlern und Bauaufsichtsfehlern nicht mit seinem Privatvermögen für entstandene Schäden aufkommen muß. Die Tätigkeit des Architekten ist unstreitig mit besonderen Risiken behaftet. Der Architekt sieht sich insbesondere einer Rechtsprechung ausgesetzt, die die Anforderungen an seine Sorgfaltspflichten im Laufe der Jahre immer mehr gesteigert hat. Diese Rechtsprechung verlangt von dem Architekten nicht nur, durch fachliche Weiterbildung stets auf dem neuesten Wissensstand zu sein, sondern erwartet von ihm im besonderen Maße, beratend und aufklärend im Rahmen seiner Vertragsbeziehung zum Bauherrn tätig zu werden.

Es ist deshalb nicht nur selbstverständlich, sondern unabdingbar, daß der Architekt versucht, sich gegen die auf ihn zukommenden Haftungsrisiken ausreichend zu schützen. Die Möglichkeit hierzu bietet – zumindest zum Teil – der Abschluß einer Haftpflichtversicherung, die speziell auf seine beruflichen Bedürfnisse ausgerichtet ist.

Es kommt hinzu, daß die Berufsordnungen der Architektenkammern und die Landesbauordnungen in der Regel die Verpflichtung des Architekten zum Abschluß einer Haftpflichtversicherung vorsehen.

§ 8 des Einheits-Architektenvertrages sieht insoweit vor, daß der Architekt zur Sicherung etwaiger

Teil A: IV. Verträge zwischen Bauherrn und Planungsbeteiligten

Ersatzansprüche des Bauherrn aus dem Architektenvertrag eine Haftpflichtversicherung mit bestimmten Deckungssummen nachweisen muß. Die Angabe von Deckungssummen und der Nachweis einer dementsprechenden Versicherung gibt einerseits dem Bauherrn die Sicherheit, daß mögliche Ersatzansprüche versicherungsmäßig abgedeckt sind, und zwingt andererseits den Architekten bei Abschluß eines jeden konkreten Vertrags, für sich selbst zu überprüfen, ob die von ihm unterhaltene Haftpflichtversicherung für das jeweilige Objekt ausreichenden Versicherungsschutz bietet.

Häufig taucht die Frage auf, ob bei Vereinbarung entsprechend hoher Deckungssummen das Berufsrisiko des Architekten auch wirklich vollständig abgesichert ist. Wie sich aus der Bezeichnung „Haftpflichtversicherung" ergibt, soll es Aufgabe der Versicherung sein, dem Architekten die Haftpflichtrisiken seines Berufes abzunehmen. Die Versicherer weigern sich jedoch, das gesamte Berufsrisiko des Architekten abzudecken. Im übrigen würde durch eine vollständige Abdeckung des Berufsrisikos des Architekten die Gefahrengemeinschaft dieser Berufsgruppe bis ins Unermeßliche belastet, was mit Sicherheit zu nicht mehr finanzierbaren Prämien führen würde. Auch der Bundesgerichtshof hat mehrfach zum Ausdruck gebracht, daß ein umfassender Versicherungsschutz volkswirtschaftlich nicht erwünscht sei und nur der mangelhaften Leistung Vorschub gewähren würde. Aus diesem Grund kann z. B. auch der Bauunternehmer und der Handwerker bei mangelhafter Leistung nicht mit der Gewährung von Versicherungsschutz rechnen. Gegenüber dieser Berufsgruppe genießt der Architekt deshalb sogar den Vorteil, daß Schadensersatzansprüche wegen Nichterfüllung gemäß § 635 BGB in den Versicherungsschutz eingeschlossen sind, soweit es sich um Schäden am Bauwerk handelt. Dieser Einschluß bewirkt gegenüber den sonstigen am Bau beteiligten Werkunternehmern eine entscheidende Besserstellung des Architekten.

Eine weitere wichtige Funktion der Haftpflichtversicherung neben der Freistellung des Architekten von berechtigten Haftpflichtansprüchen besteht darin, unberechtigte Forderungen abzuwehren und gegebenenfalls zu ihren Lasten einen Prozeß über streitige Fragen zu führen. Die tägliche Praxis in Bausachen zeigt, daß Bauherren nach Abschluß des Bauvorhabens die verschiedensten Einwendungen erheben oder Schadensersatzansprüche anmelden, um sich ihren Verpflichtungen zur Honorarzahlung gegenüber dem Architekten insgesamt oder teilweise zu entziehen. Gelingt es, derartige Angriffe in einem Rechtsstreit mit Erfolg abzuwehren, bleibt es immer noch fraglich, ob die angefallenen Prozeßkosten bei dem unterlegenen Gegner auch beigetrieben werden können. Dieses Risiko trägt in derartigen Fällen der Haftpflichtversicherer und nicht der Architekt.

Auch wenn im Einzelfall der Bauherr im Rahmen eines Rechtsstreits gegenüber der Honorarforderung des Architekten mit einer Aufrechnung wegen Schadensersatzansprüchen erfolgreich ist und deshalb der Architekt sein Honorar nicht oder nur teilweise vom Bauherrn erhält, trägt im Innenverhältnis der Versicherer diesen Honorarausfall und die dadurch auf dem Architekten lastenden Prozeßkosten.

Aus eigenem Interesse und weil der Architekt sich gegenüber seiner Versicherung hierzu vertraglich verpflichtet, sollte der Architekt die Versicherung sofort unterrichten, falls er mit einem Haftpflichtfall rechnet bzw. entsprechende Ansprüche ihm gegenüber angemeldet werden.

Die gesetzliche und vertragliche Grundlage der Rechtsbeziehungen zwischen dem Architekten und dem Haftpflichtversicherer sind das Versicherungsvertragsgesetz (VVG), die Allgemeinen Versicherungsbedingungen für die Haftpflichtversicherung (AHB) und die Besonderen Bedingungen für die Berufs-Haftpflichtversicherung der Architekten und Bauingenieure (BHB). Als speziellere Regelung gehen die BHB den AHB vor.

Es kann jedem Architekten nur geraten werden, nicht nur eine Haftpflichtversicherung abzuschließen, sondern sich mit dem Inhalt des Versicherungsvertrags im einzelnen vertraut zu machen, damit er seinen Deckungsschutz genau kennt und seine Rechte und Pflichten aus dem Versicherungsvertrag vollständig und ordnungsgemäß ausüben kann.

Auf Einzelheiten kann im Rahmen dieses Buches nicht eingegangen werden. Im Zusammenhang mit dem Deckungsschutz sollte sich der Architekt neben der Höhe der Deckungssumme insbesondere über die Punkte
— mitversicherte Personen,
— Risikoausschlüsse bei
  — Überschreitung von Fristen und Terminen,
  — Überschreitung von Massen und Kosten,
  — Verletzung gewerblicher Schutz- und Urheberrechte,
  — Abhandenkommen von Sachen,
— Serienschaden-Klauseln,
— Ausschluß-Klausel bei bewußter Pflichtwidrigkeit,
— Selbstbehalt etc.
genau informieren, um seine Absicherung und insbesondere das für ihn verbleibende Risiko einschätzen zu können.

Dem Architekten als Versicherungsnehmer muß bewußt sein, daß er neben Rechten aus dem Versicherungsvertrag und neben seiner Verpflichtung zur Prämienzahlung weitere sogenannte Obliegenheitspflichten gegenüber dem Versicherer hat. Hierzu zählt insbesondere die Anzeigepflicht gem. § 5 AHB. Danach ist der Versicherungsnehmer verpflichtet, den Versicherungsfall unverzüglich, spätestens innerhalb einer Woche, schriftlich anzuzeigen. Eine Verletzung dieser Anzeigepflicht kann äußerstenfalls zum Verlust des Versicherungsschutzes führen. Weitere Obliegenheitspflichten gegenüber dem Versicherer sind die Auskunftpflicht und das Anerkennungsverbot, durch das verhindert werden soll, daß der Versicherer durch eine Anerkennung des Anspruchs präjudiziert wird. Schließlich sollte der Architekt als Versicherungsnehmer auch seine Rechte im Falle der Ablehnung des Versicherungsanspruchs durch den Haftpflichtversicherer kennen.

Entscheidend ist, ob der Versicherer seine Deckungsverweigerung ohne oder mit Fristsetzung und Rechtsfolgenbelehrung ausgesprochen hat. Gem. § 12 Abs. 1 VVG verjähren die Ansprüche des Architekten gegen den Versicherer auf Gewährung des Deckungsschutzes nach 2 Jahren, beginnend mit dem Schluß des Jahres, in dem die Leistung verlangt werden konnte. Diese Frist ist gemäß § 12 Abs. 2 VVG bis zum Eingang der schriftlichen Entscheidung des Versicherers gehemmt, d. h., die Frist zwischen der Anmeldung des Versicherungsanspruchs und dem Eingang der schriftlichen Deckungsverweigerung beim Versicherungsnehmer wird zu der Verjährungsfrist von 2 Jahren hinzugerechnet.

Teilt der Versicherer allerdings mit seiner Deckungsverweigerung dem Versicherungsnehmer schriftlich mit, daß dieser den Versicherungsschutz auf jeden Fall verliert, wenn er den Anspruch auf Deckungsschutz nicht innerhalb von 6 Monaten gerichtlich geltend macht, und versäumt der Versicherungsnehmer anschließend diese 6monatige Frist, so wird der Versicherer bereits nach Ablauf dieser 6 Monate von seiner Deckungsverpflichtung frei, auch wenn seine Deckungsverweigerung unberechtigt war.

Das Thema Versicherungsschutz des Architekten und die damit zusammenhängenden vielfältigen Probleme kann hier nicht vertieft werden. Die Leser, die sich näher informieren wollen, werden auf spezielle Veröffentlichungen zu diesem Thema, wie Littbarski, Haftungs- und Versicherungsrecht im Bauwesen, 1986, Schmalzl, Die Berufshaftpflichtversicherung des Architekten und des Bauunternehmers, 1989 und Ruhkopf, in: Bindhardt/Jagenburg, Die Haftung des Architekten, 587 ff., verwiesen.

2.4 Gewährleistungs- und Haftungsdauer (§ 9)

9	Gewährleistungs- und Haftungsdauer[7]
	....
	....
	.... (Bauherr)

[7] Soll abweichend von § 6 Abs. 1 AVA eine andere Gewährleistungsfrist vereinbart werden, so bedarf es hierzu einer individuell ausgehandelten Abrede.

Ziffer 9 des Einheits-Architektenvertrages ist nur im Zusammenhang mit § 6 Abs. 1 AVA zu verstehen. Dies ergibt sich bereits aus der Fußnote 7, die auf § 6 Abs. 1 AVA bezug nimmt. Deshalb muß bereits an dieser Stelle auch auf die Regelung des § 6 Abs. 2 AVA eingegangen werden.

6	Gewährleistungs- und Haftungsdauer
6.1	Ansprüche des Bauherrn, gleich aus welchem Rechtsgrund, verjähren mit Ablauf von fünf Jahren, sofern gesetzlich keine kürzeren Verjährungsfristen vorgesehen sind oder die Parteien individuell keine abweichende Vertragsabrede getroffen haben. Dies gilt nicht, wenn der Architekt den Mangel arglistig verschwiegen hat.

Diese Regelung enthält in ihren zwei Sätzen eine ganze Reihe von juristischen Feinheiten und Problemen, die für den juristischen Laien, also in der Regel für beide Vertragsparteien des Architektenvertrages, nicht ohne weiteres erkennbar sind.

2.4.1 Gewährleistungs- und Schadensersatzansprüche

Sowohl aus der Überschrift „Gewährleistungs- und Haftungsdauer" als auch der Formulierung „gleich aus welchem Rechtsgrund" läßt sich entnehmen, daß sämtliche denkbaren Gewährleistungs- und Schadensersatzansprüche des Bauherrn gegen den Architekten hinsichtlich ihrer Verjährungsfrist möglichst einheitlich geregelt werden sollen.
Unter die Regelung fallen deshalb nicht nur die eigentlichen Gewährleistungs- und Schadensersatzansprüche gem. §§ 633 ff. BGB (Nachbesserung, Minderung, Schadensersatz), sondern auch Ansprüche aus culpa in contrahendo/Verschulden bei Vertragsschluß, aus positiver Vertragsverletzung und aus unerlaubter Handlung.

2.4.2 Verjährungsfrist und AGB-Gesetz

Mit der einerseits begrüßenswerten Intention, alle diese Ansprüche, für die gesetzlich ganz unterschiedliche Verjährungsfristen von 3 bis 30 Jahren gelten, einer einheitlichen Verjährungsfrist zu unterziehen, verbinden sich andererseits zahlreiche Probleme im Zusammenhang mit dem AGB-Gesetz. Hierauf kann in diesem Buch nicht näher eingegangen werden. Es wird für den interessierten Leser auf die Veröffentlichung von Knychalla, Inhaltskontrolle von Architektenformularverträgen, mit weiteren Nachweisen hingewiesen.
Wie Ziffer 6.1 der AVA sodann zu entnehmen ist, soll die einheitliche Verjährungsfrist für Ansprüche des Bauherrn 5 Jahre betragen.
Diese Frist von 5 Jahren beruht auf § 638 BGB. Danach verjähren die Ansprüche des Bestellers im Werkvertragsrecht gemäß §§ 633-635 BGB in 6 Monaten, bei Arbeiten an einem Grundstück in einem Jahr und bei Bauwerken in 5 Jahren. Nach der gefestigten Rechtsprechung des Bundesgerichtshofs sind Architektenleistungen im Rahmen der Errichtung von Gebäuden Arbeiten bei Bauwerken und unterliegen somit der 5-Jahresfrist (vgl. BGH NJW 1960, 1398). Dies gilt insbesondere für das gesamte Leistungsbild des § 15 HOAI. Die 5jährige Verjährungsfrist ist auch auf den Nachbesserungsanspruch und den im § 638 Abs. 1 BGB nicht ausdrücklich genannten Anspruch auf Ersatz der Mängelbeseitigungskosten gem. § 633 Abs. 3 BGB anzuwenden.
Dem Text der Ziffer 6.1 lassen sich nunmehr drei Ausnahmen von der 5jährigen Verjährungsfrist entnehmen.

Dies ist zunächst die gesetzlich vorgesehene kürzere Verjährungsfrist, z. B. bei Arbeiten an einem Grundstück (1 Jahr) oder bei einem Anspruch aus unerlaubter Handlung (3 Jahre ab Kenntnis des Schadens und der Person des Ersatzpflichtigen).
In Satz 2 wird sodann die Möglichkeit angesprochen, daß „der Architekt den Mangel arglistig verschwiegen hat". Ist dies der Fall, beträgt die Verjährungsfrist für Ansprüche gegen den arglistig handelnden Architekten 30 Jahre.
Schließlich nennt die Regelung in Ziffer 6.1 als Ausnahme von der 5jährigen Verjährungsfrist noch die Möglichkeit, daß die Parteien individuell eine abweichende Vertragsabrede treffen können.
An dieser Stelle wird der Zusammenhang zwischen Ziffer 6.1 der AVA und § 9 des Honorarteils des Einheits-Architektenvertrages und seiner Fußnote 7 besonders deutlich. Denn in Ziffer 9 des Honorarteils soll die individuelle Vertragsabrede zwischen den Vertragsparteien, die zu einer von § 6 Abs. 1 AVA abweichenden Gewährleistungsfrist führt, getroffen werden. Hierfür läßt der Vertrag zwei Reihen für entsprechende Eintragungen der Vertragsparteien und eine Zeile für eine gesonderte Unterschrift des Bauherrn frei.
Seit Inkrafttreten des AGB-Gesetzes ist es den Architekten ein besonderes Anliegen, wie die Bauunternehmer die Privilegierung der 2jährigen Verjährungsfrist der VOB/B in Allgemeinen Geschäftsbedingungen bzw. Musterverträgen in Anspruch nehmen zu können. Dem entsprechenden Antrag der Architekten-Vertreter, diese Ausnahmeregelung auch auf die 2jährige Verjährung in MusterArchitekten-Verträgen auszudehnen, um ein Auseinanderfallen der Gewährleistungsfristen für Architekten und Bauunternehmer bei ein und demselben Bauwerk zu verhindern, hat der Rechtsausschuß des Bundestages nicht zugestimmt. Die Möglichkeit, die VOB als ganzes oder lediglich § 13 Nr. 4 VOB/B mit der 2jährigen Gewährleistungsfrist zu vereinbaren, wird für Architekten-Verträge abgelehnt, da der Architekt keine Bauleistungen im Sinne der VOB erbringt. Da das AGB-Gesetz jede Verkürzung gesetzlicher Verjährungsfristen für Gewährleistungsansprüche und jede Verkürzung der Gewährleistungsfristen verbietet (§ 11 Nr. 10 f. AGBG) und eine Privilegierung nach der VOB ausscheidet, kann nur eine individuelle, d. h. im einzelnen ausgehandelte Vereinbarung zwischen den Vertragsparteien wirksam zu einer kürzeren Verjährungsfrist führen.
Die äußere Gestaltung der Ziffer 9 des Einheits-Architektenvertrages ist bereits so beschaffen, daß rein optisch der Eindruck einer ausgehandelten Vereinbarung besteht, indem z. B. in die freigelassenen Zeilen handschriftlich eine Gewährleistungsfrist und eine Begründung für die Vereinbarung dieser Frist eingetragen werden kann. Es wäre allerdings ein Trugschluß, wenn insbesondere die Architekten als Auftragnehmer und Verwender des

2. Inhalt des Einheits-Architektenvertrages

Einheits-Architektenvertrages glauben würden, allein durch das äußere Erscheinungsbild sei bereits die Voraussetzung eines individuellen Aushandelns erfüllt. Daß das AGB-Gesetz nicht derart einfach zu umgehen ist, ergibt sich bereits aus dem Hinweis in der Fußnote 7 des Vertragsmusters, das von „einer individuell ausgehandelten Abrede" spricht.

Daran läßt sich bereits erkennen, daß es keineswegs ausreichend sein kann, daß der Auftragnehmer zu dem im Mustervertrag bereits vorformulierten Text maschinen- oder handschriftlich eine Gewährleistungsfristvereinbarung hinzusetzt und sich deren Kenntnisnahme vom Bauherrn durch Unterschrift bestätigen läßt. Dies ist kein individuelles Aushandeln, wie es die Rechtsprechung verlangt. Vielmehr ist das nachträgliche Ausfüllen von bewußt im Vertrag vorgesehenen Lücken, ohne daß insoweit ein Aushandeln zwischen den Parteien vorliegt, genauso wie eine bereits in das Muster aufgenommene vorformulierte Klausel zu behandeln. Der ausgefüllte Teil ist in einem solchen Fall grundsätzlich Bestandteil der AGB des Formularvertrages. Der Grund hierfür liegt darin, daß auch bei einem handschriftlichen Ausfüllen von Lücken im Vertragsmuster lediglich der Verwender dieses Musters seine einseitige Gestaltungsmacht ausnutzt. Die Erfahrung zeigt, daß Architekten an dieser Stelle des Vertrages handschriftlich vorformulierte Regelungen in einer Mehrzahl von Fällen einsetzen. Diese unterliegen der Inhaltskontrolle nach dem AGB-Gesetz genauso, wie wenn sie bereits in das Vertragsmuster von vorneherein eingegliedert wären. Es ist auch kein Ausweg für den Architekten, eine inhaltlich gleichlautende Regelung stets durch andere Satzstellungen oder andere Wortwahl neu zu formulieren. Auch dies ändert nichts daran, daß die Klausel vorformuliert ist und einseitig von einem Vertragspartner gestellt wird.

Aus alledem läßt sich unter nochmaligem Hinweis auf die Fußnote 7 des Einheits-Architektenvertrages ganz deutlich entnehmen, daß eine Verkürzung der gesetzlichen Gewährleistungsfrist tatsächlich nur durch echtes Aushandeln zwischen den Vertragsparteien möglich ist. Die Maßstäbe dafür, was unter einem individuellen Aushandeln zu verstehen ist, hat der Bundesgerichtshof in seiner grundlegenden Entscheidung vom 9.10.1986 (NJW-RR 87, 144) festgelegt. Danach muß der Verwender des Formularvertrages bzw. einer AGB-Klausel deren Inhalt „ernsthaft zur Disposition stellen und dem Vertragspartner eine reale Gestaltungsfreiheit zur Wahrung eigener Rechte einräumen". Der Verwender muß sich demzufolge ernsthaft und eindeutig zu einer eventuellen Änderung der Klausel bereit erklären. Dabei ist stets zu beachten, daß der Bundesgerichtshof und auch die unteren gerichtlichen Instanzen sehr strenge Anforderungen an die Umwandlung von AGB-Klauseln in Individualvereinbarungen stellen. Auf keinen Fall ist z.B. eine AGB-Klausel ausgehandelt, wenn der Verwender der Klausel den Vertragspartner vor die Wahl stellt, die Bedingungen anzunehmen oder vom Vertragsschluß Abstand zu nehmen (vgl. BGH NJW 88, 410).

Zu einer Umwandlung von AGB in einen Individualvertrag reicht demzufolge auch nicht aus, daß der Vertragstext zwischen den Parteien im einzelnen durchgesprochen wurde.

Selbst wenn der Vertragspartner des Verwenders der AGB nach gründlicher Erörterung aufgrund eigener Überlegungen zu dem Ergebnis gelangt, daß die von der anderen Partei gestellten Bedingungen auch seiner Vorstellung entsprechen, liegen nach wie vor AGB und keine Individualvereinbarungen vor, wenn nicht seitens des Verwenders zweifelsfrei und ernsthaft zum Ausdruck gebracht wurde, daß er auch zu einer Änderung der Bedingungen bereit sei (BGH NJW-RR 87, 144). Aus all diesen Erwägungen zieht der Bundesgerichtshof den Schluß, daß in der Regel von einer Umwandlung der von einer Partei gestellten Bedingungen in eine Individualvereinbarung nur dann ausgegangen werden kann, wenn eine Klausel auf Wunsch der anderen Vertragspartei auch tatsächlich abgeändert wurde; allenfalls unter ganz besonderen Umständen könne ein Vertrag auch dann als Ergebnis eines Aushandelns angesehen werden, wenn es nach gründlicher Erörterung bei der gestellten Formulierung verbleibe (BGH BGHZ 84, 109; BGH NJW-RR 87, 144). Wie sich aus den obigen Ausführungen ergeben hat, bezieht sich die zitierte BGH-Rechtsprechung auf von einem Vertragspartner vorformulierte Klauseln und die Frage, unter welchen Voraussetzungen solche Klauseln zur Individualvereinbarung werden können.

Es fragt sich, ob etwas anderes gelten kann, wenn – wie im Fall des Einheits-Architektenvertrages – die im Vertragsmuster vorgesehene Lücke noch völlig frei bleibt und sodann der Inhalt, mit dem diese Lücke ausgefüllt werden soll, zwischen den Parteien verhandelt wird, ohne daß bereits ein Formulierungsvorschlag des Verwenders des Vertragsmusters vorliegt. Nach diesseitiger Auffassung kann in einem derartigen Fall nichts anderes gelten, als wenn bereits eine vorformulierte Klausel vorliegt. Denn es kann keine Rolle spielen, ob der Verwender des Vertragsmusters seinen Formulierungsvorschlag bereits zu Papier gebracht hat oder dasjenige, was er vereinbaren möchte, lediglich „im Kopf" hat und in die Verhandlungen mit dem Vertragspartner einbringen möchte. Auch in einem derartigen Fall muß der Verwender des Formularvertrages, wenn man die Rechtsprechung des BGH ernst nehmen will, den Inhalt der von ihm gewünschten Regelung der gesetzlichen Regelung gegenüberstellen, dies seinem Vertragspartner erklären und zum Ausdruck bringen, daß er ernsthaft seine eigenen Wunschvorstellungen zur Disposition stellt. Wird ein derartiges Aushandeln handschriftlich in der darfür im Einheits-Architektenvertrag vorgesehenen Rubrik dargestellt und an exakt dieser Stelle auch durch eine Unterschrift des Bauherrn bestätigt, so hat der Architekt eigentlich alles getan, um zu einer auch einer gerichtlichen Nachprüfung standhaltenden Individualvereinbarung zu gelangen.

Am besten läßt sich nach diesseitiger Auffassung ein individuelles Aushandeln dadurch dokumentieren, daß auch der Architekt im Gegenzug zur Bereitschaft des Bauherrn, die gesetzliche Verjährungsfrist zu verkürzen, seinerseits bereit war, von seinen Vorstellungen hinsichtlich eines anderen Vertragspunktes, z. B. des Honorares, abzurücken. Als Beispiel sei genannt, daß im Vertrag handschriftlich festgehalten werden könnte, daß der Architekt im Hinblick auf eine verkürzte Gewährleistungsfrist bereit ist, statt des von ihm angestrebten Honorarsatzes einen niedrigeren Honorarsatz mit dem Bauherrn zu vereinbaren.

Sollte der im Vertragsmuster unter Ziffer 9 freigelassene Platz hierfür nicht ausreichen, so kann eine entsprechende Vereinbarung auch unter Ziffer 12 – Zusätzliche Vereinbarungen – oder aber in einer Anlage zum Vertrag festgehalten werden. Wenn an der Stelle der Vereinbarung, also auch z. B. auf der Anlage, sodann noch eine gesonderte Unterschrift des Bauherrn erfolgt, so sprechen nach diesseitiger Auffassung so viele Umstände für eine individuelle Vereinbarung, daß das Gegenteil vom Bauherrn bewiesen werden müßte, d. h., die Beweislast für das Vorliegen von AGB hat dann der Bauherr. Er müßte im Streitfall im einzelnen darlegen und beweisen, daß die konkrete Vereinbarung nicht durch Aushandeln zustandegekommen ist, sondern doch vom Architekten als Verwender des Vertragsmusters vorgegeben und einseitig gestellt wurde.

2.4.3 Beginn der Verjährungsfrist (Abnahme)

In diesem Zusammenhang muß selbstverständlich auch auf den Beginn der Gewährleistungsfrist eingegangen werden.

Liegt keine anderweitige wirksame Vereinbarung vor, beginnt die Verjährungsfrist für Gewährleistungsansprüche mit der Abnahme des Werkes gemäß § 638 Abs. 1 Satz 2 BGB.

Abnahme ist in der Regel die körperliche Entgegennahme, verbunden mit der Erklärung, daß der Werkbesteller die Leistungen als der Hauptsache nach vertragsgemäß anerkennt. Dies ist allerdings eine Definition, die für sämtliche Arten von Werkverträgen gilt und nicht stur auch auf den Architektenvertrag anzuwenden ist.

Die Abnahme der Architektenleistungen setzt die Vollendung des Architektenwerkes voraus. Ist z. B. der Architekt mit dem kompletten Leistungsbild des § 15 HOAI beauftragt, so ist das Architektenwerk erst vollendet, wenn alle nach dem Leistungsbild vom Architekten zu erbringenden Leistungen vorliegen, also auch die Objektbetreuung gemäß Leistungsphase 9 des § 15 HOAI erbracht ist. Daran erkennt man deutlich, daß das Architektenwerk mit der Fertigstellung des Bauwerks noch lange nicht vollendet ist. Vielmehr schuldet der Architekt noch eine ganze Reihe von Leistungen wie Rechnungsprüfung, Feststellung der Rechnungsbeträge und der Herstellungskosten, Mitwirkung bei der Beseitigung von Baumängeln etc. Abnahmefähigkeit des Architektenwerkes kommt deshalb erst nach vollständiger und tatsächlicher Erbringung aller Leistungen in Betracht. Wenn der Architekt auch die Leistungsphase 9 erbringen muß, so wird der Beginn der Verjährungsfrist noch auf Jahre nach Fertigstellung des Bauwerkes hinausgeschoben. Die Leistungsphase 9 ist erst beendet, wenn die Gewährleistungsfristen der ausführenden Unternehmer abgelaufen und die innerhalb der Fristen aufgetretenen Mängel beseitigt worden sind. Dies bringt mit sich, daß der Architekt im Extremfall noch bis zu 10 oder mehr Jahre nach Abnahme der Bauleistungen seiner eigenen Gewährleistungspflicht unterliegen würde. Daß dies für den Architekten in der Regel eine unzumutbare Härte bedeutet, hat auch der Verordnungsgeber erkannt. Diese Grundleistung aus der Leistungsphase 9 des § 15 HOAI wurde mit der ersten Verordnung zur Änderung der HOAI, die am 1. 1. 1985 in Kraft getreten ist, auf diejenigen Mängel, die innerhalb von 5 Jahren seit Abnahme der Bauleistungen auftreten, zeitlich begrenzt. Aber auch trotz dieser Begrenzung darf man nicht verkennen, daß sich dieser Zeitraum dann verlängern kann, wenn die Verjährung von Gewährleistungsansprüchen gegenüber den bauausführenden Unternehmern nach allgemeinen Grundsätzen gehemmt oder unterbrochen wird, denn es ist lediglich Voraussetzung, daß der Mangel innerhalb von 5 Jahren nach Abnahme aufgetreten ist. Eine Hemmung oder Unterbrechung der Verjährung gegenüber dem Bauunternehmer führt demzufolge gleichzeitig zu einer Verlängerung der Leistungspflichten des Architekten aus der Leistungsphase 9. Bei streitigen Auseinandersetzungen zwischen Bauunternehmer und Bauherrn, seien sie gerichtlich oder auch außergerichtlich, schieben sich die Leistungspflichten des Architekten aus der Leistungsphase 9 deshalb nach wie vor unvorhersehbar hinaus. Es wurde bereits oben bei der allgemeinen Behandlung der Leistungsphasen des § 15 HOAI die Frage aufgeworfen, ob es sich auch aus diesem Grund für die Architekten anbietet, die Leistungsphase 9 aus dem vertraglich zu vereinbarenden Leistungsumfang herauszunehmen. Demgegenüber wird es stets das Interesse des Bauherrn sein, sich die Leistungspflichten des bauleitenden Architekten auch für den Zeitraum der Gewährleistung der ausführenden Unternehmer zu sichern. Hier entscheidet

2. Inhalt des Einheits-Architektenvertrages

letztendlich der Markt, welche Position sich durchsetzt.

Abgesehen von der sich auf einen unübersehbaren Zeitraum hinausschiebenden Leistungspflicht des Architekten bringt die Leistungsphase 9 mit sich, daß sein Werk erst nach Beendigung dieser Leistungsphase vollständig und abnahmefähig ist, so daß seine eigene Verjährungsfrist im Einzelfall auf einen völlig unvorhersehbaren Zeitraum hinausgeschoben wird.

Deshalb ist es auch aus Sicht des Bauherrn sachgerecht und für den Architekten schon fast ein „Muß", in jedem Architektenvertrag, mit dem er auch die Leistungsphase 9 des §15 HOAI übernimmt, eine Regelung wie in Ziffer 6.2 AVA zum Einheits-Architektenvertrag zu vereinbaren.

Ziffer 6.2 AVA lautet: „Die Verjährung beginnt mit der Abnahme der letzten nach diesem Vertrag zu erbringenden Leistung, spätestens mit Abnahme der in Leistungsphase 8 (Objektüberwachung) zu erbringenden Leistung (Teilabnahme). Für Leistungen, die danach noch zu erbringen sind, beginnt die Verjährung mit Abnahme der letzten Leistung."

Mit einer derartigen Regelung wird im Falle der Vereinbarung des vollen Leistungsbildes des §15 HOAI (einschließlich Leistungsphase 9) eine Teilabnahme nach vollständiger Erbringung der Leistungsphase 8 vereinbart. Dies hat für den Architekten den großen Vorteil, daß die Verjährungsfrist für Gewährleistungsansprüche aus den Leistungsphasen 1-8 ab dieser Teilabnahme zu laufen beginnt. Lediglich für Leistungen, die vom Architekten danach, also in der Leistungsphase 9, noch zu erbringen sind, beginnt die Verjährungsfrist sodann mit Abnahme der letzten dieser Leistungen.

Gegen eine solche Regelung mit einer Teilabnahme nach Beendigung der Leistungsphase 8 bestehen auch nach dem AGB-Gesetz keine Bedenken. Auch wenn dadurch zwei getrennte Verjährungsfristen laufen, liegt darin keine unangemessene Benachteiligung des Bauherrn. Vielmehr wird durch eine derartige Regelung eine für den Architekten unzumutbare Härte ausgeglichen.

Sollte ein Bauherr im Einzelfall zur Vereinbarung dieser Teilabnahme nicht bereit sein, so bleibt dem Architekten zur Umgehung der unzumutbar langen Gewährleistungsfrist für sämtliche von ihm erbrachten Leistungen nur die komplette Herausnahme der Leistungsphase 9 aus dem Leistungsumfang oder aber der Abschluß von zwei getrennten Verträgen, also einem Vertrag über die Leistungsphasen 1-8 einerseits und andererseits einem zweiten Vertrag über die Leistungsphase 9.

Schließlich ist noch auf die Frage einzugehen, wie die Abnahme der Architektenleistungen in der Regel erfolgt. Anders als bei der Abnahme der Bauleistungen der ausführenden Unternehmer, bei der man eine förmliche Abnahme mit Aufstellung eines gemeinsamen Abnahmeprotokolls vornehmen kann, läßt sich beim Architekten- und Ingenieurvertrag ein Abnahmetatbestand in den meisten Fällen nur sehr schwer feststellen. Eine ausdrückliche Erklärung des Bauherrn gegenüber dem Architekten, daß er nach der Fertigstellung der Architektenleistungen diese als vertragsgemäß abnimmt, wird wohl ein absoluter Ausnahmefall sein.

Deshalb muß man den jeweiligen Sachverhalt daraufhin überprüfen, ob aus einem schlüssigen Verhalten oder einer Erklärung des Bauherrn dessen Abnahmewille herzuleiten ist. So kann z. B. in der vorbehaltlosen Zahlung des Architektenhonorars die Abnahme gesehen werden, wenn man keinen anderen Anhaltspunkt hat (vgl. OLG München, NJW-RR 1988, 86).

Ausnahmsweise kann die Abnahme auch im Bezug des Bauwerks liegen, wenn der Bauherr keine Beanstandungen erhebt, sondern sich sogar zufrieden über die Leistungen des Architekten äußert (vgl. BGH, BauR 1982, 290); dies kommt jedoch allenfalls in Fällen, in denen die Leistungsphase 9 nicht zu erbringen ist oder eine Teilabnahme für die Leistungsphasen 1-8 vereinbart ist, in Betracht.

2.5 Sonstige Bestimmungen

2.5.1 Zurückbehaltungsrecht (§10)

Auch bei §10 – Zurückbehaltungsrecht – zeigt schon die äußere Gestaltung des Einheits-Architektenvertrages mit der Unterschriftszeile und der Fußnote 8, daß diese Regelung nur dann wirksam vereinbart werden kann, wenn sie zwischen den Vertragsparteien individuell ausgehandelt wird.

Neben der Aufrechnung mit Gegenansprüchen zählt das Zurückbehaltungsrecht des Bauherrn am Honorar des Architekten zu den wirksamsten Verteidigungsmöglichkeiten des Bauherrn.

Unter dem Begriff „Zurückbehaltungsrecht", wie er hier benutzt wird, wird man sowohl das eigentliche Zurückbehaltungsrecht aufgrund eines fälligen Gegenanspruchs als auch das Leistungsverweigerungsrecht wegen noch nicht erfüllter Gegenleistungen verstehen müssen.

Der Sinn der Regelung ist, daß der Architekt sein ihm vertraglich zustehendes Honorar bekommen und damit leistungsfähig bleiben soll, auch wenn der Bauherr aufgrund eines Zurückbehaltungs-/Leistungsverweigerungsrechts zur Honorarzahlung nicht verpflichtet ist. Gleichzeitig soll der Bauherr allerdings auf diese ihm zustehenden Rechte nur unter der Voraussetzung einer Absicherung verzichten. Die Absicherung soll in Form des Nachweises der Deckungszusage der Haftpflichtversicherung des Architekten oder durch eine Sicherheitsleistung, z. B. eine Bankbürgschaft, erfolgen.

Teil A: IV. Verträge zwischen Bauherrn und Planungsbeteiligten

> 10 Zurückbehaltungsrecht [8]
>
> Sofern der Architekt die Deckungszusage seiner Haftpflichtversicherung für mögliche Schadenersatzansprüche des Bauherrn nachweist oder der Architekt entsprechende Sicherheit, z. B. durch Bankbürgschaft leistet, sieht der Bauherr von der Ausübung des Zurückbehaltungsrechts ab.
>
> ....
> (Bauherr)

[8] Zur Wirksamkeit der Bestimmung bedarf es der individuell ausgehandelten Vereinbarung.

Auch wenn die Zweckrichtung dieser Regelung durchaus sinnvoll ist, indem die Leistungsfähigkeit des Architekten bei gleichzeitiger Sicherung des Bauherrn erhalten bleiben soll, ist festzustellen, daß die Regelung nur im Fall eines individuellen Aushandelns wirksam ist.

Denn § 11 Nr. 2 AGB-Gesetz verbietet den Ausschluß oder die Einschränkung des Leistungsverweigerungsrechts und eines Zurückbehaltungsrechts, soweit letzteres auf demselben Vertragsverhältnis beruht.

Auch wenn die Regelung in Ziffer 10 vorsieht, daß deren Inhalt vom Bauherrn durch eine gesonderte Unterschrift bestätigt werden soll, handelt es sich um eine vorformulierte Vertragsbedingung, die auch nicht durch diese Unterschrift des Bauherrn allein zu einer Individualvereinbarung werden kann. Wenn der Architekt also im Einzelfall nicht beweisen kann, daß es sich um eine individuell ausgehandelte Vertragsbestimmung handelt, findet das AGBG Anwendung, mit der Folge, daß die Klausel unwirksam ist.

Auch wenn die Klausel den Nachweis der Deckungszusage der Haftpflichtversicherung oder eine Sicherheitsleistung als Voraussetzung für die Nichtausübung des Zurückbehaltungsrechts vorsieht, handelt es sich um eine Einschränkung im Sinne der oben genannten Vorschrift des AGBG. Denn es liegt eine eindeutige Abweichung von den gesetzlichen Regelungen vor. Zum einem schließt § 273 Abs. 3 BGB die Bürgschaft als Sicherheitsleistung aus. Zum anderen ist die Deckungszusage einer Haftpflichtversicherung im Gesetz nicht als geeignete Sicherheitsleistung erwähnt.

2.5.2 Anzuwendende Vorschriften (§ 11)

> 11 Anzuwendende Vorschriften
>
> Die allgemeinen Vertragsbestimmungen zum Einheits-Architektenvertrag und ergänzend die Bestimmungen der HOAI sowie die Regeln über das Werkvertragsrecht gem. 631 ff. BGB sind Bestandteil dieses Vertrages.

Mit § 11 werden zunächst die Allgemeinen Vertragsbestimmungen zum Einheits-Architektenvertrag in den Vertrag einbezogen. Hierbei ist gemäß § 2 AGBG unbedingt darauf zu achten, daß diese AVA dem Vertrag auch tatsächlich beigefügt werden. Denn allein durch die Vereinbarung in Ziffer 11 des Einheits-Architektenvertrages werden diese AGB nicht wirksam in den Vertrag einbezogen. Sodann stellt die Regelung klar, daß die Bestimmungen der HOAI und des Werkvertragsrechts gemäß §§ 631 ff. BGB gelten, soweit im Vertrag wirksam nichts hiervon Abweichendes geregelt worden ist.

2.5.3 Zusätzliche Vereinbarungen (§ 12)

In § 12 läßt der Vertrag den Parteien Raum für zusätzliche Vereinbarungen. Sollte der Platz hierfür nicht ausreichen, sind Anlagen zum Vertrag zu empfehlen. Auf diese sollte jedoch im Vertrag, am besten unter § 12, ausdrücklich und eindeutig bezug genommen werden, damit deren Einbeziehung in den Vertrag nicht in Zweifel stehen kann.

Auf die Bedeutung der vollständigen und zweifelsfreien Unterschriften unter den Vertrag wurde bereits oben bei der Behandlung des Themas „Vertragsparteien" hingewiesen.

```
12   Zusätzliche Vereinbarungen

     .................................................................................................

     .................................................................................................

     .................................................................................................

     .................................................................................................

     .................................................................................................


     (Ort, Datum)                                (Ort, Datum)


     (Bauherr)                                   (Bauherr)
```

3. Allgemeine Vertragsbestimmungen zum Einheits-Architektenvertrag

> Allgemeine Vertragsbestimmungen zum Einheits-Architektenvertrag (AVA)
>
> Die Erfüllung des Architektenvertrages setzt ein Vertrauensverhältnis zwischen dem Bauherrn und dem Architekten voraus und erfordert eine enge partnerschaftliche Zusammenarbeit, damit der Architekt als Sachverwalter des Bauherrn dessen Interessen wirksam wahrnehmen kann.

Im Einleitungssatz der AVA wird deutlich auf die Eigenschaft des Architekten als Sachwalter des Bauherrn und das hierfür erforderliche Vertrauensverhältnis zwischen den Vertragsparteien hingewiesen.
Rechtsanwälte und Gerichte werden von den Vertragsparteien in der Regel nur mit den gescheiterten Vertragsverhältnissen befaßt. Angesichts der Vielzahl der durchgeführten und in Zukunft durchzuführenden Bauvorhaben darf unterstellt werden, daß in der Mehrzahl der Fälle dieses notwendige Vertrauensverhältnis zwischen Bauherrn und Architekten auch bis zur vollständigen Abwicklung der Maßnahme erhalten bleibt.
Aus den Erfahrungen mit den Problemfällen, aus denen häufig dann Rechtsstreitigkeiten entstehen, läßt sich der Rat an die Vertragsparteien ableiten, bei Störungen im Vertrauensverhältnis so früh wie möglich entweder zu versuchen, diese Störungen zu beseitigen, oder konkret darüber nachzudenken, das Vertragsverhältnis zu beenden. Gelingt es nicht, Störungen im Miteinander zwischen Bau-

herrn und Architekten zu beseitigen und das erforderliche Vertrauensverhältnis wieder vollständig herzustellen, ist in den meisten Fällen beiden Parteien eher damit gedient, das Vertragsverhältnis vorzeitig zu beenden. Und zwar sollten die Parteien dann die aufgetretenen Meinungsverschiedenheiten möglichst nicht soweit eskalieren lassen, daß eine Vertragspartei sich zur Kündigung des Vertrages aus wichtigem Grund gezwungen sieht. Aus solchen Kündigungen entstehen in der Regel derart verhärtete Fronten, daß der spätere Rechtsstreit vorprogrammiert ist. Ein solcher Rechtsstreit, der zeit-, kostenaufwendig und nervenaufreibend für beide Parteien ist, ist sicherlich für beide das schlechteste Ergebnis ihrer Vertragsbeziehung.

Beiden Parteien ist mehr damit gedient, wenn eine abschließende und einvernehmliche Regelung zur Beendigung des Vertragsverhältnisses erfolgt, solange man noch einigermaßen vernünftig miteinander reden kann. Soweit zur Herbeiführung einer solchen einvernehmlichen Lösung trotz der bestehenden Meinungsverschiedenheiten juristischer Rat erforderlich ist, sollte die Rolle von Rechtsanwälten als Berater und Vermittler genutzt und diese nicht erst eingeschaltet werden, wenn es für eine einvernehmliche Auflösung des Vertrages zu spät ist.

3.1 Haupt- und Nebenpflichten

3.1.1 Pflichten des Architekten (§ 1 AVA)

> **§ 1 Pflichten des Architekten**
>
> 1.1 Der Architekt ist verpflichtet, seine vertraglichen Leistungen nach den allgemein anerkannten Regeln der Baukunst und der Bautechnik zu erbringen.
>
> 1.2 Im Rahmen der vereinbarten Leistungen hat der Architekt die Pflicht, den Bauherrn, soweit dies erforderlich ist, über alle bei der Durchführung seiner Aufgabe wesentlichen Angelegenheiten zu unterrichten. Wenn erkennbar wird, daß die erwarteten Baukosten überschritten werden, ist der Architekt verpflichtet, den Bauherrn unverzüglich zu benachrichtigen. Auf Verlangen hat der Architekt jederzeit über die entstandenen und noch zu erwartenden Kosten Auskunft zu erteilen.
>
> 1.3 Nach Beendigung der Leistungen des Architekten und nach deren Honorierung kann der Bauherr verlangen, daß ihm die genehmigten Bauvorlagen, Pausen der Originalzeichnungen und sonstigen Unterlagen ausgehändigt werden. Der Architekt ist berechtigt, Zeichnungen und Akten jederzeit dem Bauherrn auszuhändigen. Vor der Vernichtung wird er sie dem Bauherrn anbieten. Er ist nicht verpflichtet, diese länger als fünf Jahre aufzubewahren.

In **Ziffer 1.1** wird zur Klarstellung eine Verpflichtung des Architekten wiedergegeben, die er nach den gesetzlichen Werkvertragsvorschriften gem. § 631 BGB, speziell § 633 Abs. 1 BGB, ohnehin hat. Unter „allgemein anerkannten Regeln der Baukunst und der Bautechnik" sind „solche bautechnischen Regeln, die in der Wissenschaft als theoretisch richtig erkannt worden sind und die sich in der Praxis bewährt haben, und zwar dadurch, daß sie von der Gesamtheit der für die Anwendung der Regeln in Betracht kommenden Techniker, die die für die Beurteilung der Regeln erforderliche Vorbildung besitzen, anerkannt und mit Erfolg praktisch angewandt worden sind", zu verstehen (Definition wiedergeben aus: Heiermann/Riedl/Rusam, 6. Auflage, § 4 VOB/B, Rdn. 23).

In **Ziffer 1.2** wird neben der allgemeinen Informationspflicht des Architekten gegenüber dem Bauherrn eine spezielle Pflicht angesprochen, die der Architekt nicht ernst und gewissenhaft genug erfüllen kann. Und zwar geht es um die Auskunfts- und Hinweispflicht des Architekten über die Kostensituation und Kostenentwicklung des Bauvorhabens. Wenn der Architekt durch diese Regelung verpflichtet wird, auf Verlangen des Bauherrn jederzeit Auskunft über die entstandenen und in Zukunft zu erwartenden Kosten zu erteilen sowie unverzüglich den Bauherrn über Kostenüberschreitungen zu benachrichtigen, so geht dies über die Erstellung der vier geschuldeten Kostenermittlungen gemäß DIN 276 hinaus. Insbesondere zwischen der Kostenberechnung und dem Kostenanschlag sowie dem Kostenanschlag und der Kostenfeststellung, zwischen denen in der Regel jeweils längere Zeiträume liegen, muß der Architekt als verpflichtet angesehen werden, stets die Kostensituation sorgfältig zu überwachen und auf eine Überschreitung der erwarteten und mit dem Bauherrn abgestimmten Kosten hinzuweisen. Daß gegen diese Architektenpflicht, die eigentlich eine Selbstverständlichkeit sein sollte, immer wieder eklatant verstoßen wird, zeigen die zahlreichen Rechtsstreitigkeiten, in denen es in der Hauptsache um Kostenüberschreitungen geht bzw. die erst durch derartige Kostenüberschreitungen ausgelöst werden. Gerade im Hinblick auf das Geld des Bauherrn muß der Architekt als dessen Sachwalter handeln und ihn stets durch entsprechende Kosteninformationen in die Lage versetzen, korrigierend, d. h. mit Einsparungsmaßnahmen in die Kostenentwicklung einzugreifen. Dabei darf der Architekt insbesondere nicht den Fehler begehen, beim Bauherrn zuviel Sachkunde hinsichtlich der Baukosten und den Überblick hinsichtlich der Gesamtentwicklung der Kosten vorauszusetzen. Die den jeweiligen Rechtsstreitigkeiten zugrunde liegenden Sachverhalte zeigen immer wieder, daß Bauherren zwar über Verteuerungen bei verschiedenen Details im Bilde sind, jedoch selten den Überblick über die Entwicklung und den jeweiligen Stand der Gesamtkosten haben und deshalb bei fehlender Information durch den Architekten häufig erst zu einem Zeitpunkt über die Kostenentwicklung ins Bild gesetzt werden, zu dem kosteneinsparende Maßnahmen nicht mehr ergriffen werden können.

3.1.2 Vertretung des Bauherrn, Einsatz von Sonderfachleuten und ausführenden Unternehmen (§ 2 AVA)

> § 2 Vertretung des Bauherrn
>
> 2.1 Soweit es seine Aufgabe erfordert, ist der Architekt berechtigt und verpflichtet, die Rechte des Bauherrn zu wahren, insbesondere hat er den am Bau Beteiligten die notwendigen Weisungen zu erteilen. Finanzielle Verpflichtungen für den Bauherrn darf er nur eingehen, wenn Gefahr im Verzuge und das Einverständnis des Bauherrn nicht zu erlangen ist.
>
> 2.2 Der Architekt berät den Bauherrn über die Notwendigkeit des Einsatzes von Sonderfachleuten.
>
> 2.3 Der Bauherr wählt nach den Vorschlägen des Architekten die Unternehmer für die Ausführung und Leistungen aus und entscheidet über die Vergabe.

Die Regelung des § 2 betrifft insgesamt die Vertretung des Bauherrn durch den Architekten und in diesem Zusammenhang die Beratungspflicht gegenüber dem Bauherrn hinsichtlich des Einsatzes von Sonderfachleuten und der Auftragsvergabe an die ausführenden Unternehmer.
Mit den Ziffern 2.2 und 2.3 wird klargestellt, daß der Architekt, soweit nichts anderes vereinbart wird, nicht befugt ist, namens und im Auftrag des Bauherrn Sonderfachleute und ausführende Unternehmer zu beauftragen. Vielmehr wird mit diesen Regelungen festgestellt, daß die Beauftragung unmittelbar durch den Bauherrn erfolgt und der Architekt insoweit beratend tätig wird und Vorschläge unterbreitet.
Insgesamt ist die Regelung des § 2 AVA relativ eingeschränkt und vorsichtig. Wird im konkreten Einzelfall nichts Abweichendes vereinbart, so kann der Architekt grundsätzlich keine rechtsgeschäftlichen Verpflichtungen für den Bauherrn eingehen. Insbesondere darf der Architekt finanzielle Verpflichtungen für den Bauherrn nur dann eingehen, wenn Gefahr im Verzuge und der Bauherr innerhalb einer angemessenen Frist nicht für ihn erreichbar ist. Gefahr im Verzuge ist im Zusammenhang mit dem Baugeschehen und der Eingehung finanzieller Verpflichtungen für den Bauherrn dann gegeben, wenn eine kostenauslösende bzw. vergütungspflichtige Maßnahme zur Abwendung von Schäden oder sonstigen Nachteilen ergriffen werden muß. Beispiele hierfür sind drohende Unfallgefahren, drohende Schäden durch Witterungseinflüsse wie Hochwasser oder Sturm etc. In derartigen Fällen muß der Architekt sinnvollerweise vom Bauherrn bevollmächtigt sein, für diesen notfalls auch finanzielle Verpflichtungen einzugehen, wenn dessen Einverständnis nicht rechtzeitig zu erlangen ist. Die Regelung in Ziffer 2.1 des Einheits-Architektenvertrages beschränkt allerdings die Vollmacht des Architekten, finanzielle Verpflichtungen für den Bauherrn einzugehen, auf derartige Fälle. Der Architekt hat nach dieser Regelung keine weitergehende Vollmacht, d. h., er kann auf der Baustelle auch keine kleineren Aufträge vergeben, unabhängig davon, ob diese im Interesse des Bauherrn sind oder nicht. Der Architekt muß somit auch bei kleineren Ergänzungsaufträgen grundsätzlich den Bauherrn hinzuziehen; sodann wird der Bauherr dem Architekten entweder für den Einzelfall eine konkrete Vollmacht erteilen oder die Beauftragung persönlich vornehmen.
Indem das Eingehen finanzieller Verpflichtungen zu Lasten des Bauherrn derart deutlich eingeschränkt wird, wird klargestellt, daß das Recht und die Pflicht des Architekten, die Rechte des Bauherrn zu wahren und den am Bau Beteiligten die notwendigen Weisungen zu erteilen, wie dies in Ziffer 2.1, Satz 1 geregelt ist, sich ausschließlich auf die Erfüllung seiner vertraglich übernommenen Leistungen aus dem beauftragten Leistungsbild beziehen und eindeutig hierauf beschränkt sind. Wirft man einen Blick in das Leistungsbild des § 15 HOAI, so erkennt man, daß die Regelung in § 2 AVA durchaus der Ausgestaltung des Leistungsum-

fanges des Objektplaners angepaßt ist. Denn die in diesem Zusammenhang zu erbringenden Grundleistungen des Objektplaners sind z. B.
- Formulieren von Entscheidungshilfen für die Auswahl anderer an der Planung fachlich Beteiligter,
- Integrieren der Leistungen anderer an der Planung fachlich Beteiligter,
- Verwendung der Beiträge anderer an der Planung fachlich Beteiligter bis zum vollständigen Entwurf,
- Verhandlungen mit Bietern,
- Mitwirken bei der Auftragserteilung.

Weder die Beratung zur Auswahl anderer an der Planung fachlich Beteiligter noch das Integrieren und die Verwendung der Beiträge der Fachingenieure noch das Mitwirken bei der Auftragserteilung beinhalten eine Auftragserteilung an Dritte durch den Architekten; die Erbringung dieser Leistungen ist nicht von einer Vollmacht des Bauherrn zur Auftragserteilung abhängig. Auch die Grundleistung „Mitwirken bei der Auftragserteilung" beinhaltet nicht den Abschluß der Verträge selbst. Vielmehr ist hier die Vorbereitung und Anpassung der Verträge gemeint (vgl. Locher/Koeble/Frik, 6. Auflage, Rdn. 26 zu § 15 HOAI).

Ist im Architektenvertrag, wie im hier behandelten Einheits-Architektenvertrag, im Innenverhältnis zwischen Bauherrn und Architekten die Vollmacht des Architekten und damit auch die Vertretungsbefugnis des Architekten im Außenverhältnis konkret geregelt, kann dem Architekten nur geraten werden, diese Vereinbarung, auch wenn sie in Form von AGB erfolgt, aufmerksam zur Kenntnis zu nehmen und bei der Abwicklung des Vertragsverhältnisses einzuhalten. Denn anderenfalls läuft er Gefahr, für Handlungen und Erklärungen, die er im wohlverstandenen Interesse seines Bauherrn Dritten gegenüber vornimmt bzw. abgibt, persönlich mit den entsprechenden negativen finanziellen Folgen in Anspruch genommen zu werden.

In zahlreichen Bauprozessen, in denen der Bauunternehmer streitige Werklohnforderungen gegen den Bauherrn einklagt und seine Klage auf eine Auftragserteilung durch den Architekten stützt, verteidigt sich der Bauherr mit dem Einwand, der Architekt habe zu einer derartigen Auftragserteilung keine Vollmacht besessen.

In derartigen Bauprozessen ist sodann vom Gericht die Frage der Vollmacht/Vertretungsbefugnis des Architekten genauestens zu überprüfen. Hierbei ist insbesondere an die zahlreichen Fälle, in denen es zu keinem schriftlichen Architektenvertrag, sondern lediglich zu mündlichen Absprachen oder Vereinbarungen durch schlüssiges Verhalten der Vertragsparteien kommt, zu denken. In diesen Fällen machen sich Bauherr und Architekt in der Regel keine Gedanken darüber, ob bzw. in welchem Umfang der Bauherr den Architekten bevollmächtigt, ihn gegenüber Dritten, insbesondere den anderen am Bau Beteiligte rechtswirksam zu vertreten.

Kommt es dann zu Vertretungshandlungen, so stellt sich im Einzelfall die Frage, ob hierfür eine Bevollmächtigung vorlag.

Die Rechtsprechung zum Umfang der Vollmacht von Architekten ist nicht einheitlich. An dieser Stelle können lediglich grundsätzlich die verschiedenen Möglichkeiten und Arten der nicht ausdrücklich erteilten Vollmacht behandelt werden. Derjenige Leser, der sich mit diesem Thema intensiver beschäftigen möchte, wird auf die Kommentierung bei Locher/Koeble/Frik, Einleitung 15 mit weiteren Nachweisen und auf die eingehenden Ausführungen zur Rechtsprechung von Meissner in BauR 1987, 497, verwiesen.

Einhellig wird davon ausgegangen, daß der Architekt bei fehlender ausdrücklicher Bevollmächtigung nicht originär bevollmächtigt sein kann, den Bauherrn im vollen Umfang zu vertreten. Allein aus der Tatsache, daß ein Bauherr einen Architekten im Zusammenhang mit einem Bauvorhaben beauftragt, kann nicht auf eine umfassende Vollmachtserteilung geschlossen werden.

Allerdings hat der BGH in einer grundlegenden Entscheidung aus dem Jahr 1960 bereits darauf hingewiesen, daß „der Bauherr dem Architekten, dem er die technische und geschäftliche Oberleitung sowie die Bauführung überträgt, damit zugleich in gewissem Umfange auch die Befugnis erteilt, ihn den Bauhandwerkern gegenüber zu vertreten". Nach dieser Entscheidung soll sich der Umfang der Architektenvollmacht, wenn dieser nicht ausdrücklich festgelegt ist, nach Treu und Glauben und der Verkehrssitte richten. So soll bei Beauftragung des Architekten mit der Oberleitung und der Bauführung „die Vollmacht, die Vergabe einzelner Bauleistungen, die Erteilung von Weisungen, die Rüge von Mängeln und die Abnahme geleisteter Arbeiten ohne weiteres umfassen" (vgl. BGH NJW 1960, 859). Diese lange vor Inkrafttreten der HOAI ergangene Entscheidung hat durch die Einführung der HOAI im Jahre 1977 ihre grundlegende Bedeutung nicht verloren. Allerdings darf man nicht verkennen, daß der BGH damit die Grenzen einer originären Vollmacht des Architekten nicht gezogen hat und der Umfang der originären Vollmacht sich deshalb grundsätzlich im Einzelfall nach dem Umfang der übertragenen Architektenleistungen richten wird.

Eine umfassende Darstellung der Handlungen und Erklärungen, die von der originären Vollmacht nicht erfaßt bzw. erfaßt sind, findet sich unter Auswertung der Rechtsprechung und des Schrifttums bei Werner/Pastor, Der Bauprozeß, 7. Auflage, Rdn. 932 ff.

Nachfolgend sollen exemplarisch einige der hervorstechendsten Tatbestände und Erklärungen genannt werden.

Die originäre Vollmacht des Architekten umfaßt z. B.
- die Erteilung kleinerer Zusatzaufträge,
- die Durchführung eines gemeinsamen, den Bauherrn bindenden Aufmaßes,
- die Entgegennahme von Stundenlohnzetteln, Angeboten und Rechnungen,
- die technische Abnahme gem. §15 Abs. 1 Nr. 8 HOAI.

Nicht von der originären Vollmacht abgedeckt sind z. B.
- die rechtsgeschäftliche Abnahme der Unternehmerleistung,
- das Anerkenntnis von Rechnungen der Baufirmen,
- die Änderung vertraglicher Vereinbarungen zwischen ausführenden Firmen und dem Bauherrn,
- die Anerkennung von Stundenlohnzetteln,
- die Änderung vertraglich vereinbarter Ausführungsfristen und -termine.

Grundsätzlich ist festzustellen, daß die originäre Vollmacht des Architekten hauptsächlich nur den Bereich der tatsächlichen und technischen Feststellungen abdeckt und außerhalb dieses Bereichs allenfalls die Vergabe von Bauleistungen geringen Umfangs erfaßt.

Deshalb spielen zwangsläufig im Baugeschehen und vor allem in Bauprozessen die Grundsätze der Duldungs- und Anscheinsvollmacht eine große Rolle. Eine sogenannte Duldungsvollmacht liegt vor, wenn der Architekt ohne ausdrückliche Vollmacht des Bauherrn im Rechtsverkehr als dessen Vertreter auftritt und der Bauherr dieses Verhalten des Architekten kennt und duldet. Ist dem Bauherrn also bekannt, daß der Architekt gegenüber den anderen am Bau Beteiligten als sein Vertreter ohne Vollmacht oder mit Überschreitung der ihm eingeräumten Vollmacht auftritt, und unternimmt er dagegen nichts, obwohl er die Möglichkeit zur Verhinderung hat, muß er sich so behandeln lassen, als habe er dem Architekten die Vollmacht für die jeweils vorgenommenen Handlungen erteilt. Durch eine derartige Duldungsvollmacht sollen demzufolge die gutgläubigen Beteiligten geschützt werden.

Diese können sich allerdings nicht auf die Duldung des Verhaltens des Architekten durch den Bauherrn berufen, wenn sie bei Anwendung zumutbarer Sorgfalt erkennen konnten, daß die Handlungsweise des Architekten trotz Duldung nicht von einer Vollmacht des Bauherrn gedeckt war. Die Rechtsprechung hält es im Zweifelsfall durchaus für andere Auftragnehmer, also z. B. die beteiligten Bauhandwerker, zumutbar, sich beim Bauherrn über den Umfang der Architektenvollmacht durch eine diesbezügliche Rückfrage zu informieren (BGH DB 1985, 432 ff; OLG München, BauR 1984, 293 = NJW 1984, 63, in diesem Fall ging es um die Vollmacht eines Baubetreuers).

Von einer Anscheinsvollmacht ist auszugehen, wenn der Bauherr anders als bei der Duldungsvollmacht zwar das Handeln des Architekten in seinem Namen nicht gekannt hat, bei Ausübung pflichtgemäßer Sorgfalt dieses jedoch hätte erkennen und verhindern können. In diesen Fällen haftet der Bauherr aufgrund Anscheinsvollmacht, wenn Geschäftspartner auf das Vorliegen einer Vollmacht des Architekten vertrauen.

Da es sich um eine Rechtsschein- bzw. Vertrauenshaftung handelt, müssen im Einzelfall dem Bauherrn zuzurechnende Umstände, die den Anschein einer Bevollmächtigung des Architekten erwecken, vorliegen.

Nicht ausreichend hierfür ist ein Hinweis in einem Leistungsverzeichnis, daß die Pläne des Architekten Vertragsgrundlage sein sollen, die Unterzeichnung der Bauzeichnungen oder des vom Architekten gefertigten Bauantrags durch den Bauherrn oder der Hinweis auf den Architekten auf einem Bauschild (Beispiele aus der Rechtsprechung).

Überläßt ein Bauherr aber z. B. dem Architekten allein die Vertragsverhandlungen mit den bauausführenden Firmen, so ist von einer Anscheinsvollmacht auszugehen. Weiteres Beispiel ist die Erteilung einer Vollmacht an den Architekten zur Vergabe des Hauptauftrags, womit in der Regel auch der Anschein einer Vollmacht für Zusatzaufträge erweckt wird. Allgemein wird man festhalten können, daß der Rechtsschein einer Bevollmächtigung des Architekten um so wahrscheinlicher wird, je weniger sich der Bauherr selbst um das Bauvorhaben kümmert.

Sämtliche Arten der bisher behandelten Vollmachten, also originäre Vollmacht, ausdrückliche Vollmacht, Duldungs- und Anscheinsvollmacht, führen bei ihrem Vorliegen dazu, daß das Handeln des Architekten gegenüber Dritten unmittelbar dem Bauherrn zugerechnet wird. Die Rechtsfolgen aus dem Verhalten des Architekten ergeben sich also unmittelbar im Rechtsverhältnis zwischen Bauherrn und dem Dritten, z. B. einem ausführenden Unternehmer oder einem Fachingenieur. Etwas anderes gilt in den Fällen, in denen das Verhalten des Architekten von keiner der möglichen Erscheinungsformen der Bevollmächtigung abgedeckt ist, er also gegenüber Dritten zwar als Vertreter des Bauherrn auftritt, die hierfür erforderliche Vertretungsmacht jedoch nicht besitzt.

Schließt z. B. ein Architekt ohne bzw. unter Überschreitung seiner Vertretungsmacht im Namen eines Bauherrn einen Vertrag mit einem Bauunternehmen ab, hängt die Wirksamkeit des Vertrages für und gegen den vertretenen Bauherrn gemäß § 177 Abs. 1 BGB von dessen Genehmigung, d. h. seiner nachträglichen Zustimmung, ab. Verweigert der Bauherr die Genehmigung des Vertrages, haftet der Architekt dem Bauunternehmer gemäß § 179 Abs. 1 BGB nach dessen Wahl auf Erfüllung oder auf Schadensersatz. Eine Haftung des Architekten, der als Vertreter ohne Vertretungsmacht gehandelt hat, ist in diesen Fällen nur dann ausgeschlossen, wenn der andere Teil, also in diesem Beispiel der Bauunternehmer, den Mangel der Vertretungsmacht kannte oder kennen mußte (§ 179 Abs. 3 BGB). Das OLG Düsseldorf hat einen derartigen Fall, in dem der Architekt trotz fehlender Vollmacht dem Bauunternehmer nicht auf Zahlung einer zusätzlichen Vergütung für Zusatzaufträge haftete, da der Bauunternehmer den Mangel der Vertretungsmacht kannte oder ihn kennen mußte, dann bejaht, wenn der Hauptauftrag vom Bauherrn selbst erteilt wurde und in den Vertragsbedingungen, die dem Vertrag zwischen Bauherrn und Bauunternehmer zugrunde lagen, ausdrücklich festgelegt wurde, daß Nachtrags- und Zusatzleistungen nur schriftlich durch den Bauherrn selbst beauftragt werden (OLG Düsseldorf in BauR 1985, 339 ff). Auch das OLG Frankfurt und das LG Bochum haben Ansprüche des Bauunternehmers gegen den Architekten wegen § 179 Abs. 3 BGB abgelehnt, da auch in diesen Fällen der Bauunternehmer wegen vertraglicher Regelungen mit dem Bauherrn erkennen konnte, daß der Architekt nicht bevollmächtigt war (OLG Frankfurt SFH Nr. 6 zu § 179 BGB; LG Bochum BauR 1990, 636).

Kommt man nach diesen Darlegungen auf die Regelung in Ziffer 2.1 des Einheits-Architektenvertrages zurück, so erkennt man deutlich die bereits oben dargelegte Beschränkung der Bevollmächtigung des Architekten. Abgesehen von den Fällen der Gefahr im Verzuge ist der Architekt bei dieser Vertragsgestaltung auf Handlungen und Weisungen tatsächlicher und technischer Art beschränkt.

Da die Regelung in § 2 AVA lediglich das Innenverhältnis zwischen Bauherr und Architekt betrifft und die übrigen am Bau Beteiligten in der Regel den konkreten Inhalt des Architektenvertrages nicht kennen werden, können selbstverständlich auch bei Einsatz dieses Vertragsmusters die oben dargelegten Fallkonstellationen, z. B. Fälle von Anscheins- oder Duldungsvollmacht, auftreten.

Um Unklarheiten und Streitfälle im Zusammenhang mit der Vertretungsmacht des Architekten von vornherein auszuschalten oder zumindest zu begrenzen, empfiehlt es sich deshalb sowohl aus der Sicht des Bauherrn als auch aus der Sicht des Architekten, in die Verträge mit den ausführenden Unternehmern und den Fachingenieuren ebenfalls Regelungen aufzunehmen, die den Umfang der Vertretungsmacht des Architekten in Übereinstimmung mit der Regelung in § 2 AVA eindeutig bestimmen.

3.1.3 Pflichten des Bauherrn (§ 3 AVA)

> **§ 3 Pflichten des Bauherrn**
>
> 3.1 Der Bauherr ist verpflichtet, die Planung und Durchführung der Bauaufgabe zu fördern, insbesondere soll er alle anstehenden Fragen unverzüglich entscheiden und erforderliche Genehmigungen so schnell wie möglich herbeiführen.
>
> 3.2 Weisungen an die am Bau Beteiligten erteilt der Bauherr nur im Einvernehmen mit dem Architekten.
>
> 3.3 Der Bauherr ist verpflichtet, dem Architekten sämtliche das Bauvorhaben betreffenden Rechnungen zu übergeben.
>
> 3.4 Der Bauherr nimmt nach der Fertigung des Bauvorhabens – auch einzelner Teile – die Leistungen der Ausführenden im Einvernehmen mit dem Architekten ab.
>
> 3.5 Der Bauherr darf die vom Architekten gefertigten Unterlagen nur für den vereinbarten Zweck verwenden.

Durch die Regelungen in § 3 AVA kommt zum Ausdruck, daß die Pflichten des Bauherrn aus dem Vertragsverhältnis mit dem Architekten selbstverständlich über die Honorarzahlungen hinausgehen.

Die Regelung in Ziffer 3.1 stellt klar, daß der Bauherr hinsichtlich der Planung und Durchführung des Bauvorhabens sogenannte Mitwirkungspflichten hat. Diese sind ein Teil der vertraglichen Nebenpflichten des Bauherrn, zu denen neben der Mitwirkungspflicht die Fürsorge- und Obhutspflichten sowie die Hinweispflichten gegenüber seinen Vertragspartnern gehören. Die Mitwirkungspflicht des Bauherrn gegenüber dem Architekten besteht insbesondere darin, die für die Leistungen des Architekten erforderlichen Entscheidungen und Genehmigungen zu treffen bzw. herbeizuführen.

Die Mitwirkungspflicht des Bauherrn hat ihre Grundlage in dem Grundsatz von Treu und Glauben. Darüber hinaus sind die Folgen ihrer Verletzung in § 642 BGB allgemein für den Werkvertrag geregelt. Danach kann der Werkunternehmer, also beim Architektenvertrag der Architekt, eine angemessene Entschädigung vom Werkbesteller verlangen, wenn dieser durch Unterlassen erforderlicher Mitwirkungshandlungen den Werkunternehmer daran hindert, seine vertraglichen Leistungen zu erbringen. Die Höhe einer angemessenen Entschädigung nach § 642 BGB bestimmt sich nach dem Einzelfall. § 642 Abs. 2 BGB regelt insoweit allgemein, daß sich die Entschädigung nach der Dauer des Annahmeverzugs des Werkbestellers und der Höhe der vereinbarten Vergütung unter Berücksichtigung ersparter Aufwendungen des Werkunternehmers richtet.

Der Entschädigungsanspruch gemäß §642 BGB setzt kein Verschulden des Bauherrn voraus und besteht neben dem vertraglichen Vergütungsanspruch.

Im Falle des Verschuldens des Bauherrn können neben dem Entschädigungsanspruch gemäß §642 BGB auch Schadensersatzansprüche wegen positiver Vertragsverletzung, die über die angemessene Entschädigung hinausgehen können, bestehen.

In den Ziffern 3.2 und 3.4 wird im Interesse beider Vertragsparteien geregelt, daß Weisungen des Bauherrn an die an der Durchführung des Bauvorhabens Beteiligten und Abnahmen von Bauleistungen stets im Einvernehmen mit dem Architekten erfolgen müssen. Hierdurch wird gewährleistet, daß Bauherr und Architekt gegenüber den übrigen am Bau Beteiligten einheitlich agieren. Probleme durch abweichende Weisungen und Erklärungen sollen dadurch verhindert werden.

Die in Ziffer 3.3 geregelte Verpflichtung des Bauherrn zur Übergabe sämtlicher das Bauvorhaben betreffenden Rechnungen an den Architekten ist in mehrfacher Hinsicht von großer Bedeutung.

Zum einen gehört die Rechnungsprüfung zu den Grundleistungen des Architekten gem. §15 Abs. 2 Ziffer 8 HOAI – Objektüberwachung.

Zum anderen sind die Unternehmerrechnungen Grundlage für eine weitere Grundleistung des Architekten im Rahmen der Objektüberwachung, nämlich der Kostenfeststellung nach DIN 276.

Sodann kann der Architekt ohne Kenntnis der einzelnen Schlußrechnungen die Höhe von Sicherheitseinbehalten nicht feststellen und die Grundleistungen in Leistungsphase 9 – Mitwirken bei der Freigabe von Sicherheitsleistungen – nicht korrekt erbringen. Schließlich dient die Übergabe der Unternehmerrechnungen auch dem ureigenen Interesse des Architekten hinsichtlich seines Honorars, da die Kostenfeststellung nach DIN 276 gemäß §10 Abs. 2 HOAI Fälligkeitsvoraussetzung für seinen Honoraranspruch für die Leistungen der Leistungsphasen 5 ff. des §15 HOAI darstellt.

Die Regelung in Ziffer 3.5 stellt klar, daß der Bauherr die vom Architekten gefertigten Unterlagen nur für das vertragsgegenständliche Objekt benutzen darf.

3.1.4 Zahlungen (§4 AVA)

§4 Zahlungen

4.1 Der Bauherr ist auf Anforderung des Architekten zu Abschlagszahlungen verpflichtet, die dem jeweiligen Stand der erbrachten Leistungen oder dem gesondert aufgestellten Zahlungsplan entsprechen.

4.2 Das Honorar für die Leistungen der Leistungsphasen 1–8, für die Besonderen Leistungen und für die zusätzlichen Leistungen wird fällig, wenn der Architekt die Leistungen vertragsgemäß erbracht und eine prüffähige Honorarteilschlußrechnung für diese Leistungen überreicht hat.

4.3 Das Honorar für die Leistungsphase 9 wird nach deren Erbringung fällig; Abs. 2 gilt entsprechend.

4.4 Leistungsphasen sind mit dem Eintritt des geschulten Erfolgs erfüllt.

4.5 Eine Aufrechnung gegen den Honoraranspruch ist nur mit einer unbestrittenen oder rechtskräftig festgestellten Forderung zulässig.

§4 AVA beschäftigt sich mit dem für beide Parteien äußerst bedeutungsvollen Thema der Zahlungen des Architektenhonorars.

Die Regelungen der **Ziffer 4.1** zur Verpflichtung des Bauherrn, auf Anforderung des Architekten Abschlagszahlungen zu leisten, ist im Zusammenhang mit §8 Abs. 2 HOAI zu sehen. Nach dieser Regelung kann der Architekt in angemessenen zeitlichen Abständen für nachgewiesene Leistungen Abschlagszahlungen fordern. Auch wenn der Wortlaut der Ziffer 4.1 mit der Regelung in §8 Abs. 2 HOAI nicht ganz übereinstimmt, so kann nicht davon ausgegangen werden, daß die Voraussetzungen des §8 Abs. 2 HOAI für die Fälligkeit von Abschlagszahlungen mit dieser Regelung geändert werden sollten. Deshalb bleibt es auch bei Anwendung des Einheits-Architektenvertrages mit Ziffer 4.1 AVA dabei, daß Voraussetzung für Abschlagszahlungen des Bauherrn entsprechende Anforderungen des Architekten „in angemessenen zeitlichen Abständen für nachgewiesene Leistungen" sind. Die zweite in Ziffer 4.1 vorgesehene Möglichkeit der Aufstellung eines Zeitplans wird nachstehend noch gesondert behandelt.

Zunächst wird sowohl durch die Regelung in §8 Abs. 2 HOAI als auch durch die Regelung in Ziffer 4.1 AVA klargestellt, daß die Fälligkeit einer

Abschlagszahlung nicht automatisch an den Fortschritt der Architektenleistungen gekoppelt ist. Es ist vielmehr die freie Entscheidung des Architekten, ob er bei Vorliegen der weiteren Voraussetzungen vom Bauherrn eine Abschlagszahlung verlangt. Verzichtet der Architekt trotz Vorliegens der Voraussetzungen auf die Anforderung einer Abschlagszahlung, kann diese auch nicht fällig werden. Die Anforderung von Abschlagszahlungen muß in angemessenen zeitlichen Abständen erfolgen. Damit soll der Bauherr davor geschützt werden, daß der Architekt ständig kleinere Abschlagsforderungen stellt, selbst wenn dies dem Stand der Leistung entspricht. Eine allgemeine Lösung für die Frage der Angemessenheit kann es nicht geben. Entscheidend ist im Einzelfall die Größe des Objekts und die Dauer der Baumaßnahme.

Man kann auch nicht generell den Abschluß einer Leistungsphase des § 15 HOAI als geeignetes Kriterium für den angemessenen zeitlichen Abstand zugrunde legen. Dafür sind die neun Leistungsphasen des § 15 HOAI sowohl von der Bedeutung als auch dem arbeits- und zeitmäßigen Umfang her zu unterschiedlich. So werden zum Beispiel die Erbringung der Leistungsphasen 1 oder 7 des § 15 HOAI in den meisten Fällen nicht für sich genommen Grundlage einer Abschlagszahlung sein können. Demgegenüber ist es sicherlich gerechtfertigt, während der Erstellung einer Ausführungsplanung für ein großes Objekt oder auch während der Objektüberwachung mehrere Abschlagszahlungen auch vor Beendigung dieser Leistungsphasen zu fordern.

Schließlich ist Voraussetzung für die Abschlagszahlung, daß eine entsprechende Leistung des Architekten vorliegt. § 8 Abs. 2 HOAI spricht in diesem Zusammenhang von „nachgewiesenen Leistungen". Ziffer 4.1 AVA enthält insoweit als Kriterium den „Stand der erbrachten Leistungen". Wie bereits oben erwähnt, ist nach Auffassung der Verfasser diesen beiden unterschiedlichen Formulierungen keine voneinander abweichende Bedeutung beizumessen. Die teilweise vertretene Auffassung (vgl. Locher/Koeble/Frik, Rdn. 13 zu § 8 HOAI), wonach zwischen beiden Formulierungen insoweit eine Abweichung vorliege, als der Architekt nach § 8 Abs. 2 HOAI für den jeweiligen Stand der Leistungen beweispflichtig sei, kann nicht geteilt werden. Denn auch bei der Regelung in § 4.1 oder der früheren Regelung in § 21 GOA, die ebenfalls die Formulierung „jeweiligen Stand der Leistungen" enthielt, ist im Zweifelsfall der Architekt darlegungs- und beweispflichtig dafür, daß seine Abschlagsanforderung durch die von ihm erbrachten Leistungen tatsächlich gerechtfertigt ist.

Insbesondere bei Großprojekten ist den Parteien die Aufstellung eines Zahlungsplans zu empfehlen. Dadurch wird zum einen der Architekt in die Lage versetzt, seine eigenen Zahlungsverpflichtungen, zum Beispiel gegenüber seinen Angestellten und freien Mitarbeitern, auf die mit dem Bauherrn fest vereinbarten Zahlungstermine abzustimmen. Zum anderen kann häufig durch die Aufstellung von Zahlungsplänen ein potentieller Streitpunkt zwischen Bauherrn und Architekten im Hinblick auf die angemessenen zeitlichen Abstände für Abschlagszahlungen von vornherein ausgeschaltet werden.

In diesem Zusammenhang ist besonders hervorzuheben, daß die Parteien durchaus auch einen Zahlungsplan vereinbaren können, bei dem zum Beispiel monatliche Abschlagszahlungen erfolgen, ohne daß jeweils ein bestimmter Leistungsstand vom Architekten nachgewiesen bzw. erreicht sein muß. Die Möglichkeit zu derartigen Vereinbarungen ergibt sich aus § 8 Abs. 4 HOAI, wonach die Parteien des Architektenvertrages schriftlich andere Zahlungsweisen, als in den Absätzen 1–3 des § 8 HOAI enthalten, vereinbaren können. Wirksamkeitsvoraussetzung für derartige abweichende Zahlungsvereinbarungen ist die Einhaltung der Schriftform. Allerdings muß die schriftliche Vereinbarung nicht bereits bei Auftragserteilung erfolgen.

Die Abschlagszahlung wird dann nicht fällig, wenn Leistungen, die der Anforderung des Architekten zugrunde liegen, mangelhaft, also nicht vertragsgemäß erbracht wurden. In diesem Fall kann der Bauherr von seinem Zurückbehaltungsrecht gegenüber dem Anspruch auf Abschlagszahlung Gebrauch machen.

Bei abgeschlossenem Architektenvertrag, und zwar unabhängig davon, ob der Vertrag erfüllt ist oder aber durch Kündigung oder einverständliche Parteivereinbarung beendet wird, ist der Architekt verpflichtet, seine Honorarschlußrechnung zu stellen. Einen Anspruch auf Abschlagszahlungen hat er dann nicht mehr.

Ein kontrovers diskutiertes Thema ist die Verjährung des Anspruchs auf Abschlagszahlung. Deshalb wird bereits an dieser Stelle generell die Verjährung von Honoraransprüchen der Architekten und Ingenieure behandelt. Unter Verjährung versteht man den Zeitablauf, der dem Verpflichteten das Recht einräumt, eine Leistung zu verweigern (vgl. Palandt, Kommentar zum BGB, 51. Auflage, Überblick vor § 194, Rdn. 2).

Die Verjährung ist in den §§ 194 ff. BGB geregelt. Gemäß § 194 Abs. 1 BGB unterliegt das Recht, von einem anderen ein Tun oder ein Unterlassen zu verlangen (Anspruch), der Verjährung. § 195 BGB bestimmt eine regelmäßige gesetzliche Verjährungsfrist von 30 Jahren. Da diese sehr lange Verjährungsfrist für Geschäfte des täglichen Lebens nicht angemessen erschien, hat der Gesetzgeber mit § 196 BGB für bestimmte Arten von Geschäften eine 2jährige bzw. 4jährige Verjährungsfrist eingeführt. Die Vorschrift des § 196 BGB ist auch für die Honoraransprüche der Architekten und Ingenieure maßgeblich.

Gem. § 196 Abs. 1 Ziffer 7 BGB verjähren die Ansprüche derjenigen Architekten und Ingenieure, die ihren Beruf nicht als Kaufleute, also zum Beispiel in der Rechtsform einer GmbH, ausüben, innerhalb von zwei Jahren. Diese Frist ist unabhängig davon, ob sie ihre Leistungen für einen Privatmann oder für einen Gewerbebetrieb erbringen, d. h. die Person des Bauherrn bzw. Auftraggebers spielt insoweit keine Rolle.

Etwas anderes gilt jedoch, wenn ein Architektur- oder Ingenieurbüro die Kaufmannseigenschaft besitzt, also zum Beispiel in der Rechtsform der GmbH betrieben wird. In diesem Fall verjähren die Honoraransprüche gem. § 196 Abs. 1 Nr. 1 BGB nur dann innerhalb von zwei Jahren, wenn die Leistungen nicht für einen Gewerbebetrieb erbracht werden. Werden sie für den Gewerbebetrieb des Schuldners erbracht, so verjähren die Ansprüche gemäß § 196 Abs. 2 BGB in vier Jahren.

Nach der Rechtsprechung des Bundesgerichtshofs ist als Gewerbebetrieb ein auf die Erzielung dauernder Einnahmen gerichteter berufsmäßiger Geschäftsbetrieb anzusehen (vgl. BGHZ 57, 199; 83, 386).

Diese unterschiedliche Behandlung gleichartiger Honoraransprüche für identische Leistungen, wie sie von der Rechtsprechung des Bundesgerichtshofs (vgl. BGH in NJW 1980, 447 = ZfBR 1980, 21) ausschließlich an der Rechtsform des Architektur- oder Ingenieurbüros festgemacht wird, ist nicht sachgerecht. Es gibt keine Rechtfertigung dafür, daß der Honoraranspruch des Architekten/Ingenieurs, der sein Büro in der klassischen Form des Freiberuflers betreibt, immer bereits nach 2 Jahren verjährt, während der Honoraranspruch der Architekten-/Ingenieur-GmbH bei Leistungen für einen Gewerbebetrieb erst nach 4 Jahren verjähren soll. Insoweit muß an die Rechtsprechung appelliert werden, diese Honoraransprüche hinsichtlich ihrer Verjährung gleich zu behandeln.

Wie bereits oben angedeutet, stellt die Frage der Verjährung von Ansprüchen auf Abschlagszahlungen in diesem Zusammenhang noch ein besonderes Problem dar. Nachdem § 8 Abs. 2 HOAI dem Architekten/Ingenieur einen klagbaren Anspruch auf Abschlagszahlungen einräumt, ist damit zwangsläufig die Überlegung verbunden, ob und gegebenenfalls mit welchen Folgen ein derartiger Anspruch auf Abschlagszahlung der Verjährung unterliegt. Diese Frage wird in Rechtsprechung und Schrifttum unterschiedlich beantwortet.

Die Rechtsprechung des Bundesgerichtshofs sowie eine im Schrifttum vertretene Auffassung lassen den Anspruch des Architekten/Ingenieurs auf Abschlagszahlung nach Eintritt der Fälligkeit und Verjährungsbeginn am Ende des Jahres, in dem die Anforderung auf Abschlagszahlung gestellt wurde, in 2 bzw. 4 Jahre verjähren. Als Begründung wird von dieser Auffassung angeführt, daß die Fälligkeit eines Zahlungsanspruchs und seine Verjährung nicht voneinander getrennt werden könnten.

Die gegenteilige Auffassung nimmt an, daß für Abschlagszahlungen keine gesonderte Verjährungsfrist laufe, weil es sich eigentlich um Vorschüsse und nicht um Teilhonorare für erbrachte Leistungen handele.

Zutreffend erscheint eine vermittelnde Lösung. Die Meinung, für Abschlagszahlungen laufe überhaupt keine Verjährungsfrist, läßt sich deshalb nicht durchhalten, da es sich bei Abschlagszahlungen gerade nicht um Vorschüsse ohne Leistungsnachweis, sondern um Zahlungen für bereits erbrachte und nachgewiesene Teilleistungen handelt.

Der gegenteiligen Auffassung ist allerdings auch nicht in letzter Konsequenz zu folgen. Denn danach soll der Anspruch auf Abschlagszahlung, der einer gesonderten Verjährung unterliegt, nach Ablauf dieser Verjährungsfrist überhaupt nicht mehr durchsetzbar sein, auch nicht mehr im Rahmen der Honorarschlußrechnung, in die er automatisch mangels Begleichung durch den Bauherrn eingeflossen ist.

Vygen weist gemeinsam mit Jochem zu Recht darauf hin, daß diese Auffassung zu untragbaren Ergebnissen führen würde. Denn bei unterschiedlichen Standpunkten der Vertragspartner über die Berechtigung von Abschlagsforderungen wäre der Architekt/Ingenieur zur Vermeidung der Verjährung gezwungen, gerichtliche Maßnahmen in die Wege zu leiten, obwohl das Vertragsverhältnis möglicherweise noch in der Abwicklung ist (vgl. Vygen in Hesse/Korbion/Mantscheff/Vygen, Kommentar zur HOAI, 3. Auflage, § 8 Rdn. 60; Jochem, Kommentar zur HOAI, 3. Auflage, § 8 Rdn. 8).

Vygen zeigt neben dem Hinweis auf das untragbare Ergebnis den richtigen Lösungsweg auf, indem er den Anspruch auf Abschlagszahlungen nach § 8 Abs. 2 HOAI zwar einer gesonderten Verjährung unterwirft, die Wirkung der Verjährung jedoch ausdrücklich auf den Anspruch auf Abschlagszahlung als solchen beschränkt. Dies bedeutet, daß der Architekt/Ingenieur zwar nach Ablauf der Verjährungsfrist den Anspruch auf Abschlagszahlung nicht mehr durchsetzen kann, wenn der Bauherr sich auf Verjährung beruft, dies jedoch den Anspruch des Architekten/Ingenieurs aus seiner Honorarschlußrechnung nicht beeinflußt. Der nicht befriedigte Anspruch auf Abschlagszahlung wirkt sich also bei der Schlußrechnung dahingehend aus, daß die sich aus der Schlußrechnung ergebende Auftragnehmerforderung entsprechend höher ist. Der Gesamthonoraranspruch, in den praktisch der nicht befriedigte Anspruch auf Abschlagszahlung anteilig einfließt, wird gemäß § 8 Abs. 1 HOAI erst fällig, wenn die Leistung des Architekten vertragsgemäß erbracht und eine prüffähige Honorarschlußrechnung überreicht ist. Dies führt dann dazu, daß auch der Honoraranteil, für

den eine unbefriedigte Abschlagszahlungsanforderung vorlag, als Bestandteil des Gesamthonoraranspruchs nach dessen Fälligkeit einer einheitlichen 2- bzw. 4jährigen Verjährungsfrist unterliegt.
Allein dieses Ergebnis schützt die berechtigten Interessen des Architekten/Ingenieurs und stellt ein interessengerechtes Zusammenführen der dogmatischen Einordnung des Zahlungsanspruchs und der Interessenlagen der Vertragsparteien dar.

Die Regelungen der **Ziffern 4.2** und **4.3** sind im Zusammenhang zu sehen. Diese Regelung mit der Aufteilung in die Leistungsphasen 1 bis 8 einerseits und die Leistungsphase 9 andererseits hat zwar nicht eine ganz so große Bedeutung wie die entsprechende Einteilung bei dem Beginn der Verjährungsfrist der Gewährleistungsansprüche, ist aber dennoch für beide Vertragsparteien sehr sinnvoll. Denn sie ermöglicht nach Abschluß der Leistungsphase 8 eine abschließende Berechnung des Honorars, die ja durchaus im Interesse beider Parteien sein sollte. Ohne eine derartige Regelung könnte der Auftragnehmer seine Honorarschlußrechnung erst nach mehreren Jahren erstellen. Bis zum vollständigen vertragsgemäßen Abschluß seiner Leistungen könnte er ohne eine derartige Regelung lediglich Abschlagszahlungen für die bereits abgeschlossenen Leistungsphasen 1 bis 8 verlangen.

Auch die Regelung in **Ziffer 4.4** hat eine besondere Bedeutung, die sich dem juristischen Laien nicht auf den ersten Blick erschließt.
Ausgangspunkt für diese Aussage ist der Charakter des Architektenvertrags als Werkvertrag. Wesentliches Merkmal des Werkvertrags ist, daß der Werkunternehmer, hier also der Architekt, nicht nur eine reine Tätigkeit, sondern die Herbeiführung eines bestimmten Erfolgs schuldet. Die Regelung in Ziffer 4.4 stellt hierauf ab und will verhindern, daß nach Vertragserfüllung durch den Architekten, also Herbeiführung des geschuldeten Erfolgs, der Einwand des Bauherrn kommt, der geschuldete Erfolg sei zwar erzielt, der Architekt habe jedoch zur Herbeiführung dieses Erfolgs nicht sämtliche in der HOAI vorgesehenen und vertraglich vereinbarten Leistungen erbracht.
Hierbei ist z. B. an den Fall zu denken, daß ein mit den Leistungsphasen 1 bis 4 des § 15 HOAI beauftragter Architekt die Baugenehmigung für den Bauherrn beantragt hat und diese auch von der Bauaufsichtsbehörde erteilt wird. Dann ist der vom Architekten vertraglich geschuldete Erfolg, also die Erlangung der Baugenehmigung, eingetreten.
Sodann ist in diesem Zusammenhang an die Fälle zu denken, bei denen der Architekt die Leistungungsphasen 1 bis 8 des § 15 HOAI bis hin zur vollständigen Fertigstellung und Inbenutzungnahme des Bauwerks durch den Bauherrn erbringt. In diesen Fällen tritt der vom Architekten geschuldete Erfolg dadurch ein, daß das vom Bauherrn gewünschte Bauwerk fertiggestellt wird und der Architekt mit seinen Leistungen zum Entstehenlassen des Bauwerks beigetragen hat. Der Architekt schuldet zwar im Gegensatz zum ausführenden Unternehmer nicht das körperliche Werk, der von ihm geschuldete Erfolg besteht jedoch im Beitrag zum Entstehenlassen des Bauwerks.
In beiden Beispielfällen stellt sich die Frage, ob es einen Einfluß auf den Honoraranspruch des Architekten hat, wenn er einzelne im Leistungsbild des § 15 HOAI enthaltene und auch vertraglich vereinbarte Grundleistungen nicht erbracht hat, sich dies auf den Eintritt des von ihm geschuldeten Erfolgs jedoch nicht ausgewirkt hat.
So wird sicherlich das Erreichen einer Baugenehmigung auch ohne die Grundleistungen „Zusammenfassen der Ergebnisse" in Leistungsphase 1 oder „Zusammenstellen aller Vorplanungsergebnisse" in Leistungsphase 2 möglich sein. Das fertige Bauwerk kann im Einzelfall entstehen, auch wenn vielleicht ein Detailplan, wie er in Leistungsphase 5 geschuldet ist, fehlt oder im Rahmen der Leistungsphase 8 ein Zeitplan nicht aufgestellt und überwacht wird. Abgesehen von dem Kriterium der Erfolgsbezogenheit des Architektenvertrags als Werkvertrag, ist bei der Prüfung dieser Frage insbesondere zu berücksichtigen, daß nicht sämtliche Grundleistungen, wie sie in den verschiedenen Leistungsbildern der HOAI aufgeführt sind, in jedem Einzelfall erforderlich sind.
Gem. § 2 Abs. 2 HOAI umfassen Grundleistungen diejenigen Leistungen, die zur ordnungsgemäßen Erfüllung eines Auftrags im allgemeinen erforderlich sind. Die einzelnen Grundleistungen sind dabei in den Leistungsbildern der HOAI abschließend aufgezählt. Dies bedeutet, daß eine im Einzelfall nicht erforderliche Grundleistung auf keinen Fall zu einer Honorarkürzung führen kann. So ist bei einer Baulückenbebauung in der Innenstadt die Vorplanung des Architekten sicherlich auch dann vollständig, wenn landschaftsökologische Zusammenhänge nicht geklärt und erläutert werden, weil sich dieses Thema bei diesem Bauvorhaben gar nicht stellt.
Von diesen Fällen, in denen eine zwar im Leistungsbild des § 15 HOAI aufgeführte, aber im Einzelfall gar nicht einschlägige Grundleistung nicht erbracht wird und insoweit auch gar keine Leistungspflicht des Architekten besteht, sind diejenigen Fälle zu unterscheiden, in denen im Einzelfall durchaus geschuldete Leistungen nicht erbracht wurden, letztendlich der vom Architekten geschuldete Erfolg aber dennoch erreicht wird. Zu denken ist hierbei insbesondere an die große Anzahl von Architektenverträgen, bei deren Abwicklung die Kostenermittlungen gemäß DIN 276 nicht oder nur unzureichend erbracht werden, obwohl sie zweifelsfrei vertraglich geschuldet sind.
In der HOAI sucht man für diese Frage vergeblich eine Antwort. In § 5 Abs. 1 bis 3 HOAI sind lediglich

die Fälle geregelt, in denen aufgrund einvernehmlicher Absprachen der Vertragsparteien
- nicht alle Leistungsphasen eines Leistungsbildes übertragen werden (§ 5 Abs. 1 HOAI),
- nicht alle Grundleistungen einer Leistungsphase oder wesentliche Teile von Grundleistungen nicht übertragen werden (§ 5 Abs. 2 HOAI),
- Grundleistungen von anderen fachlich Beteiligten erbracht werden (§ 5 Abs. 3 HOAI).

In diesen Fällen sieht die HOAI ausdrücklich vor, daß nur ein dem verminderten Leistungsumfang entsprechendes Honorar berechnet werden darf. Nicht geregelt wird in diesen Vorschriften der Fall der trotz Übertragung nicht erbrachten Grundleistungen.

Die Lösung für diese Fälle ist nicht in der HOAI als Honorarordnung, sondern im gesetzlichen Werkvertragsrecht zu suchen. Hält man sich konsequent an den Grundsatz der Erfolgsbezogenheit des Architektenwerks, so kann man nur zu dem Ergebnis kommen, daß das Unterbleiben von Grundleistungen, und zwar auch ganzer Leistungsphasen, nicht zu Honorarkürzungen führen darf, wenn der geschuldete Erfolg eintritt (so zutreffend Hartmann, § 5 Rdn. 6 und Löffelmann/Fleischmann Rdn. 358).

Demgegenüber vertritt die herrschende Meinung im Schrifttum den Standpunkt, daß auf jeden Fall bei Nichterbringung einer ganzen Leistungsphase das Honorar nur aus den erbrachten Leistungsphasen berechnet werden dürfe (vgl. Pott/Dahlhoff, § 5 Rdn. 12; Locher/Koeble/Frik § 5 Rdn. 4; Hesse/Korbion/Mantscheff/Vygen, § 5 Rdn. 22; Jochem § 5 Rdn. 7; soweit diese Auffassung sich auf die Entscheidung des BGH in BGHZ 45, 376 = NJW 1976, 1713 beruft, ist dies bedenklich, weil der BGH diese Frage im gegebenen Fall nicht entscheiden mußte).

Dieser Meinungsstreit, soweit er sich mit der kompletten nicht erbrachten Leistungsphase beschäftigt, soll hier nicht vertieft werden. Denn die praktischen Fälle hierzu dürften äußerst selten sein.

Viel häufiger beschäftigen die Gerichte und Rechtsanwälte allerdings die Auseinandersetzungen, in denen es um nicht erbrachte oder unvollständige Grundleistungen als Teile einer ansonsten erfüllten Leistungsphase geht. Dabei ist vor allem auf die von der Rechtsprechung entwickelten Grundsätze zur GOA, die nach ganz überwiegender Meinung auf die HOAI anwendbar sind, abzustellen. Der BGH betont den Werkvertragscharakter des Architektenvertrages und argumentiert deshalb ergebnisorientiert, indem er ausführt, daß „kein Bedürfnis für eine Honorarkürzung bestehe, wenn der Architekt nicht alle innerhalb einer Leistungsphase anfallenden Arbeiten vollständig erbringt". Es sei in diesen Fällen „angemessen, ggf. die bei Mängeln gegebenen Rechtsbehelfe zu gewähren, das volle Honorar jedoch zuzubilligen, wenn das Werk frei von Mängeln ist" (BGHZ 45, 376; NJW 1969, 420; BGHZ 83, 188 = BauR 1982, 290 = ZfBR 1982, 126 = NJW 1982, 1387; so auch OLG Frankfurt BauR 1978, 68).

Hier gilt also der Grundsatz, daß nicht erbrachte Grundleistungen nicht zu Honorarkürzungen führen, wobei zu wünschen wäre, daß Amts- und Landgerichte diesen Grundsatz häufiger anwenden würden. Zu oft werden noch kostspielige Beweisaufnahmen durchgeführt, die bei konsequenter Umsetzung der ergebnisorientierten Einstufung des Architektenvertrags in das Werkvertragsrecht nicht erforderlich wären.

Hierzu trägt allerdings die von einem großen Teil der Literatur und der Rechtsprechung vertretene Auffassung bei, wonach zwischen sogenannten „zentralen Grundleistungen" und anderen Grundleistungen differenziert werden müsse. Als zentrale Grundleistungen werden die Leistungen, die „entweder notwendig sind, weil spätere Leistungen auf ihnen aufbauen", oder Leistungen, „die besondere Arbeitserfolge darstellen, von denen eine Entscheidung des Auftraggebers abhängig ist", bezeichnet (vgl. Locher/Koeble/Frik § 5 Rdn. 4 mit weiteren Nachweisen).

Bei Nichterbringung zentraler Grundleistungen soll nach dieser Auffassung der Honoraranspruch gekürzt werden, weil auch im Werkvertragsrecht ein Vergütungsanspruch für wesentliche Leistungen, die nicht erbracht werden, nicht bestehe (vgl. Locher/Koeble/Frik § 5 Rdn. 5).

Der Architekt muß sich deshalb darauf einstellen, daß Gerichte sich im Einzelfall dieser Auffassung anschließen und es bei nicht erbrachten Grundleistungen, zumindest soweit sie zu den zentralen Leistungen gehören, zu Honorarkürzungen kommt.

Ein verbindlicher Überblick über die zentralen Leistungen kann nicht abschließend gegeben werden, da es häufig auf die Besonderheiten des Einzelfalls ankommen wird. Als Orientierungshilfe werden nachfolgend diejenigen Grundleistungen der einzelnen Leistungsphasen des § 15 HOAI, die in der Regel von den Vertretern dieser Auffassung als zentrale Leistungen angeführt werden, genannt (vgl. Hesse/Korbion/Mancheff/Vygen § 5 Rdn. 23; Locher/Koeble/Frik § 5 Rdn. 5; Pott/Dahlhoff § 5 Rdn. 12):

Leistungsphase 1: –
Leistungsphase 2: Erarbeiten des Planungskonzeptes, Kostenschätzung nach DIN 276
Leistungsphase 3: Entwurf, Objektbeschreibung, Kostenberechnung nach DIN 276
Leistungsphase 4: Erstellung der Genehmigungsvorlagen
Leistungsphase 5: zeichnerische Ausführungsplanung
Leistungsphase 6: Leistungsbeschreibung mit Leistungsverzeichnissen

Leistungsphase 7: Einholen und Werten der Angebote, Kostenanschlag nach DIN 276
Leistungsphase 8: Überwachen der Ausführung des Objekts, Kostenfeststellung nach DIN 276
Leistungsphase 9: –

Zusammenfassend kann festgehalten werden, daß sich der Architekt, ausgehend vom derzeitigen Meinungsstand in Schrifttum und Rechtsprechung, darauf einstellen muß, bei der Nichterbringung ganzer Leistungsphasen und sogenannter „zentraler Grundleistungen", obwohl diese beauftragt sind, Honorarkürzungen hinnehmen zu müssen, wenn es zum Streit mit dem Bauherrn kommt.
Nicht zu verwechseln mit dieser Frage ist die mangelhafte Architektenleistung aufgrund Nichterbringung oder unzureichender Erbringung von Grundleistungen. In diesen Fällen ist der Bauherr durch das werkvertragliche Gewährleistungssystem der §633 ff. BGB geschützt (Nachbesserung, Minderung, Schadensersatz). Eine Berücksichtigung der nicht erbrachten Leistungen sowohl im Honorarbereich als auch im Gewährleistungsbereich würde zu einer nicht gerechtfertigten „Doppelbestrafung" des Architekten führen (OLG Düsseldorf, BauR 1972, 384). Ausgehend von den oben dargelegten rechtlichen Erwägungen stößt die vertragliche Regelung in Ziffer 4.4 AVA auf Bedenken im Hinblick auf das AGB-Gesetz. Der Zweck der Klausel besteht eindeutig darin, dem Architekten den vollen Honoraranspruch auch dann zu erhalten, wenn einzelne Leistungen nicht erbracht wurden. Ob von den Verfassern des Einheits-Architektenvertrages dabei auch an den seltenen Fall der Nichterbringung einer kompletten Leistungsphase gedacht wurde, ist zu bezweifeln. Da jedoch bei der Überprüfung von AGB stets von der für den Vertragspartner des Verwenders ungünstigsten Auslegung auszugehen ist, sind auch diese Fälle in den Anwendungsbereich der Klausel einzubeziehen. Danach wird man unter Zugrundelegung der herrschenden Meinung, wonach das Fehlen ganzer Leistungsphasen und zentraler Grundleistungen zu Honorarkürzungen führen muß, die Klausel als unwirksam nach §§ 9, 10 Nr. 4 und 11 Nr. 15 b AGB-Gesetz ansehen müssen.
§9 AGB-Gesetz verbietet generell die unangemessene Benachteiligung des Vertragspartners entgegen den Geboten von Treu und Glauben; § 10 Nr. 4 AGB-Gesetz verbietet Klauseln, die dem Verwender das Recht einräumen, die geschuldeten Leistungen entgegen den Interessen des Vertragspartners in unzumutbarer Weise zu ändern bzw. von ihnen abzuweichen; § 11 Nr. 15 b AGB-Gesetz versagt unter anderem formularmäßige Tatsachenfiktionen, die zu einer Beweislastumkehr führen, die Wirksamkeit (zu weiteren Einzelheiten siehe Knychalla, § 13 mit weiteren Nachweisen).

Der Architekt als Verwender des Einheits-Architektenvertrags sollte sich demzufolge im klaren darüber sein, daß ihn die Regelung der Ziffer 4.4 im Streitfall sehr wahrscheinlich nicht vor Honorarkürzungen bei fehlenden zentralen Leistungen oder ganzen Leistungsphasen schützt.

Ziffer 4.5 enthält ein Aufrechnungsverbot, von dem lediglich unbestrittene oder rechtskräftig festgestellte Forderungen ausgenommen werden. Aufrechnung bedeutet eine einseitige empfangsbedürftige Willenserklärung, die bei Vorliegen der sogenannten „Aufrechnungslage" auch ohne oder sogar gegen den Willen des anderen Teils/Erklärungsempfängers abgegeben werden kann. Die Aufrechnungslage ist gemäß § 387 BGB gegeben, wenn es sich um gegenseitige Ansprüche handelt, d. h. Gläubiger und Schuldner der jeweiligen Forderungen identisch sind. Weiterhin müssen die Forderungen gleichartig sein, wie vor allem im Falle wechselseitiger Geldforderungen. Schließlich muß die Forderung desjenigen, der aufrechnen will, fällig und damit durchsetzbar und die Gegenforderung für ihn zum Zeitpunkt der Aufrechnungserklärung erfüllbar sein. Die wirksam erklärte Aufrechnung bewirkt gemäß § 389 BGB, daß beide Forderungen, soweit sie sich decken, erlöschen.
Das Recht zur Aufrechnung kann durch Vereinbarung abgedungen werden, durch AGB allerdings nur mit der Einschränkung, daß vom Aufrechnungsverbot unbestrittene oder rechtskräftig festgestellte Ansprüche ausgenommen werden (§ 11 Nr. 3 AGB-Gesetz).
Bestehen über Forderungen weder dem Grunde noch der Höhe nach Meinungsverschiedenheiten zwischen Gläubiger und Schuldner, dann sind sie unbestritten (BGH NJW 1978, 2244).
Darüber hinaus werden Forderungen aber auch dann als unbestritten im Sinne der gesetzlichen Regelung angesehen, wenn sie bei verständiger Betrachtung nicht bestritten werden können (BGH NJW 1985, 1556). Damit soll einem „böswilligen" Bestreiten, für das es keine sachliche Rechtfertigung gibt, entgegengewirkt werden.
Rechtskräftig festgestellt sind Forderungen, wenn sie in formelle und materielle Rechtskraft erwachsen sind, d. h., wenn ihr Bestehen durch eine gerichtliche Entscheidung festgestellt ist und diese Entscheidung nicht mehr durch Rechtsmittel angefochten werden kann. Damit ist die rechtskräftige Forderung praktisch ein Unterfall der unbestrittenen bzw. nicht zu bestreitenden Forderung.
Streitig ist, ob auch entscheidungsreife Forderungen in den Regelungsbereich des §11 Nr. 3 AGB-Gesetz fallen. Die herrschende Meinung im Schrifttum bejaht dies, was jedoch bedenklich erscheint. Denn bei einer Gleichbehandlung von rechtskräftig festgestellten Forderungen einerseits und entscheidungsreifen, also ohne Beweiserhebung zuzusprechenden oder voll bewiesenen Forderungen

andererseits fällt bei letzteren der Gesichtspunkt der formellen Rechtskraft weg.
Unmittelbar anwendbar ist § 11 Nr. 3 AGB-Gesetz nur im nicht-kaufmännischen Verkehr. Als konkrete Ausformung der Generalklausel des § 9 Abs. 2 Nr. 1 AGB-Gesetz ist die Vorschrift nach der Rechtsprechung des BGH aber auch im kaufmännischen Verkehr anwendbar (BGHZ 92, 316; BGH NJW 1984, 2405).
Zusammenfassend kann festgehalten werden, daß die Regelung in Ziffer 4.5 AVA innerhalb der vom AGB-Gesetz aufgestellten Schranken bleibt und damit wirksam ist.
Im praktischen Anwendungsbereich bedeutet dies, daß der Bauherr mit streitigen Gegenforderungen gegenüber dem Honoraranspruch des Architekten nicht aufrechnen darf, sondern insoweit auf ein aktives Geltendmachen seiner Forderung, z. B. in Form einer Klage oder Widerklage, angewiesen ist. Dadurch ist er nicht schutzlos gestellt.
Eine Besonderheit ist allerdings beim Schadensersatzanspruch gemäß § 635 BGB zu berücksichtigen. Soweit der Bauherr nicht Schäden, wie entgangenen Gewinn, zusätzliche Mietaufwendungen oder merkantilen Minderwert, geltend macht, sondern sein Schaden darin besteht, daß er für ein völlig oder teilweise nutzloses Architektenwerk Honorar zahlen soll, ist dieser Schaden dadurch zu ersetzen, daß der Architekt im Umfang der Mangelhaftigkeit seiner Leistungen keine Vergütung verlangen kann (BGH NJW 1978, 814 f.; BGH NJW 1972, 526).
Insoweit handelt es sich dann nicht um eine Aufrechnung im Sinne des § 387 BGB, sondern lediglich um eine Verrechnung, die von dem Aufrechnungsverbot nicht erfaßt wird.

3.2 Gewährleistung und Haftung

3.2.1 Gewährleistung und Haftung des Architekten (§ 5 AVA)

§ 5 Gewährleistung und Haftund des Architekten

5.1 Gewährleistungs- und Schadenersatzansprüche des Bauherrn richten sich nach den gesetzlichen Vorschriften, soweit nachfolgend nichts anderes vereinbart ist.

5.2 Haftet der Architekt wegen eines schuldhaften Verstoßes gegen die allgemein anerkannten Regeln der Baukunst oder sonstigen Verletzungen seiner Vortragspflichten, aus welchem Rechtsgrund auch immer, so hat er dem Bauherrn bei Vorsatz und grober Fahrlässigkeit sowie bei Fehlen zugesicherter Eigenschaften den verursachten Schaden in voller Höhe zu ersetzen.

5.3 In allen anderen Fällen (leichte Fahrlässigkeit) beschränkt sich die Haftung für versicherbare Schäden dem Grunde und der Höhe nach auf die Schäden, die der Architekt durch Versicherung seiner gesetzlichen Haftpflicht gem. Ziff. 8 des Vertrages zu decken hat.
Soweit das Bestehen einer Haftpflichtversicherung nach Ziff. 8 des Vertrages nicht vereinbart worden ist, beschränkt sich die Haftung der Höhe nach
a) bei honorarfähigen Herstellungskosten bis zu 1,5 Mio DM auf 1 Mio DM für Personenschäden und auf 150 000,– DM für sonstige Schäden.
b) bei honorarfähigen Herstellungskosten über 1,5 Mio DM auf 1 Mio DM für Personenschäden und auf 300 000,– DM für sonstige Schäden.

5.4 Für nicht versicherbare Schäden in Fällen leichter Fahrlässigkeit, die nicht Personenschäden sind, haftet der Architekt bis zur Höhe der Haftungssumme für sonstige Schäden gem. § 5.3 Abs. 2/AVA, jedoch nicht über das vertragliche Honorar hinaus.

5.5 Wird der Architekt wegen eines Schadens am Bauwerk auf Schadenersatz in Geld in Anspruch genommen, kann er vom Bauherrn verlangen, daß ihm die Beseitigung des Schadens übertragen wird.

5.6 Wird der Architekt wegen eines Schadens in Anspruch genommen, für den auch ein Dritter einzustehen hat, kann er verlangen, daß der Bauherr gemeinsam mit ihm sich außergerichtlich erst bei dem Dritten ernsthaft um die Durchsetzung seiner Ansprüche auf Nachbesserung und Gewährleistung bemüht.

Bei der Behandlung der Vertragsklauseln zur Gewährleistung und Haftung des Architekten spielt notgedrungen das AGB-Gesetz wieder eine entscheidende Rolle. Zunächst ist festzustellen, daß die in den Ziffern 5.1 und 5.2 enthaltenen Regelungen für sich betrachtet noch keine Abweichungen von der Rechtslage, wie sie sich aus dem BGB ergibt, enthalten.

Die Ziffer 5.1 gibt den Hinweis auf die Geltung der gesetzlichen Vorschriften für Gewährleistungs- und Schadensersatzansprüche des Bauherrn, „soweit nachfolgend nichts anderes vereinbart ist". Diese von den gesetzlichen Vorschriften abweichenden Vereinbarungen finden sich dann in den Ziffern 5.3 ff., wobei ihre Wirksamkeit unten näher beleuchtet wird.

Teil A: IV. Verträge zwischen Bauherrn und Planungsbeteiligten

In der **Ziffer 5.1** wird begrifflich zwischen Gewährleistungsansprüchen und Schadensersatzansprüchen des Bauherrn unterschieden.

Schadensersatzansprüche des Bauherrn setzen stets ein Verschulden des Architekten voraus. Dies kommt in § 635 BGB dadurch zum Ausdruck, daß der Besteller nach dieser Vorschrift Schadensersatz wegen Nichterfüllung verlangen kann, wenn der Mangel des Werkes auf einem Umstand, den der Unternehmer zu vertreten hat, beruht. Der Begriff des Verschuldens wird im Zusammenhang mit der Behandlung der Ziffer 5.2 näher erläutert.

Eine Besonderheit des Werkvertragsrechts liegt darin, daß es außer dem verschuldensabhängigen Schadensersatzanspruch verschuldensunabhängige Gewährleistungsansprüche kennt. Dies sind
– Nachbesserung/Mängelbeseitigung,
– Minderung,
– Wandelung.

Unter Gewährleistung versteht man allgemein das Einstehenmüssen für eine vertragsgerechte Erfüllung. In diesem weiten Sinn fällt unter Gewährleistung auch die Nachbesserungspflicht gemäß § 633 Abs. 2 BGB vor der Abnahme. Im eigentlichen Sinn und juristisch exakter ausgedrückt, bedeutet Gewährleistung, daß der Werkunternehmer für die ordnungsgemäße und vertragsgerechte Beschaffenheit seiner Werkleistung zur Zeit der Abnahme und nach der Abnahme einstehen muß.

Die Haftung des Werkunternehmers setzt voraus, daß seine Leistung mangelhaft ist.

Nach § 633 Abs. 1 BGB ist eine Werkleistung dann mangelhaft, wenn das Werk „mit Fehlern behaftet ist, die den Wert oder die Tauglichkeit zu dem gewöhnlichen oder dem nach dem Vertrag vorausgesetzten Gebrauch aufheben oder mindern" oder/und „nicht die zugesicherten Eigenschaften hat".

Der Fehler der Werkleistung kann sowohl in einer ungünstigen Abweichung der Leistung von der allgemein vorauszusetzenden Beschaffenheit (objektiv) oder auch in der Abweichung von den speziellen vertraglichen Vereinbarungen der Parteien hinsichtlich der Beschaffenheit der Bauleistungen (subjektiv) liegen. Unter gewöhnlichem Gebrauch sind die Anforderungen zu verstehen, die nach objektiven Gesichtspunkten unter Anlegung des durchschnittlichen Maßstabs bei Bauleistungen der jeweils vorliegenden Art verlangt und vorausgesetzt werden. Als Beispiel wird auf die sogenannte „Florverwerfung" bei verlegten Teppichböden hingewiesen.

Der nach dem Vertrag vorausgesetzte Gebrauch beinhaltet eine gewisse Zweckbestimmung der Leistung, die die Parteien ausdrücklich oder stillschweigend ihrem Vertragsverhältnis zugrunde gelegt haben, wodurch gleichzeitig klar ist, daß einseitige Vorstellungen einer Vertragspartei nicht ausschlaggebend sind. Als Beispiel ist aus der Rechtsprechung eine im Vertrag bestimmte Wohnfläche einer Wohnung oder eines Hauses, die nicht erreicht wird (OLG Düsseldorf NJW 81, 1455 ff. = BauR 81, 55), zu nennen.

Der Begriff der zugesicherten Eigenschaft wird im Rahmen der Behandlung der Ziffer 5.2 näher erläutert.

Was unter Nachbesserung zu verstehen ist, ergibt sich unmittelbar aus § 633 BGB. Ist das Werk nicht so hergestellt, daß es die zugesicherten Eigenschaften hat, oder ist es mit Fehlern behaftet, die den Wert oder die Tauglichkeit zu dem gewöhnlichen oder dem nach dem Vertrage vorausgesetzten Gebrauch aufheben oder mindern, so weist es einen Mangel auf. Für diesen Fall kann der Werkbesteller gemäß § 633 Abs. 2 BGB vom Werkunternehmer die Beseitigung des Mangels verlangen.

Gem. § 633 Abs. 3 BGB kann der Werkbesteller dann den Mangel selbst beseitigen und Ersatz der erforderlichen Aufwendungen verlangen, wenn der Werkunternehmer mit der Beseitigung des Mangels in Verzug ist.

Beim Architektenwerk liegt es in der Natur der Sache, daß die Nachbesserung im Verhältnis zum Schadensersatzanspruch lediglich eine untergeordnete Rolle spielt. Dies liegt daran, daß der Mangel des Architektenwerks nach Vollendung des Bauwerks nicht mehr behoben werden kann. Wird z. B. nach einem fehlerhaften Plan gebaut oder ein Mangel durch unzureichende Bauaufsicht des Architekten verursacht, kann weder durch die Änderung des Planes der Mangel bzw. Schaden beseitigt noch die fehlerhafte Bauaufsicht ordnungsgemäß nachgeholt werden.

Allerdings sind auch durchaus Fälle denkbar, in denen eine Nachbesserung des Architektenwerks in Betracht kommt. Dieses Nachbesserungsrecht besteht in bezug auf Planungs- und Vergabeleistungen, solange noch nicht gebaut, d. h. der Fehler des Architekten in das Bauwerk noch nicht eingeflossen ist (BGH BauR 1989, 97 ff.). Ein weiterer denkbarer Fall ist die Erstellung einer nicht genehmigungsfähigen Planung. Auch hier kann der Architekt durch Nachbesserung seiner Leistung einen mangelfreien Zustand herstellen (vgl. OLG Düsseldorf BauR 1986, 469). Schließlich sind Mängelbeseitigungen auch bei falschen Baukostenermittlungen denkbar, wie das OLG Hamm und das OLG Düsseldorf entschieden haben (vgl. OLG Hamm BauR 1987, 464; OLG Düsseldorf BauR 1988, 237). Das OLG Hamm ist in einer weiteren Entscheidung sogar soweit gegangen, ein Nachbesserungsrecht des Architekten dann anzunehmen, wenn wegen eines Planungsfehlers, der der behördlichen Abnahme des Bauwerks entgegensteht, der Architekt einen Dispens als Mängelbeseitigung beantragen könne. In diesem Fall sei der Architekt nicht primär schadensersatzpflichtig, sondern der Bauherr müsse den Architekten in erster Linie zur Nachbesserung in Form der Beantragung des Dispenses auffordern (vgl. OLG Hamm MDR 1978, 226).

3. Allgemeine Vertragsbestimmungen zum Einheits-Architektenvertrag

Die Minderung ist im § 634 BGB gemeinsam mit der Wandelung geregelt. Sie bedeutet eine Herabsetzung des Werklohns, im Fall des Architekten also des Honoraranspruchs.

Die Höhe des Minderungsanspruchs ergibt sich in der Regel aus den Kosten der etwaigen Mängelbeseitigung zuzüglich eines etwaigen verkehrsmäßigen und technischen Minderwerts. Bei völliger Unbrauchbarkeit der Leistung bzw. des Werks wird die Vergütung auf null gemindert. Bei Unmöglichkeit einer Mängelbeseitigung ist die Vergütung im Verhältnis des Werts der mangelfreien Leistung zum Wert der mangelhaften Leistung herabzusetzen.

Ist eine Mängelbeseitigung hinsichtlich des Architektenwerks nicht möglich, muß der Bauherr vor Geltendmachung des Minderungsanspruchs dem Architekten keine Fristen setzen. Dies ist allerdings erforderlich, wenn eine Nachbesserungsmöglichkeit besteht. In diesem Fall ist Voraussetzung für die Geltendmachung der Minderung, daß der Bauherr dem Architekten zur Nachbesserung eine angemessene Frist mit der Erklärung, daß er die Beseitigung des Mangels nach dem Ablauf der Frist ablehnt, gesetzt hat.

Wandelung bedeutet die Rückgängigmachung des Vertrages. Sie hat die gleichen Voraussetzungen wie die Minderung, kommt jedoch beim Architektenvertrag lediglich in Ausnahmefällen in Betracht. Wurde auf der Grundlage der Architektenleistungen bereits gebaut, läßt sich eine Rückgängigmachung des Vertrages nicht verwirklichen. Etwas anderes kann nur dann gelten, wenn noch nicht verwirklichte Planungsleistungen des Architekten und Abschlagszahlungen des Bauherrn sich gegenüber stehen. Insoweit ist eine Rückgewährung der jeweils zur Vertragserfüllung erbrachten Leistungen durchführbar.

Die Regelung der **Ziffer 5.2** enthält eine ganze Reihe von Rechtsbegriffen, die dem juristischen Laien zunächst erläutert werden müssen.

Versucht man den Aussagegehalt der Ziffer 5.2 vereinfachend darzustellen, läßt sich feststellen, daß hier allgemein die Fälle beschrieben werden, in denen der Architekt dem Bauherrn auf Schadensersatz ohne jegliche Einschränkung dem Grunde oder der Höhe nach haftet.

Die zum Schadensersatz führende Pflichtverletzung wird als „Verstoß gegen die allgemein anerkannten Regeln der Baukunst" oder „sonstige Verletzung von Vertragspflichten, aus welchem Rechtsgrund auch immer", bezeichnet. Wegen der Definition des Begriffs „allgemein anerkannte Regeln der Baukunst" wird auf die Ausführungen unter 3.1.1 zu § 1 AVA Bezug genommen.

Unter den Begriff der „sonstigen Verletzungen seiner Vertragspflichten" fallen alle denkbaren Verstöße des Architekten gegen seine vertraglichen Haupt- und Nebenpflichten, auch soweit sie außerhalb des Bereichs der anerkannten Regeln der Baukunst liegen. Hier ist insbesondere an fehlerhafte Kostenermittlungen oder auch verspätete Leistungserbringung durch den Architekten zu denken. Zu der objektiv gegebenen Pflichtverletzung muß als subjektives Element das Verschulden des Architekten als Voraussetzung eines Schadensersatzanspruchs hinzukommen. Deshalb ist in der Regelung der Ziffer 5.2 vom „schuldhaften Verstoß" die Rede.

Das BGB kennt die Schuldformen Vorsatz und Fahrlässigkeit, wobei nochmals nach dem Grad der Fahrlässigkeit zwischen grober und leichter (einfacher, gewöhnlicher) Fahrlässigkeit unterschieden wird.

Unter Vorsatz versteht man „das Wissen und Wollen des rechtswidrigen Erfolges", wobei der Vorsatz sich nach der Rechtsprechung in der Regel nur auf die Verletzung – z. B. des Vertrages – und nicht auf den eingetretenen Schaden beziehen muß (BGH MDR 55, 542).

Die leichte Fahrlässigkeit ist in § 276 Abs. 1 BGB als „Außerachtlassung der im Verkehr erforderlichen Sorgfalt" definiert.

Grob fahrlässig handelt, wer die im Verkehr erforderliche Sorgfalt in besonders schwerem Maße verletzt (BGHZ 10, 16, 74; BGHZ 89, 161).

Dabei legt die Rechtsprechung in Abweichung zur leichten Fahrlässigkeit nicht nur objektive, sondern auch subjektive – also in der individuellen Person des Handelnden begründete Umstände – zugrunde. Deshalb setzt die grobe Fahrlässigkeit in der Regel das Bewußtsein der Gefährlichkeit bei dem Handelnden voraus (BGH VersR 86, 1094; BGH NJW-RR 89, 991). Im Einzelfall kann aber auch ausreichen, daß der Handelnde durch Leichtfertigkeit die Gefährlichkeit seines Verhaltens nicht erkennt. Als Beispiel aus dem Baubereich ist insbesondere an die Nichteinhaltung von Unfallverhütungsvorschriften zu denken, auch wenn nicht jeder Verstoß gegen eine Unfallverhütungsvorschrift ohne weiteres grob fahrlässig sein muß. Es kommt stets auf eine Prüfung des Einzelfalls an, ob die erforderliche Sorgfalt in besonders schwerem Maße verletzt wurde.

Neben dem Fall des vorsätzlichen und grob fahrlässigen Verstoßes ist in Ziffer 5.2 AVA noch der Fall des Fehlens zugesicherter Eigenschaften erwähnt. Die Regelung ist so zu verstehen, daß bei fehlender zugesicherter Eigenschaft auch bei leichter Fahrlässigkeit der Schadensersatzanspruch des Bauherrn der Höhe nach nicht beschränkt ist. Dies steht in Einklang mit § 11 Nr. 11 AGBG, wonach unter anderem beim Werkvertrag ein Schadensersatzanspruch des Werkbestellers nach § 635 BGB wegen Fehlens zugesicherter Eigenschaften weder ausgeschlossen noch eingeschränkt werden darf.

Der Begriff der zugesicherten Eigenschaften findet sich im BGB im Kaufrecht und Werkvertragsrecht.

Aus § 633 BGB ergibt sich, daß ein Sachmangel unter anderem dann vorliegt, wenn ein Werk nicht die zugesicherten Eigenschaften hat. Unter Zusicherung ist das vertragliche Versprechen, das geschuldete Werk mit einer bestimmten Eigenschaft auszustatten, zu verstehen. Dabei ist nicht erforderlich, daß der Werkunternehmer erklärt, er werde für alle Folgen des Fehlens der Eigenschaft einstehen (BGHZ 96, 111).

Entscheidend ist, daß die Parteien darüber einig sind, daß die Leistungen im Zeitpunkt der Abnahme eine bestimmte Beschaffenheit haben müssen. Dies geschieht im Baubereich meistens durch die Einbeziehung von Leistungsbeschreibungen in den Bauvertrag. Im Vertrag muß jedoch unzweideutig zum Ausdruck kommen, daß die Leistung mit der bezeichneten Eigenschaft ausgeführt werden muß (BGH BauR 1981, 284). Eigenschaften sind neben der physischen Beschaffenheit einer Sache oder Leistung sämtliche tatsächlichen und rechtlichen Verhältnisse, die nach der Verkehrsanschauung wegen ihrer Art und Dauer einen Einfluß auf die Wertschätzung oder die Brauchbarkeit einer Leistung ausüben (RGZ 117, 315; BGH BauR 76, 86).

Das Besondere an der Haftung wegen Fehlens zugesicherter Eigenschaften ist, daß hier die Leistung bereits dann mangelhaft ist, wenn die Eigenschaft fehlt, ohne daß es in der Regel auf eine Wertminderung oder eine Beeinträchtigung des Gebrauchs ankommt. Allerdings besteht nach herrschender Meinung ausnahmsweise auch bei Fehlen zugesicherter Eigenschaften dann keine Gewährleistungs- oder Schadensersatzverpflichtung des Werkunternehmers, wenn das Fehlen der Eigenschaft für den Wert oder die Tauglichkeit des Werks völlig ohne Bedeutung ist.

Beispiele aus der Rechtsprechung für das Fehlen einer zugesicherten Eigenschaft sind
- die fehlende Unterhaltungsfreiheit einer Fassade (BGH Baurecht 76, 86),
- die fehlende Verwendbarkeit eines Materials zur standfesten Verdichtung einer Sportplatzdecke (BGH ZfBR 1978, 26).

Wie bereits oben erwähnt, enthalten die Regelungen der Ziffer 5.3 bis 5.6 zugunsten des Architekten Haftungsbeschränkungen bzw. Haftungserleichterungen, die im einzelnen auf ihre Vereinbarkeit mit dem AGB-Gesetz zu überprüfen sind.

Sowohl **Ziffer 5.3** als auch **Ziffer 5.4** stellen einen Zusammenhang zwischen der Haftung des Architekten und seiner Berufshaftpflichtversicherung her, mit dem aus der Sicht des Architekten wünschenswerten Ziel, das Risiko der persönlichen Inanspruchnahme des Architekten und den Zugriff auf sein Privatvermögen einzugrenzen. Auch wenn diese Regelungen nur in Fällen leichter Fahrlässigkeit anwendbar sein sollen, enthalten sie bei objektiver Abwägung der Interessen des Architekten einerseits und des Bauherrn andererseits nach im Vordringen befindlicher Meinung in Rechtsprechung und Schrifttum unangemessene Benachteiligungen des Bauherrn. Ziffer 5.3 beschränkt die Haftung des Architekten für versicherbare Schäden in Umfang und Höhe auf die Versicherung der gesetzlichen Haftpflicht, wie sie in Ziffer 8 des Einheits-Architektenvertrages zwischen den Vertragsparteien vereinbart wurde.

Für den seltenen Fall, daß das Bestehen einer Haftpflichtversicherung in Ziffer 8 des Vertrages nicht vereinbart wurde, legt Ziffer 5.3 Haftungshöchstgrenzen fest.

Für nichtversicherbare Schäden, die nicht Personenschäden sind, begrenzt Ziffer 5.4 die Haftung des Architekten auf die in Ziffer 5.3, Abs. 2 genannte Höchstgrenze, allerdings mit der nochmaligen Begrenzung auf das vertragliche Honorar. Das vertragliche Honorar stellt also dann die Höchstgrenze der Haftung für nichtversicherbare Schäden dar, wenn es die in Ziffer 5.3 genannten Höchstgrenzen von DM 150.000 (bei honorarfähigen Herstellungskosten bis zu 1,5 Mio. DM) bzw. DM 300.000 (bei honorarfähigen Herstellungskosten über 1,5 Mio. DM) unterschreitet.

Zur Wirksamkeit der Ziffer 5.3 und 5.4 AVA gibt es derzeit noch keine höchstrichterliche Entscheidung des BGH. Aber das Oberlandesgericht Stuttgart hat in seiner Entscheidung vom 10.10.1991 beide Bestimmungen für unwirksam erachtet. Zunächst stellt das OLG Stuttgart bei der Ziffer 5.3 darauf ab, daß die Klausel für den Bauherrn nur dann verständlich sei, wenn er wisse, wogegen ein Architekt versichert bzw. nicht versichert ist. Der Umfang dieses Versicherungsschutzes ergebe sich aber erst im einzelnen aus den Versicherungsbedingungen. Ein bloßer Hinweis in AGB auf weitere, für den Vertragspartner nicht mitabgedruckte Bestimmungen reiche aber nicht aus; vielmehr sei der Verwender der AGB verpflichtet, seinem Vertragspartner die Kenntnisnahme von allen Bedingungen, die dem Vertrag zugrunde gelegt werden, zu ermöglichen.

Die Ausführung des OLG Stuttgarts sind insoweit dahingehend zu verstehen, daß durch den indirekten Verweis auf die Versicherungsbedingungen bereits keine wirksame Einbeziehung gemäß § 2 AGBG gegeben ist.

Die Regelung in Ziffer 5.4 hält das OLG Stuttgart für unwirksam, weil bei leichter Fahrlässigkeit die Haftung des Architekten bei nichtversicherbaren Schäden durch die Höhe des Honorars begrenzt wird. Darin sieht das Gericht eine von den Grundsätzen des gesetzlichen Gewährleistungsrechts abweichende unangemessene Benachteilung des Bauherrn. Begründet wird dies damit, daß insbesondere aus den nichtversicherbaren Bereichen der Massen-, Kosten- und Bauzeitüberschreitungen sowie der Vertragserfüllung und deren Surrogate erhebliche Schadensersatzansprüche des Bauherrn resultieren können, die im Einzelfall durch die Höhe des vertraglichen Honorars nicht annähernd abgedeckt sein können.

Für den Verwender des Einheits-Architektenvertrages ist es wichtig zu wissen, daß er sich auf die Haftungsbeschränkungen in Ziffer 5.3 und 5.4 nicht verlassen kann, sondern damit rechnen muß, unbegrenzt zu haften. Dem berechtigten Anliegen der Architekten, eine unter Umständen existenzgefährdende Haftung zu begrenzen, muß entweder durch individualvertraglich ausgehandelte Vereinbarungen oder durch überarbeitete AGB, in denen die Gerichte keine unangemessene Benachteiligung des Bauherrn erkennen, Rechnung getragen werden.

Der Leser, der sich über dieses AGB-Thema ausführlicher informieren will, wird auf die Veröffentlichung von Knychalla verwiesen.

In der Regelung der Ziffer **5.5** wird der Grundsatz, wonach der Architekt im Falle eines von ihm zu vertretenden Schadens am Bauwerk auf Schadensersatz in Geld haftet, insoweit durchbrochen, als ihm das Wahlrecht eingeräumt wird, statt der Schadensersatzzahlung die Beseitigung des Schadens selbst zu übernehmen. Nach zutreffender Ansicht handelt es sich bei dieser Klausel um einen vertraglich vereinbarten Naturalherstellungsanspruch (vgl. BGH BauR 81, 395; Knychalla, S. 81).

Dies bedeutet, daß der Bauherr dem Architekten zwar keine Frist zur Schadensbeseitigung setzen muß, ihm jedoch eine ausreichende Gelegenheit, von seinem Schadensbeseitigungsrecht Gebrauch zu machen, einräumen muß. Versäumt der Bauherr dies, ist ein Schadensersatzanspruch in Geld nicht ausgeschlossen. Allerdings wird der Bauherr ihn dann auf die Kosten beschränken müssen, die auch bei einer Schadensbeseitigung durch den Architekten bzw. von diesem beauftragte Dritte entstanden wären.

Die Klausel wird überwiegend für wirksam gehalten, so daß den Architekten nur empfohlen werden kann, im Einzelfall die Ausübung dieses Wahlrechts zu prüfen und gegebenenfalls mit ihrer Haftpflichtversicherung abzustimmen.

Die Regelung in **Ziffer 5.6** betrifft die Fälle, in denen der Architekt neben einem anderen Baubeteiligten für einen entstanden Schaden haftet. Dies können z. B. Handwerker, Bauunternehmer und Fachingenieure sein. Im Außenverhälnis zum Bauherrn haftet jeder der Schadensmitverursacher als Gesamtschuldner in voller Höhe. Der Bauherr ist in der Wahl des Anspruchsgegners völlig frei. Kommt keine außergerichtliche Lösung zustande, wird der Bauherr im Zweifel alle Verursacher als Gesamtschuldner verklagen.

Der Architekt ist somit dem Risiko ausgesetzt, vom Bauherrn in voller Höhe in Anspruch genommen zu werden, selbst wenn sein Mitverurschachungsanteil im Verhältnis zu anderen Baubeteiligten nur gering sein sollte. Diesem Risiko soll die Klausel in Ziffer 5.6 vorbeugen, indem sie den Bauherrn verpflichtet, auf Verlangen des Architekten sich gemeinsam mit ihm außergerichtlich um eine Durchsetzung von Ansprüchen gegenüber dem Dritten zu bemühen.

Die praktisch vorkommenden Fälle lassen sich wie folgt zusammenfassen:
– Planungsfehler, für die Architekt und Fachingenieur/e verantwortlich sind, soweit beide getrennte Verträge mit dem Bauherrn haben und nicht etwa der Fachingenieur als Subunternehmer des Architekten tätig wird;
– Zusammentreffen von Planungsfehlern des Architekten und mangelhafter Bauausführung durch den Bauunternehmer;
– Zusammentreffen von Ausführungsfehlern des Bauunternehmers und Aufsichtsfehlern des bauleitenden Architekten.

Schließlich ist auch ein Zusammentreffen von Planungsfehlern mehrerer Planer, Bauaufsichtsfehlern und Ausführungsfehlern von Unternehmern im Einzelfall denkbar.

Gem. § 11 Nr. 10a AGB-Gesetz sind derartige Subsidiaritätsklauseln dann unwirksam, wenn sie Gewährleistungsansprüche von der vorherigen gerichtlichen Inanspruchnahme Dritter abhängig machen. Deshalb ist in AGB lediglich eine Vereinbarung einer vorherigen außergerichtlichen Inanspruchnahme wirksam möglich. Die Regelung in Ziffer 5.6 spricht insoweit von einem ernsthaften Bemühen des Bauherrn gemeinsam mit dem Architekten.

Von vornherein entbehrlich ist die außergerichtliche Inanspruchnahme des Dritten, wenn dieser die Leistung bereits ernsthaft und endgültig verweigert hat, mit Erfolg die Einrede der Verjährung erhebt oder leistungsunfähig bzw. vermögenslos ist.

Im übrigen wird die Frage, wie das ernsthafte Bemühen um eine Inanspruchnahme des Dritten zu erfolgen hat, vom Einzelfall abhängen. Nach diesseitiger Auffassung kann dem Bauherrn nicht zugemutet werden, den Dritten über einen längeren Zeitraum und mehrfach zu einer Mängel- bzw. Schadensbeseitigung aufzufordern. Vielmehr wird er berechtigt sein, nach einmaliger fruchtloser Inanspruchnahme des Dritten, die möglichst schriftlich erfolgen sollte, sich wieder an den Architekten zu halten.

Da nach zutreffender Auffassung dem Bauherrn während der Dauer der Inanspruchnahme des Dritten ein Leistungsverweigerungsrecht gegenüber dem Honoraranspruch des Architekten zusteht und die Verjährung der Ansprüche gegenüber dem Architekten während dieses Zeitraums gehemmt ist, kann von der Wirksamkeit der Klausel in Ziffer 5.6 ausgegangen werden.

3.2.2 Gewährleistungs- und Haftungsdauer (§ 6 AVA)

Die Regelung in § 6 AVA wurde bereits im Zusammenhang mit der Ziffer 9 des Honorarteils des Einheits-Architektenvertrages behandelt. Auf die Ausführungen im Kapitel A IV 2.4 wird Bezug genommen.

3.3 Sonstige Bestimmungen

3.3.1 Urheberrecht (§ 7 AVA)

> **§ 7 Urheberrecht**
>
> 7.1 Dem Architekten verbleiben alle Rechte, die ihm nach dem Urheberrechtsgesetz zustehen.
>
> 7.2 Der Bauherr darf ohne den Architekten urheberrechtlich geschütztes geistiges Eigentum des Architekten nur verwerten, wenn ihm ein entsprechendes Nutzungsrecht übertragen ist.
>
> 7.3 Änderungen urheberrechtlich geschützter Bauwerke sind ohne Einwilligung des Architekten unzulässig, es sei denn, die Verweigerung der Einwilligung verstößt gegen Treu und Glauben.
>
> 7.4 Der Architekt ist berechtigt – auch nach Beendigung dieses Vertrages –, das Bauwerk oder die bauliche Anlage in Abstimmung mit dem Bauherrn zu betreten, um fotografische oder sonstige Aufnahmen zu fertigen.
>
> 7.5 Der Bauherr ist zur Veröffentlichung des vom Architekten geplanten Bauwerks nur unter Namensangabe des Architekten berechtigt.

Da es sich um einen von der Bundesarchitektenkammer empfohlenen Mustervertrag handelt, liegt es auf der Hand, daß die Regelung zum Urheberrecht die Interessen des Architekten vollumfänglich wahrt.
Eine Kollision mit dem AGB-Gesetz ist insoweit nicht gegeben, da die Regelung nicht von den gesetzlichen Bestimmungen zugunsten des Architekten abweicht.

Ziffer 7.1 erhebt zunächst zum vertraglichen Grundsatz, daß dem Architekten alle Rechte, die ihm nach dem Urheberrechtsgesetz (UrhG) zustehen, verbleiben. Damit ist unmittelbar das Gesetz angesprochen, aus dem sich die einzelnen Rechte des Architekten im Zusammenhang mit seiner Urheberschaft ergeben, allerdings nur dann, wenn er im Einzelfall tatsächlich Urheber im Sinne dieses Gesetzes ist. § 1 UrhG stellt klar, daß in den Schutzbereich des Gesetzes die Urheber von Werken der Literatur, Wissenschaft und Kunst fallen.
§ 2 Abs. 1 Nr. 4 UrhG erläutert sodann dem vielleicht auf den ersten Blick etwas erstaunten Leser – zumindest soweit er Bauherr ist –, daß zu den Werken der bildenden Kunst auch Werke der Baukunst und Entwürfe solcher Werke gehören. Gem. § 2 Abs. 1 Nr. 7 UrhG gehören zu den geschützten Werken auch Darstellungen wissenschaftlicher oder technischer Art wie Zeichnungen, Pläne, Karten, Skizzen, Tabellen und plastische Darstellungen.
Zwei grundlegende Dinge müssen jedoch klargestellt werden. Zum einen kann nicht jede Architektenleistung geschütztes Werk sein. Zum anderen ist der Architekt in der Regel nicht vertraglich verpflichtet, ein urheberrechtsschutzfähiges Bauwerk zu planen und/oder errichten zu lassen.

Gem. § 2 Abs. 2 UrhG sind geschützte Werke nur persönliche geistige Schöpfungen. Damit bringt das Gesetz zum Ausdruck, daß Leistungen, die lediglich durchschnittlich und üblich sind, nicht den Urheberschutz genießen. Vielmehr muß in dem jeweiligen Werk die Individualität der Leistung zum Ausdruck kommen, und es müssen besondere gestalterische Elemente vorliegen, die nicht nur üblich und von den technischen und konstruktiven Erfordernissen vorgegeben sind.
Urheberschutz können deshalb durchaus auch sogenannte Zweckbauten erfahren, wenn die Voraussetzung der persönlich geistigen Schöpfung gegeben ist, also die Ästhetik und Individualität eines Bauwerks ausreichen, um von einer künstlerischen Leistung zu sprechen.
Im Einzelfall kann der Urheberschutz auch lediglich auf Teile eines Bauwerks wie z. B. die Innenraumgestaltung, die Fassade oder die Farbgestaltung beschränkt sein.
Die Regelung in Ziffer 7.1 spricht alle Rechte des Architekten nach dem Urheberrechtsgesetz an. Dies sind zunächst die Urheberpersönlichkeitsrechte, nämlich
— das Veröffentlichungsrecht,
— das Recht auf Anerkennung der Urheberschaft,
— das Recht, eine Entstellung oder eine andere Beeinträchtigung des Werks, die geeignet ist, die berechtigten geistigen und persönlichen Interessen des Urhebers am Werk zu gefährden, zu verbieten.

Diese Urheberpersönlichkeitsrechte sind grundsätzlich nicht übertragbar und unverzichtbar.
Sodann gibt es die sogenannten Verwertungsrechte. Diese sind insbesondere

3. Allgemeine Vertragsbestimmungen zum Einheits-Architektenvertrag

– das Vervielfältigungsrecht, das auch das Nutzungsrecht einschließt,
– das Verbreitungsrecht,
– das Ausstellungsrecht.

Schließlich kennt das Urheberrechtsgesetz noch die Sonstigen Rechte des Urhebers, von denen beim Architektenwerk vor allem das Recht auf Zugang zum Werk von Bedeutung ist.

Dieses Recht des Architekten, das Bauwerk/die bauliche Anlage auch nach Beendigung des Vertragsverhältnisses zu betreten, ist in Ziffer 7.4 AVA geregelt, wobei den Interessen des Bauherrn dadurch Rechnung getragen wird, daß vorher eine Abstimmung mit ihm zu erfolgen hat.

Während die Ziffern 7.1 und 7.4 den Grundsatz aufstellen, daß die Urheberrechte dem Architekten verbleiben, sind in den Ziffern 7.2, 7.3 und 7.5 die Befugnisse des Bauherrn im Zusammenhang mit dem urheberrechtlich geschützten Werk des Architekten geregelt.

Zunächst besagt die Regelung in **Ziffer 7.2**, daß dem Bauherrn im Einzelfall ein Nutzungsrecht an der Leistung des Architekten, z. B. dem Entwurf, vertraglich eingeräumt sein muß, wenn er ohne den Architekten dessen geschütztes geistiges Eigentum verwerten will.

Damit sind also nicht die Fälle, in denen dem Architekten das volle Leistungsbild oder die Leistungsphasen 1-8 des § 15 HOAI übertragen sind, angesprochen. Denn hier findet die Verwertung des geistigen Eigentums des Architekten nicht ohne diesen statt. Allerdings ist durch Ziffer 7.2 auch für diese Fälle klargestellt, daß der Bauherr keinesfalls die Planung des Architekten benutzen darf, um ohne diesen das Bauvorhaben ein zweites Mal oder öfter zu errichten. Vielmehr müßte dafür ein ausdrückliches Nutzungsrecht vom Architekten auf den Bauherrn übertragen werden.

Unter die Regelung der Ziffer 7.2 fallen vielmehr die Fälle, in denen der Architekt entweder aufgrund der vertraglichen Regelung oder der vorzeitigen Auflösung des Vertragsverhältnisses nur einen Teil des Leistungsbildes erbringt, also z. B. nur die Planung erstellt, und der Bauherr die bauliche Verwirklichung der Planung sodann ohne den Architekten durchführt. Findet sich im Architektenvertrag dann eine wirksame und eindeutige Regelung über das Nutzungsrecht des Bauherrn für diese Fälle, so gibt es insoweit keine Schwierigkeiten.

Schwieriger sind die Fälle, in denen eine klare vertragliche Regelung fehlt. Auch der Einheits-Architektenvertrag enthält keine bestimmte Regelung, ob und in welchem Umfang dem Bauherrn ein Nutzungsrecht eingeräumt wird. Ziffer 7.2 besagt lediglich, daß der Bauherr die Leistung des Architekten verwerten darf, wenn ihm ein Nutzungsrecht eingeräumt ist, nicht ob es im konkreten Vertrag besteht. Insoweit bietet sich im Einzelfall zur Klarstellung eine Vereinbarung im Honorarteil des Vertrags in Ziffer 12 – Zusätzliche Vereinbarungen – an. Fehlt eine ausdrückliche Vereinbarung der Parteien über die Einräumung von Nutzungsrechten, muß der Vertragszweck, also der diesbezügliche gemeinsame Wille der Vertragsparteien, im Einzelfall ermittelt werden. Im Zweifel wird man zugunsten des Urhebers davon ausgehen müssen, daß er diese Nutzungsrechte nur soweit überträgt, als sie für die Erreichung des Vertragszwecks erforderlich sind.

Auch in der Rechtsprechung des Bundesgerichtshofs war die Frage der Übertragung von Nutzungsrechten Gegenstand von Entscheidungen. Es lassen sich verschiedene Fallkonstellationen daraus ableiten. Ist ein Architekt lediglich mit der Vorentwurfsplanung beauftragt, verletzt der Bauherr dessen Urheberrecht, wenn er nach dieser Planung bauen läßt. Dies hat der BGH entschieden, da aus der Übernahme eines solchen Einzelauftrags regelmäßig noch nicht auf die Einräumung urheberrechtlicher Nutzungsbefugnisse geschlossen werden könne (BGH BauR 1984, 416 ff.).

In Übereinstimmung mit dieser Rechtsprechung enthält die von der Bundesarchitektenkammer empfohlene Fassung des Architekten-Vorplanungsvertrages in Ziffer 3 folgende Regelung:

„Verwertungsrechte
Der Bauherr ist nicht berechtigt, die Vorplanung des Architekten ohne dessen schriftliches Einverständnis weiter zu verwenden. Urheberrechte sowie Nutzungen aus dem Urheberrecht werden nicht übertragen."

Schließen die Parteien einen Planungsvertrag, der über die Vorplanungsphase hinausgeht, soll also z. B. der Architekt eine genehmigungsfähige Planung erstellen, dann beinhaltet dieser Vertrag in der Regel die Absicht des Bauherrn, diese Planung auch zu nutzen, so daß von einer stillschweigenden Übertragung eines Nutzungsrecht auszugehen ist. Der BGH hat allerdings in einer Entscheidung aus dem Jahr 1975 die Auffassung vertreten, daß bei einem Auftrag, der lediglich die Fertigung eines Entwurfs beinhaltet, kein Nutzungsrecht übertragen wird (BGH BauR 1975, 363 ff.). Diesseits wird diese Auffasung nicht geteilt.

Ein Nutzungsrecht des Bauherrn besteht auch, wenn ein Architekt lediglich beauftragt ist, Ausführungspläne zu erstellen (BGH BauR 1975, 363 ff.). Im Falle einer vorzeitigen Vertragsauflösung/Kündigung des Vertrages ist zunächst zu prüfen, ob Nutzungsrechte bereits vertraglich übertragen sind. Dies ist z. B. bei dem Vertrag über die Leistungsphasen 1-4 oder 1-5 des § 15 HOAI – wie oben geschildert – der Fall. Die Vertragsauflösung ändert nichts an dem stillschweigend bereits übertragenen Nutzungsrecht, der Architektenvertrag mit seinem Vertragszweck bleibt als Rechtsgrund für die Übertragung des Nutzungsrechts bestehen (vgl. Beigel, Urheberrecht des Architekten, Rdn. 71). Bei Beauftragung der Vollarchitektur ist die stillschweigende Einräumung eines Nutzungs-

111

rechts an der Planung/Nachbaurechts – wie bereits oben dargestellt – nicht vom Vertragszweck gedeckt, da dies für dessen Erreichung nicht erforderlich ist. Deshalb soll der Bauherr in diesem Fall grundsätzlich auch nicht berechtigt sein, die Entwürfe des Architekten zu nutzen, bzw. der Architekt braucht eine Fortsetzung der Bauarbeiten nicht zu dulden (vgl. BGH GRUR 1973, 663 ff.; Beigel Rdn. 70; von Gamm BauR 1982, 114).
Vielmehr müsse sich der Bauherr – gegen entsprechende Vergütung – das Nachbaurecht übertragen lassen, es sei denn, das Bauwerk ist bei Vertragsauflösung bereits in einem so weitgehenden Fertigstellungszustand, daß die eigenschöpferischen Elemente des Entwurfs bereits in dem Gebäude erkennbar verwirklicht sind (BGH GRUR 1973, 663 ff.).
Insoweit bestehen diesseits Zweifel, ob es gerechtfertigt ist, die Situationen unterschiedlich zu bewerten. Der Architekt, der von vornherein aufgrund entsprechender vertraglicher Vereinbarung seine Leistungen mit der Ausführungsplanung beendet, überträgt stillschweigend das Nutzungsrecht an der Planung, erhält hierfür keine gesonderte Vergütung und kann auch die Realisierung seiner Planung nicht verbieten. Er erhält als Gegenleistung – unter anderem auch für die stillschweigende Übertragung des Nutzungsrechts – das vertraglich vereinbarte Honorar. Demgegenüber soll der Architekt, der z. B. zum Zeitpunkt der Kündigung ebenfalls die Leistungsphasen 1-5 erfüllt hat, aber auch noch die Phasen 6-9 in Auftrag hatte, berechtigt sein, die Erstellung des Bauvorhabens nur gegen Zahlung eines zusätzlichen Entgelts für die Ergänzung des Nachbaurechts zu dulden bzw. die Erstellung ganz zu verhindern. Dies ist nach diesseitiger Auffassung kein sachgerechtes Ergebnis, zumindest dann, wenn der Architekt das vertraglich vereinbarte Honorar für die erbrachten Leistungen erhält. Dann wird man ihn für verpflichtet halten müssen, nachträglich das Nachbaurecht auch ohne gesonderte Vergütung stillschweigend zu übertragen. Bei dieser Überlegung sind insbesondere auch die Gründe für die Kündigung und ihre Rechtsfolgen zu berücksichtigen.
Entweder hat der Architekt die Kündigung zu vertreten; dann wäre es überhaupt nicht einzusehen, daß er die Verwirklichung des Bauvorhabens verhindern können soll; oder es liegt eine Konstellation vor, in der der Bauherr oder keine der beiden Vertragsparteien die Kündigung zu vertreten hat; dann erhält der Architekt gemäß § 649 BGB auch für die nichterbrachten Leistungen das vertraglich vereinbarte Honorar, von dem er sich lediglich die durch die Nichterbringung ersparten Aufwendungen abziehen lassen muß. Dann stellt es aber keine Benachteiligung des Architekten dar, wenn er die Realisierung des Werks auch ohne seine Beteiligung und ohne zusätzliche Vergütung zulassen muß.

Ein in der Praxis immer wieder auftretendes Problem sind Änderungen urheberrechtlich geschützter Bauwerke. **Ziffer 7.3** regelt, daß Änderungen ohne Einwilligung des Architekten nur zulässig sind, wenn die Verweigerung der Einwilligung gegen Treu und Glauben verstößt.
Bei diesem Thema geht es um einen offensichtlichen Konflikt zwischen zwei Rechtspositionen. Zum einen ist der Bauherr als Eigentümer nach dem BGB grundsätzlich berechtigt, mit seiner Sache nach seinen Vorstellungen und seinem Belieben zu verfahren. Zum anderen steht dem Architekten als Urheber das Recht zu, Veränderungen seines Werks abzulehnen und zu verhindern.
Im Einzelfall ist es bei einer streitigen Auseinandersetzung dann die Aufgabe der Gerichte, eine sachgerechte Interessenabwägung zwischen beiden Rechten zu treffen.
Die stärkste Form der Veränderung eines Bauwerks ist eigentlich dessen Abriß. Aber nach überwiegender Meinung hat der Urheber kein Recht, über den Bestand seines Werks zu bestimmen, wenn ein anderer Eigentümer des Werks ist. Einen Abriß kann der Architekt also nicht verhindern.
Änderungen, zu denen der Architekt als Urheber seine Einwilligung nach Treu und Glauben nicht versagen kann, sind zulässig. Dies entspricht sowohl der Regelung in Ziffer 7.3 AVA als auch der gesetzlichen Regelungen des § 39 UrhG. Danach darf der Inhaber eines Nutzungsrechts das Werk nicht ändern, es sei denn, es ist etwas anderes vereinbart, (§ 39 Abs. 1 UrhG).
Änderungen des Werks, zu denen der Urheber seine Einwilligung nach Treu und Glauben nicht versagen kann, sind jedoch gemäß § 39 Abs. 2 UrhG zulässig. Im Einzelfall stellt sich somit die Frage, ob der Architekt einer Änderung nach Treu und Glauben zustimmen muß. Der Begriff Einwilligung steht dabei für eine vorherige Zustimmung, d.h. sowohl die vertragliche Regelung in Ziffer 7.3 als auch die gesetzliche Regelung des § 39 UrhG gehen davon aus, daß der Bauherr grundsätzlich den Architekten vor der Änderung zur Einwilligung auffordert. Im Einzelfall ist den Interessen des Bauherrn als Eigentümer der Vorrang einzuräumen, wenn die beabsichtigten Änderungen entweder nur von geringer Bedeutung oder wenn sie aus funktionalen, technischen oder wirtschaftlichen Gründen erforderlich sind.
Demgegenüber stehen die gestalterischen Interessen des Architekten einer Veränderung entgegen, wenn die o. g. für den Bauherrn sprechenden Voraussetzungen nicht vorliegen bzw. wenn dem Bauherrn eine Veränderung mit geringerem Eingriff in das Bauwerk zumutbar ist.
Beispiele für eine zulässige Änderung und damit für die Duldungspflicht des Architekten aus der Rechtsprechung sind das nachträgliche Anbringen

von Sonnenjalousien bei einem Verwaltungsgebäude, ohne die unzumutbar hohe Raumtemperaturen bei Sonneneinstrahlung entstanden (OLG Hamm BauR 1984, 298 ff.), und das Ersetzen eines im erheblichen Umfang undichten Flachdachs eines Verwaltungsgebäudes durch eine flachgeneigte Dachkonstruktion mit Attika (OLG Frankfurt 1986, 466).

Demgegenüber wurde eine unzulässige Änderung darin gesehen, daß der Eigentümer des Eden-Hotels in Berlin die Absicht hatte, das fünfgeschossige Hotel um ein weiteres Geschoß aufzustocken.

Immer unzulässig sind solche Änderungen, die das urheberrechtlich geschützte Werk entstellen.

Nach einem Urteil des BGH setzt eine Entstellung im Gegensatz zur Änderung nicht unbedingt einen Eingriff in die Substanz eines Bauwerks voraus; die Entstellung kann vielmehr bereits durch das Entfernen oder Hinzufügen eines Gegenstands erfolgen (BGH BauR 1982, 178 ff.).

Allerdings muß wohl als Voraussetzung für eine Entstellung im Sinne des § 14 UrhG eine Änderung bzw. ein Eingriff gegeben sein, der in besonders gravierender Weise in die geistigen persönlichen Beziehungen des Urhebers zu seinem Werk eingreift (vgl. Beigel, Rdn. 126).

Als richtungsweisend für die Beurteilung des Entstellungsverbots im Einzelfall kann bereits eine Entscheidung des Reichsgerichts aus dem Jahre 1912 angesehen werden. Ein Hauseigentümer ließ ein Freskogemälde im Treppenflur seines Hauses dadurch ändern, daß nackte Sirenen „angezogen" wurden. In diesem Vorgehen hat das Reichsgericht eine Urheberrechtsverletzung gesehen, weil der Urheber ein Recht darauf habe, daß sein Werk als Ausfluß seiner individuellen Schöpferkraft der Mit- und Nachwelt nur in seiner ursprünglichen Form zugänglich gemacht und hinterlassen wird (RG in Schulze, Rechtsprechung zum Urheberrecht, RGZ Nr. 4).

Zusammenfassend kann festgehalten werden, daß im Einzelfall eine Wertung die Frage einer zulässigen oder unzulässigen Änderung oder einer Entstellung beantworten muß; dies bringt mit sich, daß — wie bei allen Wertungsfragen — durchaus unterschiedliche Auffassungen vertretbar sind und daß es ein einziges richtiges Ergebnis nur in Extremfällen geben dürfte.

Liegt eine Urheberrechtsverletzung vor, so kann der Urheber gemäß § 97 UrhG Beseitigung der Beeinträchtigung, bei Wiederholungsgefahr Unterlassung und im Falle schuldhaften Handelns des Verletzers Schadensersatz verlangen.

Der Vollständigkeit halber muß in diesem Zusammenhang erwähnt werden, daß auch der Architekt seinem Bauherrn dafür haftet, daß er mit seinen Leistungen nicht das Urheberrecht Dritter verletzt, was insbesondere bei Umbauten und Erweiterungsbauten der Fall sein kann.

Die Regelung in **Ziffer 7.5** ist eindeutig. Das Veröffentlichungsrecht als Persönlichkeitsrecht verbleibt beim Architekten. Dieser bestimmt ausschließlich, ob und in welcher Art und Weise sein Werk veröffentlicht wird. Durch Ziffer 7.5 gestattet der Architekt dem Bauherrn die Veröffentlichung unter der Voraussetzung der Namensangabe des Architekten.

Urheber eines Werks können nur natürliche Personen sein, also z. B. nicht eine Planungs-GmbH.

Bei Schaffung eines Werks durch mehrere Personen, deren Beiträge zum Werk sich nicht gesondert verwerten lassen, spricht man von Miturheberschaft (§ 8 Abs. 1 UrhG). Bei möglicher Trennung kann sich im Einzelfall die Urheberschaft jedes Einzelnen auf den von ihm geschaffenen Teil des Gesamtwerks beschränken. Das Urheberrecht ist vererblich und erlischt 70 Jahre nach dem Tod des Urhebers, § 64 Abs. 1 UrhG, bei Miturheberschaft 70 Jahre nach dem Tod des längstlebenden Miturhebers (§ 65 UrhG).

Wie bereits eingangs erwähnt, handelt es sich bei § 7 AVA um eine architektenfreundliche Urheberrechtsregelung. Es gibt selbstverständlich eine ganze Reihe anderer vorformulierter Verträge, die wesentlich stärker in die Rechte des Architekten eingreifen, z. B. von öffentlichen oder auch großen privaten Bauherrn.

Die Architekten sind gut beraten, möglichst vor Vertragsabschluß derartigen AGB wirklich Beachtung zu schenken und im Falle von Konflikten vor allem die Wirksamkeit vorformulierter Klauseln prüfen zu lassen.

3.3.2 Vorzeitige Auflösung des Vertrages (§ 8 AVA)

In Ziffer 8.1 ist geregelt, daß der Vertrag von beiden Vertragsparteien nur aus wichtigem Grund gekündigt werden kann. Diese Vereinbarung stellt insoweit eine Abweichung von der gesetzlichen Regelung dar, als der Bauherr als Werkbesteller gem. § 649 BGB eigentlich den Vertrag ohne Angabe von Gründen jederzeit kündigen kann, allerdings mit der Folge, daß der Vergütungsanspruch des Werkunternehmers/Architekten auch für nichterbrachte Leistungen erhalten bleibt und nur ersparte Aufwendungen abgezogen werden.

Dieses freie Kündigungsrecht kann durch AGB wirksam dahingehend abbedungen werden, daß auch der Bauherr nur bei Vorliegen eines wichtigen Grundes zur Kündigung berechtigt ist. Der Architekt ist ohnehin zur Kündigung des Vertrages nur bei Verletzung der Mitwirkungspflicht des Bauherrn nach §§ 642, 643 BGB und bei Vorliegen eines sonstigen wichtigen Grundes berechtigt.

Verallgemeinernd ist der wichtige Grund so zu umschreiben, daß die Fortsetzung des Vertragsverhältnisses für den Kündigenden unter Berücksichtigung aller Umstände des Einzelfalls nicht mehr zumutbar sein muß. In diesem Zusammenhang

Teil A: IV. Verträge zwischen Bauherrn und Planungsbeteiligten

> **§ 8 AVA**
>
> 8.1 Der Vertrag kann von beiden Teilen nur aus wichtigem Grund gekündigt werden.
>
> 8.2 Wird aus einem Grund gekündigt, den der Architekt zu vertreten hat, so steht dem Architekten ein Honorar nur für die bis zur Kündigung erbrachten Leistungen zu.
>
> 8.3 In allen anderen Fällen behält der Architekt den Anspruch auf das vertragliche Honorar, jedoch unter Abzug ersparter Aufwendungen. Sofern der Bauherr im Einzelfall keinen höheren Anteil an ersparten Aufwendungen nachweist, wird dieser mit 40% des Honorars für die vom Architekten noch nicht erbrachten Leistungen vereinbart.

sind bei der Beurteilung des wichtigen Grundes auch nachgeschobene, also nach Kündigungserklärung vorgebrachte Gründe zu berücksichtigen (OLG Hamm NJW-RR 1986, 764; OLG Düsseldorf BauR 1988, 238).

Für den Architekten dürfte der am häufigsten vorkommende wichtige Grund die unberechtigte Weigerung des Bauherrn sein, fällige Abschlagszahlungen zu leisten. Andere Gründe können beleidigende Äußerungen des Bauherrn über den Architekten oder das Verlangen des Bauherrn von Bauausführungen, die von der Baugenehmigung abweichen, sein. Auch hier kommt es wiederum auf die näheren Umstände des Einzelfalls an.

Beispiele für einen wichtigen Kündigungsgrund für den Bauherrn können die Nichterteilung der Baugenehmigung, die Entgegennahme von Unternehmerprovisionen durch den Architekten hinter dem Rücken des Bauherrn (BGH BauR 1977, 363) oder auch eine den Architekten an der Weiterbearbeitung hindernde schwere Erkrankung sein.

Kündigt eine Vertragspartei ohne wichtigen Grund, so ist diese Kündigung unwirksam und führt nicht zur Beendigung des Vertragsverhältnisses, so daß die andere Partei nach wie vor die beiderseitige Erfüllung des Vertrages verlangen kann.

Häufig führt dies dann zur Kündigung der an sich zur Fortsetzung des Vertrags bereiten Partei aus wichtigem Grund, weil von dem anderen Vertragspartner, der von der Berechtigung seiner Kündigung überzeugt ist, weitere Leistungen bzw. die Fortsetzung des Vertragsverhältnisses verweigert wird. Eine andere Möglichkeit bei dieser Fallkonstellation ist, daß der Kündigungsempfänger die eigentlich ins Leere gehende Kündigung akzeptiert, weil er nunmehr selbst in der Fortsetzung des Vertrages keinen Sinn mehr sieht und dies dem Kündigenden mitteilt. Dann wird man von einer beiderseitigen Aufhebung des Vertrages auszugehen haben.

In den **Ziffern 8.2** und **8.3** werden die Folgen einer Kündigung für den Honoraranspruch des Architekten unterschiedlich geregelt, und zwar je nachdem, ob der Architekt die Kündigung zu vertreten hat oder ein Fall des vom Bauherrn oder von keiner Vertragspartei zu vertretenden wichtigen Grundes vorliegt. Hat der Architekt den Kündigungsgrund zu vertreten, so steht ihm ein Honorar nur für die bis zur Kündigung erbrachten Leistungen zu.

Als Vertretenmüssen im Sinne dieser Regelung ist zunächst auf jeden Fall schuldhaftes Verhalten des Architekten anzusehen. Der Begriff des Vertretenmüssens wird in § 276 Abs. 1 BGB mit den Verschuldensformen Vorsatz und Fahrlässigkeit erläutert, indem es dort heißt, daß der Schuldner, sofern nicht ein anderes bestimmt ist, Vorsatz und Fahrlässigkeit zu vertreten hat. Besteht der Kündigungsgrund im konkreten Fall in einem schuldhaften, die Erreichung des Vertragszwecks gefährdenden Verhalten einer Partei, ist die Kündigungsmöglichkeit aus den Grundsätzen der positiven Vertragsverletzungen abzuleiten.

Allerdings wäre es nicht interessengerecht, das Vertretenmüssen im Sinne der Ziffer 8.2 AVA ausnahmslos auf Fälle des schuldhaften Verhaltens zu beschränken. Wenn beispielsweise eine schwere Erkrankung oder andere ausschließlich in der Sphäre des Architekten liegende Gründe ihn an der Ausführung der Leistung innerhalb eines für den Bauherrn zumutbaren Zeitraums hindern und der Bauherr deshalb den Vertrag kündigt, ist dieser wichtige Kündigungsgrund auch vom Architekten im dem hier zu verstehenden Sinne zu vertreten. Es wäre nicht einzusehen, wenn der Architekt in diesen Fällen auch für die durch die Kündigung nicht mehr erbrachten Leistungen seinen Honoraranspruch abzüglich ersparter Aufwendungen behalten würde.

Der Honoraranspruch für die erbrachten Leistungen im Sinne der Regelung in Ziffer 8.2 AVA besteht in Höhe des Gebührenanteils, der den tatsächlichen bis zum Zeitpunkt der Kündigung erbrachten Leistungen des Architekten entspricht (BGH BauR 1989, 626). Sind die erbrachten Leistungen allerdings für den Bauherrn unbrauchbar, was z. B. bei einer nicht genehmigungsfähigen Planung oder einer den vom Bauherrn vorgegebenen Kostenrahmen gravierend überschreitenden Planung der Fall sein kann, steht dem Architekten insoweit auch kein Honorar zu. (BGH in Schäfer/Finnern, Z 3.007 Bl. 7).

Die Regelung in Ziffer 8.3 behandelt „alle anderen Fälle", d. h. jede Kündigung, die nicht vom Architekten zu vertreten ist. Dies sind folglich die Fälle von Kündigungen aus wichtigem Grund, die entweder vom Bauherrn oder von keiner der beiden Vertragsparteien zu vertreten sind.

In Satz 1 der Ziffer 8.3 wird zunächst zwischen den Parteien vereinbart, daß der Architekt den Anspruch auf das vertraglich vereinbarte Honorar unter Abzug ersparter Aufwendungen behält. Damit stimmt die Regelung teilweise mit § 649 BGB überein. Ein weiterer Abzug neben den ersparten Aufwendungen durch anderweitige Verwendung der Arbeitskraft des Architekten wird durch diese Vereinbarung jedoch abbedungen.

Der vertragliche Honoraranspruch gem. § 649 Satz 2 BGB für nichterbrachte Leistungen besteht von vornherein nur abzüglich der Ersparnis, d. h., es handelt sich nicht etwa um ein Gegenrecht des Bauherrn, das lediglich bei entsprechender Ausübung zu berücksichtigen wäre (vgl. BGH BauR 1986, 577).

Während ohne vertragliche Vereinbarung zur Höhe der ersparten Aufwendungen die Beweislast für Art und Umfang einer Ersparnis beim Bauherrn liegt (vgl. BGH BauR 1986, 577), wird durch Satz 2 der Ziffer 8.3 AVA zwischen den Parteien von vornherein die Höhe der ersparten Aufwendungen mit einer Pauschale von 40 % vereinbart. Gleichzeitig wird dem Bauherrn die Möglichkeit, im Einzelfall einen höheren Anteil an ersparten Aufwendungen nachzuweisen, offengehalten. Da es sich um AGB handelt, ist auch insoweit zu prüfen, ob diese Regelung, nach der Architekten immerhin für nichterbrachte Leistung 60 % des vertraglich vereinbarten Honorars erhalten, gegen das AGB-Gesetz verstößt.

Ausgangspunkt der insoweit anzustellenden Überlegungen muß sein, daß es für den Architekten in den meisten Fällen sehr schwierig sein dürfte, die ersparten Aufwendungen konkret zu ermitteln und darzulegen. Der BGH hat deshalb bereits in einer im Jahre 1969 veröffentlichten Entscheidung zur GOA entschieden, daß die ersparten Aufwendungen, die der Architekt sich gem. § 649 Satz 2 BGB auf das anteilige Honorar für die noch nicht erbrachten Leistungen anrechnen lassen muß, pauschal mit 40 % der Vergütung zu bemessen sind und somit dem Architekten für die noch nicht erbrachten Leistungen 60 % des vollen Honorars verbleiben (BGH NJW 1969, 419).

Soweit erkennbar, wird diese Rechtsprechung des BGH von den Instanzgerichten auch auf die HOAI angewandt, so daß im Einzelfall der Bauherr substantiiert darlegen und unter Beweis stellen müßte, daß der Architekt infolge der Aufhebung des Vertrages höhere Aufwendungen als 40 % seines Honorars erspart hat. In Übereinstimmung mit dieser Rechtsprechung des BGH und der ihr folgenden Instanzgerichte hält die herrschende Meinung in der Literatur die 40 %-Klausel auch bei Überprüfung nach dem AGB-Gesetz für wirksam (vgl. den Überblick bei Knychalla, S. 101 ff.).

Es werden im Schrifttum allerdings auch gewichtige Gründe gegen die Wirksamkeit dieser Klausel vorgebracht. Zum einen wird darauf abgestellt, daß der durchschnittliche Gewinn beim Architekten in Wirklichkeit wesentlich unter 60 % liege. Zum anderen wird angeführt, daß bei einer frühzeitigen Kündigung des Architektenvertrages der Architekt regelmäßig die Möglichkeit hat, die durch die Kündigung freiwerdenden Kapazitäten, seien es Mitarbeiter oder seine eigene Arbeitskraft, für andere Aufträge einzusetzen. Deshalb führe die Nichtberücksichtigung eines in der Regel anfallenden anderweitigen Erwerbs im Falle einer frühzeitigen Kündigung zu einer unangemessen hohen Vergütung des Architekten (vgl. Knychalla, 101 ff. mit weiteren Nachweisen).

Es bleibt abzuwarten, wie die Entwicklung der BGH-Rechtsprechung zu dieser Frage verläuft. In einer im Jahr 1982 veröffentlichten Entscheidung hat der BGH zumindest angedeutet, daß der Anteil ersparter Aufwendungen am Honorar für die Bauüberwachung möglicherweise mehr als 40 % betragen müsse (vgl. BGH BauR 1982, 79).

Solange keine eindeutige Entscheidung des BGH vorliegt, kann man den Architekten nicht raten, von der 40 %-Pauschale gem. Ziffer 8.3 AVA abzurücken. In diesem Zusammenhang soll noch der praktische Hinweis erfolgen, daß hinsichtlich des verbleibenden Honoraranspruchs für nichtbrachte Leistungen keine Mehrwertsteuer in Ansatz zu bringen ist, da es sich insoweit nicht um ein Austauschgeschäft im Sinne des Umsatzsteuergesetzes handelt. Die vom Architekten aufzustellende prüffähige Schlußrechnung sollte deshalb einerseits in einem Teil die Abrechnung des Honorars für erbrachte Leistungen zzgl. gesetzlicher Mehrwertsteuer und in einem weiteren Teil den Honoraranspruch für die nichterbrachten Leistungen enthalten.

3.3.3 Schlußbestimmungen (§ 9 AVA)

In **Ziffer 9.1** wird geregelt, daß Änderungen, Ergänzungen und Nebenabreden zu dem schriftlichen Architektenvertrag ebenfalls schriftlich erfolgen sollen.

Derartige Schriftformklauseln gibt es in vielfältigen Arten und Formulierungen. Allgemein dient eine Schriftformklausel dem berechtigten Interesse beider Parteien. Unklarheiten über den Vertragsinhalt sollen vermieden und der Beweis sämtlicher vertraglicher Absprachen der Parteien soll erleichtert werden. Deshalb sind derartige Klauseln nach § 9 AGB-Gesetz auch nur dann unwirksam, wenn sie wegen ihrer besonderen Ausgestaltung und ihres besonderen Anwendungsbereichs den Vertragspartner des Verwenders der AGB unangemessen benachteiligen.

Dies ist bei der hier vorliegenden Klausel nicht der Fall. Die Klausel dient im Interesse beider Parteien

> **§ 9 Schlußbestimmungen**
> 9.1 Änderungen, Ergänzungen und Nebenabreden sollen schriftlich erfolgen.
> 9.2 Wird während der Laufzeit des Vertrages die HOAI novelliert oder tritt an ihre Stelle eine neue gesetzliche Honorarordnung, so verpflichten sich die Parteien, über eine Anpassung des Vertrages an die neuen Bestimmungen zu verhandeln.
> 9.3 Falls Bestimmungen dieses Vertrages nichtig sind, wird davon die Gütigkeit der anderen Bestimmungen nicht berührt. Anstelle der nichtigen Bestimmungen soll gelten, was dem gewollten Zweck in gesetzlich erlaubtem Sinn am nächsten kommt.

eindeutig der Rechtsklarheit und Rechtssicherheit und ist aus diesem Grund nicht zu beanstanden. Durch die Verwendung des Wortes „sollen" wird bereits aus dem Wortlaut der Klausel deutlich, daß sie mündliche und individuell getroffene Abreden der Parteien nicht ausschließen will. Diese Möglichkeit der Vertragsparteien, einvernehmlich auf das Schriftformerfordernis zu verzichten, darf durch AGB in der Regel auch nicht unterlaufen werden. Kommt also bei der Abwicklung eines Vertragsverhältnisses eine Vertragsänderung oder Vertragsergänzung oder auch eine Nebenabrede mündlich zustande und bringt keine der Vertragsparteien zum Ausdruck, daß die Wirksamkeit dieser Vereinbarung von einer noch nachzuholenden schriftlichen Abrede abhängig sein soll, so kann keine der Parteien sich nach Treu und Glauben auf die Unwirksamkeit der mündlichen Absprache im Hinblick auf die Schriftformklausel im Vertrag berufen.

Die Regelung in **Ziffer 9.2** steht im unmittelbaren Zusammenhang mit dem § 103 HOAI. § 103 HOAI enthält die Regelungen zum Inkrafttreten der HOAI und die Überleitungsvorschriften im Zusammenhang mit HOAI-Novellierungen. Sinngemäß besagt die Vorschrift, daß für die Abwicklung eines Vertragsverhältnisses immer die Fassung der HOAI maßgeblich ist, die zum Zeitpunkt des Vertragsabschlusses in Kraft war.

Novellierungen der HOAI, die während der Dauer eines Vertragsverhälnisses erfolgen, haben grundsätzlich auf dieses Vertragsverhältnis keinen Einfluß. Die Parteien haben lediglich die Möglichkeit, eine Vereinbarung zu treffen, wonach diejenigen Architektenleistungen, die bis zum Tage des Inkrafttretens der HOAI-Novelle noch nicht erbracht worden sind, nach der novellierten Verordnung abzurechnen sind.

Allerdings hat der Architekt, der in der Regel derjenige Vertragspartner sein wird, der an einer Anpassung interessiert ist, grundsätzlich keine Möglichkeit, eine derartige Anpassungsvereinbarung zu erzwingen. Der Bauherr verhält sich in keiner Weise vertragswidrig, wenn er eine derartige Anpassungsvereinbarung verweigert.

Die Regelung in Ziffer 9.2 AVA enthält vor diesem Hintergrund eine Verpflichtung beider Parteien, im Falle einer Novellierung der HOAI oder der Einführung einer neuen gesetzlichen Honorarordnung über eine Anpassung des Vertrages an die neuen Bestimmungen zu verhandeln.

Diese Verhandlungsklausel stützt sich somit auf die Annahme, eine Anpassung des Honorars für in Zukunft noch zu erbringende Leistungen lasse sich auf dem Verhandlungsweg einvernehmlich erreichen.

Scheitern derartige Verhandlungen, lassen sich daraus für den Architekten keinerlei Rechte ableiten; insbesondere hat er auf keinen Fall das Recht, ohne zusätzliche Vereinbarung z. B. einen durch eine HOAI-Novellierung erhöhten Mindestsatz abzurechnen. Dem steht eindeutig die Vorschrift des § 103 HOAI entgegen. Da die HOAI selbst festlegt, daß die zum Zeitpunkt des Vertragsabschlusses gültige Fassung für die gesamte Abwicklung des Vertragsverhältnisses maßgeblich ist, kann es auch keinen Vertragsverstoß darstellen, wenn eine Vertragspartei zu einer Anpassung nicht bereit ist. Auch wenn eine Vertragspartei sich weigert, überhaupt in Verhandlungen über eine Anpassung einzutreten, stellt dies zwar einen Verstoß gegen die Verhandlungsverpflichtung gem. Ziffer 9.2 AVA dar. Da keine Vertragspartei jedoch verpflichtet ist, letztendlich eine Anpassung zu vereinbaren, kann dieser Verstoß gegen die vereinbarte Verhandlungsklausel nicht zu einem Schaden der anderen Vertragspartei führen.

Bei der Regelung in **Ziffer 9.3** AVA handelt es sich um eine sogenannte „salvatorische Klausel", d. h. eine nur ergänzend geltende Regelung für den Fall, daß einzelne Bestimmungen des Vertrages unwirksam sind. Der in der Klausel verwendete Begriff „Nichtigkeit" bedeutet, daß ein Rechtsgeschäft bzw. eine Vereinbarung die nach seinem/ihrem Inhalt bezweckten Rechtswirkungen von Anfang an nicht auslösen kann.

Im Prozeß bedarf sie keiner Geltendmachung einer Partei, sondern ist von Amts wegen zu berücksichtigen.

Satz 1 der Regelung der Ziffer 9.3 AVA stimmt mit § 6 Abs. 1 AGB-Gesetz überein. Danach bleibt der Vertrag im übrigen wirksam, wenn AGB ganz oder teilweise nicht Vertragsbestandteil geworden oder unwirksam sind.

§ 6 Abs. 2 AGB-Gesetz sieht sodann vor, daß sich der Inhalt des Vertrages nach den gesetzlichen Vorschriften richtet, soweit Bestimmungen nicht Vertragsbestandteil geworden oder unwirksam sind. Gem. § 6 Abs. 3 AGB-Gesetz soll der Gesamtvertrag nur dann unwirksam sein, wenn das Festhalten an ihm auch unter Berücksichtigung des Auffan-

3. Allgemeine Vertragsbestimmungen zum Einheits-Architektenvertrag

gens unwirksamer Regelungen durch die gesetzlichen Vorschriften für eine Vertragspartei eine unzumutbare Härte darstellen würde.

Satz 2 der Ziffer 9.3 AVA enthält eine Regelung, die insoweit von der Regelung des § 6 Abs. 2 AGB-Gesetz abweicht, als statt der nichtigen Bestimmung nicht ohne weiteres die gesetzlichen Vorschriften gelten sollen, sondern eine Lückenschließung durch ergänzende Vertragsauslegung erfolgen soll. Es soll gelten, was dem gewollten Zweck der nichtigen Bestimmung im gesetzlich erlaubten Sinn am nächsten kommt.

Hierbei ist zu berücksichtigen, daß die ergänzende Vertragsauslegung ein anerkanntes Instrument der allgemeinen Rechtsgeschäftslehre ist, so daß von daher die Klausel nicht zu beanstanden ist.

Allerdings wird in der Kommentarliteratur zum AGB-Gesetz berechtigterweise darauf hingewiesen, daß mit einem derart allgemein formulierten subsidiären Leistungsbestimmungsvorbehalt am Ende eines Gesamtklauselwerks ein Verstoß gegen das Transparanzgebot vorliegt (vgl. Lindacher in Wolf/Horn/Lindacher, AGB-Gesetz, Kommentar, 2. Auflage, § 6 Rdn. 43).

Deshalb stößt Satz 2 der Ziffer 9.3 AVA auf Wirksamkeitsbedenken. Eine Überprüfung durch die obergerichtliche Rechtsprechung bleibt abzuwarten. Im Zweifel muß der Architekt als Verwender des Einheits-Architektenvertrages damit rechnen, daß statt unwirksamer Bestimmungen – zu denken ist insbesondere an die Ziffern 5.3 und 5.4 AVA – die gesetzliche Regelung gilt.

Teil B: Wirtschaft und Planung

Bei der Planung von Bauvorhaben kann man zwischen projektunabhängigen und projektabhängigen Vorüberlegungen unterscheiden.

Die **projektunabhängigen** Vorüberlegungen werden in aller Regel vom Bauherrn ohne Mithilfe der Planungsbeteiligten durchgeführt. Es handelt sich um Überlegungen, die hauptsächlich die wirtschaftliche Notwendigkeit eines Bauvorhabens betreffen. Dabei steht beim Wohnungsbau in aller Regel die Rentabilität des Wohnobjektes im Vordergrund. Beim Wirtschaftsbau ergibt sich die Notwendigkeit zur Erstellung eines Bauobjektes aus strategischen Unternehmensentscheidungen, die auf Annahmen zu mittel- und langfristigen Markt- und Konjunkturentwicklungen beruhen. Lediglich bei öffentlichen Bauten wird die Notwendigkeit des Bauvorhabens vorwiegend nach anderen Kriterien beurteilt, z.B. kultureller Anspruch (etwa beim Bau eines Opernhauses) oder soziale Notwendigkeiten beim Krankenhausbau.

Im Zusammenhang mit der Investitionsentscheidung sucht der Bauherr den geeigneten Standort, also eine bestimmte Region oder Stadt, für sein Vorhaben aus. Die Qualität des Standortes wird dabei durch das Vorhandensein allgemeiner Infrastrukturen, wie z.B. Verkehrsanbindung, und das Vorhandensein von Produktionsfaktoren, wie z.B. Arbeitskräfte, bestimmt.

Daneben spielen in zunehmendem Maße auch die rechtlich-politischen Rahmenbedingungen eine Rolle. Dabei sollten die Möglichkeiten von Kommunen, z.B. zur Verbesserung der Qualität eines Standortes, nicht unterschätzt werden. So gelingt es finanzstarken Ländern und Gemeinden immer wieder, Industrieunternehmen durch gezielte Aufstellung von Bebauungsplänen, subventionierte Grundstücksverkäufe und Erschließungsmaßnahmen zu Investitionen in bestimmten Regionen zu bewegen.

Hat sich der Bauherr entschlossen, die Baumaßnahme an einem bestimmten Standort durchzuführen, wird er in einem weiteren Schritt die **projektabhängigen** Vorüberlegungen anstellen.

Im Rahmen dieser Überlegungen wird er als erstes die Frage klären, welche Aufgaben von welchen Fachleuten erbracht werden müssen und wie diese Fachleute als Planungsbeteiligte mit dem Investor zusammenarbeiten sollen; d.h., er wird sich mit der Organisation der an der Planung Beteiligten auseinandersetzen.

Gleichzeitig wird er ein für sein Bauvorhaben geeignetes Grundstück suchen, wobei ihm unter Umständen der Architekt behilflich sein wird, zumindest hinsichtlich der Beurteilung der städtebaulichen Einbindung des geplanten Bauvorhabens. Neben diesem Kriterium richtet sich die Eignung eines Grundstückes noch nach folgenden Bedingungen, die sich direkt aus dem Bauvorhaben ergeben:
— Geländemerkmale: Größe, Zuschnitt, Topographie, Bodenbelastbarkeit, Grund- und Hochwasser etc.,
— Erschließung: Straßenverkehrsanbindung, öffentliche Verkehrsmittel, Ver- und Entsorgung,
— Nutzungsauflagen/Baurecht,
— Kosten: Grundwert, Erschließung.

Der Grundwert eines Grundstückes ergibt sich letztlich durch den Marktpreis. Erst die Kenntnis vergleichbarer, orts- und branchenüblicher Preise ermöglicht dem Käufer die Bestimmung seines Verhandlungsspielraumes. Ein Richtwert für diesen Grundstückspreis kann aus einer sogenannten Bodenrichtwertkarte, die z.B. Grundstückspreise für unbebaute gewerbliche Grundstücke an einem Standort beinhaltet, entnommen werden. Der Preis hängt jedoch zusätzlich von der Präsenz bzw. dem Fehlen anderer namhafter Gewerbebetriebe ab. Letztlich kommt der Kaufpreis als Ergebnis der Kaufverhandlungen zustande.

Parallel zur Grundstücksbeschaffung muß die Finanzierung des Bauvorhabens geklärt werden. Grundlage hierzu ist der sogenannte Kostenüberschlag, für den unter anderem folgende Angaben notwendig sind:
— Bedarfsangaben, z.B. Nutzungseinheiten, qualitative Nutzungsanforderungen,
— Bauvolumen,
— Flächenbedarf.

Das Ergebnis des Kostenüberschlages kann noch erheblich von den tatsächlichen Kosten abweichen. Er ergibt jedoch eine erste Richtgröße, die den voraussichtlichen Finanzbedarf bestimmt.

Häufig werden bereits bei den projektabhängigen Vorüberlegungen Planungsbeteiligte eingeschaltet. So gibt es z.B. beim Wohnungsbau neben den großen Bauträgergesellschaften eine Vielzahl von privaten Bauherrn, die häufig nur einmal bauen und bei denen in aller Regel großer Beratungsbedarf besteht. Dieser Beratungsbedarf bezieht sich nicht nur auf rein baulich-sachliche Fragen, sondern auch auf die Probleme der zu erwartenden Kosten, der Wirtschaftlichkeit von Baumaßnahmen und der Finanzierung des Bauobjektes.

Erst Planungsbeteiligte, hier vor allem Architekten, die dem Bauherrn bei der Erörterung dieser Probleme als Gesprächspartner bzw. unter Umständen sogar als Berater dienen können, haben die Vertrauensstellung, die eine Zusammenarbeit zwischen Bauherrn und Architekten auszeichnen sollte. Deswegen muß zumindest der Architekt Grundlagenwissen über diese Beratungsgebiete besitzen, da er in aller Regel die erste Kontaktperson des Bauherrn ist.

Nach Abschluß der projektabhängigen Vorüberlegungen beginnt die eigentliche Planungsphase des Bauvorhabens. In dieser Planungsphase (Phasen 1-4 HOAI) sind von den Planungsbeteiligten entsprechend der Leistungseinteilung der HOAI Grundleistungen und Besondere Leistungen zu erbringen.

Als wichtigste Grundleistung sind die Kostenermittlungen zu nennen. Als Besondere Leistungen werden in der Praxis häufig Wirtschaftlichkeitsberechnungen und das Mitwirken bei der Finanzierung angeboten.

Damit ergibt sich die Gliederung des Teils B:

I. Organisation der Planungsbeteiligten
II. Kostenplanung
III. Finanzierung von Bauvorhaben.

I. Organisation der Planungsbeteiligten

1. Planungsbeteiligte

Die Erstellung eines Bauwerks ist eine umfangreiche und oftmals komplizierte Aufgabe, deren Planung und Abwicklung neben dem Bauherrn und dem Architekten eine große Anzahl von weiteren Beteiligten einschließt (vgl. Abb. 1).
Um den Planungs- und Bauprozeß erfolgreich durchführen zu können, ist es notwendig, die jeweiligen Bauordnungen, die alle Zuständigkeiten, Pflichten und Aufgaben der Beteiligten regeln, zu kennen.

Unter dem Begriff „die unmittelbar am Bau Beteiligten" kann man die Mitwirkung folgender Verantwortungsträger an der Bauabwicklung verstehen:
— Bauherr,
— Architekt,
— Fachingenieure,
— Fachleute für Baumanagement.

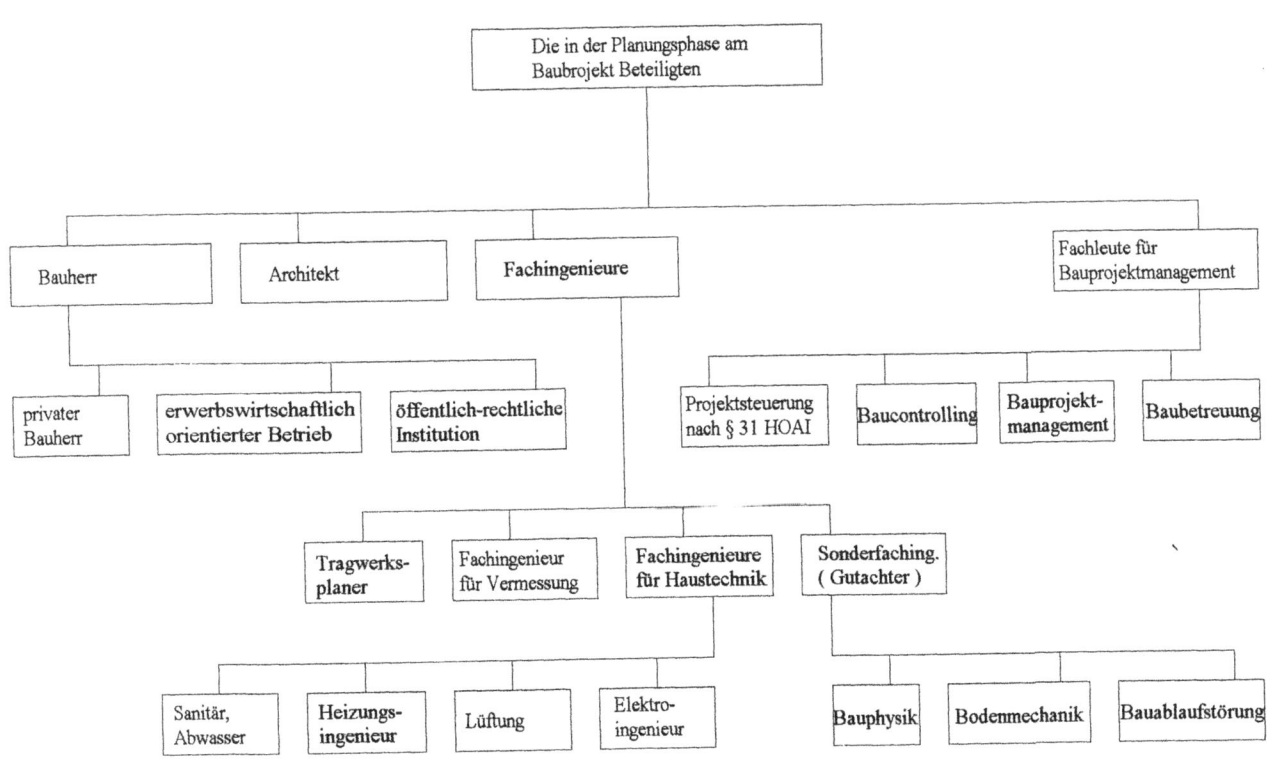

Abb. 1: Die in der Planungsphase am Bauprojekt Beteiligten

1.1 Der Bauherr

Der Begriff „Bauherr" findet in den gesetzlichen Bestimmungen des privaten Baurechts keine Verwendung. Weder das Werkvertragsrecht des BGB noch die Verdingungsordnung für Bauleistungen (VOB) kennen diesen Begriff; das BGB bezeichnet ihn als Besteller, die VOB als Auftraggeber.
Verschiedene Definitionen des Begriffes „Bauherr" findet man z. B.
a) im Bauordnungsrecht,
b) in der Gewerbeordnung,
c) im Steuerrecht,
d) im Wohnungsbaurecht,
e) in der Makler- und Bauträgerverordnung.
Wir wollen im folgenden den Bauherrn entsprechend dem Bauordnungsrecht definieren, wie er z. B. in Art. 59 Abs. 1 der Bayerischen Bauordnung festgelegt ist: „Bauherr ist, wer auf seine Verantwortung eine bauliche Anlage vorbereitet oder ausführt bzw. vorbereiten oder ausführen läßt." Der Bauherr muß dabei nicht Eigentümer des Baugrundstückes sein, sondern kann z. B. als Bauträger Baumaßnahmen für Erwerber durchführen.

Verantwortungen des Bauherrn
Er hat das Recht,
— sich einen Architekten auszuwählen,
— die Unternehmer, Sonderfachleute etc. auszuwählen.
— Weisungen gegenüber dem Architekten geltend zu machen,
— umfassend vom Architekten informiert zu werden,
— auch unangemeldet den Baufortschritt und die Ausführung vor Ort zu überprüfen,
— Anordnungen auf der Baustelle zu treffen, die sich, solange keine Vertragsverletzungen vorliegen, auf Gefahrenfälle beschränken,
— den Bau jederzeit stillzulegen, wobei dann die Verkehrssicherungspflicht in vollem Umfang auf ihn übergeht.
Der Bauherr hat folgende Pflichten:
— Er muß erkannte Gefahren bei der Baustellenbesichtigung beseitigen. Dabei besteht für ihn eine Verkehrssicherungspflicht; darunter versteht man die Pflicht, Schaden von Personen fernzuhalten, die durch die Umstände einer Bautätigkeit geschädigt werden könnten (Umzäunung, Abdecken von Gruben, Warntafeln, Beleuchtung etc.). Im Schadensfall ist es meist Sache der Gerichte zu entscheiden, ob der Bauherr seine Aufsichtspflicht verletzt hat.
— Er soll seine Nachbarn vor Schaden (materiell und persönlich) bewahren.
— Er muß seiner Meinung nach fachkundiges Personal (Architekten, Ingenieure, Unternehmer) beauftragen, das in der Lage ist, die Aufgaben im Rahmen der Gesetze zu bewältigen. Falls er z. B. einen Unternehmer für Architektenarbeiten beauftragt, muß er im Schadensfall (z. B. Verletzung der Bauordnung) damit rechnen, zur Verantwortung herangezogen zu werden.
— Er hat darauf zu achten, daß die behördlichen Genehmigungen vorliegen.

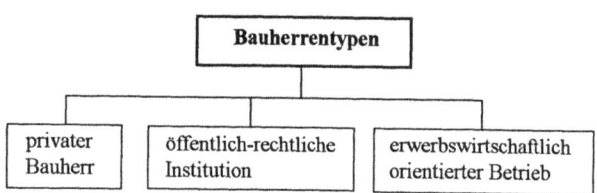

Abb. 2: Die verschiedenen Bauherrtypen

Der private Bauherr
Als private Bauherrn gelten auch private Institutionen und Betriebe ohne Erwerbscharakter. Es handelt sich bei diesen Projekten meist um Eigenheime, Einfamilienhäuser, Mehrfamilienhäuser oder höchstenfalls um Miethäuser.

Die öffentlich-rechtliche Institution als Bauherr
Bei einem Großteil aller Bauwerke treten die öffentlich-rechtlichen Institutionen als Bauherren auf. Für Bauvorhaben des Bundes, der Länder und der kommunalen Gebietskörperschaften ist die Behörde der Bauherr, in deren Zuständigkeitsbereich die bauliche Anlage fällt.
Als Bauherren können in Frage kommen:
— Hochbauämter,
— Tiefbauämter,
— Straßenbauämter,
— Wasserstraßenverwaltung,
— andere Baubehörden, die zwar keine ausgesprochenen Baubehörden sind, jedoch Baubedarf haben, wie z. B. Bundeswehr, Bundespost, Bundesbahn.
Häufig verfügen die als Bauherr auftretenden Behörden über eine eigene Bauabteilung. Planung, Ausschreibung und Bauüberwachung werden in solchen Fällen von der Behörde selbst durchgeführt.

Der erwerbswirtschaftlich orientierte Betrieb
Zu diesem Bauherrentyp gehören zum Beispiel
— Industrieunternehmen, für die ein Bauvorhaben oft nur ein Teil, nämlich die bauliche Hülle einer Produktionsstätte ist;
— Wohnungsbauunternehmen, die zum Zwecke des Vermietens oder Verkaufens gewinnorientiert Wohnungen bauen;
— Versicherungsunternehmen, die z. B. für die Eigennutzung Verwaltungsgebäude erstellen.

1. Planungsbeteiligte

Als Sonderformen treten sogenannte Bauträger und Totalüber- und -unternehmer auf.

Im ersten Fall muß der Bauherr nicht Eigentümer der baulichen Anlage sein, sondern kann als Bauträger Baumaßnahmen für Erwerber durchführen. Wenn er dabei Vermögenswerte der Erwerber einsetzt, bedarf es der Erlaubnis unter besonderen Auflagen nach §34c GeWO (Gewerbeordnung) und MABV (Makler- und Bauträgerverordnung). Totalüber- und -unternehmer besorgen die Finanzierung, die Vergabe an Unternehmer, die Abwicklung und u. U. die Planung und das Baugenehmigungsverfahren für Bauvorhaben in eigenem Namen, aber für die Rechnung eines Auftraggebers. Grundlage hierfür ist ein Geschäftsbesorgungsvertrag (vgl. Abschnitt 2.3).

1.2 Der Architekt

Als Architekt darf sich derjenige bezeichnen, der – als Inländer – in die Architektenliste der jeweiligen Landesarchitektenkammer eingetragen ist. Er verpflichtet sich zu einer technisch und wirtschaftlich einwandfreien Planung des vom Bauherrn gewünschten Bauwerks. Außerdem muß er die abzuschließenden Verträge vorbereiten.

Die Landesbauordnungen sprechen vom Entwurfs- oder Planverfasser. Damit sind die Aufgaben, die ein Architekt hat, bei weitem nicht ausreichend beschrieben. Architekten und Angehörige anderer freier Berufe unterliegen ausschließlich einem Leistungswettbewerb. Dementsprechend sollen, auch nach Auffassung des Bundesrechnungshofes, Aufträge an freischaffende Architekten nicht aufgrund von Ausschreibungen vergeben werden. Derartige Ausschreibungen würden der Eigenart der Architektentätigkeit, die sich durch schöpferische, geistige Leistungen vom Herstellen marktgängiger Erzeugnisse unterscheidet, nicht gerecht.

Da also die Preisbildung für Architektenleistungen nicht dem Wettbewerb auf dem Markt überlassen bleiben soll, ist das Architektenhonorar in einer Preisverordnung, der HOAI, festgelegt worden.

Die verschiedenen Leistungen, die der Architekt je nach vertraglicher Verpflichtung erbringen muß, sind sehr detailliert in den einzelnen Leistungsphasen der HOAI dargestellt. Ebenso können „zusätzliche Leistungen", die vertraglich explizit festgelegt werden müssen, durch einen Architekten erbracht werden.

Die häufigste Leistungsbeschreibung nach §15 Abs.1 HOAI beinhaltet folgende Leistungsphasen:
1. Grundlagenermittlung
2. Vorplanung
3. Entwurfsplanung
4. Genehmigungsplanung
5. Ausführungsplanung
6. Vorbereitung der Vergabe
7. Mitwirkung bei der Vergabe
8. Objektüberwachung
9. Objektbetreuung und Dokumentation

1.3 Fachingenieure

Der wachsende Baufortschritt und die zunehmende Spezialisierung in fast allen Bauabschnittsphasen übersteigen immer mehr den Rahmen der Besonderen und zusätzlichen Leistungen der HOAI, in denen der Architekt als Entwurfsverfasser die zur Bauabwicklung notwendigen Spezialgebiete bearbeiten kann.

Deshalb ist es notwendig, daß der Architekt den Bauherrn veranlaßt, für Tätigkeitsbereiche, die er nicht bearbeitet, Fachingenieure zu beauftragen, deren Leistungen er dann in den Planungs- und Bauprozeß einarbeiten und koordinieren muß (vgl. Abb. 3).

Ein Fachingenieur hat nur einen bestimmten Teil des Bauvorhabens zu verantworten. Seine Leistung ist Bestandteil der Bauvorlage im Baugenehmigungsverfahren. Zu den beteiligten Fachingenieuren gehören die Gutachter und Sachverständigen. Diese ausgewiesenen Spezialisten werden allerdings häufig erst bei Streitigkeiten zwischen den am Bauprojekt Beteiligten mit dem Ziel beauftragt, einen strittigen Sachverhalt durch einen unabhängigen, anerkannten Fachmann zumindest fachlich zu klären. Von einem amtlich anerkannten Gutachter spricht man, wenn dieser bei Gericht als Gutachter zugelassen wird oder bereits ist.

Fachingenieure	Grundlagenermittlung	Vorplanung	Entwurfsplanung	Genehmigungsplanung	Ausführungsplanung	Vorbereitung der Vergabe	Mitwirkung bei der Vergabe	Objektüberwachung	Objektbetreuung und Dokumentation
Tragwerksplaner	x	x	x	x	x	x			
Fachingenieur für Vermessung	x							x	x
Fachingenieur f. Haustechnik (Heizung, Lüftung, Sanitar, Elektro, etc.)	(x)	x	x	x	x	x	x	x	x
Sonderfachingenieure Gutachter, Sachverständige									
Bauphysik			x	x	x			x	(x)
Bodenmechanik	x	x						x	
Bauablaufstörungen								x	(x)

Abb. 3: Beteiligung der Fachingenieure in den Phasen der Objektplanung für Gebäude

Teil B: I. Organisation der Planungsbeteiligten

1.4 Fachleute für Bauprojektmanagement

Grundsätzlich kann bei einem Bauprojekt zwischen der Planung des Bauvorhabens und der Durchführung der Planung unterschieden werden. Da der Bauherr in aller Regel diese Aufgaben nicht selbst erbringen kann, bedient er sich im Planungsbereich der Architekten und Fachingenieure (vgl. Abschnitte 1.2 und 1.3).

Von diesen Planungsleistungen ist die Leistung der Koordination, Steuerung und Überwachung der Geschehensabläufe in technischer, rechtlicher und wirtschaftlicher Hinsicht zu trennen. Diese Leistungen werden unter dem Begriff „Projektmanagement" zusammengefaßt.

Wegen der steigenden Kompliziertheit von Planungen und deren Durchführung gibt es in der Praxis verschiedene Modelle der Zusammenarbeit zwischen Bauherrn, Planern und Fachleuten für Bauprojektmanagement. In Abb. 4 sind in vereinfachter Form die Strukturen und die entsprechenden Begriffe der unterschiedlichen Modelle dargestellt.

Abb. 4 zeigt, daß das Modell „Projektsteuerung" die Projektsteuerungsleistungen nach §31 HOAI zu erbringen hat.

Das Modell „Baucontrolling" übernimmt zusätzlich zu diesen Aufgaben die Kontrolle der Zielverwirklichung und Teile der ursprünglichen Planungsleistung, nämlich die Termin- und Kostenplanung.

Wird vom Bauprojektmanagement neben den bisher aufgeführten Aufgaben noch die Projektleitung und die Objektüberwachung übernommen, spricht man vom Modell „Bauconsulting."

Am weitesten geht das Modell „Baubetreuung", bei dem der Bauherr lediglich die Leistung der Finanzmittelbereitstellung erbringt; die gesamten Planungsleistungen werden vom Baubetreuer erbracht.

Es soll hier keine Wertung der Modelle im Hinblick auf ihre Praktikabilität vorgenommen werden, da die Anwendung eines bestimmten Modells jeweils vom Umfang und dem Schwierigkeitsgrad des Bauobjektes einerseits und den Interessen und Qualifikationen des Bauherrn andererseits abhängt.

Da bei allen Modellen des Bauprojektmanagements die Erbringung der Leistungen der Projektsteuerung nach §31 HOAI eine zentrale Aufgabe ist, sollen im folgenden diese Leistungsbereiche ausführlicher vorgestellt werden.

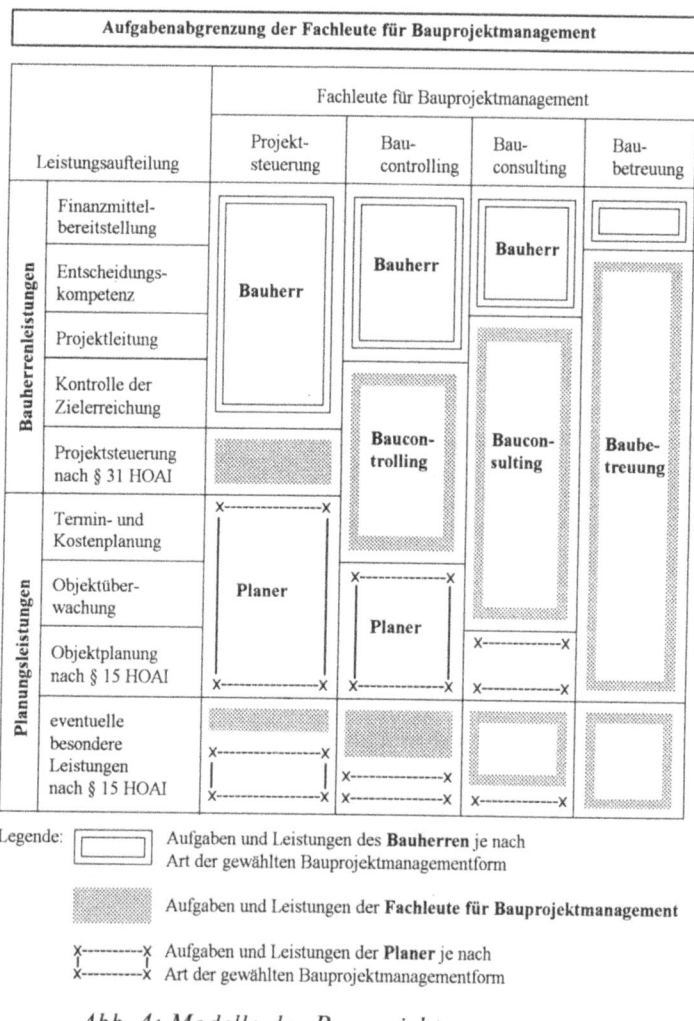

Abb. 4: Modelle des Bauprojektmanagements

1. Planungsbeteiligte

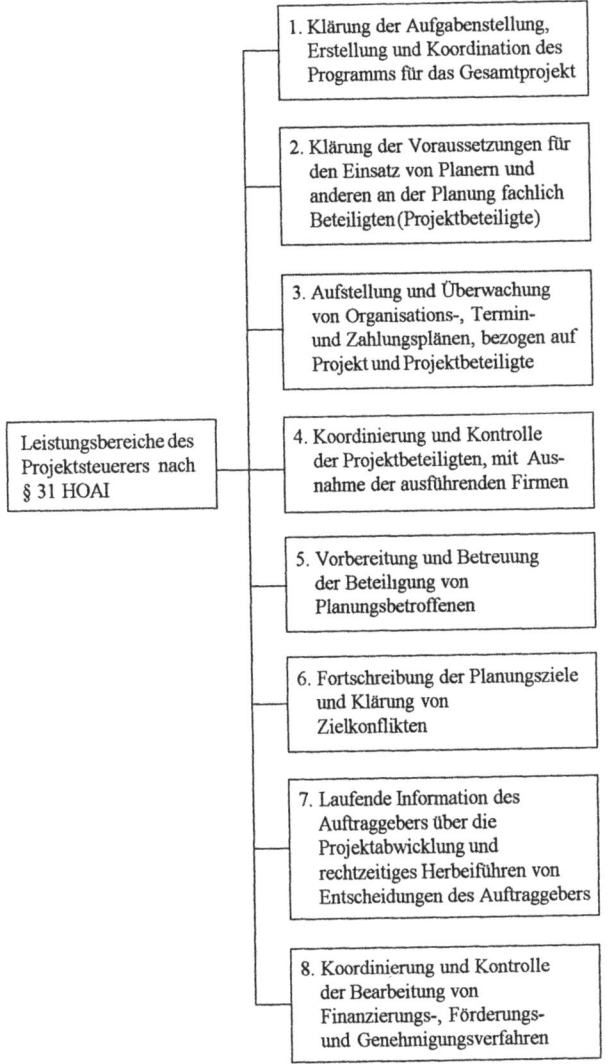

Abb. 5: Leistungen der Projektsteuerung nach HOAI (vgl. § 31 HOAI in der ab 1.1.1991 gültigen Fassung)

Umsetzung der Projektsteuerungsleistungen in die Praxis

Abb. 5 zeigt die Leistungsbereiche des Projektsteuerers nach § 31 HOAI, die im folgenden erklärt werden.

zu 1: Klärung der Aufgabenstellung, Erstellung und Koordinierung des Programms für das Gesamtprojekt (Leistungsabgrenzung gegenüber dem Auftraggeber)
— Erstellung eines grafischen Organisationsplanes für die Projektorganisation und den Projektablauf,
— Erstellung des Leistungsprogramms aller Beteiligten (unter Einbeziehung des Auftraggebers, der Genehmigungsbehörden, der Sonderfachleute und der Architekten),
— Strukturierung und Vorbereitung der Beratungsprozesse der Gremien und Ausschüsse,
— Terminierung und Einberufung von Sitzungen.

zu 2: Klärung der Voraussetzungen für den Einsatz von Planern und anderen an der Planung fachlich Beteiligten (Überblick über die Planungsbeteiligten)
— Nennung der benötigten Sonderfachleute,
— Vorschläge und Alternativen für in Frage kommende Büros,
— Überprüfung der Eignung noch nicht bekannter Planer,
— Klärung und Abgrenzung der entsprechenden Leistungsbilder,
— Mitarbeit bei der Vertragsgestaltung.

zu 3: Aufstellung und Überwachung von Organisations-, Termin- und Zahlungsplänen, bezogen auf das Projekt und die Projektbeteiligten (finanzielle und zeitliche Steuerung)
— Terminplanung für den gesamten Projektverlauf (z.B. Balkendiagramm oder Netzplan),
— Zuordnung der Honorare, Gebühren und sonstigen anfallenden Kosten zum Terminplan und dessen fortlaufende Überarbeitung.

zu 4: Koordinierung und Kontrolle der Projektbeteiligten
Hier ist keinesfalls an die Koordinierung und Kontrolle der Inhalte der Einzelpläne gedacht, sondern nur daran, daß die Einzelleistungen der am Planungsprozeß Beteiligten sich zum richtigen Zeitpunkt und mit dem richtigen Inhalt verzahnen, und zwar entsprechend den aufgestellten Organisationsplänen.
— Kontrolle der Leistungs- und Vertragserfüllung,
— Meldung von Nichterfüllung übertragener Leistungen.

zu 5: Vorbereitung und Betreuung der Beteiligung von Planungsbetroffenen
Bei der Planungsverwirklichung zeigt sich, daß auch nicht unmittelbar am Planungsprozeß Beteiligte durch die Planungsmaßnahmen betroffen sein können. Dies bezieht sich z. B. auf externe Einflüsse wie Bürgerinitiativen. Im Hinblick auf die Einbeziehung dieser Bürgerinitiativen in langfristige Planungen kommt ihrer richtigen Bewertung eine große Bedeutung zu.

zu 6: Fortschreibung der Planungsziele und Klärung von Zielkonflikten (Erkennen und Offenlegen von Problemen)
Da die Planungsziele aus betrieblich-organisatorischen oder funktionellen und gestalterischen Gründen ständig abgewandelt werden, hat der Projektsteuerer die Aufgabe, den Fortschreibungsprozeß zu leiten und dafür zu sorgen, daß die Projektbeteiligten insgesamt kontinuierlich am Fortschreibungsprozeß beteiligt werden. Zur Lösung von Konflikten muß der Projektsteuerer dadurch beitragen, daß er die Probleme erkennt und offenlegt.

zu 7: Laufende Information des Auftraggebers über die Projektabwicklung und rechtzeitiges Herbeiführen von Entscheidungen des Auftraggebers
Die laufende Information beinhaltet die sofortige Nennung von planungsbehindernden Ursachen, sei es aus dem Bereich der Planenden oder aus dem Bereich der vielfältigen Genehmigungsverfahren. Es müssen Vorschläge für ihre Beseitigung gemacht sowie anschließend ihre Durchsetzung veranlaßt werden.

zu 8: Koordinierung und Kontrolle der Bearbeitung von Finanzierungs-, Förderungs- und Genehmigungsverfahren
Der Schwerpunkt der Tätigkeit des Projektsteuerers liegt dabei auf der Koordinierung und Kontrolle der Bearbeitung der Genehmigungsverfahren. Der Architekt muß nicht nur die Genehmigung seiner eigenen Planung betreiben, auch die vielfältigen Genehmigungsverfahren des technischen, ordnungsbehördlichen und arbeitsrechtlichen Bereiches müssen ständig begleitet, überwacht und gegebenenfalls durch Eingriffe beschleunigt werden.

Vorschlag eines verbesserten Leistungsbildes der Projektsteuerung

Im folgenden wird der Entwurf einer Arbeitsgruppe des Deutschen Verbandes der Projektsteuerer (DVP) dargestellt. Die neuen Regelvorschläge sollen vollinhaltlich den bestehenden §31 der HOAI „Projektsteuerung" durch ein vollständiges Leistungsbild für Projektsteuerung ersetzen.

Leistungsphasen	Bewertung der Grundleistungen in v. H. des Honorars
0. Projektentwicklung	16
1. Grundlagenermittlung	10
2. Vorplanung	12
3. Entwurfsplanung	8
4. Genehmigungsplanung	1
5. Ausführungsplanung	9
6. Vorbereiten der Vergabe	6
7. Mitwirken bei der Vergabe	4
8. Projektüberwachung	26
9. Projektbetreuung, Dokumentation	8
Summe	100

Die Leistungsphasen 0 bis 9 sind in jeweils vier Handlungsbereiche unterteilt:
1. Organisation, Information, Koordination und Dokumentation,
2. Qualitäten und Quantitäten,
3. Kosten,
4. Termine.

Nach den Vorstellungen des DVP sind diese Handlungsbereiche an einen Projektsteuerer delegierbar.

1.5 Verwaltungen, Behörden und Gerichte

Auch die im folgenden aufgeführten Institutionen sind an der Planung von Bauvorhaben beteiligt:
— Gemeinden (Gemeinderat, Stadtrat),
— Bauaufsichtsbehörden,
— Bauverwaltungsbehörden,
— Öffentliche Bauherrn,
— Träger öffentlicher Belange,
— Straßenverkehrsbehörden,
— Straßenbaulastträger,
— Bewilligungsbehörden,
— Vermessungsämter für Katasterauszüge,
— Bezirksschornsteinfegermeister in der Bauaufsicht,
— Amtsgerichte,
  — Feststellungsverfahren zur Beweissicherung,
  — Zivilprozeßverfahren in Bausachen wegen Haftungs- und Schadensersatzforderungen,
  — Strafprozeßverfahren wegen strafbarer Handlungen bei Baumaßnahmen,
— Verwaltungsgerichte für Anfechtungsklagen im Baugenehmigungs- oder Bauleitplanungsverfahren.

1.6 Öffentlichkeit und sonstige Beteiligte

Jedes Gebäude ist von öffentlicher Bedeutung, da es ein Teil eines Ort- oder Landschaftsbildes ist, von dem Umweltgefahren ausgehen können.
Setzt die Planung eines Gebäudes eine Befreiung bzw. Änderung des Bebauungsplanes voraus, kommt es zu einer öffentlichen Bekanntmachung und Auslegung des geänderten Bebauungsplanes für die Dauer eines Monats. Bedenken und Anregungen können während der Auslegungsfrist vorgebracht werden (vgl. §3 BauGB).
Je nach Brisanz des Projektes kann es zu starkem Widerstand einzelner Interessengruppen oder Bürgerinitiativen kommen. Der Bauherr wird i. d. R. von seinem Architekt erwarten, daß er versucht, die Argumente der Projektgegner zu entkräften und die Vorteile des Projektes deutlicher herauszustellen, um so den Politikern in den zuständigen Entscheidungsgremien eine Befürwortung der Bebauungsplanänderung nahezulegen.
Wichtige Beteiligte sind hier
— direkte Nachbarn (Sie haben vor jeder Baugenehmigung Gelegenheit zum Einspruch; falls alle öffentlich-rechtlichen Vorschriften eingehalten wurden, kann er von den direkten Nachbarn nicht durchgesetzt werden.),
— Versorgungsträger (Gas, Wasser, Strom, Telefon),
— vereidigte Sachverständige und Gutachter, Notare,
— Innungen,
— Berufsgenossenschaften wie Architektenkammer, Industrie- und Handelskammer und Handwerkskammern.

2. Organisationsformen der an der Planung und Ausführung Beteiligten

2.1 Einzelleistungsträger

In diesem Fall vergibt der Bauherr die Planungsleistungen an mehrere Einzelplaner, die in direktem Vertragsverhältnis mit ihm stehen (vgl. Abb. 6). Der Nachteil dieser Form ist, daß der Bauherr die Koordination zwischen den Einzelplanern übernehmen muß, was in vielen Fällen nicht einfach ist. Meistens wird diese Organisationsform aufgrund der auftretenden Koordinationsschwierigkeiten vermieden.

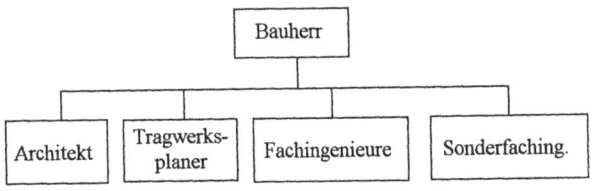

Abb. 6: Beispiel einer Organisationsform der Planung mit Einzelleistungsträgern

2.2 Zusammengesetzte Leistungsträger

Es kommt häufig vor, daß sich zwei oder mehrere Einzelplaner zusammenschließen. Dies kann in ähnlicher Form wie bei den Unternehmern z. B. als Arbeitsgemeinschaft geschehen (vgl. Abb. 7). Der Bauherr schließt einen Vertrag mit der Planungsgemeinschaft, wonach jeder beteiligte Einzelplaner für die gesamten zu erbringenden Leistungen gegenüber dem Bauherrn haftet.

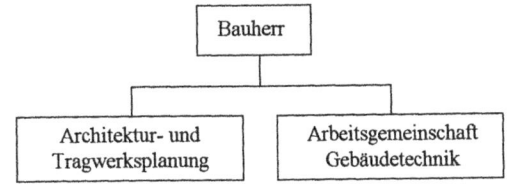

Abb. 7: Beispiel einer Organisationsform der Planung mit zusammengesetzten Leistungsträgern

2.3 Generalplaner und Generalunternehmer

In diesem Fall vergibt der Bauherr die Planungsleistungen an einen Generalplaner, der wiederum die Leistungen, die er nicht erbringen kann oder will, an andere Einzelplaner vergibt (vgl. Abb. 8). Hier haftet der Generalplaner für die gesamten Planungsleistungen und muß die Koordination zwischen den Einzelplanern übernehmen. Diese Form der Planungsorganisation entlastet den Bauherrn und wird deswegen gerne von denen in Anspruch genommen, die nicht dauernd Bauaufgaben durchführen und Bauherrenaufgaben z.T. an Fachleute abgeben. Der Vertrag zwischen Bauherrn und Generalplaner wird nach den Bestimmungen des Werkvertragsrechts beurteilt.

Darüber hinaus führt der Generalplaner Bauüberwachungsleistungen für alle Fachbereiche wie Architektur, Konstruktion, Heizung und Lüftung usw. aus.

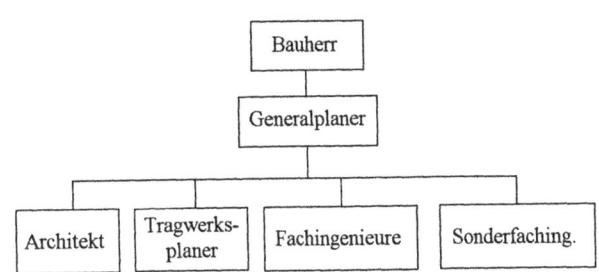

Abb. 8: Beispiel einer Organisationsform der Planung mit einem Generalplaner

Ein Generalunternehmer übernimmt die Erbringung sämtlicher Bauleistungen im Gegensatz zur Organisationsform der Einzelleistungsträger (vgl. Abb. 9).

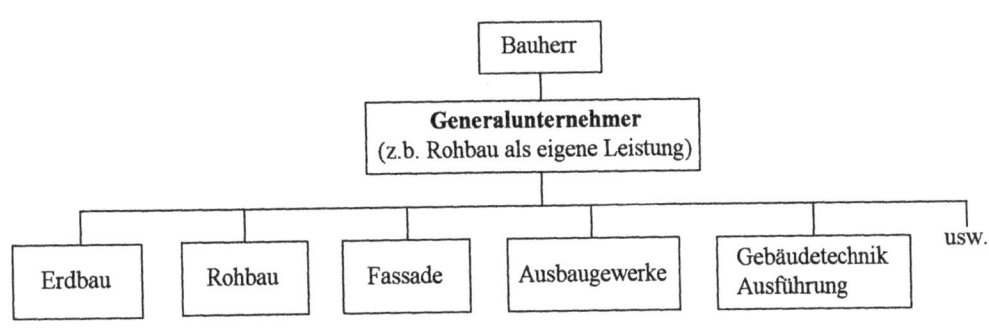

Abb. 9: Organisationsform der Ausführung mit einem Generalunternehmer

2.4 Totalunter- und -übernehmer

Im Unterschied zu dem Generalplaner übernimmt ein Totalunter- oder -übernehmer neben den Planungsleistungen auch alle Ausführungsleistungen. Dabei führt der Totalunternehmer einen Teil der Leistungen (z.B. Rohbauarbeiten oder Architektenleistungen) selbst aus und vergibt die Leistungen, die er selbst nicht erbringen kann oder will, an Subunternehmer für Planung und Ausführung (vgl. Abb. 10).

Dagegen delegiert der Totalübernehmer delegiert alle Leistungen an Subunternehmer und behält nur die Gesamtverantwortung für die Leistungen gegenüber dem Bauherrn (vgl. Abb. 11).

Zusammenfassend ergibt sich für die Organisationsformen der Planungs- und Ausführungsbeteiligten die in Abb. 12 dargestellte Übersicht.

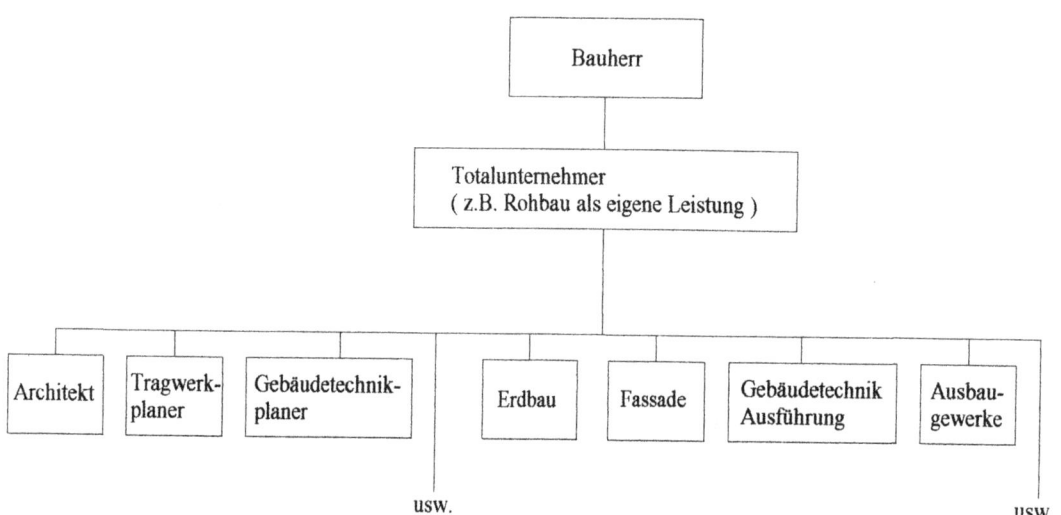

Abb. 10: Organisationsform eines Totalunternehmers

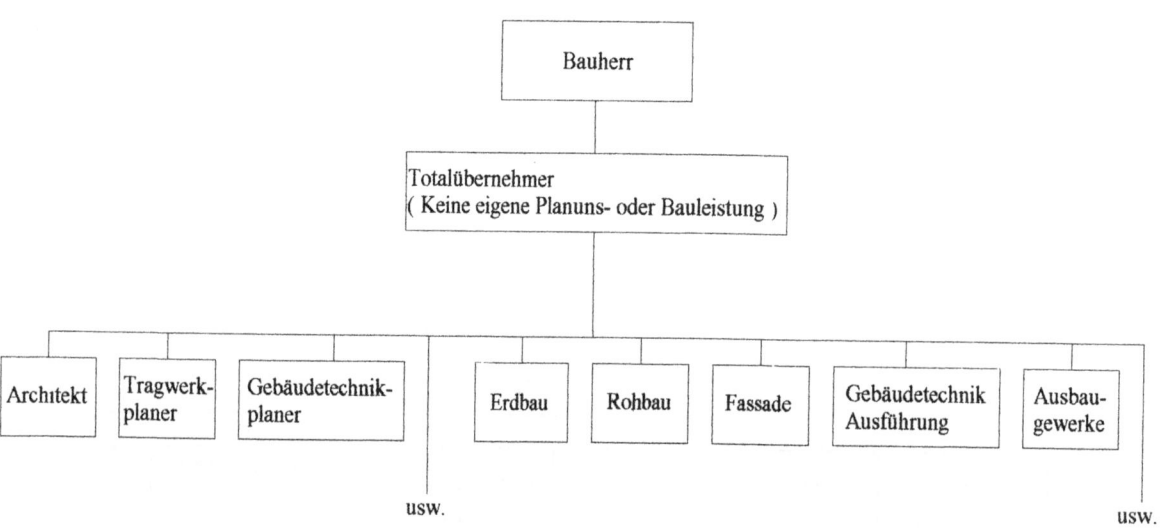

Abb. 11: Organisationsform eines Totalübernehmers

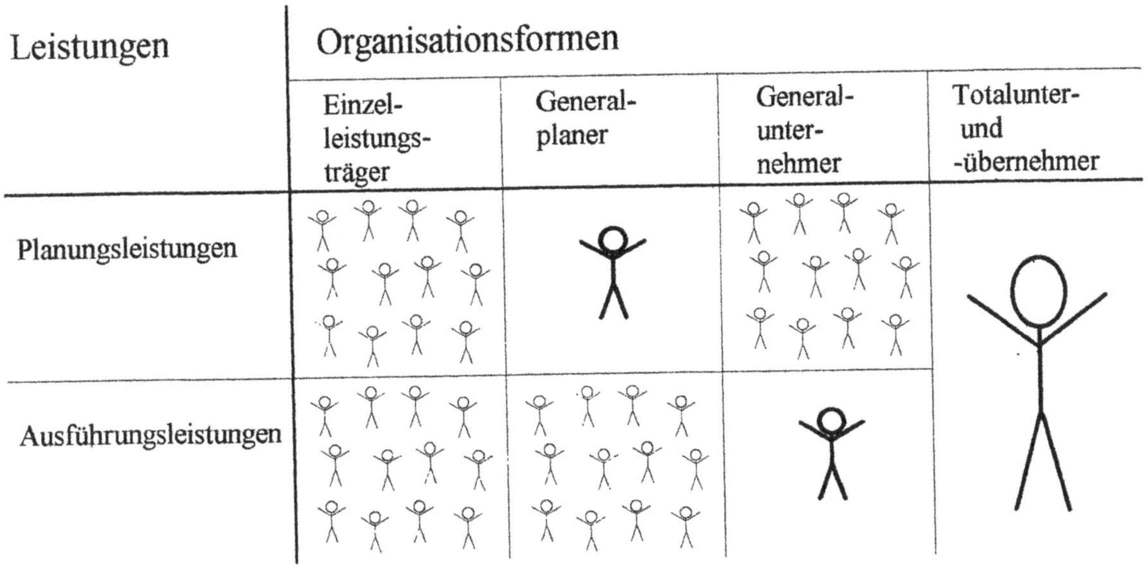

1. Die Gesamtkosten eines Bauvorhabens

Leistungen	Organisationsformen			
	Einzelleistungsträger	Generalplaner	Generalunternehmer	Totalunter- und -übernehmer
Planungsleistungen	👥👥👥	👤	👥👥👥	👤
Ausführungsleistungen	👥👥👥	👥👥👥	👤	👤

Abb. 12: Übersicht der Organisationsform der Planungs- und Ausführungsbeteiligten

II. Kostenplanung

1. Die Gesamtkosten eines Bauvorhabens

1.1 Standortabhängige Kosten

Die Bestimmungsgrößen der standortabhängigen Kosten können vom Bauherrn in aller Regel nur wenig beeinflußt werden. Nur große Industrieunternehmen, die überregional oder weltweit tätig sind, können Einfluß auf die Wahl des Standortes der Erstellung ihrer Bauobjekte (Industrieanlagen, Verwaltungsgebäude usw.) nehmen.

Politisch-rechtliche Rahmenbedingungen
Der politisch-rechtliche Rahmen unterliegt in seiner Entwicklung der Beeinflussung durch politische Machtgruppen und Interessenvertretungen und äußert sich — bezogen auf den Baumarkt — in einer Reihe von wirtschafts- und konjunkturpolitischen Maßnahmen, die unmittelbare Einflüsse auf die Bauentscheidungen potentieller Bauherren haben können. Genannt seien in diesem Zusammenhang:
— Förderungsprogramme der Vermögensbildungs- und Wohnungsbaupolitik des Staates,
— soziale Komponenten des Miet-, Wohn- und Baurechtes,
— steuerrechtliche Maßnahmen im Einkommensteuer-, Grundsteuer- und Körperschaftssteuerrecht,
— strukturpolitische Maßnahmen,
— Festlegungen im Rahmen des öffentlichen Baurechtes.

Aber auch die Notenbankpolitik hat einen erheblichen Einfluß auf die Kosten eines Bauobjektes. Durch Zinserhöhungen werden in aller Regel die Investitionsneigungen der Bauherren negativ beeinflußt. Dies gilt insbesondere für Selbstnutzer von Wohnungsbauten aus mittleren Einkommensschichten. In den 80er und zunehmend in den 90er Jahren nehmen die Bestimmungen aus den verschiedensten Bereichen des Umweltschutzes Einfluß auf die standortbezogenen Kosten, z. B. bei der Beseitigung von Altlasten der Vorbesitzer, die mittlerweile in vielen Gesetzen und Verordnungen verankert sind, aber auch im Bereich des Lärmschutzes gegenüber den Grundstücksnachbarn und für die eigenen Arbeitsplätze. Diese Einflüsse geben auch immer öfter den Ausschlag, ein geplantes Neubauprojekt doch an einem anderen Standort durchzuführen, weil z. B. dem Konflikt mit Bürgerinitiativen ausgewichen wird.

Regionale und kommunale Rahmenbedingungen
Eine Region wird, wirtschaftlich gesehen, ganz entscheidend durch die Entwicklung der Verkehrsinfrastruktur beeinflußt. Zwar kann man sowohl auf dem industriellen als auch auf dem privaten Bausektor die ökonomischen Konsequenzen solcher Strukturmaßnahmen nur schwer abschätzen, es steht aber außer Zweifel, daß großräumige Verkehrsanbindungen positive Wirkungen auf das Investitionsverhalten potentieller Bauherren haben.

Teil B: II. Kostenplanung

Nicht umsonst gehören die Verbesserung der regionalen Wirtschaftsstruktur, die Förderung grenznaher und strukturschwacher Gebiete und eine bessere Erschließung der Flächen zu den Hauptzielen der Verkehrsinfrastruktur. Die Möglichkeiten der Kommunen bei der Gestaltung von Bebauungsplänen durch den Ausweis von Gewerbeflächen sollten nicht unterschätzt werden.
Auch die Möglichkeiten des kosten- und flächensparenden Bauens durch entsprechende Bebauungspläne werden von den Kommunen unterschiedlich genutzt.

Allgemeine technische und ökonomische Rahmenbedingungen
Der Einfluß dieser Bedingungen betrifft primär den Bereich der Leistungserstellung bei den Bauunternehmen. Die Veränderungen technologischer Komponenten, wie z. B. Bauverfahren, Baustoffprodukte und Bautechnologie, haben vor allem Einfluß auf die Kostenstruktur der Bauobjekte. Maßnahmen der Energieeinsparung und eine zunehmende qualitative Verbesserung der Gebäudeausstattung haben zu nicht unerheblichen Baukostensteigerungen geführt.
Als ökonomische Umweltbedingungen sind vor allem die Entwicklung der Inflationsrate, die gesamtwirtschaftlichen Wachstumszyklen mit ihren negativen Auswirkungen auf eine konstante Beschäftigung in der Bauindustrie, die Einkommensentwicklung und die darauf basierenden Veränderungen der quantitativen und qualitativen Nachfrage nach Bauleistungen und nicht zuletzt die wechselnden Kapitalmarktbedingungen zu nennen. Besonders der letztgenannte Einfluß spielt als Bestimmungsgröße der Nachfrage nach Bauleistungen eine dominierende Rolle, da Bauinvestitionsentscheidungen einer hohen Zinsreagibilität unterliegen, d. h., daß Zinserhöhungen die Rentabilität von Immobilieninvestitionen negativ beeinflussen. Daraus resultierende Baunachfrageminderungen erzeugen unter Umständen zusätzliche Kosten der Unterbeschäftigung bei Bauunternehmen.
Allen genannten Einflüssen ist gemeinsam, daß sie zum einen nicht – oder zumindest äußerst unvollkommen – vorhersehbar sind, und daß sich zum anderen auch das Ausmaß der Einwirkung dieser Einflüsse auf Baukosten und Baupreise nur an den strukturellen Veränderungen der Marktfakten – d. h. in der Regel über nicht einschätzbare Preisschwankungen – ablesen läßt.

1.2 Kostenelemente des Bauobjektes bis zur Fertigstellung

Grundlage für die Darstellung der Kostenelemente eines Bauobjektes ist die DIN 276, Kosten im Hochbau, Pkt. 4, Kostengliederung.

Zwar werden die Baupreise aufgrund einer völlig anderen Einteilung der Kostenelemente ermittelt – dies gilt vor allem für die Kosten des Bauwerkes –, aber es hat sich für die Zwecke der Kostenplanung seit langem die Kostengliederung der DIN 276 als sinnvoll erwiesen.
Die DIN 276 wird von dem zuständigen Normenausschuß ständig verbessert (letzter Stand: Juni 1993). Die Mitglieder dieses Ausschusses repräsentieren die Interessen der Behörden des Bundes, der Länder, der Kommunen und der öffentlichen Einrichtungen, ferner die der Architektenschaft, der Bauwirtschaft sowie der Institutionen der Bauforschung und anderer Organisationen. Die Rechtsstellung der DIN 276 (und der DIN 277, Teil 1, Grundflächen und Rauminhalte von Hochbauten) ist mit der Verordnung über Wirtschaftlichkeits- und Wohnflächenberechnung für neu geschaffenen Wohnraum (Zweite Berechnungsverordnung – II. BVO) geregelt. Über die Anwendung der DIN 276 und DIN 277 wird in § 5 (2) II. BVO bestimmt: „Bei der Berechnung der Gesamtherstellungskosten ist die Gliederung des Normblattes DIN 276 des Deutschen Normenausschusses zugrunde zu legen, soweit nicht diese Verordnung Abweichendes bestimmt." In § 6 (2) heißt es: „Zur Bestimmung des umbauten Raumes ist das Normblatt DIN 277 des Deutschen Normenausschusses zu verwenden."

Die in der DIN 276 aufgeführten sieben Kostengruppen
1. Grundstück,
2. Herrichten und Erschließung,
3. Bauwerk – Baukonstruktion,
4. Bauwerk – Technische Anlagen,
5. Außenanlagen,
6. Ausstattung und Kunstwerke,
7. Baunebenkosten
werden auch wie folgt zusammengefaßt:

- Grundstücks- und Erschließungskosten (Kostengruppe 1 und 2) (vgl. Abschnitt C I 1.1.1)

- Herstellkosten des Bauvorhabens (Kostengruppe 3 bis 6).

Die neue DIN 276 vom Juni 1993 ist bei den Herstellkosten des Bauvorhabens unterteilt in folgende Kostengruppen:
3. Baukonstruktion,
4. Technische Anlagen,
5. Außenanlagen,
6. Ausstattung und Kunstwerke.
Diese Unterteilung erleichtert die Sammlung von Erfahrungswerten und ermöglicht die Anwendung von Kostenermittlungsverfahren für das Bauobjekt. Sie ist zudem die Grundlage einer weiteren Unterteilung der Bauteile bzw. Bauelemente, die besonders im Hinblick auf die Stufen der Kostenermittlung (vgl. Abschnitt 2.1) wichtig ist.

1. Die Gesamtkosten eines Bauvorhabens

- Baunebenkosten (Kostengruppe 7)

Nach der DIN 276 gliedern sich die Planungsprozesse in acht Kostengruppen
1. Bauherrenaufgaben,
2. Vorbereitung der Objektplanung,
3. Architekten- und Ingenieurleistungen,
4. Gutachten und Beratung,
5. Kunst,
6. Finanzierung,
7. Allgemeine Baunebenkosten,
8. Sonstige Baunebenkosten.

Die Kosten für Planungsprozesse werden auf der Grundlage von Honorarordnungen, Gebührenordnungen, Preisvorschriften oder nach individuellen Verträgen vereinbart.

Neben den Kosten für die Planungsprozesse fallen bereits vor der eigentlichen Bauausführung Finanzierungskosten an, z. B.:
- Kosten für die Beschaffung von Finanzierungsmitteln (Bereitstellungs- und Bearbeitungsgebühren, Provisionen, Schätzkosten, Gerichts- und Notarkosten, Disagio),
- Finanzierungskosten während der Vorbereitung der Baumaßnahme (Schuldzinsen für Hypotheken und andere Darlehen, Erbbauzinsen),
- Zinsen für Zwischenfinanzierungsmittel (Zinsen für Kredite, die in Anspruch genommen werden, solange ein Hypotheken- bzw. ein Bauspardarlehen noch nicht zugeteilt worden ist).

1.3 Kostenelemente des Bauobjektes nach der Fertigstellung (Baunutzungskosten)

Bis vor einigen Jahren hat man, wenn über Kosten von Hochbauten gesprochen wurde, nur an die Erwerbskosten des Grundstückes und an die Herstellungskosten (Roh- und Ausbau) des Gebäudes gedacht, die in der DIN 276 erfaßt sind.

Mit den ständig steigenden Kosten von Energie für Heizung und Strom sowie den steigenden Löhnen wurde immer deutlicher, daß die nach der Fertigstellung des Gebäudes entstehenden laufenden Kosten sehr wohl einen wichtigen Anteil der Kosten eines Gebäudes darstellen (soweit diese nicht von den Mietern selbst getragen werden müssen) und auch während der Planung berücksichtigt werden müssen. Mit dem Erscheinen der DIN 18960, Baunutzungskosten von Hochbauten im April 1976 wurden solche Folgekosten von den Herstellungskosten getrennt. Somit ist eine weitere Hilfe für eine wirtschaftlichere Planung entstanden.

Der Begriff „Baunutzungskosten" wird in der DIN 18960 wie folgt definiert:

„Baunutzungskosten sind alle bei Gebäuden, den dazugehörenden baulichen Anlagen und deren Grundstücken unmittelbar entstehenden regelmäßig oder unregelmäßig wiederkehrenden Kosten vom Beginn der Nutzbarkeit des Gebäudes bis zum Zeitpunkt seiner Beseitigung. Als Gebäude gelten auch unterirdische Bauwerke, soweit sie einem vergleichbaren Zweck wie Hochbauten dienen. Die betriebsspezifischen und produktionsbedingten Personal- und Sachkosten sind nicht nach dieser Norm zu erfassen, soweit sie sich von den Baunutzungskosten trennen lassen."

Nur ausnahmsweise beziehen sich die Baunutzungskosten auf betriebstechnische Anlagen, soweit sie der Sicherung angemessener Aufenthaltsbedingungen für die vorgesehene Nutzung der Gebäude und Außenanlagen dienen.

Die DIN 18960 umfaßt folgende Kostengruppen:
1. Kapitalkosten,
2. Abschreibung,
3. Verwaltungskosten,
4. Steuern,
5. Betriebskosten,
6. Bauunterhaltungskosten.

1.3.1 Kapitalkosten

Für die Errichtung und Ausrüstung eines Bauobjektes fallen Investitionskosten entsprechend den Gesamtherstellungskosten nach DIN 276 an. Sie müssen durch die Bereitstellung von Kapital in Form von Eigen- oder Fremdkapital finanziert werden. Die durch die Inanspruchnahme dieses Kapitals entstehenden Kosten werden nach DIN 18960 „Kapitalkosten" genannt. Deren Höhe wird beim Fremdkapital primär durch die Zinsen für Darlehen (z. B. Hypothekendarlehen, Bauspardarlehen) bestimmt. Aber auch Erbbauzinsen, Rentenzahlungen und Verwaltungsgebühren der Kreditinstitute für die Darlehensbearbeitung gehören zu den Kapitalkosten (vgl. dazu Abschnitt III).

Neben den Kapitalkosten für Fremdkapital wird auch ein fiktiver Zinssatz – der in aller Regel dem Fremdkapitalzinssatz entspricht – für das eingesetzte Eigenkapital bei den Kapitalkosten in Ansatz gebracht.

Das Eigenkapital setzt sich wie folgt zusammen:
- vorhandenes Eigenkapital in Form von Geldkapital
- Leistungen, die der Bauherr selbst erbringt, wenn für sie normalerweise Zahlungen an Bauunternehmen etc. hätten entrichtet werden müssen.
- Bereitstellung vorhandener Grundstücke und Baumaterialien.

Nicht zu den Kapitalkosten im Sinne der DIN 18960 zählen die Tilgungsraten für das Fremdkapital. An ihrer Stelle werden aus Kostenüberlegungen die Abschreibungsbeträge in die Baunutzungskosten eingerechnet.

1.3.2 Abschreibung

Nach DIN 18960 versteht man unter der Abschreibung die „verbrauchsbedingte Wertminderung der Gebäude, Anlagen und Einrichtungen". Das Grundstück dagegen wird nicht abgeschrieben, da es keinem Werteverzehr unterliegt. Der Gebäude-

Teil B: II. Kostenplanung

wert vermindert sich im Laufe der Zeit durch verschiedene Ursachen, so z. B. durch:
- betriebliche Abnutzung (technischer Verschleiß),
- Verwitterung (ruhender Verschleiß),
- Umwelteinflüsse wie Feuer oder Sturm (Katastrophenverschleiß),
- technische und wirtschaftliche Überholung.

Durch die Abschreibung werden diese Kosten anteilsmäßig auf die gesamte Nutzungsdauer verteilt.
Die Höhe der jährlichen Abschreibungsbeträge wird durch folgende Komponenten bestimmt:
- die Höhe der Abschreibungssumme,
- die Abschreibungsdauer,
- die Art des Abschreibungsverfahrens.

Höhe der Abschreibungssumme
Die Höhe der Abschreibungssumme ergibt sich aus den nach DIN 276 ermittelten Gesamtgebäudekosten abzüglich der Grundstückskosten. Wenn Gebäude verglichen werden sollen, die zu unterschiedlichen Zeitpunkten fertiggestellt wurden, ist der Einfluß der Baupreissteigerungen zu berücksichtigen, denn von Bedeutung sind nicht die Baukosten, sondern der Wiederbeschaffungspreis der Gebäude. Der Neuwert muß dann mit Hilfe von Baupreisindices (z. B. für Wohngebäude) auf ein bestimmtes Bezugsjahr hochgerechnet werden.

Abschreibungsdauer
Die Abschreibungsdauer entspricht der Nutzungs- oder Lebensdauer des Gebäudes. Diese Lebensdauer hängt von der Güte des verwendeten Materials, der Qualität der Konstruktion, der Beanspruchung sowie der Pflege und Instandhaltung ab. Man unterscheidet zwischen technischer und wirtschaftlicher Lebensdauer.
Man könnte meinen, daß die technische Lebendauer dann endet, wenn das Gebäude abbruchreif ist. Dies ist aber nur für den Rohbau relevant, die Ausbauteile sind dagegen meist von kürzerer Lebensdauer und werden im Laufe der Lebensdauer des Gebäudes ein- oder mehrmals erneuert.
Bei Wirtschaftlichkeitsvergleichen und bei der damit zusammenhängenden Bewertung von Planungsalternativen wird vielfach eine bauteil- bzw. leistungsbereichsbezogene Abschreibung zugrunde gelegt.

Art der Abschreibung
Auf die Art der Abschreibung (linerar oder degressiv) wird in Abschnitt III. 2.3.1 kurz eingegangen.

1.3.3 Verwaltungskosten und Steuern

Verwaltungskosten sind Fremd- und Eigenleistungen für Gebäude- und Grundstücksverwaltung; zu den Verwaltungskosten zählen also nicht nur die Beträge, die an Dritte zu zahlen sind, sondern auch Eigenleistungen, wie z. B. die Kosten, die dem Vermieter beim Abschluß von Mietverträgen bzw. beim Einzug des Mieters entstehen.
Nicht zu den Verwaltungskosten, sondern in die Gruppe der Betriebskosten gehören die Kosten für Aufsichtspersonal und Hausmeister und die Bedienungs- und Wartungskosten.
Zu den Steuern gehören alle öffentlich rechtlichen Abgaben, die für Gebäude und Grundstücke erhoben werden.
Nicht zur Kostengruppe Steuern gehören z. B. die Grunderwerbssteuern, die nur einmalig und vor Beginn der Erstellung bzw. Nutzung eines Bauwerkes anfallen, oder Kostengruppen, die sich den einzelnen Betriebskosten zuordnen lassen, wie z. B. die Umlagen für die Straßenreinigung.
Die Kostengruppe Steuern selbst hat nur einen sehr geringen Anteil an der Gesamtheit der Baunutzungskosten.

1.3.4 Betriebskosten

Unter Betriebskosten nach DIN 18 960 sind diejenigen Kosten zu verstehen, die für die Aufrechterhaltung der Aufenthaltsbedingungen und die Nutzung eines Gebäudes einschließlich des dazugehörigen Grundstücks regelmäßig anfallen. Hierzu gehören die für den Betrieb der haustechnischen Anlagen erforderlichen Energie- und Wasserverbräuche und die Kosten für die Bedienung, Wartung und Beaufsichtigung der Anlagen.
In der DIN-Bestimmung untergliedern sich die Betriebskosten in die Kostengruppen:
5.1. Gebäudereinigung,
5.2. Abwasser und Wasser,
5.3. Wärme und Kälte,
5.4. Strom,
5.5. Bedienung,
5.6. Wartung und Inspektion,
5.7. Verkehrs- und Grünflächen,
5.8. Sonstiges (z. B. Abfallbeseitigung, Hausmeisterdienst, Versicherungen).

Die Betriebskosten sind ein wesentlicher Kostenfaktor bei den Baunutzungskosten; ihr Anteil ist in den letzten Jahren immer höher geworden. Das lag vor allem an dem steigenden Technisierungsgrad der Gebäudeinstallationen und der Betriebseinrichtungen.
Im folgenden sollen die einzelnen Kostengruppen etwas näher beschrieben werden, da vor allem die Abgrenzungsprobleme zwischen den Kostengruppen in der Praxis Schwierigkeiten bereiten.

Gebäudereinigung
Nicht alle Reinigungsarbeiten eines Gebäudes können dieser Kostengruppe zugerechnet werden. Deshalb macht die DIN 18 960 die in Abb. 13 dargestellten Abgrenzungen. Die Unterteilung der Kostengruppe „Gebäudereinigung" ist in Abb. 14 erläutert. Eine Differenzierung nach Fassade und Fenster ist

1. Die Gesamtkosten eines Bauvorhabens

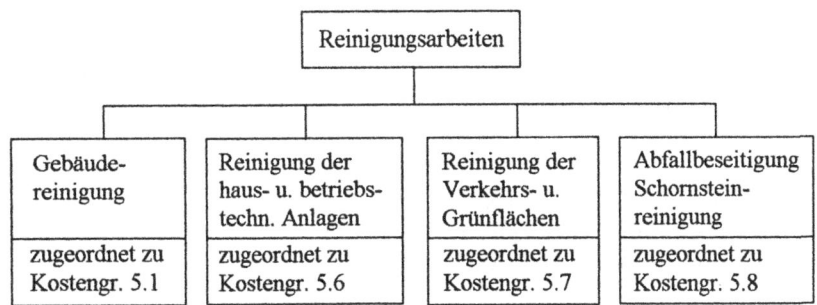

Abb. 13: Zuordnung der Reinigungsarbeiten zu den Kostengruppen

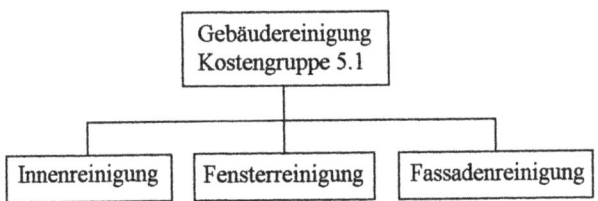

Abb. 14: Unterteilung der Gebäudereinigung

notwendig, weil die Verhältnisse von Fenster- zu Fassadenanteil bei den verschiedenen Gebäuden erheblich differieren können und der Reinigungsaufwand für die Fenster sich deutlich von dem für die Fassade unterscheidet.

Abwasser und Wasser
In diese Kostengruppe, die besser Abwasserbeseitigung und Wasserversorgung heißen würde, gehören nur die als Brauch- oder Trinkwasser verwendeten Wassermengen, also nicht jene, die z. B. zur Erzeugung von Wärme und Kälte gebraucht werden. Diese müssen z. B. der Kostengruppe „Wärme und Kälte" und/oder „Strom" zugerechnet werden. Die zu erwartende abzuleitende Abwasser- oder besser Schmutzwassermenge kann im allgemeinen der von der Wasserversorgung abgegebenen Reinwassermenge gleichgesetzt werden, abzüglich einer bestimmten Wassermenge, die nutzungsbedingt verrieselt, verdunstet oder in die Produktion eingeht.
Grundlage der Gebührenerhebung für die Beseitigung und Reinigung des Abwassers sind die örtlichen Entwässerungssatzungen bzw. die Abwassergebührensatzungen der Kommunen. Die Gebührenerhebung erfolgt nach der Menge des anfallenden Schmutz- und Regenwassers.

Wärme und Kälte
Nach der DIN 18960 wird die Betriebskostengruppe „Wärme und Kälte" wie folgt definiert: „Heizstoffe, auch Fernwärme und Fernkälte, zur Erzeugung von Raum-, Lüftungs- und Wirtschaftswärme oder -kälte. Hierzu gehört auch Wasser, Abwasser und Strom zur Erzeugung von Wärme und Kälte in zusammenhängenden Systemen." Als Grundlage einer einheitlichen Betriebskostenermittlung gilt die VDI-Richtlinie 2067, Wirtschaftlichkeitsberechnung von Wärmeverbrauchsanlagen. Nach Blatt 1 dieser Richtlinie setzen sich die Betriebskosten für die Wirtschaftlichkeitsberechnung aus den folgenden Kostengruppen zusammen:
– verbrauchsgebundene Kosten,
– kapitalgebundene Kosten,
– betriebsgebundene Kosten.
Die DIN 18960 versteht unter der Betriebskostenart „Wärme und Kälte" lediglich die verbrauchsgebundenen Kosten, die sich in Brennstoff- bzw. Energiekosten, Kosten für elektrische Hilfsenergie und sonstige Betriebsmittel unterteilen.

Strom
Analog zu den zwei vorgenannten Kostengruppen muß bei der Kostengruppe „Strom" eine Abgrenzung innerhalb der Betriebskosten vorgenommen werden. Nach der DIN 18960 gilt folgende Abgrenzung: Gesamtverbrauch außer zur Erzeugung von Wärme und Kälte in zusammenhängenden Systemen nach Kostengruppe „Wärme und Kälte". Das bedeutet, daß in der Kostengruppe „Strom" lediglich die von den Energieversorgungsunternehmen (EVU) in Rechnung gestellten Bereitstellungs- und Arbeitspreise aufzustellen sind, nicht jedoch die Stromkosten aus der direkten Erzeugung von Wärme oder der Betreibung von Kälte für Klimaanlagen (Kostengruppe „Wärme und Kälte") oder die Kosten für Bedienung, Inspektion und Wartung elektrotechnischer Anlagen (Kostengruppe „Bedienung" bzw. „Wartung und Inspektion"). Der Stromverbrauch für Maschinen, die einem Produktionszweck oder für Kühlräume in Gewerbebetrieben (z. B. Metzgereien, Gaststätten usw.) dienen, zählt nicht zu der Kostengruppe „Strom".

Bedienung
Hier versteht die DIN 18960 die Betreuung (Betätigen, Beobachten, Nachfüllen usw.) von haus- und betriebstechnischen Anlagen.

131

Teil B: II. Kostenplanung

Wartung und Inspektion
Hierunter versteht man die kleineren Reparaturen, das Auswechseln von Verschleißteilen und die damit verbundenen Hilfs- und Betriebskosten.

Verkehrs- und Grünflächen
Hierzu gehören die Reinigung und Pflege der Verkehrsanlagen und Grünflächen ebenso wie Streudienst, Schneebeseitigung und Straßen- und Gehwegreinigung.

Sonstiges
Außer den Kosten für Müllabfuhr, Schornsteinreinigung, Aufsichts- und Hausmeisterdienste und Versicherungen für Gebäude und Grundstücke werden hierzu die Betriebskosten gerechnet, die mit der Bewirtschaftung eines Gebäudes zusammenhängen, die aber in den vorherstehenden Kostengruppen nicht einzuordnen sind.

1.3.5 Bauunterhaltungskosten

Die DIN 18960 versteht unter Bauunterhaltungskosten die „Gesamtheit der Maßnahmen zur Bewahrung und Wiederherstellung des Soll-Zustandes von Gebäuden und dazugehörenden Anlagen". Auch Maßnahmen, die aufgrund von technischen Entwicklungen Verbesserungen gegenüber dem ursprünglichen Zustand bewirken, sind hier einzuordnen.

2. Kostenplanung auf der Grundlage von Kostenermittlungsverfahren

Die Kostenplanung umfaßt alle Maßnahmen der Kostenermittlung, der Kostenkontrolle und der Kostensteuerung. Sie begleitet kontinuierlich alle Phasen der Baumaßnahme während der Planung und Ausführung. Sie befaßt sich systematisch mit den Ursachen und Auswirkungen der Kosten.
Zur Kostenermittlung heißt es in der DIN 276 vom Juni 1993:
„Kostenermittlung ist die Vorausberechnung der entstehenden Kosten bzw. die Feststellung der tatsächlich entstandenen Kosten. Sie dient als Grundlage für Planungs- und Ausführungsentscheidungen."
Die Kostenkontrolle ist der aktuelle Vegleich einer Kostenermittlung mit Kostenkennwerten bzw. mit früheren Kostenermittlungen, um Abweichungen zu erkennen.
Die Kostensteuerung ist das gezielte Eingreifen in die Entwicklung der Kosten, insbesondere bei Abweichungen, die durch die Kostenkontrolle festgestellt worden sind.

2.1 Ermittlung der Gesamtkosten des Bauwerkes in Anlehnung an DIN 276

Zwischen den Kostenermittlungsverfahren und den HOAI-Phasen besteht folgender Zusammenhang:

Verfahren zur Kostenermittlung	Inhalt: Ermittlung der entstehenden Kosten	HOAI-Phase
Kostenüberschlag[1]	überschlägig	1
Kostenschätzung	grob	2
Kostenberechnung	ausführlich	3
Kostenanschlag[2]	annähernd genau	7
Kostenfeststellung[2]	tatsächlich entstandene Kosten	8

[1] Mit dem Entwurf zur DIN 276 im Dezember 1990 wurde ein neues Kostenermittlungsverfahren, nämlich der Kostenüberschlag vorgeschlagen. Dieses u. E. praxisnahe Verfahren wird hier und im Beispiel (Teil C) gezeigt, obwohl es nicht in die neue Fassung der DIN 276 vom Juni 1993 aufgenommen wurde.

[2] Diese beiden Verfahren werden im Band II dieses Buches erläutert, da sie erst in den Phasen 7 bzw. 8 zur Anwendung kommen.

Die verschiedenen Stufen unterscheiden sich vor allem durch ihren Differenzierungsgrad.
So ist es zum Beispiel allgemein üblich, bei der Kostenschätzung die Kosten mit dem sogenannten „Kubikmeterpreis" zu ermitteln. Mit fortschreitender Planung nehmen auch die verwertbaren Informationen für Kostenermittlungen zu; entsprechend steigt auch der Differenzierungsgrad.
Die DIN 276 unterteilt Bauwerke nach folgender Systematik:

				Unterteilung nach DIN 276
3.				Bauwerk
3.	1.			Baukonstruktionen
3.	1.	3.		Nichttragende Konstruktion
3.	1.	3.	4.	Nichttragende Konstruktion der Dächer
3.	1.	3.	4. 1.	Dachbeläge

Der Zusammenhang zwischen der Differenzierung der Baukosten und dem angewandten Kostenermittlungsverfahren läßt sich folgendermaßen verdeutlichen:

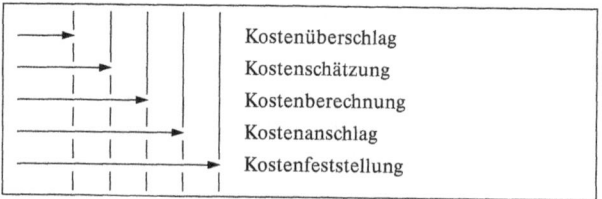

In der Praxis ist aber festzustellen, daß in derselben Planungsphase Kostenermittlungsverfahren angewendet werden, die sich deutlich unterscheiden und sich nicht immer im Differenzierungsgrad am erreichten Planungsstand und den verfügbaren Informationen orientieren. Die Folge sind zwangsläufig unterschiedliche Ergebnisse hinsichtlich Genauigkeit und Kostensicherheit.

2. Kostenplanung auf der Grundlage von Kostenermittlungsverfahren

2.1.1 Kostenüberschlag

Der Kostenüberschlag ist eine überschlägige Ermittlung der entstehenden Kosten; er dient der grundsätzlichen Entscheidungsfindung über die Durchführbarkeit eines Bauvorhabens[1].
Grundlagen für den Kostenüberschlag sind:
- Bedarfsangaben, z. B. Nutzungseinheiten, Flächenbedarf, qualitative Nutzungsanforderungen,
- gegebenenfalls auch Angaben zum Standort.

Im Kostenüberschlag werden die Gesamtkosten ohne weitere Untergliederung angegeben. Das Ergebnis des Kostenüberschlages kann noch erheblich von den tatsächlichen Kosten abweichen.

Bei der Planungsvorgabe werden in aller Regel bereits das Bauvolumen und der Flächenbedarf festgelegt. Diese Planungsvorgaben beruhen auf Kennzahlen, die in Abhängigkeit von der Nutzungsanforderung und der gewünschten Kapazität stehen. Solche Planungsvorgaben können sich z. B. ergeben:
- bei Industrieanlagen: aufgrund von entsprechenden Produktionseinheiten,
- bei Schulen und Universitäten: aufgrund der geplanten Schüler- bzw. Studentenzahl,
- bei Krankenhäusern: aufgrund der geplanten Zahl der Krankenbetten,
- bei Verwaltungsgebäuden: aufgrund der geplanten Zahl der Mitarbeiter,
- bei Parkhäusern: aufgrund der geplanten Zahl der Stellflächen.

Aus diesen Kennzahlen lassen sich unter Berücksichtigung der Festsetzungen von Baulinien, Baugrenzen oder Bebauungstiefen sowie der Art und dem Maß der baulichen Nutzung (Geschoßflächenzahl, Grundflächenzahl, Verhältnis zwischen Nutz- und Gesamtflächen) erste bauwerksbezogene Kostendaten gewinnen, wie z. B. DM/m^3 Brutto-Raum-Inhalt (BRI), DM/m^2 Brutto-Geschoß-Fläche (BGF).

Obwohl die Bauherren - und vor allem auch Planungsbüros - bei diesen globalen Kennzahlen in aller Regel über verhältnismäßig sichere Werte verfügen, ist es bereits bei der Anwendung dieser Kennzahlen unabdingbar, daß sie im Hinblick auf die speziell auf das geplante Bauvorhaben wirkenden Kosteneinflußfaktoren überprüft und gegebenenfalls korrigiert werden.

Obwohl solche Richtwerte überaus nützlich sind, müssen bei der Beurteilung die Einflußfaktoren berücksichtigt werden, die von Bauvorhaben zu Bauvorhaben verschieden sind bzw. sein können. Solche Einflußfaktoren sind bedingt durch unterschiedliche
- Standorte,
- Marktsituationen,
- Konjunkturlagen,
- Nutzungstandarte,
- Qualitätsanforderungen.

Während der Kostenüberschlag in der Vorplanungsphase zunächst dabei hilft, den Baukörper entsprechend dem Finanzrahmen zu definieren, müssen in der nächsten Entwurfsphase die einzelnen Bauwerkselemente planerisch festgelegt werden.

2.1.2 Kostenschätzung

Die Kostenschätzung ist eine grobe Ermittlung der voraussichtlich entstehenden Kosten und wird im Zusammenhang mit der Vorplaung (HOAI-Phase 2) durchgeführt.

Die Vorplanungsphase ist u. a. dadurch charakterisiert, daß ein Planungskonzept entworfen wird, das folgenden Anforderungen genügen muß:
- den Zielvorstellungen des Bauherrn hinsichtlich der im Raumbuch festgelegten Daten und hinsichtlich des Finanzierungsrahmens,
- den Zielvorstellungen des Architekten in bezug auf die gestalterische Komponente,
- den Zielvorstellungen der anderen an der Planung Beteiligten, z. B. hinsichtlich der Funktionalität der eingebauten technischen Anlagen,
- den Rahmenbedingungen der Baubehörden (Vorschriften, Gesetze).

Es wird Aufgabe des Architekten sein, die in diesem Anforderungskatalog enthaltenen Zielkonflikte zu lösen. Solche Zielkonflikte sind:
- Wirtschaftlichkeit des Bauvorhabens und architektonische Qualitäten wie gestalterische Erscheinung, ästhetische Ausgewogenheit und Harmonie der Baumassen, Fassadengliederung, städtebauliche Einbindung und Qualität der Nutzbarkeit,
- Optimierung des Verhältnisses zwischen Herstellkosten und Baunutzungskosten zu einem tragbaren Minimum der Gesamtkosten des Bauwerkes,
- öffentlich-rechtliche Rahmenbedingungen und Interessenlage des Bauherrn.

Voraussetzung für die Lösung dieser Zielkonflikte ist die Kostenschätzung. Wegen der großen Kostenbeeinflußungsmöglichkeiten in dieser Planungsphase sollten auch die Varianten und Alternativen hinsichtlich einer Optimierung von Herstellungs- und Nutzungskosten des Projekts untersucht werden.

Im Teil C, Abschnitt III.2 werden die Baunutzungskosten und eine Wirtschaftlichkeitsberechnung von alternativen Fassadengestaltungen und Heizungssystemen gezeigt.

Grundlagen für die Kostenschätzung sind:
- Ergebnisse der Vorplanung, insbesondere Planungsunterlagen, z. B. versuchsweise zeichnerische Darstellungen und Strichskizzen,
- erläuternde Angaben zu den planerischen Zusammenhängen, Vorgängen und Bedingungen,
- Angaben zum Baugrundstück.

---
[1] Beispiel eines Kostenüberschlags siehe Abschnitt C.

Teil B: II. Kostenplanung

Weiterhin ist eine qualitative Beschreibung pro Bauteil (Tragwerk, Dächer, Fassaden, Fenster, Decken, Wände, Installationseinrichtungen etc.) eine unabdingbare Voraussetzung für eine sinnvolle Kostenschätzung. Bereits in der Phase 2 (Vorentwurfsplanung) müssen Architekt und Bauherr genaue Vorstellungen über den Qualitätsstandard des Bauobjektes erarbeiten. Eine komplette Baubeschreibung wird im Rahmen der Kostenschätzung des Beispiels Kfz-Betrieb im Teil C gezeigt.

Die Unterteilung der Kosten ist durch die DIN 276 (neu) festgelegt:
1. Baugrundstück,
2. Herrichten und Erschließen,
3. Baukonstruktion,
4. Technische Anlagen,
5. Außenanlagen,
6. Ausstattung und Kunstwerke,
7. Baunebenkosten.

Können aus dem vorliegenden Entwurf bereits zusätzliche Informationen entnommen werden, z. B. die Unterteilung der Bruttoflächen in verschiedene Funktionsflächen (Verwaltung, Werkstätten, Ausstellungsräume), sollten diese Unterteilungen auch zu einer genaueren Kostenschätzung herangezogen werden.

Der Genauigkeitsgrad der Kostenschätzung ist nach DIN 276 so festgelegt, daß bei diesem Kostenermittlungsverfahren die Gesamtkosten mindestens bis zur ersten Kostengliederungsstufe (vgl. Abschnitt B.II.2.1) unterteilt sein sollen. Die Kostenschätzung beruht auf Kostenrichtwerten (DM/m^3 BRI; DM/m^2 BGF; Prozentsätze), die von Kostengrößen abgerechneter Bauvorhaben abgeleitet sind. Natürlich wächst die Aussagekraft dieser Zahlen, wenn der Kostenplanende über Daten von mehreren bzw. vielen gleichen oder ähnlichen Bauvorhaben verfügt. Doch muß schon an dieser Stelle darauf hingewiesen werden, daß bei der Übernahme von Kostenrichtwerten aus ähnlichen Bauvorhaben größte Vorsicht geboten ist. Allgemein gültige Regeln lassen sich dabei – leider – nicht angeben, und es kommt erheblich auf den Erfahrungsschatz und das Beurteilungsvermögen desjenigen an, der die Kostenschätzung vornimmt.

Selbst in großen Planungsbüros sind allerdings vergleichbare Bauvorhaben selten in ausreichender Anzahl vorhanden. Hier bieten sich unter Umständen Dateien an, die überbetrieblich zusammengestellt sind, wie z. B.

– Baukostenberatungsdienst (BKB), Architektenkammer Baden-Württemberg, Stuttgart;
– Informationsstelle wirtschaftliches Bauen (IWB), Staatliche Hochbauverwaltung Baden-Württemberg, Freiburg;
– Deutsche Bauzeitschrift (DBZ), Gebäudedaten;
– Die Bauverwaltung, Zentralblatt für öffentliches Bauen, Planungs- und Kostendateninformation;
– Mittag, Arbeits- und Kontrollhandbuch zu Bauplanung und -ausführung nach § 15 HOAI,
– Siegel/Wonneberg, Bau- und Betriebskosten von Büro- und Verwaltunsbauten,
– Kostengünstiges und flächensparendes Bauen in Nordrhein-Westfalen. Schriftenreihe des Ministers für Landes- und Städteentwicklung des Landes Nordrhein-Westfalen;
– Dokumentation der Ausschreibungen zur Ermittlung besonders preiswerter und guter Wohnbauten. Schriftenreihe 04 „Bau- und Wohnforschung", hrsg. v. Bundesminister für Raumordnung, Bauwesen und Städtebau;
– Zentralstelle für Normungsfragen und Wirtschaftlichkeit im Bildungswesen (ZNWB). Sekretariat der Kultusministerkonferenz, Berlin (Nachfolgeeinrichtung des Schulbauinstituts der Länder SBL).

Wir werden im nächsten Abschnitt detaillierter auf die Anwendungsmöglichkeiten solcher Dateien eingehen, wenn wir die Verwendung von Kennzahlen bei der Kostenberechnung ansprechen.

2.1.3 Kostenberechnung

Die Kostenberechnung ist eine ausführliche Ermittlung der entstehenden Kosten; sie dient insbesondere der Entscheidung, ob die Baumaßnahme durchgeführt werden soll, und bildet die Grundlage für die Finanzierung.

Grundlagen für die Kostenberechnung sind:
– Planungsunterlagen, z. B. durchgearbeitete, vollständige Vorentwurfs- und/oder Entwurfszeichnungen (Maßstab nach Art und Größe des Bauvorhabens), gegebenenfalls auch Detailpläne mehrfach wiederkehrender Raumgruppen,
– Mengenberechnungen z. B. von Grundflächen und Rauminhalten nach DIN 277 oder von Elementen,
– Erläuterungen, z. B. Beschreibung der Einzelheiten in der Systematik der Kostengliederung, die aus den Zeichnungen und den Berechnungsunterlagen nicht zu ersehen, aber für die Berechnung und die Beurteilung der Kosten von Bedeutung sind.

In der Kostenberechnung sollen die Gesamtkosten mindestens bis zur zweiten Kostengliederungsebene unterteilt werden. Das Ergebnis der Kostenberechnung soll nicht mehr stark von den tatsächlichen Kosten abweichen.

In der Planungsphase „Entwurfsplanung" (System- und Integrationsplanung) wird auf der Grundlage des Planungskonzeptes die Bauaufgabe in ihre Subsysteme, d. h. z. B. Konstruktions-, Heizungs-, Installations- und Ausbausystem, gegliedert; die jeweiligen Lösungen werden bearbeitet und dargestellt. Dabei müssen die einzelnen Systeme aufeinander abgestimmt werden. Das Ergebnis dieser Planungsphase sollte eine Darstellung des Gesamtkonzeptes sein, das dann Grundlage der Genehmigungsplanung und der Ausführungsplanung ist.

2. Kostenplanung auf der Grundlage von Kostenermittlungsverfahren

Während es in der Honorarphase 2 „Vorplanung" in aller Regel genügt, eine Kostenschätzung, unterteilt in die in der DIN 276 genannten Kostengruppen, zu erstellen, muß in der Entwurfsplanung eine Kostenberechnung (Grundleistung der HOAI-Phase 3) auf der Grundlage von durchgearbeiteten Entwurfszeichnungen und möglichst genau durchgeführten Mengenberechnungen erarbeitet werden.
Da die Planung in dieser Phase noch nicht soweit fortgeschritten ist, daß die einzelnen Bauleistungen (Positionen) in sogenannten Leistungsverzeichnissen – getrennt nach Leistungsbereichen – exakt nach quantitativen und qualitativen Merkmalen beschrieben werden können (dies geschieht in den Phasen „Ausführungsplanung" und „Vorbereitung der Vergabe"), hat die Praxis Methoden entwickelt, die mit Hilfe von Erfahrungskennzahlen genauere Kostenermittlungen ermöglichen als die Kostenschätzung.
Diese Methoden lassen sich zunächst in 2 Hauptgruppen einteilen, nämlich
a) die Methoden, die sich sehr stark an der Struktur der Ausschreibung von Bauleistungen orientieren (Untergliederung der Kostengruppe „Baukonstruktion" nach Leistungsbereichen),
b) die Methoden, deren Grundgedanke darin besteht, daß in frühen Planungsphasen sich das Bauwerk leichter durch seine Elemente als durch Positionen von Leistungsverzeichnissen beschreiben läßt (Untergliederung der Kostengruppe „Baukonstruktion" nach Elementen).

Zu a)
Bei diesen Methoden wird das Bauwerk zum Zwecke der Kennzahlenermittlung wie in Abb. 15 dargestellt untergliedert. Diese Untergliederung entspricht dem Aufbau der Leistungsbeschreibung mit Leistungsverzeichnissen.
Der Planer muß die Mengen der wichtigsten Positionen (Leitpositionen) aus der vorliegenden Planung ermitteln und sie mit Preisen versehen, die aus Angebotsanalysen vorangegangener Projekte und Kalkulationen stammen. Die Grundüberlegung hierbei ist, daß sich auch komplexe Bauwerke kaum mehr als in 40–50 Leistungsbereiche gliedern, obwohl in den entsprechenden Leistungsverzeichnissen häufig mehrere tausend Positionen enthalten sind. Überdies machen in aller Regel ca. 5% der Positionen bereits 75% der jeweiligen Gesamtkosten des Bauwerkes aus.
Der Planer muß bereits frühzeitig die Bauwerkskosten mit Hilfe von Kalkulationsmethoden errechnen, wie sie beim Bauunternehmer bzw. beim Handwerker üblich sind. So nennt Hepermann (1985), S. 6 ff. folgende Hauptvorteile dieser Kostenermittlungsmethode:
1) Durchgängigkeit der Kostenermittlung durch den frühen Bezug auf konkrete Leistungspositionen,
2) Verzicht auf die Verwendung von Baupreisindizes,
3) Berücksichtigung von Bauwerksbesonderheiten,
4) Bewußtmachen der Kostenkonsequenz von Planungsentscheidungen,
5) Existenz eines direkten Beurteilungsmaßstabes für die Angebote der Baufirmen.
Dabei wird die Positionsstruktur des Leistungsverzeichnisses verwendet und die Positionen werden angeordnet in
– Leitpositionen mit Ausführungsvarianten,
– Restpositionen,
– Sonderpositionen.

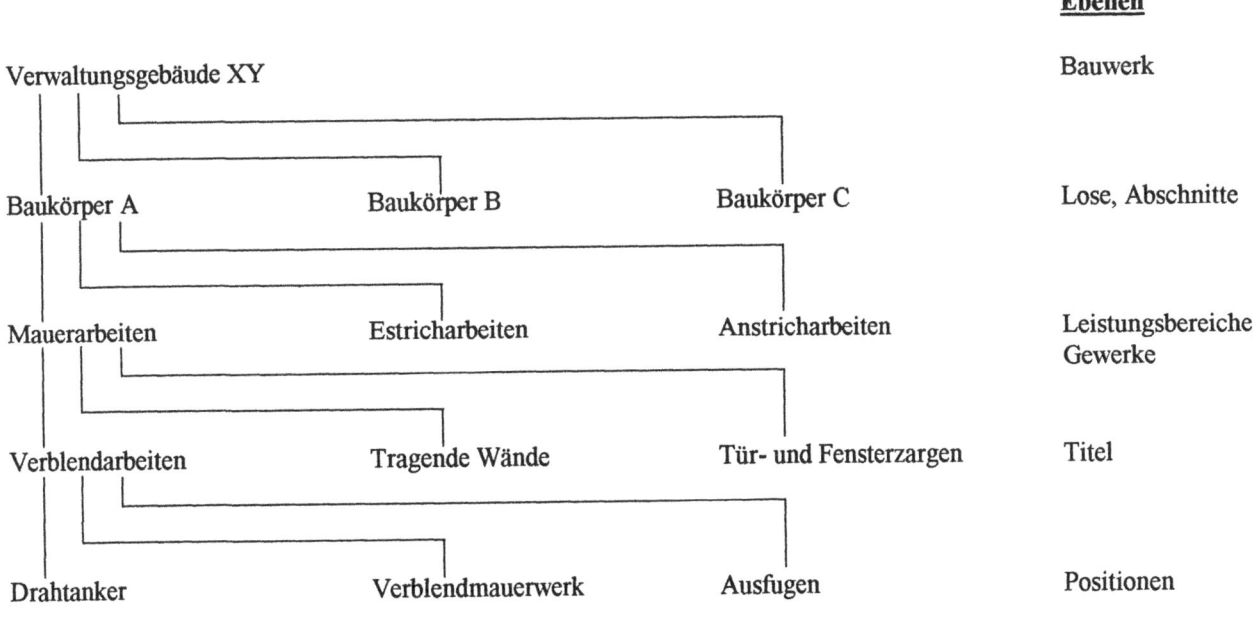

Abb. 15: Beispiel für eine Bauwerksgliederung

Leitpositionen haben einen hohen Kostenanteil im jeweiligen Leistungsbereich, deshalb müssen deren Preise bei Ausführungsabweichung von der Standardleistung angepaßt werden.

Restpositionen sind die übrigen üblicherweise vorhandenen Positionen; sie werden entweder separat auf der Basis von Kostenkennzahlen errechnet oder — besser — durch einen prozentualen Aufschlag auf die Leitpositionen berücksichtigt.

Sonderpositionen beschreiben Leistungen, die nur selten zur Ausführung gelangen, die aber dann einen hohen Kostenanteil haben.

zu b)

Anfang der 70er Jahre wurden die Elementen-Methoden entwickelt und vorgestellt. Eine sehr große Verbreitung haben die Baukostendaten der Architektenkammer Baden-Württemberg gefunden, die bisher über 200 abgerechnete Hochbauten (Stand Mai 1988) dokumentiert haben. Hier soll stellvertretend für die vielen in der Praxis entwickelten Elementenuntergliederungen diese Methode gezeigt werden (vgl. Tab. 1).

Für jedes der Gebäudeelemente werden angegeben:
— Einheit (z. B. m² Bruttogeschoßfläche oder m³ Bruttorauminhalt),
— Menge,
— Einheitspreis,
— Kosten als Summe der Menge x Einheitspreis.

Tab. 1: Elementenuntergliederung

BKB (funktionsorientiert)		
Grobelemente	Code	Gebäudeelemente
3.1.1.1 Baugrube	31111	Baugrube
BAF Basisfläche	31121	Fundamente
	31122	Unterböden
	31123	Bauwerkssohlen
	31336	Beläge auf Bauwerkssohlen
AWF Außenwandfläche	31211	Tragende Außenwand
	31212	Tragende Außenstützen
	31311	Wände außen
	31312	Außentüren, -fenster
	31313	Außenwandbekleidungen außen
	31314	Außenwandbekleidungen innen
	31315	Fassadenelemente
	31319	Schutzelemente außen
IWF Innenwandfläche	31221	Tragende Innenwände
	31222	Tragende Innenstützen
	31321	Wände außen
	31322	Außentüren, -fenster
	31323	Außenwandbekleidungen außen
	31324	Außenwandbekleidungen innen
	31329	Fassadenelemente
DEF Deckenfläche	31231	Deckenkonstruktion
	31232	Treppen, Podeste
	31331	Deckenbeläge
	31332	Treppenbeläge
	31333	Deckenbekleidungen
	31334	Treppenbekleidungen
	31339	Schutzelemente Decken
DAF Dachfläche	31241	Dachkonstruktion
	31341	Dachbeläge
	31342	Deckenbekleidungen
	31343	Dachöffnungen
	31349	Schutzelemente Dächer
3.1.9 Sonstige Konstruktionen	31911	Baustelleneinrichtung
	31991	Zusätzliche Konstruktionen

Außerdem werden für das dokumentierte Gebäude Skizzen beigefügt und in einer Baubeschreibung wichtige Angaben zu einigen Kosteneinflußgrößen gemacht, wie z. B.
— Gebäude und Raumnutzung,
— Standort (Lage, Neigung, Baugrund),
— Markt (Planungsbeginn, Baubeginn, Nutzungsbeginn, Preisniveau, Vergabe),
— Konstruktion (Anzahl der Geschosse, Tragwerkstyp, Ausbau),
— technischer Ausbau.

Das Baukostenhandbuch (BKHB) basiert also auf folgenden Hauptkomponenten:
1. dem Mengengerüst der Bauwerke und
2. deren Kostenzusammenstellung.

Bei der Verwendung des BKHB wird der Benutzer wie folgt vorgehen: Aufgrund der vorliegenden Entwurfsplanung wird eine Mengenermittlung angefertigt. Anhand dieser Mengenermittlung wird ein vergleichbares Objekt der Datensammlung des BKHB gewählt. Dabei ist besonders wichtig, eine möglichst große Übereinstimmung zu erzielen, um so die Kostenvergleichbarkeit zu gewährleisten. Die Kostenberechnung wird im Teil C III an einem Beispiel gezeigt.

2.2 Ermittlung der Baunutzungskosten in Anlehnung an DIN 18 960

Bis in die 70er Jahre — die DIN 18 960, Baunutzungskosten von Hochbauten, ist erst 1976 wirksam geworden — hat man bei der Diskussion über Kosten von Hochbauten in aller Regel nur an die Erwerbskosten des Grundstückes und an die Herstellungskosten (Roh- und Ausbau) des Gebäudes gedacht.

Vor allem infolge der ständig steigenden Kosten für Energie und Personal wurde deutlich, daß die nach der Fertigstellung des Gebäudes entstehenden laufenden Kosten ein wichtiger Bestandteil der Gesamtkosten eines Bauobjektes sind und daß diese Baunutzungskosten auch während der Planung von Bauobjekten Berücksichtigung finden müssen.

Durch die DIN 18 960 ist neben der DIN 276 eine weitere Hilfe für eine wirtschaftlichere Planung geschaffen worden.

Im Hinblick auf die Kostenbeeinflussung von Baunutzungskosten kann man die Kostengruppen der DIN 18 960 wie folgt gruppieren:
— investmentabhängige Kosten, z. B. Kapitalkosten (zinsabhängig), Abschreibung (abhängig von Objektkosten und Nutzungsdauer),
— energieabhängige Kosten, z. B. Abwasser und Wasser (Betriebskosten), Wärme und Kälte (Betriebskosten), Strom (Betriebskosten),
— lohnabhängige Kosten, z. B. Verwaltung, Gebäudereinigung (Betriebskosten), Bedienung, Wartung und Inspektion (Betriebskosten), Verkehrs-

und Grünflächen (Betriebskosten), Abfallbeseitigung.
Einen ungefähren Anhaltspunkt über die prozentuale Verteilung der genannten Gruppierungen der Baunutzungskosten gibt Abb. 16.

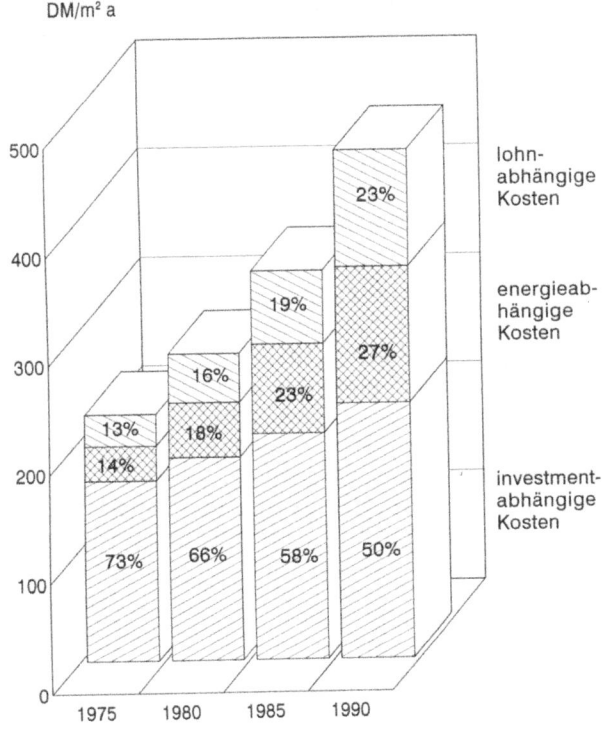

Abb. 16: *Nutzungskosten bei Großraumbauten. Quelle: Zentrale Abteilung für Bauten und Anlagen der Siemens AG, München 1990*

Die investmentabhängigen Kosten werden auf der Grundlage der Kostenberechnung und des Finanzierungsplanes ermittelt (vgl. das Beispiel im Teil C). Bei den energieabhängigen und lohnabhängigen Kosten wurden in der Praxis zwei Verfahren entwickelt:
— Kostenberechnungen mit Kennwerten aus Datenerhebungen,
— Kostenberechnungen mit technischen Berechnungsmethoden.

2.2.1 Kostenberechnungen mit Kennwerten aus Datenerhebungen

Die Kostenberechnung mit Kennwerten soll hier systematisch am Beispiel „Reinigungsarbeiten" gezeigt werden. Zunächst kann man mit Kostengruppenrichtwerten arbeiten.
Bei der Aufstellung in Tab. 2 wurden die Reinigungskosten verschiedener Verwaltungsbauten miteinander verglichen und so Minimalwerte, Mittelwerte und Maximalwerte pro m² Bruttogeschoßfläche in Abhängigkeit vom Fußbodenbelag und von der Nutzungsart ermittelt.

Tab. 2: **Leistungswerte und Mittelwerte der Kosten für die Gebäudereinigung in Verwaltungsbauten (Preise von 1993 bei Reinigung an 5 Tagen/Woche)**

Nutzungsart (Fußbodenbelag)	Richtwerte m²/h	Mittelwert (DM/m²/Jahr)
Einzelbüros (vorwiegend PVC-Linoleum-Belag)	180	35,45
Einzelbüros (Textilbelag)	200	31,90
Großraumbüros (Textilbelag)	250	25,50
Mischtyp Einzelbüro/Großraum (Textilbelag)	220	29,00

Als Benutzungseinheiten kommen Kennwerte in Betracht, die die Größe des Gebäudes beschreiben, z. B. m² HNF (Hauptnutzfläche), m³ UR (umbauter Raum), m2 BGF (Bruttogeschoßfläche), oder Kennwerte, die die Anzahl der Nutzungseinheiten oder Nutzer beschreiben, z. B. DM pro Arbeitsplatz, DM pro Besucher. Als Richtwertgleichung ergibt sich:

$$y = \sum_{i=1}^{n} m_i \times x_i$$

y = gesamte Baunutzungskosten
m_i = Bezugsgröße (z. B. Anzahl der m² Bruttogrundrißfläche)
x_i = Kosten pro Kostengruppe i und Bezugsgröße (z. B. Reinigungskosten pro m² Bruttogrundrißfläche)
$i...n$ = Anzahl der Kostengruppen

2.2.2 Kostenberechnung mit technischen Berechnungsmethoden

Neben der Berechnung mit Kostengruppenrichtwerten wird auch mit bauelementbezogenen Richtwerten gearbeitet. Dabei werden die Kosten jeweils auf die sie verursachenden Bauelemente bezogen.

Tab. 3: **Jährliche Reinigungskosten von Schulen in DM/m² BGF mit bauelementbezogenen Richtwerten (in Preisen von 1993)**

Jährliche Reinigungskosten	Minimalwert	Mittelwert	Maximalwert
Bodenflächen (BGF)	16,15	19,00	21,85
Innere Wandflächen und Türen	1,10	1,30	1,50
Fensterflächen	2,70	3,20	3,70
Einrichtung und Geräte	4,40	5,20	6,00
Reinigungswert	24,35	28,70	33,05

Von den Betriebskostengruppen der DIN 18 960 sind besonders die Kostengruppen Reinigung (vgl. Tab. 3), Bedienung/Wartung und Bauunterhaltung für ein bauelementbezogenes Richtwertsystem geeignet, da bei diesen drei Kostengruppen hauptsächlich die durch den Architektenentwurf ausgewählten Baustoffe und Bauelemente die

Teil B: II. Kostenplanung

Kosten verursachen und schon in der Planungsphase vom Architekten beeinflußt werden können. Die Grundgleichung der Kostenplanung mit elementbezogenen Richtwerten lautet:

$$K = \sum_{i=1}^{n} m_i \times K_{El,i}$$

m_i = Menge (Anzahl) der Bezugseinheit
$K_{El,i}$ = elementbezogener Richtwert
$i...n$ = Anzahl der Kostenelemente

Die Bezugseinheit des Richtwertes K_{El} ist die Mengeneinheit des Bauelementes in der Dimension m², m, Stück.

Die bauelementbezogenen Richtwerte ermöglichen im Gegensatz zu den Kostengruppenrichtwerten eine detaillierte Betrachtung der Kosten und der Kostenverursacher.

Die Kostenberechnung unter Berücksichtigung technischer Berechnungsmethoden eignet sich besonders für die Kostengruppe 4 Abwasser/Wasser, Wärme/Kälte und Strom.

Die Vorgehensweise läßt sich bei diesem Verfahren folgendermaßen charakterisieren: Grundlage sind die in der Planungsphase eines Bauwerkes aufgestellten Berechnungen über die Dimensionierung bzw. Auslegung der anzufertigenden Anlagen der Energie und Medienversorgung. Die so ermittelten Anschlußwerte sind auf maximale stündliche Kapazität ausgelegt und müssen nun vom Kostenplaner mit Hilfe von statistisch ermittelten Angaben auf einen Mittelwert abgemindert werden.

Die durchschnittliche Verbrauchsmenge ist abhängig vom Abminderungsfaktor f_a und der Nutzungsdauer t_N im Abrechnungszeitraum (vgl. dazu Abb. 17). Diese Mittelwerte werden auch in der oben gezeigten Summenformel zur Berechnung der Gesamtkosten angewandt.

Die technischen Berechnungsmethoden können beliebig viele Randbedingungen und Einflüsse berücksichtigen. Die durch verfeinerte Berechnungen erzielte höhere Genauigkeit sollte aber nicht überbewertet werden, da die Eingangswerte schon mit Ungenauigkeiten behaftet sind. Ein Beispiel einer technischen Berechnungsmethode findet sich im Teil C.

2.3 Kritische Bemerkungen zu den Kostenermittlungsverfahren

2.3.1 Kostenüberschlag

Wie oben dargelegt, wird beim Kostenüberschlag in der Regel mit sehr globalen Kennzahlen, wie z. B. DM/m³ Bruttorauminhalt (BRI) oder DM/m² Bruttogrundrißfläche (BGF), gerechnet. Die Anwendung dieser globalen Kennwerte ist rechentechnisch äußerst einfach. Aber welcher Kostenwert für einen m³ BRI z. B. für ein Verwaltungsgebäude genommen wird, hängt von einer Anzahl von Faktoren ab, die bereits im Abschnitt II.2.1 genannt wurden, hier aber nochmals wiederholt werden sollen:
- Standort,
- Marktsituation,
- Konjunkturlage,
- Nutzungsstandards,
- Qualitätsanforderungen.

Neben der Problematik der Anwendung richtiger Kostenkennwerte soll noch auf die Möglichkeit hingewiesen werden, daß auch bei Anwendung solch einfach erscheinender Rechnungsmethoden daß systematische Fehler gemacht werden können. Dies soll anhand der folgenden 2 Beispiele gezeigt werden.

Beispiel 1:
Es bestehen 2 Alternativen (z. B. Lagerhäuser), die annähernd gleichen Bruttorauminhalt haben, die sich aber durch unterschiedliche Bruttogeschoßflächen unterscheiden.

- Alternative 1:

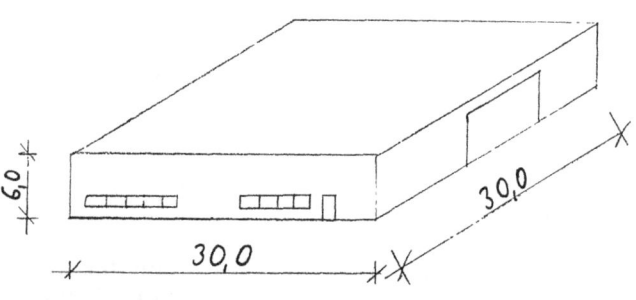

Kennzahlen:
l/b/h = 30,0/30,0/6,0 m
BRI = 30 m × 30 m × 6 m = 5.400 m³
BGF = 30 m × 30 m = 900 m²

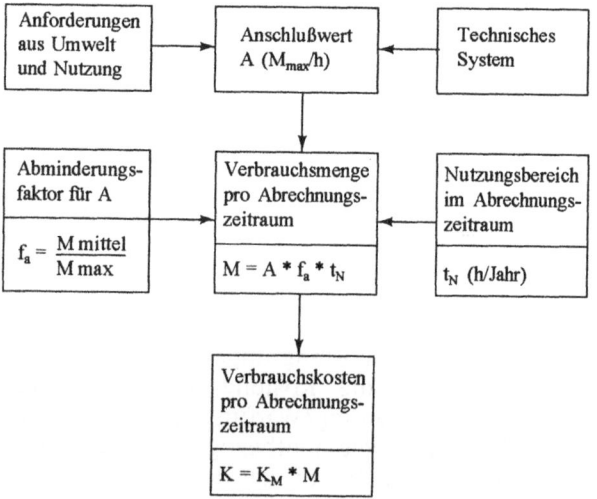

Abb. 17: Berechnung der Verbrauchskosten

Alternative 2:

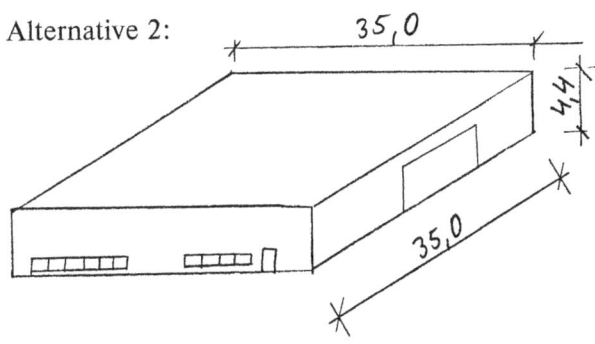

Kennzahlen:
l/b/h = 35,0/35,0/4,4 m
BRI = 35 m × 35 m × 4,4 m = 5.390 m³
BGF = 35 m × 35 m = 1.225 m²

Rechnen beide Architekten beim Kostenanschlag mit der Kennzahl BRI, dann kommen beide Architekten zu dem gleichen Ergebnis, vorausgesetzt, sie rechnen mit dem gleichen Kostenwert pro m³/BRI. Rechnen beide Architekten jedoch mit der Kennzahl BGF und dem gleichen Kostenwert pro m²/BGF, dann ergibt sich folgende systematischbedingte Abweichung:

Alternative 1: 30 m × 30 m = 900 m²
Alternative 2: 35 m × 35 m = 1.225 m²
Differenz: 325 m²

Ausgedrückt in % von 900 sind dies 325/900 × 100 = 36% Abweichung.
Das bedeutet: Während die Kostenschätzung auf der Basis des Brutto-Raum-Inhaltes zu gleichen Ergebnissen bezüglich der Bauwerkskosten führt, ergibt der Kostenüberschlag aufgrund der Bruttogrundrißfläche eine Abweichung von 36%.

Beispiel 2:
Es bestehen 2 Alternativen (z. B. bei einem Verwaltungsgebäude), die den gleichen Bruttoraumhalt und die gleichen Außenabmessungen haben, die aber unterschiedliche Geschoßzahlen und damit abweichende Bruttogrundrißflächen haben.

- Alternative 1

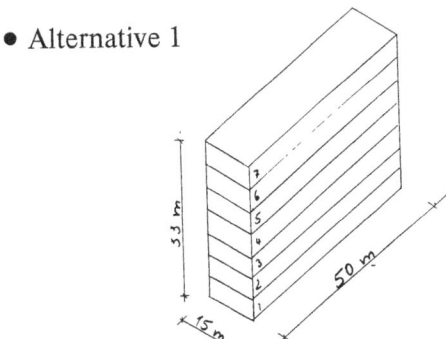

Kennzahlen:
l/b/h = 50,0/15,0/33,0 m
BRI = 50 m × 15 m × 33 m = 24.750 m³
BGF = 7 × 15 m × 50 m = 5.250 m²
(Anzahl der Geschosse = 7)

- Alternative 2

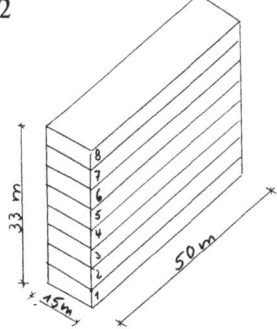

Kennzahlen
l/b/h = 50,0/15,0/33,0
BRI = 50 m × 15 m × 33 m = 24.750 m³, also genauso groß wie Alternative 1,
BGF = 8 × 15 m × 50 m = 6.000 m², 750 m² größer als Alternative 1.
(Anzahl der Geschosse = 8)

Der Kostenüberschlag der Alternativen 1 und 2 führt zu folgendem Ergebnis: Bei Anwendung der Kennzahl BRI kommen beide Architekten auf das gleiche Ergebnis, vorausgesetzt, sie verwenden eine gleiche Kennzahl für DM/m³ BRI. Offensichtlich wird aber die Herstellung der Alternative 2 höhere Kosten verursachen als die Alternative 1, denn in bezug auf die Bruttogrundrißfläche weicht die Alternative 2 um 750 m²/5250 m × 100 = 14,3% von der Alternative 1 ab.

Diese beiden Beispiele zeigen sehr deutlich, daß die Ergebnisse von Kostenüberschlägen bei unterschiedlichen Verfahren voneinander abweichen können.

2.3.2 Kostenschätzung und Kostenberechnung

Sowohl die Verfahren, die sich stärker auf die Auswertung von Positionen (Ausschreibung mit Leistungsverzeichnissen) abstützen, als auch die Verfahren, die die Kostenkennwerte von Bauwerkselementen zur Kostenberechnung eines Bauobjektes heranziehen, sind in der Praxis anzutreffen und haben sich bewährt. Interessant ist in diesem Zusammenhang, daß die im Entwurf der DIN 276 vom Dezember 1990 angebotene alternative Gliederung der Kostengruppe 3 nach Leistungsbereichen nicht in die neue DIN 276 vom Juni 1993 aufgenommen wurde.
Zu bemerken bleibt allerdings, daß Kostenkennwerte niemals unkritisch von einem Bauobjekt auf ein anderes übertragen werden können, ohne daß man im einzelnen genauestens weiß, welche Kosteneinflußgrößen bei dem Zustandekommen der Baukosten des Vergleichsobjektes maßgeblich waren.
Der Kostenplaner kann also Kostenkennwerte nur dann sinnvoll für die Kostenberechnung verwenden, wenn er über genügend baubetriebliche und

Teil B: II. Kostenplanung

wirtschaftliche Kenntnisse verfügt, um den Einfluß der verschiedensten technischen und wirtschaftlichen Faktoren auf die Höhe der Kostenwerte z. B. von Baugrob- und/oder Gebäudeelementen bewerten zu können.

Welche Einflüsse auf das Mengengerüst von Grobelementen zu bedenken sind, zeigt Abb. 18.

Neben den Einflüssen auf das Mengengerüst sind auch Einflüsse auf die Preise (z. B. Einheitspreise im Baukostenhandbuch der Architektenkammer Baden-Württemberg) zu berücksichtigen, z. B.:
— Wer war der Bauherr?
— Wie war die gesamtwirtschaftliche Situation?
— Schlechte oder gute Ausnutzung der betrieblichen Kapazitäten?
— Konjunkturlage und deren Einflüsse auf das Preisgefüge?

Selbst wenn bei den zu vergleichenden Bauobjekten die Einflüsse bekannt sind, bedarf es einer großen Erfahrung des Kostenplaners, um diese Einflüsse richtig zu beurteilen und die vorliegenden Kostenkennwerte der anderen Bausituation anzupassen.

In der Praxis wird kein einheitliches Kostenermittlungsverfahren angewandt. Jedoch sollten bei allen Ermittlungsverfahren zwei wichtige Kriterien erfüllt sein:

1. durchgängige Anwendbarkeit in allen Planungsphasen (also Vorplanung, Entwurf und Ausführungsplanung);
2. Beachtung eines vernünftigen Verhältnisses zwischen der Genauigkeit der Kostenermittlung und dem entstehenden Planungsaufwand.

Es ist nicht im Sinne dieses Buches, die einzelnen Mengenberechnungen hier vorzuführen, und es sollen auch die Kostenkennwerte nicht im einzelnen erläutert werden. Uns kommt es darauf an zu zeigen, inwiefern die Werte der Kostenberechnung Grundlage der Finanzierung von Bauobjekten sind.

Das Beispiel im Teil C ist zwar in Anlehnung an die DIN 276 erstellt, es ist aber in Zusammenarbeit mit einem Architekturbüro entstanden, das seit Jahren mit dieser Kostenunterteilung die Kostenberechnungen durchführt.

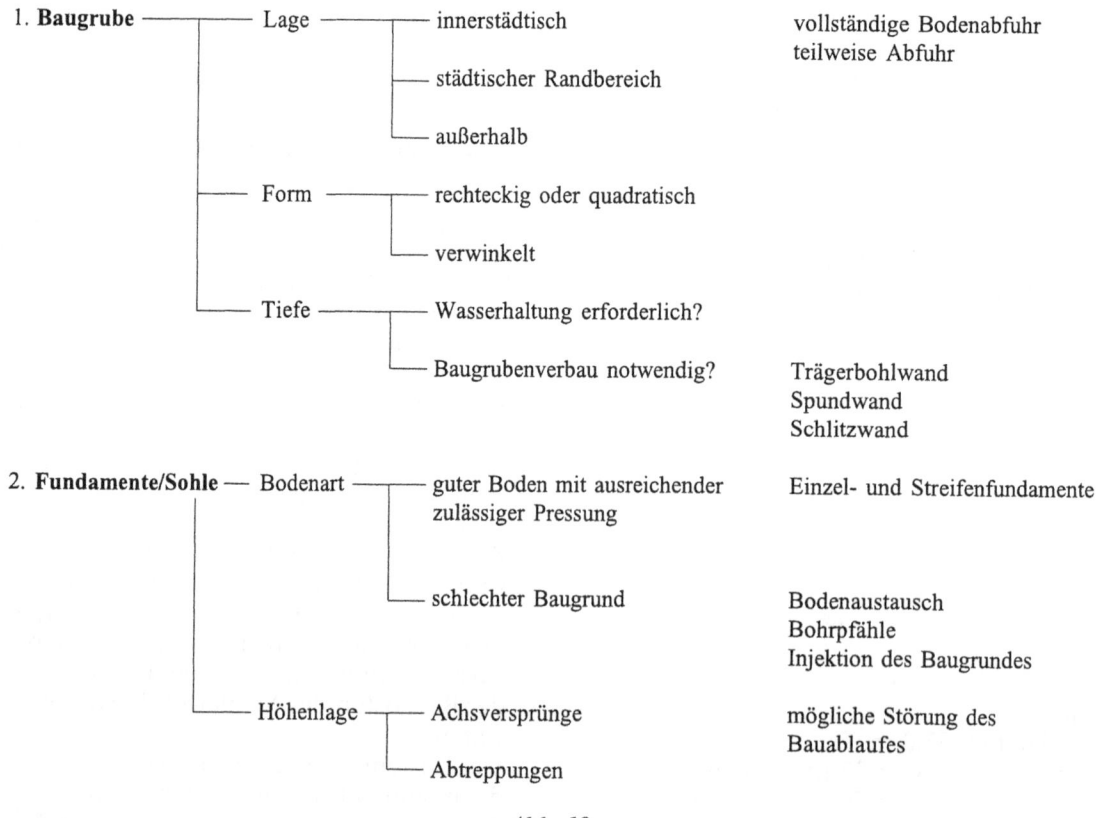

Abb. 18

2. Kostenplanung auf der Grundlage von Kostenermittlungsverfahren

3. Tragende Stützen und Unterzüge
- Grundriß ┐
- Raster ─── Lasteinflußgrößen ─── Querschnittsbemessungen
- Nutzung ┘
- Materialwahl
  - Stahl ─── Brandschutz?
  - Stahlbeton
    - Ortbeton
    - Fertigteile

4. Gebäudeaussteifung
- Grundriß
- Raster
  - Scheiben
  - Kerne
  - Windverbände

5. Tragende Deckenkonstruktion
- statisches Konzept
  - z. B. Einfeldsysteme
  - Durchlaufsysteme
- Konstruktion
  - Stahl
    - Trapezblechdecke
    - Stahlverbunddecke
  - Stahlbeton
    - Ortbeton
    - Fertigteile

6. Dachkonstruktion
- Grundriß
- Auflagen der Behörden
  - z. B. flaches Dach
  - geneigtes Dach
- Konstruktion und Aufbau
  - Warmdach
  - Kaltdach

7. Außen- und Innenwände
- statische Anforderungen
  - tragende Wände / Festigkeitsanforderung
  - nichttragende Wände
- Wärmeschutz
- Bautenschutz ─── Kosten sind von der Lage der Wand im Grundriß sowie den gestellten Anforderungen abhängig.
- Schallschutz

Abb. 18: Einflüsse auf das Mengengerüst

Teil B: II. Kostenplanung

3. Wirtschaftlichkeitsberechnungen

✗ Ganz allgemein ausgedrückt dienen Wirtschaftlichkeitsberechnungen dazu, Investitionen im Hinblick auf ihre Vorteilhaftigkeit zu überprüfen.
Schwierig zu beantworten ist die Frage, wie diese Vorteilhaftigkeit gemessen werden kann. Soweit sie in einem monetären Vorteil besteht, kann man die im Rahmen der Wirtschaftlichkeitsrechnung entwickelten Verfahren der Investitionsrechnungen anwenden.
Werden jedoch nichtmonetäre Kriterien zugrunde gelegt, also z. B. die Ästhetik der Architektur, menschengerechte Gestaltung, Umweltverträglichkeit, müssen die Verfahren angewendet werden, die im Rahmen von Nutzen-Kosten-Untersuchungen entwickelt worden sind. Generell besteht dabei die Schwierigkeit, den Nutzen in irgendeiner Form zu messen.

3.1 Die Nutzwertanalyse

Um die Vorgehensweise der Nutzwertanalyse zu zeigen, genügt es, das Prinzipielle an einem von uns stark vereinfachten Beispiel von Diederichs[3] zu zeigen.
Aus Tab. 4 kann man den Ablauf des Verfahrens der Nutzwertanalyse entnehmen:
1. Festlegung der Alternativen (Varianten) A, B, C,
2. Aufstellung der Beurteilungskriterien (Spalte 1) (Erfüllung Flächenprogramm, Zugänglichkeit zu Arbeits- und Lagerplätzen, Flexibilität der Montageplatznutzung, Erweiterungsmöglichkeiten, Einbindung in die Umgebung),
3. Gewicht der Kriterien (Spalte 2) (im vorliegenden Fall in %),
4. Festlegung der Ausprägungen der Beurteilungskriterien (Spalte 3) (z. B. wird bei der Frage der Einbindung in die Umgebung beurteilt: Variante A: schlecht, Variante B: befriedigend, Variante C: gut),
5. Berechnung der Nutzwerte (Spalte 4) anhand eines gewählten Punktesystems (z. B. bei Einbindung in die Umgebung: Variante A = schlecht = 0 Punkte, Variante B = befriedigend = 5 Punkte, Variante C = gut = 8 Punkte),
6. Gewichtung der Nutzwerte: Je Alternative wird gerechnet Spalte 2 × Spalte 4; z. B. Einbindung in die Umgebung Alternative A: 15 × 0 = 0; Alternative B: 15 × 5 = 75; Alternative C: 15 × 8 = 120,
7. Addition der Einzelnutzwerte der Alternativen (Spalte 5) zum Gesamtnutzwert je Alternative.

Das Beispiel zeigt deutlich die Grundproblematik der Nutzwertanalyse, nämlich die Wahl und Gewichtung der Beurteilungskriterien, die Festlegung der Ausprägungen dieser Beurteilungskriterien und nicht zuletzt die numerische Festlegung der Nutzwerte.
Die — vor allem auch bei Bauvorhaben — notwendige Bewertung der nichtmonetären, qualitativen Beurteilungskriterien und die Gewichtung dieser Kriterien ist subjektiv und führt häufig bei den am Planungsprozeß beteiligten Gruppen zu großen Konflikten.
Allerdings ist das vorgestellte Instrument nützlich, um über anstehende Planungsalternativen mit ihren Beurteilungsproblemen gezielt diskutieren zu können.

3.2 Die Kostenvergleichsrechnung

Die Kostenvergleichsrechnung wird verwendet, wenn es darum geht, einzelne Baumaßnahmen (z. B. im konstruktiven Bereich) miteinander zu vergleichen. Sie ist einfach zu handhaben und kann unbedenklich angewendet werden, wenn die

Tab. 4: Beispiel einer Nutzwertanalyse

Variante A: Langbau		Variante B: Kompaktbau, Lager mittig			Variante C: Kompaktbau, Lager als Kopfbau				
Beurteilungskriterien (Sp. 1)	Gewicht % (Sp. 2)	Ausprägungen der Beurteilungskriterien A B C (Sp. 3)			Nutzwerte (von 0 bis 10) A B C (Sp. 4)			Gewichtung der Nutzung A B C (Sp. 5)		
Erfüllung Flächenprogramm	30	90%	84%	91%	5	2	6	150	60	180
Zugänglichkeit zu Arbeits- und Lagerplätzen	10	gut	befriedigend	gut	9	5	9	90	50	90
Flexibilität der Montageplatznutzung	20	bedingt gegeben	gegeben	gut gegeben	3	6	9	60	120	180
Erweiterungsmöglichkeiten	25	0%	50%	50%	0	8	8	0	200	200
Einbindung in die Umgebung	15	schlecht	befriedigend	gut	0	5	8	0	75	120
Nutzwert	100%							300	505	770

---

[3] Diederichs, Kostensicherheit im Hochbau, S. 113 f.

alternativen Baumaßnahmen nicht gleichzeitig auch alternative Erträge und/oder Nutzen bewirken (vgl. Tab. 5).

Tab. 5: Kostenvergleich von Außenwänden[4]

Kostenart	Berechnung	Kosten
Abschreibung	165,00 DM/m² : 50 a	3,30 DM/m²·a
Kapitalkosten	0,5·165,00 DM/m²·0,03	2,48 DM/m²·a
Energiekosten		9,75 DM/m²·a
Bauunterhaltungskosten	10,00 DM/m² : 6 a	1,67 DM/m²·a
Kosten der Außenwand A		17,20 DM/m²·a

Kostenart	Berechnung	Kosten
Abschreibung	200,00 DM/m² : 50 a	4,00 DM/m²·a
Kapitalkosten	0,5·200,00 DM/m²·0,03	3,00 DM/m²·a
Energiekosten		2,60 DM/m²·a
Bauunterhaltungskosten	10,00 DM/m² : 6 a	1,67 DM/m²·a
Kosten der Außenwand B		11,27 DM/m²·a

[4] entnommen aus: Möller, Planungs- und Bauökonomie

Bei Anwendung der Kostenvergleichsrechnung wird die Alternative gewählt, deren Herstellung – oder Kauf – die niedrigsten Kosten verursacht, wobei im allgemeinen die durchschnittlichen jährlichen Kosten der alternativen Baumaßnahmen miteinander verglichen werden. Beim Kostenvergleich können natürlich die Kosten außer acht gelassen werden, die von der jeweiligen Baumaßnahme unabhängig sind bzw. die bei den Alternativen in gleicher Höhe anfallen.

3.3 Die Kapitalwertmethode

Bei Kostenplanungen spielt der Aspekt des zeitlichen Anfalles von Kosten eines Bauobjektes eine große Rolle. Dies soll am Zielkonflikt zwischen Herstellkosten und Baunutzungskosten bei der Minimierung der Gesamtkosten eines Bauvorhabens gezeigt werden.
Leifert[5] schreibt hierzu: „Häufig läßt sich dieser Zielkonflikt zurückführen auf das Interesse eines Planers, der z.B. durch geringere Herstellkosten seinen Honoraranspruch schmälern würde, oder z.B. einer Bauabteilung, die bei der Errichtung eines Bauwerks bestimmte Kostenrichtwerte einzuhalten hat, oder eines Verkäufers, der mit einem möglichst niedrigen Angebotspreis für sein Bauvorhaben werben will, oder eines Vermieters, der die Betriebskosten eines Gebäudes nicht aus den Mieteinnahmen zahlen muß. Letztere Interessen führen zu einer Vernachlässigung der Kostengruppen Betriebs- und Bauunterhaltungskosten gegenüber den Herstellkosten.

3. Wirtschaftlichkeitsberechnungen

Letztendlich ist das alleinige Minimieren der Herstellkosten ohne Rücksichtnahme auf die Höhe und den zeitlichen Anfall der Baunutzungskosten für die Gesamtwirtschaftlichkeit des Bauvorhabens fragwürdig. Ebenso sind durch das Einhalten von Kostenrichtwerten, die ausschließlich aus vergangenheitsbezogenen Daten und unter Nichtbeachtung der Nutzungskosten des Bauwerks gebildet werden, keine Aussagen in bezug auf die Wirtschaftlichkeit des Bauobjektes möglich. Eine Auflösung dieses Konflikts ist nur denkbar, wenn man Bauvorhaben als Investitionsvorhaben betrachtet und die Betriebs- und Bauunterhaltungskosten neben den Herstellkosten bei den Planungsentscheidungen berücksichtigt."
Auch die Abb. 19 zeigt, daß man alternative Bauobjekte ohne gleichzeitige Berücksichtigung der Herstellkosten und des zeitlichen Verlaufes der Baunutzungskosten (Folgekosten) im Hinblick auf die wirtschaftlichere Lösung nicht beurteilen kann.
Um die genannten Probleme wenigstens prinzipiell zu lösen, hat man in der Literatur für Investitionsentscheidungen finanzmathematisch fundierte Rechenverfahren entwickelt.
Im folgenden soll das wichtigste – und am häufigsten angewandte – Rechenverfahren, nämlich die Kapitalwertmethode, kurz skizziert werden. Ein detailiertes Beispiel, das entsprechend der VDI-Richtlinie 2067)[6] gerechnet wurde, befindet sich im Teil C.

3.3.1 Finanzmathematische Grundlagen der Kapitalwertmethode

Ableitung der Zinseszinsformel

p = Zinsfuß (z.B. 4%)

Anfangskapital: K_0 : 1.000,– DM;

$$\text{Zins f. 1 Jahr (4\%)} = \frac{K_0 \cdot p}{100} = 40,-$$

Kapital am Ende des 1. Jahres: K_1 : 1.040,–

$$K_1 = K_0 + \text{Zins} = K_0 + \frac{K_0 \cdot p}{100} = K_0 \left(1 + \frac{p}{100}\right)$$

$$\text{Zins für das 2. Jahr} = \frac{K_0 \cdot p}{100} = 41,60$$

---

[5] Leifert, Die Kostenplanung als integrativer Bestandteil der Planungsprozesse von Bauvorhaben.

[6] VDI-Richtlinie 2067 Blatt 1: Betriebstechnische und wirtschaftliche Grundlagen (Wirtschaftlichkeitsberechnungsverfahren), Entwurf April 1990.

Teil B: II. Kostenplanung

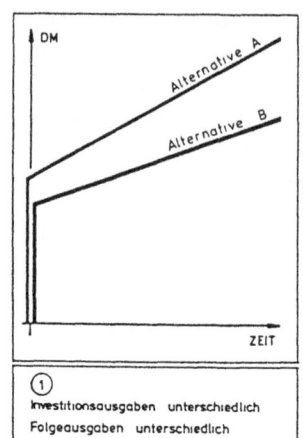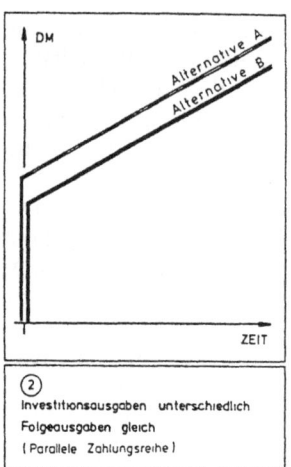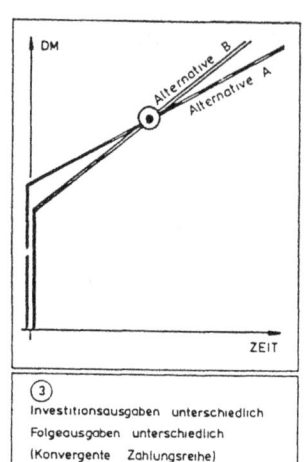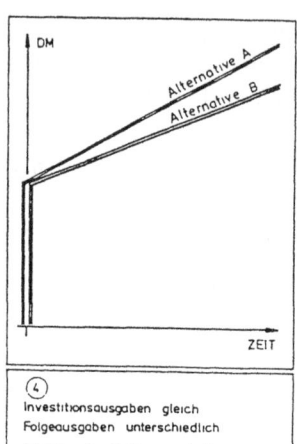

Abb. 19: Darstellung grundsätzlich möglicher Verläufe von kumulierten Investitions- und Folgeausgabenreihen bei Bauobjekten

Kapital am Ende des
2. Jahres: $K_2 : 1.081,60$;

$$K_2 = K_1 + \frac{K_0 \cdot p}{100} = K_1 \left(1 + \frac{p}{100}\right):$$

mit $K_1 = K_0 \left(1 + \frac{p}{100}\right)$ wird

$$K_2 = K_0 \left(1 + \frac{p}{100}\right) \cdot \left(1 + \frac{p}{100}\right) = K_0 \left(1 + \frac{p}{100}\right)^2$$

Kapital am Ende des
n-ten Jahres:

$$K_n = K_0 \left(1 + \frac{p}{100}\right)^n$$

mit: $\left(1 + \frac{p}{100}\right) = q$

wird: $K_n = K_0 \cdot q^n$

D. h.: der Wert eines Kapitals K_0 ist bei einem festen Zinssatz von

p – d. h.: $q = 1 + \frac{p}{100}$ – nach n Jahren

angestiegen auf: $K_n = K_0 \cdot q^n$

Die Formel $K_n = K_0 \cdot q^n$ beantwortet also die Frage: Wie hoch ist mein Kapital K_0 angewachsen, wenn ich es n Jahre bei einem Zinsfuß von p anlege?

$K_n = K_0 \cdot q^n$; wobei $q = 1 + \dfrac{\text{Zinssatz}}{100}$

- Frage: Kapital nach „n Jahren" bei einem Zinssatz von z. B. 5 %

$K_0 \qquad\qquad\qquad\qquad K_n$

Die Frage kann auch so gestellt werden: Was würde ich heute erhalten für ein Kapital K_n, das in n Jahren fällig wird und das mit dem Zinsfuß p verzinst wird?

Mit der Umstellung der Zinseszinsformel kann diese Frage beantwortet werden

$$K_0 = \frac{K_n}{q^n}$$

- Frage: Kapitalwert heute eines Kapitals K_n in n-Jahren

$K_0 \qquad\qquad\qquad\qquad K_n$

Bislang haben wir nur einen Wert – nämlich K_n oder K_0 – den Überlegungen zugrunde gelegt. Man kann aber genauso gut mehrere Werte in einer Zeitreihe auftragen und den Kapitalwert dieser Wertereihe ermitteln. Diese Werte können z. B. folgende Inhalte haben:

$E = $ Einnahme zu einem bestimmten Zeitpunkt
z. B. Honorareinnahmen
Mieteinnahmen
Verkaufserlöse

3. Wirtschaftlichkeitsberechnungen

A = Ausgaben zu einem bestimmten Zeitpunkt
z. B. Gehaltskosten
Energiekosten
Materialkosten

K = Kapitaleinsatz zu einem bestimmten Zeitpunkt
z. B. Kauf eines Autos
Kauf einer Eigentumswohnung
Kauf von sonstigen Investitionsobjekten

P = Zinsfuß, den man z. B. bei einer Bank für Sparguthaben erhält:
z. B. 6 % für laufendes Sparkonto
9 % für angelegtes Festgeld

Also: $E_1 = 1.000,-$ $E_2 = 1.000,-$ $E_3 = 1.000,-$ $E_4 = 1.000,-$ $E_5 = 1.000,-$
E_0 | heute | 1. Jahr | 2. Jahr | 3. Jahr | 4. Jahr | 5. Jahr

analog der Gleichung

$K_0 = \dfrac{K_n}{q^n}$; und mit $q = 1 + \dfrac{p}{100}$ und $p = 4\%$

$\Rightarrow q = 1{,}04$

wird: $E_1(0) = \dfrac{E_1}{q^1} = \dfrac{1.000,-}{(1{,}04)^1} = 961{,}50$

$E_2(0) = \dfrac{E_2}{q^2} = \dfrac{1.000,-}{(1{,}04)^2} = 924{,}50$

$E_3(0) = \dfrac{E_3}{q^3} = \dfrac{1.000,-}{(1{,}04)^3} = 889{,}00$

$E_4(0) = \dfrac{E_4}{q^4} = \dfrac{1.000,-}{(1{,}04)^4} = 854{,}90$

$E_5(0) = \dfrac{E_5}{q^5} = \dfrac{1.000,-}{(1{,}04)^5} = \underline{790{,}31}$
$4\,420{,}21$

Der heutige Kapitalwert für die gesamte **Einnahmenreihe** beträgt

$E_0 = E_1(0) + E_2(0) + \ldots + E_n(0)$

oder in anderer Schreibweise:

$E_0 = \sum\limits_{t=0}^{n} E_t \cdot \dfrac{1}{q^t}$; $t = 0, 1, 2, 3, 4, n$ Jahre

Für die Ausgabenreihe gilt analog:

$A_0 = \sum\limits_{t=0}^{n} A_t \cdot \dfrac{1}{q^t}$; $t = 0, 1, 2, 3, 4, n$ Jahre

Der Barwert der Einnahmen **und** Ausgabenreihe wird

$(E - A)_0 = E_0 - A_0 = \sum\limits_{t=0}^{n} E_t \cdot \dfrac{1}{q^t} - \sum\limits_{t=0}^{n} A_t \cdot \dfrac{1}{q^t}$;

Fallen die Einnahmen **und** Ausgaben **gleichzeitig** an, also

E_1 E_2 E_3 Zeit = t
A_1 A_2 A_3

so vereinfacht sich die obige Formel

$(E - A) = \sum\limits_{t=0}^{n} \dfrac{(E - A)_t}{q^t}$;

mit $(E - A)_0 = C_0$ und $E - A = d$

wird: $C_0 = \sum\limits_{t=0}^{n} \dfrac{d_t}{q^t}$

Hierin sind also enthalten:

n = Anzahl der Jahre
d = Einnahme ./. Ausgabe

$q = 1 + \dfrac{P}{100}$; P = Zinsfuß

Der Ausdruck $\dfrac{1}{q^t}$ bzw. $\dfrac{1}{(1 + P/100)^t}$

wird Abzinsungsfaktor genannt und ist für alle P- bzw. t-Werte in entsprechenden Tabellen zu finden (vgl. Tab. 6).

Die Errechnung von C_0 wird Kapitalwertmethode genannt.

Bei kostenplanerischen Überlegungen in den Entwurfsphasen HOAI 2 bis 5 spielen die Einnahmen, die alternativen Investitionsobjekten zuzuordnen sind, keine Rolle. Diese Überlegungen sind im Rahmen der Grundsatzentscheidungen des Bauherrn anzustellen, nämlich in der Phase, in der entschieden wird, ob das Investitionsobjekt gebaut werden soll oder nicht. Die Planungsbeteiligten sind mit dieser Problemstellung in den allermeisten Fällen nicht befaßt. Hat aber z. B. ein Architekt entsprechend fundierte Kenntnisse auf dem Gebiet der Wirtschaftlichkeits- und Rentabilitätsprüfung von Bauobjekten, kann er auch diese Aufgaben übernehmen. Dafür ist in der HAOI in der Leistungsphase 2 eine Besondere Leistung vorgesehen, nämlich das Aufstellen einer Bauwerks- und Betriebs-Kosten-Nutzen-Analyse. Im folgenden werden wir die Überlegungen also nur noch unter dem Aspekt der Ausgaben weiterführen.

Teil B: II. Kostenplanung

Der Vollständigkeit halber sei hier noch auf eine Erweiterung der bisher vorgestellten Kapitalwertmethode hingewiesen, bei der berücksichtigt wird, daß sich im Laufe der Jahre die Preise und damit die Höhe der Ausgaben infolge der allgemeinen Geldentwertung (Inflation) verändern. So hat z. B. der VDI eine Wirtschaftlichkeitsberechnung nach der Kapitalwertmethode vorgeschlagen, in deren Berechnungsblättern (Entwurf VDI 2067) ein Preisänderungsfaktor eingearbeitet ist.
Im folgenden soll schematisch gezeigt werden, wie dieser Inflationseinfluß rechnerisch bei der Kapitalwertmethode erfaßt werden kann.

1. Schritt: Aufzinsen der Ausgabenbeträge mit dem geschätzten Prozentsatz der Preissteigerung (Inflation) von 3,5 %

- Ausgabenstruktur ohne Berücksichtigung der Inflation

	1. J.	2. J.	3 J.	4. J.	5. J.
100.000	20.000	20.000	30.000	30.000	40.000

- Ausgabenstruktur mit Berücksichtigung der Inflation

Tab. 6: Verzinsungstabelle

$P \backslash n$	1%	2%	3%	3,5%	4%	4,5%	5%	5,5%	$P \backslash n$
1	990099	980392	970874	966184	961538	956938	952381	947867	1
2	980296	961169	942596	933511	924556	915730	907029	898452	2
3	970590	942322	915142	901943	888996	876297	863838	851614	3
4	960980	923845	888487	871442	854804	838561	822702	807217	4
5	951466	905731	862609	841973	821927	802451	783526	765134	5
6	942045	887971	837484	813501	790315	767896	746215	725246	6
7	932718	870560	813091	785991	759918	734828	710681	687437	7
8	923483	853490	789409	759412	730690	703185	676839	651599	8
9	914340	836755	766417	733731	702587	672904	644609	617629	9
10	905287	820348	744094	708919	675564	643928	613913	585431	10
11	896324	804263	722421	684946	649581	616199	584679	554910	11
12	887449	788493	701380	661783	624597	589664	556837	525981	12
13	878663	773032	680951	639404	600574	564272	530321	498561	13
14	869963	757875	661118	617782	577475	539973	505068	472569	14
15	861349	743015	641862	596891	555264	516720	481017	447933	15
16	852821	728446	623167	576706	533908	494469	458111	424581	16
17	844377	714163	605016	557204	513373	473176	436297	402446	17
18	836017	700159	587395	538361	493628	452800	415521	381466	18
19	827740	686431	570286	520156	474642	433302	395734	361579	19
20	819544	672971	553676	502566	456387	414643	376889	342729	20
21	811430	659776	537549	485571	438834	396787	358942	324862	21
22	803396	646839	521892	469151	421955	379701	341850	307926	22
23	795442	634156	506692	453286	405726	363350	325571	291873	23
24	787566	621721	491934	437957	390121	347703	310068	276656	24
25	779768	609531	477605	423147	375117	332731	295303	262234	25
26	772048	597579	463695	408838	360689	318402	281241	248563	26
27	764404	585862	450189	395012	346816	304691	267848	235604	27
28	756835	574374	437077	381654	333477	291571	255094	223322	28
29	749342	563112	424346	368748	320651	279015	242946	211679	29
30	741923	552071	411987	356278	308319	267000	231377	200644	30
31	734577	541246	399987	344230	296460	255502	220359	109184	31
32	727304	530633	388337	332590	285058	244500	209866	180269	32
33	720103	520229	377026	321343	274094	233971	199872	170871	33
34	712973	510028	366045	310476	263552	223896	190355	161963	34
35	705914	500028	355383	299977	253415	214254	181290	153520	35
36	698925	490223	345032	289833	243669	205028	172657	145516	36
37	692005	480611	334983	280032	234297	196199	164436	137930	37
38	685153	471187	325226	270562	225285	187750	156605	130739	38
39	678370	461948	315753	261412	216621	179665	149148	123924	39
40	671653	452890	306557	252572	208289	171929	142046	117463	40
41	665003	444010	297628	244031	200278	164525	135282	111339	41
42	658419	435304	288959	235779	192575	157440	128840	105535	42
43	651900	426769	280543	227806	185168	150660	122704	100033	43
44	645445	418401	272372	220102	178046	144173	116861	948181	44
45	639055	410197	264439	212659	171198	137964	111296	898750	45
46	632727	402154	256736	205468	164614	132023	105997	851896	46
47	626463	394268	249259	198520	158282	126338	100949	807484	47
48	620260	386537	241999	191806	152195	120897	961420	765388	48
49	614119	378958	234950	185320	146341	115691	915638	725486	49
50	608039	371528	228107	179053	140713	110710	872036	687664	50
$n \backslash P$	1%	2%	3%	3,5%	4%	4,5%	5%	5,5%	$n \backslash P$

3. Wirtschaftlichkeitsberechnungen

Jahr	Ausgaben Ende des Jahres	Aufzinsungsfaktor (inflationsbedingt)	
1	20.000	–	20.000
2	20.000	1.035	20.700
3	30.000	1.071	32.130
4	30.000	1.108	33.240
5	40.000	1.147	45.880

	1. J.	2. J.	3 J.	4. J.	5. J.
100.000	20.000	20.700	32.130	33.240	45.880

Durch die zukünftigen Preissteigerungen werden nur die Folgekosten betroffen, sie geben damit diesem Kostenblock eine noch größere Bedeutung. Da auf wichtige Kostenblöcke bei den laufenden Kosten die Voraussetzung gleicher Preisänderungen nicht zutrifft, müßte sogar eine differenzierte Berücksichtigung des Inflationseinflusses vorgenommen werden.

Dabei müßten die Aufzinsungsfaktoren entsprechend der veränderten Inflationsraten verändert werden. Das genannte VDI-Verfahren geht aber nur von einer gleichbleibenden Inflationsrate aus.

2. Schritt: Abzinsen der inflationsbezogenen Werte mit einem Kalkulationszinssatz, z. B. von 5 %

Jahr	Ausgaben Ende des Jahres	Aufzinsungsfaktor (inflationsbedingt)	Barwerte
1	20.000	0,952	19.040
2	20.700	0,907	18.777
3	32.130	0,864	27.760
4	33.240	0,823	27.356
5	45.880	0,784	35.969
	Barwerte der inflationsbezogenen Ausgaben		128.902
	Kapitaleinsatz		100.000
	Kapitalwert der Investition	./.	228.902

Diese beiden Schritte kann man durch folgende Gleichung zusammenfassen:

$$\text{Kapitalwert (inflationsbereinigt)} = \text{Kapitaleinsatz} \cdot \sum_{n=1}^{t} \left(A_n \cdot (1+i)^{n-1} \cdot \frac{1}{q^n} \right)$$

n = Anzahl der Jahre
t = max. Jahre
A = Ausgaben
a_n = Ausgaben im Jahr n
q = 1 - p; p = Kalkulationszinssatz
i = Inflationsrate

Bei dieser Gleichung fällt beim Ausdruck $(1+i)$ auf, daß er mit der Potenz „$n-1$" versehen ist. Der Grund hierfür ist, daß erst nach Ende des 1. Jahres – und zwar für die Ausgaben des 2. Jahres – die Inflationsrate eintritt.

Beispiel für $n = 1$:

$$20.000 \cdot (1 + 0,035)^{1-1} \cdot \frac{1}{(1+0,05)^1}$$
$$= 20.000 \cdot 1 \cdot 0,952 = \underline{\textbf{19.040}}$$

Beispiel für $n = 2$:

$$20.000 \cdot (1 + 0,035)^{2-1} \cdot \frac{1}{(1+0,05)^2}$$
$$= 20.000 \cdot 1,035 \cdot 0,907 = \underline{\textbf{18.775}}$$

3. Schritt: unter Berücksichtigung eines Kalkulationszinssatzes von 5 % und einer jährlichen Inflationsrate von 3,5 % in einem Rechengang:

Jahr	Ausgaben Ende des Jahres	Aufzinsungsfaktor bei 3,5 % Inflation $(1+i)^{(n-1)}$	Abzinsungsfaktor bei 5 % $\cdot \frac{1}{(1+p)^n}$	Barwert =
1	20.000	1,000	0,952	= 19.040
2	20.000	1,035	0,907	= 18.777
3	30.000	1,071	0,864	= 27.760*
4	30.000	1,109	0,823	= 27.356
5	40.000	1,148	0,784	= 35.969
	140.000	Barwerte der Ausgaben		./. 128.902
		+ Kapitaleinsatz		./. 100.000
		Kapitalwert der Investition		./. 228.902

* z. B. 30.000 · 1,071 · 0,864 = 27.760,–

Wie Praxis-Tabellen für Aufzinsungs- und Abzinsungsfaktoren entwickelt wurden, gibt es auch eine Tabelle, in denen die Zinssätze und die – gleichbleibenden – Preisänderungssätze eingearbeitet sind (siehe Tab. 7).

3.3.2 Erläuterungsbeispiele

Beispiel 1

• Errechnung des Kapitalwertes einer Investition A

Die laufenden Ausgaben sind in der folgenden Tabelle dargestellt; Einnahmen sind keine vorhanden, Kalkulationssatz 5 %, Kapitaleinsatz im Bezugszeitpunkt 0: 100.000,- DM

Jahr	Ausgaben Ende des Jahres	Aufzinsungsfaktor	Barwerte
1	30.000	0,952	28.560
2	40.000	0,907	36.280
3	30.000	0,864	25.920
4	20.000	0,823	16.460
5	20.000	0,784	15.680
	140.000		
	Barwerte der Ausgaben		122.900
	+ Kapitaleinsatz		100.000
	Kapitalwert der Investition		./. 222.900,–[7]

Bei Investitionsvergleichen, bei denen nur die Ausgaben Berücksichtigung finden (und dies gilt vor allem für kostenplanerische Überlegungen), ist diejenige Alternative die wirtschaftlich günstigste, die den geringsten Betrag ausweist.

---
[7] Da es sich um Ausgaben handelt, wird dieser Wert mit einem Minuszeichen versehen.

Teil B: II. Kostenplanung

Tab. 7: Zins- und Preisänderungssätze (C)

T	Zinsen i, Preisänderung j = 3 %											
	3 %	4 %	5 %	6 %	7 %	8 %	9 %	10 %	11 %	12 %	13 %	14 %	15 %
1	0,971	0,962	0,952	0,943	0,935	0,926	0,917	0,909	0,901	0,893	0,885	0,877	0,870
2	1,942	1,914	1,887	1,860	1,834	1,809	1,784	1,760	1,737	1,714	1,692	1,670	1,648
3	2,913	2,857	2,803	2,751	2,700	2,651	2,604	2,557	2,513	2,469	2,427	2,386	2,346
4	3,883	3,791	3,702	3,616	3,534	3,454	3,378	3,304	3,232	3,164	3,097	3,033	2,971
5	4,854	4,716	4,584	4,457	4,336	4,220	4,109	4,003	3,900	3,802	3,708	3,617	3,530
6	5,825	5,632	5,449	5,275	5,109	4,951	4,800	4,657	4,520	4,390	4,265	4,146	4,031
7	6,796	6,540	6,298	6,069	5,852	5,648	5,454	5,270	5,095	4,930	4,772	4,623	4,480
8	7,767	7,438	7,130	6,840	6,568	6,312	6,071	5,843	5,629	5,426	5,235	5,054	4,882
9	8,738	8,328	7,947	7,590	7,257	6,946	6,654	6,381	6,124	5,883	5,657	5,443	5,243
10	9,709	9,210	8,748	8,319	7,921	7,550	7,205	6,884	6,584	6,303	6,041	5,795	5,565
12	11,650	10,947	10,304	9,715	9,174	8,676	8,218	7,796	7,406	7,045	6,711	6,401	6,113
15	14,563	13,492	12,530	11,664	10,883	10,177	9,539	8,958	8,430	7,949	7,509	7,107	6,738
18	17,476	15,963	14,630	13,452	12,408	11,479	10,652	9,911	9,248	8,651	8,113	7,627	7,187
20	19,417	17,571	15,965	14,562	13,332	12,250	11,296	10,450	9,700	9,031	8,433	7,896	7,414
25	24,272	21,459	19,085	17,072	15,356	13,885	12,620	11,525	10,574	8,743	9,014	8,372	7,803
30	29,126	25,163	21,919	19,246	17,028	15,176	13,618	12,299	11,175	10,211	9,379	8,658	8,028
40	38,835	32,055	26,832	22,762	19,554	16,997	14,936	13,256	11,873	10,722	9,754	8,934	8,232
50	48,544	38,313	30,885	25,400	21,279	18,131	15,684	13,752	12,203	10,943	9,903	9,034	8,300

T	Zinsen i, Preisänderung j = 4 %											
	3 %	4 %	5 %	6 %	7 %	8 %	9 %	10 %	11 %	12 %	13 %	14 %	15 %
1	0,971	0,962	0,952	0,943	0,935	0,926	0,917	0,909	0,901	0,893	0,885	0,877	0,870
2	1,951	1,923	1,896	1,869	1,843	1,818	1,793	1,769	1,745	1,722	1,699	1,677	1,656
3	2,941	2,885	2,830	2,777	2,726	2,676	2,628	2,581	2,536	2,492	2,449	2,407	2,367
4	3,940	3,846	3,755	3,668	3,584	3,503	4,325	3,350	3,277	3,207	3,139	3,073	3,010
5	4,950	4,808	4,672	4,542	4,418	4,299	4,185	4,076	3,971	3,870	3,774	3,681	3,592
6	5,968	5,769	5,580	5,400	5,229	5,066	4,911	4,763	4,622	4,487	4,358	4,235	4,118
7	6,997	6,731	6,479	6,242	6,017	5,804	5,603	5,412	5,231	5,059	4,896	4,741	4,594
8	8,036	7,692	7,370	7,067	6,783	6,515	6,263	6,026	5,802	5,591	5,391	5,202	5,024
9	9,085	8,654	8,252	7,877	7,527	7,200	6,893	6,606	6,337	6,084	5,847	5,623	5,413
10	10,144	9,615	9,126	8,672	8,251	7,859	7,495	7,155	6,838	6,543	6,266	6,007	5,765
12	12,293	11,538	10,849	10,217	9,637	9,105	8,616	6,164	7,748	7,363	7,007	6,677	6,371
15	15,596	14,423	13,372	12,426	11,575	10,807	10,111	9,481	8,908	8,387	7,912	7,477	7,079
18	18,995	17,308	15,823	14,513	13,354	12,326	11,411	10,594	9,863	9,207	8,617	8,084	7,603
20	21,317	19,231	17,419	15,840	14,459	13,247	12,181	11,238	10,403	9,661	8,998	8,406	7,874
25	27,322	24,038	21,277	18,943	16,961	15,269	13,817	12,566	11,482	10,540	9,716	8,993	8,355
30	33,624	28,846	24,955	21,765	19,131	16,942	15,111	13,569	12,262	11,147	10,190	9,363	8,646
40	47,179	38,462	31,804	26,662	22,646	19,475	16,943	14,899	13,231	11,855	10,709	9,746	8,928
50	62,108	48,077	38,027	30,709	25,291	21,212	18,089	15,658	13,736	12,193	10,936	9,899	9,031

T	Zinsen i, Preisänderung j = 5 %											
	3 %	4 %	5 %	6 %	7 %	8 %	9 %	10 %	11 %	12 %	13 %	14 %	15 %
1	0,971	0,962	0,952	0,943	0,935	0,926	0,917	0,909	0,901	0,893	0,885	0,877	0,870
2	1,961	1,932	1,905	1,878	1,852	1,826	1,801	1,777	1,753	1,730	1,707	1,685	1,664
3	2,970	2,912	2,857	2,804	2,752	2,701	2,653	2,605	2,559	2,515	2,471	2,429	2,388
4	3,998	3,902	3,810	3,721	3,625	3,552	4,473	3,396	3,322	3,250	3,181	3,115	3,050
5	5,047	4,901	4,762	4,629	4,501	4,379	4,263	4,151	4,043	3,940	3,841	3,746	3,655
6	6,115	5,910	5,714	5,529	5,352	5,184	5,024	4,871	4,726	4,587	4,454	4,327	4,206
7	7,205	6,928	6,667	6,420	6,186	5,966	5,757	5,559	5,371	5,193	5,024	4,863	4,710
8	8,316	7,956	7,619	7,303	7,005	6,726	6,463	6,215	5,982	5,761	5,553	5,356	5,170
9	9,448	8,994	8,571	8,177	7,809	7,465	7,143	6,842	6,559	6,294	6,045	5,811	5,590
10	10,603	10,042	9,524	9,043	8,598	8,184	7,798	7,440	7,105	6,793	6,502	6,229	5,974
12	12,979	12,169	11,429	10,751	10,131	9,561	9,038	8,556	8,111	7,701	7,321	6,969	6,643
15	16,719	15,536	14,286	13,254	12,325	11,488	10,731	10,046	9,425	8,860	8,345	7,875	7,445
18	20,682	18,797	17,143	15,686	14,398	13,258	12,245	11,343	10,537	9,815	9,166	8,583	8,055
20	23,453	21,093	19,048	17,269	15,717	14,358	11,164	12,112	11,182	10,356	9,622	8,966	8,379
25	30,867	27,028	23,810	21,098	18,803	16,851	15,182	13,749	12,512	11,440	10,506	9,689	8,971
30	39,029	33,254	28,571	24,751	21,612	19,017	16,856	15,046	13,520	12,225	11,119	10,169	9,347
40	57,908	46,635	38,095	31,556	26,493	22,531	19,397	16,889	14,862	13,205	11,837	10,697	9,737
50	80,790	61,361	47,619	37,745	30,535	25,183	21,145	18,046	15,631	13,719	12,182	10,929	9,894

3. Wirtschaftlichkeitsberechnungen

- Errechnung des Kapitalwertes einer Investion B
Investition B unterscheidet sich von der Investition A nur in der zeitlichen Struktur der Ausgaben.
Kapitaleinsatz im Bezugszeitpunkt O: 100.000,-,
Kalkulationssatz: 5 %

Jahr	Ausgaben Ende des Jahres	Aufzinsungsfaktor	Barwerte
1	20.000	0,952	19.040
2	20.000	0,907	18.140
3	30.000	0,864	25.920
4	30.000	0,823	24.690
5	40.000	0,784	31.360
	140.000		
	Barwerte der Ausgaben		119.150
	+ Kapitaleinsatz		100.000
	Kapitalwert der Investition		./. 219.150,–

- Ergebnis
Gegenüber der Investition A ist die Investition B wirtschaftlicher, da der Kapitalwert der Investition B geringer ist als der Kapitalwert der Investition A.

Beispiel 2
Wirtschaftlichkeitsvergleich für den Fall:
Investition I: geringe Investitionskosten, hohe Folgekosten
Investition II: hohe Investitionskosten, geringe Folgekosten

Aus der Berechnung in Tab. 8 wird deutlich, daß die Investition I unter Berücksichtigung des Kalkulationszinssatzes von 5 % und der gleichbleibenden Inflationsrate von 3,5 % die rechnerisch günstigere Lösung darstellt, da der Kapitalwert mit 331.441,- DM um 11.136,- DM unter dem der Investition II (342.577,- DM) liegt (jeweils negative Werte, da nur Ausgaben).

Die Kapitalwertmethode ermöglicht also eine Beurteilung von alternativen Investitionsobjekten:
a) unter Einbeziehung der Ausgaben, die nach Fertigstellung des Investitionsobjektes anfallen,
b) unter Berücksichtigung der unterschiedlichen Ausgabenstrukturen.

3.4 Kritische Bemerkungen zu Wirtschaftlichkeitsberechnungen

Die Kostenplanung auf der Grundlage der Kostenvergleichsrechnung ist in der Praxis häufig anzutreffen. Dabei werden allerdings in der Regel keine alternativen Baumaßnahmen verglichen, die den gleichen Qualitätsstandard haben, sondern die durch unterschiedliche Baustoffe oder unterschiedlichen konstruktiven Aufbau charakterisiert sind. Damit werden aber auch unterschiedliche Wohn- bzw. Nutzerqualitäten in Beziehung gesetzt, die mit Kostenzahlen allein nicht zu beur-

Tab. 8: Wirtschaftlichkeitsvergleich zweier Investitionen

		Investition I	Investition II
Investitionskosten	1	100.000,–	250.000,–
Folgekosten: 1. J 2. J 3. J 4. J 5. J		50.000,– 50.000,– 50.000,– 50.000,– 50.000,–	20.000,– 20.000,– 20.000,– 20.000,– 20.000,–
Summe der Folgekosten	2	250.000,–	100.000,–
Gesamtsumme ohne Berücksichtigung von Ab- und Aufzinsung	3=1+2	350.000,–	350.000,–
Folgekosten unter Berücksichtigung des Kalkulationszinssatzes (5%) 1. J 2. J 3. J 4. J 5. J		47.600,– 45.350,– 43.200,– 41.150,– 39.200,–	19.040,– 18.140,– 17.280,– 16.460,– 15.680,–
	4	216.500,–	86.600,–
Gesamtkosten unter Berücksichtigung des Kalkulationszinssatzes	5=1+4	316.500,–	336.600,–
Folgekosten unter Berücksichtigung des kalkulativen Zinssatzes und der Inflationsrate (3,5%) 1. J 2. J 3. J 4. J 5. J		47.600,– 46.937,– 46.267,– 45.635,– 45.002,–	19.040,– 18.775,– 18.507,– 18.254,– 18.001,–
	6	231.441,–	92.557,–
Gesamtkosten = Kapitalwert	7=1+6	331.441,–	342.577,–

teilen sind. Zwar kann man den qualitativ unterschiedlichen Nutzen mit Hilfe der Nutzwertanalyse zusätzlich in die Planungsentscheidung einfließen lassen, aber durch die qualitativen Beurteilungskriterien spielt – trotz der quantitativen Gewichtung – eine starke subjektive Komponente bei den Planungsentscheidungen eine große Rolle.

Ein weiterer Einwand gegen die Kostenvergleichsrechnung ist darin begründet, daß beim Kostenvergleich von Baumaßnahmen zunächst nur die Herstellungskosten in die Rechnung einbezogen werden. Selbst wenn man auch noch Nutzungskosten, z.B. Betriebskosten oder Bauunterhaltungskosten, berücksichtigt, beziehen sich die entsprechenden Kostenzahlen bei der Kostenvergleichsrechnung nur auf einen bestimmten Zeitraum, z. B. auf ein Jahr. Dadurch bleiben Veränderungen von Baunutzungskosten verschiedener Planungsalternativen, die sich im Verlaufe der gesamten Lebensdauer der Baumaßnahme ergeben, unberücksichtigt. Gerade aber dieser Aspekt spielt eine erhebliche Rolle, wenn es sich um Bauvorhaben handelt, deren Lebens- bzw. Nutzungsdauer sich über viele Jahre erstreckt. Es sind nämlich die Folgekosten (Baunutzungskosten) einer Investition, die sich ständig vergrößern und dadurch über die Jahre eine immer höher werdende Belastung für den Bauherrn darstellen. Durch das zunehmende Gewicht der Baunutzungskosten gegenüber den Investitionskosten wird es unerläßlich, diese Kosten in die Planungsüberlegungen als Entscheidungskriterium mit heranzuziehen.

Es wurde im Abschnitt B.II.3.3 ein Rechenverfahren (Kapitalwertmethode) dargestellt, mit dem die Gesamtkosten, d.h. die Herstellungskosten und die Baunutzungskosten von alternativen Baumaßnahmen, Berücksichtigung finden. Allerdings wird dieses Verfahren bislang in der Praxis noch wenig angewendet. Dies liegt nicht so sehr an der finanzmathematischen Grundlage, sondern daran, daß der zukünftige Verlauf der Baunutzungskosten, die z.B. von der Entwicklung der Energiepreise oder der Personalkosten abhängen, nicht annähernd genau bestimmt werden kann. Selbst die Erweiterung der Rechenmethode durch Einführung von Wahrscheinlichkeitsannahmen bringt letztlich keine exakte Bestimmung der einzelnen Rechenkomponenten.

Selbst wenn wir davon ausgehen, daß die Anwendung des Rechenverfahrens keine exakte Entscheidungsgrundlage für Planungsentscheidungen ist, soll doch folgendes nicht unterschätzt werden:
— Durch das Rechenverfahren können den Planungsbeteiligten die Kosteneinflüsse bewußter gemacht werden, die letztlich der Planungsentscheidung zugrunde gelegt werden sollten,
— Durch die Anwendung eines solchen Rechenverfahrens können die Kostenprobleme zumindest klarer formuliert und beurteilt werden.

Diese kritischen Bemerkungen sollten zeigen, daß die Wirtschaftlichkeitsberechnungen für die Entscheidungen der Planungsbeteiligten wichtige Hinweise geben können, was in bezug auf die Kosteneinflüsse zu beachten ist. Sie sind damit ein Hilfsmittel, durch das zumindest auch in der Planungsphase die Aufmerksamkeit für Kostenprobleme sensibilisiert werden kann.

III. Finanzierung von Bauvorhaben

Die Finanzierung als Beschaffung und rechtzeitige Bereitstellung von Geldmitteln zur Durchführung eines Bauvorhabens ist eine der Hauptaufgaben des Bauherrn. Eine wichtige Voraussetzung dafür ist die sorgfältige Aufstellung eines Finanzierungsplanes[8] und dessen strikte Einhaltung. Grundlage des Finanzierungsplanes ist die sorgfältige Kostenschätzung von seiten des Architekten, da sie den Finanzierungsbedarf bestimmt. Auch müssen Änderungen des Bauvorhabens, z. B. durch Änderungswünsche des Bauherrn, hinsichtlich eines zusätzlichen Finanzierungsbedarfs rechtzeitig in die Überlegungen einbezogen werden. Unter Umständen ist dieser zusätzliche Finanzierungsbedarf nicht mehr zu decken, wodurch das gesamte Objekt gefährdet sein kann. Dies gilt vor allem auch dann, wenn sich im Verlauf der Herstellung des Bauobjektes herausstellt, daß die Kostenschätzung zu niedrig ausgefallen ist.

Das Bauvolumen, das im Auftrag von privaten und öffentlichen Bauherrn geplant, finanziert und gebaut wird, kann man wie folgt unterteilen:
— Wohnungsbau
  Neubau, Modernisierung und Instandsetzung
— Wirtschaftsbau
  Land- und Forstwirtschaft
  Energie- und Wasserversorgung
  übriges produzierendes Gewerbe
  Handel, Banken, Versicherungen etc.
— öffentlicher Bau
  Straßenbau einschließlich Brücken- und Wasserbau
  Hochbau (Kultur, Sport, Krankenhäuser, Schulen, Hochschulen etc.)
  Tiefbau

In bezug auf die Finanzierung von Bauvorhaben liegen beim Wirtschaftsbau die Probleme eines Finanzierungsplanes anders als beim Wohnungsbau. Dies hängt unter anderem damit zusammen, daß beim Wohnungsbau der Umfang der bereitzustellenden Finanzierungsmittel fast ausschließlich durch das Bauobjekt (Grundstück, Bauwerk, Außenanlagen und Nebenkosten) bestimmt ist. Beim Wirtschaftsbau hingegen wird häufig die bauliche Hülle nur einen Teil der Gesamtinvestition ausmachen, da vor allem die Investitionen in Produktionsanlagen, zusätzlichen Materialvorrat usw. hinzukommen.

Auch hinsichtlich der Sicherung der Darlehen besteht ein großer Unterschied. Beim Wohnungsbau ist vor allem die Hypothek als Sicherungsmittel anzutreffen. Dagegen spielt beim Wirtschaftsbau die Beurteilung von seiten der Bank die entscheidende Rolle, da der Investor aus den Erträgen das Darlehen bedienen muß. Beurteilungskriterien sind dabei vor allem:
— Bewertung des Vorhabens hinsichtlich der Rentabilität.
  Sie hängt von der Markt- und Konjunkturlage, von den spezifischen Absatzmöglichkeiten des Produktes und von der Kostensituation – einschließlich des zu erstellenden Wirtschaftsbaues – der Unternehmung ab.
— Bewertung des Unternehmens/Unternehmers,
— Bewertung des Zahlenmaterials hinsichtlich Vermögen und Liquidität.

Noch anders gelagert ist die Finanzierung von öffentlichen Bauten, bei denen die haushaltsrechtlichen Vorschriften zum Tragen kommen. Auf die Finanzierung von öffentlichen Bauten wird in diesem Buch nicht eingegangen.

Wenngleich sich die Finanzierungen im Wohnungsbau und im Wirtschaftsbau unterscheiden, so haben sie auch vieles gemeinsam. Dies soll im folgenden Abschnitt 1 dargestellt werden.

Dennoch sind im Wohnungsbau, insbesondere im Eigenheimbau, die Beratungsleistungen bezüglich der Finanzierung wesentlich häufiger gefragt als im Wirtschaftsbau. Im Wirtschaftsbau hat der Bauherr häufig innerhalb seiner Unternehmen eigene Berater für Rechts- und Finanzierungsfragen oder er bedient sich besonderer Fachleute. Darum haben wir den Besonderheiten bei der Wohnungsbaufinanzierung einen weitaus größeren Raum gewidmet als den Besonderheiten im Wirtschaftsbau.

1. Allgemeines zur Finanzierung

1.1 Bausteine der Finanzierung

1.1.1 Eigenmittel

Bei den Eigenmitteln handelt es sich im wesentlichen um Werte, die zur Deckung der Gesamtkosten einer Bauinvestition dienen und die vom Bauherrn zur Verfügung gestellt werden können, und zwar in Form von
— Eigenkapital, also Geldmittel oder liquidierbare Vermögenswerte,
— eigene Grundstücke und verwendete Gebäudeteile,
— Eigenleistungen, die der Bauherr insbesondere beim Eigenheimbau in Form von Arbeitsleistungen erbringt. Sollte bei diesen Arbeitsleistungen auch Material verwendet werden, ist es grundsätzlich keine Eigen-, sondern Fremdleistung, da es i. d. R. vom Markt erworben werden muß. (Schwarzarbeit ist verboten, birgt hohe Risiken in sich, und für eventuelle Mängel an der Leistung besteht kein Gewährleistungsanspruch.)

---
[8] Im Teil C wird ein Beispiel für einen Finanzierungsplan gezeigt.

Teil B: III. Finanzierung von Bauvorhaben

Außerdem werden im öffentlich geförderten Wohnungsbau folgende Finanzierungsmittel nach § 16 der Zweiten Berechnungsverordnung als Ersatz der Eigenleistung anerkannt:
– Familienzusatzdarlehen nach § 45 II Wohnungsbaugesetz,
– Aufbaudarlehen nach § 245 Lastenausgleichsgesetz,

Als Ersatz anerkannt werden können:
– zur Restfinanzierung dienende verlorene Baukostenzuschüsse nach § 50 Abs. 1 des Zweiten Wohungsbaugesetzes,
– auf dem Baugrundstück nicht dinglich gesicherte Fremdmittel,
– dinglich gesicherte Fremdmittel, die, im Range nach öffentlichen Baudarlehen stehend, der nachstelligen Finanzierung dienen,
– der Restfinanzierung dienende öffentliche Baudarlehen.

1.1.2 Fremdmittel

Grundsätzlich kann man bei langfristigen Baudarlehen zunächst zwischen Festbetragsdarlehen, Abzahlungsdarlehen und Annuitätendarlehen unterscheiden.

Das Festbetragsdarlehen wird zur Baufinanzierung nur im Bereich der Finanzierung durch eine Lebensversicherung genutzt und deswegen in diesem Zusammenhang nicht dargestellt.

Abzahlungsdarlehen

Das Abzahlungsdarlehen ist – vereinfacht dargestellt – dadurch charakterisiert, daß eine Schuld in jährlich gleich hohen Tilgungsraten zurückbezahlt werden soll; das Darlehen wird mit einem festen Zinssatz von der jeweiligen Restschuld verzinst.

Das folgende Zahlenbeispiel soll die genannten Zusammenhänge verdeutlichen: Eine Schuld $K_0 =$ 168.000 DM soll mit 9 % verzinst und die Tilgung in gleichen Raten von 3,5 % des Darlehensbetrages gezahlt werden.

Laufzeit:	100 : 3,5 = 28,6 Jahre
jährliche Tilgung:	3,5 % v. 168.000 DM = 5.880 DM
Zinsen im 1. Jahr: 168.000 · 9 %	= 15.120 DM
Zinsen im 2. Jahr: (168.000 ./. 5.880) · 9 %	= 14.591 DM
Zinsen im 3. Jahr: (168.000 ./. 2 · 5.880) · 9 %	= 14.062 DM

Mit diesen Rechenschritten kann man errechnen:
– die gesamte Zinsbelastung nach Ablauf der Darlehenszeit,
– die gesamte Zinsbelastung nach Ablauf von n-Jahren der Darlehenszeit,
– die Zinsbelastung bzw. Jahresbelastung z. B. im 14. Jahr,
– die Restschuld z. B. im 12. Jahr.

Die Tab. 9 und 10 und Abb. 20 zeigen den Verlauf des Darlehens.

Tab. 9: Errechnung der Zinsen bei Abzahlungsdarlehen

Anfangsschuld:	168.000,–
Laufzeit:	100 : 3,5 = 28,6 Jahre
jährliche Tilgung:	3,5 % von 168.000,– = 5.880,– DM
Zinsen:	9 % von Restschuld

Zinsen im 1. Jahr:	168.000,–	· 9 %	= 15.120,– DM
Zinsen im 2. Jahr:	162.120,–	· 9 %	= 14.591,– DM
Zinsen im 3. Jahr:	156.240,–	· 9 %	= 14.062,– DM
Zinsen im 4. Jahr:	150.360,–	· 9 %	= 13.532,– DM
Zinsen im 5. Jahr:	144.480,–	· 9 %	= 13.003,– DM
Zinsen im 6. Jahr:	138.600,–	· 9 %	= 12.474,– DM
Zinsen im 7. Jahr:	132.720,–	· 9 %	= 11.945,– DM
Zinsen im 8. Jahr:	126.840,–	· 9 %	= 11.416,– DM
Zinsen im 9. Jahr:	120.960,–	· 9 %	= 10.886,– DM
Zinsen im 10. Jahr:	115.080,–	· 9 %	= 10.357,– DM
Zinsen im 11. Jahr:	109.200,–	· 9 %	= 9.828,– DM
Zinsen im 12. Jahr:	103.320,–	· 9 %	= 9.299,– DM
Zinsen im 13. Jahr:	97.440,–	· 9 %	= 8.770,– DM
Zinsen im 14. Jahr:	91.560,–	· 9 %	= 8.240,– DM
Zinsen im 15. Jahr:	85.680,–	· 9 %	= 7.711,– DM
Zinsen im 16. Jahr:	79.800,–	· 9 %	= 7.182,– DM
Zinsen im 17. Jahr:	73.920,–	· 9 %	= 6.653,– DM
Zinsen im 18. Jahr:	68.040,–	· 9 %	= 6.124,– DM
Zinsen im 19. Jahr:	62.160,–	· 9 %	= 5.594,– DM
Zinsen im 20. Jahr:	56.280,–	· 9 %	= 5.065,– DM
Zinsen im 21. Jahr:	50.400,–	· 9 %	= 4.536,– DM
Zinsen im 22. Jahr:	44.520,–	· 9 %	= 4.007,– DM
Zinsen im 23. Jahr:	38.640,–	· 9 %	= 3.478,– DM
Zinsen im 24. Jahr:	32.760,–	· 9 %	= 2.948,– DM
Zinsen im 25. Jahr:	26.880,–	· 9 %	= 2.419,– DM
Zinsen im 26. Jahr:	21.000,–	· 9 %	= 1.890,– DM
Zinsen im 27. Jahr:	15.120,–	· 9 %	= 1.361,– DM
Zinsen im 28. Jahr:	9.240,–	· 9 %	= 832,– DM
Zinsen im 29. Jahr:	3.360,–	· 9 %	= 302,– DM
			223.625,– DM

Tab. 10: Errechnung der jährlichen Belastung und der Restschuld

Anfangsschuld:	168.000,–
Laufzeit:	28,6 Jahre
jährliche Tilgung:	3,5 % von 168.000,– = 5.880,– DM
Zinsen:	9 % von der Restschuld

	gleichbleibende Tilgung	Zinsen vom Restdarlehen	jährliche Belastung 1 + 2	Restschuld am Ende des Jahres
	1	2	3	4
Im 1. Jahr:	5.580,–	15.120,–	21.000,–	162.120,–
Im 2. Jahr:	5.580,–	14.591,–	20.471,–	156.240,–
Im 3. Jahr:	5.580,–	14.062,–	19.942,–	150.360,–
Im 4. Jahr:	5.580,–	13.532,–	19.412,–	144.480,–
Im 5. Jahr:	5.580,–	13.003,–	18.883,–	138.600,–
Im 6. Jahr:	5.580,–	12.474,–	18.354,–	132.720,–
Im 7. Jahr:	5.580,–	11.945,–	17.825,–	126.840,–
Im 8. Jahr:	5.580,–	11.416,–	17.296,–	120.960,–
Im 9. Jahr:	5.580,–	10.886,–	16.766,–	115.080,–
Im 10. Jahr:	5.580,–	10.257,–	16.237,–	109.200,–
Im 11. Jahr:	5.580,–	9.828,–	15.708,–	103.320,–
Im 12. Jahr:	5.580,–	9.299,–	15.179,–	97.440,–
Im 13. Jahr:	5.580,–	8.770,–	14.650,–	91.560,–
Im 14. Jahr:	5.580,–	8.240,–	14.120,–	85.680,–
Im 15. Jahr:	5.580,–	7.711,–	13.591,–	79.800,–
Im 16. Jahr:	5.580,–	7.182,–	13.062,–	73.920,–
Im 17. Jahr:	5.580,–	6.653,–	12.533,–	68.040,–
Im 18. Jahr:	5.580,–	6.124,–	12.004,–	62.160,–
Im 19. Jahr:	5.580,–	5.594,–	11.474,–	56.280,–
Im 20. Jahr:	5.580,–	5.065,–	10.945,–	50.400,–
Im 21. Jahr:	5.580,–	4.536,–	10.416,–	44.520,–
Im 22. Jahr:	5.580,–	4.007,–	9.887,–	38.640,–
Im 23. Jahr:	5.580,–	3.478,–	9.358,–	32.760,–
Im 24. Jahr:	5.580,–	2.948,–	8.828,–	26.880,–
Im 25. Jahr:	5.580,–	2.419,–	8.299,–	21.000,–
Im 26. Jahr:	5.580,–	1.890,–	7.770,–	15.120,–
Im 27. Jahr:	5.580,–	1.361,–	7.241,–	9.240,–
Im 28. Jahr:	5.580,–	832,–	6.712,–	3.360,–
Im 29. Jahr:	3.360,–	302,–	3.662,–	0,–
SUMME		223.625,–	391.625,–	

1. Allgemeines zur Finanzierung

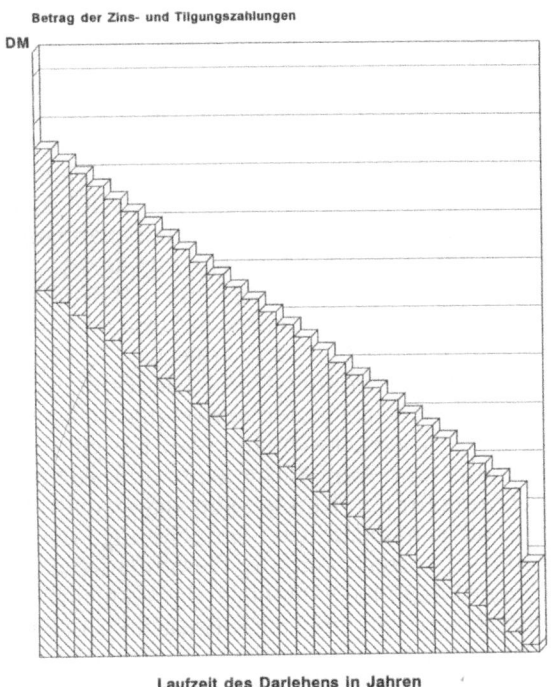

Abb. 20: Schematische Darstellung der Zins- und Tilgungszahlungen bei Abzahlungsdarlehen

Annuitätendarlehen

Bei einem Annuitätendarlehen sind während der gesamten Laufzeit gleichbleibende Raten (Annuitäten) an den Kreditgeber zurückzuzahlen. Diese festen Raten setzen sich aus dem Nominalzins und dem Tilgungssatz zusammen. Die Annuität wird jeweils vom Ursprungsbetrag des Darlehens ermittelt. Die in der Rückzahlung enthaltenen Zinsen werden jeweils nach der Restschuld des Darlehens berechnet. Folglich sinkt die Zinsbelastung, der Tilgungsanteil steigt. Dies gilt auch, wenn während der Laufzeit des Darlehens Zinsänderungen vorgenommen werden.

Dabei errechnen sich die Zins- und Tilgungsbeträge der einzelnen Jahre bei einer Annuität von 10 % wie folgt:

Zins- und Tilgungsverlauf:

1. Jahr:	Zinsen 9 % von 168.000,–	= 15.120,– DM
	Tilgung 1 % von 168.000,–	= 1.680,– DM
	Annuität:	16.800,– DM
2. Jahr:	Zinsen 9 % von (168.000 ./. 1.680)	= 14.969,– DM
	Tilgung 16.800 ./. 14.969	= 1.831,– DM
	Annuität:	16.800,– DM

Außerdem kann man aus den Zahlenreihen errechnen:
– Laufzeit des Annuitäten-Darlehens,
– Restschuld nach dem n-ten Jahr,
– Höhe der Tilgungsraten nach dem n-ten Jahr,
– Höhe der Zinsen nach dem Ende des n-ten Jahres.

Tab. 11: Annuitätendarlehen, Beispiel 1

Darlehensnennbetrag: 168.000,– = K_0
Verzinsung: 9 %
Tilgung: 1 %
Annuität = Verzinsung + Tilgung = 9 % + 1 % = 10 %

Jahr	Schuld am Anfang	Zinsen 9 %	Tilgung 1 %	Restschuld am Ende 1 ./. 3	Annuität 2 + 3
	1	2	3	4	5
1	168.000,–	15.120,–	1.680,–	166.320,–	16.800,–
2	166.320,–	14.969,–	1.831,–	164.489,–	16.800,–
3	164.489,–	14.804,–	1.996,–	162.493,–	16.800,–
4	162.493,–	14.624,–	2.176,–	160.317,–	16.800,–
5	160.317,–	14.429,–	2.371,–	157.946,–	16.800,–
6	157.946,–	14.215,–	2.585,–	155.361,–	16.800,–
7	155.361,–	13.982,–	2.818,–	152.543,–	16.800,–
8	152.543,–	13.729,–	3.071,–	149.472,–	16.800,–
9	149.472,–	13.452,–	3.348,–	146.125,–	16.800,–
10	146.125,–	13.151,–	3.649,–	142.476,–	16.800,–
11	142.476,–	12.823,–	3.977,–	138.499,–	16.800,–
12	138.499,–	12.465,–	4.335,–	134.164,–	16.800,–
13	134.164,–	12.075,–	4.725,–	129.438,–	16.800,–
14	129.438,–	11.649,–	5.151,–	124.288,–	16.800,–
15	124.288,–	11.186,–	5.614,–	118.674,–	16.800,–
16	118.674,–	10.681,–	6.119,–	112.554,–	16.800,–
17	112.554,–	10.130,–	6.670,–	105.884,–	16.800,–
18	105.884,–	9.530,–	7.270,–	98.614,–	16.800,–
19	98.614,–	8.875,–	7.925,–	90.689,–	16.800,–
20	90.689,–	8.162,–	8.638,–	82.051,–	16.800,–
21	82.051,–	7.385,–	9.415,–	72.636,–	16.800,–
22	72.636,–	6.537,–	10.263,–	62.373,–	16.800,–
23	62.373,–	5.614,–	11.186,–	51.186,–	16.800,–
24	51.186,–	4.607,–	12.193,–	38.993,–	16.800,–
25	38.993,–	3.509,–	13.291,–	25.702,–	16.800,–
26	25.702,–	2.313,–	14.487,–	11.216,–	16.800,–
27	11.216,–	1.009,–	11.216,–	0,–	12.225,–
Summe		281.025,–			449.025,–

Tab. 12: Annuitätendarlehen, Beispiel 2

Darlehensnennbetrag: 168.000,– = K_o
Verzinsung: 8 %
Tilgung: 2 %
Annuität = Verzinsung + Tilgung = 8 % + 2 % = 10 %

Jahr	Schuld am Anfang	Zinsen 8 %	Tilgung 2 %	Restschuld am Ende 1 ./. 3	Annuität 2 + 3
	1	2	3	4	5
1	168.000,–	13.440,–	3.360,–	164.640,–	16.800,–
2	164.640,–	13.171,–	3.629,–	161.011,–	16.800,–
3	161.011,–	12.881,–	3.919,–	157.092,–	16.800,–
4	157.092,–	12.567,–	4.233,–	152.859,–	16.800,–
5	152.859,–	12.229,–	4.571,–	148.288,–	16.800,–
6	148.288,–	11.863,–	4.937,–	143.351,–	16.800,–
7	143.351,–	11.468,–	5.332,–	138.019,–	16.800,–
8	138.019,–	11.042,–	5.758,–	132.261,–	16.800,–
9	132.261,–	10.581,–	6.219,–	126.042,–	16.800,–
10	126.042,–	10.083,–	6.717,–	119.325,–	16.800,–
11	119.325,–	9.546,–	7.254,–	112.071,–	16.800,–
12	112.071,–	8.966,–	7.834,–	104.237,–	16.800,–
13	104.237,–	8.339,–	8.461,–	95.776,–	16.800,–
14	95.776,–	7.662,–	9.138,–	86.638,–	16.800,–
15	86.638,–	6.931,–	9.869,–	76.769,–	16.800,–
16	76.769,–	6.124,–	10.658,–	66.110,–	16.800,–
17	66.110,–	5.289,–	11.511,–	54.599,–	16.800,–
18	54.599,–	4.368,–	12.432,–	42.167,–	16.800,–
19	42.167,–	3.373,–	13.427,–	28.741,–	16.800,–
20	28.741,–	2.299,–	14.501,–	14.240,–	16.800,–
21	14.240,–	1.139,–	14.240,–	0,–	15.379,–
Summe		183.379,–			351.379,–

In den in den Tab. 11 und 12 sowie in Abb. 21 dargestellten Beispielen wurde die Berechnung der Zinsen jeweils nach dem Stande des Kapitals am

Teil B: III. Finanzierung von Bauvorhaben

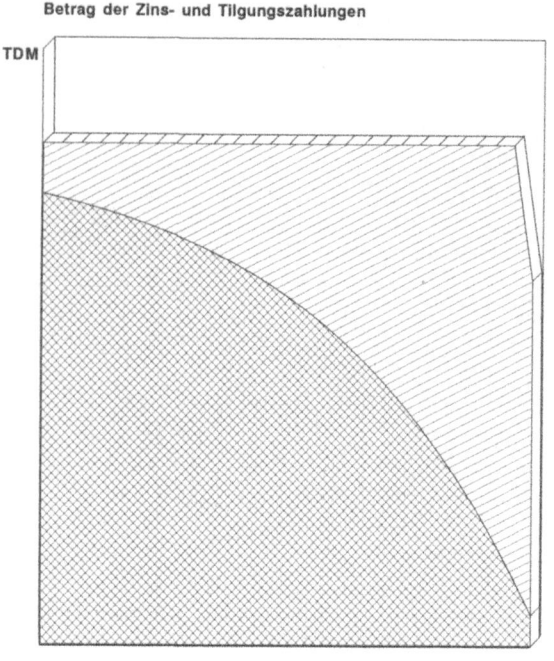

Abb. 21: Schematische Darstellung der Zins- und Tilgungszahlungen bei Annuitätendarlehen

Schluß des vergangenen Jahres dargestellt. Es kann aber auch vereinbart werden, daß die Zinsen monatlich oder vierteljährlich berechnet werden. Dann können auch monatliche oder vierteljährliche Tilgungsanteile in den einzelnen Ratenzahlungen berücksichtigt werden. Dies führt gegenüber einer jährlichen Ratenzahlung zu einer Verkürzung der Gesamtlaufzeit des Darlehens.

Vergleich der Darlehensarten
Der Vergleich zwischen Abzahlungs- und Annuitätendarlehen (vgl. Tab. 13) zeigt, daß das Abzahlungsdarlehen gegenüber dem Annuitätendarlehen relativ ungünstig ist, da es eine längere Laufzeit hat und die Anfangsbelastung in den ersten Jahren höher ist. Gerade dies ist besonders schlecht für einen Bauherrn, der z. B. ein Eigenheim baut, denn er wird vor allem in den ersten Jahren durch die Finanzierung sehr hoch belastet. Deshalb kommt das Abzahlungsdarlehen in der Praxis nur sehr selten vor.

Wie der Vergleich zeigt, hat nicht nur die Höhe des Tilgungssatzes, sondern auch die Höhe des Zinssatzes einen Einfluß auf die Laufzeit des Baudarlehens. Je höher der Darlehenszinssatz ist, desto höher sind die zukünftig zu zahlenden Zinsen, und um so länger ist die Gesamtlaufzeit des Darlehens. Damit ist auch die Gesamtsumme der Rückzahlung aus Zinsen plus Tilgung unmittelbar abhängig von der Höhe des Zins- bzw. Tilgungssatzes.

Obwohl der Effektivzins seit dem 1.9.1985 von allen Kreditanbietern genannt wird und obwohl er nach den Vorschriften der Preisangabenverordnung einheitlich ermittelt wird, ist der Effektivzins immer noch kein absoluter Bewertungsmaßstab. Es ist z. B. zu berücksichtigen, daß bei gleichem Effektivzins eine monatliche Zins- und Tilgungsverrechnung für den Kunden günstiger ist als eine viertel- oder halbjährliche Verrechnung, da bei monatlicher Verrechnung die Gesamtlaufzeit des Darlehens kürzer ist. Weiter ist beim Vergleich von Effektivzinsen unbedingt darauf zu achten, daß nur Effektivzinssätze gleichartiger Zinsbindungsfristen miteinander verglichen werden, beispielsweise zinsvariable Darlehen mit zinsvariablen Darlehen oder zehnjährige Zinsfestschreibung mit zehnjährigen Zinsfestschreibungen.

Bei Vergleichen von Finanzierungsangeboten sind viele Faktoren zu berücksichtigen, und daher ist es immer ratsam, zur endgültigen Entscheidung einen Fachmann heranzuziehen.

1.2 Sicherungsmittel der Finanzierung

1.2.1 Grundpfandrechte

Im BGB findet man den Begriff „Grundpfandrecht" nicht. Da Hypothek, Grundschuld und Rentenschuld überwiegend gemeinsame Vorschriften haben, wird zusammenfassend und vereinfachend von Grundpfandrechten gesprochen.

Diese Wortwahl ist verständlicher, denn das Grundpfandrecht ermöglicht – analog zum Pfandrecht –, daß das Grundstück und/oder die Nutzungen des Grundstücks dann zugunsten des Gläubigers verwendet werden, wenn der Schuldner nicht zahlt. Das hierzu vorgesehene gesetzliche Verfahren ist die Zwangsverwaltung oder Zwangsversteigerung. Grundsätzlich wird über die Eintragung eines Grundpfandrechtes eine Urkunde (Brief) ausgestellt. Der Brief ist eine öffentliche Urkunde. Zur

Tab. 13: Vergleich der Darlehensarten

Darlehensart	Anfangs belastung	Gesamtbelastung 1.-5. Jahr	Gesamtbelastung 5.-10. Jahr	Gesamtbel. der letzten 5 Jahre	Laufzeit	Gesamte Zinsen	Gesamte Rückzahlungen
Abzahlungsdarlehen	21.000,–	99.708,–	86.478,–	33.684,–	29 Jahre	223.625,–	391.625,–
Annuitätendarlehen (Beispiel 1)	16.800,–	84.000,–	84.000,–	79.425,–	27 Jahre	281.025,–	449.025,–
Annuitätendarlehen (Beispiel 2)	16.800,–	84.000,–	84.000,–	82.579,–	21 Jahre	183.379,–	351.379,–

1. Allgemeines zur Finanzierung

Rechtsausübung aus dem Grundpfandrecht ist der Besitz des Briefes erforderlich. Deshalb erwirbt der Grundpfandsrechtgläubiger erst mit der Übergabe des Briefes durch den Eigentümer die Rechte aus der Grundschuld. Seit dem 1.1.1978 (Reform des Sachenrechts) enthält der Brief:
- Bezeichnung als Hypotheken- oder Grundschuldbrief,
- Angabe des Geldbetrages,
- Benennung des belasteten Grundstücks,
- Unterschrift und Siegel des Gerichts.

Die Erteilung des Briefes kann durch Vereinbarung ausgeschlossen werden. Dann handelt es sich um Buchrechte. Zwischen Brief- und Buchrechten bestehen Unterschiede in der Enstehung und im Erwerb des Grundpfandrechtes und in der Verwendungsmöglichkeit als Kreditsicherheit.

Hypothek (BGB § 1113 ff.)
Die Hypothek als Grundpfandrecht setzt das Bestehen einer Geldforderung mit einer bestimmten Summe voraus, d. h. ohne schuldrechtliche Forderung keine Hypothek (Prinzip der Akzessorietät). Die Hypothek wird also zur Sicherung einer schuldrechtlichen und genau bestimmten Geldforderung bestellt. Forderung und Hypothek sind unlösbar miteinander verbunden; sie bilden ein einheitliches Ganzes, bestehend aus:

persönliche Forderung → Haftung des Schuldners mit seinem gesamten Vermögen

dingliche Forderung → Haftung mit dem Grundstück.

Die Eintragung einer Hypothek ändert also nichts an dem Recht des Gläubigers, sich wegen der Befriedigung seiner Forderungen an das Gesamtvermögen des Schuldners zu halten (persönlicher Anspruch). Daneben besteht für den Hypothekengläubiger der dingliche Anspruch auf Duldung der Zwangsvollstreckung in das Grundstück des Schuldners. Wird die persönliche Forderung durch Rückzahlung beglichen, dann wandelt sich die dingliche Forderung (Hypothek) in eine Eigentümergrundschuld um. Dieser Tatbestand kann auch im Grundbuch dokumentiert werden, und zwar aufgrund einer sogenannten löschungsfähigen Quittung, mit der der Gläubiger bestätigt, daß er den mit der Hypothek gesicherten Geldbetrag erhalten hat. Diese Eigentümergrundschuld kann dann für die Sicherung anderer Verbindlichkeiten verwendet werden.

Grundschuld (BGB §1191 ff.)
Zunächst sind Hypothek und Grundschuld gleich. Beide geben das Recht, das belastete Grundstück zu verwerten, um eine Geldsumme aus dem Erlös der Verwertung des Grundstücks zur Bezahlung der ausstehenden Forderung zu entnehmen. Im Unterschied zur Hypothek ist es aber bei der Grundschuld nicht erforderlich, daß eine zu sichernde Forderung zugrunde liegt bzw. besteht, d. h., die Grundschuld ist nicht vom Bestand einer Forderung abhängig (Fehlen der Akzessorietät). Es gibt also eine Grundschuld auch ohne eine bestehende Forderung. Sie kann auch ohne weiteres abgetreten bzw. übertragen werden. Die Bestellung einer Grundschuld, ohne daß eine Forderung vorliegt oder ein anderes Recht zu sichern ist – man spricht in diesem Fall auch von einer isolierten Grundschuld –, ist sehr selten. Denkbar wäre z. B., daß ein Erblasser einer Fabrik möchte, daß diese in der Hand seines Sohnes bleibt. Gleichzeitig will er aber seine Tochter mitbeteiligen und bestellt deshalb zu ihren Gunsten eine Grundschuld in bestimmter Höhe, ohne daß eine Forderung besteht. Hauptzweck einer Grundschuld ist jedoch die Kreditsicherung, weshalb sie dann auch „Sicherungsgrundschuld" genannt wird.

Sicherungsgrundschuld (Fremdgrundschuld)
Die Sicherungsgrundschuld dient der Absicherung irgendwelcher Forderungen. Vor bzw. mit der Bestellung einer Sicherungsgrundschuld muß geklärt werden, welcher Kreis von Forderungen abgesichert werden soll und welche Voraussetzungen für die Geltendmachung der Grundschuld gelten. Diese Einzelheiten werden in der sogenannten Sicherungsabrede bzw. dem Sicherungsvertrag festgelegt. Damit liegen bei der Absicherung eines Kreditverhältnisses immer drei Rechtsverhältnisse vor:
- die Grundschuld als dingliches Recht,
- eine persönliche Forderung, die abgesichert werden soll,
- der schuldrechtliche Sicherungsvertrag (Zweckerklärung/Sicherungsabrede).

Da die Grundschuld unabhängig von einer bestimmten Geldforderung ist, ist eine Forderungsauswechslung ohne weiteres möglich. Auch wenn die Forderung erlischt, bleibt die Grundschuld als Fremdgrundschuld bestehen.
Allerdings hat der Sicherungsgeber (Grundstückseigentümer) nach Wegfall des Sicherungszwecks (z. B. Beendigung der Geschäftsverbindung) einen Anspruch auf Rückgewähr der Grundschuld.
Der Grundschuld kommt im Wirtschaftsverkehr größere Bedeutung als der Hypothek zu, da sie als universelles Sicherungsmittel einsetzbar ist. Insbesondere eignet sie sich für Kreditinanspruchnahmen mit schwankendem Saldo (z. B. Kontokorrentkredit), da die Grundschuld bei Rückzahlung der Forderung nicht erlischt.

Eigentümergrundschulden
Eigentümergrundschulden enstehen, wie bereits erwähnt, wenn bei einer Hypothek die persönliche Forderung durch Rückzahlung beglichen wird.
Es ist aber auch möglich, eine Eigentümergrundschuld ohne Bestehen einer Forderung zur Sicherung einer absoluten Rangstelle und deren späterer

Verwertung zu bestellen. Eine Abtretung einer solchen von vornherein bestellten Eigentümergrundschuld zur Sicherung einer später eingetretenen Forderung ist unproblematisch.

Anders ist diese Abtretung bei der Eigentümergrundschuld zu beurteilen, die durch Rückzahlung einer Hypothek entstanden ist. Hier könnte der gesetzliche Löschungsanspruch nachrangiger anderer Grundpfandrechtsgläubiger einer erneuten Verwendung der Eigentümergrundschuld entgegenstehen.

Sicherungshypothek/Zwangshypothek
Die bisher beschriebenen Grundpfandrechte waren rechtsgeschäftlich vereinbart, d. h. Grundstückseigentümer und Grundpfandrechtsgläubiger haben sich über die Bestellung der Hypothek oder Grundschuld geeinigt. Die Zwangshypothek kann allerdings gegen den Willen des Grundstückseigentümers im Grundbuch eingetragen werden. Der Inhaber eines vollstreckbaren Titels aufgrund einer Geldforderung kann die Zwangshypothek beantragen. Auch Bauhandwerker haben beispielsweise einen gesetzlichen Anspruch auf die Einräumung einer Sicherungshypothek für die Werklohnforderung.

Rentenschuld (BGB § 1199 ff.)
In § 1199 BGB wird die Rentenschuld folgendermaßen definiert: „Eine Grundschuld kann in der Weise bestellt werden, daß in regelmäßig wiederkehrenden Terminen eine bestimmte Geldsumme aus dem Grundstücke zu zahlen ist (Rentenschuld)." Da diese Art der Grundschuld bei der Finanzierung von Bauvorhaben keine Rolle spielt, wird hier nicht weiter darauf eingegangen.

1.2.2 Zusatzsicherheiten

Landesbürgschaft
Wenn die Voraussetzungen im Rahmen des steuerbegünstigten Wohnungsbaus erfüllt sind, kann zur Absicherung der Darlehensteile, die außerhalb des erstrangigen Beleihungsraumes liegen, eine Landesbürgschaft dienen. Die Bürgschaftsstellen der Länder verbürgen nämlich einen Darlehensbetrag, der über den erststelligen Beleihungsraum hinausgeht, so daß eine Beleihungsgrenze bis zu ca. 75 % der angemessenen Gesamtherstellungskosten abgedeckt ist.

Andere Institute können im Rahmen von Verbundfinanzierungen oder aber auch direkt, wie beispielsweise Sparkassen, höhere Finanzierungswünsche erfüllen. Für die Darlehensteile, die die Beleihungsgrenze überschreiten, ist die Stellung von anderen banküblichen und werthaltigen Zusatzsicherheiten erforderlich.

Risikolebensversicherung
Hohe Beleihungen wie Baudarlehen stützen sich erheblich auf die persönliche Bonität des Darlehensnehmers. Deshalb wird für Spitzenbeträge mindestens als Zusatzsicherheit eine Risikolebensversicherung verlangt. Bei Wegfall des Hauptverdieners durch Tod soll die Rückzahlung des Darlehens durch die Versicherungsleistung und den Verkauf des Objektes gesichert sein. Empfehlenswert ist ein entsprechend höherer Versicherungsabschluß, um beim Tod des Hauptverdieners die planmäßige Bedienung der Darlehensraten aus der Hinterbliebenenversorgung sicherzustellen. Bauspardarlehen werden beispielsweise immer in voller Höhe durch eine Risikolebensversicherung abgesichert. Damit soll die Darlehenstilgung gesichert sein, wenn dem Bauherrn etwas zustößt und das Haus für die Familie erhalten bleiben soll.

1.3 Die Bedeutung der Rangverhältnisse im Grundbuch

1.3.1 Rangordnung

Unter Rang versteht man das Verhältnis eines Rechtes an einer Sache (z. B. am Grundstück) zu anderen Rechten an derselben Sache.

Das Rangproblem und damit die Frage der Rangordnung ist also erst bei mehreren dinglich beschränkten Rechten von Bedeutung; wenn nur einer ein Recht an einem Grundstück hat, liegt kein Rangverhältnis vor. Die Rangordnung legt die Reihenfolge fest, in der die im Grundbuch eingetragenen Rechte (Belastungen) im Falle der Zwangsvollstreckung befriedigt werden. Das Recht mit dem besseren Rang wird zunächst voll befriedigt.

Die Bedeutung des Ranges zeigt sich in der Zwangsversteigerung. Beispiel: E hat ein Grundstück, A eine Hypothek von 10.000 DM, B eine solche von 10.000 DM und C eine solche von 10.000 DM. In der Zwangsversteigerung gilt nach § 44 ZVG folgender Grundsatz: Nur ein solches Gebot wird zugelassen, durch das die Kosten des Verfahrens sowie die dem Anspruch des Gläubigers vorgehenden Rechte gedeckt werden. Betreibt also in dem vorstehenden Beispiel C die Zwangsversteigerung, muß diese mindestens ein Gebot erbringen, das die Kosten der Zwangsversteigerung und 20.000 DM erbringt, d. h. Kosten der Zwangsversteigerung und 20.000,– für A und B.

Gesetzliche Rangfolge
Die gesetzliche Rangfolge geht von dem Prioritätsprinzip aus, d. h., das ältere Recht hat Vorrang vor dem jüngeren. Entscheidend ist allerdings die Eintragung und nicht die Entstehung des Rechtes.

Bei Rechten in derselben Abteilung ergibt sich das Rangverhältnis aus der Reihenfolge der Eintragungen (lfd. Nummer), auch bei Eintragung am gleichen Tage. Werden die Eintragungsanträge allerdings gleichzeitig gestellt, ist im Grundbuch Gleichrang zu vermerken.

Bei Rechten in verschiedenen Abteilungen ergibt sich das Rangverhältnis aus dem Datum der Eintragung. Das früher eingetragene Recht hat Vorrang. Rechte, die am selben Tage eingetragen sind, haben

1. Allgemeines zur Finanzierung

in diesem Falle Gleichrang. Daraus folgt, daß man z. B. bei Grundstückskäufen oder bei Beleihungen von Grundstücken auch die unerledigten Eintragungsanträge beachten muß, die sich in der Grundakte befinden.

Vereinbarte Rangfolge
Nach dem Grundsatz der freien Bestimmbarkeit kann von den Beteiligten eine andere Rangfolge vereinbart werden, soweit das Gesetz einen Rang nicht zwingend vorschreibt (z. B. Erbbaurecht nur zur ersten Rangstelle). Die vom Gesetz abweichende Rangfolge muß im Grundbuch mit eingetragen werden.

Rangänderung
Die Rangänderung ist die nachträglich vereinbarte Änderung der Rangfolge. Erforderlich sind hierzu die Einigung zwischen dem Inhaber des zurücktretenden Rechtes und dem Inhaber des vortretenden Rechtes und die Eintragung in das Grundbuch. Bei Grundpfandrechten ist zusätzlich die Zustimmung des Grundstückseigentümers erforderlich. Dadurch soll der Eigentümer z. B. davor geschützt werden, daß eine baldige Aussicht auf den Erwerb einer Eigentümergrundschuld geschmälert wird.
Die Rangänderung wirkt sich nur zwischen den Beteiligten aus. Zwischenrechte werden nicht berührt. Deren Inhabern darf weder ein Vorteil noch ein Nachteil erwachsen.
Beispiel:
Bisherige Reihenfolge:
Erste Rangstelle:
Post Abt. III, Nr. 1 DM 100.000 (Müller)
Zweite Rangstelle:
Post Abt. III, Nr. 2 DM 50.000 (Meier)
Dritte Rangstelle:
Post Abt. III, Nr. 3 DM 180.000 (Schulte)
Wenn Recht 1 und 3 nun eine Rangänderung vereinbaren, kann das Recht 3 selbstverständlich nur mit DM 100.000 die erste Rangstelle beanspruchen. Mit den weiteren DM 80.000 verbleibt es in der dritten Rangstelle. Das ursprünglich erste Recht erhält den Rang hiernach. Um Vorrang auch vor den Zwischenrechten zu erlangen, muß auch mit diesen eine Rangänderung vereinbart werden.
Neue Rangfolge:
Erste Rangstelle:
Post Abt. III, Nr. 1 DM 100.000 (Schulte)
Zweite Rangstelle:
Post Abt. III, Nr. 2 DM 50.000 (Meier)
Dritte Rangstelle:
Post Abt. III, Nr. 3 DM 80.000 (Schulte)
Vierte Rangstelle:
Post Abt. III, Nr. 4 DM 100.000 (Müller)

1.3.2 Rangvorbehalt und Rangsicherungsmaßnahmen

Rangvorbehalt
Beim Rangvorbehalt behält sich der Eigentümer die Befugnis vor, später ein inhaltlich bestimmtes und rangbesseres Recht zu schaffen. Die Bestellung des Rangvorbehaltes erfordert Einigung und Eintragung. Die Einigung erfolgt z. B. mit folgendem Text: „Vorbehalten ist der Vorrang für eine Grundschuld von 50.000 DM nebst 12 % Zinsen..."
Kennzeichnend ist also, daß der Rangvorbehalt nur dem Recht gegenüber wirkt, bei dessen Bestellung er gemacht wird. Wird der Rangvorbehalt bei später eingetragenen Rechten nicht wiederholt, so erhält dieses Recht endgültig die offene Rangstelle.
Der Rangvorbehalt spielt z. B. eine Rolle, wenn jemand ein Bausparddarlehen als Hypothek in das Grundbuch eintragen will. Die Bausparkassen geben bekanntlich zweitrangige Hypotheken, und der Grundstückseigentümer besorgt sich das Geld, das er gegen eine erstrangige Hypothek erlangen will, zumeist erst dann, wenn die Bausparmittel erschöpft sind. Andererseits ist es klar, daß die Bausparkasse so lange nicht an die 2. Stelle rücken will, solange die Gelder aus der 1. Hypothek noch nicht im Grundstück verbaut sind. Gerade diesen Bedürfnissen aber dient der Rangvorbehalt.
Natürlich könnte man das, was der Eigentümer durch den Rangvorbehalt erzielen will, auch durch eine Vormerkung absichern, indem man für den künftigen Gläubiger der 1. Hypothek schon eine Vormerkung auf dessen Erwerb der Hypothek einträgt. Aber hierzu ist es notwendig, die Person und den Namen des Gläubigers schon zu wissen, und der Bauherr weiß oft noch nicht, von wem er sich die 1. Hypothek besorgen wird. Das ist verständlich; denn erstrangige Hypotheken sind leicht zu beschaffen, und der Grundstückseigentümer kann unter den Geldgebern für eine 1. Hypothek bis zuletzt wählen.
Der Rangvorbehalt ist also eine bedingte Rangänderung; denn Bedingung ist die Ausübung des Rangvorbehalts durch den Eigentümer. Da dieses Recht aber noch nicht in der Entstehung begriffen ist, stellt es nur eine Befugnis dar, d. h., es ist nicht übertragbar, auch nicht pfändbar und daher auch in der Zwangsversteigerung unbeachtlich. Anders ist es mit der Eigentümergrundschuld, die nicht nur veräußerlich, sondern auch pfändbar ist.
Dies ist auch der Grund, daß man oftmals dem Rangvorbehalt gegenüber der Eigentümergrundschuld den Vorzug gibt, obgleich mit beiden die gleiche Wirkung erzielt werden könnte, denn man könnte zunächst eine Eigentümergrundschuld bestellen und dies dann bei Bedarf in eine Hypothek umwandeln.

Rangsicherungsmaßnahmen
Die Rangsicherung z. B. in Form der Vormerkung hat die Wirkung, daß sie dem später einzutragenden Recht den Rang sichert. Dabei richtet sich auch der Rang der Vormerkung nach den allgemeinen Vorschriften über die Rangordnung. Eine Verfügung nach Eintragung der Vormerkung über das Grundstück ist insoweit unwirksam, als sie den vor-

gemerkten Anspruch vereiteln oder beeinträchtigen würde.

Die Auflassungsvormerkung dient beispielsweise der Sicherung des Eigentumsübergangs. Mit der Eigentumsumschreibung kann der Auflassungsvormerkungsberechtigte verlangen, daß alle nach der Auflassungsvormerkung eingetragenen Rechte gelöscht werden.

1.3.3 Gesetzlicher Löschungsanspruch bzw. Rückgewährungsanspruch

Aufgrund des gesetzlichen Löschungsanspruches kann der nachrangige Gläubiger eines Grundpfandrechtes vom Grundstückseigentümer die Löschung vor- oder gleichrangiger Rechte verlangen, wenn der Eigentümer sie endgültig erworben hat. Außerdem hat der Eigentümer einen Rückgewährungsanspruch. Zwar kann eine Grundschuld aufgrund ihrer rechtlichen Konstruktion mehrfach für Kreditierungen verwendet werden. Ist aber die persönliche Forderung des Gläubigers endgültig getilgt, dann muß der Gläubiger die Grundschuld auf den Grundstückseigentümer zurückübertragen (Rückgewährungsanspruch). Diesen Anspruch kann der Grundstückseigentümer sogar an einen anderen Gläubiger vorher abtreten. Damit ist der Anspruch zur gegebenen Zeit auf diesen zu übertragen.

1.4 Abwicklung der Finanzierung

1.4.1 Absicherung am Objekt und persönliche Bonität

Langfristige Baudarlehen dienen der Finanzierung des Objektes, sie sollen aus dem Objekt zurückgezahlt werden (z. B. durch Mieteinnahmen) und am Objekt abgesichert werden. Die Darlehensgeber verlangen daher, daß diese Darlehen durch Eintragung einer Hypothek oder einer Grundschuld gesichert werden. Hierdurch erhält der Darlehensgeber im Notfall bei Leistungsstörungen im persönlichen Bereich des Darlehensnehmers einen direkten Zugriff auf das Objekt. Trotz dieser dinglichen Absicherung wird aber bei der Darlehensbewilligung immer auch die persönliche Bonität des Darlehensnehmers im Vordergrund stehen. Schließlich soll die ordnungsgemäße Bedienung des Darlehens gesichert erscheinen.

Üblicherweise kann man davon ausgehen, daß sich Renditeobjekte (z. B. Miethäuser) nur bei einem entsprechenden Eigenkapitaleinsatz selbst tragen. Deshalb sind Beleihungen derartiger Objekte auch nur im Rahmen des von dem Kreditinstitut ermittelten Beleihungswertes üblich (siehe Abschnitt 1.4.2).

Eigengenutzte Eigentumsmaßnahmen müssen naturgemäß aus dem sonstigen Einkommen des Bauherrn bedient werden. Maßgebliche Faktoren zur wirtschaftlichen Vertretbarkeit in diesem Bereich sind:

– bisher gezeigte Sparwilligkeit und Sparfähigkeit;
– Alter der Antragsteller;
– Dauer der Beschäftigung und Sicherheit des Arbeitsplatzes bzw. bei Selbständigen Geschäftsaussichten der Branche, in der der Selbständige arbeitet;
– Größe der Familie und des verbleibenden Nettoeinkommens (die Belastung darf auf keinen Fall 50 % des Nettoeinkommens überschreiten, üblich sind etwa 30–40 %);
– nachhaltige Belastungshöhe;
– sonstige Belastungen des Objektes (z. B. Grundsteuer, Erbbauzins).

1.4.2 Darlehensantrag

Anhand der Beleihungsunterlagen (vgl. Abschnitt C.1.1.3.6) prüft der Darlehensgeber, ob die benötigte Darlehenssumme auch gesichert ist. Dabei sind die Institute bei der Vergabe von Baudarlehen an verschiedene gesetzliche Bestimmungen gebunden, so z. B. die Hypothekenbanken an das Hypothekengesetz. Diese Bestimmungen beinhalten unter anderem das Berechnungsverfahren für den sogenannten Beleihungswert, der anhand der eingereichten objektbezogenen Beleihungsunterlagen ermittelt wird. In der Regel beträgt der Beleihungswert ca. 75–80 % der angemessenen Gesamtkosten bzw. des Kaufpreises. In Abb. 22 beträgt der Beleihungswert 80 % der Gesamtkosten.

Die Beleihungsgrenze z. B. eines erststelligen Baudarlehens – ausgedrückt in Prozent der Gesamtkosten bzw. des Kaufpreises – ergibt sich, wenn man den Beleihungswert mit dem Prozentsatz der von dem Finanzierungsinstitut festgelegten Beleihungsgrenze multipliziert.

Die sich daraus ergebenden Beleihungsgrenzen sind in Abb. 22 dargestellt. Folgende Annahmen liegen zugrunde:

a) Für erststellig gesicherte Darlehen legt die Bank I fest: Beleihungsgrenze ist 60 % des Beleihungswertes. Also Beleihungsgrenze – ausgedrückt in Prozent der Gesamtkosten – = 60 % von 80 % der Gesamtkosten = 48 %.

b) Die Bausparkasse setzt ihre Beleihungsgrenze auf 80 % des Beleihungswertes fest, d. h., die Beleihungsgrenze – ausgedrückt in Prozent der Gesamtkosten – = 80 % von 80 % der Gesamtkosten = 64 %, d. h., die Bausparkasse gibt dem Bauherrn ein zusätzliches Darlehen von 64 % ./. 48 % = 16 % der Gesamtkosten.

c) Die Bank II gibt für nachstellig gesicherte Darlehen an: Beleihungsgrenze = 90 % des Beleihungswertes, ausgedrückt in Prozent der Gesamtkosten; Beleihungsgrenze = 90 % von 80 % der Gesamtkosten = 72 %. D. h., die Bank II gibt dem Bauherrn ein nachstellig gesichertes Darlehen von 72 % ./. 64 % = 8 % der Gesamtkosten.

1. Allgemeines zur Finanzierung

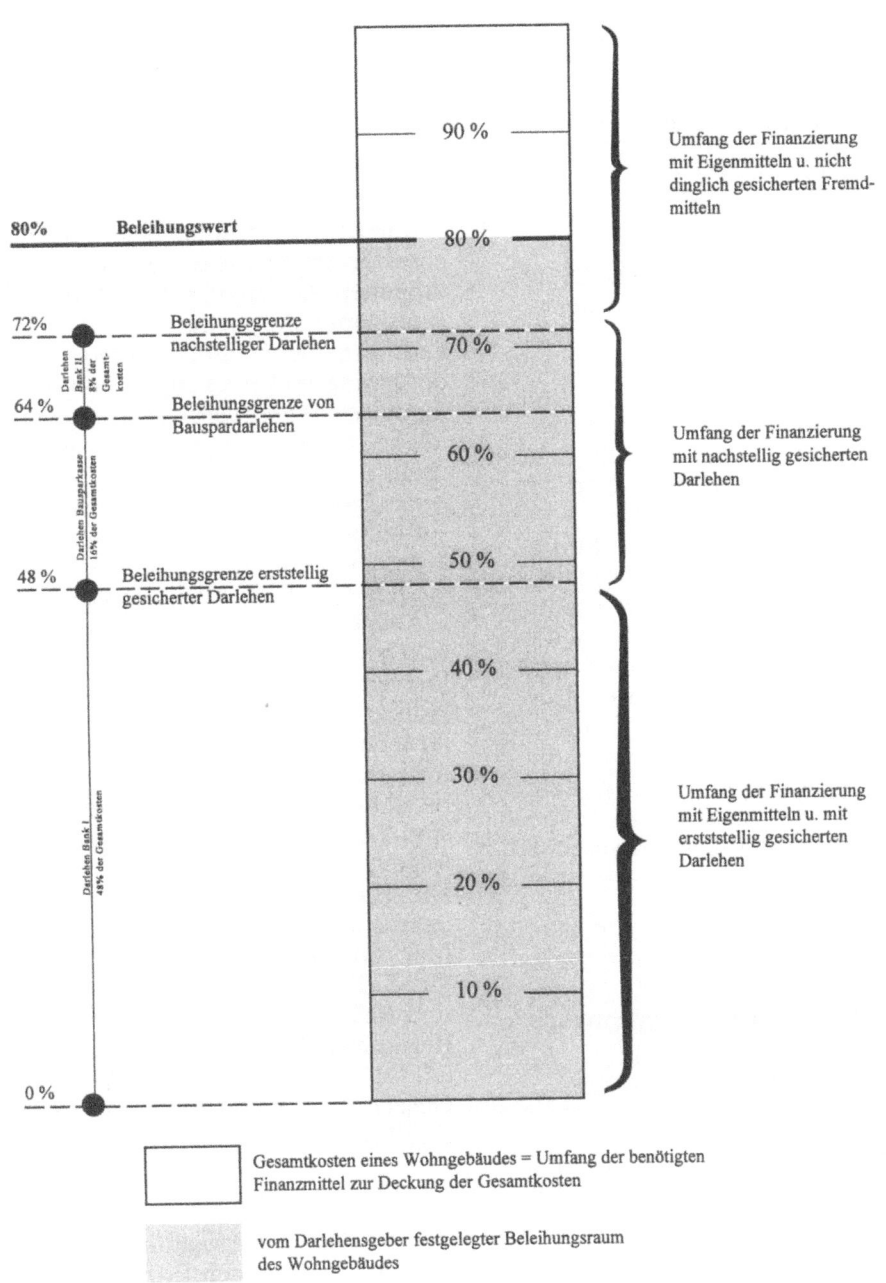

Abb. 22: *Umfang von Fremdmitteln*

d) Bislang sind von den Gesamtkosten finanziert:
   Bank I: 48 %
   Bausparkasse: 16 %
   Bank II: 8 %
                   ─────
                    72 %

Der Rest in Höhe von 28 % der Gesamtkosten muß durch Eigenmittel und nicht dinglich gesicherten Fremdmittel aufgebracht werden.

1.4.3 Vorlasten in Abteilungen II und III des Grundbuches

Anhand des Kaufvertrages oder eines Grundbuchauszuges sind mögliche vorrangige Eintragungen auf ihre Auswirkung hin zu prüfen. Die Prüfung umfaßt sowohl die wirtschaftliche Auswirkung im Rahmen der Belastungsberechnung als auch mögliche Auswirkungen auf die Absicherung am Objekt. Dienstbarkeiten sind in der Regel nicht beleihungsschädlich. Andere Vorlasten müssen unbedingt im Rang zurücktreten (u. a. Altenteil, Wohnrechte, Reallasten, Auflassungsvormerkungen und Rückauflassungsvormerkungen, Bergschädenverzichte). Soweit es sich um bewertbare Vorlasten handelt (wie z. B. bewertbare Reallasten, Bergschädenminderwertverzichte, Erbbauzinsen mit und ohne Erhöhungsklausel), kann ein Rücktritt wie auch eine Kapitalisierung mit Berücksichtigung als Vorlast in Frage kommen. Bei Erbbaurechten und

Nacherbenvermerken (grundsätzlich auch beim befreiten Vorerben) ist die Zustimmung bzw. Mitwirkung eines Dritten bei der Bestellung der Grundschuld oder Hypothek unbedingt erforderlich.

1.4.4 Auszahlung

Sind die Beleihungsunterlagen vollständig und hat das Institut geprüft, daß das Baudarlehen in der beantragten Höhe gewährt werden kann, erhält der Bauherr die Darlehensverträge. Gleichzeitig werden ihm sonstige Sicherungsverträge und die Entwürfe der Grundschuldbestellungsurkunden zugesandt. Die Grundschuldbestellung muß der Bauherr von einem Notar beurkunden lassen, der dann die grundbuchliche Eintragung veranlaßt.

Wenn bei der Bank der Nachweis über die Eintragung der Grundschuld vorliegt und auch die sonstigen Verträge unterzeichnet sind (einschließlich der Stellung eventueller Zusatzsicherheiten), kann die Auszahlung des Geldes beginnen. Dem Bauherrn wird bei Abschluß des Darlehensvertrages die Darlehenssumme allerdings nicht in einer Summe, sondern immer erst nach Baufortschritt ausgezahlt. Wenn ein bestimmter Bauabschnitt fertiggestellt ist, wird der entsprechende Darlehensteil ausbezahlt. Die folgenden 3 Beispiele sollen dies verdeutlichen.

Rohbaurate
Bei Rohbaufertigstellung bis zu 40% des Darlehens gegen Vorlage
— der Bescheinigung der Bauzustandsbesichtigung zur Rohbauerstellung,
— des messungsamtlichen Grenzattestes.

Zwischenrate
Nach Beendigung der Installations- und Schreinerarbeiten bis zu weiteren 30% des Darlehens gegen Vorlage eines Bautenstandsberichtes (z. B. des Architekten).

Schlußrate
Nach vollständiger Fertigstellung des Gebäudes einschließlich Außenputz gegen Vorlage der Bescheinigung zur Bauzustandsbesichtigung zur abschließenden Fertigstellung.

Schwierigkeiten gibt es für den Bauherrn immer dann, wenn nicht nur am Ende des jeweiligen Bauabschnittes, sondern bereits vorher Rechnungen zu bezahlen sind und sein Eigenkapital erschöpft ist. Dann muß bis zur Auszahlung der jeweiligen Darlehensrate ein Zwischenkredit in Anspruch genommen werden. Dies verteuert natürlich das gesamte Bauvorhaben. Manche Institute — wie beispielsweise Sparkassen - zahlen auch in kleineren Teilbeträgen ihre Darlehen nach Baufortschritt aus. Allerdings ist zu beachten, daß bei der ersten Auszahlung das volle Disagio, die Schätzungskosten und eventuelle Bereithaltungsgebühren einbehalten werden.

1.5 Zwangsvollstreckung in das Grundvermögen

Gerät der Eigentümer eines Grundstückes oder eines grundstücksgleichen Rechtes mit den Zahlungen für Zinsen oder der Tilgung seiner Schuld in Rückstand und zahlt er trotz Mahnungen nicht, dann kann der Gläubiger versuchen, über den Weg der Zwangsvollstreckung in das Grundstück Befriedigung seiner Forderung zu erlangen. Dabei unterliegen folgende Gegenstände der dinglichen Haftung:
— das Grundstück in seinem jeweiligen Bestand,
— Erzeugnisse, Bestandteile,
— das Zubehör,
— Miet- und Pachtzinsforderungen,
— Ansprüche auf wiederkehrende Leistungen,
— Versicherungsforderungen.

Der Umfang der Haftung richtet sich nach der Höhe der Forderung (Hypothek) bzw. nach dem Grundschuldkapital. Außerdem sind mindestens die gesetzlichen Zinsen von 4% zu zahlen, wenn nicht höhere Zinsen im Grundbuch eingetragen sind. Letztlich sind auch die Kosten der Rechtsverfolgung zu tragen.

Die Haftung selbst wird erst mit der Beschlagnahme (Zwangsversteigerungsvermerk) wirksam. Man unterscheidet bei der Zwangsvollstreckung die Sicherungshypothek, die Zwangsverwaltung und die Zwangsversteigerung. Die entsprechenden Regelungen finden sich in der Zivilprozeßordnung (ZPO) (§§ 704-802 bzw. 864-871 ZPO) und im Gesetz über die Zwangsversteigerung und die Zwangsverwaltung von Grundstücken.

1.5.1 Zwangsverwaltung

Bei der Zwangsverwaltung sucht der Gläubiger Befriedigung aus den Erträgen des Grundstückes. Sie erfolgt durch Antrag des Gläubigers beim Vollstreckungsgericht (Amtsgericht, in dem das Grundstück liegt). Das Vollstreckungsgericht veranlaßt die Beschlagnahme des Grundstücks, die Bestellung eines Zwangsverwalters und die Eintragung der Zwangsverwaltung im Grundbuch. Mit Zustellung des Anordnungsbeschlusses (Beschlagnahme) kann der Schuldner das Grundstück weder veräußern noch verwalten oder benutzen. Die Verwaltung obliegt einem bestellten Zwangsverwalter. Er hat das Recht und die Pflicht, alles zu tun, um das Grundstück in seinem Bestand zu erhalten und ordnungsgemäß zu nutzen. Aus dem Nutzungsentgelt des Grundstückes deckt er die Kosten (Vergütung des Verwalters, Betriebskosten etc.). Die weiteren Erträge werden nicht nur an die die Zwangsverwaltung betreibenden Gläubiger, sondern in einer gesetzlich fesgelegten Rangordnung an alle Gläubiger (z. B. Lohn- und Steuerschulden) vergeben. Nach Befriedigung des betreibenden Gläubigers hebt das Gericht die Zwangsvollstreckung durch Beschluß auf.

1.5.2 Zwangsversteigerung

Will der Gläubiger jedoch die ausstehenden Zahlungen eintreiben, indem er auf das belastete Grundstück zurückgreift, steht ihm neben der Zwangsverwaltung der Weg der Zwangsversteigerung offen.

Hierfür benötigt er zunächst einen vollstreckbaren Titel vom Vollstreckungsgericht, wie beispielsweise:
- Endurteile, die rechtskräftig oder für vorläufig vollstreckbar erklärt sind,
- Prozeßvergleiche als zeitliche Einigung vor Gericht,
- Vollstreckungsbescheide.

Oft unterwirft sich der Schuldner schon in der Schuldurkunde der sofortigen Zwangsvollstreckung, so daß kein besonderer vollstreckbarer Titel mehr eingeholt werden muß.

Die Zwangsversteigerung erfolgt auf Antrag des Gläubigers beim Vollstreckungsgericht durch Beschlagnahme des Grundstückes (Zustellung des Beschlusses) und Eintragung des Vermerks im Grundbuch. Mit der Zustellung der Beschlagnahme verliert der Schuldner die Verfügungsmacht über das Grundstück; er darf das Grundstück weder veräußern noch belasten. Die Beschlagnahme umfaßt nicht die Miet- und Pachtzinsforderungen. Hierzu ist die Zwangsverwaltung erforderlich. Als am Verfahren Beteiligte gelten nun
- der Schuldner,
- der Betreibende und alle später dem Verfahren beigetretenen Gläubiger,
- die im Grundbuch eingetragenen Gläubiger,
- Personen, die bestimmte Rechte wie Miet- und Pachtrechte spätestens bis zum Versteigerungstermin anmelden.

Gläubiger, deren Forderung nicht hypothekarisch gesichert ist, können also nur teilnehmen, indem sie ausdrücklich dem Verfahren beitreten.

Der Versteigerungstermin wird mindestens 6 Wochen im voraus vom Vollstreckungsgericht festgesetzt, mit näheren Hinweisen über das Objekt und das Verfahren öffentlich bekanntgemacht sowie den Beteiligten zugestellt. Diese werden aufgefordert, eine Berechnung ihrer Ansprüche einzureichen. Zur Befriedigung der verschiedenen Ansprüche werden diese zunächst in Rangklassen eingeordnet:

1. Anspruch eines die Zwangsverwaltung betreibenden Gläubigers auf Ersatz seiner Ausgaben zur Erhaltung des Grundstücks,
2. bestimmte Ansprüche in der Land- und Forstwirtschaft,
3. Ansprüche auf Entrichtung bestimmter öffentlicher Lasten auf das Grundstück wie Grundsteuer etc.,
4. z. B. hypothekarisch gesicherte Ansprüche,
5. z. B. ungesicherte Forderungen.

Die in den einzelnen Rangklassen zusammengefaßten Ansprüche werden jeweils erst dann berücksichtigt, wenn die Ansprüche der vorhergehenden Klassen voll gedeckt sind. Innerhalb einzelner Rangklassen werden gleichrangige Rechte nach dem Verhältnis ihrer Beträge berücksichtigt. Vor allen Ansprüchen werden allerdings die Kosten des Verfahrens befriedigt.

In der Versteigerung wird nur ein Gebot zugelassen, das über dem sogenannten „geringsten Gebot" liegt. Durch das geringste Gebot müssen zunächst die Rechte, die dem Anspruch des betreibenden Gläubigers vorgehen, sowie die (aus dem Versteigerungserlös zu entnehmenden) Kosten des Verfahrens gedeckt sein. Betreiben mehrere Gläubiger das Verfahren, entscheidet das rangmäßig beste Recht über die Höhe des geringsten Gebotes. Die außerhalb des geringsten Gebotes rangierenden Ansprüche finden nur Befriedigung, wenn das höchste abgegebene Gebot – das „Meistgebot" – sie deckt.

Beispiel:
Gläubiger A (an erster Rangstelle)
Gläubiger B (an zweiter Rangstelle)
Gläubiger C (an dritter Rangstelle)
Gläubiger D (an vierter Rangstelle)
Betreibt D das Verfahren und tritt B rechtzeitig dem Verfahren bei, schneidet das geringste Gebot vor dem Anspruch des B ab, d. h., Gläubiger A und die Kosten des Verfahrens fallen unter das geringste Gebot.

Neben dem geringsten Gebot ist das Mindestgebot zu beachten. Erreicht nämlich das abgegebene Meistgebot (einschließlich des Kapitalwertes der bestehenden bleibenden Rechte) nicht 7/10 des vom Vollstreckungsgericht festzusetzenden Grundstücks-Verkehrswertes, ist das Mindestgebot nicht erfüllt, und die Versagung des Zuschlags kann beantragt werden. Diese Versagung ist bei einem dann notwendigen zweiten Versteigerungstermin nicht mehr möglich.

Der Zuschlag wird dem Meistbietenden durch Beschluß des Gerichtes erteilt. Mit dem Zuschlag, der mit der Verkündung (Verkündungstermin) wirksam wird, ist der Erwerber Eigentümer des Grundstückes, sofern nicht im Beschwerdeweg der Beschluß rechtskräftig aufgehoben wurde.

Das Gericht stellt einen Teilungsplan auf und nimmt in einem besonderen Termin (Verteilungstermin) die Verteilung des Versteigerungserlöses vor, wobei zuerst die Kosten des Verfahrens gedeckt werden. Kosten im Zusammenhang mit dem Zuschlag hat der Erwerber zu tragen.

Nach Verteilung wird das Grundbuchamt um Eintragung des neuen Eigentümers sowie Löschung der untergegangenen Rechte und des Vermerkes über die Zwangsversteigerung ersucht. Erlischt durch den Zuschlag ein Recht, das nicht auf Zahlung eines Kapitals gerichtet ist, tritt an seine Stelle ein Anspruch auf Ersatz des Wertes aus dem Versteigerungserlös (z. B. bei Rechten in Abschnitt II des Grundbuches wie Wohnrecht u. a.).

Die Zwangsversteigerung von Grundstücken kann auf Antrag des Schuldners auf die Dauer von höchstens sechs Monaten eingestellt werden, wenn dadurch die Versteigerung abgewendet werden kann. Hat die Zwangsvollstreckung nicht zur vollen Befriedigung des Gläubigers geführt oder war sie fruchtlos, kann der Gläubiger aus der persönlichen Forderung heraus in einem gesonderten Verfahren in das sonstige gesamte Vermögen des Schuldners vollstrecken.

2. Besonderheiten bei der Wohnungsbaufinanzierung

Neben den Baudarlehen in Form z.B. des Annuitätendarlehens gibt es bei der Finanzierung von Wohnungsbauten – zunächst unabhängig davon, ob an Eigennutzung oder an Vermietung gedacht wird – andere Finanzierungsbausteine, deren Grundzüge im folgenden dargestellt werden sollen.

2.1 Finanzierung mit einem Bausparvertrag

Die Rechtsbeziehungen zwischen dem Bausparer und der Bausparkasse beruhen auf den „Allgemeinen Bedingungen für Bausparverträge" der einzelnen Bausparkassen. Diese wiederum haben als Grundlage die Bestimmungen des Bausparkassengesetzes. Hier sollen nur die grundsätzlichen Regelungen des Bausparens dargestellt werden.

Ein Bausparvertrag erfüllt zwei Funktionen:
— Er gibt die Möglichkeit, Eigenkapital anzusammeln.
— Er verschafft dem Bausparer einen Rechtsanspruch auf ein Darlehen in Höhe des Unterschiedsbetrages zwischen der Bausparvertragssumme (BSV-Summe) und dem Bausparguthaben (BS-Guthaben) zu relativ günstigen Bedingungen.

Die im folgenden angegebenen Werte dürfen nur als Anhaltswerte verstanden werden und sind natürlich im konkreten Fall den Bausparbedingungen zu entnehmen. Der Antrag auf einen Abschluß eines Bauvertrages ist an einen Vordruck gebunden, mit dem auch die Bausparbedingungen ausgehändigt werden.

Konditionen für Bausparverträge
Bei Bauspardarlehen werden Annuitätendarlehen gewährt.
- Abschluß: in vollen Tausend DM
- Abschlußgebühr: i. d. R. 1% der Bausparsumme
- Zinssatz für Sparguthaben: 2,5% bis 4% p. a.
- monatliche Regelsparrate: 0,4% bis 0,7% der Vertragssumme

Als Sparrate können auch die vermögenswirksamen Leistungen nach dem Vermögensbildungsgesetz für Arbeitnehmer verwendet werden. Je Arbeitnehmer können so jährlich bis zu 936,– DM baugespart werden.
- Mindestsparguthaben: 40% bis 50% der Bausparsumme
- Tilgungsbetrag (Zinsen und Tilgung): 0,5% bis 0,8% pro Monat

Bei den Verzinsungs- und Tilgungsmodalitäten gibt es die unterschiedlichsten Bedingungen, insbesondere bei der Berücksichtigung von Ratenzahlungen bei der Zinsberechnung. Einige Bausparkassen sind aufgrund des BGH-Urteils vom 24.11.1988 auf die taggenaue Verzinsung übergegangen. Vermögenswirksame Leistungen nach dem Vermögensbildungsgesetz für Arbeitnehmer können in Höhe von 936,– DM als Zins- und Tilgungsleistung verwendet werden.
- Darlehensgebühr: 2 bis 3%

Das Bauspardarlehen wird dem Bauherren zu 100% ausbezahlt, d. h. in voller Höhe zwischen der Differenz der Bausparsumme und dem Bausparguthaben. Der Bauherr hat aber stattdessen eine Darlehnsgebühr (üblich sind 2 bis 3%) zu zahlen. Diese Gebühr wird dem Darlehen zugeschlagen und ist so mit ihm zu tilgen und zu verzinsen, hat also die Wirkung eines Agios.

Beispiel:
Vertragssumme = DM 100.000,–
Guthaben = DM 40.000,–

Die Darlehnsgebühr beträgt 3%;
Dem Bauherrn wird ein Darlehen in Höhe von DM 60.000,– ausgezahlt; zu tilgen und zu verzinsen sind jedoch 60.000,– DM + 3% von 60.000,– DM = 61.800 DM.

Die Disagiotarife bieten die Möglichkeit, die Zinsen teilweise vorab als Disagio zu bezahlen. Da das Disagio steuerlich zu den Geldbeschaffungskosten zählt, die sofort als Werbungskosten geltend gemacht werden können, wird durch die Disagiovariante in vielen Fällen ein steuerlicher Vorteil erreicht (insbesondere bei Eigennutzung). Das Disagio wird von der Darlehnsschuld (Bauspardarlehen zuzüglich Darlehnsgebühr) berechnet.
- Zinssatz für das Darlehen: 5 bis 7% p. a.
- effektiver Jahreszins: unterschiedlich, je nach Ausgestaltung der vorgenannten Modalitäten
- Kündigung

Der Bausparer kann seinen Bausparvertrag jederzeit kündigen. Nach Ablauf der Kündigungsfrist

2. Besonderheiten bei der Wohnungsbaufinanzierung

(meistens 3 Monate) wird das Sparguthaben einschließlich der Zinsen zurückgezahlt. Steuerrechtlich besteht eine Sperrfrist von 10 Jahren, bei Inanspruchnahme der Wohnungsbauprämie von 7 Jahren. Bei vorzeitiger Kündigung sind die Prämien zurückzugewähren bzw. die entsprechenden Beträge nachzuversteuern. Dies gilt selbst dann, wenn das Geld zum Wohnungsbau verwendet wird.

- Zuteilung der Bausparsumme

Die Bausparsumme, also das angesparte Bausparguthaben und das Bauspardarlehen, wird bei Erfüllung der folgenden Mindestbedingungen zugeteilt:
- je nach Bausparvertrag muß eine Mindestlaufzeit zwischen in der Regel 18 bis 60 Monaten absolviert sein und
- eine Mindestbausparsumme von 40 bis 50% der Bausparvertragssumme muß eingezahlt sein.

Die Zuteilungsmasse reicht jedoch häufig nicht aus, um alle entsprechenden Verträge bei Erreichen der Mindestbedingungen zuzuteilen. Daher erfolgt die Zuteilung nach einem Bewertungszahlensystem, das je nach Bausparkasse unterschiedlich ist. In dem Bewertungsverfahren wird die Liegezeit des Sparguthabens bei der Bausparkasse besonders honoriert, d.h., bei gleicher Höhe des Sparguthabens erhält das über einen längeren Zeitraum angesparte Guthaben eine höhere Bewertungsziffer.

Ist die vorher genannte prämienrechtliche oder steuerrechtliche Sperrfrist noch nicht abgelaufen, hat die Bausparkasse bei der Auszahlung die Verwendung der Bausparmittel zum Wohnungsbau zu überprüfen (Bestätigung durch den Architekten oder die Bank).

Die Verwendung der Mittel zum Wohnungsbau kann durch den Bausparer selbst oder einen Angehörigen (im Sinne des §15 der Abgabenordnung) erfolgen. Die Verwendungsmöglichkeiten von Bausparmitteln zum Wohnungsbau sind im Abschnitt 92 Abs. 2 der Einkommensteuerrichtlinien aufgezählt, so zum Beispiel:
- zum Bau, Erwerb, Modernisierung eines Wohngebäudes/Eigentumswohnung (auch Mietermodernisierung),
- zum Erwerb von Bauland, um ein entsprechendes Gebäude darauf errichten zu können,
- zur Ablösung von Verpflichtungen (z.B. Annuitätendarlehen), die mit dem Wohnungsbau im Zusammenhang stehen.

- Sicherung des Darlehens

Dies wurde bereits im Abschnitt 1.2 behandelt.

- Tilgungsstreckung

Durch die relativ kurze Laufzeit des Bauspardarlehns ist die monatliche Belastung für Zins und Tilgung ziemlich hoch. Bei eintretenden finanziellen Engpässen besteht die Möglichkeit, eine sogenannte Tilgungsstreckung durchzuführen. Der Bauherr zahlt hierbei z.B. nur 2/3 des Zins- und Tilgungsbeitrages, für das Bauspardarlehen nur noch 4 o/oo der Bausparsumme. Die Bausparkasse übernimmt gleichzeitig im Rahmen eines sogenannten Tilgungsstreckungsdarlehens das restliche Drittel. Dieses Tilgungsstreckungsdarlehen wird nicht zum günstigen Bauspardarlehentarif, sondern zu marktüblichen Konditionen verzinst. Erst wenn das Bauspardarlehen völlig an die Bausparkasse zurückgezahlt ist, beginnt der Bauherr mit der Tilgung des inzwischen angelaufenen Tilgungsstreckungsdarlehens, und zwar in der Regel mit der gleichen Rate, mit der er zuvor das Bauspardarlehen getilgt hat. Eine solche Tilgungsstreckung führt natürlich zu einer länger andauernden monatlichen Belastung und zu einer entsprechenden Verteuerung der gesamten Finanzierung. Sie sollte deshalb nur bei vorübergehenden, d.h. zeitlich abgeschlossenen finanziellen Engpässen eingesetzt werden.

Staatliche Vergünstigungen beim Bausparen

Hier kann zwischen Wohnungsbauprämien und Steuervergünstigungen gewählt werden. Gleichzeitige Inanspruchnahme der beiden Möglichkeiten ist ausgeschlossen.

Wohnungsbauprämien
Diese können beanspruchen:
- natürliche Personen,
- Personen mit unbeschränkter Einkommensteuerpflicht, die also einen Wohnsitz oder gewöhnlichen Aufenthalt haben und mit sämtlichen Einkünften einkommensteuerpflichtig sind,
- Personen, bei denen das zu versteuernde Einkommen DM 27.000,– bei Alleinstehenden und DM 54.000,– bei Verheirateten im Jahr der Sparleistung nicht übersteigt.

Die Prämiensätze betragen einheitlich für Alleinstehende und Verheiratete 10%. Die Anzahl der Kinder spielt seit der Neuregelung zum 1.1.1990 keine Rolle. Die prämienbegünstigten Sparbeiträge sind nach Familienstand gestaffelt. Sie betragen für Alleinstehende maximal DM 800,– und für Verheiratete maximal DM 1.600,– pro Jahr.

Steuervergünstigungen
Die Bausparbeiträge können auch wahlweise als Vorsorgeaufwendungen im Rahmen bestimmter Höchstbeträge bei der Einkommensteuer geltend gemacht werden. Diese Steuervergünstigung wird unabhängig von der Höhe des zu versteuernden Einkommens gewährt. Allerdings werden Bausparbeiträge im Rahmen der Steuervergünstigung ab 1990 nur noch zur Hälfte als Vorsorgeaufwendungen berücksichtigt.

Für Arbeitnehmer mit höherem Einkommen (oberhalb der Grenzen für Wohnungsbauprämien) sind in aller Regel bereits die Sonderausgabenhöchstbeträge durch anderweitige Vorsorgeaufwendungen (u.a. gesetzliche Sozialversicherung) ausgeschöpft, so daß eine Steuervergünstigung praktisch nicht zum Tragen kommt.

163

2.2 Baudarlehen mit Tilgungsaussetzung

Bei Baudarlehen mit Tilgungsaussetzung müssen – im Gegensatz zum Annuitätendarlehen – keine regelmäßigen Tilgungen gezahlt werden. Der Bauherr braucht zunächst nur die Zinsen zu bezahlen. Gleichzeitig mit dem Abschluß des Baudarlehensvertrages muß eine Lebensversicherung oder ein Bausparvertrag abgeschlossen werden, aus denen später die Tilgung in einer Summe oder in mehreren Teilbeträgen erfolgt. Die Rechte und Ansprüche aus der Lebensversicherung bzw. dem Bausparvertrag werden dem Darlehensgeber abgetreten.

Tilgungsaussetzung mit Bausparen
Durch diese Kombination kann der Bauherr die staatliche Bauförderung zur Ansparung der Tilgungsbeiträge nutzen. Da er keine Tilgung bezahlt, kann er die dadurch eingesparten Geldsummen zur Abzahlung des Bauspardarlehens verwenden. Ein weiterer Vorteil ist der günstige Festzinssatz für die gesamte Laufzeit des Bauspardarlehens nach Zuteilung des Bausparvertrages.
Ob das Baudarlehen mit Tilgungsaussetzung letztlich günstiger ist als ein Annuitätendarlehen, hängt vom Einzelfall ab und muß unter Zugrundelegung z. B. der Einkommensverhältnisse sorgfältig geprüft werden.

Tilgungsaussetzung mit einer Lebensversicherung
Der Finanzierungsvorgang teilt sich in zwei Komponenten:
— Inanspruchnahme eines tilgungsfreien Baudarlehens (Festbetragsdarlehens),
— gleichzeitiger Abschluß einer Lebensversicherung; am Ende der Laufzeit der Lebensversicherung wird mit der Auszahlung der Lebensversicherungssumme das Festbetragsdarlehen mit einem Betrag getilgt.

Bei dieser Finanzierungsart gibt es die verschiedensten Formen der Vertragsgestaltung. Das Prinzip dieser Finanzierungsart soll an einem in der Praxis häufig vorkommenden Beispiel gezeigt werden.

I. Aufnahme eines Baudarlehens von 100.000,– DM jährliche Belastung durch Zinsen bei einem Zinssatz von 7 % = 7.000,– DM
Laufzeit: 26 Jahre
II. Gleichzeitiger Abschluß einer Lebensversicherung über 50.000,– DM
Laufzeit: 26 Jahre
Lebensversicherungsbeitrag (Alter des Versicherten: 35 Jahre) (1.–26. Jahr) jährlich ca. 1.700,– DM
jährliche Belastung (1.–26. Jahr)   8.700,– DM
(bei einem Annuitätendarlehen mit vergleichbarer Laufzeit: 8.400,– DM)
III. Die nach 26 Jahren ausgezahlte Versicherungssumme von 50.000,– DM zuzüglich der verzinslich angelegten Gewinnanteile von ca. 50.000,– DM ergibt eine Gesamtauszahlung in Höhe von 100.000,– DM. Diese wird zur Gesamttilgung des Baudarlehens (Festbetragsdarlehen) verwendet.

Die wesentlichen Unterschiede zum Annuitätendarlehen bestehen in
a) dem Risikoschutz,
b) den Lebensversicherungsbeiträgen,
c) dem höheren Schuldzinsenabzug,
d) den Überschußanteilen,
e) der Liquiditätsbelastung,
f) dem Zinsänderungsrisiko und
g) den außerplanmäßigen Darlehensrückzahlungen.

Zu a): Wenn der Bauherr selbst die versicherte Person ist, bietet das Versicherungsdarlehen automatisch einen Risikoschutz. Beim Todesfall wird nämlich sofort die Lebensversicherungssumme fällig, d. h., das Festbetragsdarlehen wird in dieser Höhe sofort getilgt. Ob damit das Haus oder die Eigentumswohnung schuldenfrei ist, hängt von der vorher gewählten Vertragsform ab (Versicherungssumme in Höhe des Darlehens bzw. nur 50 % Versicherungssumme). Bei einem Annuitätendarlehen müßte der Bauherr immer erst eine Risikoversicherung abschließen, wenn er den gleichen Versicherungsschutz erreichen will.

Zu b): Lebensversicherungsbeiträge sind als steuerlich abzugsfähige Sonderausgaben zu sehen. Die Versicherungsprämien sind als Vorsorgeaufwendungen im Rahmen der Sonderausgaben steuerlich abzugsfähig. In welcher Höhe sie sich beim Bauherrn steuerlich auswirken, hängt davon ab, wieviel Spielraum er noch zwischen seinen anderen Vorsorgeaufwendungen und dem steuerlich abzugsfähigen Höchstbetrag hat. Bei Arbeitnehmern kann im allgemeinen davon ausgegangen werden, daß dieser Höchstbetrag bereits durch die gesetzlichen Vorsorgeaufwendungen ausgefüllt wird.

Zu c): Bei Annuitätendarlehen werden die Zinsen Jahr für Jahr geringer (vgl. Abschnitt 1.1.2), im Gegensatz zu Festbetragsdarlehen, bei denen während der gesamten Laufzeit die Schuldzinsen in voller Höhe zu bezahlen sind. Diese Schuldzinsen können im Rahmen des § 21 EStG als Werbungskosten abgesetzt werden. Dadurch ergibt sich für das Festbetragsdarlehen ein höherer Schuldzinsenabzug als beim Annuitätendarlehen. Dies gilt aber nur im Rahmen des § 21 EStG, also für vermietete Objekte (zum Thema Eigennutzung siehe Abschnitt 2.3.1).

Zu d): Die jährlichen Lebensversicherungsprämien tragen Zinsen. Diese Zinsen werden in Form von Gewinnanteilen dem Versicherungsvertrag gutgeschrieben und entweder am Ende der Laufzeit zusätzlich ausbezahlt oder zu deren Abkürzung verwendet. Die Höhe dieser Überschußanteile hängt von der Leistungsfähigkeit der Versicherungsgesellschaft und von den allgemeinen Kapitalmarktbedingungen ab. Die Leistungsunterschiede zwischen den einzelnen Versicherungsgesellschaften können beträchtlich sein. Beim Annuitätendarlehen ist zwar die Summe der gezahlten Zinsen niedriger als beim Festbetragsdarlehen, da die Zinsen Jahr für Jahr geringer werden. Dieser Vorteil wird aber durch die angesparten Gewinnanteile aus dem Versicherungsvertrag zumindest teilweise wieder ausgeglichen.

Zu e): Die Liquiditätsbelastung bei dem Versicherungdarlehen ist in aller Regel durch die Prämienzahlung in Abhängigkeit vom Lebensalter des Versicherten höher als beim Annuitätendarlehen (siehe auch das Beispiele oben).

Zu g): Weil beim Versicherungsdarlehen keine Tilgungsbeträge erbracht werden, trifft den Darlehensnehmer das Zinsänderungsrisiko während der gesamten Laufzeit des Darlehens in voller Höhe. Tilgungsaussetzungen/Tilgungsstreckungen in Hochzinsphasen oder aus anderen, persönlichen Gründen (z. B. vorübergehende Arbeitslosigkeit) sind nicht möglich, weil nur Zinszahlungen – aber immer in voller Höhe vom Ursprungsbetrag – anfallen.

Zu h): Bei außerplanmäßigen Darlehensrückzahlungen (z. B. bei Objektverkauf) ist der Versicherungsvertrag weiter fortzuführen oder muß gesondert gekündigt werden. Kündigungen führen aber zu Abschlägen in der Leistung. Falls die Kündigung innerhalb von 12 Jahren nach Vertragsabschluß ausgesprochen wird, kommt zudem die Nachversteuerung hinzu.

Beim Vergleich zwischen Annuitätendarlehen und den genannten Kombinationen scheidet der Effektivzins als Vergleichskriterium aus. Hier werden vorwiegend Modellrechnungen unter Einbeziehung von steuerlichen Gesichtspunkten eingesetzt. Durch unrealistische Annahmen (individueller Steuersatz des Darlehensnehmers, zu niedrige Darlehenszinsen über die gesamte Laufzeit, überhöhte Rendite bei der Berechnung der Überschußanteile usw.) sind in der Praxis immer wieder Modellrechnungen anzutreffen, die man nicht mehr als seriös bezeichnen kann.

2.3 Öffentliche Förderung im Wohnungsbau

Im Rahmen der Wohnungsbaufinanzierung ist neben der Beschaffung der Finanzierungsmittel auch die wirtschaftliche Vertretbarkeit der monatlichen Belastung für den Bauherrn von ausschlaggebender Bedeutung.

Diese monatliche Belastung ergibt sich zunächst aus dem Finanzplan (vgl. Abschnitt C.1.1.3). Außerdem wird die monatliche Belastung unter Umständen durch Steuerbefreiungen und Steuervergünstigungen verringert.

In diesem Zusammenhang legt der §5 des Zweiten Wohnungsbaugesetzes folgendes fest:

„(1) **Öffentlich geförderte Wohnungen** im Sinne dieses Gesetzes sind neu geschaffene Wohnungen, bei denen öffentliche Mittel im Sinne des §6 Abs. 1 zur Deckung der für den Bau dieser Wohnungen entstehenden Gesamtkosten oder zur Deckung der laufenden Aufwendungen oder zur Deckung der für Finanzierungsmittel zu entrichtenden Zinsen oder Tilgungen eingesetzt sind.

(2) **Steuerbegünstigte Wohnungen** im Sinne dieses Gesetzes sind neu geschaffene Wohnungen, die nicht öffentlich gefördert sind und nach den Vorschriften der §§ 82 und 83 als steuerbegünstigt anerkannt sind.

(3) **Frei finanzierte Wohnungen** im Sinne dieses Gesetzes sind neu geschaffene Wohnungen, die weder öffentlich gefördert noch als steuerbegünstigt anerkannt sind.

Zur Anerkennung als öffentlich geförderte bzw. steuerbegünstigte Wohnung sind Wohnflächenbegrenzungen von Bedeutung, die allerdings in bestimmten Fällen überschritten werden können.

	öffentlich gefördert	steuerbegünstigt
– Familienheime mit einer Wohnung	130 m²	156 m²
– Familienheime mit zwei Wohnungen	200 m²	240 m²
– eigengenutzte Eigentumswohnungen und Kaufeigentumswohnungen	120 m²	144 m²
– andere Wohnungen in der Regel	90 m²	108 m²

2.3.1 Steuerbefreiungen und Steuervergünstigungen

Grunderwerbssteuer

Zunächst wird durch den Kauf von Wohnungseigentum die Grunderwerbssteuer ausgelöst. Rechtsgrundlage ist das Grunderwerbssteuergesetz, das am 01.01.1983 in Kraft getreten ist. In diesem Gesetz wird im Detail geregelt, welche Erwerbsvorgänge steuerpflichtig sind, wie sich die Besteuerungsgrundlagen errechnen und daß der Steuersatz einheitlich 2% vom Wert der Gegenleistung, also in der Regel vom Kaufpreis beträgt.

Eine Steuerbefreiung bzw. Steuervergünstigung im Rahmen der Förderung im Wohnungsbau gibt es seit dem 01.01.1983 grundsätzlich nicht mehr. Die Steuervergünstigungen, die noch vorgesehen sind, betreffen im Prinzip Erwerbsvorgänge, die unter das Erbschaftssteuer- und Schenkungssteuergesetz fallen.

Grundsteuer

Das Grundsteuergesetz kennt eine Reihe von Steuerbefreiungen für den Grundbesitz der öffentlichen Hand (Bund, Länder und Gemeinden), der in Ausübung der öffentlichen Gewalt (hoheitlichen Tätigkeit) genutzt wird oder dem Gebrauch der Allgemeinheit dient. Weiter ist der Grundbesitz einer inländischen gemeinnützigen Körperschaft befreit, wenn er unmittelbar für gemeinnützige, mildtätige oder kirchliche Zwecke benutzt wird.

Für Private gibt es nur wenige Möglichkeiten, von der Grundsteuer befreit zu werden. Der Erlaß der Grundsteuer (ohne Grundstücksanteil) kommt bei bebauten Grundstücken in Betracht, wenn die Minderung der normalen Bruttomiete mehr als 20% beträgt und der Eigentümer diese Minderung nicht zu vertreten hat. Für Grundbesitz, dessen Erhaltung wegen seiner Bedeutung für Wissenschaft, Kunst oder Naturschutz im öffentlichen Interesse liegt, wird die Grundsteuer auf Antrag erlassen, wenn die jährlichen Kosten in der Regel die erzielten Einnahmen und die sonstigen Vorteile übersteigen. Die Grundsteuervergünstigung nach dem II. Wohnungsbaugesetz (10 Jahre keine Grundsteuer für das Gebäude, sondern nur für das unbebaute Grundstück) gilt noch für vor dem 01.01.1990 fertiggestellte Objekte.

Vermögenssteuer
Das Gesamtvermögen setzt sich aus folgenden Vermögensarten zusammen:
— Grundvermögen,
— land- und forstwirtschaftliches Vermögen,
— Betriebsvermögen,
— sonstiges Vermögen.

Das Wohnungseigentum zählt zum Grundvermögen. Die Vermögenssteuer aus Grundvermögen spielt beim üblichen Wohnungsbau in der Regel nur eine sehr untergeordnete Rolle, da bei der Errechnung des Vermögenswertes zum einen die Schulden und Lasten abgezogen werden können und weil es zum anderen eine Reihe von Freibeträgen gibt. Diesen Zusammenhang soll das folgende Beispiel erläutern:

Ein 60jähriger, verheiratet, hat folgendes Vermögen:
Einfamilienhaus,
Einheitswert + 40%   70.000,– DM
abzüglich Schulden   ./. 50.000,– DM
zuzüglich sonstiges Vermögen   130.000,– DM
Gesamtvermögen   150.000,– DM
abzüglich
a) Freibetrag für sonstiges
    Vermögen (2 · 10.000,– DM) ./. 20.000,– DM
b) allgemeiner Freibetrag für
    Ehegatten (2 · 70.000,– DM) ./. 140.000,– DM
c) Altersfreibetrag
    (Zusammenveranlagung –
    mit Gesamtvermögen
    unter 300.000,– DM)   ./. 10.000,– DM
Steuerpflichtiges
Vermögen (– 20.000)   0,00 DM
zu zahlende Vermögenssteuer   0,00 DM

Erbschafts- und Schenkungssteuer
Diese Steuern werden hier nur vollständigkeitshalber genannt. Sie spielen bei den Überlegungen zur Wohnungsbaufinanzierung nur dann eine Rolle, wenn der Erbschaftsfall bzw. Schenkungsfall eintritt und die Erbschafts- bzw. Schenkungssteuer finanziert werden muß. Wie hoch dann der zu finanzierende Betrag ist, hängt ab von
— dem Steuerwert des Grundstückes,
— den persönlichen (verwandtschaftlichen usw.) Verhältnis des Erwerbers zum Erblasser bzw. Schenker,
— sachlichen Befreiungen,
— persönlichen Freibeträgen.

Einkommensteuer
Im Rahmen dieser Ausführungen kann nur ganz allgemein auf den Zusammenhang zwischen Einkommensteuer und Vermietung bzw. Eigennutzung von Wohnungen eingegangen werden. Dies ist um so mehr dadurch berechtigt, daß sich auf diesem Gebiet ständig Änderungen ergeben, so daß im Einzelfall immer ein Fachmann, z. B. ein Steuerberater, befragt werden muß.

Zunächst ist es wichtig, daß bei der architektonischen Konzipierung einer steuerbegünstigten Wohnung **steuerrechtlich unabdingbare Voraussetzungen** erfüllt werden. Falls diese Voraussetzungen baulich nicht erfüllt werden, handelt es sich später um die Vermietung einzelner Wohnräume einer eigengenutzten Wohnung. Dies hat z. B. andere steuerliche Konsequenzen als die Vermietung einer Wohnung zur Folge. Solche unabdingbare Voraussetzungen sind:

• Wohnzwecke
Eine Wohnung ist eine Zusammenfassung von Räumen, die Wohnzwecken dienen oder zu dienen bestimmt sind.

• Mindestgröße
Die bisher ausreichende Mindestgröße ist ca. 25 m².

• Küche, Bad, Toilette
Die für die Führung eines selbständigen Haushaltes notwendigen Nebenräume wie Küche (zumindest ein Raum mit Kochgelegenheit), Bad oder Dusche und eine Toilette müssen vorhanden sein. Die Waschgelegenheit muß so geräumig sein, daß eine ungestörte und vollständige Körperpflege möglich ist. Ein Waschbecken allein, wie früher, reicht nicht mehr aus.

• Abgeschlossenheit
Es muß sich um baulich getrennte, in sich abgeschlossene Wohneinheiten handeln. An die Abgeschlossenheit werden höhere Ansprüche als bisher gestellt. Sie ist inzwischen ein ganz entscheidendes Kriterium zur Anerkennung einer eigenen Wohnung. Eine Türöffnung (auch abgeschlossen und mit Möbeln zugestellt) hebt diese Abgeschlossenheit auf.

2. Besonderheiten bei der Wohnungsbaufinanzierung

- eigener Zugang

Der separate Eingang ist unbedingt erforderlich. Bei einem gemeinsamen Eingang ist ein Treppenhaus mit besonderem Abgang zur abgeschlossenen Wohnung erforderlich.

Am Beispiel des ausgebauten Reiheneinfamilienhauses wird dies deutlich. Das ausgebaute Dachgeschoß erfüllt in vielen Fällen die erforderlichen Voraussetzungen der Abgeschlossenheit. Allerdings erstreckt sich die Hauptwohnung regelmäßig über zwei Etagen und ist direkt vom Treppenhaus her zugänglich. Da somit die Hauptwohnung als nicht abgeschlossen gilt, bleibt es bei einem Einfamilienhaus.

Neben den genannten entwurfsrelevanten Voraussetzungen ist auch der Begriff der Fertigstellung für verschiedene steuerliche Auswirkungen von Bedeutung (z. B. Grundförderung nach § 10 e EStG). In Zweifelsfällen sollte der Architekt die Fertigstellung bestätigen.

Zur Verdeutlichung seien hier verschiedene Leitsätze aus Urteilen genannt:

- Der Bau muß so weit fortgeschritten sein, daß den zukünftigen Bewohnern der Einzug zumutbar ist.
- Die Abnahme durch die Bauaufsicht ist unbeachtlich. Allerdings dürfen wesentliche Bauteile nicht fehlen.
- Es liegt keine Fertigstellung vor, wenn der gesamte Fußboden fehlt.
- Fertigstellung liegt vor trotz des Fehlens eines Teppichbodens, von Tapeten, Herd und Spüle.
- Voraussetzungen zur Fertigstellung sind vorhandene Fenster, Außentüren, Treppen.

Die einkommensteuerliche Behandlung von Wohnungseigentum hängt zunächst davon ab, ob es sich um eine eigengenutzte Wohnung (Eigennutzung) oder um eine vermietete Wohnung (Vermietung) oder gar um eine teils vermietete und teils selbstgenutzte Wohnung handelt.

Gehen wir zunächst von der **Vermietung** aus. Hier gibt es Einkünfte aus Vermietung und Verpachtung gemäß § 21 EStG.

Die Einkünfte werden nach einer im Grundsatz sehr einfachen Methode ermittelt. Die Summe aller steuerrelevanten Einnahmen wird der Summe aller steuerrelevanten Ausgaben (steuerlich als Werbungskosten bezeichnet) gegenübergestellt. Der sich dabei ergebende Unterschiedsbetrag ist der Überschuß oder der Verlust aus Vermietung und Verpachtung.

Steuerrelevante Einnahmen sind die tatsächlichen Entgelte, die dem Vermieter zufließen wie z. B.:

- Einnahmen in Form von Geld (Mieteinnahmen),
- Einnahmen in Form von Sach- und Dienstleistungen,
- Entschädigungen und Zuschüsse,
- Mietvorauszahlungen,
- Umlagen, wie z. B. für Kanalgebühren, Wassergebühren u. a.

Von den Einnahmen sind die steuerrelevanten Ausgaben (Werbungskosten), die auf vermietete Teile entfallen, abzuziehen. Werbungskosten sind z. B.:

- Kosten der Finanzierung
  - Schuldzinsen, wenn sie mit den Mieteinnahmen in wirtschaftlichem Zusammenhang stehen (nicht die Tilgung), auch wenn sie während der Bauzeit anfallen,
  - Renten und dauernde Lasten, wenn das Gebäude z. B. auf Rentenbasis erworben wurde,
  - Geldbeschaffungskosten wie Damnum, Gebühren für die Wertschätzung etc.
- Betriebskosten
  - Grundsteuern,
  - Erbbauzinsen,
  - Kosten der Versorgung und Entsorgung, wie Müllabfuhrgebühren, Kanalgebühren, Wassergebühren, soweit sie als Umlagen bei den Mieteinnahmen erfaßt sind,
  - Kosten der Verwaltung,
  - Steuerberatungskosten,
  - Versicherungen und Beiträge,
  - Aufwendungen für die Reinigung von Treppenhaus, Fluren usw.,
  - Beleuchtungskosten für Flure, Waschküchen, Speicher und sonstige gemeinsam genutzte Räume.
- Erhaltungsaufwendungen

Dazu zählen Instandhaltungs- und Instandsetzungskosten. Das Problem liegt in der Abgrenzung zum Herstellungsaufwand (Substanzmehrung). Aufwendungen für kleinere Baumaßnahmen bis DM 4.000,– ohne MWSt können auf Antrag immer als Erhaltungsaufwand angesetzt werden.

- Absetzung für Abnutzung (AfA)

Hierzu zählen die lineare AfA, die degressive AfA und einige Sonderabschreibungsmöglichkeiten.

Für vermietete oder gewerblich genutzte Immobilien wird die AfA nach § 7 Abs. 4 bzw. Abs. 5 ermittelt. Abschreibungsgrundlage sind die Herstellungs-/Anschaffungskosten eines Gebäudes. Der Grund und Boden kann nicht abgeschrieben werden.

Bei der linearen Abschreibung (§ 7 Abs. 4 EStG n. F.) bleibt der Abschreibungssatz bis zur vollen Absetzung unverändert und beträgt 2 % bei Gebäuden, die nach dem 31. 12. 1924 fertiggestellt worden sind, und 2,5 % bei Gebäuden, die vor dem 01. 01. 1925 fertiggestellt worden sind. Im Jahr des Kaufes bzw. der Fertigstellung sind die linearen Beträge zeitanteilig zu verteilen. Die lineare Abschreibung gilt für alle oben angegebenen Gebäude, sofern nicht die degressive oder eine andere Abschreibung vorgenommen werden kann.

Bei der degressiven Abschreibung (§ 7 Abs. 5 EStG n. F.) muß es sich um ein inländisches Objekt handeln. Der Steuerpflichtige muß selbst Bauherr sein oder das Objekt im Rahmen des Ersterwerbs vom Bauträger im Jahr der Fertigstellung kaufen; späterer Ersterwerb schließt die degressive Abschrei-

bung aus. Bei der degressiven Abschreibung gelten folgende Sätze:
5,00% 8 Jahre
2,50% 6 Jahre
1,25% 36 Jahre
Im Jahr der Fertigstellung kann der volle Jahresabschreibungsbetrag vorgenommen werden.
Daneben gibt es noch Sonderregelungen, die hier der Vollständigkeit halber nur genannt werden:
— verbesserte Gebäudeabschreibung bei Wirtschaftsgebäuden,
— verbesserte degressive Abschreibung für Wohngebäude (§ 7 Abs. 5 Satz 2 und 3 EStG), — Sonderabschreibungen für Baumaßnahmen an Gebäuden zur Schaffung neuer Mietwohnungen (§ 7c EStG),
— Sonderabschreibungen für Wohnungen mit Sozialbindung (§ 7 EStG).
Ist der Saldo aus Mieteinnahmen und Werbungskosten negativ, liegt also ein Verlust vor, kann dieser von den anderen positiven Einkünften der anderen Einkommensarten abgezogen werden. Dies führt, je nach persönlichem Steuersatz, zu einer entsprechenden Steuerersparnis. Führt der Verlust aus der Vermietung und Verpachtung zu einem Gesamtverlust (bei allen zusammengezählten Einkommensarten), kann dieser Verlust als Verlustrücktrag mit der Steuer des Vorvorjahres bzw. des Vorjahres verrechnet werden. Bleibt nach diesem Verlustrücktrag immer noch ein Verlust, kann der noch nicht ausgeglichene Verlust auf die nächsten Veranlagungszeiträume vorgetragen werden und dort so lange vom positiven Einkommen abgesetzt werden, bis er ausgeglichen ist.

Bisher wurde die einkommensteuerliche Behandlung von vermieteten Wohnungen und gewerblich genutzten Immobilien dargestellt. Bei **eigengenutzten Wohnungen** verändert sich innerhalb des Berechnungsverfahrens im Grundsatz nichts, nur daß hier die steuerrelevanten Einnahmen nicht vorhanden sind.
Dagegen bestehen bei den Werbungskosten sehr wohl Unterschiede. So kann zum einen bei Vermietung und Verpachtung der volle Schuldzinsenbetrag berücksichtigt werden, während bei Eigennutzung der Schuldzinsenabzug nur teilweise möglich ist. Zur Zeit (Ende 1992) gilt folgende Regelung: Wer jetzt ein neues Haus oder eine Neubauwohnung baut oder kauft, um sie zu eigenen Wohnzwecken zu nutzen, kann die im März verabschiedete und rückwirkend zum 01.10.1991 geltende neue Schuldzinsenregelung nach § 10 e Einkommensteuergesetz (EStG) in Anspruch nehmen. Derzufolge können drei Jahre lang je 12.000 Mark an Schuld- bzw. Darlehenszinsen steuerlich geltend gemacht werden. Von der Möglichkeit des Schuldzinsenabzugs dürfen übrigens auch diejenigen Gebrauch machen, deren jährliche Gesamteinkünfte über 120.000 Mark (Ledige) bzw. 240.000 Mark (Verheiratete) liegen und die deshalb die anderen Steuervorteile des § 10 e EStG (z. B. Abschreibung der Herstellungs- bzw. Anschaffungskosten der selbstgenutzten Immobilie für die Dauer von acht Jahren) nicht in Anspruch nehmen können.
Zum anderen können auch bei den Betriebskosten und Instandhaltungskosten bei Eigennutzung nur die Aufwendungen als Sonderausgaben berücksichtigt werden, die vor der erstmaligen Nutzung einer Wohnung und unmittelbar mit der Herstellung oder Anschaffung des Gebäudes oder der Eigentumswohnung zusammenhängen, soweit sie im Falle einer Vermietung der Wohnung zu den Werbungskosten gehören würden. Dies gilt insbesondere für Bauzeitzinsen, für das Disagio und andere Geldbeschaffungskosten.
Allerdings zählen hierzu auch notwendige Instandsetzungsmaßnahmen beim Erwerb einer Gebrauchtimmobilie, wenn sie vor dem tatsächlichen Einzug durchgeführt wurden. Diese Möglichkeit entfällt also beim Erwerb der bisherigen Mietwohnung durch den Mieter.
Die wesentlichsten Unterschiede zu den vermieteten Wohnungen gibt es allerdings im Rahmen der Abschreibungsmöglichkeiten. Bei eigengenutztem Wohnraum werden ab dem 01.01.1987 steuerliche Abzugsbeträge gewährt, die im Rahmen der Sonderausgaben berücksichtigt werden können (Grundförderung nach § 10 e EStG).
Die Grundförderung nach § 10 e EStG beinhaltet:
• begünstigte Objekte
Nach dem 31.12.1986 fertiggestellte oder erworbene selbstgenutzte Wohnungen; die Art des Hauses ist ohne Bedeutung. Vermietete Wohnungen sowie Ferien- und Wochenendwohnungen sind nicht begünstigt.
• Ausbauten oder Erweiterungen
Sie sind immer begünstigt, wenn und soweit sie selbst genutzt werden. Die Art des Gebäudes ist ohne Bedeutung.
• Anspruchsberechtigte
Der Bauherr oder der Erwerber, der die begünstigte Wohnung selbst nutzt. Die Förderung wird aber nur für die Jahre gewährt, in denen die Wohnung tatsächlich selbst genutzt wird (bei nicht vorhandener Selbstnutzung können also Anspruchsjahre nach § 10 e verfallen!).
• Förderungssatz/begünstigter Zeitraum
Der Förderungssatz beträgt zur Zeit 6 % jährlich für die ersten vier Jahre und 5 % für die nächsten vier Jahre; er gilt ab dem Jahr der Fertigstellung bzw. des Erwerbs.
• Bemessungsgrundlage
Bemessungsgrundlage sind die Anschaffungs- oder Herstellungskosten für die selbstgenutzte Wohnung zuzüglich 50 % der anteiligen Anschaffungskosten für das Grundstück, höchstens insgesamt DM 330.000,—. Herstellungskosten für die Außenanlagen können nicht im Rahmen des § 10 e EStG berücksichtigt werden.

2. Besonderheiten bei der Wohnungsbaufinanzierung

- Objektbeschränkung
Die Förderung ist für Alleinstehende auf ein Objekt und für Verheiratete auf zwei Objekte beschränkt. Die Inanspruchnahme von § 7 b EStG wird angerechnet. Für Erwerb und Selbstnutzung in den fünf neuen Bundesländern wird ein weiterer Objekterwerb gefördert.
- Nachholungsmöglichkeit
In den ersten drei Jahren nicht ausgeschöpfte Beträge können bis zum Ende des vierten Jahres nachgeholt werden.
- Übertragung der Grundförderung auf Folgeobjekte
Die Grundförderung kann auch auf Folgeobjekte übertragen werden. Voraussetzung ist die Anschaffung oder Herstellung innerhalb von zwei Jahren vor oder drei Jahren nach dem Ende der Aufgabe der Selbstnutzung des Erstobjektes.
- Ausschluß
Der Erwerb eines Objektes vom Ehegatten ist von der Förderung ausgeschlossen.

Neben der Grundförderung nach § 10 e EStG gibt es außer der Möglichkeit des Schuldzinsenabzuges noch die sogenannte Kinderkomponente, d. h., bei Inanspruchnahme des § 10 e EStG vermindert sich die tarifliche Einkommensteuer für jedes Kind des Steuerpflichtigen laut Steuerkarte um je DM 1.000,– ab 01.01.1991. Auf Antrag wird ein Freibetrag in die Lohnsteuerkarte eingetragen. Tab. 14 gibt einen Überblick über die steuerlichen Förderungsmaßnahmen bei der Einkommensteuer.

Auch die folgenden 2 Beispiele sollen den Zusammenhang vertiefen.

Beispiel 1:
Bauherr, verheiratet, zwei Kinder, zu versteuerndes Einkommen 120.000,– DM p. a., selbstgenutztes Einfamilienhaus, Baujahr 1992
405.000,- DM Herstellungskosten (einschl. Nebenkosten)
110.000,- DM Grundstückskosten (einschl. Nebenkosten)
15.000,- DM Schuldzinsen p. a.,
33.620,- DM Schuldzinsen, Disagio, sonstige Geldbeschaffungskosten usw., die vor Bezug angefallen sind.

- Der abzugsfähige Betrag nach § 10 e EStG errechnet sich wie folgt:
Herstellungskosten 405.000,– DM einschl.
1/2 Grundstückskosten
110.000,– DM   = 460.000,– DM
Abschreibungsfähiger
Höchstbetrag   = 330.000,– DM

Tab. 14: Überblick über die steuerlichen Förderungsmaßnahmen bei der Einkommensteuer

	Eigennutzung	Vermietung	Eigennutzung und Vermietung
Paragraph des Einkommensteuergesetzes bzgl. Abschreibung	10 e	7 (4) und 7 (5)	– für eigengenutzten Teil siehe Spalte Eigennutzung
Abschreibungsgrundlage	Anschaffungs- oder Herstellungskosten des Gebäudes und 50 % des Grundwertes	Anschaffungs- und Herstellungskosten des Gebäudes	– für vermieteten Teil siehe Spalte Vermietung
Höchstbetrag der Abschreibungsgrundlage	330.000,– DM	unbegrenzt	– Aufteilung nach Nutzflächen
Abschreibungssätze	1.-4. Jahr: 6 % 5.-8. Jahr: 5 %	a) generell § 7 (4) 2 % falls vor dem 1.1.1925 fertiggestellt 2,5 % b) falls im Jahr der Fertigstellung z. B. vom Bauträger gekauft oder als Bauherr selbst erbaut, wahlweise auch § 7 (5) 8 Jahre 5,00 % 6 Jahre 2,50 % 36 Jahre 1,25 %	
Objektbegrenzung	für jeden Steuerpflichtigen ein Objekt abschreibbar	unbegrenzt	
Abzug zusätzlicher Werbungskosten möglich	generell nein, nur die vor der erstmaligen Nutzung anfallenden Kosten	ja	
Schuldzinsenabzug	3 Jahre je 12.000,– DM	unbegrenzt	
Versteuerung der Einnahmen	nein	ja	
Zusätzliche Förderung durch Abzug von 1.000,– von den Steuerschulden pro Kind	ja	nein	

169

Teil B: III. Finanzierung von Bauvorhaben

Sonderausgabenabzugsbetrag
wegen AfA
(6% von 330.000,– DM) = 19.800,– DM
Die abzugsfähigen Sonderausgaben nach §10 e EStG können also in diesem Beispiel bis einschließlich 1998 achtmal abgesetzt werden, dann entfällt die steuerliche Abzugsmöglichkeit vom zu versteuernden Einkommen (bei einem persönlichen Steuersatz von 25% ergibt sich ein Vorteil von DM 4.125,– p. a.).

• Hinzu kommt die Kinderkomponente nach §34 f EStG. Sie beträgt bei zwei Kindern DM 2.000,– p. a. Dieser Betrag kann zusätzlich von der Steuerschuld abgezogen werden. Der Vorteil ist also unabhängig vom persönlichen Steuersatz, vorausgesetzt, daß eine Steuerschuld vorhanden ist.

• Schuldzinsen
Auch diese können bis zur Höhe von 12.000,– DM das zu versteuernde Einkommen mindern.
Die vor Bezug angefallenen Werbungskosten können ebenfalls vom zu versteuernden Einkommen abgesetzt werden, in unserem Fall: 33.620,– DM.

• Errechnung der Steuerersparnis [1]
zu versteuerndes Einkommen = 120.000,– DM
./. Schuldzinsen = 12.000,– DM
./. §10 e EStG = 19.800,– DM
./. Werbungskosten vor Einzug
(Notar, Objektprüfung, Auszahlungsabschlag, Bauzeit- und Bereithaltungszinsen = 33.620,– DM
zu versteuernder Betrag = 54.580,– DM
zu bezahlende Steuer = 9.344,– DM
./. Kinderkomponente = 2.000,– DM
an das Finanzamt abzuführen
(Steuerschuld) = 7.344,– DM
Steuern für 120.000,– DM
ohne Eigenwohnung = 28.846,– DM
ersparte Steuer im Jahr der
Erstbenutzung der Wohnung = 21.502,– DM

Da im vorliegenden Beispiel die Werbungskosten vor Einzug sehr hoch sind, wäre es eventuell sinnvoll, auf den Sonderausgabenabzug und den Schuldzinsabzug des ersten Jahres nach §10 e EStG zu verzichten und diesen Betrag im 2.-4. Jahr nachzuholen.

Beispiel 2:
Bauherr verheiratet, zwei Kinder, Zweifamilien-Wohnhaus, Baujahr 1992, selbstgenutzte Wohnung 120 m², vermietete Wohnung 80 m² Wohnfläche

---

[1] ohne Kirchensteuer, die Freibeträge für Sonderausgaben, z. B. Versicherungspauschalen, sind nicht berücksichtigt

530.000,– DM Herstellungskosten
110.000,– DM Grundstückskosten
30.000,– DM Schuldzinsen p. a.
40.000,– DM Werbungskosten vor Bezug wie im Beispiel 1

A: Selbstgenutzte Wohnung
1. Abzugsfähiger Betrag für die selbstgenutzte Wohnung nach §10 e EStG Anteilige Herstellungskosten für 120 m² Wohnfläche = 318.000,– DM
+ 1/2 Grundstück (anteilig)
$(110.000,- : 200 \text{ m}^2 \cdot 120 \text{ m}^2 \cdot 0{,}5)$ = 33.000,– DM
Hieraus ergibt sich ein abzugsfähiger Sonderausgabenbetrag von (330.000,– · 6%) 19.800,– DM

2. Schuldzinsen, anteilig:
$$\frac{30.000,- \text{ DM} \cdot 120 \text{ m}^2}{200 \text{ m}^2} = 18.000,-\text{ DM}$$
maximal absetzbar: 12.000,– DM

3. anteilige Werbungskosten vor Bezug
$$\frac{40.000,- \text{ DM} \cdot 120 \text{ m}^2}{200 \text{ m}^2} = 24.000,-\text{ DM}$$

B: Vermietete Wohnung
4. Für die vermietete Wohnung ist die Überschußrechnung nach §21 EStG durchzuführen.

– Tatsächliche Mieteinnahmen
(80 m² · 10,00 DM/m² · 12 Mon.) + 9.600,– DM
Umlagen aus Mietnebenkosten + 1.400,– DM
Einnahmen insgesamt + 11.000,– DM

– Werbungskosten
Schuldzinsen 30.000,– DM
Instandhaltungskosten 1.200,– DM
Betriebskosten 1.500,– DM
Grundsteuer 1.000,– DM
AfA nach §7 (5) EStG gewählt
wird degressive AfA 26.500,– DM
(5% f. 8 Jahre)
60.200,– DM

– Werbungskosten anteilig auf
die vermietete Wohnung:
(60.200 DM/200 m² · 80 m²) = – 24.080,– DM

Verlust aus Vermietung und
Verpachtung – 13.080,– DM

Für beide Wohnungen (eigengenutzte und vermietete) zusammen errechnet sich der insgesamt abzugsfähige Betrag wie folgt:

Sonderausgaben (§ 10 e EStG) 19.800,– DM
Verlust aus VuV (§ 21 EStG) 13.080,– DM
Verminderung der Steuerbemessungsgrundlage 32.880,– DM

2. Besonderheiten bei der Wohnungsbaufinanzierung

Bei einem persönlichen Steuersatz von 25% beträgt der Steuervorteil DM 7.395,– p.a. für die ersten drei Jahre. Hinzu kommt (wie im Beispiel 1) die Kinderkomponente nach §34f EStG von DM 2.000,– p.a.
Ebenfalls wäre hier wie im 1. Beispiel wegen der hohen Einmal-Werbungskosten eine Verteilung des Sonderausgabenabzugbetrages nach §10 e EStG (Werbungskosten vor Bezug) auf die Kalenderjahre 2–4 sinnvoll.

2.3.2 Steuervorteile durch Modernisierung, Energieeinsparung und Denkmalschutz

Da die Wohnungsbauförderungsprogramme oft nur wenige Jahre laufen, sollte man sich über den aktuellen Stand genau informieren, indem man z.B. die Broschüre „Bau- und Wohnfibel", herausgegeben vom Presse- und Informationsamt der Bundesregierung, anfordert.

2.3.3 Sonstige Instrumente der öffentlichen Förderung

Neben den genannten Steuerbefreiungen gibt es im wesentlichen noch folgende Förderungsmaßnahmen:
– öffentliche Baudarlehen zu besonders günstigen Bedingungen bei Familien mit Kindern, ergänzt durch Familienzusatzdarlehen (1. Förderweg).
– Aufwendungshilfen zur Verringerung der laufenden Aufwendungen für Zinsen, Tilgung, Bewirtschaftung und Instandhaltung. Für eine bestimmte Anzahl von Jahren wird pro Quadratmeter monatlich ein bestimmter – im Regelfall sich in Zeitabständen vermindernder – Betrag gezahlt, im allgemeinen als Darlehen, das meist erst 15 Jahre nach Beginn der Förderung verzinst und getilgt werden muß (2. Förderweg). Dazu zählen Landesbürgschaften zur Sicherung nachrangig gesicherter Hypothekendarlehen und Lastenzuschüsse nach dem Wohngeldgesetz. Bei diesen Förderungsmaßnahmen besteht für die Anträge kein Rechtsanspruch. Über die Anträge wird nach sozialer Dringlichkeit und in der Reihenfolge ihres Eingangs entschieden. Die Bundesländer, die für die Durchführung des sozialen Wohnungsbaus zuständig sind und die auch den Großteil der Mittel für den 1. Förderweg zur Verfügung stellen, entscheiden nach unterschiedlichen Kriterien über die Vergabe der Mittel. Mögliche Kriterien sind Kinderzahl, Beseitigung von Wohnungsnotständen, Schwerbehinderung usw.
Auskünfte über die Bedingungen (Einkommensverhältnisse, Wohnflächenbegrenzungen, Höhe und Zahlungsmodalitäten der Förderungsmittel etc.) erteilen die entsprechenden Behörden der Bundesländer, z.B. in Nordrhein-Westfalen die Gemeinden, Kreise und kreisfreie Städte.
Als letzte Förderungsmaßnahmen beim Wohnungsbau sollen die sogenannten indirekten Finanzierungshilfen genannt werden. Dies sind die Bundesbürgschaften und die Baulandbereitstellung.
Durch Bundesbürgschaften werden nachstellige Kapitalmarktmittel, die als Ib-Hypotheken gesichert werden, zur Schließung von Finanzierungslücken gewonnen. Diese Ib-Hypotheken sind in der Praxis selten anzutreffen. Bundesbürgschaften werden im öffentlich geförderten Wohnungsbau, im steuerbegünstigten Wohnungsbau und für Bauvorhaben, bei denen keine Förderungsmittel eingesetzt werden, die aber die Voraussetzungen des steuerbegünstigten Wohnungsbaus erfüllen, bewilligt. Ib-Hypotheken müssen innerhalb der Beleihungsgrenze von 75% der Gesamtkosten dinglich gesichert werden.
Durch Baulandbereitstellung (Beschaffung von Bauland) sollen Bund, Länder und Gemeinden geeignete Grundstücke als Bauland für den Wohnungsbau zu angemessenen Preisen als Eigentum oder in Erbbaurecht überlassen. Liegen beim Bauwilligen ungeeignete Grundstücke vor, soll durch Austausch eines dem Bund, dem Land oder der Gemeinde gehörenden geeigneten Grundstücks Bauland bereitgestellt werden. Bund, Länder und Gemeinden sollen bevorzugt geeignetes Bauland für den sozialen Wohnungsbau, namentlich für die Bebauung mit Familienheimen, überlassen.

Teil B: III. Finanzierung von Bauvorhaben

2.4 Beispiel einer Wohnungsbaufinanzierung

Name: *Projekt Reiheneckhaus (Eichlinghofen)*   Girokonto: ___
Anschrift: *Beispiel 1 — niedriges Disagio —*   Geburtsort: ___
Familienstand: *verheiratet*   Anzahl und Alter der Kinder: *2* ; *3*, *5*, ___ Telefon: ___
Objektanschrift: *Am Winkelsweg*
☒ Einfam. Haus mit/ohne Einliegerwohnung   ☐ Eigentumswohnung   ☐ Zweifam. Haus   ☐ Mehrfam. Haus   ☒ Neubau   ☐ Kauf Baujahr: ___
☐ Umbau/Modernisierung   ☐ Umschuldung   ☐ Sonstiges   Wohnfläche: *150* qm   Grundstück: *350* qm   Anz. der Wohnungen: *1*

I. ERMITTLUNG DER OBJEKTKOSTEN UND DER FREMDFINANZIERUNGSSUMME

Baukosten	340.000,–
Baunebenkosten (pauschal 19 % für Architekt, Behörden, besondere Bauteile Außenanlagen und Carport)	65.000,–
Grundstück einschließlich Grunderwerbsteuer, Notar und Erschließung	110.000,–
Notar / Gerichtskosten (für Grundschuld)	4.600,–
Objektüberprüfung	400,–
Bauzeit- und Bereithaltungszinsen	15.000,–
Zwischensumme Objektkosten	535.000,–
╳ Eigenmittel	95.000,–
Fremdfinanzierungs-Netto-Summe	440.000,–
Auszahlungsabschlag (Disagio)	13.620,–
Fremdfinanzierungs-Brutto-Summe	453.620,–

2. Besonderheiten bei der Wohnungsbaufinanzierung

II. EIGENMITTEL UND EINKOMMENSVERHÄLTNISSE

1. Eigenmittel	DM	2. Einkommen (netto)	DM monatlich
1.1 Barmittel		2.1 Antragsteller	
1.2 Guthaben	80.000,−	2.2 Mietverpflichteter	
1.3 Eigenleistungen	15.000,−	2.3 Sonstige Einkünfte	
1.4 Sonstige (z. B. Grundstück)		Gesamteinkommen (netto) ca.	6500,−
Eigenmittel insgesamt	95.000,−	3. zu versteuerndes Einkommen p. a.	120.000,−

III. FREMDFINANZIERUNGSMITTEL UND FREMDFINANZIERUNGSKOSTEN

4. Fremdfinanzierung	Brutto-Summe (Darlehenssumme)	Ausz. %	Netto-Summe	Zinsen % p. a.		Tilgung	Effkt.[1] Zins	voraussichtl. Laufzeit Jahr/Monat	Jahresbetrag insgesamt
4.1 Wohnungsbaudarlehen	454.000,−	97	440.380,−	8,85	☐ 5 J. FEST ☐ 10 J.FEST ☒ VARIABEL ☐ VARIABEL	1,5	9,67	21 / 11	46.989,−
4.2 Wohnungsbaudarlehen					☐ 5 J FEST ☐ 10 J.FEST ☐ VARIABEL ☐ VARIABEL				
4.3 Arbeitgeberdarlehen									
Bauspardarlehen / -zwischenkredit									
4.5 öffentl. / nicht öffentl. Bauspardarlehen				VS					
Fremdfinanzierungbetrag	454.000,−		440.380,−	**Fremdfinanzierungskosten**					46.989,−

---

[1] Anfänglicher effektiver Jahreszins gemäß Preisangabenverordnung. Der Auszahlungsabschlag (Disagio) wurde dabei wie folgt verrechnet:
- bei Festzinssätzen: auf die Laufzeit der Festzinsbedingung
- bei variabelen Zinssätzen: auf die gesamte Laufzeit
- bei variabelen Zinssätzen mit Zinsanpassung: 3 % auf die gesamte Laufzeit und 4 % auf 5 Jahre

Teil B: III. Finanzierung von Bauvorhaben

IV. BERECHNUNG DER MONATLICHEN BELASTUNG FÜR DIE ERSTEN DREI JAHRE :

zu versteuerndes Einkommen p. a.	120.000,–
∠ Abschreibungssatz nach § 10 e EStG [2]	19.800,–
∠ Schuldzinssatz nach § 10 e EStG [3]	12.000,–
zu versteuerndes Einkommen nach Abzug der Freibeträge nach § 10 e	88.200,–
vorläufige Steuerschuld [4]	18.540,–
∠ Baukindergeld (1000,- DM pro Kind) *2 Kinder*	2.000,–
Steuerschuld	16.540,–

[2] Im 1. - 4. Jahr beträgt der Abschreibungssatz 6 % der Baukosten (incl. der Hälfte der Grundstückskosten), jedoch max. 19.800,- DM.
Im 5. - 8. Jahr beträgt der Abschreibungssatz 5 % der Baukosten (incl. der Hälfte der Grundstückskosten), jedoch max. 16.500,- DM.
Ab dem 9. Jahr keine Steuerersparnis mehr (vgl. § 10 e EStG).

[3] Schuldzinssatz für die ersten 3 Jahre max. 12.000,- DM pro Jahr (vgl. § 10 e EStG).
Ab dem 4. Jahr ist kein Schuldzinsabzug mehr möglich.

[4] Die Kirchensteuer wurde nicht berücksichtigt

Steuerschuld ohne Bauvorhaben [4]	28.846,–
Steuerschuld mit Bauvorhaben [4]	16.540,–
Steuerersparnis pro Jahr	12.306,–
: 12 = Steuerersparnis pro Monat [5]	1.025,–

[4] Die Kirchensteuer wurde nicht berücksichtigt
[5] *Bemerkung: Die monatliche Steuerersparnis im 4. Jahr beträgt ≈ 720,- DM*
Die monatliche Steuerersparnis im 5. - 8. Jahr beträgt ≈ 630,- DM

Fremdfinanzierungskosten	46.989,–
: 12 = Fremdfinanzierungskosten monatlich	3.916,–
+ Pauschale Bewirtschaftungskosten bis 4,- qm / mtl. (2,–)	300,–
Monatliche Belastung (brutto)	4.216,–
∠ Voraussichtliche Steuerersparnis monatlich [4]	1.025,–
Monatliche Belastung (netto)	3.191,–
+ Lebensversicherung (200.000,- *auf 10 Jahre*)	85,–
Monatliche Belastung insgesamt ca.	3.276,–

[4] Die Kirchensteuer wurde nicht berücksichtigt

3. Besonderheiten bei der Finanzierung des Wirtschaftsbaues

Im Gegensatz zur Wohnungsbaufinanzierung werden die Finanzierungsmittel beim Wirtschaftsbau nicht vom privaten Bauherrn, sondern von erwerbsorientierten Unternehmen bereitgestellt.

Damit ist die Finanzierung von Wirtschaftsbauten im Rahmen der allgemeinen Unternehmensfinanzierung zu sehen, denn diese ist wie folgt gekennzeichnet: „Unternehmensfinanzierung kann allgemein als Aufbringung und Vorhaltung von Finanzierungsmitteln für den Aufbau und das Betreiben eines Unternehmens verstanden werden. Finanzmittel sind notwendig, um die Kapazität aufzubauen bzw. zu erhalten oder zu vergrößern. Dazu werden z. B. Grundstücke, Gebäude, Maschinen, maschinelle Anlagen oder Baugeräte benötigt. Auch die laufenden Aufwendungen für Löhne und Gehälter, Baustoffe und Nachunternehmerleistungen müssen finanziert werden."[9]

In der Praxis wird beim Wirtschaftsbau die Finanzierung ausschließlich im Zusammenwirken zwischen dem Unternehmer (Bauherr) und dem Finanzierungsinstitut geklärt, ohne daß ein Planungsbeteiligter unmittelbar beratend tätig ist. Deshalb wird hier auf dieses Thema nicht eingegangen, obwohl den Verfassern bekannt ist, daß in der Praxis im Rahmen der Projektentwicklung im Wirtschaftsbau und bei Bauträgern auch die Aufstellung von Finanzierungsplänen angeboten werden. Es handelt sich hierbei jedoch um große Organisationen, bei denen neben den Planungsbeteiligten auch Spezialisten für Wirtschaftsbaufinanzierung beschäftigt sind.

4. Finanzierung und Rentabilität

Rentabilität ist definiert als Verhältnis von Gewinn zum eingesetzten Kapital; also

$$\text{Rentabilität} = \frac{\text{Gewinn}}{\text{eingesetztes Kapital}} \cdot 100$$

Dabei muß man unterscheiden zwischen einer Eigenkapital- und Gesamtkapitalrentabilität:

$$\text{Eigenkapitalrentabilität} = \frac{\text{Gewinn}}{\text{eingesetztes Eigenkapital}} \cdot 100$$

$$\text{Gesamtkapitalrentabilität} = \frac{\text{Gewinn}}{\text{eingesetztes Gesamtkapital}} \cdot 100$$

Gewinn wiederum ist die Differenz zwischen Einnahmen und Ausgaben; also
Gewinn = Einnahmen ./. Ausgaben.

Will man die Rentabilität eines Bauobjektes errechnen, muß u. a. folgendes bedacht werden:
– Dem Bauobjekt müssen verursachungsgerecht die Einnahmen und die Ausgaben zugerechnet werden können. Dies ist z. B. bei Mietwohnungen möglich, bei Verwaltungsgebäuden, Erweiterungsbauten von Produktionsanlagen, Sportstätten etc. dagegen ist die Zurechnung von Einnahmen nur mit sehr vielen unsicheren Annahmen möglich.
– Bei Bauprojekten für die Produktion von Wirtschaftsgütern werden sowohl die Kosten der Bauwerkserstellung in Form von kalkulatorischen Abschreibungen als auch die Baunutzungskosten in die Produktkalkulation eingerechnet. Hier entscheiden also die Marktpreise für die produzierten Güter, ob die Herstellung des Bauobjektes sinnvoll ist.
– Ob ein Bauobjekt rentabel ist, kann man eigentlich nur dann beurteilen, wenn man die Einnahmen und Ausgaben für die gesamte Lebensdauer des Bauobjektes mit in die Rechnung einbezieht. Dies ist aber in der Praxis nicht möglich, da man weder die Entwicklung der Einnahmen noch die Entwicklung der Ausgaben für mehr als 2–3 Jahre einigermaßen sinnvoll voraussehen kann. Man bezieht daher die Rentabilitätsrechnung meistens auf 1 Jahr, errechnet also die jährlichen Einnahmen und Ausgaben und stellt die Differenz in Beziehung zum eingesetzten Kapital.
– Wenn einem Bauobjekt keine Einnahmen zuzuordnen sind, wie z. B. einem eigengenutzten Wohnhaus, kann man bestenfalls eine monatliche Belastung errechnen, woraus abzulesen ist, ob man sich die Belastung finanziell erlauben kann bzw. will.

---
[9] Leimböck, Schönnenbeck, KLR Bau und Baubilanz, S. 129.

Teil B: III. Finanzierung von Bauvorhaben

Tab. 15 zeigt systematisch den Zusammenhang zwischen Kostenplan und Finanzplan. Die entsprechenden Rentabilitätszahlen sind im darauffolgenden Blatt einzusehen. Gemäß Kostenplan ergeben sich die Gesamtkosten des zu untersuchenden Objektes zu 1.000.000,– DM. Mit dem Finanzplan werden 2 Alternativen untersucht, die bei gleichen angenommenen Einnahmen jedoch unterschiedliche Ausgaben zur Folge haben.

Tab. 15: Zusammenhang zwischen Kostenplan und Finanzierungsplan

Kostenplan nach DIN 276	DM	%	Finanzierungsplan	Alternative (1)		Alternative (2)		Ausgabenrechnung	Alternative (1)		Alternative (2)	
									Ausgaben	Einnahmen	Ausgaben	Einnahmen
1 Grundstück	185.000,–	18,5 %	1 Fremdmittel 700.000,– (1) 500.000,– (2)					Kapitaldienst				
2 Herrichten und Erschließen	35.000,–	3,5 %	I. Hypothek (Annuitätendarlehen) (Konditionen: 9 % Zins, 1 % Tilgung)	450.000,–	45,0 %	250.000,–	25,0 %	I. Hypothek (Zins 9 %) (Tilgung 1 %)	40.500,– 4.500,–		22.500,– 2.500,–	
3 Bauwerk/ Baukonstruktionen	600.000,–	60,0 %										
4 Technische Anlagen	5.000,–	0,5 %	II. Hypothek (Bauspardarlehen) (Konditionen: 5 % Zins, 7 % Tilgung)	250.000,–	25,0 %	250.000,–	25,0 %	I. Hypothek (Zins 5 %) (Tilgung 7 %)	12.500,– 17.500,–		12.500,– 17.500,–	
5 Außenanlagen	40.000,–	4,0 %										
6 Ausstattung und Kunstwerke	5.000,–	0,5 %	2 Eigenmittel 300.000,– (1) 500.000,– (2)					Verwaltung	2.000,–		2.000,–	
7 Baunebenkosten	130.000,–	13,0 %	2.1 Geldmittel 2.2 Wert des Baugrundstückes	115.000,– 185.000,–	11,5 % 18,5 %	315.000,– 185.000,–	31,5 % 18,5 %	Steuern Betriebskosten	4.500,–		4.500,–	
Gesamtkosten	1.000.000,–	100,0 %		1.000.000,–	100,0 %	1.000.000,–	100,0 %		81.500,–	100.000,–	61.500,–	100.000,–

Teil C: Recht und Wirtschaft, dargestellt am Beispiel des Neubaus einer KFZ-Niederlassung

I. HOAI-Phase 1: Grundlagenermittlung

1. Planungsverlauf

1.1. Vorstellung der Planungsabsicht

1.1.1. Grundstückssituation

Die Unternehmung Autohaus Lenz GmbH, im folgenden Fa. Lenz, plant den Neubau einer KFZ-Niederlassung im Essener Stadtteil Rellinghausen mit Reparatur- und Servicebetrieb sowie Verkauf von Neu- und Gebrauchtwagen. Das vorgesehene Grundstück liegt an der östlichen Peripherie der Stadt Essen, ca. fünf Kilometer vom Zentrum entfernt am Schnittpunkt der Ruhrallee B 227 und der Frankenstraße, unmittelbar am Ruhrtal. Abb. 1a zeigt einen verkleinerten Auszug aus der Kataster-Flurkarte der Stadt Essen. Abb. 1b zeigt ein Schema, in dem das Gesamtgebiet in Anlehnung an den Flächennutzungsplan der Stadt Essen in die verschiedenen Flächennutzungen unterteilt wurde. Dieses Schema dient dem Bauherrn und dem Architekten zur Beurteilung der Grundstückssituation.

Das Planungsgebiet wird begrenzt im Norden von einer eingleisigen Bahnlinie, im Süden von der Frankenstraße, im Westen und im Osten gibt es Nachbargrundstücke.

Das Gelände weist vor allem im westlichen Teil Höhendifferenzen bis zu 14 Meter auf (vgl. Abb. 2). Alle derzeit auf dem Gelände stehenden Bauten, Kleinbetriebe und kleinere Wohnbauten werden abgerissen.

Besondere Beachtung verdient die Ausbildung der Ecksituation an der Kreuzung Frankenstraße/Ruhrallee. Die hier vorhandenen Bäume sollten weitgehend erhalten bleiben.

Da die Fa. Lenz über keine eigene Bauplanungsabteilung verfügt, tritt die Unternehmensleitung in direkte Verhandlungen mit dem ihr bekannten Architekturbüro Planmann. Die Unternehmensleitung trägt dem Vertreter des Architekturbüros, Hr. Planmann, ihre Absichten vor. Der Architekt erklärt sich grundsätzlich bereit, die Architektenleistungen zu erbringen. Da die Unternehmung Lenz noch nicht im Besitz des Baugrundstückes ist und noch nicht alle rechtlichen und wirtschaftlichen Aspekte des Bauvorhabens geklärt sind, schließt sie mit dem Architekten einen Architekten-Vorplanungsvertrag ab (Anhang 1; vgl. Abschnitt A. IV).

Anstelle der direkten Beauftragung eines Architekturbüros hätte der Bauherr auch die Möglichkeit gehabt, einen Architekturwettbewerb auszuschreiben oder einen Generalunternehmer mit der Planung zu beauftragen.

Der Architekt soll beauftragt werden zu prüfen, ob aus bautechnischer und baurechtlicher Sicht Einwände gegen die Projektierung einer KFZ-Niederlassung auf dem genannten Grundstück bestehen. Dazu wird dem Architekten eine Vollmacht (Anhang 2) ausgestellt, die ihn berechtigt, im Namen des Bauherrn die notwendigen Voranfragen bei den Baubehörden zu stellen.

Der Architekt soll sich mit den örtlichen Gegebenheiten und den Planungsvorgaben vertraut machen.

Teil C: I. HOAI-Phase 1: Grundlagenermittlung

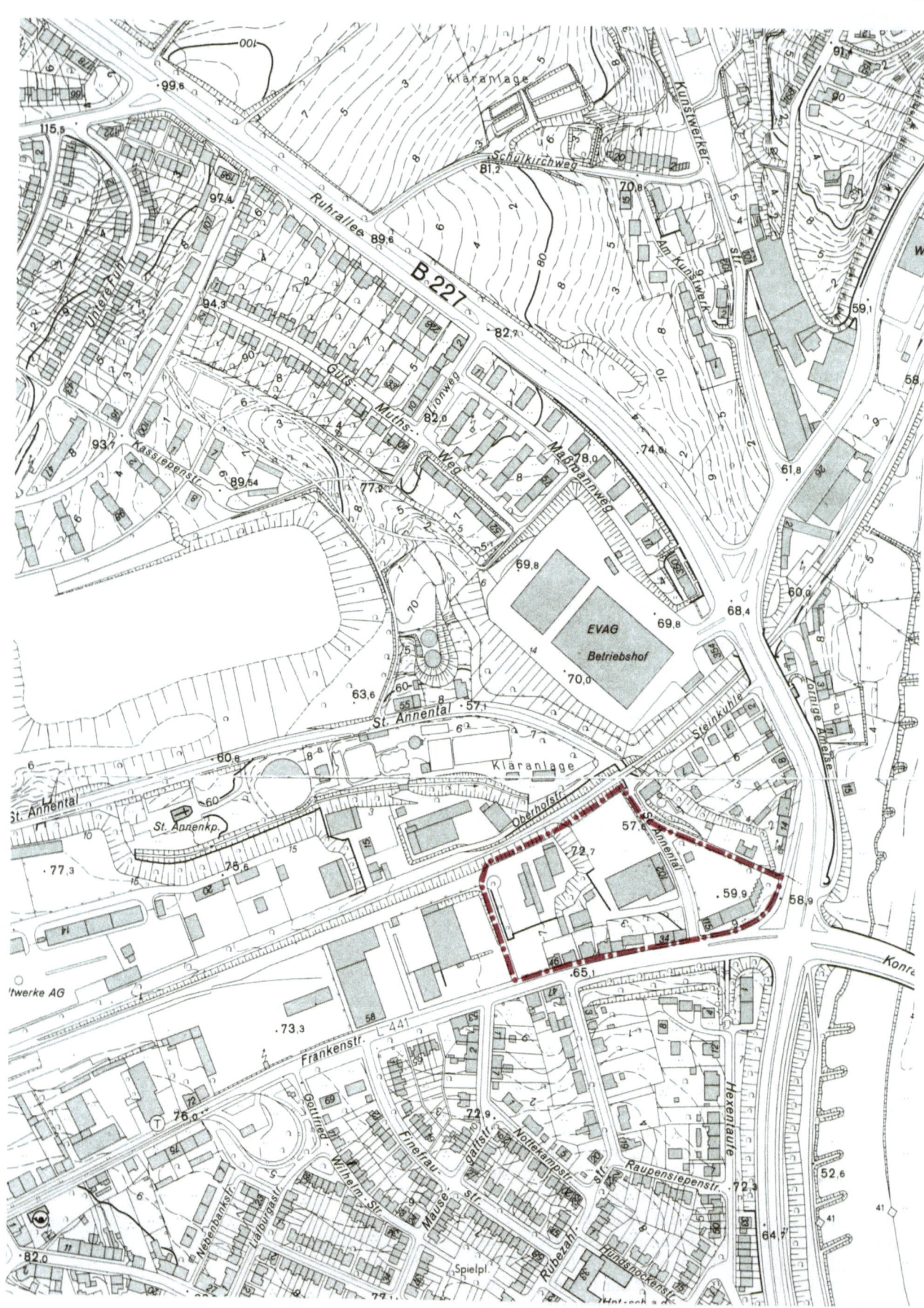

Abb. 1a: Auszug Kataster-Flurkarte der Stadt Essen

1. Planungsverlauf

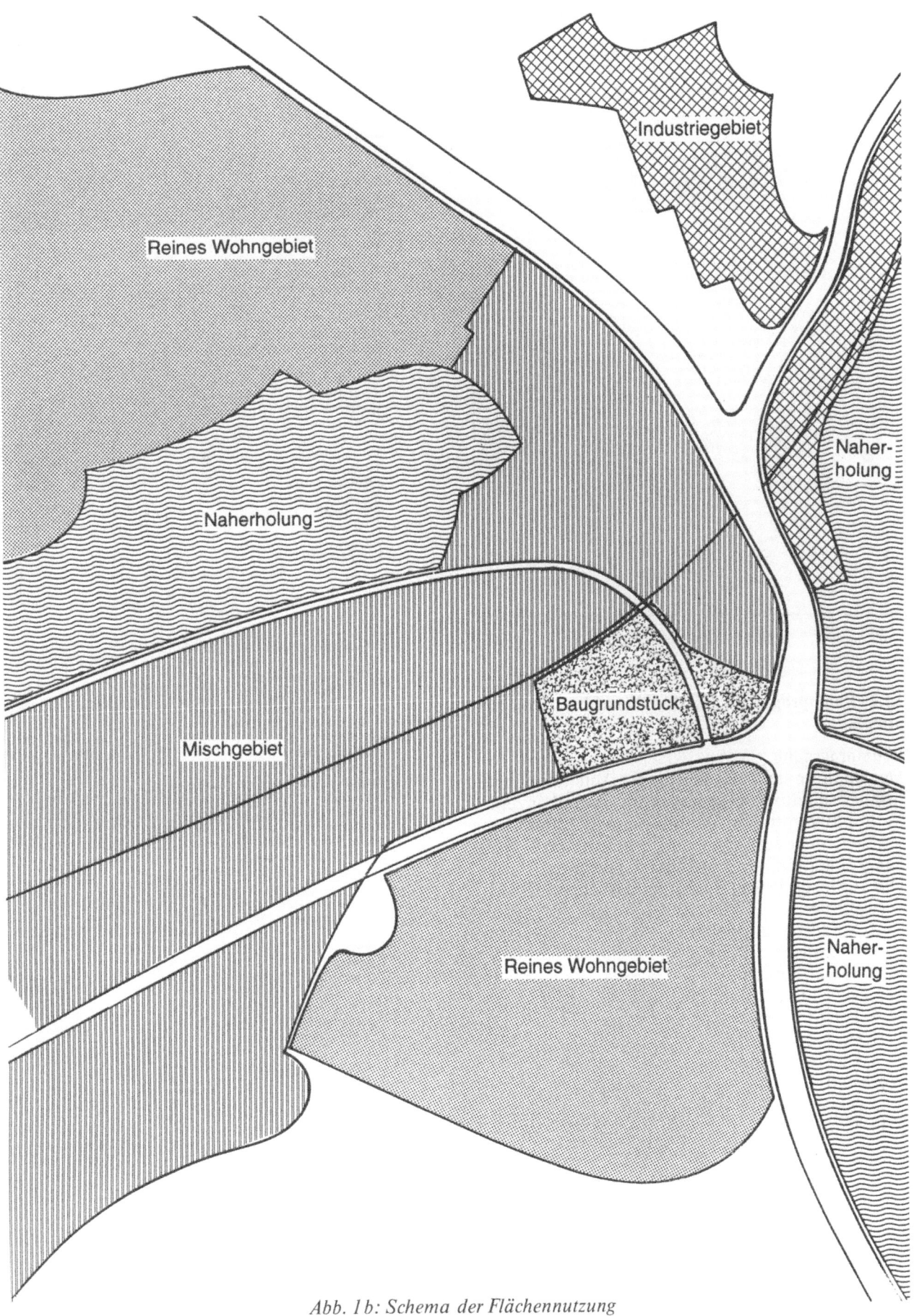

Abb. 1b: Schema der Flächennutzung

Teil C: I. HOAI-Phase 1: Grundlagenermittlung

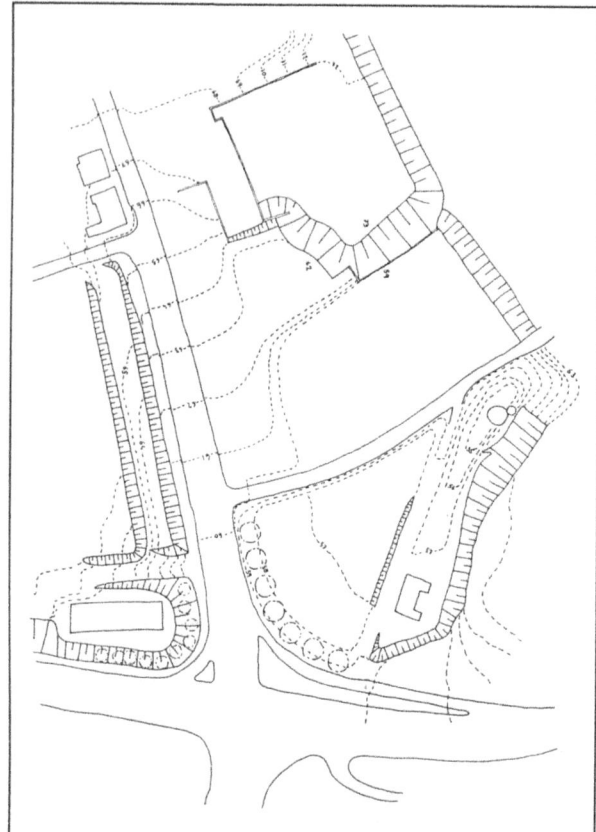

Abb. 2: Höhenplan

1.1.2 Raumprogramm, Kostenüberschlag, Grobterminplan

Raumprogramm

Der Bauherr stellt das von seiner Abteilung Organisationsplanung ausgearbeitete Raumkonzept/Raumprogramm vor. Die im Raumprogramm vorgegebenen Bedarfsangaben (in Flächen bzw. Nutzungseinheiten) sind in Tab. 1 aufgeführt.

Das vorliegende Raumprogramm ist ausgelegt auf:
Verwaltung:
- 1 Niederlassungsleiter
- 1 Technischer Leiter
- 2 Sekretärinnen
- 1 Verkäufer
- 1 Telefonistin
- 1 EDV-Fachmann
- 4 Küchenpersonal

Werkstatt:
- 3 Meister
- 40 Monteure

Tab. 1: Raumprogramm Kfz-Betrieb

	Anzahl	Fläche (m²)
A. Außenanlagen		
Grundstücksgröße		ca. 25.000 m²
Pkw-Stellplätze	250	2,20–2,50 · 5,00
B. Gebäude		
I. Eingangsbereich		
– Windfang		ca. 10,00 m²
– Eingangshalle mit Fernsprechstand		ca. 100,00 m²
– Kassenraum/Theke		15,00 m²
– Ersatzteilverkauf		20,00 m²
– Reparatur-, Kundendienstaufnahme		70,00 m²
– Cafe-Bar für Kunden		4,00 m²
– WC-Anlage für Kunden		2,00 m²
– Ausstellungsfläche/Halle für Fahrzeuge	30	2,50 · 5,00
II. Verwaltung		
– Niederlassungsleiter	1	20,00 m²
– Sekretärin	2	16,00 m²
– EDV-Anlage	1	16,00 m²
– Verkauf (Neuwagen, Ersatzteile)	1	12,00 m²
– Technischer Leiter	1	12,00 m²
– Telefonzentrale	1	12,00 m²
– Besprechungsraum	1	24,00 m²
– WC-Anlage für Verwaltung (4 Sitz und 2 Stand)		
– Garderobe		4,00 m²
– Erste Hilfe-Raum		8,00 m²
– Sozialraum (Kantine) Verwaltung		20,00 m²
Werkstatt		70,00 m²
– Küche (Warmküche)		20,00 m²
– Lager und Kühlraum		10,00 m²
III. Pkw-Werkstatt		
– Standplätze gesamt (Höhe 4,60)	40	4,00 · 6,00
davon: Hebebühnen	15	
E-Arbeitsplätze	5	
Testplätze	2	
Endkontrollstand	1	
– Motoröltank	2	6.000,00 l
– Getriebeöltank	1	4.000,00 l
– Hydrauliköltank	1	4.000,00 l
– Altöltank (Lagerung im Außenbereich)	1	10.000,00 l
– Zapfsäulen (Anordnung im Außenbereich)	2	
– Umkleide Werkstatt (Schränke)	80	0,60 · 0,60
– Wasch- und Duschanlagen (22 Waschbecken und 7 Duschkabinen)		
– Schrotthof (Großcontainer)	2	2,20 · 4,80
– Waschstand (Halle)	1	4,00 · 7,00
IV. Ersatzteillager		
– Regallager		500,00 m²
1. Ebene 2,50 lfd. Höhe		
2. Ebene 2,00 lfd. Höhe		
3. Ebene 2,00 lfd. Höhe		
– Übergabetheke (Werkstatt)		20,00 m²
– Kundenverkauf (Theke)		20,00 m²
– Anlieferung		40,00 m²
V. Technische Gebäudeausrüstung		
– Heizungsraum		40,00 m²
– Kompressorraum Luft		10,00 m²
– Hausanschlußraum		8,00 m²

1. Planungsverlauf

Kostenüberschlag

Der Kostenüberschlag (vgl. Tab. 2) wurde von den Mitarbeitern des Bauherrn aufgestellt. Grundlage für die hier angesetzten Kennzahlen waren Angaben der Konzern-Bauplanungsabteilung des Autoherstellers, die allerdings aus Kapazitätsgründen für die weitere Abwicklung des Neubaues nicht zur Verfügung steht.

Tab. 2: Kostenüberschlag

KOSTENÜBERSCHLAG Projekt:	KFZ-Betrieb
GRUNDSTÜCK:	
Kauf: 25.000 m² · 150 DM/m² =	3.750.000 DM
Zuschlag für Erwerb, Freimachen, Herrichten u. Erschließungskosten: 5% vom Kaufpreis =	187.500 DM
Summe **Grundstückskosten**	3.937.500 DM
BAUKOSTEN	
Ausstellungshalle 2.500 m² · 2.200 DM/m² =	5.500.000 DM
Werkstatt 2.000 m² · 1.800 DM/m² =	3.600.000 DM
Verwaltung 1.500 m² · 2.400 DM/m² =	3.600.000 DM
Ersatzteillager 500 m² · 1.400 DM/m² =	700.000 DM
Summe **Bauwerkskosten**	13.400.000 DM
Baunebenkosten: 15% der Bauwerkskosten =	2.010.000 DM
Summe **Baukosten** =	15.410.000 DM
Gesamtkosten (rechnerisch) =	19.347.500 DM
GESAMTKOSTEN laut Kostenüberschlag	19.400.000 DM

Grobterminplan

Wichtige technische und organisatorische Grundlagen und Vorgaben werden von den Vertretern der Fachabteilungen erläutert. Zur Information über den aktuellen Planungsstand wird ein regelmäßiger Planungs-Jour-fixe montags um 14.00 Uhr in der Niederlassung Bochum einberufen.

Die ungefähren Termine für das Gesamtprojekt werden von der Fa. Lenz wie folgt vorgegeben (vgl. Abb. 3):
1. Vorlage des Vorentwurfs nach 2 Monaten,
2. Vorlage der Entwurfsplanung nach 5 Monaten,
3. Fertigstellung des Bauantrages nach 7 Monaten,
4. Erteilung der Baugenehmigung nach 9 Monaten,
5. Beendigung der Ausführungsplanung nach 11 Monaten,
6. Bauzeit 8 Monate.

Daraus ergibt sich, daß die KFZ-Niederlassung nach 17 Monaten eröffnet werden kann.

1.1.3 Finanzierung

1.1.3.1 Finanzierungsangebote

Gemäß Kostenüberschlag ist ein Investitionsvolumen von 19.400.000 DM veranschlagt.

Für diese Summe sind 3 Darlehensangebote eingeholt worden, die sich wie folgt darstellen:

Angebot 1: Aufsplittung der Gesamtsumme auf 4 unterschiedliche Kredite. Es werden hierbei 3 öffentliche Finanzierungshilfen für Unternehmen in Anspruch genommen. Die verbleibende Finanzierungslücke wird mit einem Bankkredit finanziert.
Angebot 2: Bankkredit
Angebot 3: Bankkredit

Die Kreditangebote 2 und 3 unterscheiden sich durch unterschiedliche Konditionen.
Ein Vergleich der wichtigsten Darlehenskonditionen ist in Tab. 3 gezeigt.

1.1.3.2 Tilgungs- und Zinsplan des Angebotes 1 (Abzahlungsdarlehen)
(Tab. 4)

1.1.3.3 Tilgungs- und Zinsplan des Angebotes 2 (Annuitätendarlehen)

Die Errechnung der Zins- und Tilgungsbelastungen sowie der Laufzeit des Darlehens ist nur für das Angebot 2 gezeigt.

Das Angebot 3 unterscheidet sich von Angebot 2 durch einen etwas höheren anfänglichen Zinssatz, nämlich 8,17% (Angebot 3) statt 8,07% (Angebot 2).

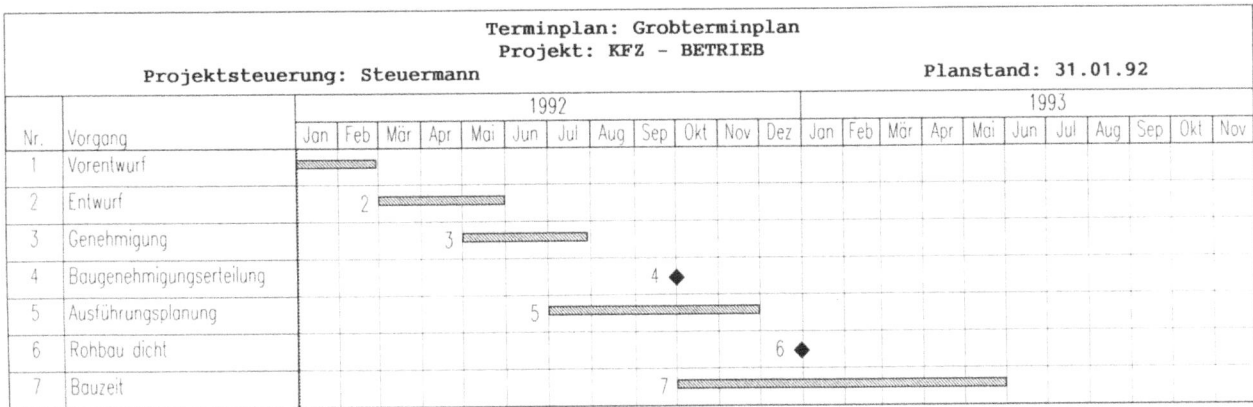

Abb. 3: Grobterminplan

Teil C: I. HOAI-Phase 1: Grundlagenermittlung

Tab. 3: Vergleich der wichtigsten Konditionen der Darlehensangebote

Konditionen	Angebot 1				Angebot 2	Angebot 3
	BFP-Sonderprogramm NRW/EG	ERP-Regionalprogramm	KFW-Mittelstandsprogramm	Darlehen		
Kredithöhe	900.000,– max. Höhe	300.000,– max. Höhe	10.000.000,– max. Höhe	8.800.000,–	20.000.000,–	20.000.000,–
Tilgung	5,0 % p. a. (3.– 6. Jahr) 7,5 % p. a. (7.–10. Jahr) 10,0 % p. a. (10.–15. Jahr)	7,69 % (3.–15. Jahr)	12,5 % (3.–10. Jahr)	2 % p. a.	2 % p. a.	2 % p. a.
Zinsen (quartalsweise Abrechnung)	8,3 % p. a. (fest über Darlehensdauer)	8,5 % p. a. (fest über Darlehensdauer)	7,75 % p. a. (fest über Darlehensdauer)	7,85 % p. a. (fest bis Ende 2002)	7,80 % p. a. fest bis Ende 97 (Zinsbindung)	7,90 % p. a. fest bis Ende 2002 (Zinsbindung)
Auszahlungskurs	97,50 % (Bearbeitungsgebühren berücksichtigt)	100 %	96 % (Bearbeitungsgebühren berücksichtigt)	100 %	100 %	100 %
anfänglicher effektiver Zinssatz	8,75 %	8,69 %	8,90 %	8,11 %	8,07 %	8,17 %
Gesamtlaufzeit	15 Jahre	15 Jahre	10 Jahre	21 Jahre	20 Jahre	20 Jahre
Bearbeitungskosten	–	–	–	1‰ d. Darlehenssumme zzgl. Baubesichtigungs- u. Wertermittlungskosten	1‰ d. Darlehenssumme zzgl. Baubesichtigungs- u. Wertermittlungskosten	1‰ d. Darlehenssumme zzgl. Baubesichtigungs- u. Wertermittlungskosten

Tab. 4: Tilgungs- und Zinsplan des Angebotes 1

Jahr	BFP-Sonderprogramm NRW/EG			ERP-Regionalprogramm			KFW-Mittelstandsprogramm			Darlehen			Gesamt-Belastung Angebot 1		
	Tilgung	Zinsen	Gesamt	Tilgung	Zinsen	Gesamt	Tilgung	Zinsen	Gesamt	Tilgung	Zinsen	Gesamt	Tilgung	Zinsen	Gesamt
1		74 700	74 700		25 500	25 500		775 000	775 000	182 573	684 226	866 799	182 573	1 559 426	1 741 999
2		74 700	74 700		25 500	25 500		775 000	775 000	195 296	671 502	866 798	195 296	1 546 702	1 741 998
3	45 000	71 899	116 899	23 076	25 500	48 576	1 250 000	750 781	2 000 781	211 084	655 712	866 796	1 529 160	1 503 892	3 033 052
4	45 000	68 164	113 164	23 076	23 048	46 124	1 250 000	653 907	1 903 907	228 149	638 649	866 798	1 546 225	1 383 768	2 929 993
5	45 000	64 429	109 429	23 076	21 087	44 163	1 250 000	557 031	1 807 031	246 592	620 204	866 796	1 564 668	1 262 751	2 827 419
6	45 000	60 694	105 694	23 076	19 125	42 201	1 250 000	460 157	1 710 157	266 529	600 269	866 798	1 584 605	1 140 245	2 724 850
7	67 500	55 558	123 058	23 076	17 164	40 240	1 250 000	363 281	1 613 281	288 073	578 723	866 796	1 628 649	1 014 726	2 643 375
8	67 500	49 956	117 456	23 076	15 202	38 278	1 250 000	266 407	1 516 407	311 364	554 435	865 799	1 651 940	886 000	2 537 940
9	67 500	44 353	111 853	23 076	13 241	36 317	1 250 000	169 531	1 419 531	336 533	530 265	866 798	1 677 109	757 390	2 434 499
10	67 500	38 751	106 251	23 076	11 279	34 355	1 250 000	72 657	1 322 657	363 745	503 060	866 805	1 704 321	625 747	2 330 068
11	90 000	31 748	121 748	23 076	9 318	32 394				393 145	473 654	866 799	506 221	514 720	1 020 941
12	90 000	24 277	114 277	23 076	7 356	30 432				424 926	441 871	866 797	538 002	473 504	1 011 506
13	90 000	16 808	106 808	23 076	5 395	28 471				459 278	407 520	866 798	572 354	429 723	1 002 077
14	90 000	09 338	99 338	23 076	3 434	26 510				496 406	370 392	866 798	609 482	383 164	992 646
15	90 000	1 868	91 868	23 076	1 478	24 554				536 537	330 261	866 798	649 613	333 607	983 220
16										579 925	286 886	866 811	579 925	286 886	866 811
17										626 793	240 005	866 798	626 793	240 005	866 798
18										677 463	189 335	866 798	677 463	189 335	866 798
19										732 230	134 568	866 798	732 230	134 568	866 798
20										791 426	75 372	866 798	791 426	75 372	866 798
21										460 733	14 819	475 552	460 733	14 819	475 552
	900 000	687 243	1 587 243	300 000	223 627	523 621	10 000 000	4 843 752	14 843 752	8 808 800	9 001 728	17 810 528	20 008 794	14 756 350	34 765 144

Dieser Unterschied ist dadurch bedingt, daß das Angebot 3 bis zum Darlehensende (Jahr 2002) einen festen Zinssatz hat.
Die Konsequenz daraus ist, daß die Gesamtzinsbelastung von Angebot 3 etwas größer ist als die voraussichtliche Gesamtzinsbelastung des Angebotes 2, nämlich:
Gesamtzinsbelastung Angebot 2:
20.338.753,– DM
Gesamtzinsbelastung Angebot 3:
20.983.343,– DM

Der Tilgungsplan für ein Annuitätendarlehen mit vierteljährlicher Leistung gemäß Angebotsvariante 2 ist in Tab. 5 dargestellt. Der Festzins läuft bis Ende 1997 (Tab. 5a), die Restlaufzeit beträgt 15 Jahre, der Tilgungssatz 2,512922672 % (Tab. 5b).

1. Planungsverlauf

1.1.3.4 Grafischer Vergleich der Darlehensangebote

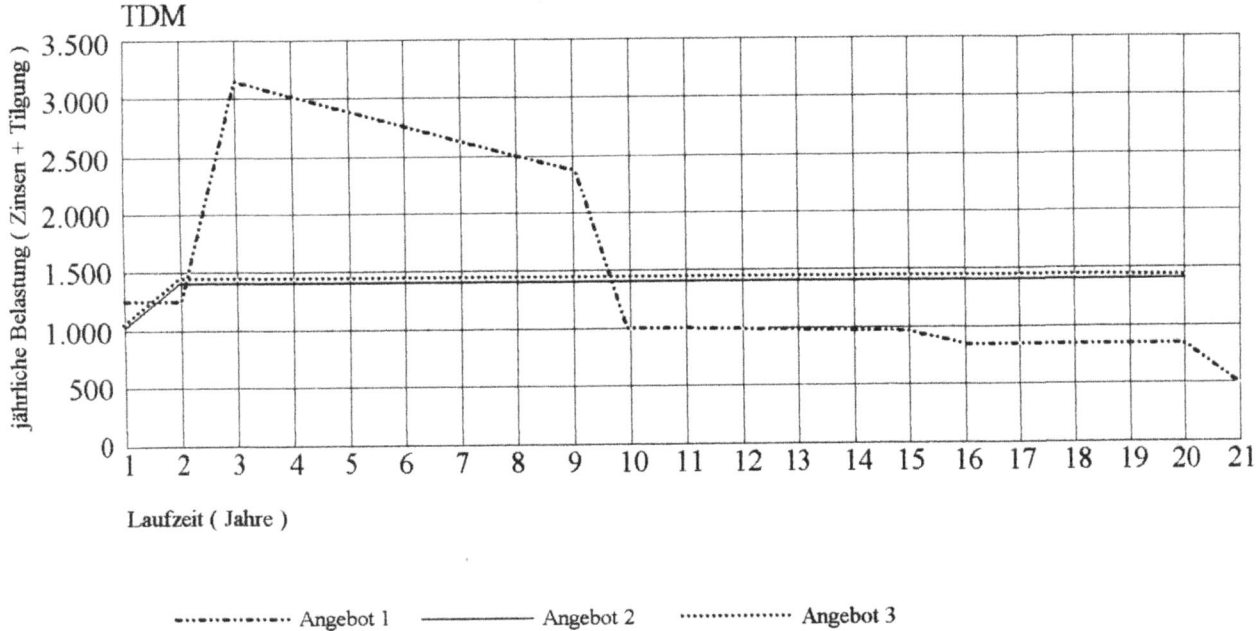

Abb. 4: Grafischer Vergleich der Darlehensangebote

Tab. 5a: Tilgung Angebot 2 bis Ende 1997

Nennbetrag:	20.000.000,– DM		
Zinssatz der Periode:	1.95 %	Jährlich 7.8 %	
Tilgungssatz der Periode:	0.5 %	Jährlich 2.0 %	
Leistung der Periode:	490.000,– DM	Jährlich 1.960.000,– DM	
Teilperiode zu Beginn:	0	Tage ohne Tilgung	
Tilgungsfreie Perioden:	4	1 Jahr, 0 Monate	
Ganze Tilgungsperioden:	16	4 Jahre, 0 Monate	
Gesamtlaufzeit:	5 Jahre		

Termin	Anfangskapital	Zinsleistung	Tilgungsleistung	Darlehensrest
31.03.1993	20.000.000,00	390.000,00	0,00	20.000.000,00
30.06.1993	20.000.000,00	390.000,00	0,00	20.000.000,00
30.09.1993	20.000.000,00	390.000,00	0,00	20.000.000,00
31.12.1993	20.000.000,00	390.000,00	0,00	20.000.000,00
31.03.1994	20.000.000,00	390.000,00	100.000,00	19.900.000,00
30.06.1994	19.900.000,00	388.050,00	101.950,00	19.798.050,00
30.09.1994	19.798.050,00	386.061,98	103.938,02	19.694.111,98
31.12.1994	19.694.111,98	384.035,18	105.964,82	19.588.147,16
31.03.1995	19.588.147,16	381.968,87	108.031,13	19.480.116,03
30.06.1995	19.480.116,03	379.862,26	110.137,74	19.369.978,29
30.09.1995	19.369.978,29	377.714,58	112.285,42	19.257.692,87
31.12.1995	19.257.692,87	375.525,01	114.474,99	19.143.217,88
31.03.1996	19.143.217,88	373.292,75	116.707,25	19.026.510,63
30.06.1996	19.026.510,63	371.016,96	118.983,04	18.907.527,59
30.09.1996	18.907.527,59	368.696,79	121.303,21	18.786.224,38
31.12.1996	18.786.224,38	366.331,38	123.668,62	18.662.555,76
31.03.1997	18.662.555,76	363.919,84	126.080,16	18.536.475,60
30.06.1997	18.536.475,60	361.461,27	128.538,73	18.407.936,87
30.09.1997	18.407.936,87	358.954,77	131.045,23	18.276.891,64
31.12.1997	18.276.891,64	356.399,39	133.600,61	18.143.291,03
		7.543.291,03	1.856.708,97	18.143.291,03

Teil C: I. HOAI-Phase 1: Grundlagenermittlung

Tab. 5b: Tilgung Angebot 2 vom 1.1.1998 bis Ende 2012

Nennbetrag:	20.000.000,– DM	
Zinssatz der Periode:	1.95 %	Jährlich 7.8 %
Tilgungssatz der Periode:	0.5 %	Jährlich 2.0 %
Leistung der Periode:	490.000,– DM	Jährlich 1.960.000,– DM
Teilperiode zu Beginn:	0	Tage ohne Tilgung
Tilgungsfreie Perioden:	4	1 Jahr, 0 Monate
Ganze Tilgungsperioden:	16	4 Jahre, 0 Monate
Gesamtlaufzeit:	5 Jahre	

Termin	Anfangskapital	Zinsleistung	Tilgungsleistung	Darlehensrest
31.03.1998	18.143.293,03	353.794,18	161.794,96	17.981.439,07
30.06.1998	17.981.439,07	350.638,06	165.008,08	17.816.430,99
30.09.1998	17.816.430,99	347.420,40	168.225,74	17.684.205,25
31.12.1998	17.648.205,25	344.140,00	171.506,14	17.476.699,11
31.03.1999	17.476.699,11	340.795,63	174.850,51	17.301.848,60
30.06.1999	17.301.848,60	337.386,05	178.260,09	17.123.588,51
30.09.1999	17.123.588,51	333.909,98	181.736,16	16.941.852,35
31.12.1999	16.941.852,35	330.366,12	185.280,02	16.756.572,33
31.03.2000	16.756.572,33	326.753,16	188.892,98	16.567.679,35
30.06.2000	16.567.679,35	323.069,75	192.576,39	16.375.102,96
30.09.2000	16.375.102,96	319.314,51	196.331,63	16.178.771,33
31.12.2000	16.178.771,33	315.486,04	200.160,10	15.978.611,23
31.03.2001	15.978.611,23	311.582,92	204.063,22	15.774.548,01
30.06.2001	15.774.548,01	307.603,69	208.042,45	15.566.505,56
30.09.2001	15.566.505,56	303.546,86	212.099,28	15.354.406,28
31.12.2001	15.354.406,28	299.410,92	216.235,22	15.138.171,06
31.03.2002	15.138.171,06	295.194,34	220.451,80	14.917.719,26
30.06.2002	14.917.719,26	290.895,53	224.750,61	14.692.968,65
30.09.2002	14.692.968,65	286.512,89	229.133,25	14.463.835,40
31.12.2002	14.463.835,40	282.044,79	233.601,35	14.230.234,05
31.03.2003	14.230.234,05	277.489,56	238.156,58	13.992.077,47
30.06.2003	13.992.077,47	272.845,51	242.800,63	13.749.276,84
30.09.2003	13.749.276,84	268.110,90	247.535,24	13.501.741,60
31.12.2003	13.501.741,60	263.283,96	252.362,18	13.249.379,42
31.03.2004	13.249.379,42	258.362,90	257.283,24	12.992.096,18
30.06.2004	12.992.096,18	253.345.88	26.300,26	12.729.795,92
30.09.2004	12.729.795,92	248.231,02	267.415,12	12.462.380,80
31.12.2004	12.462.380,80	243.016,43	272.629.71	12.189.751,09
31.03.2005	12.189.751,09	237.700,15	277.945,99	11.911.805,10
30.06.2005	11.911.805,10	232.280,20	283.365,94	11.628.439,16
30.09.2005	11.628.439.16	226.754,56	288.891,58	11.339.547,58
31.12.2005	11.339.547,58	221.121,18	294.524,96	11.045.022,62
31.03.2006	11.045.022,62	215.377,94	300.268,20	10.744.754,42
30.06.2006	10.744.754,42	209.522,71	306.123,43	10.438.630,99
30.09.2006	10.438.630,99	203.553,30	312.092,84	10.126.538,15
31.12.2006	10.126.538,15	197.467,49	318.178,65	9.808.359,50
31.03.2007	9.808.359,50	191.263,01	324.383,13	9.483.976,37
30.06.2007	9.483.976,37	184.937,54	330.708,60	9.153.267,77
30.09.2007	9.153.267,77	178.488,72	337.157,42	8.816.110,35
31.12.2007	8.816.110,35	171.914,15	343.731,99	8.472.378,36
31.03.2008	8.472.378,36	165.211,38	350.434,76	8.121.943,60
30.06.2008	8.121.943,60	158.377,90	357.268,24	7.764.675,36
30.09.2008	7.764.675,36	151.411,17	364.234,97	7.400.440.39
31.12.2008	7.400.440,39	144.308,59	371.337,55	7.029.102,84
31.03.2009	7.029.102,84	137.067,51	378.578,63	6.650.524,21
30.06.2009	6.650.524,21	129.685,22	385.960,92	6.264.563,29
30.09.2009	6.264.563,29	122.158,98	393.487,16	5.871.076,13
31.12.2009	5.871.076,13	114.485,98	401.160,16	5.469.915,97
31.03.2010	5.469.915,97	106.663,36	408.982,78	5.060.933,19
30.06.2010	5.060.933,19	98.688,20	416.957,94	4.643.975,25
30.09.2010	4.643.975,25	90.557,52	425.088,62	4.218.886,63
31.12.2010	4.218.886,63	82.268,29	433.377,85	3.785.508,78
31.03.2011	3.785.508,78	73.817,42	441.828,72	3.343.680,06
30.06.2011	3.343.680,06	65.201,76	450.444,38	2.893.235,68
30.09.2011	2.893.235,68	56.418,10	459.228,04	2.434.007,64
31.12.2011	2.434.007,64	47.463,15	468.182,99	1.965.824,65
31.03.2012	1.965.824,65	38.333,58	477.312,56	1.488.512,09
30.06.2012	1.488.512,09	29.025,99	486.620,15	1.001.891,94
30.09.2012	1.001.891,94	19.536,89	496.109,25	505.782,69
31.12.2012	505.782,69	9.862,76	505.782,69	0,00
vom 1.1.1998–31.12.2012:		12.794.462	18.143.291,03	
vom 1.1.1993–31.12.1997:		7.542.291	1.856.709,00	0,00
Gesamt:		20.338.752	20.000.000,00	

1. Planungsverlauf

1.1.3.5 Weitere Vereinbarungen der Kreditinstitute zum Darlehensangebot

Neben der Beachtung der Darlehenskonditionen sind auch die weiteren Vereinbarungen zu berücksichtigen, die vom jeweiligen Kreditinstitut dem Darlehensangebot zugrunde gelegt werden. Im folgenden sind einige solcher möglichen Vereinbarungen aufgeführt.

a) Sicherstellung

Grundschuld von 8.800.000,- DM, einzutragen zugunsten des Kreditinstituts an ausschließlich 1. Rangstelle in Abteilung III an dem im Grundbuch des Amtsgerichts Essen für diese Stadt vorgetragenen Grundbesitz für das Grundstück Frankenstraße zu 24.000 m². In Abteilung III dürfen keine Rechte im Rang gleichstehen oder vorgehen. Der Sicherungszweck der Grundschuld wird in einem gesonderten Vertrag vereinbart.

b) Weitere Vereinbarungen

— Der Kreditnehmer verpflichtet sich, mit dem Bauvorhaben planmäßig zu beginnen und dieses bis zum 31.05.93 fertigzustellen. Das Darlehen wird nach Baufortschritt ausbezahlt, wobei sich die Bank vorbehält, die Ratenhöhe und die Termine festzulegen. Der Kreditnehmer muß das Kreditinstitut jeweils rechtzeitig vor Mittelbedarf unterrichten und die erforderlichen und vereinbarten Unterlagen vorlegen, da für Auszahlungen eine Baufortschrittsfeststellung eines Bausachverständigen des Kreditinstituts notwendig ist.

— Der Kreditnehmer muß nachweisen, daß die Gesamtfinanzierung des Bauvorhabens, dessen Gesamtherstellungskosten 20.000.000,- DM ohne Mehrwertsteuer betragen, gesichert ist. Die Absicherung der reinen Baukosten und der Kosten der Außenanlagen wird durch einen Vertrag über die schlüsselfertige Erstellung mit einem auch nach Ansicht des Kreditinstituts geeigneten Generalbauunternehmen oder durch Bauverträge für die wesentlichen Gewerke mit guten Baufirmen nachgewiesen, und zwar im Kostenrahmen des vorgelegten Kostenüberschlags.

— Der Kreditnehmer verpflichtet sich nachzuweisen, daß die vorgesehene Nutzung des Pfandobjektes nicht durch etwaige Bergschäden beeinträchtigt wird.

— Es kann außerdem vereinbart werden, dem Kreditinstitut zur Einsichtnahme die geprüften Jahresabschlüsse (Bilanz und Gewinn- und Verlustrechnung samt Anhang) für die letzten beiden Jahre sowie jeweils spätestens 6 Monate nach Bilanzstichtag, nächstmals per 31.12.92, den geprüften Jahresabschluß (Bilanz und Gewinn- und Verlustrechnung samt Anhang) vorzulegen.

Die im Zusammenhang mit der Auszahlung der Darlehen bzw. von Teilbeträgen vorzulegenden Unterlagen sind im Abschnitt 1.1.3.6 aufgeführt. Die Anforderung weiterer Unterlagen bleibt vorbehalten.

Ergänzend gelten die Allgemeinen Darlehensbedingungen und die Allgemeinen Geschäftsbedingungen der jeweiligen Kreditinstitute.

1.1.3.6 Verzeichnis der Unterlagen, die vor der Darlehensauszahlung bereitgestellt werden müssen

Muster eines Unterlagenverzeichnisses

Bitte leiten Sie uns vor Darlehensauszahlung zu:

A) vor Auszahlung der 1. Darlehensrate:
1. Annahme der Offerte auf beiliegendem Abdruck.
   Die Unterschriften bitten wir öffentlich beglaubigen zu lassen, sofern sie nicht in unserem Hause geleistet werden.
2. Konditionsvereinbarung
3. Vollstreckbare und einfache Ausfertigung der Zwangsvollstreckungsunterwerfungsurkunde. Zwei beglaubigte Abschriften der Bestellung für die Grundschuld von 20.000.000,- DM. Bitte benennen Sie uns einen Notar, an den wir die Grundschuldbestellungsunterlagen senden sollen und veranlassen Sie die kurzfristige Eintragung der Grundschuld ins Grundbuch.
4. Beglaubigte Abschrift des einschlägigen Grundbuchblattes, aus dem die rangrichtige Eintragung der Grundschuld sowie die Eigentumsumschreibung zu ersehen sind.
5. Zweckbestimmungserklärung nach unserem Entwurf.
6. Beglaubigte Abschrift des Grundstückskaufvertrages.
7. Beglaubigte Abschrift des Gesellschaftsvertrages.
8. Aktueller, beglaubigter Auszug aus dem Handelsregister.
9. Nachweis über die Sicherstellung der Gesamtfinanzierung durch Generalunternehmervertrag bzw. Bauverträge für die wesentlichen Gewerke.
10. Geprüfter Jahresabschluß (Bilanz mit Gewinn- und Verlustrechnung) samt Anhang zum 31.12.90 und 31.12.91 für die Firma Lenz GmbH.
11. Unwiderrufliche Genehmigung der vorgelegten Baupläne mit genehmigten und geprüften Bauzeichnungen (gegen Rückgabe).
12. Detaillierte Baubeschreibung.
13. Detaillierte Nutzflächen- und Kubaturberechnungen.
14. Bescheinigung über die Freiheit des Grundstückes von Veränderungssperren, Umlegungsverfahren, Erschließungsbeiträgen, Sa-

nierungsmaßnahmen und Vorkaufsrechten nach unserem Entwurf.
15. Deckungszusage des Brandversicherungsamtes für die Gebäude zum gleitenden Neuwert.
16. Bestätigung des Versicherers über die erfolgte Anmeldung des Realrechts (wird von uns eingeholt).
17. Amtlicher Lageplan
18. Anweisung, auf welches Konto bei der Sparkasse oder Bank die Darlehensbeträge zu überweisen sind.
19. Ermächtigung zum Einzug der Darlehensleistungen von Ihrem Konto nach unserem Entwurf.

Auf Wunsch sind wir bereit zu prüfen, ob einzelne vorbezeichnete Unterlagen nachgereicht werden können.

B) nach Fertigstellung des Bauvorhabens
20. Urkunde über die wertentsprechende Brandversicherung des Pfandobjektes zum gleitenden Neuwert.

1.1.3.7 Finanzierungsentscheidung

Der Entscheidung hinsichtlich eines geeigneten Darlehens wurden von der Fa. Lenz folgende Kriterien zugrunde gelegt:
— anfänglicher Effektivzinssatz,
— Zinsfestschreibung,
— Laufzeit des Darlehens,
— Belastungsverlauf und
— Gesamtzinsbelastung.

Die Geschäftsleitung des Autohauses Lenz entschied sich für das Angebot 1:

	Nominal	Auszahlung
BFP-Sonderprogramm NRW/EG:	900.000 DM	877.500 DM
+ ERP-Regional:	300.000 DM	300.000 DM
+ KFW-Mittelstandsprogramm:	10.000.000 DM	9.600.000 DM
+ Darlehen	8.800.000 DM	8.800.000 DM
	20.000.000 DM	19.577.500 DM

Der Auszahlungsbetrag liegt mit 19.577.500 DM also etwas über den Gesamtkosten laut Kostenüberschlag (19.400.000 DM).
Für die Entscheidung waren folgende Überlegungen ausschlaggebend:

a) Der anfängliche Effektivzinssatz des Angebots 1 unterscheidet sich nicht wesentlich von den anfänglichen Effektivzinssätzen der Angebote 2 und 3.

b) Die Zinsen für die öffentlichen Darlehensprogramme sind über die gesamte Darlehenslaufzeiten fest.

c) Die jährlichen Belastungen der ersten 10 Jahre sind bei der gewählten Finanzierungsform höher als bei den Alternativangeboten. Das KFW-Mittelstandsprogramm (Angebot 1) von 10.000.000 DM ist bereits nach 10 Jahren abgetragen. Dadurch reduziert sich die jährliche Belastung (Tilgung und Zins) für das Angebot 1 für die Jahre 11–15 auf durchschnittlich jährlich 1.000.000 DM im Gegensatz zu gleichbleibenden Belastungen der Angebote 2 und 3 von durchschnittlich 1.960.000 DM bzw. 1.980.000 DM. Nach weiteren 5 Jahren ist nurmehr das Darlehen (8.800 TDM) für weitere 6 Jahre zu bedienen. Diese abgestuften Darlehensbelastungen kommen der Fa. Lenz eher entgegen als die zwar gleichmäßigen, aber insgesamt längeren — nämlich 20 Jahre dauernden — Belastungen der Annuitätendarlehen der Angebote 2 und 3.

d) Bedingt durch die kürzeren Laufzeiten der öffentlichen Darlehen ist auch die Gesamtzinsbelastung des Angebots 1 wesentlich geringer als die Gesamtzinsbelastungen der Angebote 2 und 3, nämlich:

Gesamtzinsbelastung Angebot 1: 14.766.331 DM
Gesamtzinsbelastung Angebot 2: 20.338.753 DM
Gesamtzinsbelastung Angebot 3: 20.983.343 DM

1.2 Organisation der Planungsbeteiligten

Der Neubau der KFZ-Niederlassung ist im Essener Stadtteil Rellinghausen geplant. Damit kommt neben dem Baugesetzbuch (BauGB) vor allem die Landesbauordnung Nordrhein-Westfalen (BauO NW) in der Fassung vom 26.6.1984 zum Tragen. Die BauO NW schreibt im §52 unter dem Begriff „Die am Bau Beteiligten" zwingend die Mitwirkung der Verantwortungsträger Bauherr, Entwurfsverfasser, Unternehmer und Bauleiter an der Bauabwicklung vor. Einen allgemeinen Überblick über die Pflichten des Bauherrn, hier die Unternehmung Lenz, gibt der §53 Abs. 1 BauO NW. Dort heißt es: „Der Bauherr hat zur Vorbereitung, Überwachung und Ausführung eines genehmigungsbedürftigen Bauvorhabens einen Entwurfsverfasser, Unternehmer und den Bauleiter zu beauftragen. Dem Bauherrn obliegen gegenüber der Bauaufsichtsbehörde die nach den öffentlich-rechtlichen Vorschriften erforderlichen Anzeigen und Nachweise." Baut ein Bauherr ohne Einhaltung dieser Vorschriften oder verstößt er gegen sie, bestehen für die zuständige Bauaufsichtsbehörde die Möglichkeiten, Bußgelder zu verhängen, die Baustelle stillzulegen oder in schweren Fällen den Abriß des erstellten Bauwerkes zu verlangen (§53 Abs. 1 BauO NW). In jedem Fall ist es daher dem Bauherrn anzuraten, sich vor Beginn einer Baumaßnahme umfassend über alle öffentlich-rechtlichen Vorschriften, Vorgaben und Auflagen zu informieren.

Bei jedem Bauvorhaben kommt dem Bauherrn die wirtschaftlich und rechtlich wichtigste Funktion zu. Bei ihm liegt es, durch entsprechende Vertragsgestaltungen die rechtlichen Beziehungen der an einem Bauvorhaben Beteiligten zu bestimmen. Der Frage, wie die unmittelbar am Bau Beteiligten rechtlich zueinander stehen, welche Ansprüche und Pflichten sie gegeneinander haben, kommt vor allem bei Vertragsstörungen große Bedeutung zu. Die Fa. Lenz hat mit dem Architekturbüro Planmann bereits einen Architekten-Vorplanungsvertrag abgeschlossen.

Bei Bauaufgaben dieser Größenordnung ist es heute häufig üblich, eine erfahrene und fachlich ausgewiesene Person mit der Projektleitung bzw. Projektsteuerung zu betrauen. Dieser Projektsteuerer hat die Funktion, Bauherrenaufgaben zu erfüllen und Bauherreninteressen zu vertreten. Er übernimmt dabei keine Planungs- und Ausführungsleistungen, die nach dem Leistungsbild des §15 der HOAI in den Aufgabenbereich des Architekten fallen. Ebenso erfüllt er keine Unternehmerleistungen. Die Unternehmung Lenz beauftragt ein Projektsteuerungsbüro, vertreten durch Hr. Steuermann, mit der Projektsteuerungsleistung nach §31 HOAI. Der technische Geschäftsführer der Unternehmung Lenz, Hr. Brauer, wird als unmittelbarer Ansprechpartner für die Wahrnehmung der originären Bauherrenaufgaben bestimmt.

Grundsätzlich sollte der Auftraggeber bei der Einschaltung von Objektplanern und Projektsteuerern um eine klare Aufgabendefinition bemüht sein, die im Interesse auch aller anderen am Bau Beteiligten liegt. Der Bauherr schließt direkt mit den einzelnen Sonderfachleuten nach Beratung mit dem Architekten bzw. mit dem Projektsteuerer die notwendigen Verträge ab. So entstehen zwischen dem Bauherrn, dem Architekten und den Sonderfachleuten vertragliche und gesetzliche Beziehungen, zwischen Architekten und Sonderfachleuten nur gesetzliche Beziehungen. Das sich daraus ergebende Organisationsschema ist in Abb. 5 dargestellt.

1.3 Rechtliche und technische Informationen zum Baugrundstück

Um sich über die planungsrechtlichen Gegebenheiten zu informieren, kann der Architekt den Bebauungsplan bei der Gemeindeverwaltung einsehen und/oder eine planungsrechtliche Auskunft einholen (Anhang 3). Nach §12 BauGB ist die Gemeinde verpflichtet, über den Bebauungsplan auf Verlangen Auskunft zu geben. Dies geschieht schriftlich in Form einer offiziellen planungsrechtlichen Auskunft (Anhang 4), auf deren Inhalt der Architekt sich bei der späteren Genehmigungsplanung berufen kann. Wird eine planungsrechtliche Auskunft erteilt, ist sie der Genehmigungsplanung beizufügen.

Im Planungsbeispiel unterrichtet der Architekt den Projektleiter in einer Planungsbesprechung über die ersten Gespräche mit den Bauaufsichtsbehörden, über die Einsichten in das Grundbuch und Baulastenverzeichnis und über die planungsrechtliche Auskunft.

Nach Einsicht in das Grundbuch beim Amtsgericht der Stadt Essen konnte festgestellt werden, daß das Grundstück frei von Belastungen und Rechten Dritter ist.

Auf Anfrage teilte die Bauaufsichtsbehörde mit, daß keine Baulasten für das Grundstück eingetragen sind.

Das Grundstück unterliegt einem gültigen Bebauungsplan. Dieser weist das Grundstück als Gewerbegebiet aus. Die Zahl der zulässigen Vollgeschosse beträgt 3, die Grundflächenzahl (GRZ) 0,8, die Geschoßflächenzahl (GFZ) 2,0.

Alle auf dem Grundstück befindlichen Gebäude sind im Besitz der Stadt Essen. Die Mietverträge

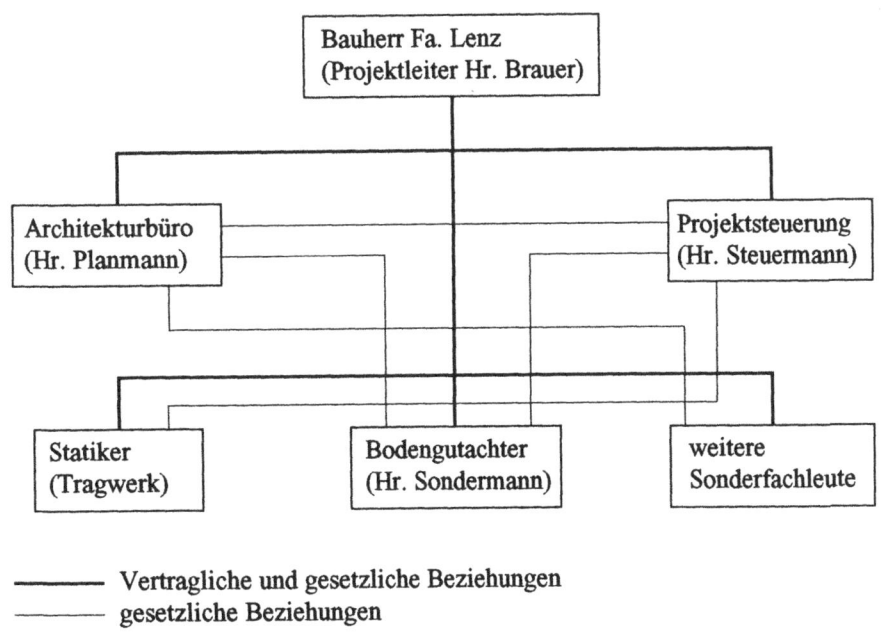

Abb. 5: Projektaufbauorganisation während der Planung

über zur Zeit noch genutzte Gebäude laufen zum Baubeginn aus. Nach mündlicher Auskunft der Baubehörde steht der Erteilung einer Abbruchgenehmigung für diese Gebäude bzw. Gebäudeteile nichts entgegen.

Zur Grundstückserschließung: Aufgrund des hohen Fahrzeugaufkommens und der Nähe zur Verkehrskreuzung Ruhralle/Frankenstraße ist eine Erschließung des Grundstückes von der Frankenstraße aus vermutlich nicht möglich.

Die Entfernung der auf dem Grundstück befindlichen Bepflanzung, insbesondere des Baumbestandes im Kreuzungsbereich, ist ohne behördliche Genehmigung nicht möglich. Die Bäume verhindern jedoch die wichtige Werbewirksamkeit des Gebäudes zur Ruhrallee.

Die Möglichkeit einer Verlegung der Straße St. Annental sollte, auch aus Gründen der Erschließungsproblematik, als ein Planungsansatz berücksichtigt werden.

Probleme ergeben sich durch unterschiedlichen Baugrund, Geländevorsprünge und extreme Höhendifferenzen.

Die Auswirkungen auf Baugrund und Tragkonstruktion durch eine alte Flakstellung auf dem Grundstück müssen unbedingt vorab geklärt werden. Aufgrund der angeführten Problemstellungen rät der Architekt zur Beauftragung eines Bodengutachters und berät über Auswahl, Umfang der Leistungen und Honorar dieses Sonderfachmannes.

Die Entsorgung der in der Werkstatt anfallenden Abfälle (Altöle/Schmierstoffe) bedarf aufgrund der räumlichen Nähe zur Ruhr besonderer Beachtung. Hierzu wären technische Informationen von seiten der Unternehmung Lenz notwendig und wünschenswert.

Der Architekt rät dem Bauherrn darüber hinaus zur Kontaktaufnahme mit den Eigentümern der angrenzenden Grundstücke, um diese frühzeitig über die Planung zu informieren.

Ein erster Vorentwurf des Architekten berücksichtigt die Grundstücksgegebenheiten (vgl. Abb. 9). Die Erschließung des Werkstatthofes erfolgt nach diesem Entwurf über die Straße St. Annental. Der Leistungsprüfstand und die Waschhalle können direkt vom Hof angefahren werden, die Arbeitsplätze werden über kurze, gerade Fahrspuren erschlossen, die die Fahrstrecken in der Werkstatt klein halten.

Direkt vom Werkstatthof kann man zur Kundendienst- und Reparaturannahme wie auch zur Verwaltung gelangen. Über eine Galerie ist ein direkter Ausblick und Zugang zur Ausstellung der Neu- und Gebrauchtwagen möglich. Die Gebrauchtwagenausstellung kann sich in der begrünten Nordseite des Gebäudes fortsetzen. Dort befinden sich auch die Parkflächen für die Besucher. Ebenso wie die Anlieferung wird auch die Zufahrt zu den unter dem Betriebshof gelegenen Parkplätzen der Betriebsangehörigen über die Straße St. Annental erfolgen. Ob diese Parkflächen unterirdisch (Tiefgarage) angelegt werden, soll erst später entschieden werden. Die Tiefgarage ist deswegen in der Kostenschätzung nicht berücksichtigt.

1.4 Grundstückskauf

Die Beurteilung der Bebaubarkeit des Grundstückes hat die Fa. Lenz in Zusammenwirken mit dem Architekten nach der in Abb. 6 dargestellten Checkliste durchgeführt.

Die wichtigsten Bestimmungen dieser Checkliste, nämlich
— Bodenverkehrsgenehmigung (§§ 19–23 BauGB),
— Bauen im Außenbereich (§ 5 BauGB),
— Zulässigkeit von Bauvorhaben im Geltungsbereich eines Bebauungsplanes („qualifizierter Bebauungsplan", § 30 BauGB),
— privilegierte Bauvorhaben (§ 35 BauGB),
— Zulässigkeit von Bauvorhaben während der Planaufstellung (§ 33 BauGB),
— allgemeine Voraussetzungen für die Zulässigkeit baulicher und sonstiger Anlagen (§ 15 BauNVO),
— Vertrauensschaden (§ 39 BauGB),

wurden im Teil A.II.2.1 erläutert. Ein Überblick über die einzelnen Paragraphen des BauGB und der BauNVO findet sich im Anhang zu Teil A.II.

Die rechtlichen und technischen Gegebenheiten des Grundstücks haben die Unternehmung Lenz bewogen, in Kaufverhandlungen mit der Stadt Essen, die Eigentümerin des Grundstückes ist, zu treten.

Der Architekt hat bei den Verhandlungen mit der Stadt Essen erreicht, daß die Kosten für die Verlegung der Straße St. Annenthal von der Stadt getragen werden. Die Fa. Lenz muß jedoch einen zusätzlichen Beitrag zu den Erschließungskosten von 100.000 DM leisten. Die Stadt hat sich zu diesem Angebot entschlossen, weil das Autohaus Lenz durch die Neugestaltung der gesamten Grundstücksfläche zu einer erheblichen Verbesserung des stadträumlichen Umfeldes beiträgt.

Außerdem konnte vereinbart werden, daß die Stadt Essen auf ihre Kosten das Grundstück für die Bebauung herrichtet, d. h. in unserem Fall, daß die Stadt Essen die vorhandenen Bauwerke und Versorgungsleitungen abbricht sowie die Beseitigung von eventuell noch vorhandenen Kampfmitteln vornimmt.

Die Kaufverhandlungen über das Grundstück haben zum Abschluß eines Kaufvertrages geführt (siehe Anhang 5). Dieser wurde von beiden Vertragsparteien einem Notar zur notariellen Beurkundung vorgelegt. Nachdem die Grunderwerbssteuer von der Fa. Lenz entrichtet wurde, hat sie eine Buchgrundschuld (vgl. Anhang 6) im Grundbuch eintragen lassen.

1. Planungsverlauf

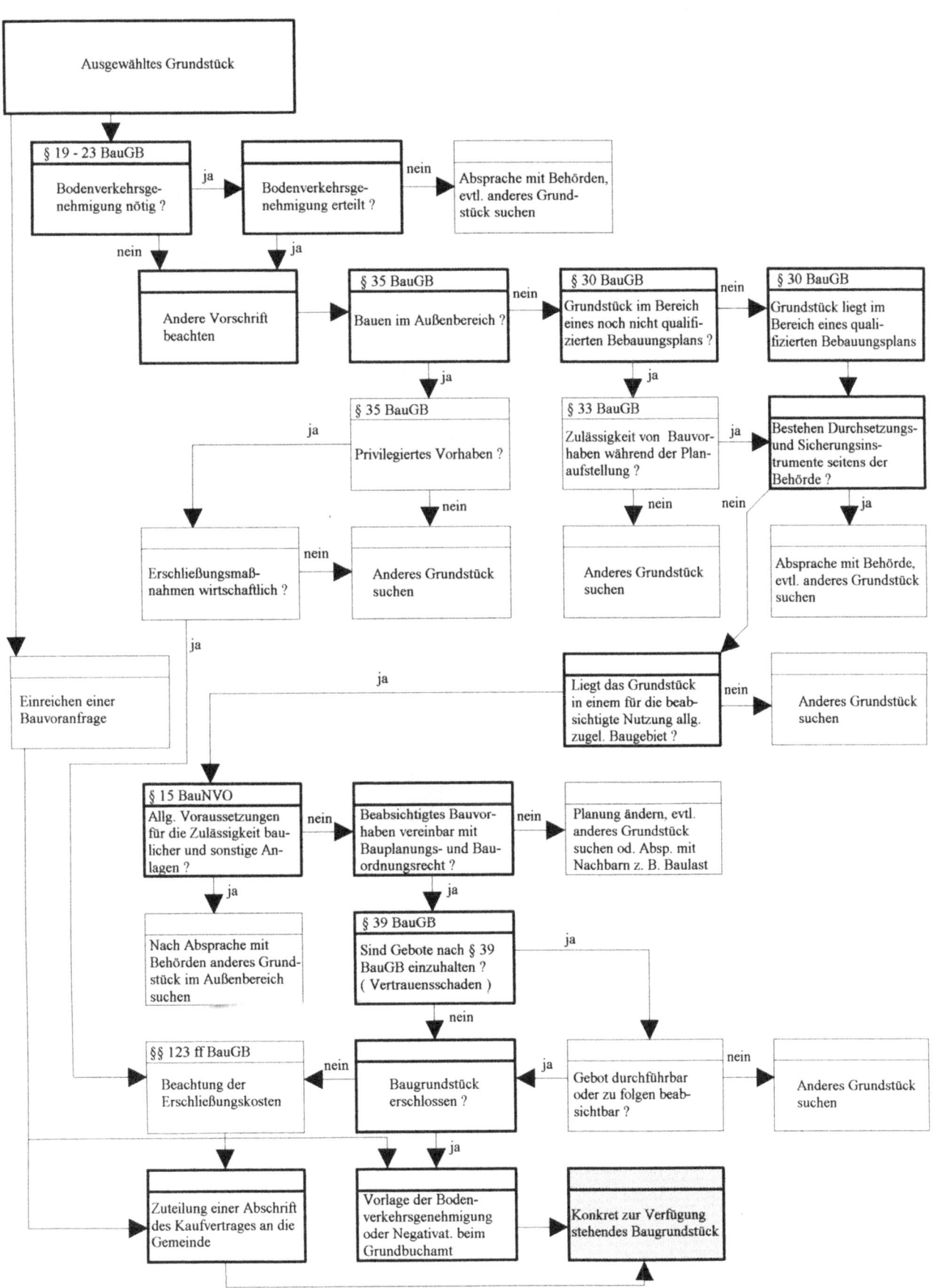

Abb. 6: Checkliste zur rechtlichen Beurteilung der Bebaubarkeit eines Grundstückes.
(Die stark umrahmten Felder sind die für das Beispiel angenommenen Entscheidungssituationen)

Teil C: I. HOAI-Phase 1: Grundlagenermittlung

2. Stand der Planung nach der HOAI-Phase 1

Die Unternehmung Lenz hat das Grundstück von der Stadt Essen gekauft. Der Kostenrahmen für den Neubau (einschließlich Grundstück) ist von der kaufmännischen Abteilung der Fa. Lenz im Investitionsplan mit 20 Millionen DM veranschlagt. Hierzu soll der Architekt möglichst bald eine Kostenschätzung vorlegen.

Die Entsorgung der Werkstatt von Altölen und Schmierstoffen ist technisch problemlos zu bewältigen, wenn die im Raumprogramm vorgesehenen Auffangtanks an geeigneter Stelle (Möglichkeit der Absaugung durch Tankfahrzeuge) geplant werden. Dazu sind die besonderen Vorschriften für die technische Gebäudeausrüstung von Werkstatthallen für Benzin- und Schlammabscheider zu beachten.

Der Bauherr hat mit den Besitzern der Nachbargrundstücke Kontakt aufgenommen. Von Seiten der Nachbarn liegen keine Bedenken gegen das Bauvorhaben vor.

Der Bauherr hat ein Bodengutachten in Auftrag gegeben.

Das Gartenbauamt Essen stimmt einer Entfernung des Baumbestandes auf der Ecke Frankenstraße/Ruhrallee nicht zu.

Der Projektsteuerer rät zur Beauftragung eines Tragwerkplaners zur Unterstützung des Planungsprozesses und berät über Auswahl, Leistungsumfang und Honorar.

Das Ergebnis der örtlichen Bestandsaufnahme, die vom Architekten erstellt wurde, beinhaltet u. a.:

Aufgrund der hohen Werbewirksamkeit (Blickfang) des Eckbereiches des Grundstückes, der städtebaulichen Gesamtsituation und der Geländeentwicklung sollte der zu planende Baukörper sich zur Kreuzung Frankenstraße/Ruhrallee und zur Straßenkante der Frankenstraße orientieren. Dies würde eine Überbauung oder Verlegung der Straße St. Annental und eine Entfernung des geschützten Baumbestandes erfordern. Eine Verlegung der Straße wird vom Bauherrn aufgrund der zu erwartenden hohen Kosten nicht gewünscht. Der Architekt rät aber dem Bauherrn, diesen Punkt noch einmal zu überdenken.

Die zeichnerische Dokumentation der Umgebung und der städtebaulichen Situation zeigt Abb. 7.

Die zeichnerische Aufnahme von Grundstücks-/Geländebesonderheiten und -vorgaben enthält Abb. 8.

Der Architekt stellt eine erste Vorentwurfsskizze vor (Abb. 9).

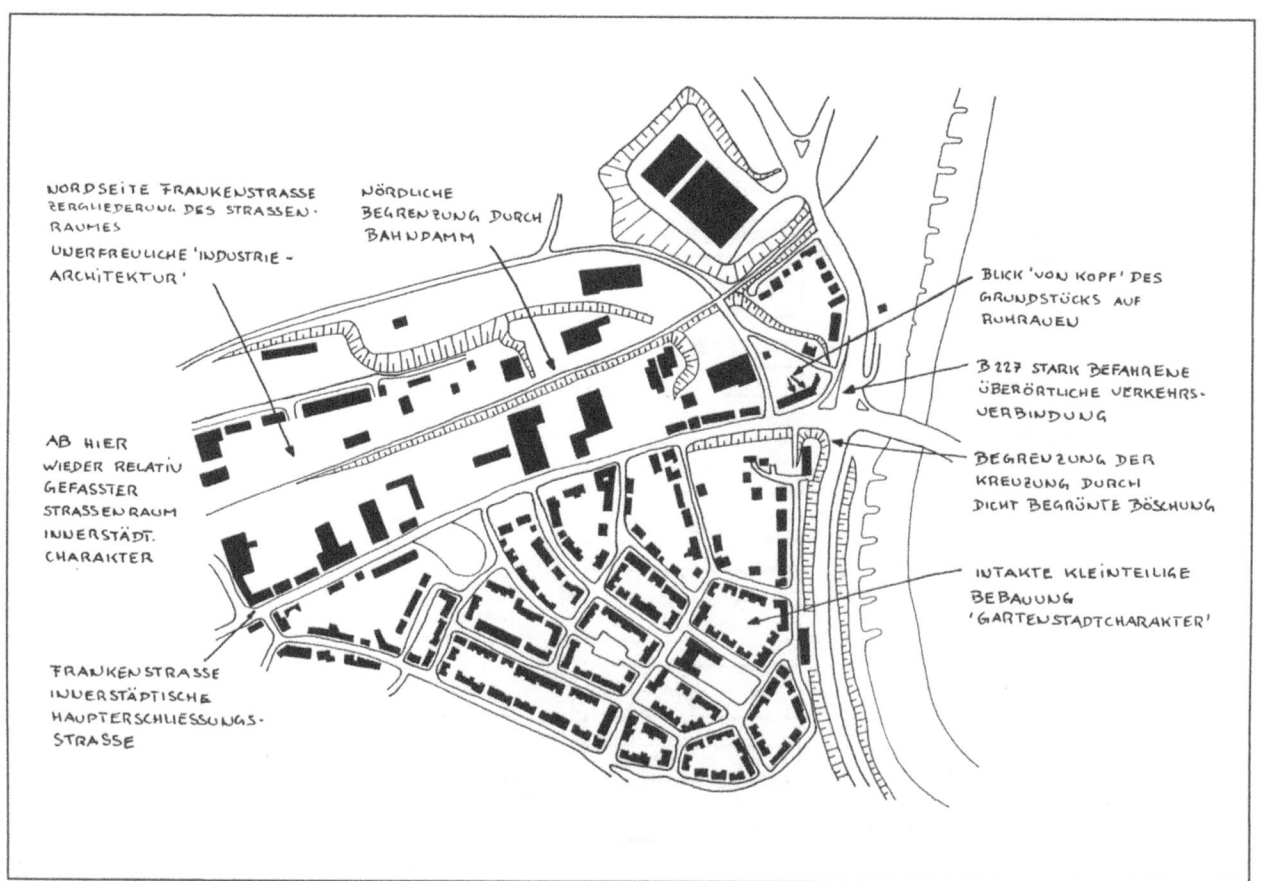

Abb. 7: Städtebauliche Situation

2. Stand der Planung nach der HOAI-Phase 1

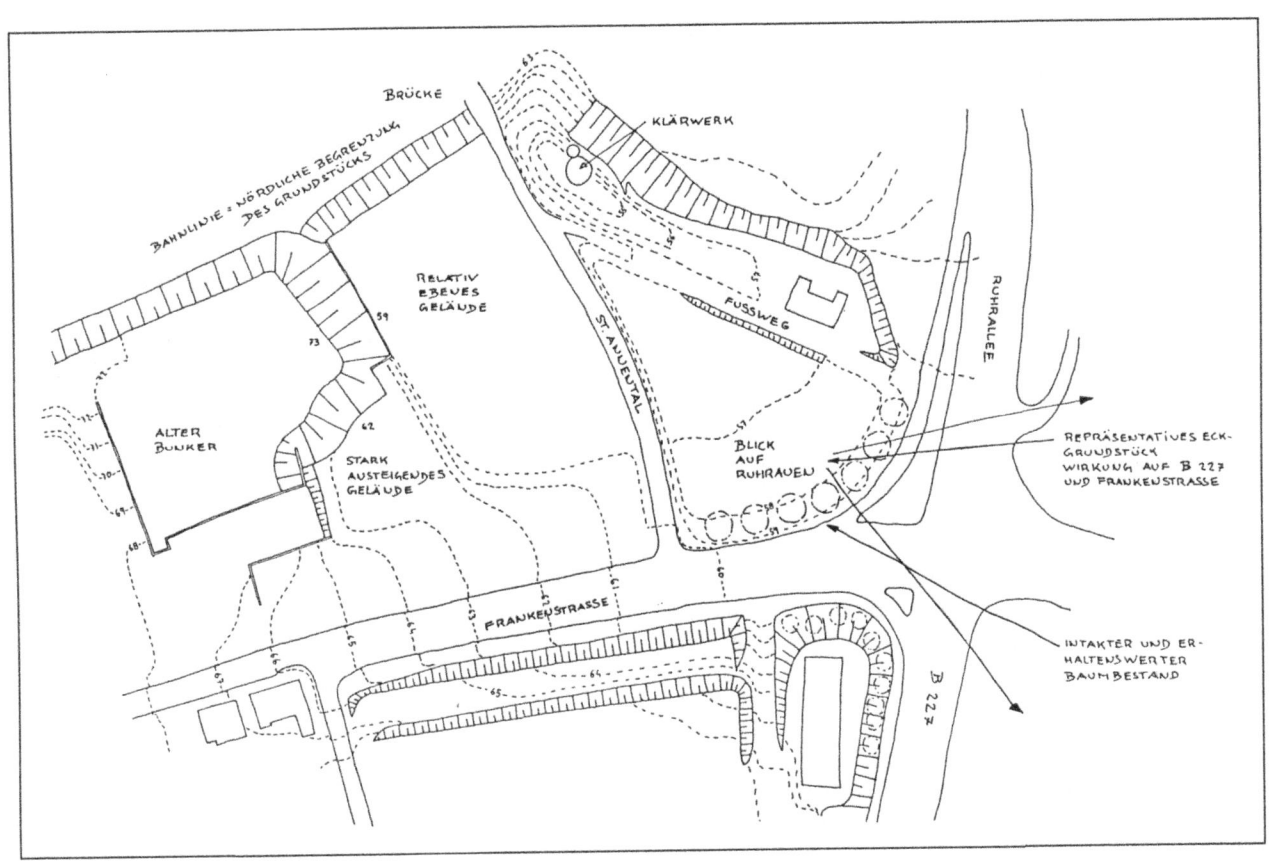

Abb. 8: Grundstücks- und Geländebesonderheiten

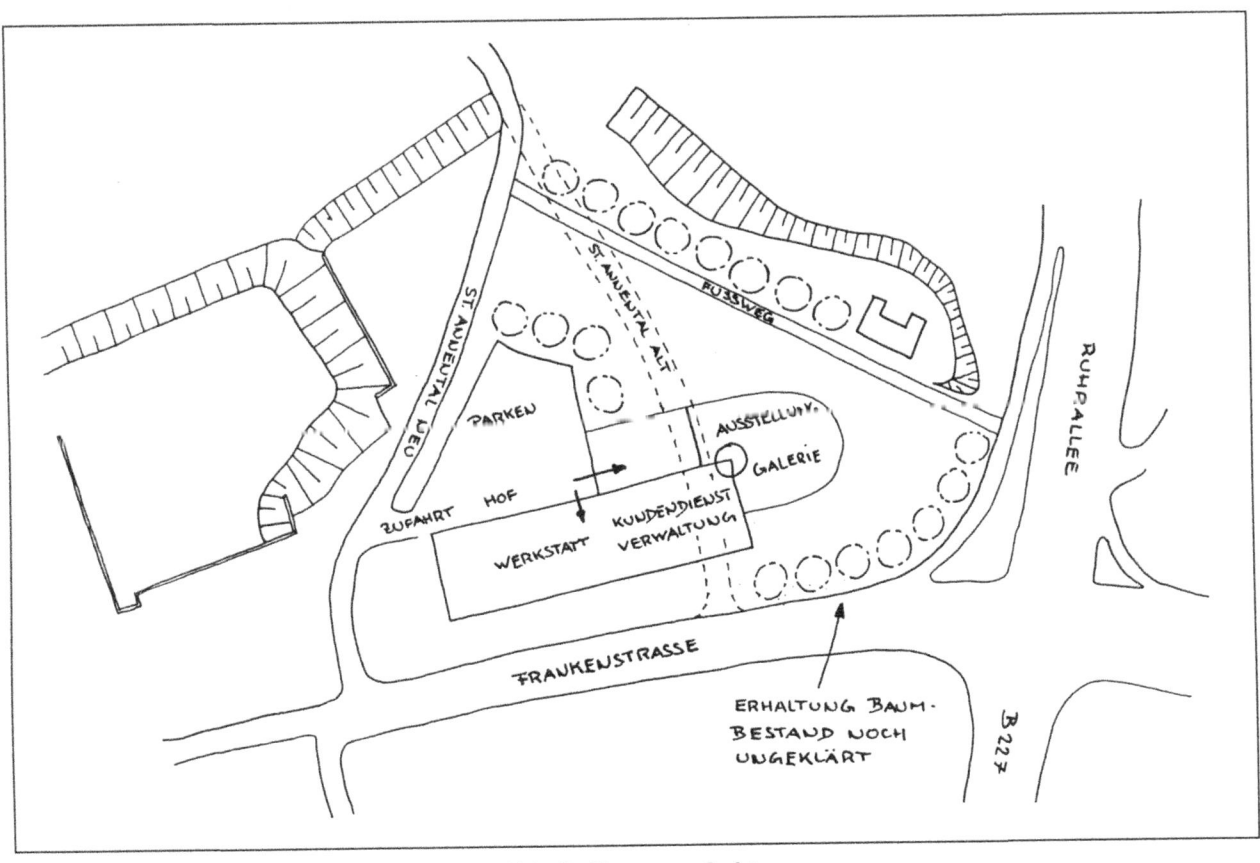

Abb. 9: Vorentwurfsskizze

3. Haftungsrisiken für den Architekten bei der Erbringung der Leistungsphase 1

Bei der Leistungsphase 1 liegt eindeutig der Schwerpunkt der Architektentätigkeit auf den Beratungs- und Aufklärungspflichten gegenüber dem Bauherrn. Die Teilleistungen „Beraten zum gesamten Leistungsbedarf" und „Formulieren von Entscheidungshilfen für die Auswahl anderer an der Planung fachlich Beteiligter" belegen den großen Umfang der auf den Architekten in diesem frühen Stadium zukommenden Beratungspflichten. Selbstverständlich bestehen diese Beratungspflichten nicht nur in der Leistungsphase 1, sondern ziehen sich durch die gesamte Planungs- und Bauabwicklung und damit durch das gesamte Leistungsbild des § 15 HOAI.

Durch die Formulierung der Grundleistungen der Leistungsphase 1 wird bereits deutlich, daß der Architekt sich dann schadensersatzpflichtig macht, wenn er den Bauherrn in der Frage des Leistungsbedarfs unter Berücksichtigung der Bauherrnwünsche sowie bei der Auswahl anderer an der Planung fachlich Beteiligter fehlerhaft berät.

Ein Beispiel aus der Rechtsprechung hinsichtlich einer fehlerhaften Beratung ist der unterbliebene Hinweis auf ein mögliches Risiko bei Verwendung neuartiger und noch nicht erprobter Baustoffe (vgl. BGH Schäfer/Finnern Z 3.01 Bl. 469; BGH BauR 1976, 66).

Entsprechendes gilt für die Beratungspflicht des Architekten bei außergewöhnlichen bzw. unüblichen Baukonstruktionen. Hier muß der Architekt nach einer Entscheidung des OLG Celle den sicheren Weg wählen (OLG Celle BauR 1990, 759).

Bei der Beratung der zutreffenden Auswahl von Sonderfachleuten kann der Fehler des Architekten einerseits darin liegen, daß er den Hinweis auf die Beauftragung eines erforderlichen Fachingenieurs unterläßt oder sogar dem Bauherrn ausdrücklich davon abrät, andererseits kann es im Einzelfall jedoch auch einen Fehler darstellen, wenn der Architekt die Einschaltung eines Fachingenieurs empfiehlt, obwohl dies nicht erforderlich ist.

Im Einzelfall wird hier jedoch eine genaue Überprüfung, ob dem Bauherrn durch derartige Beratungsfehler des Architekten tatsächlich ein Schaden entstanden ist, angezeigt sein.

Die rechtliche Einordnung dieser Beratungspflichten ist nicht eindeutig geklärt. Wie bei der Darstellung der positiven Vertragsverletzung im Abschnitt A I.1.4.1.4 geschildert wurde, würde eine Charakterisierung dieser Beratungs- und Aufklärungspflichten als vertragliche Nebenpflichten dazu führen, daß der Architekt für schuldhafte Verletzungen dieser Pflichten 30 Jahre aus positiver Vertragsverletzung haften würde.

Demgegenüber führt eine Einordnung der Beratungs- und Aufklärungspflichten als vertragliche Hauptpflichten dazu, daß der Architekt bei schuldhafter Verletzung gemäß § 635 BGB auf Schadensersatz haftet und dieser Anspruch einer 5jährigen Verjährung unterliegt.

Während die Rechtsprechung früher dazu tendiert hat, derartige Beratungspflichten als Nebenpflichten zu behandeln, ist es nach diesseitiger Auffassung geboten, sie als vertragliche Hauptpflichten anzusehen. Denn aufgrund ihrer Eigenschaft als Grundleistungen aus dem Leistungsbild des § 15 HOAI und ihrer Funktion zur Erfüllung der technisch und wirtschaftlich ordnungsgemäßen Errichtung des Bauvorhabens ist ihre Behandlung als vertragliche Hauptpflichten nur konsequent. Allenfalls solche Beratungspflichten, die nicht unmittelbar zur technisch und wirtschaftlich einwandfreien Errichtung des Bauwerks beitragen, lassen sich als reine Nebenpflichten einordnen.

II. HOAI-Phase 2: Vorplanung

1. Planungsverlauf

Nachdem das Grundstück von der Fa. Lenz gekauft wurde, soll die Planung der KFZ-Niederlassung nun definitiv fortgesetzt werden. Dazu schließt die Fa. Lenz mit dem Architekten einen Architektenvertrag ab, und zwar auf der Grundlage des Einheitsarchitektenvertrages, der von der Bundesarchitektenkammer empfohlen ist (Anhang 7).

Gleichzeitig wird mit dem Ingenieurbüro Tragwerk ein Ingenieurvertrag für die Tragwerksplanung abgeschlossen. Da der Ingenieuervertrag analog zum Architektenvertrag aufgebaut ist und sich die Inhalte kaum unterscheiden, wird der Formularvertrag nicht besonders gezeigt. Dieses Ingenieurbüro wurde vom Architekten empfohlen.

Der Tragwerksplaner weist darauf hin, daß die bisher vorgesehene Anordnung der Tragkonstruktion außerhalb der Gebäudehülle einerseits zwar Bauvolumen spart, andererseits große Spannweiten bedingt und daher unwirtschaftlich werden könnte.

Nach erneuter Rücksprache mit dem Gartenbauamt besteht nun doch die Möglichkeit, die Bepflanzung Ecke Ruhrallee/Frankenstraße zu entfernen, wenn bei der Neuplanung ein gleichwertiger Ersatz geschaffen wird. Hierzu sind die Entwurfspläne im Maßstab 1:100 in Verbindung mit einem Landschaftsplan dem Gartenbauamt zur Genehmigung vorzulegen.

Das Ergebnis des Bodengutachters liegt vor. Der Architekt erhält eine Ausfertigung. Wichtiges Ergebnis: Die Erhöhung (Bunker) am Westrand des Grundstückes ist Rest einer alten Flakstellung; sie darf nicht mit Stützlasten bebaut werden.

Einer Verlegung der Straße St. Annental wird vom Bauherrn zugestimmt, da das architektonische Konzept überzeugend ist.

Die Möglichkeiten zur Erschließung des Baugrundstückes erläutert der Architekt anhand von Skizzen. Mit Hilfe von Vorentwurfsskizzen und einer Isometrie erläutert der Architekt alternative Gebäudeentwürfe. Die einzelnen Vorschläge werden zusätzlich anhand eines maßstabsgerechten Modells diskutiert.

Die getroffene Entscheidung ist in den Abb. 10 und 11 dokumentiert.

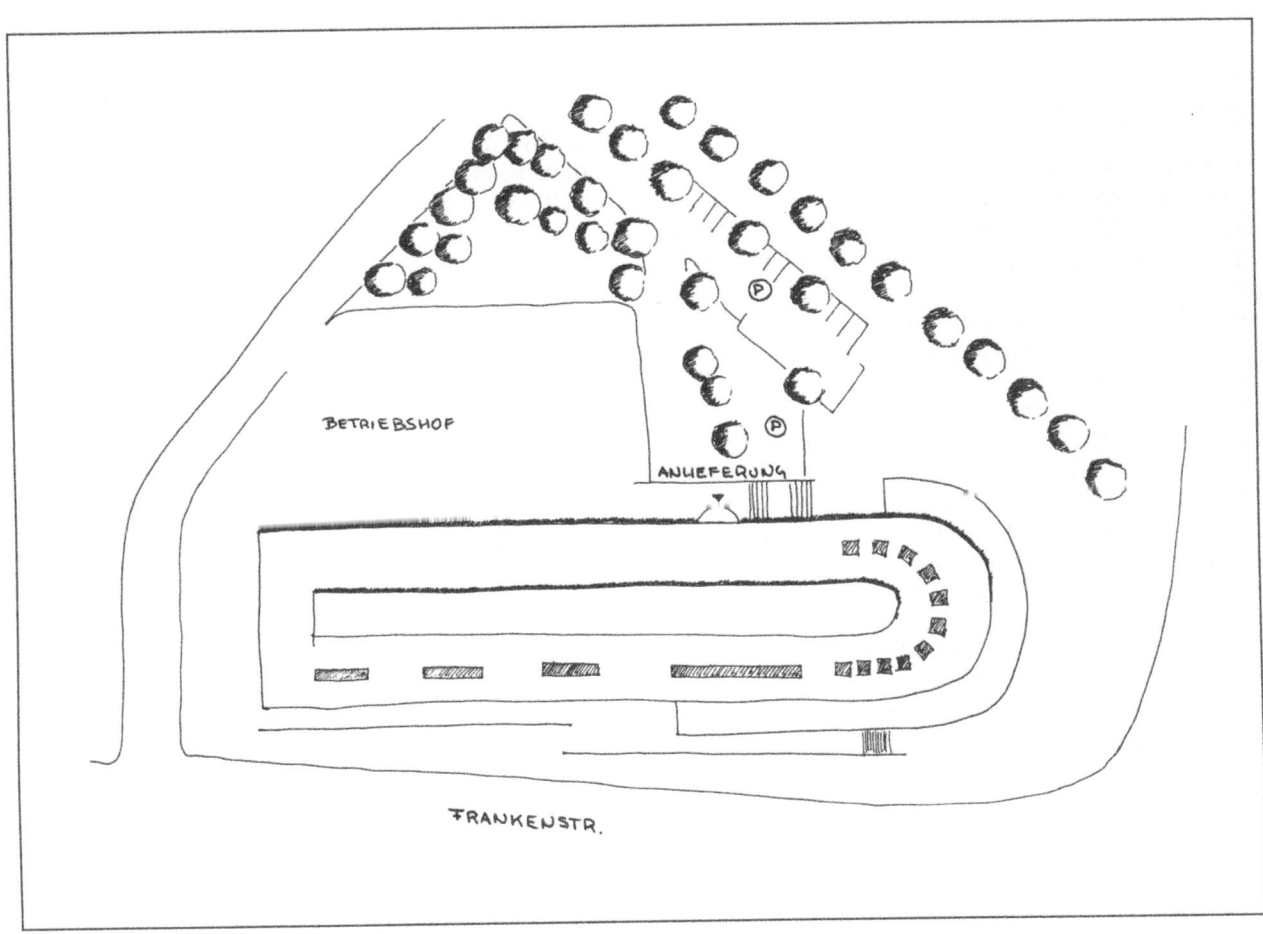

Abb. 10: Lage des Gebäudes im Grundstück

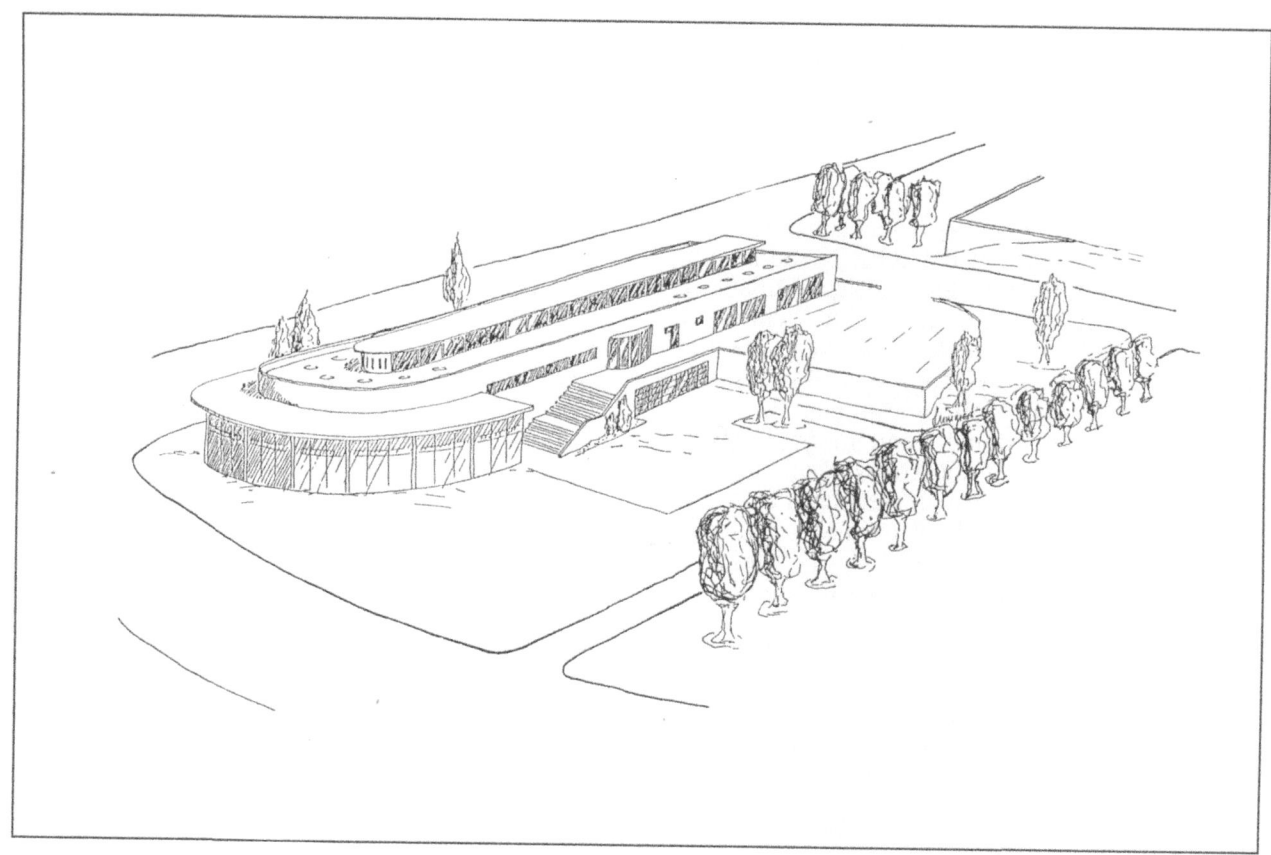

Abb. 11: Isometrie

2. Kostenschätzung nach DIN 276

Aufgrund der Skizzen Grundrissebene 0,00 m (Abb. 12) und Grundrissebene 4,00 m (Abb. 13) sowie der Schnitte (Abb. 14) erstellt der Architekt die Kostenschätzung und stellt diese dem Bauherrn vor. Als Ergebnis der Kostenschätzung gibt der Architekt die Gesamtkosten des Bauobjektes mit 20 Millionen DM an. Der Architekt soll prüfen, in welcher Form noch Einsparungen bei den Baukosten möglich sind.

Grundlage der Kostenschätzung war eine Mengenermittlung (Tab. 6 und 7), die das Bauobjekt nach Hauptfunktionsflächen unterteilt. Die Kostenschätzung wurde aufgrund der Kostengliederungen der DIN 276 (Fassung Juni 1993) durchgeführt, und zwar einmal nach Bruttogrundrißflächen (BGF, die DIN 277 spricht von „Bruttogrundfläche", Tab. 8 und 9) und einmal nach Bruttorauminhalt (BRI, Tab. 10 und 11). Die Kostenwerte, die dem Architekten vorlagen, hat dieser zu seiner Sicherheit noch verglichen mit Werten, die aus Veröffentlichungen stammen[1]. Dabei hat er festgestellt, daß sie mit seinen Erfahrungswerten weitgehend übereinstimmen, und er schlägt dem Bauherrn die Kostenschätzung nach Bruttogrundrißfläche vor. Die Kosten für das Grundstück wurden aus dem Kaufvertrag entnommen. Der Kostenrichtwert für die technischen Anlagen, das Herrichten und Erschließen, die Außenanlagen, die Ausstattung und die Kunstwerke sowie die Baunebenkosten sind Erfahrungswerte des Architekten.

Kostenschätzung nach Bruttogrundrißfläche (BGF)

Bauvorhaben: KFZ-Betrieb
Bauherr: Autohaus Lenz GmbH
Planung: Architekturbüro Planmann
Bauweise: dreigeschossig, freistehend

Fläche Baugrundstück: 24.400 m²
Bebaute Fläche: 5.800 m²
Unbebaute Fläche: 18.600 m²
Bruttorauminhalt: 40.300 m³

Kostenschätzung nach Bruttorauminhalt (BRI)

Bauvorhaben: KFZ-Betrieb
Bauherr: Autohaus Lenz GmbH
Planung: Architekturbüro Planmann
Bauweise: dreigeschossig, freistehend

Fläche Baugrundstück: 24.400 m²
Bebaute Fläche: 5.800 m²
Unbebaute Fläche: 18.600 m²
Bruttorauminhalt: 40.300 m³

---
[1] M. Mittag, Arbeits- und Kontrollhandbuch zu Bauplanung und Bauausführung nach §15 HOAI, 11. Aktualisierungs- und Ergänzungslieferung einer Loseblattsammlung.

2. Kostenschätzung nach DIN 276

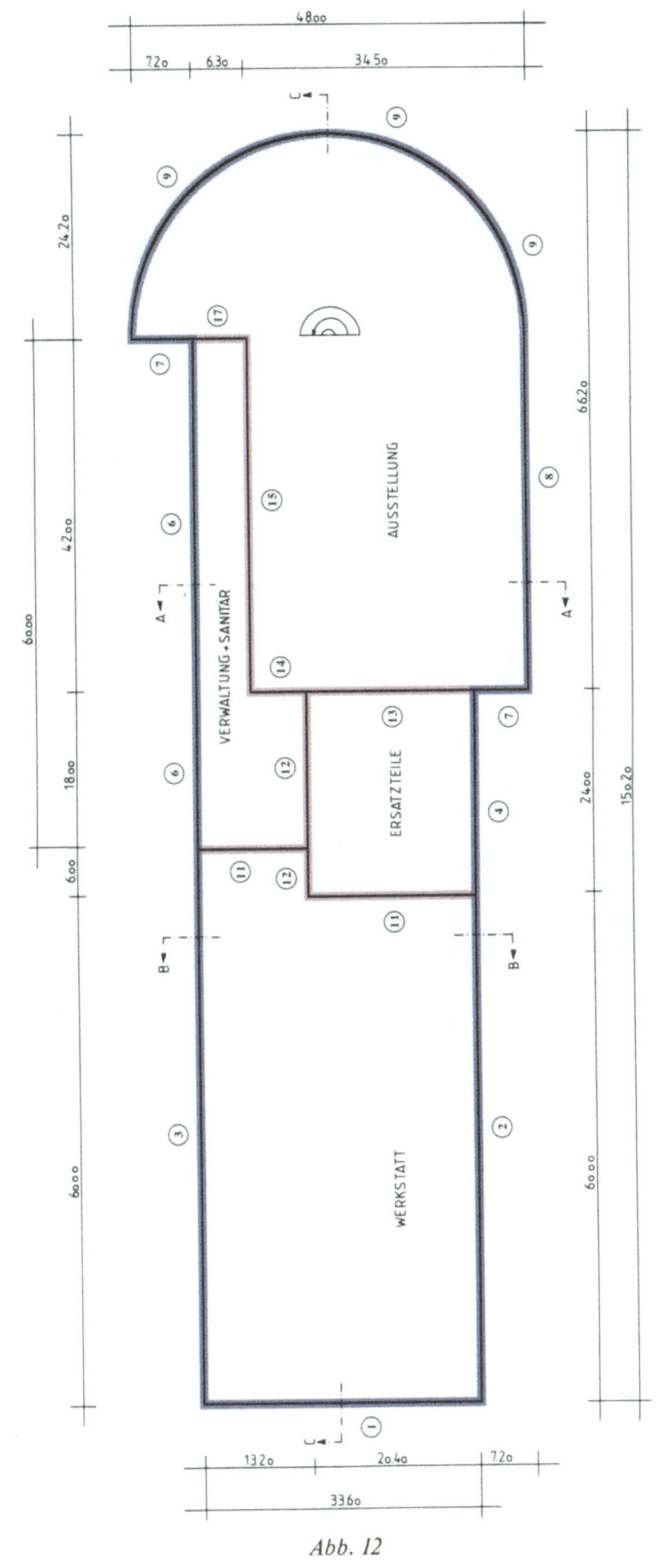

Abb. 12

Teil C: II. HOAI-Phase 2: Vorplanung

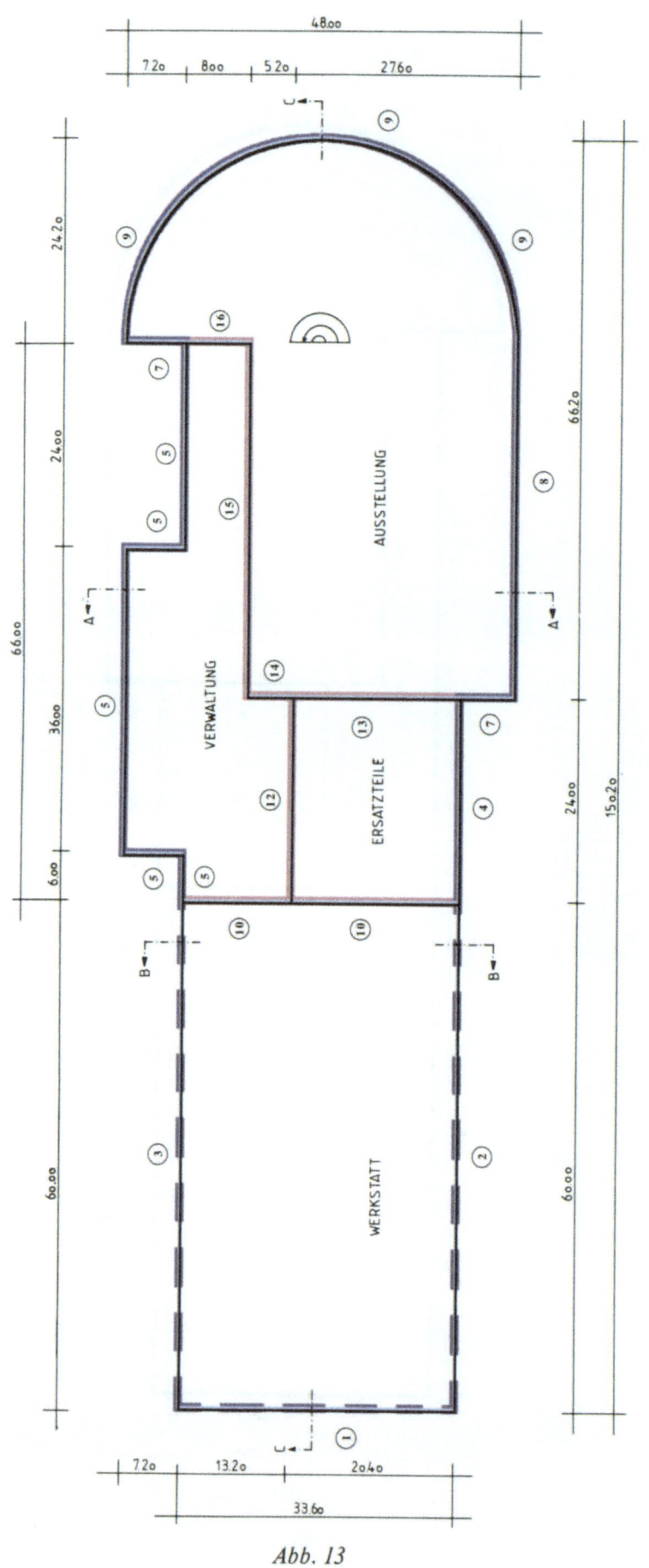

Abb. 13

2. Kostenschätzung nach DIN 276

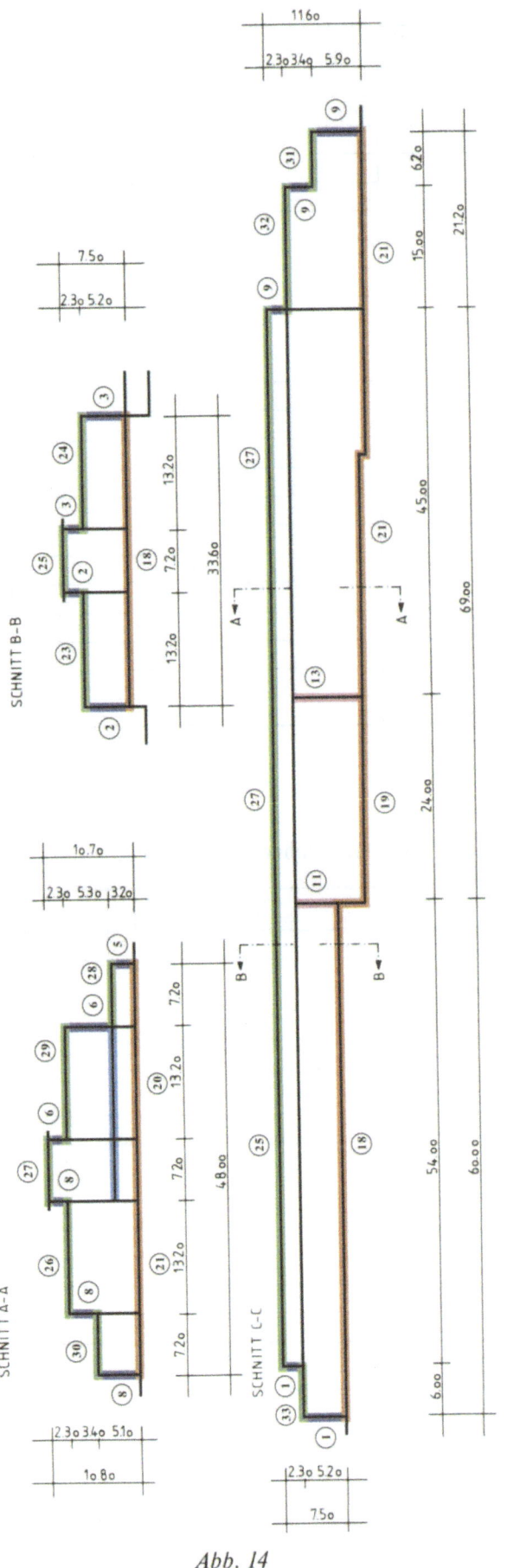

Abb. 14

Teil C: II. HOAI-Phase 2: Vorplanung

Tab. 6: Mengenermittlung zur Kostenschätzung

Pos	Bezeichnung	Stück	Länge [m]	Breite [m]	Fläche [m²]	Höhe [m]	Inhalt [m³]
	Werkstatt						
			60,0+6,0	13,2	871,2	5,3	4.617,4
			60,0	7,2	432,0	5,3+2,3	3.283,2
			60,0	13,2	792,0	5,3	4.197,6
	Summe Werkstatt				2.095,2		12.098,2
	Ersatzteillager						
			24,0	13,2	316,8	5,1+3,4	2.692,8
			24,0	7,2	172,8	3,2+5,3 +2,3	1.866,2
	Summe Ersatzteillager				489,6		4.559,0
	Verwaltung und Sanitär						
	Ebene ±0.00m		36,0	7,2	259,2	3,2	829,4
			66,2-24,2	13,2-5,2	336,0	3,2	1.075,2
			24,0	13,2	316,8	3,2	1.013,8
					912,0		2.918,4
	Ebene ±4.00m		42,0	6,3	264,6	5,3	1.402,4
			18,0	13,2	237,6	5,3	1.259,3
					502,2		2.661,7
	Summe Verwaltung u. Sanitär				1.414,2		5.580,1

Tab. 7: Zusammenstellung der Mengenberechnung

Pos	Bezeichnung	Stück	Länge [m]	Breite [m]	Fläche [m²]	Höhe [m]	Inhalt [m³]
	Ausstellung						
			$\frac{\pi \times 24,2^2}{2} - \frac{\pi \times 15,0^2}{2}$		566,5	5,9	3.342,4
			$\frac{\pi \times 15,0^2}{2}$		353,4	5,9+3,4	3.286,6
			66,2-24,2	5,2	218,4	5,3+3,2	1.856,4
			66,2-24,2	7,2	302,4	3,2+5,3 +2,3	3.265,9
			66,2-24,2	13,2	554,4	5,1+3,4	4.712,4
			66,2-24,2	7,2	302,4	5,1	1.542,2
	Summe Ausstellung				2.297,5		18.005,9

Abschnitt	m²	m³
Werkstatt	2.100	12.100
Ersatzteillager	500	4.600
Verwaltung und Sanitär	1.400	5.600
Ausstellung	2.300	18.000
Total	6.300	40.300

2. Kostenschätzung nach DIN 276

Tab. 8: Kostenschätzung nach Bruttogrundrißfläche. Beträge ohne Mehrwertsteuer

Zusammenstellung der Kosten		
Kostengruppen	Teilbetrag DM	Gesamtbetrag DM
Summe 1 Grundstück	3.465.000	
Summe 2 Herrichten und Erschließen	171.000	
Summe 3 Bauwerk – Baukonstruktionen	10.080.000	
Summe 4 Bauwerk – Technische Anlagen	3.326.000	
Summe 5 Außenanlagen	720.000	
Summe 6 Ausstattung und Kunstwerke	300.000	
Summe 7 Baunebenkosten	1.877.000	19.939.000
Zur Abrundung		61.000
Geschätzte Gesamtkosten		20.000.000

Tab. 9: Kostenschätzung

Kostenschätzung KG-Sortierung / Bezugsgrößen		Projekt: Bearb.:		Kfz-Betrieb	Seite: Proj.-Nr.: Stand:	
KG	Bezeichnung	Menge	Einh.	Kosten[1] (Richtwert)	Betrag	Prozent
10 000	Grundstück	24.400	m²	142	3.465.000	17 %
20 000	Herrichten und Erschließen	24.400	m²	7	171.000	1 %
30 000	Bauwerk – Baukonstruktionen (Kennwerte aus Vergleichsobjekten)					
	Verwaltung + Sanitär	1.400	m² BGF	1.600	2.240.000	11 %
	Ausstellung	2.300	m² BGF	1.600	3.680.000	18 %
	Werkstatt	2.100	m² BGF	1.600	3.360.000	17 %
	Ersatzteillager	500	m² BGF	1.600	800.000	4 %
	Bauwerk – Baukonstruktionen	6.300	m² BGF	1.600	10.080.000	51 %
40 000	Bauwerk – Technische Anlagen (33 % von 30 000)	33	% von	10.080.000	3.326.000	17 %
50 000	Außenanlagen (Verkehrs-, Versorgungsanlagen usw.)	16.000	m² UBF	45	720.000	4 %
60 000	Ausstattung und Kunstwerke	1	PSCH	300.000	300.000	2 %
70 000	Baunebenkosten (ca. 14 % von 30 000 und 40 000)	14	% von	13.406.000	1.877.000	9 %
	Gesamtkosten	6.300	m² BGF	3.164,9	19.939.000	100 %

[1] Die Kostenrichtwerte basieren auf Vergleichsobjekte ähnlicher Bauvorhaben eines Architekturbüros und sind unserem Beispiel angepaßt.

Teil C: II. HOAI-Phase 2: Vorplanung

Tab. 10: Kostenschätzung nach Bruttorauminhalt. Beträge ohne Mehrwertsteuer

Zusammenstellung der Kosten		
Kostengruppen	Teilbetrag DM	Gesamtbetrag DM
Summe 1 Grundstück	3.465.000	
Summe 2 Herrichten und Erschließen	171.000	
Summe 3 Bauwerk – Baukonstruktionen	10.420.000	
Summe 4 Bauwerk – Technische Anlagen	3.438.000	
Summe 5 Außenanlagen	720.000	
Summe 6 Ausstattung und Kunstwerke	300.000	
Summe 7 Baunebenkosten	1.940.200	20.454.800
Zur Abrundung		45.200
Geschätzte Gesamtkosten		20.500.000

Tab. 11: Kostenschätzung

Kostenschätzung KG-Sortierung / Bezugsgrößen		Projekt: Bearb.:		Kfz-Betrieb	Seite: Proj.-Nr.: Stand:	
KG	Bezeichnung	Menge	Einh.	Kosten[1] (Richtwert)	Betrag	Prozent
10 000	Grundstück	24.400	m²	142	3.465.000	17 %
20 000	Herrichten und Erschließen	24.400	m²	7	171.000	1 %
30 000	Bauwerk – Baukonstruktionen (Kennwerte aus Vergleichsobjekten)					
	Verwaltung + Sanitär	5.600	m³ BRI	300	1.680.000	8 %
	Ausstellung	18.000	m³ BRI	300	5.400.000	26 %
	Werkstatt	12.100	m³ BRI	200	2.420.000	12 %
	Ersatzteillager	4.600	m³ BRI	200	920.000	4 %
	Bauwerk – Baukonstruktionen	40.300	m³ BRI	259	10.420.000	51 %
40 000	Bauwerk – Technische Anlagen (33 % von 30 000)	33	% von	10.420.000	3.438.600	17 %
50 000	Außenanlagen (Verkehrs-, Versorgungsanlagen usw.)	16.000	m² UBF	45	720.000	4 %
60 000	Ausstattung und Kunstwerke	1	PSCH	300.000	300.000	1 %
70 000	Baunebenkosten (ca. 14 % von 30 000 und 40 000)	14	% von	13.858.600	1.940.200	9 %
	Gesamtkosten	40.300	m³ BRI	508	20.454.800	100 %

[1] Die Kostenrichtwerte basieren auf Vergleichsobjekte ähnlicher Bauvorhaben eines Architekturbüros und sind unserem Beispiel angepaßt.

2. Kostenschätzung nach DIN 276

Kostenschätzung mit Grobelementen als weitere Alternative zur Kostenschätzung

Zunächst wurde der KFZ-Betrieb entsprechend dem Definitionsblatt „Meßregeln" (Abb. 15) in die Grobelemente aufgeteilt. Dann wurde eine Mengenermittlung für jedes dieser Elemente durchgeführt (Tab. 12). Dabei stellte sich heraus, daß die einzelnen Elemente, z. B. Außenwandflächen (AWF), für die einzelnen Funktionsbereiche (Werkstatt, Ersatzteillager, Verwaltung und Sanitär, Ausstellung) nicht addiert werden können, da es einen Durchschnittspreis für die Summe der Außenwandflächen nicht gibt. Jede Summenbildung unterliegt großen statistischen Fehlerquellen, da – je nach Ausstattung und Verhältnis der einzelnen Flächen zueinander – die einzelnen Grobelemente der Funktionsbereiche im Preis erheblich voneinander abweichen. So ist die Außenwandfläche im Bereich Ausstellung von ganz anderer Preisqualität als die Außenwandfläche z. B. der Werkstätte. Dieses hat den Architekten bewogen, diese Alternative der Kostenschätzung für den Bau der KFZ-Niederlassung nicht anzuwenden.

Die Mengenermittlungen werden später bei der Kostenberechnung nach Gewerken verwendet.

	AWF	Außenwandfläche
	AWF 1	Tragende Außenwandfläche
	AWF 2	Außenstützen-Querschnittsfläche
	AWF 3	Nichttragende Außenwandfläche
	AWF 4	Außenfenster-, Außentürfläche
	AWF 5	Fassadenelementfläche
	AWF 9	Sonstige Außenwandfläche

	IWF	Innenwandfläche
	IWF 1	Tragende Innenwandfläche
	IWF 2	Innenstützen-Querschnittsfläche
	IWF 3	Nichttragende Innenwandfläche
	IWF 4	Innenfenster-, Innentürfläche
	IWF 5	Wandelementfläche
	IWF 9	Sonstige Innenwandfläche

	BAF	Basisfläche
	BAF 1	Horizontale Sohlenfläche
	BAF 2	Basis-Treppenfläche
	BAF 3	Fundamentplattenfläche
	BAF 9	Sonstige Basisfläche

	HTF	Horizontale Trennfläche
	HTF 1	Tragende Deckenfläche
	HTF 2	Tragende Treppenfläche
	HTF 9	Sonstige horizontale Trennfläche

	DAF	Dachfläche
	DAF 1	Tragende Dachfläche
	DAF 2	Tragende Treppenfläche
	DAF 3	Dachöffnungsfläche

Abb. 15

3. Stand der Planung nach der HOAI-Phase 2

Im Hinblick auf die Werbewirksamkeit des Baukörpers, der städtebaulichen Situation, der verkehrstechnischen Möglichkeiten, der grundstücksgegebenen Vorgaben und der gestalterischen Gesamtkonzeption kommen Architekt und Projektleiter überein, die vorgestellte Konzeption der Gesamtplanung neu zu überdenken.

Der Projektleiter Hr. Brauer erläutert, daß man von seiten des Unternehmens ein zurückhaltendes, aber elegantes Erscheinungsbild in Übereinstimmung mit dem Produktimage wünscht.

Der Architekt rät zu einer Fassadengestaltung mit zwei dominierenden Baustoffen, z. B. Glas in Verbindung mit hochwertigen Metallfassadenelementen. Auch eine Natursteinfassade in Verbindung mit Glas wäre denkbar. Er weist jedoch darauf hin, daß ein hochwertiges Fassadenmaterial bei dem hohen Außenflächenanteil des Gebäudes ein wichtiger Kostenfaktor ist.

4. Haftungsrisiken des Architekten bei der Erbringung der Leistungsphase 2

In dieser Leistungsphase werden die allgemeinen Beratungs- und Aufklärungspflichten des Architekten bereits wesentlich konkreter. Er hat in gleichem Maße technische, gestalterische und wirtschaftliche Kriterien zu berücksichtigen. Besonders haftungsträchtig dürfte dabei die viel zu oft vorkommende Vernachlässigung der Beratungspflicht hinsichtlich der Kosten sein. Insoweit muß der Architekt zunächst gemeinsam mit dem Bauherrn so früh wie möglich dessen Kostenvorstellungen und Kostenrahmen abklären, damit er seine folgenden Leistungen darauf entsprechend einstellen kann. Gerichte und Rechtsanwälte werden überraschenderweise immer wieder mit Fällen konfrontiert, in denen Architekten – aus welchen Gründen auch immer – an den Kostenvorstellungen und Möglichkeiten des Bauherrn vorbeiplanen und der Bauherr sich sodann darauf beruft, daß diese von ihm nicht zu finanzierende Planung für ihn wert- und nutzlos sei. Deshalb kann auf die Verpflichtung zur Klärung des Kostenrahmens des Auftraggebers, die auch der BGH deutlich hervorgehoben hat, nur nachdrücklich hingewiesen werden (vgl. BGH NJW-RR 1991, 661 = BauR 91, 366).

Im Zusammenhang mit den Kosten ist selbstverständlich auch hinsichtlich einer möglichen Haftung die vom Architekten geschuldete Kostenschätzung nach DIN 276 oder nach dem wohnungsrechtlichen Berechnungsrecht anzusprechen. Einerseits können fehlerhafte Kostenschätzungen, auf die der Bauherr seine Finanzierungsentscheidungen stützt, zu erheblichen Schadensersatzansprüchen führen. Andererseits ist jedoch zu berücksichtigen, daß die Kostenschätzung die früheste der vier Kostenermittlungsarten ist (Kostenschätzung, Kostenberechnung, Kostenanschlag und Kostenfeststellung), so daß dem Architekten bei dieser Kostenermittlung ein gewisser Toleranzspielraum zu gewähren ist, der andererseits vom Bauherrn einkalkuliert werden muß. Denn auch dem Bauherrn muß in der Regel klar sein, daß eine Kostenermittlung in einem derart frühen Planungsstadium notgedrungen Unwägbarkeiten enthalten muß.

Hinsichtlich der Größenordnung dieses Toleranzrahmens stellt sich das generelle Problem bei der Benennung von Prozentsätzen, daß vor einer stereotypen Anwendung auf ganz unterschiedliche Einzelfälle gewarnt werden muß. Vorsichtig ausgedrückt, läßt sich aus der Vielzahl der hierzu in Schrifttum und Rechtsprechung geäußerten Auffassung bei der Kostenschätzung in der Regel ein Spielraum bis zu 30 % entnehmen. Es wird jedoch nochmals betont, daß aufgrund konkreter Umstände eines Einzelfalls dieser Toleranzrahmen auch bereits bei der Kostenschätzung geringer sein kann.

Generell muß man bei Kostenüberschreitungen und der Benennung der Toleranzrahmen eine Differenzierung zwischen Neubauten und Umbauten vornehmen. Bei Umbauten müßte in der Regel der dem Architekten zuzubilligende Spielraum größer sein, da hier die Unwägbarkeiten für den Architekten wesentlich größer sind.

4. Haftungsrisiken des Architekten bei der Erbringung der Leistungsphase 2

Tab. 12: Mengenermittlung der Gebäudegrobelemente zur Kostenschätzung

Pos.	Bezeichnung	Stück	Länge [m]	Breite [m]	Fläche [m²]	Höhe [m]	Inhalt [m³]
	AWJ						
	Werkstatt						
1			33,6	7,5	252,0		
2			60,0	5,3+2,3	456,0		
3			60,0+6,0	5,3+2,3	501,6		
					1209,6		
	Ersatzteillager						
4			24,0	5,1+3,4	204,0		
	Verwaltung + Sanitär						
5			6,0	3,2	19,2		
		2	7,2	3,2	46,1		
			36	3,2	115,2		
			24,0	3,2	76,8		
6			18,0+42,0	5,3+2,3	456,0		
					713,3		
	Ausstellung						
7		2	7,2	5,1	73,4		
8			42,0	10,8	453,6		
9			$\frac{2 \times \pi \times 24,2}{2}$	5,9+3,4+2,3	881,9		
					1.408,9		
	Summe AWJ				3.535,8		
	SWJ						
	Werkstatt						
10			33,6	3,2	107,5		
11			33,6	5,3	178,1		
					285,6		
	Ersatzteillager						
12			24,0	3,2+5,3	204,0		
	Ausstellung						
13			20,4	5,1+3,4	173,4		
	Verwaltung und Sanitär						
14			5,2	3,2+5,3	44,2		
15			42,0	3,2+5,3	357,0		
16			8,0	3,2	25,6		
17			6,3	5,3	33,4		
					460,2		
	Summe tragende SWJ				1.123,2		
	nichttragende SWJ (geschätzt)				1.600,0		
	tragende Stützen (geschätzt)		930,0				

Teil C: II. HOAI-Phase 2: Vorplanung

Pos.	Bezeichnung	Stück	Länge [m]	Breite [m]	Fläche [m²]	Höhe [m]	Inhalt [m³]
	BAJ						
	Werkstatt						
18			60,0	33,6	2.016,0		
	Ersatzteillager						
19			24,0	20,4	489,6		
20	Verwaltung + Sanitär						
			24,0	13,2	316,8		
			7,2	36,0	259,2		
			8,0	66,2−24,2	336,0		
					912,0		
21	Ausstellung						
			66,2−24,2	27,6+5,2	1.377,6		
			$\frac{\pi \times 24,2^2}{2}$		919,9		
					2.297,5		
	Summe BAJ				5.715,1		
	HJJ						
22			7,2+13,2	66,0	1.346,4		
	DAJ						
	Werkstatt						
23			13,2	60,0	792,0		
24			13,2	66,0	871,2		
25			7,2	60,0	432,0		
33			6,0	33,6	201,6		
					2.296,8		
	Ersatzteillager						
26			13,2	24,0	316,8		
27			7,2	24,0	172,8		
					489,6		
	Verwaltung und Sanitär						
28			36,0	7,2	259,2		
29			13,2	60,0	792,0		
					1.051,2		
	Ausstellung						
30			7,2	66,2−24,2	302,4		
26			13,2	66,2−24,2	554,4		
27			7,2	66,2−24,2	302,4		
31			$\frac{\pi \times 21,6^2}{2} - \frac{\pi \times 15,0^2}{2}$		352,5		
32			$\frac{\pi \times 15,0^2}{2}$		353,4		
					1.865,1		
	Summe DAJ				5.702,7		

III. HOAI-Phase 3: Entwurfsplanung

1. Planungsverlauf

Anhand von neu angelegten Schnitten wird das von dem Tragwerksingenieur vorgestellte Tragsystem durchgesprochen und für gut befunden.
Das Problem der Parkflächen für die Angestellten könnte dadurch gelöst werden, daß die Fläche unter dem Betriebshof als Parkgarage genutzt wird. Es ist allerdings zu beachten, daß diese Lösung mit erhöhten Kosten für das Abfahren der Erde und das Aufständern sowie Abdichten des Betriebshofes verbunden ist. Eine Entscheidung zugunsten dieser Alternative ist zu diesem Zeitpunkt noch nicht gefallen.
Der Projektsteuerer Hr. Steuermann bittet darum, daß die beteiligten Haustechnikingenieure ab sofort an den Planungsbesprechungen teilnehmen.
Aufgrund der planungsrechtlichen Unsicherheiten wird der Architekt einen Antrag auf Vorbescheid, die sogenannte Bauvoranfrage (Anhang 8), einreichen.

2. Kosten- und Wirtschaftlichkeitsvergleiche

2.1 Kostenvergleiche (Vollverglasung, Fußböden)

Vollverglasung Werkstatthalle
Der Architekt weist darauf hin, daß eine vollverglaste Werkstatthalle optisch sehr reizvoll und durch die Präsentation des Werkstattbetriebes nach außen sehr werbewirksam sein kann, aber auch Mehrkosten für die Fassadengestaltung mit Glas sowie für den Sonnenschutz verursacht. Neben den höheren Herstellungskosten müssen hier auch die Reinigungsarbeiten und die Möglichkeit von Glasbruch berücksichtigt werden. Hinzu kommt, daß die Arbeitnehmer sich durch die Möglichkeit der ständigen Beobachtung beeinträchtigt fühlen könnten.
Der Bauherr möchte vom Architekten die Mehrkosten für diese Alternative benannt haben. Eine überschlägige Ermittlung der Fassadenfläche der Werkstatt und der Mehrkosten pro m² ergibt insgesamt für diese Alternative einen Mehraufwand von 1.200 m² * 300 DM/m² = 360.000 DM. Die zusätzlichen Baunutzungskosten werden bei diesen Vorüberlegungen nicht berücksichtigt. Der Bauherr verzichtet, auch aus Kostengründen, auf diese Alternative und teilt dem Architekten mit, daß er bei der weiteren Planung die Werkstatt mit einem geschlossenen Iso-Wand-System planen soll.

Fußböden
Vom Bauherrn wird die Frage aufgeworfen, welcher Fußbodenbelag in der Ausstellungshalle geplant werden soll, wobei daran gedacht wird, eine Fußbodenheizung zu installieren. Rahmenbedingungen für zu untersuchende Alternativen sind:
— Der Belag soll die repräsentative Funktion der Ausstellungshalle erfüllen.
— Er soll leicht zu reinigen sein.
— Er muß widerstandsfähig gegen Abreibung durch Befahren mit PKW auf engem Raum sein.
Der Architekt schlägt drei Alternativen vor:
— Betonwerkstein (Bodenaufbau siehe Abb. 16),
— Keramikplatten (Bodenaufbau siehe Abb. 17),
— Granit (Bodenaufbau siehe Abb. 18).
Die Entscheidung zugunsten einer Alternative soll auch unter Kostengesichtspunkten erfolgen, d. h., es ist ein Kostenvergleich unter Berücksichtigung der Herstellungs- und der Nutzungskosten durchzuführen vgl. Tab. 13).
Bei dem zuvor gewählten Verfahren (statisches Verfahren der Investitionsrechnung) werden verschiedene Arten von Kosten auf jährliche Kosten umgerechnet.
Die jährlichen Kosten sind in hohem Maß vom Betrachtungszeitraum abhängig. Hier wurde ein Betrachtungszeitraum von 20 Jahren angesetzt. Wird der Betrachtungszeitraum länger gewählt, verliert die Abschreibung pro Jahr zunehmend an Bedeutung. Die Kapital- und Bauunterhaltungskosten bleiben, für das einzelne Jahr gesehen, konstant. Insgesamt bedeutet das eine Verringerung

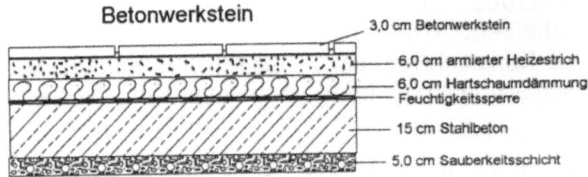

Herstellkosten:

fluatieren einmalig	5,00 DM/m²
Betonwerkstein komplett	115,00 DM/m²
armierter Heizestrich	30,00 DM/m²
60 mm Hartschaumdämmung auf Feuchtigkeitssperre	20,00 DM/m²
	170,00 DM/m²

Baunutzungskosten:
Reinigung (0,36 DM * 3 * 52) 56,16 DM/m², Jahr

Belagkosten der gesamten Ausstellungshalle:
einmalige Kosten (2.300 m² * 170 DM) = 391.000 DM
jährliche Kosten (2.300 m² * 56,16 DM) = 129.168 DM

Abb. 16: Fußbodenaufbau mit Betonwerkstein

Teil C: III. HOAI-Phase 3: Entwurfsplanung

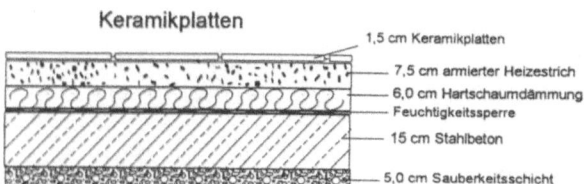

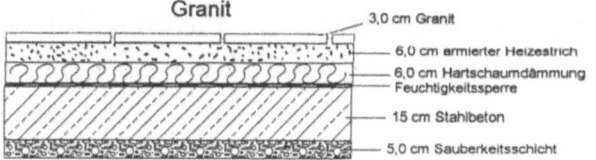

Herstellkosten:
Fliesen   90,00 DM/m²
armierter Heizestrich   30,00 DM/m²
60 mm Hartschaumdämmung
auf Feuchtigkeitssperre   20,00 DM/m²
                                     140,00 DM/m²

Baunutzungskosten:
Reinigung (0,36 DM · 3 · 52)   56,16 DM/m², Jahr

Belagkosten der gesamten Ausstellungshalle:
einmalige Kosten (2.300 m² · 140 DM) = 322.000 DM
jährliche Kosten (2.300 m² · 56,16 DM) = 129.168 DM

Abb. 17: Fußbodenaufbau mit Keramikplatten

Herstellkosten:
geschl. Granit   300,00 DM/m²
armierter Heizestrich   30,00 DM/m²
60 mm Hartschaumdämmung
auf Feuchtigkeitssperre   20,00 DM/m²
                                     350,00 DM/m²

Baunutzungskosten:
Reinigung (0,36 DM · 3 · 52)   56,16 DM/m², Jahr

Belagkosten der gesamten Ausstellungshalle:
einmalige Kosten (2.300 m² · 350 DM) = 805.000 DM
jährliche Kosten (2.300 m² · 56,16 DM) = 129.168 DM

Abb. 18: Fußbodenaufbau mit Granit

der jährlichen Kosten bei einem längeren Betrachtungszeitraum. Aufgrund der Kostenvergleichsrechnung wird entschieden, daß in der Ausstellungshalle der Bodenaufbau mit Keramikplatten zur Ausführung kommt.

2.2 Wirtschaftlichkeitsvergleich (Heizungssysteme)

Außerdem will der Bauherr eine Wirtschaftlichkeitsuntersuchung für das Heizsystem des Verkaufsbereiches haben.

Das Bauobjekt gibt durch seine repräsentative Funktion bestimmte Rahmenbedingungen, wie eine große Fensterfassadenfläche und eine Fußbodenheizung, vor.
Die Konstruktion der Fassade, der Wände, des Daches und der Fußbodenaufbau entsprechen hinsichtlich des Wärmedurchgangswertes (k-Wert) den Anforderungen der Wärmeschutzverordnung von 1984. Die k-Werte liegen deshalb an der unteren, wirtschaftlich verträglichen Grenze (vgl. Tab. 14). Es bleibt also unter den gegebenen Bedingungen nur die Möglichkeit der Optimierung des Heizungssystems.

Folgende Ausführungsvarianten sind miteinander verglichen worden:
— Variante 1: Fußbodenheizung und Öl-Tieftemperaturkessel
— Variante 2: Fußbodenheizung und Gas-Brennwertkessel
— Variante 3: Deckenlufterhitzer und Gas-Brennwertkessel

Das Honorar für den Heizungsingenieur wird pauschal mit 3.500 DM angenommen.

Tab. 13: Zusammenstellung der Kosten und Kostenvergleichsrechnung:

Belag	(Herstellkosten)	Bauunterhaltungsk.	Abschreibung[1]	Kapitalkosten[2]	Vergleichskosten pro Jahr (* a)[3]
Betonwerkstein	391.000	129.000 · a	19.550 · a	5.865 · a	154.415 DM
Granit	805.000	129.000 · a	40.250 · a	12.075 · a	181.325 DM
Keramikplatte	322.000	129.000 · a	16.100 · a	4.830 · a	149.930 DM

[1] Die Herstellkosten werden durch den Betrachtungszeitraum geteilt (hier 20 Jahre)
[2] Die Herstellkosten werden halbiert (Mittelwert) und mit der Realverzinsung multipliziert (Realverzinsung hier zu drei Prozent angenommen = Nominalverzinsung von 8% minus Inflationsrate von fünf Prozent)
[3] Die jährlichen Kosten werden aus den drei vorhergehenden Kostenarten zusammenaddiert (jährliche Nutzungskosten + jährliche Abschreibung + jährliche Kapitalkosten = Kosten pro Jahr)

2. Kosten- und Wirtschaftlichkeitsvergleiche

Tab. 14: Zusammenstellung der Wärmedurchgangskoeffizienten (k-Werte)

Bauteil	vorh. k-Wert in W/(m² · K)	k-Wert nach Anforderung der WschV in W/(m² · K)
– Wärmeschutzverglasung	1,50	3,10
– ISOdach, TL 95 a = 95 cm	0,28	0,30
– ISOwand, TL 66 d = 95 cm	0,38	0,55
– Fußbodenaufbau mit 8 cm Hartschaum	0,40	0,55
– Innenwand, Ziegel nach DIN 105, 24er Wand, Verblendmauerwerk ohne Putz	1,50	
– Innenwand nach DIN 4701, T.2, Tabelle 8, S. 9	2,00	

Ermittlung des Norm-Wärmebedarfs

Der Wärmebedarf eines Gebäudes oder Raumes Q_N in Watt ist diejenige Wärmemenge, die der Projektierung einer Heizungsanlage zugrunde zu legen ist.
Sie muß über die ganze Heizperiode des Jahres von rund 220 Tagen hinweg das für einen behaglichen Aufenthalt erforderliche Raumklima aufrechterhalten. Damit dies unter wirtschaftlichen Bedingungen möglich ist, muß die Konstruktion der raumumschließenden Flächen des Gebäudes einem energiesparenden Wärmeschutz nach der Wärmeschutzverordnung (WschV) von 1984 entsprechen.

Der Norm-Wärmebedarf wurde nach DIN 4701, Ausgabe März 1983, ermittelt. Bei der Ermittlung des Lüftungswärmebedarfs muß VDI 2082, Raumlufttechnik für Geschäftshäuser und Verkaufsstätten beachtet werden. Da aber in dem PKW-Verkaufssalon nur eine geringe Kundenfrequenz herrscht, würde die Anwendung dieser Norm zu einem Mißverhältnis von Kosten und Nutzen führen. Deshalb wurde der Lüftungswärmebedarf mit dem geforderten Mindestwert nach DIN 4701 angenommen. In der Regel muß auch einem zusätzlichen Wärmebedarf durch die Ein- und Ausfahrten im Winter Rechnung getragen werden, was aber im Rahmen dieser Berechnung vernachlässigt wurde (vgl. Tab. 14). Durch die sehr gute Wärmedämmung und die relativ kleine geforderte Raumminnentemperatur von + 15 °C ist der Norm-Wärmebedarf trotz des großen Rauminhaltes gering. Die Berechnung des Norm-Wärmebedarfs ist in Tab. 15 und im Anhang 9 dargestellt.

Ermittlung des Jahreswärmebedarfs

Die Ermittlung erfolgte unter Verwendung der VDI-Richtlinien 2067, Bl. 2, Entwurfsausgabe März 1985.
Die wichtigste baubezogene Grundlage für die Ermittlung des Jahreswärmebedarfs ist der im vorigen Abschnitt ermittelte Norm-Wärmebedarf nach DIN 4701 (Ausgabe 1983).
Der Jahreswärmebedarf setzt sich zusammen aus dem Wärmebedarf in der Heizzeit und dem Wärmebedarf im Sommer. In der Berechnung werden nur die Heiztage von September bis Mai beachtet, da für den Verkaufssalon eine Innentemperatur von nur + 15 °C gefordert ist, die erfahrungsgemäß von Juni bis August ohne Heizung realisiert werden kann. Weiterhin wird angenommen, daß außer am Wochenende keine Betriebsunterbrechungen erfolgen.

Es ist ein ausführliches Verfahren mit Korrekturfaktoren angewandt worden, um möglichst realistische Werte zu erhalten, die den vorhandenen Rahmenbedingungen Rechnung tragen. Der Jahresbrennstoffbedarf wurde einmal für Erdgas, das durch das öffentliche Netz zur Verfügung steht, und einmal für Heizöl, das in einem Tanklager vorgehalten werden muß, ermittelt.
Die Heizungsanlage wurde unter Beachtung der „Heizungsanlagen-Verordnung von 1982" ausgewählt.
Die Ergebnisse der Berechnung sind in Tab. 16 aufgeführt.
Die für die 3 Varianten in Tab. 17 aufgeführten geschätzten Herstellkosten entsprechen der derzeitigen Marktsituation und beinhalten die fertige Leistung, d. h. Lieferung und Montage.
Beim Vergleich von Herstellkosten und Energieverbrauch der jeweiligen Variante fällt sofort auf, daß Variante 3 (Deckenlufterhitzer) sowohl die geringsten Herstellkosten als auch den geringsten Energieverbrauch pro Jahr aufweist. Obwohl diese beiden Kriterien nicht die einzigen Werte sind, die in eine Wirtschaftlichkeitsrechnung einfließen, kann man anhand dieser Zahlen auch ohne Berechnung schon ersehen, daß sie die günstigste der drei untersuchten Möglichkeiten ist. Dieser Sachverhalt ist dem Fachplaner in der Regel auch ohne Berechnung bewußt. Jedoch kann diese Gegenüberstellung der Zahlen zur Diskussion mit dem Bauherrn dienen.
Da es sich bei der Ausführung der Variante 3 um eine Einschränkung von Architektur und Ästhetik handelt, ist es denkbar, daß sich der Bauherr aus repräsentativen Gründen für die „nicht sichtbare" Lösung der Fußbodenheizung entscheidet, die in den Varianten 1 und 2 jeweils gleiche Investitionskosten von 308.000,– DM aufweist.

Teil C: III. HOAI-Phase 3: Entwurfsplanung

Tab. 15: Berechnung des Norm-Wärmebedarfs nach DIN 4701

Berechnung des Norm-Wärmebedarfs nach DIN 4701

Projekt/Auftrag/Kommission:	PKW-Niederlassung Essen	Datum:	Seite:
Bauvorhaben:			
Raumnummer:	Raumbezeichnung: Verkaufssalon		

Norm-Innentemperatur:	ϑ_i = 15 °C	Hauskenngröße:	H = 0,72 $\frac{W \cdot h \cdot Pa^{2/3}}{m^3 \cdot K}$
Norm-Außentemperatur:	ϑ_a = -10 °C	Anzahl der Innentüren:	n_T = 8+2
Raumvolumen:	V_R = 19.009 m³	Höhe über Erdboden:	h = 5,90 m
Gesamt-Raumumschließungsfläche:	A_{ges} = 6.790 m²	Höhenkorrekturfaktor (angeströmt):	ε_{SA} = 1,0
Temperatur der nachströmenden Umgebungsluft:	ϑ_U = — °C	Höhenkorrekturfaktor (nicht angeströmt):	ε_{SN} = 0
Abluftüberschuß:	$\Delta \dot{V}$ = — m³/s	Höhenkorrekturfaktor (angeströmt):	ε_{GA} = 1,0

1	2	3	4	5	6	7	8	9	10	11	12	13	14	15	16	17
			Flächenberechnung					Transmissions-Wärmebedarf			Luftdurchlässigkeit					
Kurzbezeichnung	Himmelsrichtung	Anzahl	Breite	Höhe bzw. Länge	Fläche	Fläche abziehen? (−)	in Rechnung gestellte Fläche	Norm-Wärmedurchgangskoeffizient	Temperaturdifferenz	Transmissions-Wärmebedarf des Bauteils	Anzahl waagerechter Fugen	Anzahl senkrechter Fugen	Fugenlänge	Fugendurchlaßkoeffizient	Durchlässigkeit des Bauteils	an- oder nicht angeströmt (A/N)
—	—	n	b	h	A	—	A'	k_V	$\Delta\vartheta$	Q_T	n_w	n_s	l	a	$a \cdot l$	—
—	—	—	m	m	m²	—	m²	$\frac{W}{m^2 K}$	K	W	—	—	m	$\frac{m^3}{m \cdot h \cdot Pa^{2/3}}$	$\frac{m^3}{h \cdot Pa^{2/3}}$	—
FB		1			2.241		2.241	0,40		3.643						
LK		12			13		156	1,50	25	5.850						
DA		1			2.241	—	2.085	0,28	25	14.595						
GF$_u$		1	94,10	5,90	555		555	1,50	25	20.813	5	65	828,0	0,1	82,8	
GF$_o$		1	89,60	2,20	197		197	1,50	25	7.388	24	50	234,4	0,1	23,4	
AW		1	68,40	3,40	233		233	0,38	25	2.214						
JT$_{SO2}$		8	0,89	2,01	1,8											
		1	3,50	3,30	11,5		25,86	2,00	-9	-466						
JT$_{LF6}$		1	3,50	3,30	11,5		11,50	2,00	0	—						
JW$_{SO2}$		1	54,20	8,50	460,7	—	434,8	1,50	-9	-5.870						
JW$_{LF6}$		1	20,40	8,50	173,4											
		1	7,20	2,20	15,8	—	177,7	1,50	0	—						

angeströmte Durchlässigkeiten:	$\sum (a \cdot l)_A$ = 106,2 $\frac{m^3}{h \cdot Pa^{2/3}}$	Norm-Lüftungswärmebedarf:	$\dot{Q}_L$ = 80.788 W
nicht angeströmte Durchlässigkeiten:	$\sum (a \cdot l)_N$ = — $\frac{m^3}{h \cdot Pa^{2/3}}$	Norm-Transmissions-Wärmebedarf:	$\dot{Q}_T$ = 48.167 W
Raumkennzahl	r = 0,9	Krischer-Wert:	D = 0,311 $\frac{W}{m^2 \cdot K}$
Lüftungswärmebedarf durch freie Lüftung:	Q_{LFL} = 2.294 W	anteiliger Lüftungswärmebedarf:	$\dot{Q}_L / \dot{Q}_T$ = 1,677
Lüftungswärmebedarf durch RLT-Anlagen:	ΔQ_{RLT} = — W	Norm-Wärmebedarf:	$\dot{Q}_N$ = 128.955 W
Mindest-Lüftungswärmebedarf:	$Q_{L\,min}$ = 80.788 W		= 129,00 kW

2. Kosten- und Wirtschaftlichkeitsvergleiche

Die Untersuchung, welche der beiden Varianten „Fußbodenheizung" die wirtschaftlichere ist, wird in Tab. 18 und 19 mit Hilfe der Kapitalwertmethode (Betrachtungszeitraum 20 Jahre) durchgeführt. Die Berechnung erfolgt nach einem vorgegebenem Schema laut Entwurf VDI 2067.
Der Berechnungsgang basiert auf den im Entwurf VDI 2067 Blatt 1 enthaltenen Formularen (Beiblatt 25 und 45). Die benutzten Tabellenwerte sind aus dem Anhang 9 ersichtlich.

Zusammenfassung der Ergebnisse (vgl. Tab. 20)
Ausgangspunkt der Berechnung waren die beiden Ausführungsvarianten der Fußbodenheizung mit Öl-Kessel bzw. mit Gas-Brennwertkessel. Beide erfordern eine einmalige Investition von 308.000,– DM. Durch die unterschiedlichen Wirkungsgrade der Kessel und den unterschiedlichen Energiegehalt von Erdöl und Erdgas ergab sich jeweils ein anderer Jahresbrennstoffbedarf. Unter Berücksichtigung der Preissteigerungen für Brennstoff, Löhne

Tab. 16: Varianten Heizung

	Variante 1 Fußbodenheizung Öl	Variante 2 Fußbodenheizung Gas	Variante 3 Deckenlufterhitzer Gas
Normwärmebedarf	129 KW	129 KW	129 KW
Jahresvollbenutzungsstunden	1.431 h/a	1.431 h/a	1.244 h/a
Jahreswärmebedarf	184.599 KWh/a	184.599 KWh/a	160.476 KWh/a
Jahresbrennstoffbedarf	20.630 l/a	16.814 m³/a	14.617 m³/a

Tab. 17: Herstellkosten der Heizungsalternativen (Werte ohne Mehrwertsteuer)

		Preise in DM		
Titel	Beschreibung	Variante 1	Variante 2	Variante 3
I	Ölkessel 130 KW mit Gebläsebrenner Brennwertkessel 130 KW incl. Zubehör	17.000,– –	– 25.500,–	– 25.500,–
II	Verteiler, Pumpen, Armaturen und Zubehör	11.000,–	11.000,–	10.000,–
III	Rohrleitungen	10.000,–	10.000,–	23.000,–
IV	Fußbodenheizung ohne Estrich Luftheizgeräte	240.000,– –	240.000,– –	– 35.000,–
V	Isolierung	8.000,–	8.000,–	14.000,–
VI	Regelung	5.500,–	5.500,–	5.000,–
VII	Abgasanlage Abgasanlage Edelstahl	5.500,– –	– 8.000,–	– 8.000,–
VIII	Tankanlage (25 m³)	11.000,–	–	–
Summe	geschätzte Herstellkosten (Netto)	308.000,–	308.000,–	120.500,–

Tab. 18: Zusammenstellung der Kosteneinflüsse für Variante 1 und 2

		Variante 1		Variante 2	
Nr.	Kosteneinflüsse	Beschreibung	Betrag	Beschreibung	Betrag
1	Kapitalgebundene Zahlung [DM]	A_0[1]	308.000,–	A_0[1]	308.000,–
2.	Verbrauchsbedingte Zahlungen [DM/a]	Öl: 20.630 l/a Preis pro Einheit: 0,40 DM/l		Gas: 16.814 m³/a Umrechnungsfaktor: 10,785 Preis pro Einheit: 0,039 DM	
	Brennstoffbedarf	20.630 l/a · 0,40 DM/l Strom (pauschaliert)	8.252,– 1.000,–	16.814 · 10,785 · 0,039 Strom (pauschaliert)	7.072,– 1.000,–
3.	Betriebsgebundene Zahlung	3% von A_0 (A_0 ohne Fußbodenheizung) 3% von (308.000 ./. 240.000) 3% von 68.000,–	2.040,–	3% von A_0 (A_0 ohne Fußbodenheizung) 3% von (308.000 ./. 240.000) 3% von 68.000,–	2.040,–
4.	Steigerungsraten	Reparatur/Instandsetzung Verbrauchs- und Betriebsgebundene Zahlungen	5%/a 5%/a	Reparatur/Instandsetzung Verbrauchs- und Betriebsgebundene Zahlungen	5%/a 5%/a

[1] A_0 = Anschaffungskosten zum Vergleichszeitpunkt „0"

Teil C: III. HOAI-Phase 3: Entwurfsplanung

Tab. 19: Wirtschaftlichkeitsberechnung

Variante I:

			Auszahlung (Kosten)	Anmerkung	Einheit
Zinsfaktor $q = (1 + i)$:		1,08			
Nutzungsdauer T (Jahre):		20			
Zahlungsänderungsfaktor Auszahlungen:		1,05			
Investitionsbetrag	A_0	①	308.000,-		DM
Instandsetzungsauszahlungen des 1. Jahres	$f_k \cdot A_0 = 0,02 \times A_0$	②	6.160,-		DM / a
Auszahlungen des 1. Jahres für Hauptenergie (1. Energieart) Öl	$AV_{1.1}$	③	8.252,-		DM / a
Auszahlungen des 1. Jahres für Hilfsenergie (2. Energieart) Strom	$AV_{2.1}$ pauschal	④	1.000,-		DM / a
Weitere Auszahlungen für Hilfsenergie oder Betriebsstoffe des 1. Jahres	$AV_{3.1}$	⑤	—		DM / a
Verbrauchsgebundene Auszahlungen des 1. Jahres	③ + ④ + ⑤	⑥	9.252,-		DM / a
Betriebsgebundene und sonstige Auszahlungen des 1. Jahres	$0,03 \times (A_0 - A_{ge})$	⑦	2.040,-		DM / a
Summe aller Auszahlungen des 1. Jahres	② + ⑥ + ⑦	⑧	17.452,-		DM / a
Kapitaldienst-Barwertfaktor bei preisdynamischer Zahlungsfolge (siehe Anhang 9)	$j = 5\%$ $i = 8\%$	⑨		14,358	
Barwert der laufenden Auszahlungen	⑧ · ⑨	⑩	250.576,-		DM
Kapitalwert	- ① - ⑩	⑪	-558.576,-		DM

Variante II

			Auszahlung (Kosten)	Anmerkung	Einheit
Zinsfaktor $q = (1 + i)$:		1,08			
Nutzungsdauer T (Jahre):		20			
Zahlungsänderungsfaktor Auszahlungen:		1,05			
Investitionsbetrag	A_0	①	308.000,-		DM
Instandsetzungsauszahlungen des 1. Jahres	$f_k \cdot A_0 = 0,02 \times A_0$	②	6.160,-		DM / a
Auszahlungen des 1. Jahres für Hauptenergie (1. Energieart) Gas	$AV_{1.1}$	③	7.072,-		DM / a
Auszahlungen des 1. Jahres für Hilfsenergie (2. Energieart) Strom	$AV_{2.1}$ pauschal	④	1.000,-		DM / a
Weitere Auszahlungen für Hilfsenergie oder Betriebsstoffe des 1. Jahres	$AV_{3.1}$	⑤	—		DM / a
Verbrauchsgebundene Auszahlungen des 1. Jahres	③ + ④ + ⑤	⑥	8.072,-		DM / a
Betriebsgebundene und sonstige Auszahlungen des 1. Jahres	$0,03 \times (A_0 - A_{ge})$	⑦	2.040,-		DM / a
Summe aller Auszahlungen (Kosten) des 1. Jahres	② + ⑥ + ⑦	⑧	16.272,-		DM / a
Kapitaldienst-Barwertfaktor bei preisdynamischer Zahlungsfolge (siehe Anhang 9)	$j = 5\%$ $i = 8\%$	⑨		14,358	
Barwert der laufenden Auszahlungen	⑧ · ⑨	⑩	233.633,-		DM
Kapitalwert	- ① - ⑩	⑪	-541.633,-		DM

2. Kosten- und Wirtschaftlichkeitsvergleiche

und Materialien wurde ermittelt, daß die Variante 2 (Fußbodenheizung mit Brennwertkessel) die wirtschaftlichere ist. Da aber die Investitionskosten relativ hoch sind, ist der Unterschied zwischen den beiden Varianten gering; die unterschiedlichen verbrauchsgebundenen Kosten kommen gegenüber den Investitionskosten kaum zum Tragen. Bei der Entscheidung, welche der beiden Varianten zur Ausführung kommt, sind neben den Ergebnissen der Wirtschaftlichkeitsberechnung auch andere Faktoren zu berücksichtigen, z. B. die Erfahrungen mit Reperatur- und Wartungsleistungen der Lieferanten. Im vorliegenden Fall entscheidet sich die Fa. Lenz für den Brennwertkessel (Gas).

Tab. 20: Ergebnisse des Wirtschaftlichkeitsvergleichs alternativer Heizungssysteme

	Investitionsbetrag	Kapitalwertmethode
VARIANTE 1 Fußbodenheizung und Öl-Kessel	308.000,– DM	– (558.576,– DM)
VARIANTE 2 Fußbodenheizung und Brennwertkessel	308.000,– DM	– (541.633,– DM)

2.3 Kostenberechnung nach Gewerken

Nachdem die vorgenannten Detailfragen zu weiteren konstruktiven Festlegungen – hier vor allem im Ausstellungsbereich – geführt haben, wird nunmehr eine Kostenberechnung durchgeführt. Diese Kostenberechnung könnte mit Hilfe der Elementen-Methode oder mit Hilfe einer Methode erfolgen, welche die Grundstrukturen der Ausschreibung nach Gewerken berücksichtigt (vgl. zu diesen Methoden Abschnitt B.II.2.1.3).

Weil heutzutage eine stark kostenorientierte Planung vom Wettbewerbsentwurf bis zum Ende der Ausführung erforderlich ist, hat der Architekt in seinem Büro eine Kostendatei auf EDV-Basis aufgebaut, die sich mit ihren Kostenelementen eng an die Struktur von Leistungsverzeichnissen anlehnt. Das grobe Gerüst des Leistungsverzeichnisses wird schon während der Entwurfsphase (1:1100) in den Computer eingegeben und dann mit fortlaufendem Planungsprozeß verfeinert. Diese Systematik wird auch bei der Durchführung ds Bauprojektes der Kosten- und Terminkontrolle zugrunde gelegt.

Alle abgewickelten Projekte werden statistisch ausgewertet. Diese Angaben werden laufend und durch halbjährliche Kontrollarbeiten eines Mitarbeiters aktualisiert und am Markt überprüft. Der Vorteil dieser eigenen Datei gegenüber den am Markt erhältlichen Kostendateien (z. B. denen der Architektenkammern) liegt vor allem darin, daß der Datenzugriff von jedem Mitarbeiter im Büro direkt über den Personalcomputer erfolgen kann und daß die eigenen Datei in der Regel aktuellere und regional zutreffende Kostendaten enthält.

Der Architekt hat mit diesem System sehr gute Erfahrungen gemacht und legt deshalb seiner Kostenberechnung dieses Verfahren zugrunde.

Voraussetzung ist allerdings eine detaillierte Baubeschreibung, aus der die Konstruktion und die Qualität der Baustoffe bzw. Bauteile und die Ausführung ersichtlich sind. Diese Baubeschreibung wurde in Zusammenarbeit von Bauherrn und Planungsbeteiligten erarbeitet.

Die Kostenberechnung wurde anhand folgender Unterlagen durchgeführt:
– Entwurfspläne 1:100 (Abb. 19–21)
– Baubeschreibung (vgl. Abschnitt 3)
– Mengenberechnung (Diese wird in diesem Buch nicht gezeigt.)

Das Ergebnis der Kostenberechnung nach Gewerken für das vorgestellte Beispiel ist in Tab. 21 aufgeführt. Die dort gewählten Einheitspreise pro Gewerk wurden mit einem Architekturbüro abgestimmt.

Teil C: III. HOAI-Phase 3: Entwurfsplanung

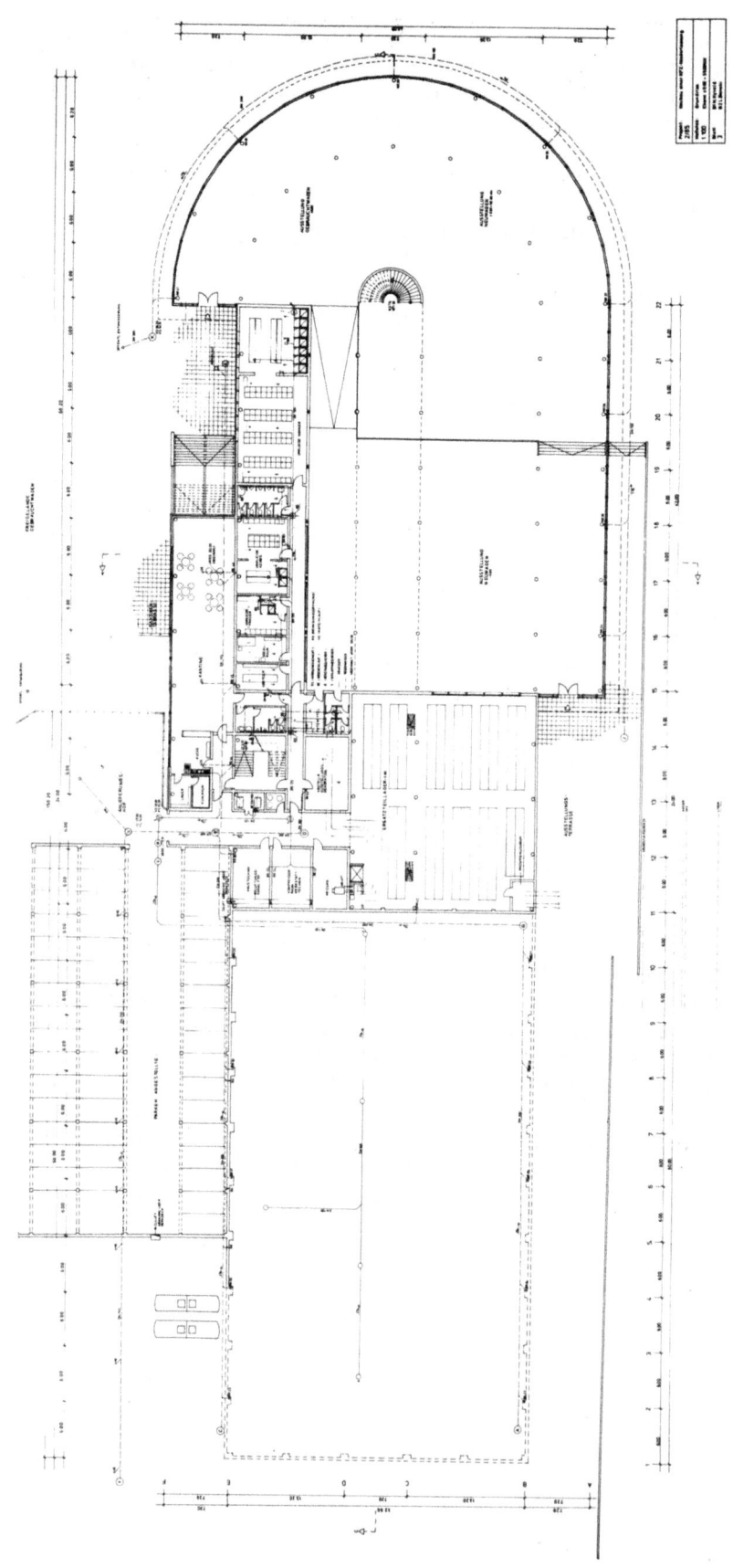

Abb. 19: Grundriß Ebene 0.00

2. Kosten- und Wirtschaftlichkeitsvergleiche

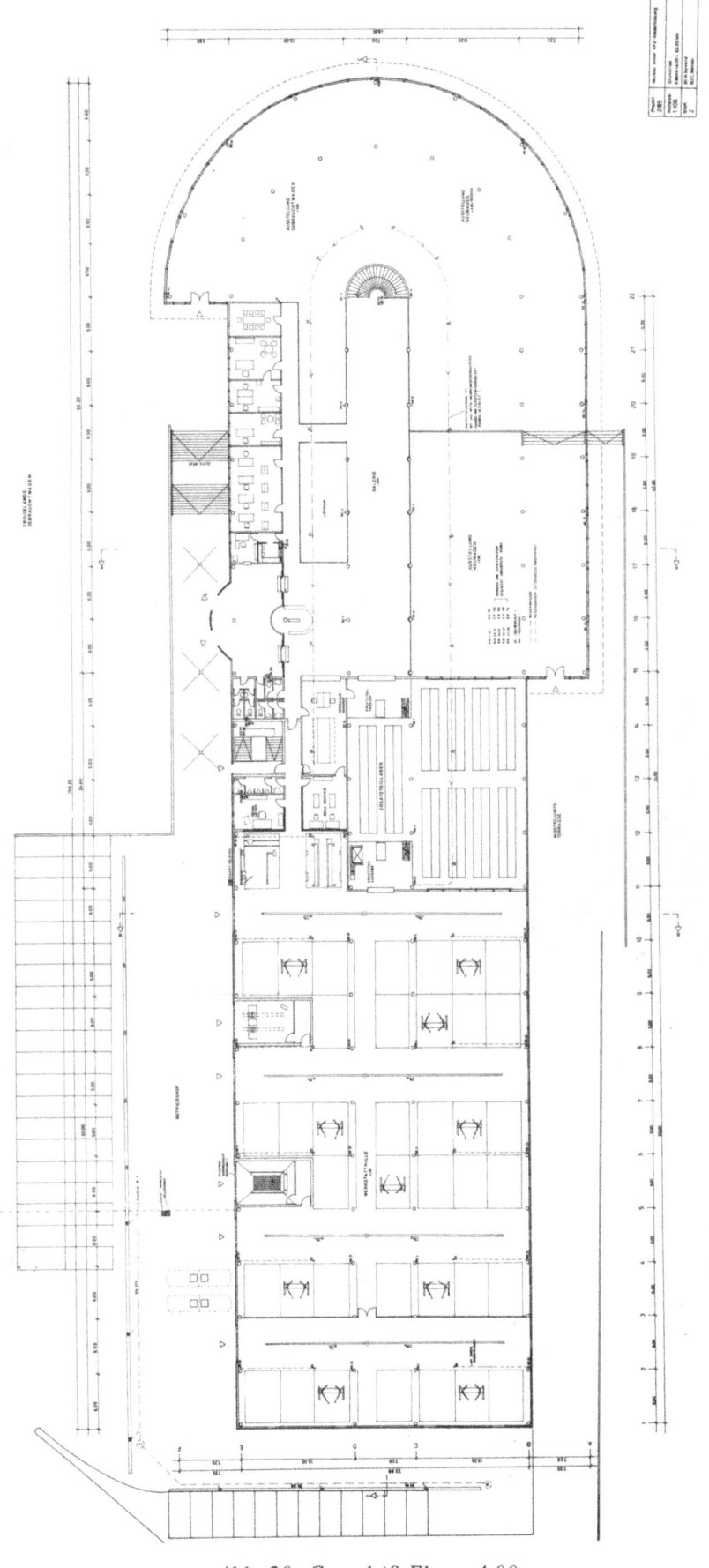

Abb. 20: Grundriß Ebene 4.00

Teil C: III. HOAI-Phase 3: Entwurfsplanung

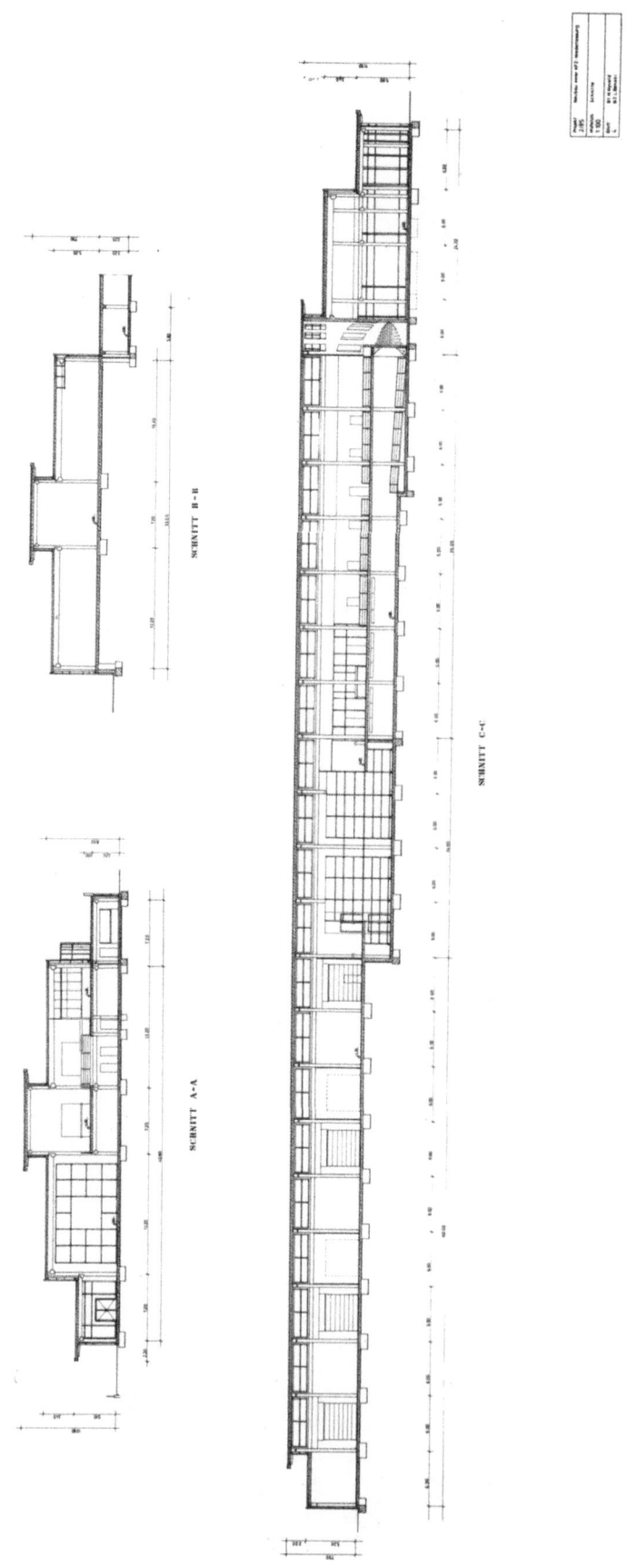

Abb. 21: Schnitte

2. Kosten- und Wirtschaftlichkeitsvergleiche

Tab. 21: Kostenberechnung nach Gewerken

Kostenberechnung		BVH: KFZ-Betrieb			Datum: im Mai 1992	
Position		Bezug	Einh.	Menge	EP	Kosten
1	Baustelleneinrichtung	von Pos. 2, 3, 4, 7, 8	%	= 7%		486.120
2	Erdarbeiten		m³	9.760	25	244.000
3	Gründung	Beb. Fläche	m²	5.850	175	1.023.750
4	Rohbau		m³	40.300	125	5.037.500
5	Dacheindeckung	Trapezblech	m²	6.300	105	661.500
6	Dachabdichtung	incl. Dämmung	m²	6.300	100	630.000
7	Maurerarbeiten	≥ 24 cm	m³	294	570	167.580
8	Maurerarbeiten	11,5 cm	m²	1.240	100	124.000
9	Fassade	ISOwand	m²	2.017	300	605.100
10	Gerüste		m²	2.000	25	50.000
11	Fußboden Ausstellung	Keramikplatten, Estrich, Dämmung	m²	2.460	170	418.200
12	Fußboden Verwaltung	schw. Estrich	m²	1.830	35	64.050
13	Fußboden Werkstatt	Klinkerplatten, Mörtelbett	m²	2.020	80	161.600
14	Fußboden Lager	Klinkerplatten, Mörtelbett	m²	570	80	45.600
15	Fußboden Treppenhaus	Podeste	m²	30	80	2.400
15a	Fußboden Treppenhaus	Stufen	m	45	150	6.750
16	Geländer u. Handläufe		lfdm	25	200	5.000
17	WC-Trennwände	H = 2,0 m, aufgeständert	lfdm	53	110	5.830
18	Fenster und Fensterbänke	Alu, ISO-Glas, Sonnensch.	m²	520	1.400	728.000
19	Türen I	Stahl T 30	Stck	10	900	9.000
20	Türen II	Holz	Stck	70	350	24.500
21	Türen III	Aluminium	Stck	3	3.000	9.000
22	Tore	Sektionaltore	Stck	7	10.000	70.000
23	Stahlglasfassade	Schaufenster	m²	600	750	450.000
24	Abgehängte Decke	Raster 62,5 x 62,5 cm	m²	570	50	28.500
25	Innenputz		m²	4.470	25	111.750
26	Maler- u. Anstricharbeiten		m²	5.850	15	87.750
27	Fliesen Wand	Keramikfliesen	m²	190	120	22.800
28	Fliesen Boden		m²	930	140	130.200
29	Oberboden	Linoleum	m²	270	60	16.200
30	Lautsprecheranlage		psch	1	50.000	50.000
31	Sicherheitsbeleuchtung		psch	1	35.000	35.000
32	Heizung	gem. Baubeschreibung	m³	40.300	15	604.500
33	Sanitär	gem. Baubeschreibung	m³	40.300	18	725.400
34	Lüftung	Verwaltung und San.-Bereich	m³	5.000	20	100.000
35	Abgasabzug	Werkstatt	psch	1	50.000	50.000
36	Elektro- u. Blitzschutz	gem. Baubeschreibung	m³	40.300	25	1.007.500
37	Feuerlöscheinrichtung		psch	1	10.000	10.000
38	Sonderkonstruktion	Glaskuppeln	Stck	28	10.000	280.000
39	Versorgungsanschluß		Stck	10	10.000	100.000
40	Betonpflaster		m²	4.660	75	349.500
41	Rasenflächen		m²	13.440	5	67.200
42	Anpflanzungen	Bäume/Sträucher	Stck	40	150	6.000
43	Zaunanlage	Maschendraht	m	1.000	50	50.000
44	SUMME 1–43					14.861.780
45	Diverse Kosten	12% div. Kosten	%	12		1.783.414
46	Unvorhergesehenes	Sonstiges, zur Aufrundung (ca. 1% von Pos. 1-45)	%	ca. 1,0%		218.806
	Grundstück und Erschließung					3.636.000
	TOTAL					20.500.000

2.4 Baunutzungskosten

2.4.1 Ermittlung der Bezugsgrößen für die Baunutzungskosten

Es werden der Berechnung der Baunutzungskosten folgende Flächen zugrunde gelegt [2]:
Netto-Grundrißfläche (NGF),
Brutto-Grundrißfläche (BGF),
Verkehrsfläche (VF),
Funktionsfläche (FF),
Nutzfläche (NF) [3],
Hauptnutzfläche (HNF) [3],
Nebennutzfläche (NNF) [3],
Konstruktionsfläche (KF),
Brutto-Rauminhalt (BRI).
Die KFZ-Niederlassung hat folgende Funktionsflächen:
— Werkstatt,
— Ersatzteillager,
— Verwaltung und Sanitär,
— Ausstellung.

Bezüglich der Baunutzungs-Kostengruppen
— Abwasser/Wasser,
— Wärme,
— Strom,
— Wartung und Inspektion,
— Bauunterhaltung,
können für die genannten Funktionsflächen bei der Kostenschätzung in der Planungsphase einheitliche Kosten-Kenngrößen verwendet werden, da auch bei detaillierter Untersuchung für die jeweiligen Funktionsflächen keine wesentlichen Unterschiede zwischen den einzelnen Kostenkenngrößen vorhanden sein dürften.

---
[2] Begriffserläuterungen siehe DIN 277, Teil 1.
[3] Die Nutzfläche (NF) kann nach der Zweckbestimmung und Nutzung der Bauwerke unterteilt werden, in der Regel zunächst in Hauptnutzflächen (HNF) und Nebennutzflächen (NNF). In dem vorliegendem Beispiel „Neubau KFZ-Niederlassung" ist diese Unterteilung nicht sinnvoll, da keine Nebennutzflächen vorgesehen sind. Deshalb werden die Baunutzungskosten einheitlich auf die Nutzflächen (NF) bezogen.

Teil C: III. HOAI-Phase 3: Entwurfsplanung

Ermittlung der Flächen bzw. Rauminhalte

Abschnitt	m²	m³
Werkstatt	2.100	12.100
Ersatzteillager	500	4.600
Verwaltung & Sanitär	1.400	5.600
Ausstellung	2.300	18.000
Total	6.300	40.300

Zur Errechnung der vorliegenden Werte siehe die Mengenermittlung zur Kostenschätzung im Abschnitt C.II.1.

Ermittlung der Funktionsfläche (FF)
Ebene ± 0.00
Verwaltung u. Sanitär
Haustechnik: 6,20 m x 4,20 m = 26,04 m²
Kompressorraum: 6,20 m x 4,20 m = 26,04 m²
Heizung: 6,20 m x 4,20 m = 26,04 m²
Ersatzteillager
Hausanschlußraum: 3,20 m x 2,40 m = 7,68 m²
                                    85,80 m²

Ermittlung der Verkehrsfläche (VF)
Ebene ± 0.00
Ausstellung
Rampe: 12,20 m x 5,40 m = 65,88 m²
Verwaltung u. Sanitär
Treppe: 4,70 m x 5,60 m = 26,32 m²
Mittelgang: 34,80 m x 1,80 m = 62,64 m²
Flur Mittelg. Kantine: 1,40 m x 5,70 m = 7,98 m²
Flur Anlief. Kantine: 8,20 m x 2,00 m = 16,40 m²
Anlieferung Lager: 3,70 m x 20,50 m = 75,85 m²
                                       255,07 m²

Ebene ± 4.00
Ausstellung (Galeriebereich)
Galeriegang: 1,80 m x 30,00 m = 54,00 m²
Verbindungsgang: 1,80 m x 5,40 m = 9.72 m²

Galerietreppe: $\pi \times \frac{3{,}50^2}{2} - \pi \times \frac{1{,}00^2}{2} = 17{,}67\,m^2$

Verwaltung u. Sanitär
Eingangsbereich: 12,50 m x 5,80 m
                + 4,00 m x 2,50 m = 82,50 m²
Mittelgang: 17,00 m x 1,80 m = 30,60 m²
Treppenhaus: 4,70 m x 5,60 m = 26,32 m²
Werkstatt
Fahrspuren: 4 x (6,00 m x 34,00 m) = 816,00 m²
Gehweg: 12,00 m x 3,50 m = 42,00 m²
                                    1.078,81 m²

Summe (VF) aus Ebene ± 0.00 und Ebene ± 4.00
                                   = 1.333,88 m²

Ermittlung der Netto-Grundrißfläche (NGF)
NGF = BGF - KF[3]
KF[4] = 5% von BGF = 5% von 6.000 m² = 315 m²
NGF = BGF - KF = 6.300 m² - 315 m² = 5.985 m²
                                   ≈ 6.000 m²

Ermittlung der Nutzfläche (NF)
NGF = NF + FF + VF => NF = NGF - FF - VF
=> NF = 6.000 m² - 86 m² - 1.334 m² = 4.580 m²
                                   x ≈ 4.600 m²

2.4.2 Schätzung der Baunutzungskosten
Die Schätzung der Baunutzungskosten (nach DIN 18 960) wird für die ersten fünf Jahre der Nutzung unter folgenden Annahmen erstellt.

Kostengruppe 1.0.0 Kapitalkosten
Der Betrag für Zinsen wurde wie folgt ermittelt:
Zinsen aus dem Finanzplan (siehe Tabelle 4, Spalte 15)
1. Jahr: 1.559.426 DM
2. Jahr: 1.546.702 DM
3. Jahr: 1.503.892 DM
4. Jahr: 1.383.768 DM
5. Jahr: 1.262.539 DM
         7.256.539 DM

Die durchschnittlichen Zinsen pro Jahr für die ersten fünf Jahre betragen also:

$\frac{7.256.539}{5} = 1.451.308 \approx 1.450.000$ DM

Kostengruppe 2.00 Abschreibung
Es wird für das Gebäude – ohne technische Anlagen – eine Lebensdauer von 50 Jahren zugrunde gelegt. Das entspricht einer linearen Abschreibung von 2%. Für die technischen Anlagen wird eine Lebensdauer von 20 Jahren zugrundegelegt. Dies entspricht einer linearen Abschreibung von 5%. Mit den Werten aus der Kostenschätzung nach BGF nach DIN 276 (vgl. S. 201 werden folgende Abschreibungswerte ermittelt:
Baukonstruktion: 10.080.000 DM
anteilige Baunebenkosten: 1.200.000 DM
Summe Gebäudekosten: 11.280.000 DM
Technische Anlagen: 3.326.000 DM
anteilige Baunebenkosten: 677.000 DM
Summe Technische Anlagen: 4.003.000 DM
Abschreibungen
– auf Gebäude:
2% von 11.280.000 DM   = 225.600 DM
– auf technische Anlagen:
5% von 4.003.000 DM   = 200.150 DM
                                  425.750 DM

---
[4] Für die Konstruktionsfläche (KF) wird als Erfahrungssatz 5% der Brutto-Grundrißfläche (BGF) angesetzt.

2. Kosten- und Wirtschaftlichkeitsvergleiche

Kostengruppe 3.0.0 Verwaltungskosten
Für den KFZ-Betrieb fallen keine vom eigentlichen Produktionsbetrieb getrennten Verwaltungkosten an.

Kostengruppe 4.0.0 Steuern
Der steuerliche Einheitswert des bebauten Grundstückes beträgt 4 Millionen DM. Dies ergibt bei einer Steuermeßzahl von 3,5% und einem Hebesatz der Gemeinde in Höhe von 440% eine Grundsteuer in Höhe von 4.000.000 DM x 3,5% x 440% = 61.600 DM

Kostengruppe 5.1.0 Gebäudereinigung
In Tab. 22 sind die Gebäudereinigungskosten für außen und innen aufgeführt.

Kostengruppe 5.2.0 Abwasser/Wasser
Kostengruppe 5.3.0 Wärme
Kostengruppe 5.4.0 Strom
Kostengruppe 5.6.0 Wartung und Inspektion
Die Werte für diese Kostengruppe sind Erfahrungswerte aus einem Ingenieurbüro für Haustechnik.

Kostengruppe 5.7.0 Verkehrs- und Grünflächen
Dieser Wert ist ein Erfahrungswert aus einem Architekturbüro.

Kostengruppe 6.0.0 Bauunterhaltungskosten
Die folgenden Werte wurden von der Bauabteilung eines großen deutschen Unternehmens erfragt und beziehen sich auf Industriebauanlagen. Damit kann man unseres Erachtens auch für den KFZ-Betrieb arbeiten. Für Instandhaltung der Baukonstruktion und Instandhaltung einschließlich Wartung und Inspektion der technischen Anlagen wird ein Prozentsatz in Höhe von ca. 3% der Herstellkosten (ohne Baunebenkosten) ermittelt.
Herstellkosten Baukonstruktion: 10.080.000 DM
Herstellkosten technische Anlagen: 3.326.000 DM
Summe Herstellkosten: 13.406.000 DM
3% von 13.406.000 DM = 402.180 DM

Dieser Betrag wird aufgeteilt in:
60% für Baukonstruktion
        = 60% x 402.180 DM = 241.308 DM
40% für technische Anlagen
        = 40   x 402.180 DM = 160.872 DM

Tab. 22: Gebäudereinigungskosten

a) Innenreinigung: RKI = RFN x K						
	Bodenbelag	Fläche m² RFN	Reinigungshäufigkeit H	Richtwert /m²	Einheitspreis DM/m² K	Kosten DM/Jahr RKI
BGF: – Werkstatt – Ersatzteillager – Verwaltung – Ausstellung	Epoxydharz Epoxydharz Noppenbelag Keramikplatten	2.100 500 1.400 2.300	24 24 200 200	250 150 200 150	2,40 4,00 25,30 33,70	5.040 2.000 35.420 77.510
		6.300				119.970

b) Fensterreinigung RKF = FEF x H x L				
	Fläche m² FEF	Reinigungshäufigkeit H	Einheitspreis DM/m² L	Kosten DM/Jahr RKF
Fensterflächen außen Fensterflächen innen Fensterrahmen	520 520 520	6 12 6	0,60 0,45 1,30	1.872 2.808 4.056
				8.736

c) Fassadenreinigung KF = FEF x H x L				
	Fläche m² FEF	Reinigungshäufigkeit H	Einheitspreis DM/m² L	Kosten DM/Jahr RKF
Fassade geschlossen Glasfassade	2.020 840	2 6	1,15 1,50	2.323 1.260
				3.583

Da die DIN bei technischen Anlagen in Wartung und Inspektion (Kostengruppe 5.6) einerseits und Bauunterhaltungskosten von technischen Anlagen (Kostengruppen 6.2, 6.3, 6.4) andererseits unterteilt, ist es notwendig, den oben für die technischen Anlagen angerechneten Betrag in Höhe von 160.872 zu splitten. Der entsprechende Erfahrungswert lautet:
1/3 für Wartung und Inspektion
    = 1/3 von 160.872 DM = 53.620 DM
2/3 für Unterhaltungskosten
    = 2/3 von 160.872 DM = 107.250 DM

Kostengruppe 6.5.0 Unterhaltungskosten Außenanlagen
Hier wird ein jährlicher Betrag von 15.000 DM als angemessen erachtet.

Die sich daraus ergebenden Baunutzungskosten nach DIN 18.960 sind in Tab. 23 aufgeführt.

3. Baubeschreibung

Bauvorhaben: KFZ-Betrieb

1. Bauwerk

Bei dem Bauvorhaben handelt es sich um einen großen KFZ-Betrieb, der sich in 4 Bereiche mit unterschiedlicher Ausstattung gliedert:
— Eingangsbereich mit Ausstellungshalle
— Verwaltung und Sozialbereich
— Werkstatt
— Lager.
Die vorhandene Neigung der Grundstücksoberfläche wird durch eine Staffelung des Erdgeschosses aufgenommen. Während die Ausstellungshalle und die Werkstatt eingeschossig ausgebildet sind, ist der Bereich der Verwaltung und der Sozialräume zweigeschossig geplant.

2. Tragwerk

Das Bauwerk wird in einer Stahlbetonskelettbauweise erstellt. Die Stützen und Unterzüge sind in Sichtbeton auszuführen und können entweder als Fertigteile eingebaut oder in Ortbeton gefertigt werden. Die im Erdreich befindlichen Bauteile sind ebenso wie die Sockel in Ortbeton (Sperrbeton) mit Feuchtigkeitsabdichtung gegen nichtdrückendes Wasser auszubilden. Die Fundamente sind als Einzel- und Streifenfundamente auszuführen. Für Fertigteilstützen werden die Einzelfundamente als Köcherfundamente ausgebildet. Die Sohlplatte ist in Ortbeton, die Zwischendecken der verschiedenen Ebenen als Halbfertigteile (Elementdecken) geplant. Die letzte Decke über jedem Gebäudeteil (Flachdach) besteht aus Trapezblech.

3. Dächer

3.1 Dacheindeckung
Alle Flachdachflächen werden in Warmdachausbildung mit innen liegender Entwässerung geplant. Die Dacheindeckung erfolgt auf Trapezblechen mit 120 mm Hartschaumdämmung durch mechanische Befestigung (Blechdach) und mit einer 3lagigen bituminösen Abdichtung einschließlich aller Anschlüsse, Dehnfugen und Durchbrüche. Attikaabdeckung in Aluminium.
3.2 Glaskuppeln, Rauchabzugsanlagen
Alle Dachöffnungen der Ebene + 9.20 m sind mit runden Glaskuppeln, D = 3,50 m, zu verschließen (insges. 28 Stck.). Ausbildung als Rauchabzugsanlage.

4. Metallbauarbeiten

4.1 Stahl-Glas-Fassaden
Die Schaufenster bestehen aus einem Profilsystem, Ausführung in feuerverzinktem Stahlgrundrahmen, RP-Rohren, spannungsfrei montiert, Farbe nach Wahl, mit 10 mm Floatglas verglast.
4.2 Fenster
Fensterelemente aus pulverbeschichteten wärmegedämmten Aluminiumprofilen mit thermischer Trennung und Zweischeibenisolierverglasung. Farben nach Wahl. Oberlichter mit Motorbedienung als Kippfenster. Normalfenster mit Drehkippbeschlag. Beschläge Alu-Natur.
4.3 Tore
Hallentore als Sektionaltore, verglast, elektrisch angetrieben.

5. Decken

5.1 Eingangsbereich/Ausstellung
Trapezblech, feuerverzinkt, sichtbar.
5.2 Verwaltung/Sozialbereich
Abgehängte Mineralfaserdecken, Raster 62,5 x 62,6 cm.
5.3 Werkstatt
Trapezblech, feuerverzinkt, sichtbar.
5.4 Lager
Trapezblech, feuerverzinkt, sichtbar.

6. Wände

Außenwände
Trapezblech-Sandwich-Konstruktion.
Sockelbereich: 30 cm Beton mit 8 cm Thermoputz.

Innenwände
Kalksandstein, mit Fugenglattstrich.
Verwaltung: Gipsputz, Rauhfasertapete mit Anstrich.
Ausstellung: Anstrich.
Lager: Anstrich.
Innenwände Sanitärbereich: bis 2,0 m Höhe gefliest, weiße Keramikfliesen 15/15 cm.

3. Baubeschreibung

Tab. 23: Ermittlung der Baunutzungskosten (nach DIN 18960)

Objekt-Nr.:	Gebäudegruppe:	Erhebungsjahr:

Bezeichnung der Liegenschaft

Bezeichnung des Gebäudes (evtl. Bauteils): KFZ-Niederlassung
Anschrift (Postleitzahl, Ort, Straße): 4300 Essen Dellinghausen, Frankenstr. 1
Art der Nutzung bzw. Nutzer: gewerbliche Nutzung

Beschreibung des Bauwerks

Bauart: konventionell
Bauweise: Stahlbetonskelettbau
Besondere Ausführungen: ./.

Daten von Bauwerk und Grundstück

Grundstücksfläche 24.400 m²	Hauptnutzfläche = Nutzfläche (HNF) 4.600 m²	Jahr der Fertigstellung 1993
Bruttogrundrißfläche (BGF) 6.300 m²	Wohnfläche (WF) / m²	Gesamtkosten (DIN 276) 20.500.000
Nutzfläche (NF) 4.600 m²	Außenumfassungsfläche / m²	Kosten des Bauwerks (DIN 276) 14.500.000
Funktionsfläche (FF) 86 m²	Bruttorauminhalt (BRI) 40.300 m³	Künstl. be- und entlüftete Fläche / m²
Verkehrsfläche (VF) 1.334 m²	Geschoßzahl /	Klimatisierte Fläche / m²

Betriebszeiten im Erhebungsjahr:
Nutzeinheiten im Erhebungsjahr:
Besondere Bauunterhaltung im Erhebungsjahr:

Verknüpfungen – Vergleichsdaten

Baunutzungskosten/BGF 409,- DM/m²	Gebäudebetriebskosten/BGF DM/m²	Bauunterhaltungskosten/BGF DM/m²
Baunutzungskosten/HNF 560,- DM/m²	Gebäudebetriebskosten/HNF DM/m²	Bauunterhaltungskosten/HNF DM/m²
Baunutzungskosten/WF DM/m²	Gebäudebetriebskosten/WF DM/m²	Bauunterhaltungskosten/WF DM/m²
Baunutzungskosten/BRI 64,- DM/m³	Gebäudebetriebskosten/BRI DM/m³	Bauunterhaltungskosten/BRI DM/m³
Baunutzungskosten/Nutzeinheit	Gebäudebetriebskosten/Nutzeinheit	Bauunterhaltungskosten/Nutzeinheit

	Ort	Datum	Bearbeiter ~~oder Dienststelle~~
Aufgestellt	Essen	07.05.92	U. Jacobowsky

Teil C: III. HOAI-Phase 3: Entwurfsplanung

Nr.	Kostengruppen	Ansatz der Berechnung	Teilbetrag DM	Gesamtbetrag DM	Gesamtbetrag DM/m² HNF.
1.0.0	Kapitalkosten				
1.1.0	Fremdmittel				
	Summe 1.1.0		1.450.000,-		
1.2.0	Eigenleistungen				
	Summe 1.2.0				
	Summe 1.0.0			1.450.000,-	315,-
2.0.0	Abschreibung				
	Summe 2.0.0			437.900,-	95,-
3.0.0	Verwaltungskosten				
	Summe 3.0.0			/	/
4.0.0	Steuern				
	Summe 4.0.0			61.600,-	13,-

3. Baubeschreibung

Nr.	Kostengruppen	Menge	Teilbetrag DM	Gesamtbetrag DM	Betrag DM/m² HNF.
5.0.0	Gebäudebetriebskosten				
5.1.0	Reinigung				
5.1.1	Innenreinigung		119.970,-		
5.1.2	Fensterreinigung		8.736,-		
5.1.3	Fassadenreinigung		3.583,-		
	Summe 5.1.0		132.289,-		
5.2.0	Abwasser/Wasser				
	1,5 DM/m²NF	4.600 m²	6.900,-		
	Summe 5.2.0		6.900,-		
5.3.0	Wärme/Kälte				
	5,5 DM/m²NF	4.600 m²	25.300,-		
	Summe 5.3.0		25.300,-		
5.4.0	Strom				
	7,5 DM/m²NF	4.600 m²	34.500,-		
	Summe 5.4.0		34.500,-		
5.5.0	Bedienung				
	in 5.6.0 enthalten		/		
	Summe 5.5.0		/		
5.6.0	Wartung und Inspektion				
		pauschal	54.000,-		
	Summe 5.6.0		54.000,-		
5.7.0	Verkehrs- u. Grünfläche				
	1 DM/m²UBF	18.100 m²	18.100,-		
	Summe 5.7.0		18.100,-		
5.8.0	Sonstiges				
	1,2 DM/m²NF	4.600 m²	5.520,-		
	Summe 5.8.0		5.520,-		
	Summe 5.0.0			276.609,-	60,-

Teil C: III. HOAI-Phase 3: Entwurfsplanung

Nr.	Kostengruppen	Teilbetrag DM	Gesamtbetrag DM	Gesamtbetrag DM/m² HNF.
6.0.0	Bauunterhaltungskosten			
6.1.0	Baukonstruktion			
	pauschal	241.000,-		
	Summe 6.1.0	241.000,-		
6.2.0	Installationen und betriebstechn. Anlagen			
	Summe 6.2.0			
6.3.0	Betriebliche Einbauten			
		107.000,-		
	Summe 6.3.0			
6.4.0	Gerät			
	Summe 6.4.0			
6.5.0	Außenanlagen			
	pauschal	15.000,-		
	Summe 6.5.0	15.000,-		
	Summe 6.0.0		363.000,-	79.-
	Summe Baunutzungskosten		2.576.959,-	560,-

3. Baubeschreibung

7. Unter- und Oberböden

7.1 Eingangshalle und Ausstellungsbereich
Betonwerkstein, Platten 50/50 cm auf 6 cm armiertem Heizestrich, 60 mm Hartschaumdämmung auf Feuchtigkeitssperre.

7.2 Verwaltung
Schwimmender Estrich (40/30) mit Lenoleumbelag
Sozialbereich, Umkleiden, Duschen, WC und Cafeteria wie vor, jedoch Bodenfliesen Steinzeug grau, rutschsicher.

7.3 Werkstatt
Klinkerplatten, rot, im Mörtelbett verlegt, geforderte Druckfestigkeit 3.000 kg/m².

7.4 Lager
wie Werkstatt.

7.5 Treppenhäuser
Tritt- und Setzstufen aus Betonwerkstein, Podeste Betonwerksteinplatten 30/30 cm.

8. Türen

Alle Außentüren in Aluminium, einbrennlackiert, Farbe nach Wahl mit Isolierverglasung.
Treppenhaus und Flurtüren: Stahl T 30.
Innentüren: Kunststoffbeschichtete Röhrenspantüren in Stahlzargen, Bänder und Beschläge: Alu-Natur.
Keller, Lager, Werkstatt: ein- und zweiflüglige Stahltüren, verzinkt und farbig lackiert, Farbe nach Wahl.
Generalschließanlage nach bauseitigem Schließplan.

9. Fensterbänke

Außen: Alu-eloxiert mit Antidröhnbeschichtung.
Innen: Spanplatte kunststoffbeschichtet, weiß.

10. Treppengeländer

Stahltreppengeländer, Ober- und Untergurt aus Flachstahl und senkrechten Rundstäben.

11. Sonnenschutz

Außen liegende Lamellen, elektrisch betrieben, mit Einzelsteuerung und Windwarnsystem.

12. Technische Anlagen

12.1 Heizung
Wärmeversorgung als zentrale Heizungsanlage, Stahlheizkessel, Gasfeuerung, Isolierschornstein, witterungsabhängig geführte Regelanlagen, 2 Heizkreisläufe über Mischeranlage gesteuert.
Raumheizung Verwaltung über Plattenheizkörper, Ausstellung über Fußbodenheizung, Werkstatt über Deckenlufterhitzer.

12.2 Lüftung
Alle innen liegenden Räume des Sanitär- und Sozialbereichs erhalten lüftungstechnische Einrichtungen.
Im Werkstattbereich ist eine Abgasabzugsanlage vorzusehen.

12.3 Sanitär
Entwässerung:
Komplettes Rohrnetz zur Abführung des Schmutz- und Regenwassers in Gußrohr und PVC einschließlich der erforderlichen Benzin- und Ölabscheider.
Bewässerung:
Trinkwasserversorgung aus dem vorhandenen Wassernetz in CU-Rohr, Warmwasseraufbereitung erfolgt elektrisch dezentral.
Sanitäre Einrichtungen:
Alle Klosett-, Urinal-, Wasch- und Ausgußbecken aus Porzelan, weiß, für Wandmontage. Heißwasseraufbereitung über Elektrospeicher oder Durchlauferhitzer.

12.4 Elektro
Ausführung nach den VDE-Bestimmungen und den technischen Anschlußbestimmungen des Elektrizitätsversorgungsunternehmens. Pro Bereich eine Unterverteilung.
Beleuchtung:
– Eingang/Ausstellung:
Lichtrohrsystem oder Deckeneinbaustrahler, je nach Gestaltung.
– Verwaltung/Sozialbereich:
Deckeneinbauleuchten Spiegelraster, 500 Lux.
Deckeneinbaustrahler und Spiegelleuchten.
– Werkstatt und Lager:
Freistrahlerleuchten mit energiesparenden Leuchtstofflampen
– Außenbeleuchtung:
Im Bereich der Ein- und Ausgänge sind Einbaustrahler vorzusehen, Parkplatzbereich mit Lichtmasten Lph 6 m.

12.5 Blitzschutz
nach DIN 18 284.

13. Außenanlagen

Die Höhenentwicklung des Grundstücks erfordert Geländeregulierungen. Alle befestigten Flächen werden in Betonpflaster ausgeführt, frostfrei. Rasenflächen werden mit Kantensteinen eingefaßt, gebäudeumlaufende Kiesstreifen. Sämtliche nicht befahr- und begehbare Freiflächen werden gärtnerisch gestaltet, Anpflanzungen von Bodendeckern, Sträuchern und Bäumen.
Außentreppen in Beton mit Natursteinbelag, Geländer als Stahlkonstruktion, feuerverzinkt und lackiert.
Einfriedung der Parkflächen mit einem Zaun, h = 2,0 m.

14. Feuerlöscheinrichtungen
nach Vorschrift der Genehmigungsbehörden.

Teil C: III. HOAI-Phase 3: Entwurfsplanung

4. Stand der Planung nach der HOAI-Phase 3

Der Projektsteuerer Hr. Steuermann rät dem Bauherrn zum Abschluß einer Bauherrenhaftpflicht- und Bauleistungsversicherung.

Der Projektsteuerer beauftragt im Namen des Bauherrn den Tragwerksplaner mit der Entwurfs-, Genehmigungs- und Ausführungsplanung.

Der Projektsteuerer informiert den Architekten über folgende Punkte:
— Die neue Grundrißkonzeption wird vom Bauherrn befürwortet.
— Der Ausbau der PKW-Stellplätze unter dem Betriebshof wird trotz der hohen Kosten weiter als Alternative gesehen. Eine Entscheidung darüber soll bald getroffen werden.

Der Architekt stellt dem Bauherrn mündlich und schriftlich die Ergebnisse der Entwurfsplanung vor. Nach anschließender Diskussion mit allen Beteiligten stimmt der Bauherr dem vorgelegten Entwurf zu und beauftragt den Architekten, die Unterlagen für die Genehmigungsplanung vorzubereiten.

5. Haftungsrisiken des Architekten bei der Erbringung der Leistungsphase 3

Zunächst ist hier an Planungsfehler, die zu Bauwerksmängeln führen, zu denken. Solche Planungsfehler müssen nicht erst in der Ausführungsplanung zutage treten, sondern können bereits in diesem Planungsstadium angelegt sein.

Sodann ist bereits in dieser Leistungsphase zu berücksichtigen, daß der Architekt grundsätzlich einen genehmigungsfähigen Entwurf im Rahmen der bauordnungsrechtlichen und bauplanungsrechtlichen Regelungen schuldet. Ist die Planung nicht genehmigungsfähig, so ist sie mangelhaft, es sei denn, der Architekt hätte den Bauherrn zuvor über die zweifelhafte Genehmigungsfähigkeit ausreichend aufgeklärt und der Bauherr hätte dennoch auf Planungserstellung in der bedenklichen Form bestanden.

Wichtig für jeden Architekten und Bauherrn ist die Kenntnis der Rechtsprechung, wonach der Architekt in jeder Leistungsphase nur diejenigen Leistungen erbringen darf, die nach dem jeweiligen Stadium des Projektes erforderlich sind. Mit anderen Worten, der Architekt darf mit seinen Leistungen nicht „vorpreschen". Dies kann im Einzelfall bedeuten, daß der Architekt zunächst die Bebauungsmöglichkeit mit den zuständigen Behörden abklärt, bevor er den Entwurf der Leistungsphase 3 erstellt.

Liegt ein Fall vor, in dem Genehmigungsfähigkeit und Einstellung der zuständigen Behörden zu einem Bauvorhaben unklar sind, so muß der Architekt dem Bauherrn raten, zunächst nur die Vorplanung erstellen zu lassen und auf dieser Grundlage eine Bauvoranfrage einzureichen (BGH Schäfer/Finnern Z 3.01 Bl. 385; OLG Düsseldorf BauR 1986, 469).

Besonders wichtig in dieser Leistungsphase ist auch die grundsätzlich in allen Leistungsphasen dem Architekten obliegende Koordinierungspflicht. Der Architekt muß für eine Klärung der Grundwasser- und Bodenverhältnisse sorgen (vgl. OLG Celle BauR 1983, 483; OLG Düsseldorf BauR 1985, 341), er muß dem Statiker ausreichende Unterlagen für dessen Tätigkeit zur Verfügung stellen, er muß für eine ordnungsgemäße Schall- und Wärmedämmung sowie für funktionsfähige Dehn- und Trennfugen und einwandfreie Fundamente sorgen. Dies alles sind Beispiele aus der Rechtsprechung, bei denen die Gerichte im Fall der Verletzung dieser Pflichten den Architekten für schadensersatzpflichtig gehalten haben.

Auch wenn sie hier an letzter Stelle genannt wird, so kommt auch in der Leistungsphase 3 der Kostenermittlung gemäß DIN 276, also der Kostenberechnung, eine wesentliche Bedeutung zu. Die Kostenberechnung wird auf der Grundlage einer fortgeschrittenen und abgeschlossenen Entwurfsplanung erstellt und soll die Grundlage für den Bauherrn darstellen, um entscheiden zu können, ob für das Bauvorhaben die Finanzierung darstellbar ist, die Baugenehmigung beantragt und das Bauvorhaben schließlich durchgeführt werden soll. Demzufolge liegt es auf der Hand, daß die dem Architekten zuzubilligende Fehlerquote bei dieser Kostenermittlung geringer als bei der Kostenschätzung sein muß. In der Regel dürfte der Toleranzspielraum hier maximal bei 20 bis 25% liegen.

IV. HOAI-Phase 4: Genehmigungsplanung

1. Planungsverlauf

1.1 Bauantrag

Der Architekt legt dem Geschäftsführer der Unternehmung Lenz den Bauantrag (vgl. Anhang 11) zur Unterschrift vor. Er erläutert dem Geschäftsführer die Bauvorlagen und informiert ihn über alle wichtigen, die Genehmigungsplanung betreffenden Punkte.

Der Geschäftsführer unterschreibt den Bauantrag und beauftragt den Architekten, den Antrag im Namen und für Rechnung der Unternehmung Lenz GmbH bei der Bauaufsichtsbehörde einzureichen.

Der Architekt reicht den Bauauftrag im Namen und für Rechnung der Fa. Lenz GmbH bei der Bauaufsichtsbehörde ein (siehe Anhang 10). Dabei wird ihm mitgeteilt, daß die Bearbeitungszeit für einen Bauantrag zur Zeit ca. 4 Monate beträgt.

1.2 Bauvorlagen

Mit dem Bauantrag müssen folgende Bauvorlagen erstellt und eingereicht werden, die auf der zweiten Seite des Formulars zum Bauantrag (vgl. Anhang 12) aufgezählt sind:

1. Bauantragsformular,
2. Begründung der Anfrage auf Befreiung von den Vorschriften des BauGB, BauO NW, Äußerung der Eigentümer der Nachbargrundstücke,
3. Nachweis der Stellplätze,
4. Baubeschreibung,
5. Betriebsbeschreibung,
6. Berechnung der bebauten Fläche und des umbauten Raumes,
7. Berechnung der Wohnflächen und/oder Nutzflächen,
8. Berechnung der Grundflächenzahl und der Geschoßflächenzahl,
9. Nachweis der Geschossigkeit des Dachgeschosses und des Kellergeschosses,
10. Berechnung der Rohbau-/Herstellungskosten,
11. ein zusätzlicher Satz Bauvorlagen,
12. Lageplan 1:5000,
13. beglaubigter Lageplan des Vermessungs- und Katasteramtes 1:1000,
14. Auszug aus der Deutschen Grundkarte,
15. Bauzeichnungen 1:100,
16. Abstandsflächennachweis (rechnerisch und zeichnerisch),
17. Zählkarte zur Statistik der Baugenehmigungen,
18. Nachweis der Bauvorlageberechtigung/Versicherungsnachweis,
19. Statische Berechnung mit Bauvorlagen 1:100,
20. Erklärung des Entwurfverfassers zum Wärme- und Schallschutz,
21. Unterschrift des Bauherrn mit Tagesangabe,
22. Unterschrift und Anschrift des Entwurfverfassers mit Tagesangabe,
23. Entwässerungsdarstellung,
24. Nachweis der Grundstücksregelung,

Im Anhang sind folgende Bauvorlagen für das Beispiel KFZ-Betrieb dargestellt:
– Baubeschreibung zum Bauantrag (Anhang 13),
– Betriebsbeschreibung zum Bauantrag (Anhang 14),
– Wärmeschutznachweis (Anhang 15),
– Bescheinigung der Architektenkammer zum Versicherungsschutz (Anhang 16),
– Bescheinigung der Bauaufsichtsbehörde zur Bauvorlagenberechtigung des Entwurfsverfassers (Anhang 17).

2. Stand der Planung nach der HOAI-Phase 4

2.1 Erteilung der Baugenehmigung

Das Bauordnungsamt der Stadt Essen erteilt die Baugenehmigung für das Bauvorhaben KFZ-Betrieb und stellt gleichzeitig einen Gebührenbescheid zu:

Muster einer Baugenehmigung
Die von der Behörde mit kleinen Änderungen (grüne Eintragungen in den Genehmigungsplänen) genehmigten Pläne sind diesem Muster nicht mehr beigelegt.

„**Bauvorhaben:**
KFZ-Betrieb, Essen-Rellinghausen
Baugenehmigung
Ich erteile Ihnen unbeschadet der privaten Rechte Dritter die Baugenehmigung für: Werkstatt, Ausstellungshalle, Ersatzteillager und Verwaltung.
Die in grün eingetragenen Änderungen und Ergänzungen in den Genehmigungsunterlagen sind Bestandteil der Baugenehmigung, ebenso die Auflagen und Hinweise der Prüfberichte für die Standsicherheitsnachweise, auch sie sind Bestandteile dieser Baugenehmigung und zu beachten.
Die Baugenehmigung gilt auch für oder gegen die Rechtsnachfolger des Bauherrn. Eine Übertragung der Baugenehmigung auf den Namen des Rechtsnachfolgers ist gesondert zu beantragen.

Teil C: IV. HOAI-Phase 4: Genehmigungsplanung

Die Genehmigung erlischt, wenn innerhalb von zwei Jahren nach ihrer Erteilung mit der Ausführung des Bauvorhabens nicht begonnen oder die Bauausführung ein Jahr unterbrochen worden ist. Auf schriftlichen Antrag kann die Frist jeweils bis zu einem Jahr verlängert werden.
Ergibt sich im Laufe der Bauausführung die Notwendigkeit, vom genehmigten Bauplan abweichen zu müssen, so ist für die beabsichtigte Abweichung vor Ausführung eine Genehmigung einzuholen. Die Änderung darf erst nach Genehmigung des hierfür erforderlichen Nachtrages ausgeführt werden.
Haustechnische Anlagen und Werbeanlagen:
Die haustechnischen Anlagen wie Feuerungs- und Behälteranlagen, Abwasser- und Wasserversorgungsanlagen sind nicht Bestandteil dieser Baugenehmigung. Vor deren Benutzung ist von den ausführenden Firmen eine Fachunternehmerbescheinigung vorzulegen oder es ist beim Bauordnungsamt eine gebührenpflichtige Benutzungsgenehmigung zu beantragen.
Werbeanlagen sind nicht Bestandteil dieser Baugenehmigung. Vor Ausführung von Werbeanlagen ist dem Bauordnungsamt ein gesonderter Antrag mit Bauvorlagen nach §11 der BauPrüfVO einzureichen."

Die Baugenehmigung enthält in der Regel allgemeine bauwerksspezifische Auflagen, die während der Bauausführung zu beachten und zu erfüllen sind. Des weiteren sind im vorliegenden Fall Auflagen des Gewerbeaufsichtsamtes zu erfüllen, da es sich um ein gewerblich betriebenes Bauwerk handelt.
- Allgemeine Auflagen sind unter anderem:
– Anzeige des Beginns der Bauarbeiten gem. §70 Abs. 7 BauO NW
- Während der Rohbauarbeiten sind zu beantragen oder anzuzeigen:
– Beim Tiefbauamt: die Abnahme-Bescheinigung des Kanalanschlusses an den Straßenkanal. Eine Bescheinigung über die Abnahme ist bei der Bauzustandsbesichtigung vorzulegen.
– Beim Bezirks-Schornsteinfegermeister: die Bescheinigung der Abgas- und Lüftungskamine zur Fertigstellung des Rohbaues.
– Beim Prüfingenieur: rechtzeitig die Kontrolle der konstruktiven Bauteile. Der Überwachungsbericht des Prüfingenieurs ist mit der angezeigten Fertigstellung des Rohbaues dem Bauordnungsamt einzureichen.
– Beim Bauordnungsamt: die Fertigstellung des Rohbaues eine Woche vorher mit Angabe des Zeitpunktes, um eine Besichtigung des Bauzustandes zu ermöglichen.
- Während der Ausbauarbeiten sind zu beantragen oder anzuzeigen:
– Beim Bezirks-Schornsteinfegermeister: die Bescheinigung der Abgas- und Lüftungskamine zur abschließenden Fertigstellung.

– Beim Bauordnungsamt: die abschließende Fertigstellung eine Woche vorher mit Angabe des Zeitpunktes der Fertigstellung, um eine Besichtigung des Bauzustandes zu ermöglichen.
Bauwerksspezifische Auflagen können sich unter anderem auf folgende Punkte beziehen:
– Bauteile mit Feuerwiderstandsklassen nach DIN 4102,
– Anforderungen an Lichtkuppeln,
– Anforderungen zur Ableitung von Rauch und Wärme im Brandfall,
– Rettungswege,
– Türen in Rettungswegen, Türen als T 30 bzw. T 90-Zulassung,
– Treppenhäuser,
– Isolierung von Leitungen,
– elektrische Anlagen,
– lüftungstechnische Anlagen,
– Rolltore,
– Feuerlöscheinrichtungen,
– Hinweisschilder,
– Stellplätze.

2.2 Gebührenbescheid der Stadt Essen

„Die Berechnung des Gebührenbescheids für die Baugenehmigung erfolgt über die Rohbaukostensumme, die aus dem umbauten Raum und DM-Sätzen des jeweiligen Bauordnungsamtes gebildet wird.
Für jede angefangene 1.000 DM dieser Rohbausumme wird dann ein gewisser Betrag erhoben (z. B. 16,– DM pro angefangene 1.000 DM).
Hierbei wird gem. §50 der BauO NW nach baulichen Anlagen und Räumen besonderer Art und Nutzung unterschieden, die jeweils andere Gebührensätze auslösen.
Rechtsgrundlagen für die Beratung sind:
§2 Abs. 2 Gebührengesetz NW vom 23.11.1971 Allgemeine Verwaltungsgebührenordnung NW in der Fassung der Bekanntmachung vom 05.08.1980, zuletzt geändert durch VO vom 27.11.1984."

2.3 Honorare und Gebühren

2.3.1 Berechnung der Honorare für die Architektenleistungen

Grundlage für die Honorarberechnung sind
– die anrechenbaren Kosten,
– die Honorarzone,
– der gewählte Honorarsatz und
– der Leistungsumfang.

Anrechenbaren Kosten
Die anrechenbaren Kosten für Grundleistungen bei Gebäuden sind unter Zugrundelegung der Kostenermittlungsarten nach DIN 276 zu ermitteln:

2. Stand der Planung nach der HOAI-Phase 4

— für die Leistungsphasen 1 bis 4 nach der Kostenberechnung, solange diese nicht vorliegt, nach der Kostenschätzung;
— für die Leistungsphasen 5 bis 9 nach der Kostenfeststellung, solange diese nicht vorliegt, nach dem Kostenanschlag.

Nicht anrechenbar sind für Grundleistungen die im Abs. 5 des § 10 der HOAI genannten Kosten für:
1. das Baugrundstück einschließlich der Kosten des Erwerbs und des Freimachens (DIN 276, Kostengruppe 1.1 bis 1.3),
2. das Herrichten des Grundstücks (DIN 276, Kostengruppe 1.4), soweit der Auftragnehmer es weder plant noch seine Ausführung überwacht,
3. die öffentliche Erschließung und andere einmalige Abgaben (DIN 276, Kostengruppe 2.1 und 2.3),
4. die nichtöffentliche Erschließung (DIN 276, Kostengruppe 2.2) sowie die Abwasser- und Versorgungsanlagen und die Verkehrsanlagen (DIN 276, Kostengruppe 5.3 und 5.7), soweit der Auftragnehmer sie weder plant noch ihre Ausführung überwacht,
5. die Außenanlagen (DIN 276, Kostengruppe 5), soweit nicht unter Nummer 4 erfaßt,
6. Anlagen und Einrichtungen aller Art, die in DIN 276, Kostengruppen 4 und 5.4 aufgeführt sind, sowie die nicht in DIN 276 aufgeführten, soweit der Auftragnehmer sie weder plant, noch bei ihrer Beschaffung mitwirkt, noch ihre Ausführung oder ihren Einbau überwacht,
7. Geräte und Wirtschaftsgegenstände, die nicht in DIN 276, Kostengruppen 4 und 5.4 aufgeführt sind, oder die der Auftraggeber ohne Mitwirkung des Auftragnehmers beschafft,
8. Kunstwerke, soweit sie nicht wesentliche Bestandteile des Objekts sind,
9. künstlerisch gestaltete Bauwerke, soweit der Auftragnehmer sie weder plant noch ihre Ausführung überwacht,
10. die Kosten der Winterbauschutzvorkehrungen und sonstige zusätzliche Maßnahmen nach DIN 276, Kostengruppe 6; § 32 Abs. 4 bleibt unberührt,
11. Entschädigungen oder Schadensersatzleistungen,
12. die Baunebenkosten (DIN 276, Kostengruppe 7),
13. fernmeldetechnische Einrichtungen und andere zentrale Einrichtungen der Fernmeldetechnik für Ortsvermittlungsstellen sowie Anlagen der Maschinentechnik, die nicht überwiegend der Ver- und Entsorgung des Gebäudes zu dienen bestimmt sind, soweit der Auftragnehmer diese fachlich nicht plant oder ihre Ausführung fachlich nicht überwacht; Absatz 4 bleibt unberührt.

Damit ergeben sich für den KFZ-Betrieb folgende anrechenbare Kosten aus der Kostenschätzung (in DM ohne MwSt):

— Bauwerk — Baukonstruktion
[Kostengruppe 300] 10.080.000 DM
— Technische Anlagen
[KG 400] (3.326.000 DM)
25 % von KG 300
= 25 % x 10.080.000
 = 2.520.000 DM
+ 50 % der darüber hinausgehenden Kosten
Differenzbetrag
3.326.000 ./. 2.520.000
 = 806.000 DM
806.000 x 50 % = 403.000 DM
 = 2.923.000 DM

anrechenbare Kosten nach
DIN 276 13.003.000 DM

Für die Honorarberechnung wurden hier die anrechenbaren Kosten der Kostenschätzung zugrundegelegt, weil die Kostenberechnung hier nur nach Gewerken und nicht nach der Kostengliederung der DIN 276 gezeigt wird. Außerdem muß noch beachtet werden, daß die HOAI in der derzeitig gültigen Fassung noch die DIN 276 in der Fassung von 1981 zugrunde legt. Die neuen Kostengruppen der DIN 276 (Juni 1993) werden in Klammern angegeben.

Honorarzone
Im Architektenvertrag wurde Honorarzone IV gem. §§ 11, 12 HOAI vereinbart.

Gewählter Honorarsatz
Als Honorarsatz wurde der Mindestsatz ebenfalls im Architektenvertrag festgelegt.

Leistungsumfang
Der Leistungsumfang richtet sich nach den in § 2 des Architektenvertrages vereinbarten Leistungsphasen und dem v. H. Satz des jeweils zu den Leistungsphasen gehörenden Honorars nach § 16 HOAI. Abb. 22 zeigt die Einteilung eines Bauobjektes in neun Leistungsphasen und die prozeßbegleitenden Kostenermittlungsverfahren nach DIN 276 sowie die prozentualen Anteile der einzelnen Leistungsphasen an der Gesamtleistung der Phasen 1 bis 9.

Honorarberechnung für die Grundleistungen § 16 HOAI
Der Honorarsatz für die anrechenbaren Kosten wird in Abhängigkeit von der Honorarzone aus den Honorartafeln § 16 HOAI ermittelt. Für die anrechenbaren Kosten in Höhe von 13.003.000 DM kann man aber den Honorarsatz nicht direkt ablesen, sondern man muß eine Interpolation für diese Zwischenstufen durchführen.

Teil C: IV. HOAI-Phase 4: Genehmigungsplanung

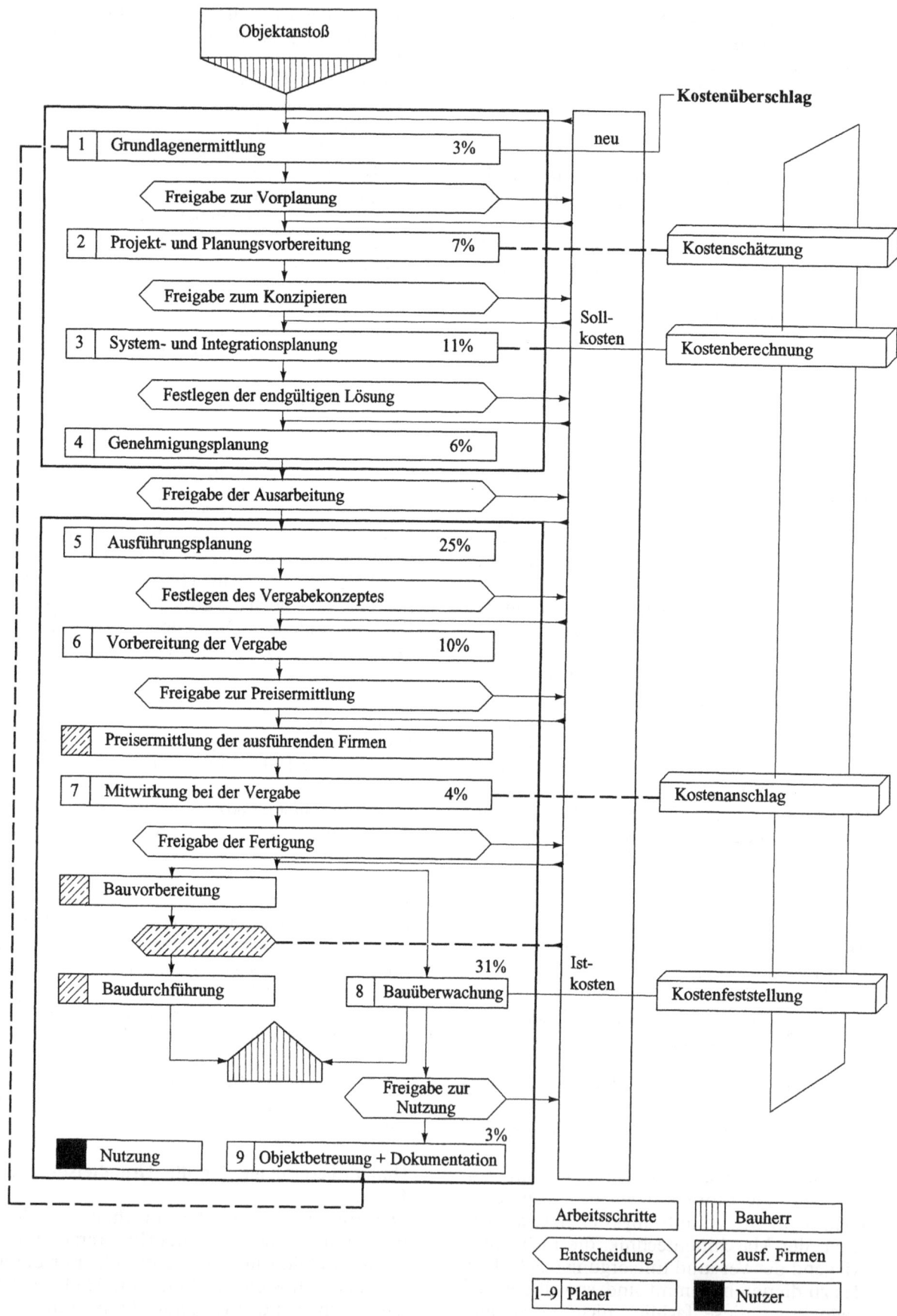

Abb. 22: Die neun Leistungsphasen und die prozeßbegleitenden Kostenüberlegungen nach DIN 276 (aus Pfarr/HOAI, S. 98)

Dazu dient die folgende Berechnung:

$$x = H_t + \frac{(K - K_t) \times (H_h - H_t)}{K_h - K_t}$$

x = zu ermittelnder Honorarsatz

H_t = 800.580 DM
H_h = 1.558.700 DM
K = 13.003.000 DM
K_t = 10.000.000 DM
K_h = 20.000.000 DM

Damit gilt für unser Beispiel

$x = 800.580 +$

$$\frac{(13.003.000 - 10.000.000) \times (1.558.700 - 800.580)}{20.000.000 - 10.000.000}$$

$x = 800.580 + 227.663 = \underline{1.028.243 \text{ DM}}$

Das Honorar für die Grundleistungen der Leistungsphasen 1-4 beträgt damit:

27%	× 1.028.243 DM	= 277.626 DM
Leistungsumfang	× Honorarsatz	= Honorar

Honorarberechnung für besondere Leistungen
— Honorar für Baunutzungskostenberechnung
Für die Baunutzungskostenberechnung hat der Architekt 13 Stunden benötigt. Dazu hat er einen Stundennachweis geschrieben und Herr Brauer als Bauherrenvertreter hat diesen Stundennachweis durch Unterschrift anerkannt.
Damit ergibt sich ein Honorar für die Baunutzungskostenberechnung von:

13 Std. × 120 DM/Std. = 1.560 DM

— Honorar für Wirtschaftlichkeitsvergleiche
20 Std. × 120 DM/Std = 2.400 DM

— Honorar für Modellbau
30 Std. × 70 DM/Std = 2.100 DM
Materialkosten (auf Nachweis) = 850 DM
Honorar für
Besondere Leistungen = 6.910 DM

Honorar für Leistungen nach der Wärmeschutzberechnung (§ 78 HOAI)

$x = 9.100 +$

$$\frac{(13.003.000 - 10.000.000) \times (32.980 - 9.100)}{50.000.000 - 10.000.000}$$

$x = 9.100 + 1.793 = \underline{10.893 \text{ DM}}$

Damit errechnet sich das Honorar für die Wärmeschutzberechnung:

85%	× 10.893 DM	= 9.259 DM
Leistungsumfang	× Honorarsatz	= Honorar

Damit beträgt das **Gesamthonorar** für die Architektenleistung nach Abschluß der Leistungsphase 4:

Grundleistung	277.626 DM
Besondere Leistung	6.910 DM
Leistungen für den Wärmeschutz	9.259 DM
Nebenkosten	14.690 DM
(gem. Architektenvertrag insgesamt auf Nachweis)	
Honorar ohne MwSt	308.485 DM
+ 15% Mehrwertsteuer	46.273 DM
Honorar inkl. MwSt	354.758 DM

2.3.2 Zusammenstellung der Honorare und Gebühren

Die Honorare für die Leistungen bei Freianlagen, bei der Tragwerksplanung, bei der technischen Ausrüstung sowie des Projektsteuerers sind analog der Honorarberechnung bei den Leistungen für Gebäude nach den entsprechenden Paragraphen der HOAI berechnet worden. Diese Berechnungen werden hier aus Platzgründen nicht gezeigt. Folgende Honorare werden zugrunde gelegt:

— Honorar für Leistungen bei Gebäuden	354.758 DM
— Honorar für Leistungen bei Freianlagen	33.853 DM
— Honorar für Leistungen bei der Tragwerksplanung	164.163 DM
— Honorar für Leistungen bei der Technischen Ausrüstung	136.511 DM
— Honorar für Leistungen des Projektsteuerers	155.516 DM
— Gebühren	91.884 DM
Honorare und Gebühren nach der Leistungsphase 4	936.685 DM

3. Haftungsrisiken des Architekten bei der Erbringung der Leistungsphase 4

Der Architekt ist verpflichtet, die Bauantragsunterlagen bei der Baubehörde einzureichen, und ist für ihren ordnungsgemäßen Eingang bei der Behörde verantwortlich. Gehen z.B. die Unterlagen aufgrund fahrlässigen Verhaltens des Architekten vor Einreichung bei der Baubehörde verloren, so hat er dem Bauherrn den dadurch eintretenden Schaden, insbesondere einen Verzögerungsschaden zu erstatten. In der Regel wird der Bauantrag jedoch kurzfristig wieder zu erstellen sein, so daß dieser Fall in der Praxis kaum Schwierigkeiten bereiten sollte. Eine Verzögerung im Baugenehmigungsverfahren kann jedoch dann eintreten, wenn der Architekt die einschlägigen baurechtlichen Vorschriften nicht gekannt bzw. nicht ausreichend beachtet hat. Hierdurch eintretende Verzögerungen bzw. sich daraus ergebende finanzielle Nachteile des Bauherrn lösen eine Schadensersatzverpflichtung des Architekten aus.

Selbst wenn das Bauvorhaben genehmigt wird, steht damit für den Architekten nicht fest, daß seine Planung frei von Mängeln ist, denn die Bauaufsichtsbehörde prüft die eingereichte Planung nur auf die Einhaltung der im öffentlichen Interesse liegenden Vorschriften. Deshalb beinhaltet die Erteilung der Baugenehmigung keine Aussage über die sonstige Mangelfreiheit der Planung. Der BGH hat sogar eine Verantwortlichkeit des Architekten für Schäden dann angenommen, wenn die Bauaufsichtsbehörde in fehlerhafter Weise eine planungsrechtlichen Festsetzungen widersprechende Baugenehmigung erteilt (BGH NJW 1980, 2576).

Anhang zum Teil C:

Anhang 1:   Architekten-Vorplanungsvertrag

Anhang 2:   Vollmacht

Anhang 3:   Antrag auf planungsrechtliche Auskunft

Anhang 4:   Planungsrechtliche Auskunft der Stadt

Anhang 5:   Kaufvertrag eines Grundstücks

Anhang 6:   Buchgrundschuld

Anhang 7:   Einheits-Architektenvertrag

Anhang 8:   Antrag auf Vorbescheid (Bauvoranfrage)

Anhang 9:   Rechnungsgang der Wirtschaftlichkeitsberechnung alternativer Heizungssysteme

Anhang 10: Anschreiben zum Bauvertrag

Anhang 11: Bauantrag

Anhang 12: Liste der Bauvorlagen

Anhang 13: Baubeschreibung zum Bauantrag

Anhang 14: Betriebsbeschreibung zum Bauantrag

Anhang 15: Wärmeschutznachweis zum Bauantrag

Anhang 16: Bescheinigung zum Versicherungsschutz

Anhang 17: Bescheinigung der Bauvorlageberechtigung

Teil C: Anhang 1

ARCHITEKTEN-VORPLANUNGSVERTRAG*

Zwischen dem/~~der~~ Bauherr(e)n, im folgenden „Bauherr" genannt,

Autohaus Lenz GmbH, An der Schnellstraße 16, 4300 Essen

vertreten durch Herrn Hermann Brauer

und dem/den Architekten, ~~der Arbeitsgemeinschaft von Architekten~~, im folgenden „Architekt" genannt,

Herrn Paul Planmann, Reißbrettstraße 1, 4300 Essen 1

wird folgender Vorplanungsvertrag geschlossen.

1 Gegenstand des Vertrages

1.1 Der Bauherr überträgt dem Architekten die Grundleistungen der Leistungsphasen (§ 15 Abs. 2 HOAI)[1].

1.1.1 Grundlagenermittlung
Klären der Aufgabenstellung und Feststellung der Planungsvoraussetzungen

1.1.2 Vorplanung
Erarbeiten der wesentlichen Teile der Lösung einer Planungsaufgabe als Planungskonzept mit Kostenschätzung für folgende Bauaufgaben (§ 3 HOAI):

Neubau einer KFZ-Niederlassung in Essen-Rellinghausen mit

- Ausstellungshalle für Neuwagen

- KFZ-Werkstatt für Reparatur- und Servicebetrieb von PKW

- Ersatzteillager und Verwaltung

1.2 Folgende Besondere Leistungen (§ 2 Abs. 3 HOAI) werden übertragen (die Leistungen sind genau zu definieren):

-----

2 Honorierung des Architekten

2.1 Die Grundlagen des Honorars werden wie folgt vereinbart:

2.1.1 Honorarzone gem. §§ 11, 12 HOAI   Zone IV

2.1.2 Honorarsatz gem. § 4 HOAI   Mindestsatz

2.1.3 Honoraranteil in Vomhundertsätzen des Honorars nach §§ 15, 16 HOAI für die Leistungen Ziff. 1.1 des Vertrages

Grundlagenermittlung	3%	
Vorplanung[2]	7%	☒
Vorplanung als Einzelleistung (§ 19 Abs. 1 HOAI)	10%	☐

2.1.4 Umbau- und Modernisierungszuschlag gem. § 24 HOAI[3] .... --- %

---

* Empfohlene Fassung der Bundesarchitektenkammer, veröffentlicht im Bundesanzeiger Nr. 67 vom 10.4.1985, unter Berücksichtigung der 4. Verordnung zur Änderung der HOAI vom 1.1.1991

[1] HOAI Honorarordnung für Architekten und Ingenieure vom 17.9.1976 (BGBl. I S. 2805) in der jeweils geltenden Fassung

[2] Zutreffendes ankreuzen. Statt 7% (§ 15 Abs. 1 HOAI) kann für die Vorplanung als Einzelleistung 10% (§ 19 Abs. 1 HOAI) des Honorars nach § 16 HOAI vereinbart werden

[3] Nach § 24 HOAI kann bei durchschnittlichem Schwierigkeitsgrad ein Zuschlag von 20–33% des Honorars vereinbart werden. Bei überdurchschnittlichem Schwierigkeitsgrad kann ein Zuschlag über 33% vereinbart werden. Anstelle des Zuschlags kann nach § 24 Abs. 2 HOAI für die Leistungsphasen 1, 2 und 8 eine höhere Bewertung der Grundleistungen schriftlich vereinbart werden. In diesen Fällen entfällt der Umbauzuschlag

Blatt 1

Teil C: Anhang 1

2.2 Die anrechenbaren Kosten richten sich nach § 10 HOAI. Wird vorhandene Bausubstanz technisch oder gestalterisch mitverarbeitet, so ist § 10 Abs. 3a HOAI zu berücksichtigen.

Die anrechenbaren Kosten der technisch oder gestalterisch mitzuverarbeitenden vorhandenen Bausubstanz werden gem.

§ 10 Abs. 3a HOAI mit folgendem Wert als angemessen vereinbart: DM ....

Ändert sich der Umfang dieser Bausubstanz während der Durchführung des Auftrages, so ist der nach § 10 Abs. 3a HOAI angenommene Wert anzupassen. Wird der Wert der mitzuverarbeitenden vorhandenen Bausubstanz bei Vertragsabschluß nicht vereinbart, so holen die Parteien eine schriftliche ergänzende Vertragsvereinbarung nach.

2.3 Honorar für Besondere Leistungen (Ziff. 1.2 des Vertrages) gem. § 5 Abs. 4 HOAI

2.3.1 Bestandsaufnahme nach Zeithonorar: ca. 16 Std. á 120,-- .... DM

~~2.3.2 auf Nachweis.. DM~~

2.4 Nebenkosten sind vom Bauherrn gem. § 7 HOAI zu erstatten.

☐ pauschaliert mit .... % des Honorars nach Ziff. 2.2 des Vertrages

☒ auf Nachweis

2.5 Die Mehrwertsteuer zu den Honoraren und Nebenkosten wird zusätzlich in Rechnung gestellt (§ 9 HOAI).

3 Verwertungsrechte

Der Bauherr ist nicht berechtigt, die Vorplanung des Architekten ohne dessen schriftliches Einverständnis weiter zu verwenden. Urheberrechte sowie Nutzungen aus dem Urheberrecht werden nicht übertragen.

4 Weitere Beauftragung

Bei weiterer Beauftragung wird das vereinbarte Honorar auf das Gesamthonorar angerechnet, sofern die Vorplanung ohne wesentliche Veränderung den weiteren Leistungen zugrunde gelegt wird.

Essen, 03.01.92
(Ort, Datum)
Autohaus Lenz GmbH, vertreten durch
(Bauherr)
den Geschäftsführer Herrn Otto Lenz,
dieser vertreten durch Herrn Hermann
Brauer.

Essen, 03.01.92
(Ort, Datum)
Architekt Paul Planmann
(Architekt)

Blatt 2

Teil C: Anhang 2

VOLLMACHT

Ich/wir bevollmächtige(n) den Architekten

    Herrn Paul Planmann

    Reißbrettstraße 1

    4300 Essen 1

bezüglich meines/unseres Bauvorhabens

Bezeichnung   Neubau einer KFZ-Niederlassung

        Frankenstraße. 1, 4300 Essen-Rellinghausen
        Straße, Ort

Grundbuchbezeichnung   Amtsgericht Essen, Grundbuch 97, Band 5, Blatt 1012,

        Gemarkung Rellinghausen, Flur 44, Flurstücke 176-181 *)

Eigentümer des Grundstücks

    Stadt Essen
    Name

    Straße

    4300 Essen
    Ort

die erforderlichen Verhandlungen mit den zuständigen Behörden und Stellen sowie den Nachbarn zu führen und insbesondere auch Rückfragen im Baugenehmigungsverfahren für mich/uns zu erledigen.

Essen, 03.01.92   *Hermann Brauer*
Ort, Datum   Unterschrift des/der Bauherr(e)n

                                                    Autohaus Lenz GmbH, vertreten durch
                                                    den Geschäftsführer Herrn Otto Lenz,
                                                    dieser vertreten durch Herrn Hermann
                                                    Brauer.

---

*) Anmerkung der Verfasser:
    Diese Daten beziehen sich auf ein vorhandenes Grundstück aus dem Jahr 1985.

Blatt 8

Teil C: Anhang 2

VOLLMACHT

~~Ich~~/wir bevollmächtige(n) ~~den Architekten~~

Herrn Dipl.-Kfm. Hermann Brauer

Bentenknapp 1

4300 Essen

bezüglich ~~meines~~/unseres Bauvorhabens

Bezeichnung	Neubau einer KFZ-Niederlassung
	Frankenstraße 1, 4300 Essen Rellinghausen
	Straße, Ort
Grundbuchbezeichnung	Amtsgericht Essen, Grundbuch 97, Band 5, Blatt 1012, Gemarkung Rellinghausen, Flur 44, Flurstücke 176-181 *)
Eigentümer des Grundstücks	
	Stadt Essen
	Name
	Straße
	4300 Essen
	Ort

die erforderlichen Verhandlungen mit den zuständigen Behörden und Stellen sowie den Nachbarn zu führen und insbesondere auch Rückfragen im Baugenehmigungsverfahren für ~~mich~~/uns zu erledigen. sowie die Funktion der Vertretung des Bauherrn gegenüber den Planungs- und Ausführungsbeteiligten zu übernehmen.

Essen, 03.01.92
Ort, Datum

Otto Lenz
Unterschrift des/der Bauherr(e)n

Autohaus Lenz GmbH

---

*) Anmerkung der Verfasser:
   Diese Daten beziehen sich auf ein vorhandenes Grundstück aus dem Jahre 1985.

Blatt 8

Teil C: Anhang 3

Architekturbüro Planmann - Reißbrettstr. 1 - 4300 Essen 1

Stadt Essen
Vermessungs- und Katasteramt
Postfach 7189

4300 Essen

Essen, den 08.01.92

Antrag auf Erteilung einer planungsrechtlichen Auskunft

Baugrundstück: Frankenstr. 1 in 4300 Essen - Rellinghausen
Gemarkung: Rellinghausen; Flur: 44; Rahmenkarte: 12
Flurstück: 176-181

Ich bitte, mir für das bauaufsichtliche Genehmigungsverfahren mitzuteilen, welche rechtlichen Festsetzungen für das obengenannte Grundstück bei der Bauplanung zu berücksichtigen sind. Zu Ihrer Unterrichtung füge ich einen Auszug aus der Flurkarte neueren Datums bei mit Kennzeichnung des zu bebauenden Flurstückteils und der Bitte um Rückgabe.

Ich bin davon unterrichtet, daß die beantragte Auskunft sich nur auf die derzeitig verbindlichen planungsrechtlichen Festsetzungen beziehen kann.

Mit freundlichen Grüßen

Architekt Planmann

Teil C: Anhang 4

DER OBERSTADTDIREKTOR

Amt   Vermessungs- und Katasteramt

                    nadbaus Eingang Zi.-Nr.

Ihr Zeichen   Ihr Schreiben vom Zeichen (bitte angeben)
                   1456/8903

Planungsrechtliche Auskunft gemäß § 12 BBauG

Bei der Bebauung des Grundstücks __Frankenstr. 1__
             (Straße und Hausnummer)
Gemarkung __Rellingh.__

Flur __44__   Flurstück __176 - 181__   sind zum Zeitpunkt dieser Auskunft neben den bundes- und landesgesetzlichen Vorschriften des Baurechts folgende verbindliche ortsrechtliche Festsetzungen zu beachten:

1. **Das Grundstück liegt im Bereich**

 ☒ 1.1 des qualifizierten Bebauungsplanes Durchführungsplanes (§§ 30, 173 (3) BBauG) Nr. __4512 - 79__

    rechtsverbindlich seit _____

 ☐ 1.2 des Bebauungsplanes/Durchführungsplanes/Fluchtlinienplanes (§§ 9(1) 11, 173 (3) BBauG)
    – nur Festsetzung von Verkehrsflächen –

    Nr. _____ rechtsverbindlich seit _____

 ☐ 1.3 der Satzung der Stadt _____ zum Schutz des Orts- und Straßenbildes, zur Erhaltung baulicher Anlagen und zur Erweiterung der Anzeigepflicht für Werbeanlagen (§ 39 h BBauG, § 103 BauO NW 1970 / § 81 BauO NW 1984) _____

2. Art und Maß der baulichen Nutzung sind in dem unter Ziffer _____ benannten Plan wie folgt festgesetzt:

 2.1 Baugebiet: __Gewerbegebiet (GE)__

 2.2 Zahl der Vollgeschosse: __3__   zwingend als Höchstgrenze

 2.3 Grundflächenzahl (GRZ) __0,8__   Geschoßflächenzahl (GFZ) __2,0__   Baumassenzahl (BMZ) _____

 2.4 Sonstige Festsetzungen _____

3. Festsetzungen zur Baugestaltung gemäß § 103 BauO NW 1970 / § 81 BauO NW 1984:

 Dachform: _____   Dachneigung: _____

 Sonstige Festsetzungen: siehe Anlage _____

4. **Das Grundstück liegt im Bereich**

 ☐ 4.1 eines Gebietes, für welches die Aufstellung eines Bebauungsplanes im Sinne des § 30 BBauG beschlossen ist
    (Rechtswirkungen: vgl. § 33 BBauG)

    Ratsbeschluß vom _____ veröffentlicht am _____

    der Entwurf des Bebauungsplanes Nr. _____ wurde vom Rat beschlossen am _____

    offengelegt vom _____ bis _____ Satzungsbeschluß vom _____

Teil C: Anhang 4

☐ 4.2 der Veränderungssperre Nr. _____ Rechtskraft vom _____ bis _____
(Rechtswirkungen: vgl. § 14 BBauG)

Lage der Baulinien und Baugrenzen sowie der Straßenbegrenzungslinien und sonstige Ausweisungen sind in dem als Anlage beigefügten Plan eingetragen.

5. Für das Grundstück liegen bisher keine rechtsverbindlichen, planerischen Festsetzungen vor, so daß das Vorhaben

☐ 5.1 nach der vorhandenen Bebauung zu beurteilen ist (§ 34 BBauG, BauNVO)

☐ 5.2 nach § 35 BBauG zu beurteilen ist.

6. Für das Grundstück ist das

☐ 6.1 Umlegungsverfahren eingeleitet (Rechtswirkungen: vgl. § 51 BBauG)

☐ 6.2 Flurbereinigungsverfahren eingeleitet

7. Das Grundstück liegt im Bereich eines

☐ 7.1 Landschaftsschutzgebietes

☐ 7.2 Wasserschutzgebietes (Zone I, II, III A, III B)

☐ 7.3 Überschwemmungsgebietes

8. Im Bereich des Grundstücks befindet sich ein

☐ 8.1 Baudenkmal (D)

☐ 8.2 Bodendenkmal (BD) (siehe Eintragung im beigefügten Plan)

☐ 8.3 Naturdenkmal (ND)

9. Baulastenverzeichnis

☐ Zu Lasten des Grundstücks ist auf dem Baulastenblatt Nr. _____ eine Baulast eingetragen.

> Vorstehende Auskunft enthält keine Festsetzungen die für die Bebauung des Grundstücks aufgrund des Bundesfernstraßengesetzes, des Landesstraßengesetzes oder eisenbahnrechtlicher Bestimmungen zu beachten sind. Es wird gebeten, Angaben hierüber von einem öffentlich bestellten Vermessungsingenieur auf dem nachfolgenden Vordruckteil eintragen zu lassen.

_____ Anlage(n)

I.A.

Dipl.-Ing. Seider
Obervermessungsrat

Dieses Formular ist in einfacher Ausfertigung dem Bauantrag beizufügen. Es muß durch die nachstehenden „Ergänzende Angaben zum Lageplan" vervollständigt sein. Vergessen Sie bitte nicht die vorgesehenen drei Unterschriften. Unvollständige Bauantragsunterlagen führen zu vermeidbaren Rückfragen und Verzögerungen.

Ergänzende Angaben zum Lageplan

Zutreffendes bitte ankreuzen

	Ja	Nein
1. Das Bauvorhaben liegt innerhalb einer Anbauverbots- oder Zustimmungszone		
1.1 nach dem Bundesfernstraßengesetzes,	☐	☒
1.2 nach dem Landesstraßengesetzes	☐	☒
2. Das Bauvorhaben liegt näher als 60 m von der Mitte eines dem öffentlichen Verkehr dienenden Bahnges eines entfernt	☒	☐

_____   _____
Ort, Datum   Unterschrift des öffentlich bestellten Vermessungsing.

_____   _____
Unterschrift des Bauherrn   Unterschrift des Entwurfsverfassers

Urkundenrollen-Nr. 12/92

Notarielle Urkunde

Verhandelt zu Essen am 13. Januar 1992

Vor mir, dem unterzeichnenden Notar Dr. Justus Schreiber, mit dem Amtssitz in Essen
erschienen heute:

1. Herr Anton Boden, Schillerstraße 24,
   4300 Essen,
   handelnd aufgrund notarieller Vollmacht vom 30.06.1991 gemäß § 56 Abs. 3 der Gemeindeordnung für das Land Nordrhein-Westfalen für die Stadt Essen,
   - nachstehend Verkäuferin genannt -

2. Herr Otto Lenz, ..., 4300 Essen
   handelnd als alleinvertretungsberechtigter Geschäftsführer für die Firma Autohaus Lenz GmbH, eingetragen im Handelsregister des Amtsgerichts .... (HRB ....),
   - nachstehend Käuferin genannt -

Der Erschienene zu 1 ist dem Notar von Person bekannt.
Der Erschienene zu 2 wies sich aus durch mit Lichtbild versehenen amtlichen Ausweis.

Die Erschienenen baten um Protokollierung des folgenden

- 2 -
Grundstückskaufvertrages

§ 1 Eigentumsverhältnisse

Die Verkäuferin ist Eigentümerin des Grundstücks Frankenstraße 1, 4300 Essen-Rellinghausen, eingetragen im Grundbuch 97, Band 5, Blatt 1012 des Amtsgerichts Essen mit der Katasterbezeichnung Gemarkung Rellinghausen, Flur 44, Flurstücke 176 bis 181 mit einer Größe von 25.000 m².

Das Grundstück ist nach Abteilung III des Grundbuchs frei von Lasten.

§ 2 Kaufgegenstand

Die Verkäuferin verkauft an die Käuferin das vorstehend näher bezeichnete Grundstück.

Die Verkäuferin verpflichtet sich, das oben bezeichnete Grundstück auf ihre Kosten für die Bebauung herzurichten, insbesondere die vorhandenen Bauwerke und Versorgungsleitungen abzubrechen und eventuell noch vorhandene Kampfmittel zu beseitigen.

§ 3 Kaufpreis

Der Kaufpreis beträgt 3.750.000,-- DM (in Worten: Dreimillionensiebenhundertfünfzigtausend Deutsche Mark).

Der Kaufpreis wird am 01.02.1992 fällig und ist auf das Anderkonto des protokollierenden Notars Nr. .... bei der .... Bank zu zahlen.

/3

§ 4 Besitz, Nutzungen, Lasten und Gefahr

Besitz, Nutzungen, Lasten und Gefahr gehen am o1.o2.1992 auf die Käuferin über.

§ 5 Öffentliche Lasten

Die Verkäuferin verpflichtet sich, die Kosten für die erforderliche Verlegung der Straße St. Annental zu tragen.

Die Käuferin verpflichtet sich, einen Beitrag zu den Erschließungskosten in Höhe von 1oo.ooo,-- DM (in Worten: Einhunderttausend Deutsche Mark) zu leisten.

§ 6 Gewährleistung

Gewährleistungsansprüche der Käuferin gegen die Verkäuferin wegen etwaiger Mängel sind ausgeschlossen.
Die Verkäuferin haftet auch nicht für die Freiheit des Grundeigentums von öffentlichen Abgaben und Lasten, die zur Eintragung in das Grundbuch nicht geeignet sind.

Das in § 1 angegebene Flächenmaß wird nicht zugesichert. Besondere Eigenschaften werden ebenfalls nicht zugesichert.
Die Verkäuferin versichert, daß keine Baulasten bestehen.
Die Verkäuferin hat grundbuchmäßig lastenfreies Eigentum zu übertragen, mit Ausnahme solcher Grundpfandrechte, die der Kaufpreisfinanzierung dienen und von der Verkäuferin eventuell auf Kosten der Käuferin bestellt werden.

/4

§ 7 Kosten

Die Kosten des Vertrages und seines Vollzugs sowie die Grunderwerbssteuer trägt die Käuferin.

§ 8 Auflassung

Die Vertragsparteien sind sich über den Eigentumsübergang gemäß § 2 dieses Vertrages einig. Die Verkäuferin bewilligt und die Käuferin beantragt die Eintragung des Eigentumsübergangs zu ihren Gunsten im Grundbuch.
Der Notar wird unwiderruflich angewiesen, die Eigentumsumschreibung beim Grundbuchamt erst zu beantragen, wenn der Kaufpreis auf seinem Anderkonto auflagenfrei eingegangen ist.

§ 9 Sonstiges

Der Notar hat das Grundbuch nicht eingesehen. Vorgelegen hat ein unbeglaubigter Auszug aus dem Grundbuch vom ....
Nach Belehrung der Vertragsparteien wurde auf Einsichtnahme verzichtet.

Der Notar hat die Vertragsparteien über die Bedeutung der Unbedenklichkeitsbescheinigung und den Zeitpunkt des Eigentumswechsels belehrt.

Beantragt werden:

1. Ausfertigung an das Grundbuchamt Essen zum Vollzug der Auflassung

2. Abschrift an das Finanzamt Essen zur Erteilung einer Unbedenklichkeitsbescheinigung

3. je 2 Abschriften an die Verkäuferin und die Käuferin.

Vorgelesen, genehmigt und eigenhändig unterschrieben:

Für die Stadt Essen:

Für die Firma Autohaus Lenz GmbH:

Notar:

Teil C: Anhang 6

Buchgrundschuld

Geschäftszeichen

Verhandelt in __Essen__ am __10 – 02. 1992__

Vor dem Notar __Hr. Dr. Justus Schreiber__

erschien(en) heute

a) Hr. Otto Lenz, als Geschäftsführer der Fa. Autohaus Lenz GmbH,

4300 Essen-Rellinghausen, Frankenstraße 1

– nachstehend der Sicherungsgeber genannt, auch wenn es sich um mehrere Personen handelt – und

b)[1]

– nachstehend der Darlehensnehmer genannt, auch wenn es sich um mehrere Personen handelt –, dem Notar

und erklärte(n):

1. Grundschuldbestellung

Der Sicherungsgeber ist Eigentümer[2] Erbbauberechtigter[2] des/der im _____ Grundbuch von[3]

dem Amtsgericht Essen, Grundbuch 97, Band 5, Blatt 1012,

Katasterbezeichnung: Gemarkung Rellinghausen, Flur 44, Flurstücke 176-181

verzeichneten Pfandobjekts/Pfandobjekte – nachstehend das Pfandobjekt genannt, auch wenn es sich um mehrere handelt –
Der Sicherungsgeber bestellt hiermit zugunsten der **Stadtsparkasse Dortmund in Dortmund**

– nachstehend die Gläubigerin genannt – auf dem Pfandobjekt eine Grundschuld von

__8 800 000,--__ DM, in Worten __achtmillionenachthunderttausend__ **Deutsche Mark.**

Die Erteilung eines Grundschuldbriefes wird ausgeschlossen.

Die Grundschuld ist vom __10.02.__ 19__92__ ab mit __7,85__ v. H. jährlich zu verzinsen.
Die Zinsen sind jeweils nachträglich am ersten Werktag des folgenden Kalenderjahres fällig.

Zusätzlich ist eine einmalige sonstige Nebenleistung von __8 800,--__ zu zahlen. Das Grundschuldkapital und die sonstige
Nebenleistung sind sofort zur Zahlung fällig. Die Grundschuld soll zunächst an rangbereitester Stelle eingetragen werden[2]
die erste Rangstelle haben[2] Rang nach folgenden Voreintragungen haben[2].

2. Dingliche Zwangsvollstreckungsunterwerfung

Wegen des Grundschuldkapitals nebst Zinsen und sonstiger Nebenleistung unterwirft sich der Sicherungsgeber der sofortigen Zwangsvollstreckung aus dieser Urkunde in das belastete Pfandobjekt in der Weise, daß die sofortige Zwangsvollstreckung bei einem Grundeigentum auch gegen den jeweiligen Eigentümer und bei einem Erbbaurecht auch gegen den jeweiligen Erbbauberechtigten zulässig sein soll

3. Persönliche Haftungsübernahme und Zwangsvollstreckungsunterwerfung

Für die Zahlung eines Geldbetrages, dessen Höhe der bewilligten Grundschuld (Kapital, Zinsen und die sonstige Nebenleistung) entspricht, übernimmt

Hr. Otto Lenz, 4300 Essen-Rellingshausen, Frankenstraße 1 _____ (Darlehensnehmer)

– mehrere Personen als Gesamtschuldner – die **persönliche Haftung**, aus der er/sie ohne vorherige Zwangsvollstreckung in das belastete Pfandobjekt in Anspruch genommen werden kann/können. Er unterwirft/Sie unterwerfen sich wegen dieser persönlichen Haftung der Gläubigerin gegenüber der **sofortigen Zwangsvollstreckung** aus dieser Urkunde in das **gesamte Vermögen**. Die Gläubigerin kann die persönliche Haftung unabhängig von der Eintragung der Grundschuld und ohne vorherige Zwangsvollstreckung in das belastete Pfandobjekt geltend machen

Nicht ausfüllen, wenn Sicherungsgeber und Darlehensnehmer personengleich sind [2] Nichtzutreffendes bitte streichen [3] Genaue Bezeichnung mit Angabe des Amtsgerichts, Band, Blatt und Nr des BV

Teil C: Anhang 6

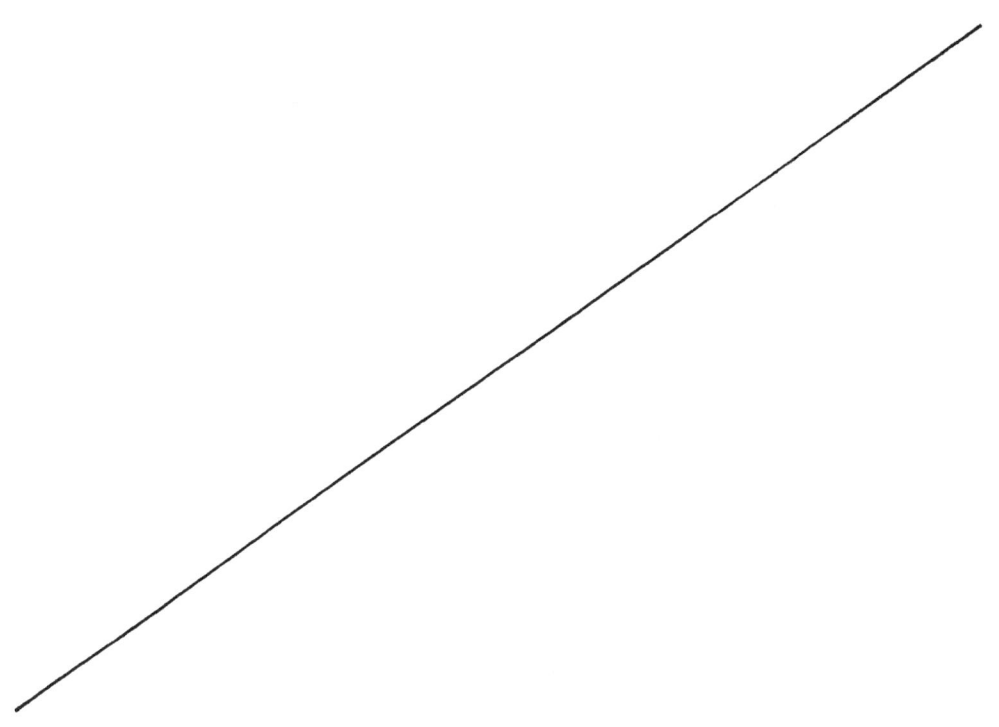

4. Anträge

4.1

4.1.1 Es wird **bewilligt** und **beantragt, im Grundbuch einzutragen:** die vorstehend bestellte Grundschuld nebst Zinsen und sonstiger Nebenleistung mit dem unter Ziffer 1 angegebenen Inhalt und an der dort bestimmten Rangstelle einschließlich der unter Ziffer 2 erklärten Unterwerfung unter die sofortige Zwangsvollstreckung

4.1.2 Falls der Grundbesitz aus mehreren Pfandobjekten besteht und die gleichzeitige Eintragung nicht möglich ist, wird getrennte Eintragung bewilligt und beantragt Jede weitere Eintragung soll eine Einbeziehung in die Mithaft für die bereits eingetragene Grundschuld darstellen, so daß dadurch eine Gesamtgrundschuld entsteht.

4.2 Der Sicherungsgeber **beantragt gegenüber** dem **Grundbuchamt:**

der Gläubigerin nach Erledigung der Eintragungsanträge eine vollständige – beglaubigte – Grundbuchabschrift zu erteilen

4.3 Der Sicherungsgeber **beantragt gegenüber** dem **Notar:**

der Gläubigerin eine Ausfertigung – sowie nach Vollzug eine vollstreckbare Ausfertigung gemäß Ziffer 8 – dieser Urkunde zu erteilen

dem Sicherungsgeber eine einfache Abschrift dieser Urkunde zu erteilen

dem Grundbuchamt eine Ausfertigung dieser Urkunde einzureichen

---

¹ Raum für Benennung von Voreintragungen (Forts. Nr. 1)

Teil C: Anhang 6

5. Abtretung des Rückgewähranspruchs

Der Sicherungsgeber tritt hiermit den, auch zukünftigen oder bedingten, Anspruch auf Rückgewähr aller vor- und gleichrangigen Grundschulden (Anspruch auf Übertragung oder Löschung oder Verzicht sowie auf Zuteilung des Versteigerungserlöses) an die Gläubigerin ab.
Der Sicherungsgeber verpflichtet sich, die Gläubigerin unverzüglich zu unterrichten, wenn ihm ein Gläubigerwechsel bei vor- oder gleichrangigen Grundschulden bekannt wird.
Hat der Sicherungsgeber die Rückgewähransprüche bereits an einen anderen abgetreten, so sind sie mit dem Zeitpunkt an die Gläubigerin abgetreten, in dem sie dem Sicherungsgeber wieder zustehen. Außerdem tritt er hiermit seinen Anspruch auf Rückabtretung der Rückgewähransprüche an die Gläubigerin ab.

6. Freigabe anderer Sicherheiten

Wird die Gläubigerin vom Sicherungsgeber oder aus der Verwertung der Grundschuld befriedigt und stehen ihr noch andere, nicht vom Darlehensnehmer gestellte Sicherheiten zur Verfügung, die sie selbst nicht mehr benötigt, prüft sie nicht, ob der Sicherungsgeber Ansprüche auf diese Sicherheiten hat. Die Gläubigerin wird solche Sicherheiten grundsätzlich an den Drittsicherungsgeber zurückgeben, soweit der Sicherungsgeber nicht nachweist, daß die Zustimmung des Drittsicherungsgebers zur Herausgabe an ihn vorliegt.

7. Zahlungen

Zahlungen an die Gläubigerin erfolgen nicht unmittelbar zur Tilgung der Grundschuld (Ziffer 1) oder zur Befreiung von der Haftung (Ziffer 3), sondern zur Begleichung der durch die Grundschuld gesicherten persönlichen Forderungen der Gläubigerin.

8. Vollstreckbare Ausfertigung

Die Gläubigerin ist berechtigt, auf ihren einseitigen Antrag und **ohne** den Nachweis der die Fälligkeit der Grundschuld nebst Zinsen und sonstiger Nebenleistung oder ihrer schuldrechtlichen Ansprüche bedingenden Tatsachen sich eine vollstreckbare Ausfertigung dieser Urkunde sowohl wegen des ganzen Kapitals als auch wegen eines Teiles desselben oder wegen einzelner Zinsraten auf Kosten des Sicherungsgebers erteilen zu lassen.

9. Auskunftserteilung

Der Sicherungsgeber stimmt hiermit der Auskunftserteilung seitens der Steuer- und sonstigen Behörden an die Gläubigerin über Rückstände solcher öffentlichen Lasten zu, die in einer Zwangsverwaltung oder Zwangsversteigerung des belasteten Pfandobjekts mit dem Range vor dem Recht der Gläubigerin zu befriedigen sind. Auch soll die Gläubigerin berechtigt sein, sich jederzeit den Einheitswert von den zuständigen Stellen mitteilen zu lassen.

10. Baulasten

Der Sicherungsgeber darf gegenüber der Bauaufsichtsbehörde öffentlich-rechtliche Verpflichtungen zu einem das Pfandobjekt betreffenden Handeln, Dulden oder Unterlassen (Baulasten) nur mit Zustimmung der Gläubigerin übernehmen.

11. Abrechnung im Falle der Zwangsversteigerung

Für den Fall der Zwangsversteigerung erklärt sich der Sicherungsgeber damit einverstanden, daß über die in der Versteigerung liegende Lieferung durch Gutschrift des Erstehers abgerechnet wird (§ 14 Abs. 5 Satz 2 Nr. 2 UStG).

12. Zustimmung des Ehegatten

12.1 Der Sicherungsgeber erklärt,

daß er nicht verheiratet ist[1]

daß er im Güterstand der Gütertrennung lebt[1]

12.2 Jeder Ehegatte stimmt, soweit erforderlich, den Erklärungen des anderen Ehegatten zu. Jeder Ehegatte duldet und bewilligt, soweit erforderlich, die sofortige Zwangsvollstreckung aus dieser Urkunde in das Vermögen des anderen Ehegatten. Er erklärt sich mit der jederzeitigen Erteilung einer vollstreckbaren Ausfertigung einverstanden.

13. Rechtswirksamkeit

Sollten Erklärungen in dieser Urkunde ganz oder teilweise der Rechtswirksamkeit ermangeln oder nicht durchgeführt werden, so sollen dennoch die übrigen Erklärungen wirksam bleiben.

---

[1] Nichtzutreffendes bitte streichen

Teil C: Anhang 6

Die Niederschrift ist in Gegenwart des Notars dem/den Erschienenen vorgelesen, von ihm/ihnen genehmigt und eigenhändig wie folgt unterschrieben worden:

Zustimmung und Antrag der Gläubigerin
Wir stimmen der Grundschuldbestellung zu und stellen die vorstehenden Eintragungsanträge auch im eigenen Namen. Sie gelten unabhängig von etwaigen Anträgen des Notars und können nur von der Sparkasse/Landesbank zurückgenommen werden.

Essen, den 10.02.1992
Ort, Datum

Stempel und Unterschrift der Sparkasse/Landesbank
Eine Beglaubigung der Unterschriften der Sparkasse/Landesbank ist nicht erforderlich.

Teil C: Anhang 7

EINHEITS-ARCHITEKTENVERTRAG* für Gebäude

Zwischen dem/den Bauherr(e)n, im folgenden „Bauherr" genannt,

Autohaus Lenz GmbH, An der Schnellstraße 16, 4300 Essen

vertreten durch Herrn Hermann Brauer

und dem/den Architekten, ~~der Arbeitsgemeinschaft von Architekten,~~ im folgenden „Architekt" genannt,

Herrn Paul Planmann, Reißbrettstraße 1, 4300 Essen 1

wird folgender Architektenvertrag geschlossen:

1 Gegenstand des Vertrages

1.1 Gegenstand dieses Vertrages sind Architektenleistungen für folgende Bauaufgaben (§ 3 HOAI)

Neubau einer KFZ-Niederlassung in Essen-Rellinghausen mit
- Ausstellungshalle zur Präsentation der Neuwagen
- KFZ-Werkstatt für Reparatur- und Servicebetrieb für PKW
- Verwaltung und Ersatzteillager
- Stellplätze für Fahrzeuge von Besuchern, Kunden und Personal

2 Leistungsphasen und Honorar

v. H des Honorars nach § 16 HOAI

2.1 Der Bauherr überträgt dem Architekten folgende für die Bearbeitung der in § 1 bezeichneten Bauaufgabe erforderlichen Grundleistungen der folgenden Leistungsphasen (§ 15 Abs. 2 HOAI), die in v. H des Honorars nach § 16 HOAI bewertet sind.

~~2.1.1 Grundlagenermittlung[1]~~
~~Klären der Aufgabenstellung und Feststellung der Planungsvoraussetzungen~~ ~~3%~~

~~2.1.2 Vorplanung[1]~~
~~Erarbeiten der wesentlichen Teile der Lösung einer Planungsaufgabe als Planungskonzept mit Kostenschätzung~~ ~~7%~~

2.1.3 Entwurfsplanung
Erarbeiten der endgültigen Lösung der Planungsaufgabe als Entwurf mit Berechnungen — 11%

2.1.4 Genehmigungsplanung
Erarbeiten, Zusammenstellen und Einreichen der Vorlagen für die Baugenehmigung — 6%

2.1.5 Ausführungsplanung
Erarbeiten der Ausführungs-, Detail- und Konstruktionszeichnungen — 25%

2.1.6 Vorbereitung der Vergabe
Ermitteln der Mengen und Aufstellen von Leistungsverzeichnissen — 10%

2.1.7 Mitwirkung bei der Vergabe
Einholen der Angebote und Mitwirkung bei der Auftragsvergabe — 4%

---

* Empfohlene Fassung der Bundesarchitektenkammer, veröffentlicht im Bundesanzeiger Nr 67 vom 10. 4. 1985, unter Berücksichtigung der 4. Verordnung zur Änderung der HOAI vom 1 1. 1991

[1] Anstelle des Zuschlags kann nach § 24 Abs. 2 HOAI für die Leistungsphasen 1, 2 und 8 eine höhere Bewertung der Grundleistungen schriftlich vereinbart werden In diesen Fällen entfällt der Umbauzuschlag

Blatt 3

Teil C: Anhang 7

2.1 8 Objektüberwachung (Bauüberwachung)[1]
Überwachen der Ausführung des Objekts auf Übereinstimmung mit der Baugenehmigung und
den Ausführungsplänen in künstlerischer, technischer und wirtschaftlicher Hinsicht   31%

2.1 9 Objektbetreuung und Dokumentation
Überwachen der Beseitigung von Mängeln innerhalb der Gewährleistungsfristen und Doku-
mentation des Gesamtergebnisses   3%

2.2 Baukünstlerische Überwachung
Wird dem Architekten die Leistungsphase 8 (2.1.8) nicht übertragen, vereinbaren die Parteien für das Überwachen der Herstellung des Objekts hinsichtlich der Einzelheiten der Gestaltung (§ 15 Abs. 3 HOAI) ein Honorar mit

........----- ..... % des Honorars nach § 16 HOAI

2 3 Die Grundlagen des Honorars werden wie folgt vereinbart:

Honorarzone   (§§ 11, 12 HOAI)   IV

Honorarsatz[2]   (§ 4 HOAI)   Mindestsatz

Zuschlag für Umbau[1)3)] und Modernisierung   (§ 24 HOAI)   -----

Zuschlag für die Bauüberwachung[4] bei Instandhaltung
und Instandsetzung   (§ 27 HOAI)   -----

Vorplanung oder Entwurfsplanung[5] als Einzelleistung   (§ 19 HOAI)   -----

2.4 Die anrechenbaren Kosten richten sich nach § 10 HOAI. Soll vorhandene Bausubstanz technisch oder gestalterisch mitverarbeitet werden, so ist § 10 Abs. 3a HOAI zu beachten.
Die anrechenbaren Kosten der technisch oder gestalterisch mitzuverarbeitenden vorhandenen Bausubstanz werden gem.

§ 10 Abs. 3a HOAI mit folgendem Wert als angemessen vereinbart: DM ...-----........

Ändert sich der Umfang dieser Bausubstanz während der Durchführung des Auftrages, so ist der nach § 10 Abs. 3a HOAI
angenommene Wert anzupassen. Wird der Wert der mitzuverarbeitenden vorhandenen Bausubstanz bei Vertragsabschluß
nicht vereinbart, so holen die Parteien eine schriftliche ergänzende Vertragsvereinbarung nach.

2.5 Leistungen nach der Wärmeschutzverordnung (§ 78 HOAI)
Entwurf, Bemessung und Nachweis des Wärmeschutzes nach der Wärmeschutzverordnung und nach den bauordnungsrechtlichen Vorschriften Die Honorierung richtet sich nach § 78 HOAI.

3 Besondere Leistungen und Honorar

3.1 Der Bauherr überträgt dem Architekten folgende Besondere Leistungen (§ 2 Abs. 3 HOAI), für die die nachstehend aufgeführten Honorare vereinbart werden (§ 5 Abs. 4 HOAI):

Berechnung der Baunutzungskosten nach DIN 18960   DM 10 Std. x 120,-- auf Nachweis

Bau eines Planungsmodells im Maßstab 1:200   DM 30 Std. x 70,-- auf Nachweis

Material auf Nachweis   DM 1.000,--

(Insgesamt begrenzt auf max. 8.000,-- DM)   DM ....

---

1) Anstelle des Zuschlags kann nach § 24 Abs. 2 HOAI für die Leistungsphasen 1, 2 und 8 eine höhere Bewertung der Grundleistungen schriftlich vereinbart werden In diesen Fällen entfällt der Umbauzuschlag
2) Werden Leistungen des raumbildenden Ausbaues in Gebäuden von einem Architekten erbracht, dem Grundleistungen nach § 15 HOAI übertragen
   werden, so sind diese Leistungen gem. § 25 Abs 1 HOAI bei der Vereinbarung des Honorarsatzes im Rahmen der Mindest- und Höchstsätze zu
   berücksichtigen
3) Nach § 24 HOAI kann bei durchschnittlichem Schwierigkeitsgrad ein Zuschlag von 20-33% des Honorars vereinbart werden Bei überdurchschnittlichem Schwierigkeitsgrad kann ein Zuschlag über 33% vereinbart werden
4) Nach § 27 HOAI kann ein Zuschlag bis zu 50% des Honorars vereinbart werden.
5) Die in § 19 Abs 1 HOAI vorgesehenen v H.-Sätze der Honorare sind einzusetzen

Blatt 4

Teil C: Anhang 7

3.2 Für den Fall, daß Besondere Leistungen nach Vertragsabschluß übertragen werden, sind folgende Stundensätze vereinbart (§ 6 Abs 2 HOAI)

für den Architekten   DM 120,--

für den Mitarbeiter, der technische oder wirtschaftliche Aufgaben erfüllt   DM 70,--

für den Technischen Zeichner und sonstige Mitarbeiter mit vergleichbarer Qualifikation   DM 60,--

4 Verlängerung der Bauzeit, Unterbrechung des Vertrages

4.1 Dauert die Bauausführung länger als .12. Monate, so sind die Parteien verpflichtet, über eine angemessene Erhöhung des Honorars für die Bauüberwachung (§ 15 Abs. 2 HOAI Leistungsphase 8) zu verhandeln.
Die nachgewiesenen Mehrkosten sind dem Architekten in jedem Fall zu erstatten, es sei denn, daß der Architekt die Bauzeitüberschreitung zu vertreten hat.

4.2 Wird die Durchführung des Vertrages länger als .3. Monate unterbrochen, so hat der Architekt für die Dauer der Unterbrechung einen Anspruch auf eine angemessene Entschädigung, es sei denn, die Unterbrechung ist vom Bauherrn nicht zu vertreten. § 21 HOAI bleibt unberührt.

5 Sonderfachleute

Folgende Leistungen werden von den nachstehend genannten Sonderfachleuten erbracht und sind vom Architekten zeitlich und fachlich zu koordinieren, mit seinen Leistungen abzustimmen und in diese einzuarbeiten:

1. Bodengutachten (Grundungsberatung)   wird noch benannt
2. Tragwerksplanung (Statik)   Ing.-Büro Tragwerk
3. Technische Ausrüstung   wird noch benannt
4. -----
5. -----

Die Verträge mit den Sonderfachleuten werden vom Bauherrn abgeschlossen. Die Leistungen der Sonderfachleute werden vom Bauherrn unmittelbar vergütet.

6 Nebenkosten[6]

6.1 Die nach § 7 HOAI mögliche Berechnung der Nebenkosten erfolgt:

6.1.1 ☐ insgesamt mit einer Pauschale von ..... % des Nettohonorars

6.1.2 ☐ Post- und Fernmeldegebühren werden pauschal mit ..... DM, ... v.H. des Nettohonorars erstattet, die sonstigen Nebenkosten auf Nachweis

6.1.3 ☒ insgesamt auf Nachweis

6.2 Bei Abrechnung auf Nachweis wird erstattet für:

– Fahrtkosten bei Benutzung des eigenen PKW ....0,80... DM/km, sonst die nachgewiesenen Kosten öffentlicher Verkehrsmittel

– eine Tagegeldpauschale von . ----- . DM

– Übernachtungskosten

7 Umsatzsteuer

Die Umsatzsteuer zu den Honoraren und Nebenkosten wird zusätzlich in Rechnung gestellt (§ 9 HOAI)

---

[6] Nichtzutreffendes streichen

8 Haftpflichtversicherung

Zur Sicherung etwaiger Ersatzansprüche des Bauherrn aus diesem Vertrag ist von dem Architekten eine Haftpflichtversicherung nachzuweisen. Die Deckungssummen dieser Versicherung betragen:

a) für Personenschäden   DM   1.000.000,-- (eine Mio.)

b) für sonstige Schäden   DM   300.000,-- (drei-hundert-Tausend)

9 Gewährleistungs- und Haftungsdauer [7]

Es gilt die gesetzliche Regelung.

(Bauherr)

10 Zurückbehaltungsrecht [8]

Sofern der Architekt die Deckungszusage seiner Haftpflichtversicherung für mögliche Schadenersatzansprüche des Bauherrn nachweist oder der Architekt entsprechende Sicherheit z. B. durch Bankbürgschaft leistet, sieht der Bauherr von der Ausübung des Zurückbehaltungsrechts ab.

(Bauherr)

11 Anzuwendende Vorschriften

Die allgemeinen Vertragsbestimmungen zum Einheits-Architektenvertrag und ergänzend die Bestimmungen der HOAI sowie die Regeln über das Werkvertragsrecht gem. §§ 631 ff. BGB sind Bestandteil dieses Vertrages.

12 Zusätzliche Vereinbarungen

Erste Abschlagszahlung nach vertraglicher Erbringung der Leistungsphasen 3 und 4, danach Abschlagszahlungen vierteljährlich nach jeweiligem Stand der erbrachten Leistungen.

Essen, 17.02.92
(Ort, Datum)

Hermann Brauer
(Bauherr)

Autohaus Lenz GmbH, vertreten durch den Geschäftsführer Herrn Otto Lenz, dieser vertreten durch Herrn Hermann Brauer.

Essen, 17.02.92
(Ort, Datum)

Paul Planmann
(Architekt)

Architekt Paul Planmann

---

[7] Soll abweichend von § 6 Abs. 1 AVA eine andere Gewährleistungsfrist vereinbart werden, so bedarf es hierzu einer individuell ausgehandelten Abrede.

[8] Zur Wirksamkeit der Bestimmung bedarf es der individuell ausgehandelten Vereinbarung.

Teil C: Anhang 7

Allgemeine Vertragsbestimmungen zum Einheits-Architektenvertrag (AVA)

Die Erfüllung des Architektenvertrages setzt ein Vertrauensverhältnis zwischen dem Bauherrn und dem Architekten voraus und erfordert eine enge partnerschaftliche Zusammenarbeit, damit der Architekt als Sachverwalter des Bauherrn dessen Interessen wirksam wahrnehmen kann.

§ 1 Pflichten des Architekten

1.1 Der Architekt ist verpflichtet, seine vertraglichen Leistungen nach den allgemein anerkannten Regeln der Baukunst und der Bautechnik zu erbringen.

1.2 Im Rahmen der vereinbarten Leistungen hat der Architekt die Pflicht, den Bauherrn, soweit dies erforderlich ist, über alle bei der Durchführung seiner Aufgabe wesentlichen Angelegenheiten zu unterrichten. Wenn erkennbar wird, daß die erwarteten Baukosten überschritten werden, ist der Architekt verpflichtet, den Bauherrn unverzüglich zu benachrichtigen. Auf Verlangen hat der Architekt jederzeit über die entstandenen und noch zu erwartenden Kosten Auskunft zu erteilen.

1.3 Nach Beendigung der Leistungen des Architekten und nach deren Honorierung kann der Bauherr verlangen, daß ihm die genehmigten Bauvorlagen, Pausen der Originalzeichnungen und sonstigen Unterlagen ausgehändigt werden. Der Architekt ist berechtigt, Zeichnungen und Akten jederzeit dem Bauherrn auszuhändigen. Vor der Vernichtung wird er sie dem Bauherrn anbieten. Er ist nicht verpflichtet, diese länger als fünf Jahre aufzubewahren.

§ 2 Vertretung des Bauherrn, Sonderfachleute und Unternehmer

2.1 Soweit es seine Aufgabe erfordert, ist der Architekt berechtigt und verpflichtet, die Rechte des Bauherrn zu wahren, insbesondere hat er den am Bau Beteiligten die notwendigen Weisungen zu erteilen. Finanzielle Verpflichtungen für den Bauherrn darf er nur eingehen, wenn Gefahr im Verzuge und das Einverständnis des Bauherrn nicht zu erlangen ist.

2.2 Der Architekt berät den Bauherrn über die Notwendigkeit des Einsatzes von Sonderfachleuten.

2.3 Der Bauherr wählt nach den Vorschlägen des Architekten die Unternehmer für die Ausführung und Leistungen aus und entscheidet über die Vergabe.

§ 3 Pflichten des Bauherrn

3.1 Der Bauherr ist verpflichtet, die Planung und Durchführung der Bauaufgabe zu fördern, insbesondere soll er alle anstehenden Fragen unverzüglich entscheiden und erforderliche Genehmigungen so schnell wie möglich herbeiführen.

3.2 Weisungen an die am Bau Beteiligten erteilt der Bauherr nur im Einvernehmen mit dem Architekten.

3.3 Der Bauherr ist verpflichtet, dem Architekten sämtliche das Bauvorhaben betreffenden Rechnungen zu übergeben.

3.4 Der Bauherr nimmt nach der Fertigstellung des Bauvorhabens – auch einzelner Teile – die Leistungen der Ausführenden im Einvernehmen mit dem Architekten ab.

3.5 Der Bauherr darf die vom Architekten gefertigten Unterlagen nur für den vereinbarten Zweck verwenden.

§ 4 Zahlungen

4.1 Der Bauherr ist auf Anforderung des Architekten zu Abschlagszahlungen verpflichtet, die dem jeweiligen Stand der erbrachten Leistungen oder dem gesondert aufgestellten Zahlungsplan entsprechen.

4.2 Das Honorar für die Leistungen der Leistungsphasen 1–8, für die Besonderen Leistungen und für die zusätzlichen Leistungen wird fällig, wenn der Architekt die Leistungen vertragsgemäß erbracht und eine prüffähige Honorarteilschlußrechnung für diese Leistungen überreicht hat.

4.3 Das Honorar für die Leistungsphase 9 wird nach deren Erbringung fällig. Abs. 2 gilt entsprechend.

4.4 Leistungsphasen sind mit dem Eintritt des geschuldeten Erfolgs erfüllt.

4.5 Eine Aufrechnung gegen den Honoraranspruch ist nur mit einer unbestrittenen oder rechtskräftig festgestellten Forderung zulässig.

§ 5 Gewährleistung und Haftung des Architekten

5.1 Gewährleistungs- und Schadenersatzansprüche des Bauherrn richten sich nach den gesetzlichen Vorschriften, soweit nachfolgend nichts anderes vereinbart ist.

5.2 Haftet der Architekt wegen eines schuldhaften Verstoßes gegen die allgemein anerkannten Regeln der Baukunst oder sonstigen Verletzungen seiner Vertragspflichten, aus welchem Rechtsgrund auch immer, so hat er dem Bauherrn bei Vorsatz und grober Fahrlässigkeit sowie bei Fehlen zugesicherter Eigenschaften den verursachten Schaden in voller Höhe zu ersetzen.

Blatt 7, Seite 1

5.3 In allen anderen Fällen (leichte Fahrlässigkeit) beschränkt sich die Haftung für versicherbare Schäden dem Grunde und der Höhe nach auf die Schäden, die der Architekt durch Versicherung seiner gesetzlichen Haftpflicht gem. Ziff. 8 des Vertrages zu decken hat.

Soweit das Bestehen einer Haftpflichtversicherung nach Ziff. 8 des Vertrages nicht vereinbart worden ist, beschränkt sich die Haftung der Höhe nach

a) bei honorarfähigen Herstellungskosten bis zu 1,5 Mio DM auf 1 Mio DM für Personenschäden und auf 150 000,- DM für sonstige Schäden,

b) bei honorarfähigen Herstellungskosten über 1,5 Mio DM auf 1 Mio DM für Personenschäden und auf 300 000,- DM für sonstige Schäden.

5.4 Für nicht versicherbare Schäden in Fällen leichter Fahrlässigkeit, die nicht Personenschäden sind, haftet der Architekt bis zur Höhe der Haftungssumme für sonstige Schäden gem. § 5.3 Abs. 2/AVA, jedoch nicht über das vertragliche Honorar hinaus

5.5 Wird der Architekt wegen eines Schadens am Bauwerk auf Schadenersatz in Geld in Anspruch genommen, kann er vom Bauherrn verlangen, daß ihm die Beseitigung des Schadens übertragen wird.

5.6 Wird der Architekt wegen eines Schadens in Anspruch genommen, für den auch ein Dritter einzustehen hat, kann er verlangen, daß der Bauherr gemeinsam mit ihm sich außergerichtlich erst bei dem Dritten ernsthaft um die Durchsetzung seiner Ansprüche auf Nachbesserung und Gewährleistung bemüht.

§ 6 Gewährleistungs- und Haftungsdauer

6.1 Ansprüche des Bauherrn, gleich aus welchem Rechtsgrund, verjähren mit Ablauf von fünf Jahren, sofern gesetzlich keine kürzeren Verjährungsfristen vorgesehen sind oder die Parteien individuell keine abweichende Vertragsabrede getroffen haben. Dies gilt nicht, wenn der Architekt den Mangel arglistig verschwiegen hat.

6.2 Die Verjährung beginnt mit der Abnahme der letzten nach diesem Vertrag zu erbringenden Leistung, spätestens mit Abnahme der in Leistungsphase 8 (Objektüberwachung) zu erbringenden Leistung (Teilabnahme). Für Leistungen, die danach noch zu erbringen sind, beginnt die Verjährung mit Abnahme der letzten Leistung.

§ 7 Urheberrecht

7.1 Dem Architekten verbleiben alle Rechte, die ihm nach dem Urheberrechtsgesetz zustehen.

7.2 Der Bauherr darf ohne den Architekten urheberrechtlich geschütztes geistiges Eigentum des Architekten nur verwerten, wenn ihm ein entsprechendes Nutzungsrecht übertragen ist.

7.3 Änderungen urheberrechtlich geschützter Bauwerke sind ohne Einwilligung des Architekten unzulässig, es sei denn, die Verweigerung der Einwilligung verstößt gegen Treu und Glauben.

7.4 Der Architekt ist berechtigt – auch nach Beendigung dieses Vertrages –, das Bauwerk oder die bauliche Anlage in Abstimmung mit dem Bauherrn zu betreten, um fotografische oder sonstige Aufnahmen zu fertigen.

7.5 Der Bauherr ist zur Veröffentlichung des vom Architekten geplanten Bauwerks nur unter Namensangabe des Architekten berechtigt.

§ 8 Vorzeitige Auflösung des Vertrages

8.1 Der Vertrag kann von beiden Teilen nur aus wichtigem Grund gekündigt werden.

8.2 Wird aus einem Grund gekündigt, den der Architekt zu vertreten hat, so steht dem Architekten ein Honorar nur für die bis zur Kündigung erbrachten Leistungen zu.

8.3 In allen anderen Fällen behält der Architekt den Anspruch auf das vertragliche Honorar, jedoch unter Abzug ersparter Aufwendungen. Sofern der Bauherr im Einzelfall keinen höheren Anteil an ersparten Aufwendungen nachweist, wird dieser mit 40 % des Honorars für die vom Architekten noch nicht erbrachten Leistungen vereinbart.

§ 9 Schlußbestimmungen

9.1 Änderungen, Ergänzungen und Nebenabreden sollen schriftlich erfolgen.

9.2 Wird während der Laufzeit des Vertrages die HOAI novelliert oder tritt an ihre Stelle eine neue gesetzliche Honorarordnung, so verpflichten sich die Parteien, über eine Anpassung der Vertrages an die neuen Bestimmungen zu verhandeln.

9.3 Falls Bestimmungen dieses Vertrages nichtig sind, wird davon die Gültigkeit der anderen Bestimmungen nicht berührt. Anstelle der nichtigen Bestimmungen soll gelten, was dem gewollten Zweck in gesetzlich erlaubtem Sinn am nächsten kommt.

Teil C: Anhang 8

Anlage 1

An untere Bauaufsichtsbehörde: **Stadt Essen**

über die Gemeinde: **Essen**

Eingangsvermerk der Gemeinde:

Eingangsvermerk der Bauaufsichtsbehörde:

- [ ] **Bauantrag**
- [x] **Antrag auf Vorbescheid**
- [ ] Vereinfachtes Genehmigungsverfahren
- [ ] ____

Aktenzeichen:

I. Bauherr/Vertreter Bauherren-Gemeinschaft / Entwurfsverfasser

Bauherr	Entwurfsverfasser
Autohaus Lenz GmbH	Architekt Plaumann
Straße, Haus-Nr.: An der Schnellstr. 16	Straße, Haus-Nr.: Reißbrettstr. 1
PLZ, Ort: 4300 Essen	PLZ, Ort: 4300 Essen 1
Telefon: 0201/999999	Telefon: 0201/123456

II. Grundstück (Ort, Straße, Haus-Nr.)

4300 Essen, Frankenstraße 1

Gemarkung(en): Hellinghausen   Flur(en): 44   Flurstück(e): 176–181

Eigentümer: Autohaus Lenz GmbH

III. Genaue Bezeichnung des Vorhabens

Neubau einer KFZ-Niederlassung mit Werkstatt, Lager u. Ausstellung

Erläuterung

Gebäude, Räume, Nutzungen, bauliche und sonstige Anlagen und Einrichtungen	Errichtung	Änderung	Nutzungs-Änderung	Abbruch
☐ Wohnen; Anzahl der Wohnungen:	☐	☐	☐	☐
☐ Landwirtschaft; Betriebsart/-teil:	☐	☐	☐	☐
☒ Besondere Vorhaben (§ 50 BauO NW)	☒	☐	☐	☐
☒ Gewerbebetrieb ☐ Gaststätte				
☐ Geschäft (Laden) ☐ Büro (Praxis)				
☐ Garage(n) für ☒ PKW mit 250 Stellplätzen ☐ LKW mit ___ Stellplätzen	☒	☐	☐	☐
☐ Werbeanlage	☐	☐	☐	☐
☐ Sonstiges	☐	☐	☐	☐

Haus- und betriebstechnische Anlagen	Errichtung	Änderung	Abbruch
☐ Feuerstätte(n) mit mehr als 1000 kW Nennwärmeleistung	☐	☐	☐
☒ Behälter mit mehr als 5 m³ Fassungsvermögen für ☐ Heizöl ☒ Motoröl etc.	☒	☐	☐
☐ Kläranlage mit mehr als 8 m³ Abwasseranfall/Tag	☐	☐	☐
☒ Sonstige (z. B. Schornstein, Aufzug)	☒	☐	☐

IV. Genaue Fragestellung zum Vorbescheid

Hat ein Bauantrag Aussicht auf Genehmigung? Kann mit den statischen Berechnungen begonnen werden?

V. Bindungen für die Beurteilung des Vorhabens

- ☐ Teilungsgenehmigung
- ☐ andere behördliche Genehmigungen/Erlaubnisse
- ☐ Heimstätte
- ☐ Vorbescheid
- ☐ Kleinsiedlung
- ☐ Befreiungsbescheid
- ☐ Baulast
- ☐ Wohnungsbauförderungsmittel wurden/werden beantragt

Bescheid(e)	vom	durch	Aktenzeichen

WINGEN-VORDRUCK P 850 Fassung 1990 Verlag für Wirtschaft und Verwaltung Hubert Wingen · 4300 Essen 1 · Postfach 10 38 24 · Ruf (02 01) 22 25 41

Blatt 1

Teil C: Anhang 8

Die angekreuzten Bauvorlagen und weitere Unterlagen im Sinne der BauPrüfVO sind beigefügt.

Die Klammerwerte für die Zahl der Ausfertigungen gelten, wenn der Kreis untere Bauaufsichtsbehörde ist. Weitere Ausfertigungen sollen zur Beschleunigung des Verfahrens eingereicht werden, wenn andere Behörden oder Dienststellen zu beteiligen sind.

A. Allgemeine Bauvorlagen

1. ☒ 2-(3)-fach Lageplan Maßstab 1:500 ☐ 1:_____ ☒ amtlich beglaubigt oder angefertigt
2. ☒ 2-(3)-fach Übersichtsplan Maßstab 1: _500_
3. ☒ 2-(3)-fach Berechnung des Maßes der baulichen Nutzung
4. ☒ 2-(3)-fach Bauzeichnungen Maßstab 1:100
5. ☐ 2-(3)-fach Baubeschreibung
6. ☐ 2-( )-fach Nachweis der Standsicherheit
7. ☐ 2-( )-fach Nachweis des Schallschutzes
8. ☐ 2-( )-fach Nachweise des baulichen Brandschutzes
9. ☐ 1-( )-fach Erklärung zum Bauantrag nach WärmeschutzÜVO
10. ☐ 1-( )-fach Bescheinigungen über gesicherte Erschließung (§ 64 Abs. 4 BauO NW)
11. ☐ 2-(3)-fach Berechnung des Brutto-Rauminhaltes nach DIN 277 Blatt 1 Ausgabe Juni 1987, gegliedert nach Nutzungsarten
12. ☐ 2-( )-fach Berechnung der Herstellungskosten für bauliche und sonstige Anlagen und Einrichtungen
13. ☐ ___-fach _____
14. ☐ ___-fach _____

B. Besondere Bauvorlagen für haustechnische Anlagen

15. ☐ 2-(3)-fach Bauzeichnung für ☐ Feuerungsanlage ☐ Behälter ☐ Kläranlage ☐ _____
16. ☐ 2-(3)-fach Baubeschreibung für ☐ Feuerungsanlage ☐ Behälter ☐ Kläranlage ☐ _____
17. ☐ 2-(3)-fach Eignungsnachweise für ☐ Schornstein ☐ Feuerungsanlage ☐ Behälter ☐ Kläranlage ☐ _____
18. ☐ 1-( )-fach Erlaubnis der Wasserbehörde gemäß § 7 WHG oder deren Zusicherung bei Verrieselung, Versickerung oder Einleitung im Vorfluter
19. ☐ ___-fach _____

C. Unterlagen für die Eintragung einer Baulast, Erteilung einer Befreiung oder Vereinigung von Flurstücken

20. ☐ 1-fach Unbeglaubigter Grundbuchauszug neuesten Datums für die zu belastenden Grundstücke
21. ☐ ___-fach amtlich beglaubigter oder angefertigter Lageplan im Maßstab 1: _____ für die zu belastenden Grundstücke
22. ☐ 1-(2)-fach Befreiungsantrag mit Begründung
23. ☐ 1-fach Einverständniserklärung des(der) Angrenzer(s)/Nachbarn
24. ☐ 1-fach Veränderungsnachweis über die Vereinigung/Teilung der Flurstücke Nr. _____
25. ☐ ___-fach _____

D. Zusätzliche Unterlagen für Anbauvorhaben an Kreis-, Landes- oder Bundesstraße

26. ☐ 2-fach Lageplan Maßstab 1:500 ☐ Übersichtsplan Maßstab 1:5000
27. ☐ 1-fach Bauzeichnungen
28. ☐ 2-fach Darstellung der Zufahrtsverhältnisse
29. ☐ 1-fach Angaben über Art und Umfang der beabsichtigten Nutzung

E. Zusätzliche Unterlagen für Vorhaben besonderer Art oder Nutzung

30. ☐ 2-(3)-fach Übersichtsplan mit Eintragung vorhandener Nutzungen
31. ☐ 3-fach Maschinenaufstellungsplan mit Rettungswegen und Notausgängen
32. ☐ 2-(3)-fach Betriebsbeschreibung
33. ☐ ___-fach Bauvorlagen nach Sonderbauverordnungen _____
34. ☐ ___-fach _____

F. Sonstiges

35. ☐ Weitere Ausfertigungen zu Nr. _____ Unterlagen werden nachgereicht zu Nr.: _____
36. ☐ Vollmachtserklärung ☐ bei Bauherrengemeinschaft ☐ für Architekten
37. ☐ Erhebungsbogen für Baustatistik (§ 3 des 2. BauStatG)
38. ☐ Ausfertigung der Bescheide zu Abschnitt V der Vorderseite
39. ☐ Nachweis der ☐ Bauvorlageberechtigung ☐ Berufshaftpflichtversicherung
40. ☐ _____

Unterschrift des Bauherrn, Datum

Autohaus Lenz GmbH
Geschäftsleitung
Brack
Essen, 15.01.92

Unterschrift des Entwurfsverfassers, Datum

Architekt, Planmann
Plan
Essen, 15.01.92

Blatt 2

Teil C: Anhang 9

Rechnungsgang der Wirtschaftlichkeitsberechnung alternativer Heizungssysteme

1.) Norm-Innentemperatur (nach DIN 4701, T. 2, S. 5)
$t_i = +15\,°C$

2.) Norm-Außentemperatur für Essen (nach DIN 4701, T. 2, S. 2)
$t_a = -10\,°C$

Außentemperatur-Korrektur (nach DIN 4701, T. 1, S. 5, Gleichung (2), Fußnote 4 unberücksichtigt); (geschätzt: leichte Bauart)
$\Delta t_a = 0\,K$
$t_a = -10\,°C = -10\,°C$

3.) Raumvolumen
$V_r = (2241 \cdot 5{,}90) + ((25 \cdot 42 + \pi \cdot 16{,}80^2/2) \cdot 3{,}40) + (42 \cdot 7{,}2 + \pi \cdot 3{,}20^2/2) \cdot 2{,}20$
$V_r = 19.009\,m^3$

4.) Gesamt-Raumumschließungsfläche
$A_{ges} = 6.190\,m^2$

5.) Hauskenngröße
Grundrißtyp nach DIN 4701, T. 2, S. 18, Bild 4: I
Hauskenngröße nach DIN 4701, T. 2, S. 10, Tabelle 10:
$H = 0{,}72 \cdot h \cdot Pa^{2/3}/(m^3 \cdot K)$

6.) Anzahl der Innentüren
$n_T = 8$ Türen + 2 Tore

7.) Höhe über Erdboden
$h = 5{,}90\,m$

8.) Höhenkorrekturfaktoren nach DIN 4701, T. 2, S. 11, Tabelle 11
$\varepsilon_{SA} = 0{,}0$
$\varepsilon_{SN} = 0{,}0$
$\varepsilon_{GA} = 1{,}0$

9.) Bestimmung des Fugendurchlaßkoeffizienten nach DIN 4701, T. 2, S. 10, Tab. 9
$a = 0{,}1\,m^3/(m \cdot h \cdot Pa^{2/3})$

10.) Bestimmung der Raumkennzahl r nach DIN 4701, T. 2, S. 15, Tabelle 13
$r = 1{,}0$ (für Räume ohne Innentüren)

Teil C: Anhang 9

11.) Lüftungswärmebedarf durch freie Lüftung

$\dot{Q}_{FL} = \varepsilon_{GA} \cdot \Sigma \ (a \cdot l)_A \cdot H \cdot r \cdot (t_i - t_a)$

$= 1{,}0 \cdot 106{,}2 \cdot 0{,}72 \cdot 1{,}0 \cdot 25$

$= 1.912 \ W$

12.) Mindest-Lüftungswärmebedarf nach DIN 4701, T.1, S.9, Gleichung (28)

$\dot{Q}_{Lmin} = \beta_{min} \cdot V_R \cdot c \cdot (t_i - t_a)$

unter Annahme eines 0,5fachen stündlichen Raumluftwechsels ergibt sich für den Mindestwert des Norm-Lüftungswärmebedarfs:

$\dot{Q}_{Lmin} = 0{,}17 \cdot V_R \cdot (t_i - t_a)$ in Watt

$= 0{,}17 \cdot 19.009 \ m^3 \cdot 25 \ K$

$= 80.788 \ W$

13.) Norm-Lüftungswärmebedarf nach DIN 4701, T.1, S.7, Gleichung (21)

$\dot{Q}_L = \dot{Q}_{FL} + \dot{Q}_{RLT}$ bzw.

$\dot{Q}_L = \dot{Q}_{Lmin}$

damit ergibt sich mit $Q_{Lmin} > Q_{FL} + Q_{RLT}$

$\dot{Q}_L = \dot{Q}_{Lmin} = 80.788 \ W$

14.) Norm-Transmissionswärmebedarf

$\dot{Q}_T = \Sigma \ A'_j \cdot k_j \cdot t_j$

Bei Räumen, die mit dem Erdreich in Verbindung stehen, erfolgt ein Wärmeverlust zum Teil über das Erdreich an die Außenluft, zum anderen Teil über das Erdreich an das Grundwasser. Der Wärmeverlust berechnet sich nach /8/ S.742 wie folgt:

$\dot{Q}_T = A_{ges} \cdot [(t_i - t_{AL})/R_{AL} + (t_i - t_{GW})/R_{GW}]$

t_{AL} = mittlere Außentemperatur = $t_a + 15 = -10 + 15 = +5 \ °C$

$t_{AL} = +5 \ °C$

Grundwassertiefe $T \geq 10{,}0 \ m$

Länge/Breite $l/b \approx 54/32 = 1{,}70$

t_{GW} = Grundwassertemperatur = $+10 \ °C$

$R_{AL} = R_i + R_{\lambda A} + R_{\lambda B} + R_a$ = äquivalenter Wärmedurchgangswiderstand Raum – Außenluft nach DIN 4701, T.1, S.6, Gleichung (17) und T.2, S.18, Bild 2

$R_{AL} = 0{,}13 + 1/0{,}17 + 1/0{,}40 + 0{,}04$

$R_{AL} = 8{,}55 \ m^2 \cdot K/W$

$R_{GW} = R_i = R_{\lambda B} + R_{\lambda E}$ = äquivalenter Wärmedurchgangswiderstand Raum – Grundwasser nach DIN 4701, T.1, S.6, Gleichung (18) und (19)

$R_{\lambda E} = T/\lambda_E \approx 10 \ m^2 \cdot K/1{,}2 \ W = 8{,}33$

$R_{GW} = 0{,}13 + 1/0{,}4 + 8{,}33$

$R_{GW} = 10{,}96 \ m^2 \cdot K/W$

$\dot{Q} = 2.241 \cdot [(15 - 5)/8{,}55 + (15 - 10)/10{,}96]$

$= 3.643{,}4 \ W$ (Wärmeverlust über Bodenfläche)

Der gesamte Norm-Transmissionswärmebedarf wird im nachstehenden Formblatt ermittelt.

Teil C: Anhang 9

15.) Krischer-Wert (Kennwert für die mittlere Oberflächentemperatur) nach DIN 4701, T. 1, S. 7, Gleichung (20)

$$D = Q_T/[A_{ges} \cdot (t_i - t_a)]$$
$$= 48.167/[6.190\,(15 - (-10))]$$
$$= 0{,}311 \text{ W/m}^2 \cdot \text{K}$$

16.) Ermittlung des Norm-Wärmebedarfs nach DIN 4701, T. 1, S. 5, Gleichung (1)

$$\dot{Q}_N = \dot{Q}_T + \dot{Q}_L$$

Die gesamte Berechnung für den Ausstellungssalon ist in einem Formblatt nach DIN 4701 auf Seite 8 zusammenfassend dargestellt.

Die dabei verwendeten Kurzbezeichnungen der einzelnen Bauteile haben folgende Bedeutung:

FB	Fußboden	IW_{LAG}	Innenwand zum Lager
LK	Lichtkuppel	IW_{SOZ}	Innenwand zum Sozialtrakt
DA	Dachfläche	IT_{LAG}	Innentür zum Lager
GF	Glasfassade	IT_{SOZ}	Innentür zum Sozialtrakt
AW	Außenwand		

Berechnungsgang für:

Norm-Wärmebedarf:

$\dot{Q}_h = 129$ kW (nach DIN 4701)

Jahres-Nutzungsgrad der Gesamtanlage:

– η_a ist der mittlere Jahres-Nutzungsgrad von Wärmeerzeugungsanlagen nach VDI 2067, Bl. 1, Abs. 7.2.1.5, Ausg. Dez. 83;
für Gas-Kessel mit Brenner und Gebläse und Betrieb ohne gleitende Kesseltemperatur ist

$\eta_a = 0{,}93$ z. B. für Öl-Mittelkessel „Paromat-Triplex" von Viessmann

bzw. $\eta_a = 1{,}06$ z. B. für Brennwertkessel „Vertomat-Simplex" von Viessmann

– η_v ist der Verteilungsnutzungsgrad zur Berücksichtigung von Rohrleitungsverlusten nach VDI 2067, Bl. 1, Abs. 7.2.1.6, Ausg. Dez. 83;
hier erfolgt die Wärmeerzeugung im Gebäude, somit ist

$\eta_v = 0{,}96$

$\eta_{ges} = \eta_a \cdot \eta_v$

$\eta_{ges} = 0{,}893$ für Öl-Mittelkessel

$\eta_{ges} = 1{,}018$ für Brennwertkessel

Heizwert:

Die Heizwerte H_u sind VDI 2067, Bl. 1, Tab. 14 u. 15 entnommen. Der Heizwert drückt den unteren Energiegehalt der verwendeten Brennstoffe aus. Die Heizwerte sind nach den vorhandenen und den für das betreffende Gebiet (Wohn- oder Gewerbegebiet) zugelassenen Brennstoffen auszuwählen.
Hier wurde Erdgas H (high) bzw. alternativ Heizöl EL (extra leicht) gewählt mit einem Heizwert von:

$H_u = 10{,}785$ kWh/m³ für Erdgas bzw.

$H_u = 11{,}860$ kWh/kg für Heizöl EL

bzw. $= 10{,}02$ kWh/l (1 l Heizöl EL hat eine Masse von 0,845 kg.)

Teil C: Anhang 9

Mittlere Gebäudeinnentemperatur:

Gefordert sind für den Verkaufssalon:

$t_{im} = +15\,°C$

Mittlere Außenlufttemperatur:

Dieser Wert ist DIN 4710 als langjähriges Mittel für den Standort Essen entnommen (vgl. folgende Tabelle), die Monate Juni, Juli und August wurden dabei nicht berücksichtigt.

$t_z = +7{,}1\,°C$

Tiefste rechnerische Außenlufttemperatur:

Die tiefste rechnerische Außenlufttemperatur ist die bei der Norm-Wärmebedarfs-Ermittlung verwendete Norm-Außentemperatur für den Standort Essen.

$t_{a\min} = -10\,°C$

Anzahl der Heiztage:

Heiztage sind die von September bis Mai auftretenden Tage, an denen das Tagesmittel der Außentemperatur unter $+15\,°C$ liegt. Die Ermittlung erfolgt nach DIN 4710. Hier wurde die Anzahl der Tage vom 1. September bis zum 31. Mai ermittelt, da die Monatsmittel der Temperaturen unter $+15\,°C$ liegen.

$z = 273\ d$

Korrekturfaktoren:

Die Korrekturfaktoren berücksichtigen alle baulichen und betrieblichen Einflüsse auf den Jahreswärmeverbrauch. Sie wurden nach VDI 2067, Bl. 2, Tabelle 2, Entwurf März 85 ermittelt.

$f = f_0 \cdot f_1 \cdot f_2 \cdot f_3 \cdot f_4 \cdot f_5 \cdot f_6 \cdot f_7 \cdot f_8 \cdot f_9$

- f_0 Korrekturfaktor für die Ausgabe der verwendeten Wärmebedarfsrechnung nach DIN 4701 (hier Ausgabe März 1983):

  $f_0 = 1{,}07$

- f_1 Ausgleichsfaktor für die Berücksichtigung von Wärmegewinnen durch Sonnenstrahlung und innere Wärmequellen (Beleuchtung, Personen usw.), nach VDI 2067 pauschalierter Wert.

  $f_1 = 0{,}78$

- f_2 Berücksichtigung der Gleichzeitigkeit des Lüftungswärmebedarfs nach VDI 2067, Bl. 2, S. 20, Entwurf März 85, ist bei Verwendung des Norm-Gebäudewärmebedarfs nach DIN 4701, Ausg. März 83:

  $f_2 = 1{,}0$

- f_3 Einfluß einer erhöhten Anheizleistung für Raumheizgeräte angesetzte Raumbenutzungsdauer 9–10 h/d:
  - hier Anheizleistung 1,0 bis $1{,}3 \cdot Q_h$, da keine Speicherheizung:

  $f_3 = 1{,}0$

- f_4 Einfluß einer Teilbeheizung, hier keine Teilbeheizung:

  $f_4 = 1{,}0$

- f_5 Berücksichtigung der Abweichung der eingestellten Raumtemperatur bezogen auf das Gesamtgebäude gegenüber der Berechnungstemperatur, hier Annahme, daß Berechnungstemperatur gleich der Temperatur des Gesamtgebäudes ist, d. h. keine Abweichung ($\pm$ K):

  $f_5 = 1{,}0$

Teil C: Anhang 9

- f_6 Einfluß des flächenbezogenen Wärmebedarfs q je m² Nutzfläche, ist also abhängig vom spezifischen Wärmebedarf der Grundflächen,
  hier $q = 128.955$ W/2.241 m² $= 58$ W/m²:

  $f_6 = 0{,}97$

- f_7 Berücksichtigung der Regelbarkeit des Heizungssystems:

  – automatische witterungs- und zeitabhängige Regelgruppen – normale Ausstattung
  – Flächenheizungen, Fußbodenheizung – geringe Regelbarkeit

  $f_7 = 1{,}07$ bzw. alternativ

  – Direktheizung, Deckenlufterhitzer – gute Regelbarkeit

  $f_7 = 0{,}93$

- f_8 Einfluß der Abrechnungsart, hier nur nach dem erfaßten Wärmeverbrauch:

  $f_8 = 0{,}95$

- f_9 Berücksichtigung der täglichen Raumbenutzungsdauer, hier 9–10 h/d mit Wochenendabsenkung der Temperatur:

  $f_9 = 0{,}84$

Der Gesamt-Korrekturfaktor f ergibt sich zu:

$f = 1{,}07 \cdot 0{,}78 \cdot 1{,}0 \cdot 1{,}0 \cdot 1{,}0 \cdot 1{,}0 \cdot 0{,}97 \cdot 1{,}07 \cdot 0{,}95 \cdot 0{,}84$

$= 0{,}691$ für Fußbodenheizung bzw.

$= 0{,}601$ für Deckenlufterhitzer

Jahresvollbenutzungsstunden:

Die Vollbenutzungsstunden in der Heizzeit b_{VHZ} ergeben sich für Vorausberechnungen nach VDI 2067, Bl. 2, S. 7 wie folgt, dabei wurde an Stelle des Wertes +20 °C für die Raumtemperatur der angenommene Wert von +15 °C angesetzt:

$$b_{VHZ} = f \cdot 24 \cdot z \cdot \frac{(t_{im} - t_z)}{(15 - t_{a\,min})}$$

Bsp.: $b_{VHZ} = 0{,}691 \cdot 24 \cdot 273 \cdot \frac{(15 - 7{,}1)}{(15 - (-10))}$

$b_{VHZ} = 1431$ h/a für Fußbodenheizung

$b_{VHZ} = 1244$ h/a für Deckenlufterhitzer

Jahreswärmebedarf:

Der Jahreswärmebedarf Q_a ergibt sich nach VDI 2067, Bl. 2, S. 7 wie folgt:

$Q_a = b_{VHZ} \cdot \dot{Q}_h$

$Q_a = 1431 \cdot 129 = 184.599$ kWh/a für Fußbodenheizung bzw.

$Q_a = 1244 \cdot 129 = 160.476$ kWh/a für Deckenlufterhitzer

Jahresbrennstoffbedarf:

Der Jahresbrennstoffbedarf B_a wird wie folgt ermittelt:

$$B_a = \frac{Q_a}{H_u \cdot \eta_{ges}}$$

Teil C: Anhang 9

Beispielrechnung für Erdgas in Kombination mit der Fußbodenheizung und dem Brennwertkessel:

$$B_a = \frac{184.599}{10,785 \cdot 1,018} = 16.814 \text{ m}^3/\text{a}$$

Daraus ergibt sich der entsprechende Jahresbrennstoffbedarf für folgende Ausführungsvarianten:

	Fußbodenheizung	Deckenlufterhitzer	
Heizöl EL in l/a	1. <u>20.630</u>	17.935	(mit Öl-Mittelkessel)
Erdgas H in m³/a	2. <u>16.814</u>	3. <u>14.617</u>	(mit Brennwertkessel)

Da für die Wirtschaftlichkeitsberechnung gewählten Varianten sind unterstrichen.

Im nachfolgenden Formblatt wird die Berechnung des Jahreswärmebedarfs noch einmal zusammenfassend unter Verwendung eines Brennwertkessels kombiniert mit einer Fußbodenheizung dargestellt.

Teil C: Anhang 10

Architekturbüro Planmann - Reißbrettstr. 1 - 4300 Essen 1

Stadt Essen
Bauaufsichtsamt
Postfach 4722

4300 Essen

Essen, den 31.07.92

Neubau KFZ-Niederlassung Autohaus Lenz GmbH in Essen-Rellinghausen
Bauherrin: Autohaus Lenz GmbH, An der Schnellstr. 16, 4300 Essen

Sehr geehrte Damen und Herren,

im Auftrag und für Rechnung der o.g. Bauherrin beantragen wir hiermit die
- Baugenehmigung -
zum Neubau der KFZ-Niederlassung Autohaus Lenz GmbH in Essen - Rellinghausen.
Wir fügen die auf dem Antragsvordruck aufgeführten Anlagen in 3-facher Ausfertigung bei.
Sollten Sie noch Rückfragen haben, stehen wir ihnen gerne kurzfristig zu einem Gespräch zur Verfügung.

Mit freundlichen Grüßen

Architekt Planmann

<u>Verteiler</u>
H. Brauer (Fa. Lenz)
H. Tragwerk
Akte

Anlagen 3-fach

Teil C: Anhang 11

Anlage 1

An untere Bauaufsichtsbehörde: *Stadt Essen*

über die Gemeinde: *Essen*

Eingangsvermerk der Gemeinde:

Eingangsvermerk der Bauaufsichtsbehörde:

☒ **Bauantrag**   ☐ **Antrag auf Vorbescheid**

☐ Vereinfachtes Genehmigungsverfahren   ☐ _____

Aktenzeichen:

I

Bauherr/Vertreter Bauherren-Gemeinschaft: *Autohaus Lenz GmbH*
Straße, Haus-Nr.: *An der Schnellstr. 16*
PLZ, Ort: *4300 Essen*
Telefon: *0201 / 999 999*

Entwurfsverfasser: *Architekt Planmann*
Straße, Haus-Nr.: *Reißbrettstr. 1*
PLZ, Ort: *4300 Essen 1*
Telefon: *0201 / 123456*

II

Grundstück (Ort, Straße, Haus-Nr.): *4300 Essen, Frankenstraße 1*
Gemarkung(en): *Rellinghausen*   Flur(en): *44*   Flurstück(e): *176-181*
Eigentümer: *Autohaus Lenz GmbH*

III

Genaue Bezeichnung des Vorhabens: *Neubau einer KFZ-Niederlassung mit Werkstatt, Lager u. Ausstellung*

Erläuterung

Gebäude, Räume, Nutzungen, bauliche und sonstige Anlagen und Einrichtungen	Errichtung	Änderung	Nutzungs-Änderung	Abbruch
☐ Wohnen; Anzahl der Wohnungen: _____	☐	☐	☐	☐
☐ Landwirtschaft: Betriebsart/-teil: _____	☐	☐	☐	☐
☒ Besondere Vorhaben (§ 50 BauO NW)	☒	☐	☐	☐
☒ Gewerbebetrieb ☐ Gaststätte				
☐ Geschäft (Laden) ☐ Büro (Praxis)				
☐ _____				
☐ Garage(n) für ☒ PKW mit *250* Stellplätzen ☐ LKW mit ___ Stellplätzen	☒	☐	☐	☐
☐ Werbeanlage	☐	☐	☐	☐
☐ Sonstiges _____	☐	☐	☐	☐

Haus- und betriebstechnische Anlagen	Errichtung	Änderung	Abbruch
☐ Feuerstätte(n) mit mehr als 1000 kW Nennwärmeleistung	☐	☐	☐
☒ Behälter mit mehr als 5 m³ Fassungsvermögen für ☐ Heizöl ☒ *Motoröl, Altöl*	☒	☐	☐
☐ Kläranlage mit mehr als 8 m³ Abwasseranfall/Tag	☐	☐	☐
☒ Sonstige (z. B. Schornstein, Aufzug) _____	☐	☐	☐

IV Genaue Fragestellung zum Vorbescheid: *./.*

V Bindungen für die Beurteilung des Vorhabens

☐ Teilungsgenehmigung   ☐ andere behördliche Genehmigungen/Erlaubnisse   ☐ Heimstätte
☐ Vorbescheid   _____   ☐ Kleinsiedlung
☐ Befreiungsbescheid   _____   ☐ Wohnungsbauförderungsmittel wurden/werden beantragt
☐ Baulast

Bescheid(e)   vom   durch   Aktenzeichen

Blatt 1

Teil C: Anhang 12

Die angekreuzten Bauvorlagen und weitere Unterlagen im Sinne der BauPrüfVO sind beigefügt.

Die Klammerwerte für die Zahl der Ausfertigungen gelten, wenn der Kreis untere Bauaufsichtsbehörde ist. Weitere Ausfertigungen sollen zur Beschleunigung des Verfahrens eingereicht werden, wenn andere Behörden oder Dienststellen zu beteiligen sind.

A. Allgemeine Bauvorlagen

1. ☒ 2-(3)-fach Lageplan Maßstab 1:500 ☐ 1:_____ ☒ amtlich beglaubigt oder angefertigt
2. ☐ 2-(3)-fach Übersichtsplan Maßstab 1: _____
3. ☒ 2-(3)-fach Berechnung des Maßes der baulichen Nutzung
4. ☒ 2-(3)-fach Bauzeichnungen Maßstab 1:100
5. ☒ 2-(3)-fach Baubeschreibung
6. ☒ 2-( )-fach Nachweis der Standsicherheit
7. ☒ 2-( )-fach Nachweis des Schallschutzes
8. ☒ 2-( )-fach Nachweise des baulichen Brandschutzes
9. ☒ 1-( )-fach Erklärung zum Bauantrag nach WärmeschutzÜVO
10. ☒ 1-( )-fach Bescheinigungen über gesicherte Erschließung (§ 64 Abs. 4 BauO NW)
11. ☒ 2-(3)-fach Berechnung des Brutto-Rauminhaltes nach DIN 277 Blatt 1 Ausgabe Juni 1987, gegliedert nach Nutzungsarten
12. ☒ 2-( )-fach Berechnung der Herstellungskosten für bauliche und sonstige Anlagen und Einrichtungen
13. ☐ ___-fach _____
14. ☐ ___-fach _____

B. Besondere Bauvorlagen für haustechnische Anlagen

15. ☐ 2-(3)-fach Bauzeichnung für ☐ Feuerungsanlage ☐ Behälter ☐ Kläranlage ☐ _____
16. ☐ 2-(3)-fach Baubeschreibung für ☐ Feuerungsanlage ☐ Behälter ☐ Kläranlage ☐ _____
17. ☒ 2-(3)-fach Eignungsnachweise für ☒ Schornstein ☐ Feuerungsanlage ☐ Behälter ☐ Kläranlage ☐ _____
18. ☐ 1-( )-fach Erlaubnis der Wasserbehörde gemäß § 7 WHG oder deren Zusicherung bei Verrieselung, Versickerung oder Einleitung im Vorfluter
19. ☐ ___-fach _____

C. Unterlagen für die Eintragung einer Baulast, Erteilung einer Befreiung oder Vereinigung von Flurstücken

20. ☐ 1-fach Unbeglaubigter Grundbuchauszug neuesten Datums für die zu belastenden Grundstücke
21. ☐ ___-fach amtlich beglaubigter oder angefertigter Lageplan im Maßstab 1: _____ für die zu belastenden Grundstücke
22. ☒ 1-(2)-fach Befreiungsantrag mit Begründung
23. ☒ 1-fach Einverständniserklärung des(der) Angrenzer(s)/Nachbarn
24. ☐ 1-fach Veränderungsnachweis über die Vereinigung/Teilung der Flurstücke Nr. _____
25. ☒ 1-fach Kopie des planungsrechtlichen Auskunft / Vorbescheid

D. Zusätzliche Unterlagen für Anbauvorhaben an Kreis-, Landes- oder Bundesstraße

26. ☐ 2-fach Lageplan Maßstab 1:500 ☐ Übersichtsplan Maßstab 1:5000
27. ☐ 1-fach Bauzeichnungen
28. ☐ 2-fach Darstellung der Zufahrtsverhältnisse
29. ☐ 1-fach Angaben über Art und Umfang der beabsichtigten Nutzung

E. Zusätzliche Unterlagen für Vorhaben besonderer Art oder Nutzung

30. ☐ 2-(3)-fach Übersichtsplan mit Eintragung vorhandener Nutzungen
31. ☐ 3-fach Maschinenaufstellungsplan mit Rettungswegen und Notausgängen
32. ☒ 2-(3)-fach Betriebsbeschreibung
33. ☐ ___-fach Bauvorlagen nach Sonderbauverordnungen _____
34. ☐ ___-fach _____

F. Sonstiges

35. ☐ Weitere Ausfertigungen zu Nr. _____ Unterlagen werden nachgereicht zu Nr.: _____
36. ☒ Vollmachtserklärung ☐ bei Bauherrengemeinschaft ☒ für Architekten
37. ☐ Erhebungsbogen für Baustatistik (§ 3 des 2. BauStatG)
38. ☐ Ausfertigung der Bescheide zu Abschnitt V der Vorderseite
39. ☒ Nachweis der ☒ Bauvorlageberechtigung ☒ Berufshaftpflichtversicherung
40. ☐ _____

Unterschrift des Bauherrn, Datum

Autohaus Lenz GmbH
Geschäftsleitung
Essen, 31.07.92

Unterschrift des Entwurfsverfassers, Datum

Architekt Planmann
Essen, 31.07.92

Blatt 2

WINGEN-VORDRUCK P 850 Fassung 1990 Verlag für Wirtschaft und Verwaltung Hubert Wingen · 4300 Essen 1 · Postfach 103824 · Ruf (0201) 222541 Ra

Teil C: Anhang 13

Anlage 3

Baubeschreibung zum Bauantrag vom 31.07.92
als Ergänzung zum Lageplan und zu den Bauzeichnungen
bei Errichtung oder Änderung baulicher Anlagen

Im vereinfachten Genehmigungsverfahren sind Angaben zu den gekennzeichneten Ziffern 6 — 9, 11 — 13 und 16 nicht erforderlich. Für gewerbliche Vorhaben ist eine zusätzliche Baubeschreibung (Betriebsbeschreibung) beizufügen!

Bauherr	Autohaus Lenz GmbH, An der Schnellstraße 16, 4300 Essen	
Grundstück (Ort, Straße, Haus-Nr.)	4300 Essen-Rellinghausen, Frankenstr. 1	
Gemarkung(en) Rellinghausen	**Flur(en)** 44	**Flur(stücke)** 176–181

1	Bezeichnung des Vorhabens	Neubau der KFZ-Niederlassung Autohaus Lenz GmbH	Prüfvermerke
2	Nähere Erläuterung der Nutzung ☒ Betriebsbeschreibung ist beigefügt	KFZ-Reparatur- u. Servicebetrieb sowie Neu- und Gebrauchtwagen-Verkauf	
3	Grundstücksbeschaffenheit, bisherige Nutzung geschützter Baumbestand	unterschiedliche gewerbliche Nutzung siehe Grünflächenplan (Anlage)	
	Verbleib des Mutterbodens	auf dem Grundstück	
	Lage des Grundstücks in besonderen Bereichen	☐ Naturschutz ☐ Wasserschutz ☐ Landschaftsschutz ☐ Lärmschutz ☐ Satzungen: _____ ☐ Leitungstrassen: _____	
	Denkmalschutz	☐ Denkmalbereich ☐ auf dem Grundstück ☐ Baudenkmal ☐ Entfernung vom Grundstück ☐ Bodendenkmal _____ m	
4	Anschluß des Grundstücks an die öffentliche Verkehrsfläche	☐ Bundesstraße Nr. ____ ☐ unmittelbar angrenzend ☐ Landesstraße Nr. ____ ☐ über anderes Grundstück ☐ Kreisstraße Nr. ____ ☐ öffentlich-rechtlich gesichert ☒ Gemeindestraße ☐ befahrbar ☐ sonstige öffentliche Straße ☐ Befahrbarkeit gesichert ab	
	Trinkwasserversorgung	☒ zentrale Wasserversorgung ☐ vorhanden ☐ Brunnen ☐ fertiggestellt bis zum	
	Grundstücksentwässerung	☒ öffentl. Sammelkanalisation ☒ vorhanden ☐ Kleinkläranlage ☐ fertiggestellt bis zum ☐ sonstige Anlage, Art _____	
	Löschwasserversorgung, Art und Entfernung zur Entnahmestelle	aus öffentlicher Wasserversorgung auf dem Grundstück, zusätzlich 20 cbm Vorratsbehälter	
5	Besonderheiten der Baustelleneinrichtung und des Bauablaufs (z. B. Sicherheitsvorkehrungen, Bauzaun, Schutz vorhandener Bäume, Unterfangungen, Abbruchvorgänge, Taktverfahren)	Abbruch gem. Abbruchgenehmigung	
	Verbleib des Abbruchmaterials	gem. Abbruchgenehmigung zur öffentlichen Kippe	

Blatt 1

Teil C: Anhang 13

Baubeschreibung Blatt 2 Bauherr *Autohaus Lenz GmbH* Bauantrag vom *31.07.92*

			Prüfvermerke
6	Schutz gegen Feuchtigkeit Korrosion und Schädlinge	*entfällt*	
7	Schallschutz	☒ Nachweise sind beigefügt	
8	Brandverhalten der Bauteile, besondere Brandschutzabschlüsse	☒ Nachweise sind beigefügt ☐ Gutachten sind beigefügt	
9	Anlagen, Einrichtungen und Geräte für den Brandschutz	☒ Handfeuerlöscher ☒ Rauchabzüge ☒ Wandhydrant ☒ Rauchmelder ☐ trockene Steigleitung ☒ Feuermelder ☐ nasse Steigleitung ☒ Blitzschutzanlagen ☐ Sprinkleranlage ☐ _____	
10	Angaben zur Beheizung und Brennstofflagerung	Gesamt-Nennwärmeleistung kW _____ ☐ Einzelfeuerstätten ☒ Zentralheizung ☐ Außenwandfeuerstätten ☐ Wärmepumpe ☐ Stockwerksbeheizung ☐ Sonstiges _____ ☐ fester Brennstoff ☒ Gas ☐ Heizöl _____ Liter ☐ Flüssiggas _____ m³ ☐ Elektrizität ☐ Fernwärme ☐ Sonstiges _____ ☒ Heizraum ☐ Lagerraum ☐ Aufstellungsraum ☐ Sonstiger Raum _____	
11	Lüftung	☐ natürliche Lüftung für _____ ☐ Schwerkraftlüftung für _____ ☒ Mechanische Lüftung für _____ ☒ Klimaanlage für *Verwaltung*	
	Ausführungsart		
	Brandschutz	☒ Bauvorlagen gemäß Richtlinie über die brandschutztechnischen Anforderungen an Lüftungsanlagen sind beigefügt ☒ Nachweise sind beigefügt	
12	Besondere Einrichtungen (z. B. Aufzüge, Müllabwurfanlagen, Wasserdruckerhöhungsanlagen, Ersatzstromanlagen)	*entfällt*	

Blatt 2

WINGEN-VORDRUCK   P 852   Fassung 1986   Verlag für Wirtschaft und Verwaltung Hubert Wingen · 4300 Essen 1 · Postfach 103824 · Ruf (0201) 222541   Ra

Teil C: Anhang 13

Baubeschreibung Blatt 3 Bauherr: Autohaus Lenz GmbH Bauantrag vom 31.07.92

			Prüfvermerke
13	Bauliche Maßnahmen zugunsten von Behinderten, alten Menschen und Müttern mit Kleinkindern	begehbare Rampen in der Ausstellungshalle und den Freianlagen	
14	Äußere Gestaltung (Werkstoffe und Farben)	**Wände**: Ausstellungshalle: Verglasung; Sonstiger Bereich: weißes Isowandpaneel	
		Dachflächen und Dachaufbauten: Flachdach	
		Türen und Fenster: Ausstellung: Stahlglasfassade, Alu-Türen; Sonstiger Bereich: Kunststoff-Fenster	
15	Anzahl der Stellplätze	✓ in Garagen + 250 im Freien = 250 insgesamt auf dem Baugrundstück; ✓ in Garagen + ✓ im Freien = ✓ Baulast auf fremdem Grundstück; + ✓ durch Ablösung; Zusammen 250	
	Befestigung, Gestaltung und Eingrünung — der Zufahrten — der Stellplätze im Freien	Siehe Grünflächenplan (Anlage)	
16	Spielplatz für Kleinkinder (Größe und Ausstattung)	entfällt	
17	Zufahrten und Bewegungsflächen für die Feuerwehr (Art, Befestigung, Tragfähigkeit)	alle Zufahrten mit einer Mindestbreite von 4 m, Zufahrten u. Wendeplätze befestigt	
18	Standplatz für Abfall(Müll-)behälter (Art, Befestigung, Sichtschutz)	☒ innerhalb des Gebäudes ☐ im Freien	
19	Gestaltung und Bepflanzung der nicht überbauten Flächen	siehe Grünflächenplan (Anlage)	
20	Sonstige Außenanlagen (z. B. Grundstückseinfriedung, Material, Maße, Farben)	Einfriedung der Parkflächen mit Zaun (h=2m)	
21	Sonstiges	entfällt	

Entwurfsverfasser (Anschrift, Datum, Unterschrift)
Architekt Planmann
Reißbrettstr. 1
4300 Essen 1
Essen, 31.07.92

Fachplaner (Anschrift, Datum, Unterschrift)
Ing.-Büro Tragwerk
Am Durchlaufträger 3
4300 Essen 1
Essen, 31.07.92

Blatt 3

Teil C: Anhang 14

Betriebsbeschreibung zum Bauantrag vom 31.07.92

Anlage 4

— zusätzliche Baubeschreibung für die Errichtung, Änderung oder Nutzungsänderung gewerblicher Anlagen

Bauherr	Autohaus Lenz GmbH, An der Schnellst. 16, 4300 Essen		
Grundstück (Ort, Straße, Haus-Nr.)	4300 Essen Rellinghausen, Frankenstr. 1		
Gemarkung(en) Rellinghausen		**Flur(en)** 44	**Flur(stücke)** 176-181

1

		Prüfvermerke
Art des Betriebes oder der Anlage	Neubau einer KFZ-Niederlassung mit Werkstatt, Lager u. Ausstellung. Verkauf, Reparatur- und Service betrieb	
Erzeugnisse	s. o.	
Rohstoffe, Materialien, Betriebsstoffe, Reststoffe	Betriebsstoffe: Leichtöle, Fette, Schmiermittel Reststoffe: Altöle, KFZ-Batterieentsorgung	
Arbeitsabläufe ☒ Arbeitsablaufplan ist beigefügt		
Maschinen, Apparate, Fördereinrichtungen ☐ Maschinenaufstellungsplan ist beigefügt	KFZ-Hebebühnen KFZ-Leistungsstände	

2 **Betriebszeit**

An Werktagen   von 7³⁰ bis 18⁰⁰ Uhr; Zahl der Schichten 1

An Sonn- und Feiertagen   von / bis / Uhr; Zahl der Schichten /

3 **Zahl der Beschäftigten**

	männlich		weiblich		insgesamt
	über 18 Jahre	unter 18 Jahre	über 18 Jahre	unter 18 Jahre	
im bestehenden Betrieb	/	/	/	/	/
davon in der stärksten Schicht	/	/	/	/	/
nach Durchführung des Vorhabens	40	10	8	2	60
davon in der stärksten Schicht	40	10	8	2	60

WINGEN-VORDRUCK P 853 Fassung 1986 Verlag für Wirtschaft und Verwaltung Hubert Wingen · 4300 Essen 1 · Postfach 103824 · Ruf (0201) 222541

Blatt 1
Ra

Teil C: Anhang 14

Betriebsbeschreibung Blatt 2 Bauherr: Autohaus Lenz GmbH Bauantrag vom 31.07.92

4 Arbeitsräume – Besondere Einwirkungen und Gefahren

Art und Ursache	Bezeichnung des Raumes	Schutzvorkehrungen	Prüfvermerke
Gesundheitlich unzuträgliche Temperaturen, Wärmestrahlung			
/	/	/	
Gase, Dämpfe, Nebel oder Stäube			
Autoabgase	Werkstatt	Abgasabzugsanlage, verfahrbar	
Gefährliche Stoffe (z. B. feuer- oder explosionsgefährliche, giftige ätzende Stoffe)			
Batterieentsorgung	Batterieraum	/	
Lärm			
KFZ-Leistungsprüfung	Leistungsprüfstand	Schallschutzmaßnahmen	
Sonstige Gesundheits- und Unfallgefahren (z. B. mechanische Schwingungen, elektronische Aufladung, ionisierende Strahlung)			
/	/	/	

5 Sozialräume

	im bestehenden Bezirk	nach Durchführung des Vorhabens	
Pausenräume	___ m² ___ Plätze	157 m² 60 Plätze	
Sanitätsräume	___ m²	16 m²	
Liegeräume für Frauen	Rauminhalt ___ m² Zahl der Liegen ___	Rauminhalt / m² Zahl der Liegen /	

Umkleideräume	für Männer	für Frauen	für Männer	für Frauen
Grundfläche	___ m²	___ m²	110 m²	25 m²
Zahl der Kleiderablagen			100	8

Waschräume	für Männer	für Frauen	für Männer	für Frauen
Zahl der Waschbecken			30	4
Zahl der Duschen			9	1

Toilettenräume	für Männer	für Frauen	für Männer	für Frauen
Zahl der Toiletten			4	1
Zahl der Bedürfnisstände			4	/

Blatt 2

Teil C: Anhang 14

	Betriebsbeschreibung Blatt 3	Autohaus Lenz GmbH	Bauherr		Bauantrag vom 31.07.92
6	Immissionsschutz				Prüfvermerke
6.1	Luftverunreinigung (z. B. durch Rauch, Ruß, Staub, Gase, Aerosole, Dämpfe, Geruchsstoffe) Art der Verunreinigung	KFZ-Abgase			
	Lage der Emissionsöffnungen (Grundriß- und Höhenangaben)	Abgasanlage der Werkstatt Emissionsöffnung über Dach (Werkstatt)			
	Maßnahmen zur Vermeidung schädlicher Luftverunreinigungen	Zentrale Filteranlage für Abgasanlage			
6.2	Geräusche (z. B. durch Anlagen, Tätigkeiten, Fahrzeugverkehr auf dem Grundstück) Ursache, Dauer, Häufigkeit	Reparatur- u. Servicebetrieb: Kunden An- und Abfahrt auf dem Betriebshof während der Betriebszeit	Tageszeit von — bis 7:30 bis 18:00	Nachtzeit (22.00—6.00) von — bis /	
	Lage der Geräuschquellen (Austrittsöffnungen, ggf. Richtungsangaben)	/			
	Maßnahmen zur Vermeidung schädlicher Geräusche	/			
6.3	Erschütterungen, mechanische Schwingungen Art, Ursache, Dauer und Häufigkeit	Keine	Tageszeit von — bis /	Nachtzeit (22.00—6.00) von — bis /	
	Lage der Erschütterungs- und Schwingungsquellen	/			
	Maßnahmen zur Vermeidung schädlicher Erschütterungen oder Schwingungen	/			

WINGEN-VORDRUCK   P 853 Fassung 1986 Verlag für Wirtschaft und Verwaltung Hubert Wingen 4300 Essen 1 Postfach 10 38 24 · Ruf (0201) 22 25 41   Ra

Blatt 3

Teil C: Anhang 14

| | Betriebsbeschreibung Blatt 4 | Bauherr Autohaus Lenz GmbH | Bauantrag vom 31.07.92 |

			Prüfvermerke
6.4	Abfallstoffe Art, Menge pro Zeiteinheit	Altöle monatlich ca. 1.500 Liter	
	Zwischenlagerung Art, Ort und Menge	Ortsfester Altöltank 10.000 Liter Lage gem. Grundrißplan	
	Art der Beseitigung	Entsorgung über zugelassene Fachfirmen	
6.5	Besonders zu behandelnde Abwässer Art, Menge pro Zeiteinheit	Schmutz- und Regenwasserabführung Werkstatt, Waschstand u. Betriebshof	
	Art und Ort der Behandlung	Abführung über Benzin- und Ölabscheider (Chemieabscheider)	
	Verbleib der Rückstände	Entsorgung über zugelassene Fachfirmen	
7	Verfahren nach anderen Rechtsvorschriften (z. B. Genehmigung, Erlaubnis, Eignungsfeststellung nach Wasser-, Gewerbe-, Immissionsschutzrecht) Art des Verfahrens, Gegenstand, Antragsdatum	Keine	

(Ergänzung zu Nr. V des Bauantrages)	Bescheid(e) vom	durch	Aktenzeichen

| 8 | Sonstige Angaben und Hinweise, die zur Beurteilung des Vorhabens notwendig sind | / | |

Entwurfsverfasser (Anschrift, Datum, Unterschrift)	Fachplaner (Anschrift, Datum, Unterschrift)
Architekt Planmann Reißbrettstr. 1 4300 Essen 1 Essen, 31.07.92	

Blatt 4

Teil C: Anhang 15

Wärmeschutznachweis

Anlage 2 WärmeschutzÜVO

Bauvorhaben	Bauherr	Entwurfsverfasser

Es handelt sich um ein Gebäude ☐ mit normalen ☐ mit niedrigen Innentemperaturen
☐ für Sport- und Versammlungszwecke

Zeile	1	2	3	4	5	6
	Bauteil	Beschreibung (Baustoffschichten von innen nach außen, ihre Dicken und Rohdichten)	Flächenbezogene Masse kg/m^2	Wärmedurchgangskoeffizient W/m^2K	Fläche m^2	Nachweis nach Anlage 1 Nr. 2 der WärmeschutzV
1	Außenwand					**Gebäudegrundriß:** Länge _____ m Breite _____ m k_m, W+F _____ W/m^2K Bei Reihen- oder Doppelhaus (zusätzlich) **Flächenverhältnis** $\frac{\text{seitliche Außenwände}}{\text{Gebäudetrennwände}} =$ _____
2	Fenster					Diese Angaben erübrigen sich, falls der Nachweis nach Spalte 6 der Rückseite geführt wird

Teil C: Anhang 15

Zeile	1	2	3	4	5	6
	Bauteil	Beschreibung (Baustoffschichten von innen nach außen, ihre Dicken und Rohdichten)	Flächenbezogene Masse kg/m^2	Wärmedurchgangskoeffizient W/m^2K	Fläche m^2	Nachweis nach Anlage 1 Nr 1 der WärmeschutzV
3	☐ Dach oder Dachdecke ☐ Decke zum Dachraum					Wärmeübertragende Umfassungsfläche _____ m^2 Beheiztes Bauwerksvolumen _____ m^3 $k_m =$ _____ W/m^2K Bei Reihen- oder Doppelhaus (zusätzlich angeben) $k_m, W+F$ _____ W/m^2K
4	Decke nach unten gegen die Außenluft					
5	☐ Kellerdecke ☐ Fußboden ☐ Wand gegen das Erdreich					
6	☐ Decke ☐ Wand gegen unbeheizten Raum					Diese Angaben sowie die Bauteilflächen nach Spalte 5 dieser Seite erübrigen sich, falls der Nachweis nach Spalte 6 der Vorderseite geführt wird

Aufgestellt _____   _____
           Datum   Unterschrift des Entwurfsverfassers

WINGEN-VORDRUCK   P 821   Fassung 1982   Verlag für Wirtschaft und Verwaltung Hubert Wingen   Postfach 10 38 24   4300 Essen 1   Tel (02 01) 22 25 41   Blatt 2   Ra

Teil C: Anhang 16

Anhang zu Nr. 65.5

Muster 1

Architektenkammer**)
Nordrhein-Westfalen

Körperschaft des Öffentlichen Rechts

**Bescheinigung der AK NW zum Versicherungsschutz
gemäß § 65 Abs. 5 BauO NW vom 26. 6. 1984**

Die Architektenkammer Nordrhein-Westfalen stellt hiermit auf der Grundlage der vorgelegten Versicherungsbestätigung fest, daß

Herr/~~Frau~~ _Dipl.-Ing. Architekt P. Plaumann_

in _Reißbrettstr. 1, 4300 Essen 1_

eine Berufshaftpflichtversicherung
für Entwurfsverfasser*)

~~für Fachplaner im Sinne von § 64 Abs. 3 BauO NW*)~~

als durchlaufende Jahresversicherung

mit den Versicherungssummen von nicht weniger als DM 1 000 000,— für Personenschäden und DM 150 000,— für Sach- und Vermögensschäden auf der Grundlage der vom Bundesaufsichtsamt für das Versicherungswesen genehmigten „Allgemeinen Versicherungsbedingungen und der Besonderen Bedingungen für die Berufshaftpflichtversicherung von Architekten, Bauingenieuren und Beratenden Ingenieuren" abgeschlossen hat.

Die Berufshaftpflichtversicherung erfüllt die Voraussetzungen des § 65 Abs. 5 BauO NW.

Diese Bescheinigung gilt bis: _31.12.92_

Düsseldorf den _03.01.92_
Ort, Datum

Architektenkammer Nordrhein-Westfalen**)

*) Nur das jeweils Zutreffende eintragen.
**) Der Bauaufsichtsbehörde ist das Original vorzulegen. Das Original ist an der blauen Farbe des Briefkopfs und der Unterschrift erkennbar.

Formblatt entnommen aus Landesbauordnung Nordrhein-Westfalen

Teil C: Anhang 17

Anhang zu Nr. 65.37

Muster

Untere Bauaufsichtsbehörde _Essen,_____
(Aktenzeichen/Bauscheinnummer)   Ort, Datum

Bescheinigung

Für das Bauvorhaben _Neubau einer KFZ-Niederlassung_
                                    (Art, z. B. Wohnhaus)

in _4300 Essen-Rellinghausen, Frankenstr. 1_
                  (Ort, Straße)

hat ~~Frau~~/Herr _Dipl.-Ing. Architekt P. Pfannmann, 4300 Essen 1_
                              (Vorname, Name, Anschrift)

die Bauvorlagen als Entwurfsverfasser durch Unterschrift anerkannt.

Im Baugenehmigungsverfahren für dieses Bauvorhaben ist ihre/seine*) Bauvorlageberechtigung geprüft und festgestellt worden, daß sie/er bauvorlageberechtigt ist

— als Ingenieur der Fachrichtung Bauingenieurwesen mit ergänzender Hochschulprüfung nach § 65 Abs. 3 Nr. 2 BauO NW*)

— als Innenarchitekt mit ergänzender Hochschulprüfung nach § 65 Abs. 3 Nr. 2 BauO NW*)

— als Ingenieur der Fachrichtung Bauingenieurwesen für Ingenieurbauten nach § 65 Abs. 3 Nr. 4 BauO NW*)

— als Ingenieur der Fachrichtung Bauingenieurwesen mit Besitzstand nach § 65 Abs. 3 Nr. 5 BauO NW*).

Hinweis:

Diese Bescheinigung dient ausschließlich der Erleichterung des Nachweises der Bauvorlageberechtigung. Bestehen Zweifel, ob der Entwurfsverfasser die Bauvorlageberechtigung besitzt oder noch besitzt, können die Bauaufsichtsbehörden entsprechend Nr. 65.3 VV BauO NW die Bauvorlageberechtigung erneut prüfen.

_____
Unterschrift

_____
*) Unzutreffendes streichen.

Formblatt entnommen aus Landesbauordnung Nordrhein-Westfalen

Literaturverzeichnis

Bauer, H.: Baubetrieb, Band 1 und 2, Berlin, 1992

Beigel, H.: Urheberrecht des Architekten, Wiesbaden/Berlin, 1984

Diederichs, C.J.: Kostensicherheit im Hochbau, Essen, 1984

DIN 276: Kosten im Hochbau, Juni 1993

DIN 277: Grundflächen und Rauminhalte von Bauwerken, Juni 1987

DIN 4701, Teil 1: Regeln für die Berechnung des Wärmebedarfs von Gebäuden, März 1983

DIN 18960: Baunutzungskosten von Hochbauten, April 1976

Flume, W.: Allgemeiner Teil des Bürgerlichen Rechts, Zweiter Band: Das Rechtsgeschäft, 4. Auflage, Berlin, 1992

Hartmann, R.: Die Honorarordnung für Architekten und Ingenieure (HOAI), Loseblattsammlung, Kissing

Heiermann, W./Riedl, R./Rusam, M.: Handkommentar zur VOB, 6. Auflage, Wiesbaden/Berlin, 1992

Hesse, H./Korbion, H./Mantscheff, J./Vygen, K.: Honorarordnung für Architekten und Ingenieure (HOAI), Kommentar, 3. Auflage, München, 1990

HOAI-Textausgabe, (1991): Verordnung über die Honorare für Leistungen der Architekten und Ingenieure; in der ab dem 1.1.1991 gültigen Fassung, Wiesbaden/Berlin, 1991

Jochem, R.: HOAI-Gesamtkommentar, 3. Auflage, Wiesbaden/Berlin, 1991

Kapellmann, D.D./Schiffers, K.H.: Nachträge und Behinderungsfolgen beim Bauvertrag, 2. Auflage, Düsseldorf, 1992

Kosten- und Leistungsrechnung der Bauunternehmen – KLR Bau, hrsg. v. Hauptverband der Deutschen Bauindustrie und v. Zentralverband des Deutschen Baugewerbes, 5. Auflage, Wiesbaden/Berlin, 1990

Knychalla, R.: Inhaltskontrolle von Architektenformularverträgen, Düsseldorf, 1987

Landesbauordnung Nordrhein-Westfalen, Textausgabe mit Baugesetzbuch, Baunutzungsverordnung und anderen für das Bauen bedeutsamen Vorschriften, 22. Auflage, Düsseldorf, 1992

Larenz, K.: Allgemeiner Teil des deutschen Bürgerlichen Rechts, 7. Auflage, München, 1989

Leifert, W.: Die Kostenplanung als integrativer Bestandteil des Planungsprozesses von Bauvorhaben, Dortmund, 1990

Leimböck, E./Schönnenbeck, H.: KLR Bau und Baubilanz, Wiesbaden/Berlin, 1992

Locher, H./Koeble, W./Frik, W.: Kommentar zur HOAI, 6. Auflage, Düsseldorf, 1991

Löffelmann, P./Fleischmann, G.: Architektenvertrag und HOAI, Düsseldorf, 1990

Mittag, M.: Arbeits- und Kontrollhandbuch zu Bauplanung und Bauausführung nach §15 HOAI, 11. Aktualisierungs- und Ergänzungslieferung einer Loseblattsammlung

Möller, D.-A.: Planungs- und Bauökonomie, Wirtschaftslehre für Bauherren und Architekten, München/Wien/Oldenburg, 1988

Münchener Kommentar zum Bürgerlichen Gesetzbuch, Band 1: Allgemeiner Teil (§§1–240), 3. Auflage, München, 1993

Palandt, O.: Bürgerliches Gesetzbuch, 52. Auflage, München, 1993

Pfarr, K.H.: Honorarfindung nach HOAI – aber wie?, Düsseldorf, 1978

Pott, W./Dahlhoff, W.: Verordnung über die Honorare für Leistungen der Architekten und Ingenieure, Kommentar, 6. Auflage, Essen, 1992

Prange, H./Leimböck, E./Klaus, U.R.: Baukalkulation unter Berücksichtigung der KLR Bau und der VOB, 8. Auflage, Wiesbaden/Berlin, 1991

Schäfer, H./Finnern, R./Hochstein, R.: Rechtsprechung zum privaten Baurecht, Düsseldorf

Thiel, F./Gelzer, K.: Baurechtssammlung, Düsseldorf

VDI-Richtlinie 2067: Betriebstechnische und wirtschaftliche Grundlagen Blatt 1, Entwurf, April, 1990

Werner, U./Pastor, W.: Der Bauprozeß, 7. Auflage, Düsseldorf, 1993

Wolf, M./Horn, N./Lindacher, W.: AGB-Gesetz, Kommentar, 2. Auflage, München, 1989

Stichwortverzeichnis

Abbruchgenehmigung 188
Abfallbeseitigung 131
Abminderungsfaktor 138
Abnahme 90, 91
Abschlagsanforderung 100
Abschlagszahlungen 85, 99
Abschlußfreiheit 6
Abschnitte 135
Abschreibung 129, 216
Abschreibungsdauer 130
Abschreibungssumme 130
Absolute Fixschuld 15
Absolutes Fixgeschäft 15
Abstandsflächen 31, 59
Abstandsvorschriften 31
Abteilungen (drei) 54
Abtretung/Löschung einer Grundschuld 63
Abwägungsgebot 32
Abwasser 131
Abwasser/Wasser 217
Abwasserbeseitigung 131
Abzahlungsdarlehen 152, 181
Abzinsungsfaktor 145, 147
AGB-Gesetz 66
AGB-Klauseln 67
Akquisition 10
Aktiengesellschaften 1
Akzessorietät 155
Allgemeine Geschäftsbedingungen 66
Allgemeine Versicherungsbedingungen für die Haftpflichtversicherung 86
Allgemeine Vertragsbestimmungen zum Einheits-Architektenvertrag (AVA) 68
Altenteil 58
Änderung von Grundstücksrechten 53
Änderungen urheberrechtlich geschützter Bauwerke 112
Anerkannte Regeln der Baukunst 94
Anerkenntnis 97
Anerkennung der Urheberschaft 110
Anfängliche Unmöglichkeit 15
Anfänglicher Effektivzinssatz 186
Anfängliches Unvermögen 18
Anfangskapital 143
Anfechtung 7
Anfechtungsfrist 7
Anfechtungsklage 47, 48
Angebot 11
Angrenzer 43
Annahme 11
Annahme der Offerte 185
Annahmeverzug 82
Annuitätendarlehen 152, 181
Anrechenbare Kosten 72, 226
Anscheinsvollmacht 97

Anschlußwert 138
Anspruch auf Berichtigung 55, 58
Antrag auf Eintragung/Änderung/Löschung 55
Anzeigepflicht 86
Arbeitnehmerüberlassungsverträge 9
Arbeits- und Zeitaufwand 79
Architekt 121
Architekten-Vorplanungsvertrag 177
Architektenhonorar 72
Architektenkammern 2, 85
Architektenleistungen 177
Architektenvertrag 193
Architekturwettbewerb 177
Arglistige Täuschung 7
Art der Abschreibung 130
Aufbaudarlehen 151
Aufhebung von Grundstücksrechten 53
Aufhebungsfreiheit 11
Aufklärungspflichten 192
Auflagen des Gewerbeaufsichtsamtes 226
Auflassung 62, 63
Auflassungsvormerkung 58, 63, 157
Auflösende Bedingung 13
Aufmaß 97
Aufrechnung 92, 104
Aufrechnungsverbot 104
Aufschiebende Bedingung 13
Aufschiebende Wirkung 49
Aufschrift 54
Auftraggeber 120
Auftragsbestätigungen 73
Auftragserteilung 73
Aufwendungshilfen 171
Aufzinsungsfaktoren 147
Ausbeutungsrechte 56
Ausführungsfristen 97
Ausführungsplanung 11, 121
Ausführungstermine 97
Ausgabenreihe 145
Auskunfts- und Hinweispflicht 94
Auslegung 12, 67
Ausnahmen 43
Ausschluß-Klausel 86
Ausstattung 194
Ausstellungsrecht 111
Auszahlung 160
Auszahlung der Darlehensrate 160
Außenanlagen 194, 223, 227
Außenwandflächen 201

Bankbürgschaft 92
Barwert 145
Bauakustik 78
Bauantrag 42, 45, 225
Bauantragsformular 225

277

Stichwortverzeichnis

Bauaufsicht 41
Bauaufsichtsbehörde 30, 41, 59, 186, 225
Bauaufsichtsverwaltung 41
Baubeschränkungen 56
Baubeschreibung 134, 185, 211, 218, 225
Baubetreuung 122
Bauconsulting 122
Baucontrolling 122
Baudarlehen mit Tilgungsaussetzung 163
Baudispens 5
Bauelementbezogene Richtwerte 137
Bauen im Außenbereich 188, 189
Bauerwartungsland 56
Baufortschrittsfeststellung 185
Baufreiheit 41
Bauführung 96
BauGB 27
Baugenehmigung 1, 41, 102
Baugenehmigungsbehörde 41
Baugenehmigungsbehörden im Bundesland Nordrhein-Westfalen 42
Baugenehmigungsverfahren 30
Baugesetzbuch 58, 27, 186
Baugrundbeurteilung 78
Baugrundstück 227
Bauherr 120
Bauherrenaufgaben 187
Bauherrengemeinschaften 69
Bauherrenhaftpflichtversicherung 224
Bauherreninteressen 187
Bauherrentypen 120
Baukostenhandbuch (BKHB) 136, 140
Baukostensteigerungen 128
Baukünstlerische Überwachung 71
Baulandbereitstellung 171
Baulasten 54, 59, 187
Baulastenverzeichnis 59, 187
Bauleistungsversicherung 224
Bauleitpläne 32
Bauleitplanung 31, 32
Baunebenkosten 129, 194, 227
Baunutzungskosten 129, 136, 205, 216
Baunutzungsverordnung 27
Bauordnung für das Land Nordrhein-Westfalen 30
Bauordnungen 119
Bauordnungsamt 225
Bauordnungsrecht 30
Baureifes Land 56
Bauspardarlehen 162
Bausparvertrag 162
Bautechnik 94
Bauteilbereichsbezogene Abschreibung 130
Bauträger 121
Bauunterhaltungskosten 132, 217
Bauvoranfrage 189, 205
Bauvorlageberechtigung 42
Bauvorlagen 42, 45, 225
Bauvorschriften 54
Bauwerk 135, 218

Bauwerks- und Betriebs-Kosten-Nutzen-Analyse 145
Bauwerksgliederung 135
Bauzeitüberschreitung 81
Bebaubarkeit 188
Bebauungsplan 31, 32, 38, 187, 189
Bebauungspläne (vier versch. Arten) 32
Bebauungsverbote 56
Bebauungszusammenhang 32
Bedarfsangaben 180
Bedienung 131
Bedingung 13
Befreiungen 43
Begriffsbestimmungen 69
Belastung 62
Belastung des Erbbaurechtes 60
Beleihung 62
Beleihungswert 158
Benutzungsgenehmigung 226
Beratungspflicht 192, 202
Bergschäden 185
Berufshaftpflichtversicherung 108
Berufsordnungen 85
Beschränkt persönliche Dienstbarkeiten 56
Beschränkungen 54, 55
Besondere Bedingungen für die Berufs-Haftpflichtversicherung der Architekten und Bauingenieure 86
Besondere Leistungen 78, 119
Besondere Vertragsbedingungen 11
Bestandsverzeichnis 54
Besteller 120
Beteiligung der Nachbarn 43
Betriebsbeschreibung 225
Betriebsgebundene Kosten 131
Betriebskosten 130
Beurteilungskriterien 142
Beweislast 73
Bewertungsverfahren 56
Bilanz (samt Anhang) 185
Bodengutachten 190
Bodengutachter 188, 193
Bodenrichtwertkarte 118
Bodenverkehrsgenehmigung 34, 188, 189
Briefhypothek 58
Briefrechte 154
Bruttogrundrißflächen 194
Bruttorauminhalte 194
Buchgrundschuld 188
Buchhypothek 58
Buchrechte 154
Bundesbürgschaften 171
Bundesnaturschutzgesetz 30
Bundesraumordnungsgesetz 28
Bürgerliches Gesetzbuch 1
Bürogemeinschaft 24

Checkliste zur rechtlichen Beurteilung der Bebaubarkeit eines Grundstücks 189

Culpa in contrahendo/Verschulden bei Vertragsabschluß 88

Dächer 218
Darlehensangebote 181
Darlehensantrag 158
Darlehenskonditionen 181
Dauer des Genehmigungsverfahrens 44
Dauerwohnrecht 57
Decken 218
Deckungsschutz 86
Deckungssummen 86
Degressive AfA 167
Deliktsfähigkeit 2, 3
Detailplan 102
Dienendes Grundstück 56
Dienstanweisung 4
Dienstbarkeiten 56, 159
Dienstvertrag 65
Dienstvertragsrecht 65
DIN 276 128
DIN 277 128
DIN 18960 129, 136
Dingliche Lasten 56
Dingliche Rechte 6
Dingliches Wohnrecht 57
Dispens 43, 106
Dispositives Recht 9
Dissens 12
Divergente Zahlungsreihe 144
Drohung 7
Duldungsvollmacht 97

Effektivzins 154
Eigengenutzte Wohnungen 168
Eigenkapital 129, 151
Eigenkapitalrentabilität 175
Eigenleistungen 151
Eigenmittel 151
Eigennutzung 167
Eigentümergrundschuld 155, 157
Eigentumsübergang 63
Eigentumsumschreibung 157
Eigentumsverhältnisse 54, 55
Eigentumswohnung 61, 62
Einarbeitungsaufwand 71
Einbeziehungsklauseln 66
Einfacher Bebauungsplan 32
Einfachgesetzlicher Drittschutz 48
Eingriff in die Planungshoheit 47
Eingriffsverwaltung 4
Einheitsarchitektenvertrag 9, 193
Einheitspreis 136
Einheitswert 166
Einigungsmangel 12
Einkommensteuer 166
Einkünfte aus Vermietung und Verpachtung 167
Einnahmenreihe 145
Einschaltung eines Fachingenieurs 192
Einsichtnahme in das Grundbuch 53

Eintragung in das Grundbuch 63
Eintragungsbewilligung 55
Einwilligung 3, 112
Einzelleistung 76
Einzelleistungsträger 125
Einzelunternehmung 23
Elementen-Methode 211
Energieabhängige Kosten 136
Entschädigung 82
Entschädigungsrecht 61
Entschädigungsregelung bei Auslauf des Erbbaurechtes 60
Entsorgung 188, 190
Entstehung 61
Entstellung 110, 113
Entstellungsverbot 113
Entwurfsplanung 76, 121, 224
Entwurfsrelevante Voraussetzungen 167
Entwurfsverbesserung 78
Entwurfsverfasser 42
Erbbaugrundbuch 59, 60
Erbbaurecht 53, 59, 156
Erbbaurechtsvertrag 59
Erbbauzins 60, 129
Erbengemeinschaft 55
Erbschaft 62
Erbschafts- und Schenkungssteuer 166
Erfolg 65
Erfüllung 97
Erfüllungsgehilfen 16
Ergänzende Vertragsauslegung 13, 117
Ergänzungsaufträge 95
Erklärungsirrtum 8
Erlaß 4
Erlöschen des Erbbaurechtes 60
Ermittlung der Baunutzungskosten 219
Ermittlung des Jahreswärmebedarfs 207
Ermittlung des Norm-Wärmebedarfs 207
Erschließen 194
Erschließung 38, 188, 193
Erschließung (nicht öffentliche) 227
Erschließung (öffentliche) 227
Erschließungsaufwand 56
Erschließungsbeitragsrecht 56
Erschließungskosten 188, 189
Erschließungsmaßnahmen 189
Erschließungsvertrag 5
Ersparte Aufwendungen 112, 114
Erstellung der Bauleitpläne 33
Erteilung der Baugenehmigung 225
Erweiterungsbauten 69
Erwerb 62
Erwerb in der Zwangsversteigerung 62
Erwerb von Grundeigentum 62
Erwerben von Grundstücken 53
Erwerbswirtschaftlich orientierter Betrieb 120

Fachingenieure 96, 121
Fachunternehmerbescheinigung 226
Fahrlässigkeit (Schuldform) 107

Stichwortverzeichnis

Fahrtkosten 85
Fälligkeit 19, 99
Fälligkeitsvoraussetzung 99
Familienzusatzdarlehen 151, 171
Fassadengestaltung 202
Fassadenreinigung 131
Fensterrecht 56
Fensterreinigung 131
Festbetrag 80
Festbetragsdarlehen 152
Festzins 182
Finanzierung 181
Finanzierung des Wirtschaftsbaus 175
Finanzierungsangebote 181
Finanzierungsentscheidung 186, 202
Finanzierungskosten 129
Finanzmathematische Grundlagen der Kapitalwertmethode 143
Finanzplan 165, 175
Flächennutzungsplan 32, 38, 177
Flurkarte 54
Flurstück 53
Folgeausgaben 144
Förderungsprogramme 127
Formelles Grundstücksrecht 53
Formfreiheit 10
Formularvertrag 66, 89
Formzwang 10
Frei finanzierte Wohnungen 165
Freianlagen 69, 70
Freiberufler (Einzelinhaberschaft) 24
Freibeträge 166
Freigabe 82
Freimachen 56
Freistellung 167
Fremdkapital 129
Fremdmittel (dinglich gesichert) 151
Fremdmittel (nicht dinglich gesichert) 151
Funktionen der örtlichen Bauleitplanung 32
Fürsorgepflichten 98

Gebäude 70
Gebäudereinigung 130, 131, 217
Gebühren 226
Gebührenbescheid 225, 226
Gefahr im Verzuge 95
Gefahrenübergang 63
Geldrente 58
Gemarkung 53
Gemeinde 2
Gemeindeabgaben 54
Gemeindeverwaltung 187
Gemeinschaftliches Eigentum 61
Gemeinschaftseigentum 61
Gemeinschaftsverhältniss 55
Genehmigung 3, 97
Genehmigungsfähigkeit 224
Genehmigungspflicht 41
Genehmigungsplanung 11, 121, 187, 225
Generalbauunternehmen 185

Generalklausel 67
Generalplaner 125
Generalunternehmer 125, 177
Gerichtsbarkeit 26, 45
Gerichtsverfassungsrecht 1
Geringstes Gebot 161
Gesamthandsvermögen 25
Gesamtkapitalrentabilität 175
Gesamtkosten eines Bauvorhabens 143
Gesamtnutzwert 142
Gesamtschuldner 109
Geschäftsbesorgungsvertrag 121
Geschäftsfähigkeit 2
Geschäftsführungsbefugnis 23
Geschoßflächenzahl 187
Gesellschaft bürgerlichen Rechts 24
Gesellschaften mit beschränkter Haftung 1
Gesellschaftsvertrag 22
Gesetzesvollzug 4
Gesetzgebung 4
Gesetzliche Beschränkungen 54
Gesetzliche Rangfolge 156
Gesetzliche Schriftform 10
Gesetzliche Vertreter 2
Gesetzliche Vorkaufsrechte 58
Gesetzlicher Löschungsanspruch 157
Gestaltungsfreiheit 9
Gewählter Honorarsatz 226, 227
Gewährleistung 71, 105
Gewährleistungs- und Schadensersatzansprüche 88
Gewährleistungsansprüche 71
Gewaltenteilung 4, 26
Gewerbeausübungsverbote 56
Gewerbegebiet 187
Gewerke 135
Gewinn 175
Gewinnrechnung (samt Anhang) 185
Grad der Baureife 56
Grenzbescheinigung 54
Grobe Fahrlässigkeit 107
Grobelemente 201
Grobterminplan 181
Grundbuch 53, 54, 156, 185, 187, 188
Grundbuchämter 53, 54
Grundbuchauszug 158
Grundbuchblatt 53, 54
Grundbuchordnung 53
Grunddienstbarkeiten 56
Grunderwerbsteuer 63, 165, 188
Grundflächenzahl 187
Grundförderung 168
Grundlagen des Honorars 72
Grundlagenermittlung 121, 177
Grundleistungen 70, 227, 119
Grundpfandrechte 54, 58, 154
Grundrechtlicher Drittschutz 48
Grundsatz der Akzessorietät 58
Grundschuld 55, 58, 154, 155, 185
Grundsteuer 54, 57, 165
Grundstück 53, 194

Grundstück im Außenbereich 34, 189
Grundstück/Belastungen/Rechte 187
Grundstücke im Bereich eines qualifizierten Bebauungsplanes 34
Grundstücke innerhalb im Zusammenhang bebauter Ortsteile 38
Grundstücks- und Erschließungskosten 128
Grundstücksbelastung 56
Grundstücksbewertung 56
Grundstückserschließung 188
Grundstücksgleiche Rechte 59
Grundstückskauf 188
Grundstücksrecht 1, 53
Grundstückssituation 177
Grundstücksteilung 61
Gründungsberatung 78
Grundwert eines Grundstücks 118
Gutachter und Sachverständige 121

Haftpflichtversicherung 85
Haftung 105, 202
Haftungshöchstgrenzen 108
Haftungsrisiken 229
Haftungsrisiken des Architekten 192, 202, 224
Handlungsfähigkeit 3
Handlungsgesellschaft 69
Handlungsvollmacht 23
Hauptfunktionsflächen 194
Hauptpflichten 22, 94
Haustechnikingenieure 205
Hemmung 90
Herrichten 56, 194
Herrichten des Grundstücks 227
Herrschendes Grundstück 56
Herstellkosten des Bauvorhabens 128
Hinweispflichten 98
Hochschulen 2
Höchstbetrag 80
Höchstpreischarakter 82
Höchstsatz 75
Hoheitsakte 4
Hoheitsverwaltung 4
Honorar für Baunutzungskostenberechnung 229
Honorar für Leistungen nach der Wärmeschutzberechnung 229
Honorarberechnung 226, 227
Honorarberechnung für besondere Leistungen 229
Honorare 226
Honorare für die Architektenleistungen 226
Honorarerhöhung 81
Honorarordnung (HOAI) 121
Honorarrahmen 73
Honorarsatz 227
Honorarschlußrechnung 100
Honorartafel 72, 227
Honorarteil 68
Honorarzone 72, 226, 227
Hypothek 55, 58, 154, 155, 172
Hypothekenbrief 58

Indirekte Finanzierungshilfen 171
Individualvereinbarungen 89
Inflation 146
Ingenieurvertrag 193
Inhaltsirrtum 8
Inhaltskontrolle 67
Innenreinigung 131
Inspektion 132
Instandhaltungen 69
Instandsetzungen 69
Investitionsausgaben 144
Investitionsplan 190
Investitionsvolumen 181
Investmentabhängige Kosten 136
Inzidentkontrolle 47
Irrtum 7
Irrtum im Beweggrund 8
Isometrie 193

Jahresabschlüsse (geprüfte) 185
Juristische Person 1, 69

Kabellegerecht 56
Kalkulationsirrtum 8
Kälte 131
Kapitalgebundene Kosten 131
Kapitalgesellschaft 23
Kapitalkosten 129, 216
Kapitalwert 144
Kapitalwertmethode 143, 150
Kataster 53
Kataster-Flurkarte 177
Katasterämter 53
Katasterbezirk 53
Katastergrundstück 53
Katastrophenverschleiß 130
Kaufmännisches Bestätigungsschreiben 13, 73
Kaufmannseigenschaft 101
Kaufverhandlungen 188
Kaufvertrag 14, 62, 188, 189, 194
Kennzahlenermittlung 135
Klage auf Aufstellung eines Bebauungsplanes 47
Klage auf Erteilung einer Baugenehmigung 47
Klagebefugnis des Dritten 48
Klauselinhalt 67
Klauselverbot 67
Klauselverwender 67
Kommunale Selbstverwaltung 31
Kommunalrecht 1
Konditionsvereinbarung 185
Konkludentes Verhalten 10
Konkursvermerk 58
Konvergente Zahlungsreihe 144
Koordinierungsaufwand 71
Koordinierungspflicht 83, 224
Kopplungsverbot 9
Kosten- und Terminkontrolle 211
Kosten- und Wirtschaftlichkeitsvergleiche 205
Kostenanschlag 94, 227
Kostenberechnung 94, 139, 211, 224, 227

Stichwortverzeichnis

Kostenberechnungen mit Kennwerten 137
Kostenberechnungen mit technischen Berechnungsmethoden 137
Kostenelemente eines Bauobjekts 128
Kostenentwicklung 94
Kostenermittlung 132, 224
Kostenermittlungsarten 72, 202, 226
Kostenfeststellung 94, 99, 227
Kostengliederungen der DIN 276 194
Kostengruppen 128, 129, 130, 136
Kostengruppenrichtwerte 137
Kostenkennwert 132
Kostenkennwerte von Bauwerkselementen 139
Kostenkontrolle 132
Kostenplan 175
Kostenplanung 132, 143
Kostenrahmen 185, 190
Kostenrichtwert 134, 194
Kostenschätzung 133, 139, 190, 194, 202, 216, 227
Kostensituation 94
Kostensteuerung 132
Kostenüberschlag 133, 138, 181, 185
Kostenüberschreitungen 94
Kostenvergleiche 205
Kostenvergleichsrechnung 142, 149
Kündigung 111
Kundmachungsfunktion 59
Kunstwerke 194

Landesbauordnung Nordrhein-Westfalen 186
Landesbauordnungen 30, 85
Landesbürgschaft 156, 171
Landesplanungsgesetz 29
Lasten 54, 55
Laufende Kosten 136
Laufzeit des Erbbaurechtes 60
Leichte Fahrlässigkeit 107
Leistungsbereiche 135
Leistungsbereiche des Projektsteuerers 123
Leistungsbereichsbezogene Abschreibung 130
Leistungsbeschreibung 11, 108
Leistungsbild 1, 11, 70
Leistungsphasen 1, 11, 70, 121
Leistungsprogramm 123
Leistungsstörungen 11, 15
Leistungsumfang 71, 226, 227
Leistungsverweigerung 79
Leistungsverweigerungsrecht 20, 92
Leistungsverzeichnis 11, 211
Leitpositionen 135
Leitungsduldungsrecht 57
Leitungsrecht 56
Lineare AfA 167
Lohnabhängige Kosten 136
Lose 135

Mahnung 19
Mangelfolgeschäden 21
Materielle Baufreiheit 41
Materielles Grundstücksrecht 53

Mehrfachverwendung 66
Mengenermittlung 194, 201
Meßregeln 201
Metallbauarbeiten 218
Minderung 21
Mindestgebot 161
Mindestsatz 73, 75 Miteigentumsanteil 61
Miturheberschaft 113
Mitversicherte Personen 86
Mitwirkung bei der Vergabe 121
Mitwirkungshandlung 82
Mitwirkungspflichten 98
Modernisierungen 69
Monetärer Vorteil 142
Motivirrtum 8
Musterverträge 9

Nachbargmeindliches Abstimmungsgebot 32
Nachbargrundstücke 190
Nachbarklage 47
Nachbarliche Belange 44
Nachbarn 43
Nachbarschützende Normen 48
Nachbaurecht 112
Nachbesserungsrecht 21
Nacherbenvermerk 58
Nachgewiesener Zeitaufwand 80
Nachträgliche Unmöglichkeit 15
Nachtragsleistungen 98
Nachweis der Bauvorlageberechtigung 225
Nachweis der Stellplätze 225
Naturalherstellungsanspruch 109
Natürliche Personen 1
Naturschutz 30
Nebenkosten 56, 84
Nebenpflichten 14, 22, 94, 98
Negatives Interesse 16
Neubauten 69
Nicht öffentliche Erschließung 56
Nichterfüllung 15
Nichtmonetäre Kriterien 142
Nießbrauch 56, 57
Normenkontrollverfahren 45
Notar 188
Notarielle Beurkundung 10, 188
Notenbankpolitik 127
Nutzen-Kosten-Untersuchungen 142
Nutzungsdauer 138
Nutzungsrecht 111
Nutzwertanalyse 142
Nutzwerte 142

Obere Bauaufsichtsbehörden 41
Oberleitung 96
Oberste Bauaufsichtsbehörde 41
Obhutspflichten 98
Objektbegehung 71
Objektbetreuung 90
Objektbetreuung und Dokumentation 121
Objekte 69

Objektliste 72
Objektplanung 1
Objektüberwachung 71, 81, 99, 121
Obliegenheitspflichten 86
Öffentlich geförderte Wohnungen 165
Öffentlich-rechtliche Anstalten 1
Öffentlich-rechtliche Institution als Bauherr 120
Öffentlich-rechtliche Körperschaft 1
Öffentlich-rechtliche Verhältnisse 54
Öffentlich-rechtliche Verträge 5
Öffentliche Baudarlehen 171
Öffentliche Beglaubigung 10
Öffentliche Darlehensprogramme 186
Öffentliche Erschließung 56
Öffentlicher Bau 151
Öffentlicher Glaube 55
Öffentlicher Glaube des Grundbuches 58
Öffentliches Baurecht 1
Ökonomische Umweltbedingungen 128
Opfergrenze 81
Ordnungsrechtliche Zulässigkeit 30
Organisation der Planungsbeteiligten 186
Organisationsformen der Planungs- und Ausführungsbeteiligten 126
Organisationsplan 123
Originäre Bauherrenaufgaben 187
Originäre Vollmacht 96
Örtliche Bestandsaufnahme 190
Ortsteil 32
Ortsübliche Preise 76

Parallele Zahlungsreihe 144
Parallelverfahren 33
Parteifähigkeit 2
Personengesellschaft 23
Pflichten des Bauherrn 186
Pflichtverletzung 107
Planung 29
Planungs-Jour-fixe 181
Planungsanforderungen 73
Planungsfehler 224
Planungsgrundsätze 32
Planungshoheit 31, 47
Planungsphase 119
Planungsrechtliche Auskunft 187
Planungsverlauf 177
Planungsvorgabe 133
Polizeirecht 1
Positionen 135, 139
Positive Forderungsverletzung 21
Positive Vertragsverletzung 21, 88, 99, 192
Positives Interesse 16
Preisänderungssätze 147
Preisgefahr 17
Preisrecht 73
Prioritätsprinzip 156
Privatautonomie 6
Private Bauherrn 120
Private Rechtsverhältnisse 54
Privatrecht 1

Privilegierte Bauvorhaben 188
Projektaufbauorganisation 187
Projektmanagement 122
Projektsteuerer 187, 190, 205, 224
Projektsteuerung 122, 187
Projektsteuerungsleistung 187
Projektunabhängige Vorüberlegungen 118
Prokura 23
Prozeßfähigkeit 3
Prozeßrecht 1
Punktbewertung 73

Qualifizierter Bebauungsplan 32

Rangänderung 157
Rangklassen 161
Rangordnung 156
Rangrücktritt 63
Rangsicherungsmaßnahmen 157
Rangvorbehalt 157
Raumakustik 78
Raumausbildende Ausbauten 70
Raumordnungsgesetz 28
Raumprogramm 180, 190
Reallast 56, 57
Rechnungsprüfung 99
Rechtsbeziehungen 2
Rechtsfähigkeit 2
Rechtsform 22, 101
Rechtsgeschäft 6
Rechtsgeschäftliche Abnahme 97
Rechtsordungen 45
Rechtsprechung (Judikative) 4
Rechtsscheinhaftung 97
Rechtsschutz gegen städtebauliche Pläne 45
Rechtsverordnungen 4
Regelbauzeit 81
Regelbeispiele 72
Regelungsgehalt 67
Reinigung der haus- und betriebstechnischen Anlagen 131
Reinigung der Verkehrs- und Grünflächen 131
Rentabilität 175
Rentenschuld 55, 58, 154, 156
Rentenzahlungen 129
Restlaufzeit 182
Restpositionen 135
Restschuld 153
Richterliche Unabhängigkeit 26
Richtlinie 4
Risikoausschlüsse 86
Risikolebensversicherung 156
Rohbauland 56
Rückgewährungsanspruch 158
Rücktritt 17
Ruhender Verschleiß 130

Sachenrecht 6
Sachmängelhaftung 20
Sachverwalter 93

Stichwortverzeichnis

Salvatorische Klausel 116
Satzung 2, 4, 45
Schadensersatz 97
Schadensersatz wegen Nichterfüllung 21, 86, 106
Schlechterfüllung 15
Schlüssiges Verhalten 10, 65
Schornsteinreinigung 131
Schriftform 73
Schuldnerverzug 19
Schuldverhältnisse 6
Schuldzinsen 57
Schwierigkeitsgrad 75
Selbständiger Bebauungsplan 33
Selbstbehalt 86
Serienschaden-Klauseln 86
Sicherheitseinbehalte 99
Sicherheitsleistung 92
Sicherstellung 185
Sicherungsabrede 58, 155
Sicherungsgrundschuld (Fremdgrundschuld) 58, 155
Sicherungshypothek 55, 155
Sicherungsvertrag 155
Sittenwidrigkeit 9
Sonderabschreibungsmöglichkeiten 167
Sondereigentum 61
Sonderfachleute 83, 187
Sonderpositionen 135
Sonnenschutz 223
Sorgfaltspflichten 85
Sozialrecht 1
Sozialversicherungsträger 2
Sozietät 24
Staatsrecht 1
Standort 127
Statistisches Verfahren der Investitionsrechnung 205
Steuerbefreiungen 165
Steuerbegünstigte Wohnungen 165
Steuern 130, 217
Steuerrecht 1
Steuerrechtlich unabdingbare Voraussetzungen 166
Steuerrelevante Einnahmen 167
Steuervergünstigen 165
Stiftungen 1
Strafrecht 1
Strom 131, 217
Stundenlohnzettel 97
Stundensätze 80
Subsidiaritätsklauseln 109
Subunternehmer 83
Systematische Fehler 138

Tankstellenrecht 57
Technische Abnahme 97
Technische Anlagen 194, 223
Technische Lebensdauer 130
Technischer Verschleiß 130
Teilabnahme 91

Teilbaugenehmigung 44
Teilhonorare 70
Teilungserklärung 61
Telefax 74
Testamentvollstreckungsvermerk 58
Thermische Bauphysik 78
Tilgungsplan 181
Tilgungsraten 129, 153
Tilgungsstreckung 163
Titel 135
Totalübernehmer 121, 126
Totalunternehmer 121, 126
Tragsystem 205
Tragwerk 77, 218
Tragwerksplanung 193
Treppengeländer 223
Treu und Glauben 9, 66
Türen 223

Übergabe des Grundstücks 63
Überraschende Klauseln 66
Übertragung von Grundeigentum 62
Umbauten 69
Umbauzuschlag 74
Umsatzsteuer 85
Umweltschutz 127
Unangemessene Benachteiligung 67
Unbeplanter Außenbereich 32
Unbeplanter Innenbereich 32
Unerlaubte Handlung 88
Unfallverhütungsvorschriften 107
Unklare Klauseln 67
Unmittelbar am Bau Beteiligte 119
Unmöglichkeit 15
Unter- und Oberböden 223
Unterbrechung der Verjährung 90
Unterbrechung des Vertrages 81
Untere Bauaufsichtsbehörden 41
Untergliederung der Kostengruppe nach Elementen 135
Untergliederung der Kostengruppe nach Leistungsbereichen 135
Unterhaltungskosten Außenanlagen 218
Unterlagenverzeichnis 185
Unternehmensfinanzierung 175
Unterteilung der Kosten 134
Urheberpersönlichkeitsrechte 110
Urheberrecht 110
Urheberrechtsgesetz 110
Urkunde 73

VDI-Richtlinie 2067 131, 143
Verantwortungsträger Bauherr, Entwurfsverfasser, Unternehmer 186
Veräußerung 62
Veräußerungsfreiheit 62
Verbindlicher Bauleitplan 32
Verbrauchsgebundene Kosten 131
Verbrauchskosten 138
Verbrauchsmenge 138

Stichwortverzeichnis

Verbreitungsrecht 111
Vereinbarte Rangfolge 156
Vereine 1
Verfassung 4
Verfassungsbeschwerde 47
Verfassungsrecht 1
Verfügungsbeschränkungen 58
Verfügungsrechte 58
Vergabe 82
Vergabebedingungen 11
Vergleichsverfahren 58
Vergütungsgefahr 17, 18
Verjährung 21, 100
Verjährungsfrist 71, 88, 100
Verkaufsbeschränkungen 56
Verkehrs- und Grünflächen 132, 217
Verkehrsinfrastruktur 127
Verkehrssicherungspflicht 120
Verkehrssitte 13, 96
Verkehrswert 56
Verlängerung der Bauzeit 81
Verlängerung des Erbbaurechtes 60
Verlorene Baukostenzuschüsse 151
Verlustrechnung (samt Anhang) 185
Verlustrücktrag 168
Vermessung 53
Vermietung 167
Vermögensteuer 166
Veröffentlichungsrecht 110
Verpflichtung zur Klärung des Kostenrahmens des Auftraggebers 202
Verpflichtungsklage 47, 48
Verrechnung 105
Verschulden 107
Verschulden bei Vertragsabschluß 88
Verschulden bei Vertragsschluß 22
Verschulden bei Vertragsschluß/Vertragsverhandlungen 22
Versicherungsbedingungen 108
Versicherungsnachweis 225
Versicherungsschutz 86
Versicherungsverein auf Gegenseitigkeit 2
Versicherungsvertragsgesetz 86
Versteckter Dissens 12
Versteckter Einigungsmangel 12
Vertragliche Nebenpflichten 192
Vertragsauflösung 111
Vertragsauslegung 67
Vertragseingehungsfreiheit 7
Vertragskündigung 79
Vertragsrecht 1, 6
Vertragsstrafenvorbehalt 22
Vertrauenshaftung 97
Vertrauensschaden 16, 38
Vertrauensverhältnis 93
Vertretenmüssen 114
Vertretung 23, 95
Vertretungsbefugnis 96
Vervielfältigungsrecht 111
Verwalter 61

Verwaltung 4
Verwaltung (Exekutive) 4
Verwaltungsakt 4
Verwaltungsakt mit Doppelwirkung 49
Verwaltungsakte mit Drittwirkung 47
Verwaltungsanordnung 4
Verwaltungsgebühren der Kreditinstitute 129
Verwaltungskosten 130, 217
Verwaltungsrecht 1
Verwaltungsvorschriften 4
Verwertungsrechte 110
Verzögerungsschaden 229
Verzug/Späterfüllung 15
Vollarchitektur 111
Vollmacht 69, 95, 177
Voranfragen 177
Vorausschätzung des Zeitbedarfs 80
Vorbemerkungen 11
Vorbereitender Bauleitplan 32
Vorbereitung der Vergabe 121
Vorentwurf 188
Vorentwurfsskizze 190, 193
Vorhandene Bausubstanz 76
Vorkaufsrecht 58
Vorkaufsrechte von Gemeinden 58
Vorlasten 158
Vorläufiger Rechtsschutz 49
Vormerkung 58, 157
Vorplanung 11, 76, 121
Vorsatz (Schuldform) 107
Vorüberlegungen 118
Vorzeitiger Bebauungsplan 33

Wahlrecht 109
Wandelung 21
Wärme 131, 217
Wärmeschutzverordung 77
Wartung 132
Wartung und Inspektion 217
Wasser 131
Wasserversorgung 131
Wegerecht 56
Wegfall der Geschäftsgrundlage 81
Weiderecht 56
Weisungen 99
Werbungskosten 167
Werkbesteller 114
Werke der Baukunst 110
Werkvertrag 65
Werkvertragsrecht 65
Wert eines Grundstückes 56
Widerspruch 58
Widerspruchsverfahren 47, 48
Wiederaufbauten 69
Wiederbeschaffungspreis 130
Willenserklärung 2, 104
Winterbauschutzvorkehrungen 227
Wirtschaftliche Lebensdauer 130
Wirtschaftlichkeitsberechnung nach der Kapitalwertmethode (Entwurf VDI 2067) 146

Stichwortverzeichnis

Wirtschaftlichkeitsberechnung von Wärmeverbrauchsanlagen 131
Wirtschaftlichkeitsberechnungen 142
Wirtschaftlichkeitsvergleich 206
Wirtschaftsbau 151
Wohnungsbau 151
Wohnungsbauförderungsprogramme 171
Wohnungsbauprämien 163
Wohnungsbelegungsrecht 57
Wohnungseigentum 53, 61, 62
Wohnungseigentümergemeinschaft 61
Wohnungsrecht 58

Zahlungen 99
Zahlungsplan 100
Zeichnerische Dokumentation 190
Zeithonorar 80
Zeitplan 102
Zentrale Grundleistungen 103
Zielkonflikte 133
Zinseszinsformel 143

Zinsfuß 143
Zinsplan 181
Zugesicherte Eigenschaft 20, 106
Zurückbehaltungsrecht 91, 100
Zusammengesetzte Leistungsträger 125
Zusatzaufträge 97
Zusatzleistungen 98
Zusätzliche Vertragsbedingungen 11
Zusicherung 108
Zustellung der Baugenehmigung 45
Zustimmung 97
Zustimmungsverfahren 5
Zwangshypothek 155
Zwangsversteigerung 154, 160
Zwangsversteigerung eines Grundstücks 63
Zwangsversteigerungsvermerk 58, 160
Zwangsverwaltung 154, 160
Zwangsverwaltungsvermerk 58
Zwangsvollstreckung 160
Zwangsvollstreckungsunterwerfungsurkunde 185
Zweite Berechnungsverordnung – II. BVO 128
Zwingendes Recht 9

BAUVERLAG

Baurecht für Praktiker
Wie können Rechtsnachteile vermieden werden?

Von Prof. Dr. jur. Walter Döbereiner † und Dr. Manfred Cuypers. 4., neubearbeitete und erweiterte Auflage 1993. 268 Seiten DIN A 5. Gebunden DM 90,– / öS 702,– / sFr 90,–
ISBN 3-7625-2058-5

Bei der Durchführung von Bauvorhaben kann es zwischen Auftraggeber und Auftragnehmer zu Meinungsverschiedenheiten, Ansprüchen und Forderungen verschiedenster Art kommen. Die Ursachen für Fehler und Mißverständnisse liegen vor allem in der Gestaltung des Bauvertrags. Mit der 4., neubearbeiteten Auflage von „Baurecht für Praktiker" liegt ein aktueller Rechtsratgeber vor, der zeigt, auf welche Einzelheiten beim Vertragsabschluß zu achten ist, um Kosten zu sparen und Rechtsnachteile sowie Prozesse zu vermeiden.

Grundlage der Darstellung ist die maßgebliche Rechtsprechung, allerdings wurde bewußt auf eine wissenschaftliche Auseinandersetzung verzichtet. Wichtige Entscheidungen werden mit Veröffentlichungsquellen zitiert, deshalb ist dieses Buch auch Juristen, besonders Anwälten, eine Hilfe bei der rechtlichen Aufarbeitung technischer Sachverhalte. Die Neubearbeitung ist noch systematischer und anschaulicher gestaltet als die vorherigen Auflagen; fast jede „trockene" Rechtsaussage wird durch ein Beispiel erläutert, und eine neu gefaßte Einführung erleichtert den Einstieg in die Materie. Änderungen der Gesetzgebung und gerichtliche Entscheidungen bis Mitte 1992 wurden berücksichtigt.

Rechtsschutz im Baurecht
Die gerichtliche Überprüfbarkeit von Behördenentscheidungen und Bebauungsplänen

Von Dr. jur. G. Schlez, Vors. Richter am VGH Baden-Württemberg a. D. 1993. XX, 224 Seiten DIN A 5. Gebunden DM 98,– / öS 765,– / sFr 98,–
ISBN 3-7625-2370-3

Immer wieder kommt es zu Rechtsstreitigkeiten zwischen Bauherren und Behörden. Da werden z. B. Baugenehmigungen nicht erteilt, weil der geplante Bau geltenden Vorschriften nicht entspricht, es wird gegen die Ablehnung eines Bauantrags geklagt, oder ein Nachbar ist mit der Erteilung einer Baugenehmigung nicht einverstanden etc.

Wird jemand durch Entscheidungen der öffentlichen Gewalt in seinen Rechten verletzt, so steht ihm der Rechtsweg offen. Die Verwaltungsgerichtsordnung regelt, welche Möglichkeiten der betroffene Bürger hat, um seine Ansprüche gegenüber den Behörden durchzusetzen. Georg Schlez, langjähriger Vorsitzender am Verwaltungsgerichtshof Baden-Württemberg, stellt die Besonderheiten des Verwaltungsgerichtsverfahrens auf dem speziellen Gebiet des Baurechts dar. Verschiedene Streitfälle mit Beschreibung des Tatbestandes und der gerichtlichen Entscheidung veranschaulichen die theoretischen Ausführungen.

„Rechtsschutz im Baurecht" stellt eine Ergänzung der vom selben Autor verfaßten Kommentare zum Baugesetzbuch und zur Baunutzungsverordnung dar.

BauGB – Textausgabe
Baugesetzbuch vom 8. Dezember 1986 in der Fassung vom 22. April 1993 mit BauGB-MaßnahmenG

1993. 218 Seiten DIN A 5. Kartoniert DM 19,80 / öS 155,– / sFr 19,80
ISBN 3-7625-3052-1

BauGB-MaßnahmenG
Maßnahmengesetz zum Baugesetzbuch in der Fassung der Bekanntmachung vom 28. April 1993, Textausgabe mit Erläuterungen

Von Dr. jur. G. Schlez, Vors. Richter am VGH Baden-Württemberg a. D. 2. Auflage 1993. 51 Seiten DIN A 5. Kartoniert DM 32,– / öS 250,– / sFr 32,–
ISBN 3-7625-3071-8

Am 1. Mai 1993 ist das Investitionserleichterungs- und Wohnbaulandgesetz (InV-WoBaulG) in Kraft getreten. Ziel dieses Gesetzes ist die Stärkung einer bedarfsgerechten Baulandausweisung und die Erleichterung von Investitionen im Wohnungs-, Industrie- und Gewerbebau.

Wesentliche Änderungen hat das Städtebaurecht des Bundes, geregelt im Baugesetzbuch und im MaßnahmenG zum Baugesetzbuch, erfahren. Die wichtigsten Änderungen sind:

- Die Maßgaben des § 246 a (Überleitungsregelungen) wurden von 18 auf 9 zurückgeführt.
- Das MaßnahmenG gilt auch in den neuen Bundesländern und bleibt noch bis zum 31.12.1997 bestehen.
- Die städtebaulichen Instrumente der Satzung über den Vorhaben- und Erschließungsplan und die Regelungen des städtebaulichen Vertrages wurden aus den Überleitungsvorschriften für die neuen Bundesländer in das Maßnahmengesetz übernommen und gelten nun im gesamten Bundesgebiet.
- Die Vorschriften über die städtebauliche Entwicklungsmaßnahme und das Baugebot wurden in das BauGB übernommen.

Alle Änderungen sind in der neuen BauGB-Textausgabe berücksichtigt. Außerdem legt der Bauverlag eine Textausgabe des BauGB-Maßnahmengesetzes mit Erläuterungen von Georg Schlez vor. Der langjährige Vorsitzende am Verwaltungsgerichtshof Baden-Württemberg kommentiert die Neuerungen und verdeutlicht den Bezug der Bestimmungen zum BauGB.

Preise Stand November 1993, Preisänderungen vorbehalten.

BAUVERLAG GMBH · D-65173 Wiesbaden

BAUVERLAG

KLR Bau und Baubilanz
Grundlagen – Zusammenhänge – Auswertungen
Mit einem durchgängigen Beispiel

Von Prof. Dipl.-Kfm. Dr. oec. publ. E. Leimböck und Prof. Dr. H. Schönnenbeck. 1992. X, 139 Seiten mit 20 Tabellen. Format 17 x 24 cm. Geb. DM 78,– / öS 609,– / sFr 78,–   ISBN 3-7625-2884-5

In den Bauunternehmen sind sowohl Ingenieure als auch Kaufleute für die Kosten- und Leistungsrechnung (KLR Bau), den Jahresabschluß (Baubilanz) und das Finanzwesen verantwortlich. Sie sind auf Informationen aus diesen beiden Rechnungskreisen angewiesen.

In der Fachliteratur wurden sie bisher immer nur getrennt behandelt. Es fehlte eine übersichtliche Darstellung, die dem Praktiker die Inhalte und vor allem die Zusammenhänge dieser Themengebiete erläutert. Diese Lücke schließt „KLR Bau und Baubilanz".

Zunächst werden Aufbau und Inhalte der KLR und des Jahresabschlusses getrennt erläutert. Am Beispiel einer GmbH verfolgen die Autoren die Geschäftssituation dieses Unternehmens in unterschiedlichen Stadien von der Firmengründung bis zur Geschäftslage nach 10 Jahren, von der Eröffnungsbilanz bis zum Jahresabschluß. Anschließend werden ausführlich die enge Verbindung, aber auch die Unterschiede der beiden Rechnungskreise dargestellt, wobei die Autoren auch auf die Abgrenzungsrechnung eingehen. Sie zeigen außerdem, wie die Zahlen aus beiden Rechnungskreisen als Informations- und Führungsinstrument genutzt werden können. Das abschließende Kapitel geht auf die Baubilanz als Möglichkeit der Unternehmensfinanzierung ein.

Baukalkulation
unter Berücksichtigung der KLR Bau und der VOB

Von Prof. Dipl.-Kfm. H. Prange, Prof. Dr. oec. publ. Dipl.-Kfm. Bauing. grad. E. Leimböck und U. R. Klaus, Rechtsanwalt. Schriftenreihe des Hauptverbandes der Deutschen Bauindustrie e.V., Band 2. 1991. 8., völlig neubearbeitete und erweiterte Auflage des „Kalkulations-Schulungsheftes". 178 Seiten DIN A 4. Geb. DM 89,– / öS 694,– / sFr 89,–   ISBN 3-7625-2821-7

In der baubetrieblichen Kosten- und Leistungsrechnung wird die Produktionstätigkeit eines Bauunternehmens zahlenmäßig erfaßt, um folgende Aufgaben erfüllen zu können.

1. Ermittlung von Kosten, Leistungen und Ergebnissen zur Überprüfung der Wirtschaftlichkeit,
2. Beschaffung von Zahlenmaterial der Kosten- und Leistungsrechnung für Investitionsentscheidungen, Wirtschaftlichkeitsvergleiche verschiedener Bauverfahren und dergleichen,
3. Erfüllung der gesetzlichen Vorschriften, für die Bewertung von Beständen an unfertigen Bauleistungen,
4. Bereitstellung von betrieblichen Mengen- und Wertangaben für Kostenschätzungen und Kalkulationen sowie für Preisermittlungen und Preisbeurteilungen. Die Kosten- und Leistungsberechnung gliedert sich in die Teilbereiche Kostenartenrechnung, Kostenstellenrechnung, Kostenträgerrechnung.

Zur Lösung dieser verschiedenen Aufgaben bietet das Buch eine auf neuesten Stand gebrachte Arbeitsanweisung mit vielen praktischen und bewährten Rechenverfahren und Tabellen. Das „Kalkulations-Schulungsheft", bewährter Vorgänger dieses Werkes, erschien erstmals 1950 und ist 7 Auflagen hindurch immer den neuesten Anforderungen angepaßt worden.

Diese 8. Auflage ist vor allem dadurch charakterisiert, daß sie die Baukalkulation an einem durchgehenden Beispiel zeigt. Dabei werden im Teil A zunächst Grundlagen und Begriffe der Kalkulation, die preisbildenden Elemente und die Kalkulationsverfahren beschrieben. Im Teil B werden die kalkulatorischen Konsequenzen von rechtlichen und wirtschaftlichen Änderungen gegenüber der Angebotskalkulation aufgezeigt und deren Ergebnisse in die Baukalkulation eingerechnet. Im Teil C wird das Beispiel mit Leistungs- und Ergebnisermittlungen abgeschlossen. In diese Teile sind für die Kalkulation wichtige bauvertragsrechtliche Grundlagen eingearbeitet.

Preise Stand November 1993, Preisänderungen vorbehalten.

BAUVERLAG GMBH · D-65173 Wiesbaden

SPRINGER NATURE

GPSR Compliance

The European Union's (EU) General Product Safety Regulation (GPSR) is a set of rules that requires consumer products to be safe and our obligations to ensure this.

If you have any concerns about our products, you can contact us on ProductSafety@springernature.com

In case Publisher is established outside the EU, the EU authorized representative is:

Springer Nature Customer Service Center GmbH
Europaplatz 3
69115 Heidelberg, Germany

The manufacturer's authorised representative in the EU is Springer Nature Customer Service Centre GmbH, Europaplatz 3, 69115 Heidelberg, Germany. If you have any concerns regarding our products, please contact ProductSafety@springernature.com

Printed and bound by CPI Group (UK) Ltd, Croydon, CR0 4YY

23/03/2026

02076374-0006